Grundlagen der Wahrscheinlichkeitsrechnung und Statistik

Ihr Bonus als Käufer dieses Buches

Als Käufer dieses Buches können Sie kostenlos unsere Flashcard-App „SN Flashcards"
mit Fragen zur Wissensüberprüfung und zum Lernen von Buchinhalten nutzen.
Für die Nutzung folgen Sie bitte den folgenden Anweisungen:

1. Gehen Sie auf **https://flashcards.springernature.com/login**
2. Erstellen Sie ein Benutzerkonto, indem Sie Ihre Mailadresse angeben,
   ein Passwort vergeben und den Coupon-Code einfügen.

Ihr persönlicher „SN Flashcards"-App Code   776B0-97345-1D5FC-59120-5265E

Sollte der Code fehlen oder nicht funktionieren, senden Sie uns bitte eine E-Mail mit
dem Betreff **„SN Flashcards"** und dem Buchtitel an **customerservice@springernature.com**.

Erhard Cramer • Udo Kamps

Grundlagen der Wahrscheinlichkeitsrechnung und Statistik

Eine Einführung für Studierende der Informatik, der Ingenieur- und Wirtschaftswissenschaften

5., erweiterte und korrigierte Auflage

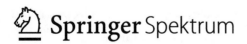 Springer Spektrum

Erhard Cramer
Institut für Statistik
RWTH Aachen
Aachen, Deutschland

Udo Kamps
Institut für Statistik
RWTH Aachen
Aachen, Deutschland

ISBN 978-3-662-60551-6   ISBN 978-3-662-60552-3   (eBook)
https://doi.org/10.1007/978-3-662-60552-3

Die Deutsche Nationalbibliothek verzeichnet diese Publikation in der Deutschen Nationalbibliografie; detaillierte bibliografische Daten sind im Internet über http://dnb.d-nb.de abrufbar.

Springer Spektrum

Planung/Lektorat: Iris Ruhmann

Springer Spektrum ist ein Imprint der eingetragenen Gesellschaft Springer-Verlag GmbH, DE und ist ein Teil von Springer Nature.
Die Anschrift der Gesellschaft ist: Heidelberger Platz 3, 14197 Berlin, Germany

Vorwort zur 1. Auflage

Grundkenntnisse der Statistik sind in unserer von Daten geprägten Zeit von besonderer Bedeutung. In vielen Bereichen von Wirtschaft, Wissenschaft, Verwaltung, Gesellschaft und Politik werden Informationen aus Daten gewonnen, die empirischen Studien, Datenbasen, Erhebungen oder Experimenten entstammen. Informationen werden in quantitativer Weise verbreitet, Ergebnisse von Datenanalysen werden präsentiert und illustriert. Zur Bewertung der statistischen Ergebnisse wie auch zum Verständnis stochastischer Modelle ist ein Basiswissen der Wahrscheinlichkeitsrechnung erforderlich.

In zahlreichen Studiengängen ist daher eine einführende Veranstaltung in die Denkweisen, Methoden und Verfahren der Statistik und Wahrscheinlichkeitsrechnung ein wichtiger Baustein der Ausbildung.

Verfahren der Beschreibenden (oder Deskriptiven) Statistik dienen der Analyse und Beschreibung von Daten, dem Aufdecken von darin enthaltenen Strukturen und Informationen sowie der Darstellung von Daten derart, dass die wesentlichen Erkenntnisse deutlich werden. Für zufallsabhängige Vorgänge oder komplexe Situationen, in denen eine deterministische Beschreibung nicht möglich ist, werden in den unterschiedlichsten Anwendungsbereichen stochastische Modelle benötigt; die Wahrscheinlichkeitsrechnung liefert dazu, wie auch zur Schließenden Statistik, die theoretischen Grundlagen. In der Schließenden (oder Induktiven) Statistik wird das methodische Instrumentarium bereitgestellt, Schlussfolgerungen aufgrund von Daten zu begründen, interessierende Größen zu schätzen, Hypothesen zu stützen beziehungsweise zu verwerfen sowie die resultierenden Aussagen zu bewerten.

Das vorliegende Buch ist als begleitendes Skript zu einführenden Vorlesungen zur Wahrscheinlichkeitsrechnung und Statistik für Studierende der Informatik und der Ingenieur- und Wirtschaftswissenschaften, jedoch nicht als ein eigenständiges Lehrbuch zu den behandelten Gebieten Beschreibende Statistik, Wahrscheinlichkeitsrechnung und Grundlagen der stochastischen Modellierung sowie Schließende Statistik konzipiert. Eigenheiten des Textes sind in dessen Verwendung für Studierende verschiedener Fachrichtungen mit unterschiedlichen mathematischen Voraussetzungen begründet. Die Zusammenstellung der Themen in diesem Skript basiert auf inhaltlichen Abstimmungen mit den für die verschiedenen Bachelor-Studiengänge zuständigen Fachbereichen an der RWTH Aachen und ist konsistent mit den Modulbeschreibungen der entsprechenden Veranstaltungen. Themen einzelner Abschnitte sind nicht für alle Zielgruppen vorgesehen und werden daher in der jeweiligen Veranstaltung nicht behandelt. Ferner erfordert die Ausrichtung des Textes in der Darstellung gewisse Einschränkungen in der mathematischen Exaktheit. Mit dem Ziel einer komprimierten Darstellung der wesentlichen Inhalte der Vorlesungen werden – bis auf das erste Kapitel zur Beschreibenden Statistik – nur knappe Erläuterungen gegeben; es sind nur wenige Beispiele enthalten, nur ausgewählte Aussagen werden nachgewiesen, und es werden keine Aufgaben angeboten. Zielgruppenorientierte Motivationen, Beispiele und Aufgaben sind Bestandteil der jeweiligen Veranstaltungen. Für eine vertiefte Beschäftigung mit den genannten Gebieten oder im Selbststudium sollten weitere Bücher hinzu gezogen werden. Eine Auswahl ist im Literaturverzeichnis angegeben. Die Inhalte zur Beschreibenden Statistik sind dem ausführlichen Lehrbuch Burkschat et al. (2012) auszugsweise entnommen. Dort können diese zusätzlich anhand einer Vielzahl von detailliert ausgeführten Beispielen nachvollzogen werden. Die Kapitel zur Wahrscheinlichkeitsrechnung, Modellierung und Schließenden Statistik basieren auf Vorlesungen der Autoren und auf der Formelsammlung „Statistik griffbereit". Einflüsse aus den im Literaturverzeichnis genannten Büchern und sonstigen Quellen sind natürlich vorhanden. Parallelen zu anderen einführenden Texten sind nicht beabsichtigt, oft jedoch unvermeidbar; wir bitten diese gegebenenfalls nachzusehen.

An der Entstehung dieses Skripts haben auch andere mitgewirkt, denen wir für ihre Unterstützung herzlich danken. Ein besonderer Dank gilt Frau Birgit Tegguer für das sehr sorgfältige Schreiben und Korrigieren von Teilen des Manuskripts. Frau Lilith Braun danken wir für die gute Zusammenarbeit mit dem Springer-Verlag.

Liebe Leserin, lieber Leser, Ihre Meinung und Kritik, Ihre Anregungen zu Verbesserungen und Hinweise auf Unstimmigkeiten sind uns wichtig! Bitte teilen Sie uns diese unter GWS@stochastik.rwth-aachen.de mit. Wir wünschen Ihnen ein erfolgreiches Arbeiten mit diesem Skript.

Aachen, Januar 2007   Erhard Cramer, Udo Kamps

Vorwort zur 5. Auflage

Nachdem in die vierte Auflage Beispielaufgaben mit ausführlichen Lösungen (jeweils am Ende der Teile A–D) aufgenommen wurden, enthält die fünfte Auflage zusätzlich Multiple-Choice-Fragen zum Verständnis der Inhalte sowie detaillierte Anmerkungen zu den Antwortalternativen. Diese und weitere Fragen können zur eigenen Wissensüberprüfung mit der kostenfreien **SN Flashcards App** interaktiv genutzt werden. Zudem wurden in der vorliegenden Auflage einige Modifikationen und Korrekturen vorgenommen sowie alle Abbildungen überarbeitet.

Auswahl und Aufbau der Inhalte haben sich in Lehrveranstaltungen bewährt und wurden daher nicht verändert. Wir bedanken uns bei allen, die uns Hinweise auf Unstimmigkeiten mitgeteilt haben und bei Frau Iris Ruhmann, Springer Spektrum, für die anregende und sehr gute Zusammenarbeit.

Aachen, November 2019   Erhard Cramer, Udo Kamps

Inhaltsverzeichnis

A

Beschreibende Statistik

Vorbemerkung

Eine Darstellung der Beschreibenden Statistik erfordert Motivationen, Beispiele, Erläuterungen, Interpretationen, Nachweise und graphische Umsetzungen bzw. Illustrationen, für die in diesem Manuskript nicht immer genügend Raum ist. Eine ausführliche Darstellung findet sich im Lehrbuch zur Beschreibenden Statistik Burkschat et al. (2012).

A 1 Einführung und Grundbegriffe

Zu den Themen der angewandten Statistik gehören die Erhebung von Daten, deren Aufbereitung, Beschreibung und Analyse. Unter Nutzung der Werkzeuge der Beschreibenden (oder Deskriptiven) Statistik ist das Entdecken von Strukturen und Zusammenhängen in Datenmaterial ein wichtiger Aspekt der Statistik, die in diesem Verständnis auch als explorative Datenanalyse bezeichnet wird. Um ein methodisches Instrumentarium zur Bearbeitung dieser Aufgaben entwickeln zu können, ist es notwendig, von konkreten Einzelfällen zu abstrahieren und allgemeine Begriffe für die Aspekte, die im Rahmen einer statistischen Untersuchung von Interesse sind, bereitzustellen.

Zunächst ist zu spezifizieren, über welche Gruppe von Personen (z.B. Schülerinnen, Schüler, Studierende oder Berufstätige) oder Untersuchungseinheiten (z.B. Geräte oder Betriebe) welche Informationen gewonnen werden sollen. Besteht Klarheit über diese grundlegenden Punkte, so ist festzulegen, wie die Studie durchgeführt wird. Häufig werden nicht alle Elemente (statistische Einheiten) der spezifizierten Menge (Grundgesamtheit) betrachtet, sondern in der Regel wird lediglich eine Teilgruppe (Stichprobe) untersucht. An den Elementen dieser Stichprobe werden dann die für die statistische Untersuchung relevanten Größen (Merkmale) gemessen. Die resultierenden Messergebnisse (Daten) ermöglichen den Einsatz statistischer Methoden, um Antworten auf die zu untersuchenden Fragestellungen zu erhalten. Im Folgenden werden die genannten Begriffe näher erläutert.

© Springer-Verlag GmbH Deutschland, ein Teil von Springer Nature 2020
E. Cramer, U. Kamps, *Grundlagen der Wahrscheinlichkeitsrechnung und Statistik*,
https://doi.org/10.1007/978-3-662-60552-3_1

A 1.1 Grundgesamtheit und Stichprobe

In jeder statistischen Untersuchung werden Daten über eine bestimmte Menge einzelner Objekte ermittelt. Diese Menge von räumlich und zeitlich eindeutig definierten Objekten, die hinsichtlich bestimmter – vom Ziel der Untersuchung abhängender – Kriterien übereinstimmen, wird als Grundgesamtheit bezeichnet. Eine andere, häufig anzutreffende Bezeichnung ist Population.

Beispiel A 1.1. Wird eine Untersuchung über die Grundfinanzierung der Studierenden in einem bestimmten Sommersemester gewünscht, so legt die Gesamtheit aller Studierenden, die in dem betreffenden Semester immatrikuliert sind, die Grundgesamtheit fest. Ehe die Untersuchung begonnen werden kann, sind natürlich noch eine Reihe von Detailfragen zu klären: welche Hochschulen werden in die Untersuchung einbezogen, welchen Status sollen die Studierenden haben (Einschränkung auf spezielle Semester, Gasthörer/innen, ...) etc.

In der Praxis können Probleme bei der exakten Beschreibung einer für das Untersuchungsziel relevanten Grundgesamtheit auftreten. Eine eindeutige Beschreibung und genaue Abgrenzung ist jedoch von besonderer Bedeutung, um korrekte statistische Aussagen ableiten und erhaltene Ergebnisse interpretieren zu können.

Beispiel A 1.2. In einer statistischen Untersuchung sollen Daten über die Unternehmen eines Bundeslands erhoben werden. Hierzu muss geklärt werden, ob unterschiedliche Teile eines Unternehmens (wie z.B. Lager oder Produktionsstätten), die an verschiedenen Orten angesiedelt sind, jeweils als einzelne Betriebe gelten oder ob lediglich das gesamte Unternehmen betrachtet wird. Es ist klar, dass sich abhängig von der Vorgehensweise eventuell völlig unterschiedliche Daten ergeben.

Die Elemente der Grundgesamtheit werden als statistische Einheiten bezeichnet. Statistische Einheiten sind also diejenigen Personen oder Objekte, deren Eigenschaften für eine bestimmte Untersuchung von Interesse sind. Alternativ sind auch die Bezeichnungen Merkmalsträger, Untersuchungseinheit oder Messobjekt gebräuchlich.

Beispiel A 1.3. An einer Universität wird eine Erhebung über die Ausgaben der Studierenden für Miete, Kleidung und Freizeitgestaltung durchgeführt. Die statistischen Einheiten in dieser Untersuchung sind die Studierenden der Universität. Die genannten Ausgaben sind die für die Analyse relevanten Eigenschaften.

In einem Bundesland werden im Rahmen einer statistischen Untersuchung die Umsätze von Handwerksbetrieben analysiert. Die Handwerksbetriebe des Bundeslands sind in diesem Fall die statistischen Einheiten. Die in jedem Betriebs auszuwertende Größe ist der Umsatz.

Ziel jeder statistischen Untersuchung ist es, anhand von Daten Aussagen über eine Grundgesamtheit zu treffen. Aus praktischen Erwägungen kann in der Regel jedoch nicht jede statistische Einheit der Grundgesamtheit zur Ermittlung von Daten herangezogen werden. Ein solches Vorgehen wäre häufig zu zeit- und kostenintensiv. Im Extremfall ist es sogar möglich, dass durch den Messvorgang die zu untersuchenden Objekte unbrauchbar werden (z.B. bei Lebensdauertests von Geräten oder der Zugfestigkeit eines Stahls). In diesem Fall ist es offenbar nicht sinnvoll, eine Messung an allen zur Verfügung stehenden Objekten durchzuführen.

Beispiel A 1.4. Bei einer Volkszählung werden Daten über die gesamte Bevölkerung eines Landes durch Befragung jeder Einzelperson ermittelt. Da die Durchführung einer vollständigen Volkszählung mit hohem zeitlichem und personellem Aufwand verbunden und daher sehr kostenintensiv ist, wird diese nur sehr selten realisiert. Um trotzdem eine Fortschreibung der gesellschaftlichen Veränderungen zu ermöglichen, werden regelmäßig Teilerhebungen vom Statistischen Bundesamt Deutschland (siehe www.destatis.de) durchgeführt. Beim so genannten Mikrozensus wird jährlich 1% der in Deutschland lebenden Bevölkerung hinsichtlich verschiedener Größen befragt (z.B. Erwerbsverhalten, Ausbildung, soziale und familiäre Lage).

Aus den genannten Gründen werden Daten oft nur für eine Teilmenge der Objekte der Grundgesamtheit ermittelt. Eine solche Teilmenge wird als Stichprobe bezeichnet. Aufgrund des geringeren Umfangs ist die Erhebung einer Stichprobe im Allgemeinen kostengünstiger als eine vollständige Untersuchung aller Objekte. Insbesondere ist die Auswertung des Datenmaterials mit geringerem Zeitaufwand verbunden. Um zu garantieren, dass die Verteilung der zu untersuchenden Eigenschaften (Merkmalsausprägungen) der statistischen Einheiten in der Stichprobe mit deren Verteilung in der Grundgesamtheit annähernd übereinstimmt, werden die Elemente der Stichprobe häufig durch zufallsgesteuerte Verfahren ausgewählt. Solche Verfahren stellen sicher, dass prinzipiell jeder Merkmalsträger der Grundgesamtheit mit derselben Wahrscheinlichkeit in die Stichprobe aufgenommen werden kann (Zufallsstichprobe). Die Auswahl einer Stichprobe wird in diesem Buch nicht behandelt. Eine ausführliche Diskussion und Darstellung der Methodik ist z.B. in Hartung et al. (2009), Pokropp (1996) und Kauermann und Küchenhoff (2011) zu finden.

A 1.2 Merkmale und Merkmalsausprägungen

Eine spezielle Eigenschaft statistischer Einheiten, die im Hinblick auf das Ziel einer konkreten statistischen Untersuchung von Interesse ist, wird als Merkmal bezeichnet. Hiermit erklärt sich auch der Begriff Merkmalsträger, der alternativ als Bezeichnung für statistische Einheiten verwendet wird. Um Merkmale abstrakt beschreiben und dabei unterscheiden zu können, werden sie häufig mit lateinischen Großbuchstaben wie z.B. X oder Y bezeichnet. Zur Betonung der Tatsache, dass nur eine Eigenschaft gemessen wird, wird auch der Begriff univariates Merkmal verwendet. Durch die Kombination mehrerer einzelner Merkmale entstehen mehrdimensionale oder multivariate Merkmale.

Beispiel A 1.5. In einer Studie zur Agrarwirtschaft der Bundesrepublik Deutschland werden als statistische Einheiten alle inländischen landwirtschaftlichen Betriebe gewählt. Merkmale, wie z.B. die landwirtschaftliche Nutzfläche der einzelnen Betriebe, die Anzahl der Milchkühe pro Betrieb oder der Umsatz pro Jahr könnten in der Untersuchung von Interesse sein.

Ein Autohaus führt eine Untersuchung über die im Unternehmen verkauften Fahrzeuge durch. Für eine Auswertung kommen Merkmale wie z.B. Typ, Farbe, Motorleistung oder Ausstattung der Fahrzeuge in Frage.

Die möglichen Werte, die ein Merkmal annehmen kann, werden als Merkmalsausprägungen bezeichnet. Insbesondere ist jeder an einer statistischen Einheit beobachtete Wert eine Merkmalsausprägung. Die Menge aller möglichen Merkmalsausprägungen heißt Wertebereich des Merkmals.

Beispiel A 1.6. In einem Versandunternehmen werden die Absatzzahlen einer in den Farben Blau und Grün angebotenen Tischlampe ausgewertet. Um zu ermitteln, ob die Kunden einer Farbe den Vorzug gegeben haben, werden die Verkaufszahlen je Farbe untersucht. In diesem Fall wäre die Grundgesamtheit die Menge der verkauften Lampen. Das interessierende Merkmal ist Farbe einer verkauften Lampe mit den Ausprägungen Blau und Grün.

Ein Unternehmen führt eine Studie über die interne Altersstruktur durch; das interessierende Merkmal der Mitarbeiter ist also deren Alter. Wird das Alter in Jahren gemessen, so sind die möglichen Merkmalsausprägungen natürliche Zahlen 1, 2, 3, ... Für einen konkreten Mitarbeiter hat das Merkmal Alter dabei z.B. die Ausprägung 36 [Jahre].

In einem physikalischen Experiment wird die Farbe eines Objekts anhand der Wellenlänge des reflektierten Lichts bestimmt. Das zu untersuchende Merkmal Farbe des Objekts wird in Mikrometer gemessen. Der Wertebereich sind alle reellen Zahlen zwischen 0,40 und 0,75 [Mikrometer]. Dies ist ungefähr der Wellenbereich, in dem Licht sichtbar ist. Für einen vorliegenden Gegenstand könnte sich z.B. eine Merkmalsausprägung von 0,475 [Mikrometer] ergeben (dies entspricht einem blauen Farbton).

Wird anhand eines Merkmals eine Grundgesamtheit in nicht-überlappende Teile gegliedert, so heißen die entstehenden Gruppen statistischer Einheiten auch Teilgesamtheiten oder Teilpopulationen.

Beispiel A 1.7. In einer Erhebung über das Freizeitverhalten sind geschlechtsspezifische Unterschiede von Interesse. Das Merkmal Geschlecht teilt die Grundgesamtheit in zwei Teilgesamtheiten (Frauen, Männer).

Eine Merkmalsausprägung, die konkret an einer statistischen Einheit gemessen wurde, wird Datum (Messwert, Beobachtungswert) genannt.

Beispiel A 1.8. In einer Stadt wird eine Umfrage über Haustierhaltung durchgeführt. Für das Merkmal Anzahl der Haustiere pro Haushalt werden im Fragebogen die vier möglichen Merkmalsausprägungen kein Haustier, ein Haustier, zwei Haustiere und mehr als zwei Haustiere vorgegeben. Antwortet eine Person auf diese Frage (z.B. mit ein Haustier), so entsteht ein Datum.

Die Liste aller Daten, die bei einer Untersuchung an den statistischen Einheiten gemessen bzw. ermittelt wurden (also die Liste der beobachteten Merkmalsausprägungen), wird als Urliste oder Datensatz bezeichnet.

Beispiel A 1.9. In einem Oberstufenkurs nehmen 14 Schülerinnen und Schüler an einer Klausur teil. Das Merkmal Klausurnote kann die Ausprägungen 0, 1,..., 15 [Punkte] annehmen. Die Auswertung der Klausur ergibt folgende Noten (in Punkten):

$$12 \ 11 \ 4 \ 8 \ 10 \ 10 \ 13 \ 8 \ 7 \ 10 \ 9 \ 6 \ 13 \ 9$$

Diese Werte stellen die zum Merkmal Klausurnote gehörige Urliste dar.

A 1.3 Skalen und Merkmalstypen

Die Daten der Urliste bilden die Grundlage für statistische Untersuchungen. Das Methodenspektrum, das hierzu verwendet werden kann, hängt allerdings entscheidend davon ab, wie ein Merkmal erfasst werden kann bzw. wird. Die Messung einer konkreten Ausprägung eines Merkmals beruht auf einer Skala, die die möglichen Merkmalsausprägungen (z.B. Messergebnisse) vorgibt. Eine Skala repräsentiert eine Vorschrift, die jeder statistischen Einheit der Stichprobe einen Beobachtungswert zuordnet. Dieser Wert gibt die Ausprägung des jeweils interessierenden Merkmals an.

Beispiel A 1.10 (Temperaturskala). Zur Messung der Temperatur können unterschiedliche Skalen verwendet werden. Die in Europa verbreitetste Temperaturskala ist die Celsiusskala, die jeder Temperatur einen Zahlenwert mit der Einheit Grad Celsius (°C) zuordnet. Insbesondere wird dabei ein Nullpunkt, d.h. eine Temperatur 0°C, definiert. In den USA wird eine andere Skala, die so genannte Fahrenheitskala, verwendet, d.h. die Temperatur wird in Grad Fahrenheit (°F) gemessen. Fahrenheitskala und Celsiusskala sind nicht identisch. So entspricht z.B. der durch die Fahrenheitskala definierte Nullpunkt −17,78°C. Eine dritte Skala, die vornehmlich in der Physik zur Temperaturmessung verwendet wird, ist die Kelvinskala mit der Einheit Kelvin (K). Der Nullpunkt der Kelvinskala entspricht der Temperatur −273°C in der Celsiusskala und der Temperatur −459,4°F in der Fahrenheitskala (s. Abbildung A 1.1). Da diese unterschiedlichen Skalen durch einfache Transformationen ineinander überführt werden können, macht es letztlich keinen Unterschied, welche Skala zur Messung der Temperatur verwendet wird.

Um univariate Merkmale hinsichtlich der Eigenschaften ihrer Ausprägungen voneinander abzugrenzen, werden so genannte Merkmalstypen eingeführt. Diese Einteilung in Merkmalstypen basiert wesentlich auf den Eigenschaften der Skala, die

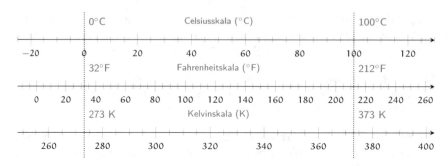

Abbildung A 1.1: Temperaturskalen.

zur Messung des Merkmals verwendet wird. Obwohl eine Skala im strengen Sinne numerische Werte liefert, ist es üblich auch Skalen zu verwenden, deren Werte Begriffe sind (z.B. wenn nur die Antworten gut, mittel oder schlecht auf eine Frage zulässig sind oder das Geschlecht einer Person angegeben werden soll). In Abbildung A 1.2 sind die Zusammenhänge zwischen ausgewählten Merkmalstypen veranschaulicht. Diese Einteilung ist nicht vollständig und kann unter verschiedenen Aspekten weiter differenziert werden. Im Rahmen dieser Ausführungen wird auf eine detaillierte Darstellung jedoch verzichtet.

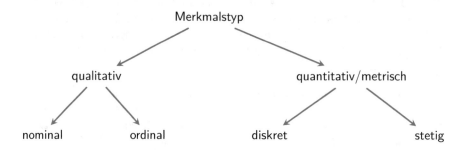

Abbildung A 1.2: Merkmalstypen.

Ein Merkmal wird als qualitativ bezeichnet, wenn die zugehörigen Merkmalsausprägungen nur eine Zugehörigkeit oder eine Beurteilung wiedergeben. Das Merkmal dient in diesem Fall zur Unterscheidung verschiedener Arten von Eigenschaften. Die Zugehörigkeiten werden dabei häufig entweder durch Namen oder durch die Zuordnung von Ziffern beschrieben.

Beispiel A 1.11. In der Schule werden sechs Noten zur Bewertung verwendet: sehr gut, gut, befriedigend, ausreichend, mangelhaft, ungenügend. Schulnoten sind damit qualitative Merkmale. Meist werden statt der konkreten Bezeichnungen für die Schulnoten jedoch nur die Zahlen zwischen Eins und Sechs angegeben. Aber selbst wenn den Noten die Zahlen 1–6 zugeordnet werden, bleibt das Merkmal Note qualitativer Natur, die Zahlen dienen lediglich der kurzen Notation.

Wesentlich zur Unterscheidung zum quantitativen Merkmal ist, dass die Notendifferenzen keine Bedeutung im Sinne eines Messwerts haben (Ist der Abstand zwischen den Noten 1 und 2 genauso groß wie der zwischen den Noten 5 und 6?).

Qualitative Merkmale, deren Ausprägungen lediglich durch Begriffe (Namen) beschrieben werden, heißen nominalskaliert oder auch nominale Merkmale. Auf einer Skala werden die Ausprägungen dabei im Allgemeinen mit Zahlen kodiert. Die Ausprägungen eines nominalen Merkmals können lediglich hinsichtlich ihrer Gleichheit (Ungleichheit) verglichen werden. Eine Reihung (Ordnung) der Ausprägungen ist, auch wenn diese in Form von Zahlen angegeben werden, nicht möglich oder nicht sinnvoll. Ergebnisse von Rechnungen mit diesen Zahlenwerten sind i.a. nicht interpretierbar. Kann ein nominales Merkmal nur zwei mögliche Ausprägungen (z.B. ja/nein, intakt/defekt, 0/1) annehmen, so wird speziell von einem dichotomen Merkmal gesprochen.

Beispiel A 1.12. Das Merkmal Familienstand einer Person ist nominalskaliert. Die möglichen Merkmalsausprägungen ledig, verheiratet, verwitwet und geschieden sind nur hinsichtlich ihrer Gleichheit/Verschiedenheit vergleichbar. Auch die Vergabe der Ziffern 1 bis 4 an die verschiedenen Merkmalsausprägungen, wie z.B. in der Datenerfassung mit Fragebögen üblich, würde daran nichts ändern. Weitere personenbezogene nominale Merkmale sind z.B. Geschlecht, Haarfarbe, Augenfarbe oder Religionszugehörigkeit.

In einem Großunternehmen wird bei einer Bewerbung die Teilnahme an einem schriftlichen Einstellungstest vorausgesetzt. Das darin erzielte Ergebnis entscheidet über die Einladung zu einem persönlichen Gespräch. Abhängig vom Grad der erfolgreichen Bearbeitung der gestellten Aufgaben gilt der Test als bestanden oder nicht bestanden. Das Ergebnis des Einstellungstests ist daher ein dichotomes Merkmal.

Qualitative Merkmale, deren Ausprägungen einer Rangfolge genügen, heißen ordinalskaliert oder ordinale Merkmale. Die Ausprägungen eines ordinalskalierten Merkmals sind hinsichtlich ihrer Größe vergleichbar, d.h. es kann jeweils unterschieden werden, ob eine Ausprägung kleiner, gleich oder größer (bzw. schlechter, gleich oder besser) einer anderen ist. Auf einer Skala werden (wie bei nominalen Merkmalen) meist ganze Zahlen zur Kodierung verwendet. Da den Abständen zwischen unterschiedlichen Ausprägungen eines ordinalen Merkmals allerdings in der Regel keine Bedeutung zukommt, sind Rechnungen mit diesen Zahlen ebenfalls i.Allg. nicht sinnvoll.

Beispiel A 1.13. Eine Schulnote ist ein Merkmal mit den Ausprägungen: sehr gut, gut, befriedigend, ausreichend, mangelhaft, ungenügend. Schulnoten stellen ordinale Merkmale dar. Den Ausprägungen werden in Deutschland meist die Zahlenwerte 1 bis 6 zugeordnet. Ebenso könnten stattdessen aber auch die Zahlen 1, 11, 12, 13, 14, 24 verwendet werden, um zu verdeutlichen, dass die beste und die schlechteste Note eine besondere Rolle spielen. Damit wird klar, dass sich der Abstand zwischen einzelnen Noten nicht sinnvoll interpretieren lässt. Im amerikanischen Bewertungsschema wird dies dadurch deutlich, dass die Güte einer Note durch die Stellung des zugehörigen Buchstabens (A, B, C, D, E, F) im Alphabet wiedergegeben wird. Dies unterstreicht insbesondere, dass Abstände zwischen Noten in der Regel nicht quantifizierbar sind.

Beispiel A 1.14. Die Berechnung von Durchschnittsnoten ist eine übliche Vorgehensweise, wobei die Rechenoperation zur Bildung eines solchen Notenmittelwerts ein Ergebnis haben kann, das als Note selbst nicht vorkommt (z.B. 2,5). Da den Abständen zwischen Noten keine Bedeutung zugeordnet werden kann, ist ein solches Ergebnis nicht ohne Weiteres interpretierbar. Trotzdem kommt diesem Vorgehen sehr wohl eine sinnvolle Bedeutung zu. Die Durchschnittsnote kann zum Vergleich der Gesamtleistungen herangezogen werden. Dieser Vergleich ist aber natürlich nur dann zulässig, wenn davon ausgegangen werden kann, dass die Einzelnoten unter vergleichbaren äußeren Umständen (Bewertung von Leistungen in einer Klausur, Klasse, etc.) vergeben wurden – und die Abstände zwischen aufeinander folgenden Noten als gleich angesehen werden.

Ein Merkmal wird als quantitativ bezeichnet, wenn die möglichen Merkmalsausprägungen sich durch Zahlen erfassen lassen und die Abstände (Differenzen) zwischen diesen Zahlen sinnvoll interpretierbar sind. Aus diesem Grund werden quantitative Merkmale auch metrisch (metrischskaliert) genannt.

Beispiel A 1.15. In einer Firma zur Herstellung von Bekleidungsartikeln wird der Umsatz analysiert. Dabei werden u.a. auch die Anzahl der verkauften Pullover und der Wert aller verkauften Hemden ermittelt. Beide Merkmale sind metrisch, da Differenzen dieser Ausprägungen (in diesem Fall z.B. beim Vergleich der Verkaufszahlen mit denjenigen aus dem Vorjahr) interpretierbare Ergebnisse liefern (z.B. Umsatzzugewinn oder -rückgang).

In einer Stadt wird einmal pro Tag an einer Messeinrichtung die Temperatur gemessen. Dieses Merkmal ist metrisch, denn Differenzen von Temperaturen lassen sich als Temperaturunterschiede sinnvoll interpretieren.

Quantitative Merkmale können auf zweierlei Weise unterschieden werden. Eine Einteilung auf der Basis von Eigenschaften der Merkmalsausprägungen führt zu intervallskalierten, verhältnisskalierten und absolutskalierten Merkmalen. Ein Vergleich der Anzahl von möglichen Merkmalsausprägungen liefert eine Trennung in diskrete und stetige Merkmale.

Ein intervallskaliertes Merkmal muss lediglich die definierenden Eigenschaften eines quantitativen Merkmals erfüllen. Insbesondere müssen die Abstände der Ausprägungen eines intervallskalierten Merkmals sinnvoll interpretierbar sein. Definitionsgemäß ist daher jedes quantitative Merkmal intervallskaliert. Der Begriff dient lediglich zur Abgrenzung gegenüber Merkmalen, deren Ausprägungen zusätzlich weitere Eigenschaften aufweisen. Es ist wichtig zu betonen, dass die Skalen, die zur Messung eines intervallskalierten Merkmals verwendet werden, keinen natürlichen Nullpunkt besitzen müssen.

Beispiel A 1.16. Im Beispiel A 1.10 (Temperaturskala) wird deutlich, dass die verschiedenen Skalen unterschiedliche Nullpunkte besitzen. Die zugehörigen Werte sind in der folgenden Tabelle aufgeführt (s. Abbildung A 1.1).

Nullpunkt	°C	°F	K
0°C	0	32	273
0°F	−17,78	0	255,22
0 K	−273	−459,4	0

Beispiel A 1.17 (Kalender). Mittels eines Kalenders kann die Zeit in Tage, Wochen, Monate und Jahre eingeteilt werden. Die Abstände zwischen je zwei Zeitpunkten können damit sinnvoll als Zeiträume interpretiert werden. Die Zeit ist also ein intervallskaliertes Merkmal. Der Beginn der Zeitrechnung, d.h. der Nullpunkt der Skala, kann jedoch unterschiedlich gewählt werden. So entspricht z.B. der Beginn der Jahreszählung im jüdischen Kalender dem Jahr 3761 v.Chr. unserer Zeitrechnung (dem gregorianischen Kalender).

Ein quantitatives Merkmal heißt verhältnisskaliert, wenn die zur Messung verwendeten Skalen einen gemeinsamen natürlichen Nullpunkt aufweisen. Verhältnissen (Quotienten) von Merkmalsausprägungen eines verhältnisskalierten Merkmals kann eine sinnvolle Bedeutung zugeordnet werden. Der natürliche Nullpunkt garantiert nämlich, dass Verhältnisse von einander entsprechenden Ausprägungen, die auf unterschiedlichen (linearen) Skalen (d.h. in anderen Maßeinheiten) gemessen wurden, immer gleich sind. Verhältnisskalierte Merkmale sind ein Spezialfall von intervallskalierten Merkmalen.

Beispiel A 1.18. Für einen Bericht in einer Motorsportzeitschrift werden die Höchstgeschwindigkeiten von Sportwagen ermittelt. Das Merkmal Höchstgeschwindigkeit eines Fahrzeugs ist verhältnisskaliert. Unabhängig davon, ob die Geschwindigkeit z.B. in $\frac{km}{h}$ oder $\frac{m}{s}$ gemessen wird ($1\frac{km}{h} = \frac{1}{3,6}\frac{m}{s}$), bleibt der Nullpunkt der Skalen immer gleich. Er entspricht dem Zustand „keine Bewegung".

Für eine Umsatzanalyse in einem Unternehmen wird jährlich der Gesamtwert aller verkauften Produkte bestimmt. Dieses Merkmal ist verhältnisskaliert, denn bei der Messung des Gesamtwerts gibt es nur einen sinnvollen Nullpunkt. Verhältnisse von Ausprägungen aus unterschiedlichen Jahren können als Maßzahlen (Wachstumsfaktoren) für die prozentuale Zu- bzw. Abnahme des Umsatzes interpretiert werden.

Im Folgenden wird das Beispiel A 1.10 (Temperaturskala) (siehe auch Beispiel A 1.17 (Kalender)) als wichtiges Beispiel für ein intervallskaliertes, aber nicht verhältnisskaliertes Merkmal näher untersucht.

Beispiel A 1.19. Das Merkmal Temperatur ist intervallskaliert, da sich der Abstand zweier gemessener Temperaturen als Temperaturänderung interpretieren lässt. Allerdings kann das Verhältnis zweier Temperaturen nicht sinnvoll gebildet werden. Wird eine Temperatur auf zwei unterschiedlichen Skalen gemessen, wie z.B. der Celsiusskala und der Kelvinskala, so sind Verhältnisse von einander entsprechenden Temperaturen nicht gleich. Beispielsweise gilt

$$5°C \widehat{=} 278K, \qquad 20°C \widehat{=} 293K.$$

Die zugehörigen Verhältnisse der Temperaturen in °C bzw. K sind ungleich:

$$4 = \frac{20°C}{5°C} \neq \frac{293K}{278K} \approx 1{,}054.$$

Eine Aussage wie „es ist viermal so heiß" kann also ohne Angabe einer konkreten Skala nicht interpretiert werden. Der Grund hierfür ist das Fehlen eines durch das Merkmal eindeutig festgelegten Nullpunkts der Skalen. So entspricht z.B. der Nullpunkt 0°C der Celsiusskala nicht dem Nullpunkt 0 K der Kelvinskala, sondern es gilt 0°C $\widehat{=}$ 273 K. Das Merkmal Temperatur ist also nicht verhältnisskaliert. Es sei aber darauf hingewiesen, dass das Merkmal Temperaturunterschied als verhältnisskaliert betrachtet werden kann, da der Nullpunkt (unabhängig von der Skala) eindeutig festgelegt ist.

Ein quantitatives Merkmal heißt absolutskaliert, wenn nur eine einzige sinnvolle Skala zu dessen Messung verwendet werden kann. Das ist gleichbedeutend mit der Tatsache, dass nur eine natürliche Einheit für das Merkmal in Frage kommt. Absolutskalierte Merkmale sind ein Spezialfall verhältnisskalierter Merkmale.

Beispiel A 1.20. In einer Großküche wird in regelmäßigen Abständen die Anzahl aller vorhandenen Teller festgehalten. Hierbei handelt es sich um ein absolutskaliertes Merkmal. Zur Messung von Anzahlen existiert nur eine sinnvolle Skala und nur eine natürliche Maßeinheit.

Ein quantitatives Merkmal heißt diskret, wenn die Menge aller Ausprägungen, die das Merkmal annehmen kann, abzählbar ist, d.h. die Ausprägungen können mit den Zahlen 1, 2, 3,...nummeriert werden. Dabei wird zwischen endlich und unendlich vielen Ausprägungen unterschieden.

Beispiel A 1.21. Beim Werfen eines herkömmlichen sechsseitigen Würfels können nur die Zahlen 1, 2,..., 6 auftreten. Das Merkmal Augenzahl beim Würfelwurf ist daher ein Beispiel für ein diskretes Merkmal mit endlich vielen Ausprägungen.

In einem statistischen Experiment wird bei mehreren Versuchspersonen die Anzahl der Eingaben auf einer Tastatur bis zur Betätigung einer bestimmten Taste ermittelt. Da theoretisch beliebig viele andere Tasten gedrückt werden können, bis das Experiment schließlich endet, ist die Anzahl der gedrückten Tasten nicht nach oben beschränkt. Das Merkmal Anzahl der gedrückten Tasten ist somit diskret, die Menge der Ausprägungen dieses Merkmals wird als unendlich angenommen.

Ein quantitatives Merkmal wird als stetig oder kontinuierlich bezeichnet, wenn prinzipiell jeder Wert aus einem Intervall angenommen werden kann. Häufig werden auch Merkmale, deren Ausprägungen sich eigentlich aus Gründen der Messgenauigkeit (z.B. die Zeit in einem 100m-Lauf) oder wegen der Einheit, in der sie gemessen werden (z.B. Preise), nur diskret messen lassen, aufgrund der feinen Abstufungen zwischen den möglichen Ausprägungen als stetig angesehen. Für diese Situation wird manchmal auch der Begriff quasi-stetig verwendet.

Beispiel A 1.22. In einer Schulklasse werden die Größen aller Schülerinnen und Schüler gemessen (in m). Dieses Merkmal ist stetig, obwohl in der Praxis im Allgemeinen nur auf zwei Nachkommastellen genau gemessen wird. Im Prinzip könnte jedoch bei beliebig hoher Messgenauigkeit jeder Wert in einem Intervall angenommen werden. Die „ungenaue Messung" entspricht daher einer Rundung des Messwerts auf zwei Nachkommastellen.

Im Rahmen der Qualitätskontrolle wird der Durchmesser von Werkstücken geprüft. Beträgt der Solldurchmesser 10cm und ist die maximal mögliche Abweichung 0,05cm, so kann das Merkmal Durchmesser prinzipiell jede beliebige Zahl zwischen 9,95cm und 10,05cm annehmen und ist somit stetig.

Es ist wichtig zu betonen, dass der Merkmalstyp eines Merkmals definitionsgemäß entscheidend von dessen Ausprägungen und damit von der Skala, mit der das Merkmal gemessen wird, abhängt. Daher kann das gleiche Merkmal in unterschiedlichen Situationen einen anderen Merkmalstyp besitzen.

Beispiel A 1.23. In Abhängigkeit von der weiteren Verwendung der Daten kann das Merkmal Körpergröße auf unterschiedliche Weise „gemessen" werden.

(i) Ist lediglich von Interesse, ob eine Eigenschaft der Körpergröße erfüllt ist (z.B. Größe zwischen 170cm und 190cm), so sind die Ausprägungen zutreffend bzw. nicht zutreffend möglich. In diesem Fall ist das Merkmal Körpergröße nominalskaliert.

(ii) Sofern nur eine grobe Unterteilung ausreichend ist, können die Personen in die drei Klassen klein, mittel und groß eingeteilt werden, die beispielsweise jeweils den Größen von kleiner oder gleich 150cm, größer als 150cm und kleiner oder gleich 175cm und größer als 175cm entsprechen. Das Merkmal Körpergröße hat in diesem Fall die drei Ausprägungen klein, mittel und groß und ist damit ordinalskaliert.

(iii) Wird angenommen, dass alle Personen eine Körpergröße zwischen 140cm und 210cm haben, so würde eine feinere Unterteilung der Einstufungen – z.B. die Einführung von Intervallen der Form $[140, 150], (150, 160], \ldots,$ $(200, 210]$ (Werte in cm) – bereits einen genaueren Überblick über die Verteilung der Daten liefern. Bei dieser Art der Messung werden dem Merkmal Körpergröße die Ausprägungen $[140, 150], (150, 160], \ldots, (200, 210]$ zugeordnet, die angeben, in welchen Bereich die Größe der betreffenden Person fällt. Dieses Merkmal ist ordinalskaliert.

(iv) Ist die Größe jeder Person auf zwei Nachkommastellen genau bestimmt worden, so kann das Merkmal Körpergröße als metrisches, stetiges Merkmal angesehen werden. Jede ermittelte Körpergröße ist somit eine Ausprägung.

Im Punkt (iii) des obigen Beispiels wird für das Merkmal Körpergröße eine Einstufung der Ausprägungen in (sich anschließende) Intervalle vorgenommen. Für diesen als Klassierung bezeichneten Vorgang sind verschiedene Aspekte von Bedeutung. Abhängig vom speziellen Untersuchungsziel kann es völlig ausreichend sein, die Ausprägungen des Merkmals Körpergröße, das prinzipiell als metrisch angesehen werden kann, nur (grob) in Intervalle einzuteilen. Ist dies der Fall, so ist es natürlich auch nicht erforderlich, die Originaldaten in metrischer Form zu erheben. Es genügt, jeder Person als statistischer Einheit das entsprechende Intervall zuzuordnen. Die Ausprägungen des Merkmals Körpergröße sind in dieser speziellen Situation daher Intervalle. Es wird also bewusst darauf verzichtet, die „Mehrinformation" von Originaldaten in Form exakter metrischer Messwerte zu nutzen.

Die Klassierung eines metrischen Merkmals kann auch aus anderen Gründen angebracht sein. Zu Auswertungszwecken kann sie (nachträglich) sinnvoll sein, um mittels eines Histogramms (s. Abschnitt A 4.2) einen ersten graphischen Eindruck vom Datenmaterial zu erhalten. Ein völlig anderer Aspekt wird relevant, wenn ein eigentlich metrisches Merkmal nicht in metrischer Form, sondern nur in Form von Intervallen, so genannten Klassen, erhoben werden kann. In Umfragen wird beispielsweise die Frage nach dem Einkommen oder den monatlichen Mietzahlungen mit Antwortalternativen als Klassen gestellt. Einerseits wird dadurch gewährleistet, dass die Frage von möglichst vielen Personen beantwortet wird, andererseits wird die Beantwortung der Frage vereinfacht.

Beispiel A 1.24. Bei der Eröffnung eines Online-Depots sind die Banken verpflichtet, die Vermögenssituation der Antragsteller/innen festzustellen. Dies wird z.B. durch Angaben zum Jahresnettoeinkommen, zum Nettovermögen sowie zum frei verfügbaren Nettovermögen der Kundinnen und Kunden umgesetzt und erfolgt in der Regel nach einem Schema der in Abbildung A 1.3 dargestellten Art.

Für statistische Anwendungen ist es häufig ausreichend, nur zwischen den Merkmalstypen nominal, ordinal und metrisch zu unterscheiden, in denen sich die für statistische Analysen wesentlichen Unterschiede widerspiegeln. Diese Merkmalstypen bilden eine Hierarchie: Die Ausprägungen eines metrischen Merkmals haben alle Eigenschaften eines ordinalskalierten Merkmals, diejenigen eines ordinalen Merkmals erfüllen die Eigenschaften eines nominalen Merkmals. In dieser Hierarchie werden unterschiedliche Anforderungen an die Daten gestellt, so dass auch von unterschiedlich hohen Messniveaus, auf denen die Ausprägungen gemessen werden, gesprochen wird. Metrische Daten haben z.B. ein höheres Messniveau als ordinale Daten. Die Eigenschaften der Ausprägungen sind entscheidend bei der Anwendung statistischer Methoden zur Analyse der Daten. Je höher das Messniveau ist, umso komplexere statistische Verfahren können eingesetzt werden.

Wie hoch ist Ihr durchschnittliches Jahresnettoeinkommen?

☐ 0-4 999 €   ☐ 5 000-9 999 €   ☐ 10 000-24 999 €

☐ 25 000-49 999 €   ☐ über 50 000 €

Wie hoch ist Ihr Nettovermögen?

☐ 0-9 999 €   ☐ 10 000-24 999 €   ☐ 25 000-49 999 €

☐ 50 000-99 999 €   ☐ über 100 000 €

Wie hoch ist Ihr frei verfügbares Nettovermögen?

☐ 0-9 999 €   ☐ 10 000-24 999 €   ☐ 25 000-49 999 €

☐ 50 000-99 999 €   ☐ über 100 000 €

Abbildung A 1.3: Fragebogen mit klassierten Daten.

Allerdings kann jede statistische Auswertungsmethode, die auf einem bestimmten Messniveau möglich ist, auch für Daten eines höheren Niveaus verwendet werden (dies muss allerdings nicht unbedingt sinnvoll sein). Ist z.B. ein Verfahren für ordinalskalierte Merkmale konstruiert worden, so kann es auch auf metrische Daten angewendet werden (da diese auch als ordinalskaliert aufgefasst werden können). Im Einzelfall ist jedoch zu prüfen, ob die Anwendung sinnvoll ist. Häufig existieren nämlich für Daten auf einem höheren Messniveau effektivere Methoden, die die Informationen in den Merkmalsausprägungen besser nutzen.

Für Daten auf nominalem Niveau können nur die Häufigkeiten einzelner Ausprägungen für die Bestimmung der Lage der Daten und zur Beschreibung von Zusammenhängen in den Daten herangezogen werden. Da bei einem ordinalskalierten Merkmal eine Ordnung auf den Ausprägungen vorliegt, kann bereits der Begriff eines mittleren Werts (s. Median) eingeführt werden. Außerdem können monotone Zusammenhänge (s. Rangkorrelationskoeffizient) zwischen Merkmalen analysiert werden (z.B. ob die Merkmalsausprägungen eines Merkmals tendenziell wachsen, wenn die Ausprägungen eines verbundenen Merkmals wachsen; z.B Schulnoten in unterschiedlichen, aber verwandten Fächern wie Mathematik und Physik). Für Daten auf metrischem Niveau können zusätzlich Abstände zwischen einzelnen Ausprägungen interpretiert werden. Streuungsbegriffe (z.B. absolute Abweichung, empirische Varianz), die einen Überblick über die Variabilität in den Daten liefern, können daher für metrische Daten eingeführt werden und ergänzen Lagemaße wie Median und arithmetisches Mittel. Für Daten auf diesem Messniveau ist schließlich auch die Bestimmung funktionaler Zusammenhänge zwischen verschiedenen Merkmalen sinnvoll (s. lineare Regression in Abschnitt A 8).

A 1.4 Mehrdimensionale Merkmale

Merkmale, deren Ausprägungen aus Merkmalsausprägungen mehrerer einzelner Merkmale bestehen, werden als mehrdimensional oder multivariat bezeichnet. Hierbei gibt es keine Einschränkungen an die Merkmalstypen der Einzelmerkmale, aus denen sich das mehrdimensionale Merkmal zusammensetzt. Mehrdimensionale Merkmale werden als Tupel $(X_1, \ldots, X_m)$ angegeben, wobei $X_1, \ldots, X_m$ die einzelnen Merkmale bezeichnen und m Dimension des Merkmals $(X_1, \ldots, X_m)$ heißt. Das Ergebnis einer Erhebung an n statistischen Einheiten ist dann ein multivariater Datensatz mit n Tupeln $(x_{i1}, \ldots, x_{im})$ der Dimension m, $i \in \{1, \ldots, n\}$. Das i-te Tupel enthält die an der i-ten statistischen Einheit gemessenen Daten der m univariaten Merkmale. Diese Daten werden oft in einer Tabelle oder Datenmatrix D zusammengefasst:

$$
\begin{array}{c|cccc}
& \multicolumn{4}{c}{j\text{-tes Merkmal}} \\
& 1 & 2 & \cdots & m \\
\hline
1 & x_{11} & x_{12} & \cdots & x_{1m} \\
2 & x_{21} & x_{22} & \cdots & x_{2m} \\
\vdots & \vdots & & \ddots & \vdots \\
\vdots & \vdots & & & \ddots & \vdots \\
n & x_{n1} & x_{n2} & \cdots & x_{nm}
\end{array}
\qquad
D = \begin{pmatrix}
x_{11} & x_{12} & \cdots & x_{1m} \\
x_{21} & x_{22} & \cdots & x_{2m} \\
\vdots & & \ddots & \vdots \\
\vdots & & & \ddots & \vdots \\
x_{n1} & x_{n2} & \cdots & x_{nm}
\end{pmatrix}
$$

(Zeilenbeschriftung links: i-te statistische Einheit)

Beispiel A 1.25. Der Verlauf des Aktienkurses eines Unternehmens wird über mehrere Tage beobachtet. An jedem Tag werden Datum des Tages, Eröffnungskurs, Schlusskurs, Tiefststand während des Tages sowie Höchststand festgehalten. Aus der Beobachtung könnte sich z.B. der folgende Datensatz ergeben haben:

(11.2., 75,2, 76,3, 75,0, 77,9) (13.2., 77,0, 78,9, 76,3, 80,1)
(15.2., 73,5, 81,3, 71,2, 87,5) (18.2., 81,3, 79,6, 75,3, 81,4)
(20.2., 81,9, 82,0, 81,4, 84,2) (22.2., 79,2, 75,3, 71,3, 81,6)

Die Einträge in jedem der sechs Beobachtungswerte sind in der oben angegebenen Reihenfolge aufgelistet. Die Daten sind Ausprägungen eines fünfdimensionalen Merkmals, wobei jede Merkmalsausprägung zusammengesetzt ist aus den Ausprägungen eines ordinalen Merkmals (dem Datum des Tages) und vier stetigen Merkmalen (den Kurswerten).

Zweidimensionale oder bivariate Merkmale sind Spezialfälle mehrdimensionaler Merkmale, die als Paare von Beobachtungen zweier eindimensionaler Merkmale gebildet werden. Zur Notation werden Tupel (X, Y) verwendet, deren Komponenten X und Y univariate Merkmale sind. Die zu einem zweidimensionalen Merkmal gehörigen Beobachtungen heißen gepaarte Daten. Ein bivariater Datensatz $(x_1, y_1), \ldots, (x_n, y_n)$ wird auch als gepaarte Messreihe bezeichnet.

Beispiel A 1.26. In einer medizinischen Studie werden u.a. Alter und Körpergröße der Probanden erhoben. Die Messwerte

$$(35,178) \quad (41,180) \quad (36,187) \quad (50,176) \quad (45,182)$$
$$(33,179) \quad (36,173) \quad (48,185) \quad (51,179) \quad (55,184)$$

sind ein Auszug aus dem Datensatz, in dem jeweils der erste Eintrag jeder Beobachtung das Alter X (in Jahren) und der zweite Eintrag die Körpergröße Y (in cm) angibt. Das bivariate Merkmal (X, Y) ist also ein Paar aus zwei metrischen Merkmalen, nämlich dem diskreten Merkmal Alter und dem stetigen Merkmal Körpergröße.

In einer Studie über das Rauchverhalten von Männern und Frauen wird in einer Testgruppe folgender zweidimensionaler Datensatz erhoben:

$$(j,w) \quad (n,m) \quad (j,w) \quad (j,m) \quad (j,m) \quad (n,w) \quad (n,w) \quad (j,m)$$

Hierbei steht der erste Eintrag in jeder Beobachtung für das Merkmal Rauchen (ja/nein (j/n)), der zweite steht für das Merkmal Geschlecht (männlich/weiblich (m/w)). Dieses bivariate Merkmal ist damit die Kombination zweier nominalskalierter (dichotomer) Merkmale.

A 2 Tabellarische und graphische Darstellungen

Ehe erhobene Daten einer genaueren Analyse unterzogen werden, sollten sie zuerst in geeigneter Form aufbereitet werden. Ein wesentlicher Bereich der Datenaufbereitung ist die tabellarische und graphische Darstellung der Daten. Auf diese Weise kann zunächst ein Überblick über das Datenmaterial gewonnen werden, erste (optische) Auswertungen können bereits erfolgen. Zu diesem Zweck werden die Daten in komprimierter Form dargestellt, wobei zunächst meist angestrebt wird, den Informationsverlust so gering wie möglich zu halten. Eine spätere Kurzpräsentation von Ergebnissen einer statistischen Analyse wird sich meist auf wenige zentrale Aspekte beschränken müssen. Informationsverlust durch Datenreduktion ist also stets in Relation zu der gewünschten Form der Ergebnisse zu sehen.

Im Rahmen der tabellarischen Datenaufbereitung werden den verschiedenen Merkmalsausprägungen ausgehend von der Urliste zunächst Häufigkeiten zugeordnet und diese in Tabellenform (z.B. in Häufigkeitstabellen) dargestellt. Auf der Basis der Häufigkeiten stehen dann vielfältige Möglichkeiten der graphischen Datenaufbereitung (z.B. in Form von Balken-, Säulen- oder Kreisdiagrammen) zur Verfügung.

Die Ausführungen in diesem Abschnitt beziehen sich auf qualitative und diskrete quantitative Merkmale. Für stetige Merkmale werden spezielle Methoden zur tabellarischen und graphischen Darstellung verwendet, auf die in späteren Abschnitten eingegangen wird. Die nachfolgend erläuterten Methoden lassen sich zwar auch für stetige quantitative Merkmale anwenden, jedoch ist zu beachten, dass aufgrund der Besonderheiten stetiger Merkmale die vorgestellten Ansätze nur selten eine geeignete Aufbereitung des Datenmaterials liefern (Eine beobachtete Ausprägung wird sich unter Ausschöpfung der Messgenauigkeit nur relativ selten wiederholen). In der Regel ist die Anwendung auf stetige Datensätze daher nicht sinnvoll, es sei denn, das betrachtete stetige Merkmal wird zunächst klassiert.

A 2.1 Häufigkeiten

In diesem Abschnitt wird angenommen, dass eine Urliste vorliegt, die sich durch Beobachtung eines Merkmals X, das m verschiedene Ausprägungen $u_1, \ldots, u_m$ annehmen kann, ergeben hat. Die Anzahl aller Beobachtungswerte in der Urliste heißt Stichprobenumfang und wird mit n bezeichnet.

Um die Information, die in den Beobachtungswerten des Datensatzes enthalten ist, aufzuarbeiten, werden den verschiedenen Merkmalsausprägungen Häufigkeiten zugeordnet. Häufigkeiten beschreiben die Anzahl des Auftretens der Ausprägungen in der Urliste. Hierbei wird generell zwischen absoluten und relativen Häufigkeiten unterschieden.

Absolute Häufigkeiten geben die Anzahl von Beobachtungswerten an, die mit einer bestimmten Merkmalsausprägung identisch sind. Sie entsprechen dem Häufigkeitsbegriff im üblichen Sprachgebrauch.

Definition A 2.1 (Absolute Häufigkeit). *Für ein Merkmal X mit den möglichen Ausprägungen $u_1, \ldots, u_m$ liege die Urliste $x_1, \ldots, x_n$ vor.*

Die Zahl n_j gibt die Anzahl des Auftretens der Merkmalsausprägung u_j in der Urliste an und heißt absolute Häufigkeit der Beobachtung u_j, $j \in \{1, \ldots, m\}$. Bezeichnet $|\{\cdots\}|$ die Anzahl von Elementen der Menge $\{\cdots\}$, so gilt also

$$n_j = |\{i \in \{1, \ldots, n\} | x_i = u_j\}|.$$

Mittels der Indikatorfunktion können „Auszählungen" alternativ dargestellt werden. Für eine Menge $A \subseteq \mathbb{R}$ und eine Zahl $x \in \mathbb{R}$ wird definiert

$$\mathbb{1}_A(x) = \begin{cases} 1, & x \in A, \\ 0, & x \notin A. \end{cases}$$

Die absolute Häufigkeit n_j einer Ausprägung u_j lässt sich mittels der Indikatorfunktion darstellen:

$$n_j = \sum_{i=1}^{n} \mathbb{1}_{\{u_j\}}(x_i).$$

Regel A 2.2 (Summe der absoluten Häufigkeiten). *Für die absoluten Häufigkeiten $n_1, \ldots, n_m$ der verschiedenen Ausprägungen $u_1, \ldots, u_m$ gilt stets*

$$\sum_{i=1}^{m} n_i = n_1 + \cdots + n_m = n.$$

Definition A 2.3 (Relative Häufigkeit). *Die absolute Häufigkeit der Merkmals-ausprägung* u_j *in der Urliste sei durch* n_j *gegeben,* $j \in \{1, \dots, m\}$. *Der Quotient*

$$f_j = \frac{n_j}{n}$$

heißt relative Häufigkeit der Merkmalsausprägung u_j, $j \in \{1, \dots, m\}$.

Oft werden relative Häufigkeiten auch als Prozentzahlen angegeben. Um Prozentangaben zu erhalten, sind die relativen Häufigkeiten mit Hundert zu multiplizieren:

$$\text{relative Häufigkeit in } \% = \frac{\text{absolute Häufigkeit}}{\text{Anzahl aller Beobachtungen}} \cdot 100\%.$$

Regel A 2.4 (Summe der relativen Häufigkeiten). *Für die relativen Häufigkeiten* $f_1, \dots, f_m$ *der verschiedenen Ausprägungen* $u_1, \dots, u_m$ *gilt stets*

$$\sum_{i=1}^{m} f_i = f_1 + f_2 + \cdots + f_m = 1.$$

Summen von Häufigkeiten einzelner Ausprägungen werden als kumulierte Häufigkeiten bezeichnet. Die Einzelhäufigkeiten können dabei entweder in relativer oder in absoluter Form vorliegen.

Tabellarische Zusammenstellungen von absoluten bzw. relativen Häufigkeiten wie sie in den Beispielen dieses Abschnitts zu finden sind, werden als Häufigkeitstabellen bezeichnet. Die Auflistung der relativen Häufigkeiten (auch in Form einer Tabelle) aller verschiedenen Merkmalsausprägungen in einem Datensatz wird Häufigkeitsverteilung genannt. Sie gibt einen Überblick darüber, wie die einzelnen Ausprägungen im Datensatz verteilt sind.

Für stetige Merkmale sind Häufigkeitstabellen meist wenig aussagekräftig, da Merkmalsausprägungen oft nur ein einziges Mal in der Urliste auftreten. Der Effekt einer Zusammenfassung von Daten durch die Betrachtung von Häufigkeiten geht daher verloren. Bei stetigen Merkmalen kann mit dem Ziel, einen ähnlichen einfachen Überblick über die Daten zu erhalten, auf das Hilfsmittel der Klassierung zurückgegriffen werden.

A 2.2 Empirische Verteilungsfunktion

Die empirische Verteilungsfunktion $F_n : \mathbb{R} \longrightarrow [0,1]$ ist ein Hilfsmittel, mit dem kumulierte Häufigkeiten eines Datensatzes durch eine Funktion beschrieben und durch deren Graph visualisiert werden können. Sie wird für metrische Merkmale eingeführt, wobei sowohl diskrete als auch stetige Merkmale betrachtet werden können.

Für eine vorgegebene Zahl x beschreibt der Wert $F_n(x)$ den Anteil der Beobachtungen, die höchstens den Wert x haben, d.h. die empirische Verteilungsfunktion gibt den Anteil von Beobachtungen an, die einen gewissen Wert nicht übersteigen.

Definition A 2.5 (Empirische Verteilungsfunktion). *Für* $x_1, \ldots, x_n \in \mathbb{R}$ *wird die empirische Verteilungsfunktion* $F_n : \mathbb{R} \longrightarrow [0, 1]$ *definiert durch*

$$F_n(x) = \frac{1}{n} \sum_{i=1}^{n} \mathbb{1}_{(-\infty, x]}(x_i), \quad x \in \mathbb{R}.$$

Definition A 2.6 (Rangwertreihe, Rangwert, Minimum, Maximum). *Für Beobachtungswerte* $y_1, \ldots, y_r$ *eines metrischskalierten Merkmals heißt die aufsteigend geordnete Auflistung der Beobachtungswerte*

$$y_{(1)} \leqslant y_{(2)} \leqslant \cdots \leqslant y_{(r)}$$

Rangwertreihe. Der Wert $y_{(j)}$ *an der j-ten Stelle der Rangwertreihe wird als j-ter Rangwert bezeichnet,* $j \in \{1, \ldots, r\}$. *Der erste Rangwert* $y_{(1)}$ *heißt Minimum, der letzte Rangwert* $y_{(r)}$ *Maximum der Werte* $y_1, \ldots, y_r$.

Liegen im Datensatz $x_1, \ldots, x_n$ insgesamt m verschiedene Merkmalsausprägungen $u_{(1)} < \cdots < u_{(m)}$ mit zugehörigen relativen Häufigkeiten $f_{(1)}, \ldots, f_{(m)}$ vor, so gilt:

$$F_n(x) = \begin{cases} 0, & x < u_{(1)}, \\ \sum_{j=1}^{k} f_{(j)}, & u_{(k)} \leqslant x < u_{(k+1)}, k \in \{1, \ldots, m-1\}, \\ 1, & x \geqslant u_{(m)}, \end{cases} .$$

Beispiel A 2.7 (Empirische Verteilungsfunktion). Der Graph der empirischen Verteilungsfunktion eines Datensatzes mit den verschiedenen Merkmalsausprägungen $u_{(1)}, u_{(2)}, u_{(3)}, u_{(4)}$ und zugehörigen relativen Häufigkeiten $f_{(1)}, f_{(2)}, f_{(3)}, f_{(4)}$ ist in Abbildung A 2.1 dargestellt.

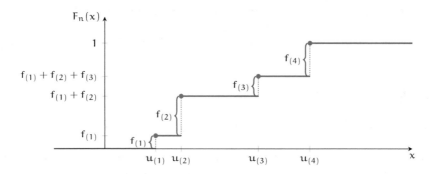

Abbildung A 2.1: Treppenfunktion.

Ein Punkt am (linken) Ende einer Linie deutet an, dass der Funktionswert an dieser Stelle abgelesen wird. Da nur vier Ausprägungen vorliegen, ist die Summe der vier relativen Häufigkeiten gleich Eins, d.h. $f_{(1)} + f_{(2)} + f_{(3)} + f_{(4)} = 1$.

Am Beispiel A 2.7 können die wichtigsten Eigenschaften der empirischen Verteilungsfunktion direkt abgelesen werden. Aus der Graphik wird deutlich, dass sie eine monoton wachsende Funktion ist, d.h. für Werte $x \leqslant y$ gilt stets $F_n(x) \leqslant F_n(y)$. Dies folgt auch direkt aus ihrer Definition. Weiterhin ist F_n eine Treppenfunktion mit Sprüngen an den beobachteten Merkmalsausprägungen, d.h. F_n „springt" an diesen Stellen von einer Treppenstufe zur nächsten. Die Höhe der Treppenstufe ist die relative Häufigkeit der zugehörigen Ausprägung im Datensatz. Liegen somit in einem Bereich viele Beobachtungen vor, so wächst die empirische Verteilungsfunktion dort stark, in Bereichen ohne Beobachtungen ist sie konstant. Aus der Definition ergibt sich sofort, dass die empirische Verteilungsfunktion für Werte, die die größte beobachtete Merkmalsausprägung übersteigen, konstant gleich 1 und für Werte, die kleiner als der kleinste Beobachtungswert sind, konstant gleich 0 ist. Diese Eigenschaften der empirischen Verteilungsfunktion sind in der folgenden Regel zusammengefasst.

Regel A 2.8 (Eigenschaften der empirischen Verteilungsfunktion). $u_{(1)} < \cdots < u_{(m)}$ *sei die Rangwertreihe der beobachteten verschiedenen Ausprägungen eines Datensatzes.*

Die empirische Verteilungsfunktion F_n *hat folgende Eigenschaften:*

(i) F_n *ist eine monoton wachsende und rechtsseitig stetige Treppenfunktion.*

(ii) Die Sprungstellen liegen an den Stellen $u_{(1)}, \ldots, u_{(m)}$. *Die Höhe des Sprungs bzw. der Treppenstufe an der Stelle* $u_{(j)}$ *ist gleich der relativen Häufigkeit* $f_{(j)}$ *von* $u_{(j)}$.

(iii) Definitionsgemäß ist der Funktionswert von F_n

$$F_n(x) = 0 \text{ für } x < u_{(1)} \quad \text{und} \quad F_n(x) = 1 \text{ für } x \geqslant u_{(m)}.$$

Eine nützliche Eigenschaft der empirischen Verteilungsfunktion liegt in der einfachen Berechnungsmöglichkeit von Anteilen, die bestimmte Merkmalsausprägungen am gesamten Datensatz haben. So liefert die Auswertung der empirischen Verteilungsfunktion F_n an einer Stelle $x \in \mathbb{R}$, d.h. der Wert $F_n(x)$, den Anteil der Beobachtungen, die kleiner oder gleich x sind. Dabei werden die relativen Häufigkeiten der Merkmalsausprägungen summiert, die kleiner oder gleich x sind. Da sich die relativen Häufigkeiten zu Eins summieren, gibt $1 - F_n(x)$ den Anteil aller Beobachtungen an, die strikt größer als x sind. Desweiteren können mit der empirischen Verteilungsfunktion Anteile von zwischen zwei Merkmalsausprägungen liegenden Beobachtungen bestimmt werden.

Regel A 2.9 (Rechenregeln für die empirische Verteilungsfunktion). *Für reelle Zahlen* x, y *mit* $x < y$ *beschreiben*

$F_n(x)$ *den Anteil der Beobachtungswerte im Intervall* $(-\infty, x]$,

$1 - F_n(x)$ *den Anteil der Beobachtungswerte im Intervall* (x, ∞),

$F_n(y) - F_n(x)$ *den Anteil der Beobachtungswerte im Intervall* $(x, y]$.

Team	I	II	III	IV	V
absolute Häufigkeit	10	20	5	10	5
relative Häufigkeit	0,2	0,4	0,1	0,2	0,1

(a) Häufigkeitstabelle   **(b)** Stabdiagramm

Abbildung A 2.2: Häufigkeitstabelle und Stabdiagramm.

A 2.3 Diagrammtypen

Stab-, Säulen- und Balkendiagramm

Ein Stabdiagramm ist eine einfache graphische Methode, um die Häufigkeiten der Beobachtungswerte in einem Datensatz darzustellen. Die verschiedenen Merkmalsausprägungen im Datensatz werden hierzu auf der horizontalen Achse (Abszisse) eines Koordinatensystems abgetragen. Auf der zugehörigen vertikalen Achse (Ordinate) werden die absoluten bzw. relativen Häufigkeiten angegeben. Die konkreten Häufigkeiten der verschiedenen Beobachtungswerte werden im Diagramm durch senkrechte Striche repräsentiert. Häufig wird deren oberes Ende zusätzlich durch einen Punkt markiert. Da sich die absoluten und relativen Häufigkeiten nur durch einen Faktor (nämlich die Anzahl aller Beobachtungswerte im Datensatz) unterscheiden, sehen beide Varianten des Stabdiagramms – abgesehen von einer unterschiedlichen Skalierung der Ordinate – gleich aus.

Beispiel A 2.10 (Wettbewerb). In einem Wettbewerb sind für die teilnehmenden fünf Teams (I, II, III, IV, V) insgesamt 50 Punkte zu vergeben. Die Häufigkeitstabelle der erzielten Punkte und das zugehörige Stabdiagramm in der Variante mit relativen Häufigkeiten sind in Abbildung A 2.2 dargestellt.

Stabdiagramme können auch zur Darstellung metrischer Daten verwendet werden. Dies gilt ebenso für die anschließend erläuterten Säulen- und Balkendiagramme.

Eine dem Stabdiagramm eng verwandte Form der graphischen Aufbereitung ist das Säulendiagramm. Hierbei werden ebenfalls auf der Abszisse die unterschiedlichen Ausprägungen des beobachteten Merkmals abgetragen und die zugehörigen absoluten oder relativen Häufigkeiten auf der Ordinate des Diagramms angegeben. Über jeder Merkmalsausprägung werden die entsprechenden Häufigkeiten in Form von Säulen, d.h. ausgefüllten Rechtecken, dargestellt. Die Höhe jeder Säule entspricht der jeweiligen absoluten oder relativen Häufigkeit. Da die Breite aller Säulen gleich gewählt wird, sind die einzelnen Häufigkeiten zusätzlich proportional zu den Flächen der zugehörigen Säulen.

Beispiel A 2.11. Die im Beispiel A 2.10 (Wettbewerb) gegebenen relativen Häufigkeiten sind in Abbildung A 2.3 in einem Säulendiagramm dargestellt.

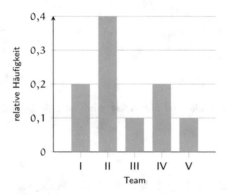

Abbildung A 2.3: Säulendiagramm.

Lassen sich die Merkmalsausprägungen, deren Häufigkeiten in einem Säulendiagramm dargestellt werden, noch durch ein weiteres Merkmal in einzelne Gruppen einteilen, so kann diese zusätzliche Information in das Diagramm aufgenommen werden. Hierzu stehen gestapelte und gruppierte Diagramme zur Verfügung (s. Burkschat et al. 2012). Durch eine Vertauschung beider Achsen im Säulendiagramm entsteht ein Balkendiagramm. In einem Balkendiagramm sind die unterschiedlichen Beobachtungswerte der Urliste auf der vertikalen Achse und die Häufigkeiten auf der horizontalen Achse abgetragen.

Kreisdiagramm

In einem Kreisdiagramm werden den einzelnen Häufigkeiten eines Datensatzes in einem Kreis Flächen in Form von Kreissegmenten zugeordnet, wobei die Größe der Fläche proportional zur relativen Häufigkeit gewählt wird. Der Winkel eines Kreissegmentes (und damit die Größe des Segmentes) lässt sich als Produkt aus der entsprechenden relativen Häufigkeit und der Winkelsumme im Kreis, d.h. 360°, berechnen. Da die Summe der relativen Häufigkeiten Eins ergibt, wird auf diese Weise die gesamte Kreisfläche abgedeckt. Neben oder in den Kreissegmenten (bzw. in einer Legende) wird vermerkt, auf welche Merkmalsausprägungen sich diese beziehen.

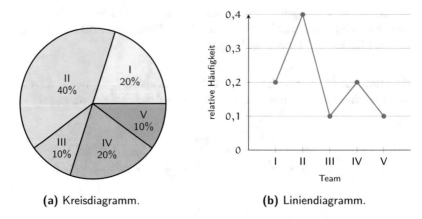

(a) Kreisdiagramm.   (b) Liniendiagramm.

Abbildung A 2.4: Kreis- und Liniendiagramm zu Beispiel A 2.10 (Wettbewerb).

Liniendiagramm

Eine weitere Möglichkeit der graphischen Aufbereitung von Daten bietet das Liniendiagramm. Wird es zur Darstellung von Häufigkeiten verwendet, so ist auch die Bezeichnung Häufigkeitspolygon anzutreffen. Bei dieser Graphik werden die absolute oder die relative Häufigkeit auf der vertikalen Achse eines Koordinatensystems abgetragen, die verschiedenen Merkmalsausprägungen auf der horizontalen Achse. Die konkret beobachteten Häufigkeiten werden als Punkte in das Diagramm eingetragen und dann – zur besseren Veranschaulichung – durch Linien miteinander verbunden.

Gerade bei Liniendiagrammen sind Irreführungen und Missinterpretationen leicht möglich. Ein Liniendiagramm sollte (für einen einzelnen Datensatz) daher nur eingesetzt werden, wenn auf der Abszisse ein ordinales Merkmal abgetragen wird (z.B. die Zeit) und damit eine sinnvolle Anordnung der Ausprägungen vorgegeben ist. Liniendiagramme eignen sich beispielsweise zur Darstellung von Umsätzen über die Zeit oder von Wertpapierkursen (Entwicklung des Kurses einer Aktie an einem Handelstag der Börse). In dieser Situation wird das Liniendiagramm auch als Verlaufskurve (Kurvendiagramm) bezeichnet. Dieser Diagrammtyp bietet sich daher zur Darstellung von Daten an, die über einen bestimmten Zeitraum beobachtet wurden (z.B. die Entwicklung der Anzahl von Angestellten in einem Unternehmen).

Durch die Darstellung mehrerer Linien in einem Liniendiagramm ist auch ein Vergleich von gleichartigen Datensätzen möglich.

Die vorgestellten Diagrammtypen (Stab-, Säulen-, Balken-, Kreis- und Liniendiagramm) können zur Darstellung von Häufigkeiten in einem beliebig skalierten Datensatz verwendet werden. Dabei ist jedoch folgendes zu beachten: Auch wenn prinzipiell beliebige auf nominalem Niveau erhobene Daten mittels dieser Diagramme graphisch aufbereitet werden können, so entstehen doch wenig aussagekräftige Graphiken, wenn sehr viele verschiedene Beobachtungswerte vorliegen (z.B. bei Beobachtung eines stetigen Merkmals). Häufigkeiten und deren graphische Darstellung sind daher meist kein adäquates Mittel zur Aufbereitung solcher Daten. Andere graphische Hilfsmittel wie z.B. das Histogramm sind für stetige Merkmale besser geeignet.

A 3 Lage- und Streuungsmaße

Graphische Darstellungen eines Datensatzes wie z.B. Säulendiagramme oder Kreisdiagramme nehmen nur eine geringe bzw. keine relevante Reduktion der in den Daten enthaltenen Information vor. Häufig soll jedoch ein Datensatz mit nur wenigen Kenngrößen beschrieben werden. Eine solche Komprimierung der Information erlaubt u.a. einen einfacheren Vergleich zweier Datensätze. Statistische Kenngrößen wie Lagemaße und Streuungsmaße sind für diese Zwecke geeignete Hilfsmittel.

Lagemaße dienen der Beschreibung des Zentrums oder allgemeiner einer Position der beobachteten Daten mittels eines aus den Daten berechneten Werts. Beispiele sind u.a. das arithmetische Mittel, der Median und der Modus. Ob ein bestimmtes Lagemaß auf einen konkreten Datensatz angewendet werden kann, hängt entscheidend von den Eigenschaften der Beobachtungen und damit vom Merkmalstyp des betrachteten Merkmals ab. Im Folgenden wird daher zwischen Lagemaßen für qualitative (nominale und ordinale) Merkmale und quantitative (diskrete und stetige) Merkmale unterschieden.

A 3.1 Lagemaße für nominale und ordinale Daten

Der Modus (Modalwert) ist ein Lagemaß zur Beschreibung nominaler Datensätze. Als Modus wird diejenige Merkmalsausprägung eines Merkmals bezeichnet, die am häufigsten im Datensatz vorkommt, also die größte absolute (bzw. relative) Häufigkeit aufweist. In der folgenden Definition wird mit dem Symbol $\max\{\cdots\}$ der größte Wert in der Menge $\{\cdots\}$ bezeichnet.

Definition A 3.1 (Modus). *In einem Datensatz seien die verschiedenen Merkmalsausprägungen $u_1, \ldots, u_m$ aufgetreten, wobei die Merkmalsausprägung u_j die absolute Häufigkeit n_j bzw. die relative Häufigkeit f_j habe, $j \in \{1, \ldots, m\}$. Jede Ausprägung u_{j*}, deren absolute Häufigkeit die Eigenschaft*

$$n_{j*} = \max\{n_1, \ldots, n_m\}$$

bzw. deren relative Häufigkeit die Eigenschaft

$$f_{j*} = \max\{f_1, \ldots, f_m\}$$

erfüllt, wird als Modus bezeichnet.

Der Modus ist das einzige Lagemaß, das die Informationen eines nominalen Datensatzes adäquat wiedergibt. Zur Bestimmung des Modus wird lediglich die Häufigkeitsverteilung der Daten benutzt, der Datensatz selbst wird nicht benötigt. Daher lässt sich der Modus direkt aus Diagrammen ablesen, in denen die entsprechenden Häufigkeiten graphisch visualisiert werden. In einem Säulendiagramm entspricht beispielsweise der Modus einem Beobachtungswert mit der höchsten Säule. Wird der Modus für einen speziellen Datensatz ausgewertet, so heißt die resultierende Merkmalsausprägung Modalwert. Für den Modus und den Modalwert wird die Schreibweise x_{mod} verwendet. Es können Fälle auftreten, in denen mehrere Beobachtungswerte die größte Häufigkeit besitzen, so dass der Modalwert eines Datensatzes i.A. nicht eindeutig bestimmt ist.

Bei ordinalen Merkmalen liegt zusätzlich eine Ordnungsstruktur auf der Menge der Merkmalsausprägungen vor, d.h. es ist möglich, eine Urliste von Beobachtungen des Merkmals von der kleinsten zur größten zu sortieren. In diesem Sinne kann der Begriff der Rangwertreihe aus Definition A 2.6 von metrischskalierten auf ordinalskalierte Merkmale erweitert werden. In der Rangwertreihe liegen die ursprünglichen Beobachtungswerte in geordneter Weise vor. Für die Position eines Beobachtungswerts der Urliste in der Rangwertreihe wird der Begriff des Rangs eingeführt.

Definition A 3.2 (Rang). *$x_{(1)} \leqslant \cdots \leqslant x_{(n)}$ bezeichne die Rangwertreihe eines ordinalskalierten Datensatzes $x_1, \ldots, x_n$.*

(i) Kommt ein Beobachtungswert x_j genau einmal in der Urliste vor, so heißt dessen Position in der Rangwertreihe Rang von x_j. Diese wird mit $R(x_j)$ bezeichnet.

(ii) Tritt ein Beobachtungswert x_j mehrfach (s-mal) in der Urliste auf, d.h. für die Werte der Rangwertreihe gilt

$$x_{(r-1)} < \underbrace{x_{(r)} = x_{(r+1)} = \cdots = x_{(r+s-1)}}_{=x_j \ (s\text{-mal})} < x_{(r+s)},$$

so wird mit dem Begriff Rang von x_j das arithmetische Mittel aller Positionen in der Rangwertreihe mit Wert x_j bezeichnet, d.h.

$$R(x_j) = \frac{r + (r+1) + \cdots + (r+s-1)}{s} = r + \frac{s-1}{2}.$$

Das mehrfache Auftreten eines Wertes in der Urliste wird als Bindung bezeichnet. In diesem Zusammenhang wird auch von „verbundenen" Rängen gesprochen.

Lagemaße für ordinale Merkmale werden auf der Basis der Rangwertreihe eines Datensatzes eingeführt. Aufgrund der Ordnungseigenschaft ordinaler Daten kann insbesondere von einem „Zentrum" in der Urliste gesprochen werden, so dass es sinnvoll ist, Kenngrößen zu konstruieren, die dieses Zentrum beschreiben. Derartige Lagemaße (z.B. der Median) werden auch „Maße der zentralen Tendenz" genannt. Ein Beobachtungswert wird als Median $\tilde{x}$ bezeichnet, wenn er die folgende Eigenschaft besitzt:

Mindestens 50% aller Beobachtungswerte sind kleiner oder gleich $\tilde{x}$ und mindestens 50 % aller Beobachtungswerte sind größer oder gleich $\tilde{x}$.

Aus dieser Vorschrift wird deutlich, dass der Median nur für mindestens ordinalskalierte Daten sinnvoll ist. Er liegt immer „in der Mitte" (im Zentrum) der Daten und teilt den Datensatz in „zwei Hälften", da einerseits die Beobachtungswerte in einer Hälfte der Daten größer bzw. gleich und andererseits die Beobachtungswerte in einer Hälfte der Daten kleiner bzw. gleich dem Median sind. Ist die Stichprobengröße ungerade, so ist der Median immer eindeutig bestimmt, d.h. nur ein einziger Beobachtungswert kommt für den Median in Frage. Ist die Anzahl der Beobachtungen jedoch gerade, können zwei (eventuell verschiedene) Beobachtungswerte die Bedingung an den Median erfüllen. In diesem Fall kann einer dieser Werte als Median ausgewählt werden. Der Median lässt sich mit Hilfe der Rangwertreihe leicht bestimmen.

Definition A 3.3 (Median für ordinale Daten). $x_{(1)} \leqslant \cdots \leqslant x_{(n)}$ *sei die Rangwertreihe eines ordinalskalierten Datensatzes* $x_1, \ldots, x_n$.

Ein Median $\tilde{x}$ ist ein Beobachtungswert mit der Eigenschaft

$$
\left\{
\begin{array}{ll}
\tilde{x} = x_{\left(\frac{n+1}{2}\right)}, & \text{falls } n \text{ ungerade,} \\
\tilde{x} \in \left\{ x_{\left(\frac{n}{2}\right)}, x_{\left(\frac{n}{2}+1\right)} \right\}, & \text{falls } n \text{ gerade.}
\end{array}
\right.
$$

Der Median ist ein Spezialfall so genannter Quantile. Teilt der Median eine Rangwertreihe in die 50% kleinsten bzw. 50% größten Werte, so beschreibt ein Quantil eine (unsymmetrische) Einteilung in die P% kleinsten bzw. $(100 - P)\%$ größten Werte. Der Anteil P der kleinsten Beobachtungen bezeichnet dabei eine Zahl zwischen Null und Hundert. Es ist üblich an Stelle von Prozentzahlen Anteile mit Werten aus dem offenen Intervall $(0, 1)$ zu wählen. Der gewünschte Anteil der kleinsten Werte sei daher im Folgenden mit $p \in (0, 1)$ bezeichnet.

Jeder Beobachtungswert einer ordinalskalierten Stichprobe, der die folgende Bedingung erfüllt, wird als p-Quantil $\tilde{x}_p$ bezeichnet:

Mindestens $p \cdot 100\%$ aller Beobachtungswerte sind kleiner oder gleich $\tilde{x}_p$ und mindestens $(1 - p) \cdot 100\%$ aller Beobachtungswerte sind größer oder gleich $\tilde{x}_p$.

Analog zum Median können Fälle auftreten, in denen diese Bedingungen nicht nur von einem, sondern von zwei Werten erfüllt werden. Das p-Quantil ist in dieser Situation nicht eindeutig bestimmt. In einem solchen Fall wird einer der möglichen Werte als p-Quantil ausgewählt.

Definition A 3.4 (p-Quantil für ordinale Daten). $x_{(1)} \leqslant \cdots \leqslant x_{(n)}$ *sei die Rangwertreihe eines ordinalskalierten Datensatzes* $x_1, \ldots, x_n$.

Für $p \in (0, 1)$ ist ein p-Quantil $\tilde{x}_p$ ein Beobachtungswert mit der Eigenschaft

$$
\left\{
\begin{array}{ll}
\tilde{x}_p = x_{(k)}, & \text{falls } np < k < np + 1, np \notin \mathbb{N}, \\
\tilde{x}_p \in \left\{ x_{(k)}, x_{(k+1)} \right\}, & \text{falls } k = np, np \in \mathbb{N}.
\end{array}
\right.
$$

Aus der Definition ist ersichtlich, dass die Festlegung des 0,5-Quantils mit dem Median übereinstimmt. Die Forderung $\frac{n}{2} \in \mathbb{N}$ ($p = \frac{1}{2}$) ist nämlich äquivalent dazu, dass n eine gerade Zahl ist. Aus diesem Grund wird für den Median $\tilde{x}$ auch die Notation $\tilde{x}_{0,5}$ verwendet. Für spezielle Werte von p sind eigene Bezeichnungen des zugehörigen Quantils gebräuchlich.

Bezeichnung A 3.5 (Quartil, Dezentil, Perzentil).

$$\text{Ein } p\text{-Quantil heißt für} \begin{cases} p = 0{,}5 & \text{Median,} \\ p = 0{,}25 & \text{unteres Quartil,} \\ p = 0{,}75 & \text{oberes Quartil,} \\ p = \frac{k}{10} & k\text{-tes Dezentil } (k = 1, \dots, 9), \\ p = \frac{k}{100} & k\text{-tes Perzentil } (k = 1, \dots, 99). \end{cases}$$

A 3.2 Lagemaße für metrische Daten

Median und Quantil

Der Median für quantitative Daten wird – mit einer leichten Modifikation bei geradem Stichprobenumfang – analog zum ordinalen Fall definiert. Für eine Stichprobe metrischer Daten wird er nach folgendem Verfahren berechnet.

Zunächst werden wie bei ordinalen Daten mittels der Rangwertreihe Kandidaten für den Median ermittelt. Bei ungeradem Stichprobenumfang erfüllt nur ein Wert diese Bedingung, der deshalb auch in dieser Situation als Median $\tilde{x}$ bezeichnet wird. Ist der Stichprobenumfang gerade, so besteht die Menge der in Frage kommenden Werte in der Regel aus zwei Beobachtungswerten. Der Median $\tilde{x}$ wird dann als arithmetisches Mittel dieser beiden Beobachtungswerte definiert, um einen eindeutig bestimmten Wert für den Median zu erhalten. Wie bei ordinalen Daten liegt dieser Median „in der Mitte" der Daten, in dem Sinne, dass mindestens die Hälfte aller Daten größer oder gleich und dass mindestens die Hälfte aller Daten kleiner oder gleich dem Median ist. Bei geradem Stichprobenumfang sind auch andere Festlegungen des Medians möglich. Alternativ kann jeder andere Wert aus dem Intervall $[x_{\left(\frac{n}{2}\right)}, x_{\left(\frac{n}{2}+1\right)}]$ als Median definiert werden, da die oben genannte Bedingung jeweils erfüllt ist.

Definition A 3.6 (Median für metrische Daten). $x_{(1)} \leqslant \cdots \leqslant x_{(n)}$ *sei die Rangwertreihe eines metrischskalierten Datensatzes* $x_1, \dots, x_n$. *Der Median* $\tilde{x}$ *ist definiert durch*

$$\tilde{x} = \begin{cases} x_{\left(\frac{n+1}{2}\right)}, & \text{falls } n \text{ ungerade,} \\ \frac{1}{2}\left(x_{\left(\frac{n}{2}\right)} + x_{\left(\frac{n}{2}+1\right)}\right), & \text{falls } n \text{ gerade.} \end{cases}$$

Liegen die Daten nicht in Form einer Urliste vor, sondern nur als Häufigkeitsverteilung der verschiedenen Ausprägungen des betrachteten Merkmals, so kann der Median (wie allgemein auch das p-Quantil) mittels der empirischen Verteilungsfunktion bestimmt werden (s. Burkschat et al. 2012).

Beispiel A 3.7. Eine Firma gibt in $n = 6$ Jahren die folgenden, als Rangwertreihe vorliegenden Beträge für Werbung aus (in €):

$$10\,000 \quad 18\,000 \quad 20\,000 \quad 30\,000 \quad 41\,000 \quad 46\,000$$

Da die Anzahl der Beobachtungen gerade ist, berechnet sich der zugehörige Median als arithmetisches Mittel der beiden mittleren Werte der Rangwertreihe. Damit ist der Median durch $\widetilde{x} = \frac{1}{2}(20\,000 + 30\,000) = 25\,000$ [€] gegeben. Einerseits wurde also in mindestens 50% aller Fälle mindestens 25 000€ für Werbezwecke ausgegeben, andererseits traten aber auch in mindestens 50% aller Fälle Kosten von höchstens 25 000€ auf.

Der Median besitzt eine Minimalitätseigenschaft: er minimiert die Summe der absoluten Abstände zu allen beobachteten Werten.

Regel A 3.8 (Minimalitätseigenschaft des Medians). *Für eine reelle Zahl* t *beschreibt*

$$f(t) = \sum_{i=1}^{n} |x_i - t|$$

die Summe der Abweichungen aller Beobachtungswerte $x_1, \ldots, x_n$ *von* t.

Der Median von $x_1, \ldots, x_n$ *liefert das Minimum von* f, *d.h. es gilt*

$$f(t) = \sum_{i=1}^{n} |x_i - t| \geqslant \sum_{i=1}^{n} |x_i - \widetilde{x}| = f(\widetilde{x}) \qquad \textit{für alle } t \in \mathbb{R}.$$

Für ungeraden Stichprobenumfang n *ist der Median* $\widetilde{x}$ *das eindeutig bestimmte Minimum. Ist* n *gerade, so ist jedes* $t \in [x_{(\frac{n}{2})}, x_{(\frac{n}{2}+1)}]$ *ein Minimum der Abbildung* f. *Die Minimalitätseigenschaft gilt also für die in Definition A 3.6 eingeführten Mediane.*

Wie bei ordinalskalierten Daten werden p-Quantile (mit $p \in (0, 1)$) als Verallgemeinerung des Medians definiert. Sie berechnen sich analog zum Median bei metrischen Daten. Die Bezeichnungen für spezielle Quantile (Quartil, Dezentil, Perzentil) aus Bezeichnung A 3.5 werden ebenfalls übernommen.

Definition A 3.9 (p-Quantil für metrische Daten). *Sei* $x_{(1)} \leqslant \cdots \leqslant x_{(n)}$ *die Rangwertreihe des metrischen Datensatzes* $x_1, \ldots, x_n$. *Für* $p \in (0, 1)$ *ist das* p-*Quantil* $\widetilde{x}_p$ *gegeben durch*

$$\widetilde{x}_p = \begin{cases} x_{(k)}, & \textit{falls } np < k < np + 1, np \notin \mathbb{N}, \\ \frac{1}{2}(x_{(k)} + x_{(k+1)}), & \textit{falls } k = np, np \in \mathbb{N}. \end{cases}$$

Quantile können Aufschluss über die Form der den Daten zu Grunde liegenden Häufigkeitsverteilung geben. Bei einer „symmetrischen" Verteilung der Daten ist der jeweilige Abstand des unteren Quartils und des oberen Quartils zum Median annähernd gleich. Ist jedoch z.B. der Abstand zwischen dem unteren Quartil und dem Median deutlich größer als der zwischen oberem Quartil und Median, so ist von einer linksschiefen Häufigkeitsverteilung auszugehen. Im umgekehrten Fall liegt ein Hinweis auf eine rechtsschiefe Verteilung vor. Auf diese Begriffe wird bei der Diskussion des Histogramms, einem Diagrammtyp zur Visualisierung stetigen Datenmaterials, näher eingegangen.

Arithmetisches Mittel

Das bekannteste Lagemaß für metrische Daten ist das arithmetische Mittel, für das auch die Bezeichnungen Mittelwert, Mittel oder Durchschnitt verwendet werden.

Definition A 3.10 (Arithmetisches Mittel). *Sei* $x_1, \ldots, x_n$ *ein Datensatz aus Beobachtungswerten eines metrischen Merkmals. Das arithmetische Mittel* $\bar{x}_n$ *ist definiert durch*

$$\bar{x}_n = \frac{1}{n}(x_1 + x_2 + \cdots + x_n) = \frac{1}{n}\sum_{i=1}^{n} x_i.$$

Ist die Anzahl n *der Beobachtungswerte aus dem Kontext klar, so wird auch auf die Angabe des Index verzichtet, d.h. es wird die Notation* $\bar{x}$ *verwendet.*

Regel A 3.11 (Berechnung des arithmetischen Mittels mittels einer Häufigkeitsverteilung). *Bezeichnet* $f_1, \ldots, f_m$ *die Häufigkeitsverteilung eines Datensatzes mit (verschiedenen) Merkmalsausprägungen* $u_1, \ldots, u_m$, *so kann das arithmetische Mittel berechnet werden gemäß*

$$\bar{x} = f_1 u_1 + \cdots + f_m u_m = \sum_{j=1}^{m} f_j u_j.$$

Zur Bestimmung des gemeinsamen Mittelwerts zweier Datensätze ist es nicht notwendig, dass alle Ausgangsdaten bekannt sind. Die Kenntnis der Stichprobenumfänge beider Datensätze und der jeweiligen arithmetischen Mittel reicht aus. Aus der folgenden Rechenregel folgt insbesondere, dass das arithmetische Mittel zweier Datensätze, die den gleichen Umfang haben, gleich dem Mittelwert der zu den beiden Datensätzen gehörigen arithmetischen Mittel ist.

Regel A 3.12 (Arithmetisches Mittel bei zusammengesetzten Datensätzen). $\bar{x}$ *und* $\bar{y}$ *seien die arithmetischen Mittel der metrischen Datensätze* $x_1, \ldots, x_{n_1} \in \mathbb{R}$ *und* $y_1, \ldots, y_{n_2} \in \mathbb{R}$ *mit den Umfängen* n_1 *bzw.* n_2.

Das arithmetische Mittel $\bar{z}$ *aller* $n_1 + n_2$ *Beobachtungswerte (des so genannten zusammengesetzten oder gepoolten Datensatzes)*

$$z_1 = x_1, \ldots, z_{n_1} = x_{n_1}, z_{n_1+1} = y_1, \ldots, z_{n_1+n_2} = y_{n_2}$$

lässt sich bestimmen als (gewichtetes arithmetisches Mittel)

$$\bar{z} = \frac{n_1}{n_1 + n_2}\,\bar{x} + \frac{n_2}{n_1 + n_2}\,\bar{y}.$$

Besteht der zweite Datensatz aus einer Beobachtung $x_{n+1}(= y_1)$, d.h. $n_2 = 1$, und wird die Bezeichnung $n = n_1$ verwendet, so ist das arithmetische Mittel $\bar{x}_{n+1}$ aller $n + 1$ Beobachtungswerte gegeben durch

$$\bar{x}_{n+1} = \frac{n}{n+1}\,\bar{x}_n + \frac{1}{n+1}\,x_{n+1}.$$

Regel A 3.13 (Minimalitätseigenschaft des arithmetischen Mittels). *Das arithmetische Mittel des Datensatzes $x_1, \ldots, x_n \in \mathbb{R}$ ist das eindeutig bestimmte Minimum der Abbildung $f : \mathbb{R} \to [0, \infty)$ mit*

$$f(t) = \sum_{i=1}^{n} (x_i - t)^2, \quad t \in \mathbb{R},$$

d.h. es gilt $f(t) \geqslant f(\bar{x})$ für alle $t \in \mathbb{R}$ (vgl. Lemma C 5.12).

Beweis: Zum Nachweis der Minimalitätseigenschaft wird lediglich eine binomische Formel verwendet:

$$f(t) = \sum_{i=1}^{n} [(x_i - \bar{x}) + (\bar{x} - t)]^2$$

$$= \underbrace{\sum_{i=1}^{n} (x_i - \bar{x})^2}_{=f(\bar{x})} + 2(\bar{x} - t) \underbrace{\sum_{i=1}^{n} (x_i - \bar{x})}_{=0} + \underbrace{\sum_{i=1}^{n} (\bar{x} - t)^2}_{=n(\bar{x}-t)^2}$$

$$= f(\bar{x}) + \underbrace{n(\bar{x} - t)^2}_{\geqslant 0} \geqslant f(\bar{x}),$$

wobei Gleichheit genau dann gilt, wenn $n(\bar{x} - t)^2 = 0$, d.h. wenn $t = \bar{x}$ ist.

Eine Verallgemeinerung des arithmetischen Mittels ist das gewichtete arithmetische Mittel.

Definition A 3.14 (Gewichtetes arithmetisches Mittel). *Seien $x_1, \ldots, x_n \in \mathbb{R}$ ein metrischer Datensatz und $g_1, \ldots, g_n \geqslant 0$ reelle Zahlen mit $\sum_{i=1}^{n} g_i = 1$.*

Das (bzgl. $g_1, \ldots, g_n$) gewichtete arithmetische Mittel $\bar{x}_g$ von $x_1, \ldots, x_n$ berechnet sich mittels der Formel

$$\bar{x}_g = \sum_{i=1}^{n} g_i x_i.$$

Regel A 3.15 (Gewichtetes arithmetisches Mittel mit identischen Gewichten). *Durch die spezielle Wahl der Gewichte $g_1 = g_2 = \cdots = g_n = \frac{1}{n}$ ergibt sich aus dem gewichteten arithmetischen Mittel das gewöhnliche arithmetische Mittel.*

Geometrisches Mittel

In speziellen Situationen kann die Verwendung eines arithmetischen Mittels nicht angebracht sein und sogar zu verfälschten Ergebnissen führen. Aus diesen Gründen werden zwei weitere Mittelwerte, nämlich das geometrische und das harmonische Mittel, benötigt. Als Motivation für das geometrische Mittel wird zunächst das folgende Beispiel betrachtet.

Beispiel A 3.16 (Preise). Für die Preise $p_0, p_1, \ldots, p_n > 0$ eines Produkts im Verlauf von $n + 1$ Zeitperioden beschreiben die Wachstumsfaktoren

$$x_i = \frac{p_i}{p_{i-1}}, \quad i \in \{1, \ldots, n\},$$

die Preisänderungen von Periode $i - 1$ zu Periode i. Die Erhöhung eines Preises um 50% entspricht einem Wachstumsfaktor von 1,5, eine Preissenkung um 20% führt zu einem Wachstumsfaktor von 0,8. Die Multiplikation des Anfangspreises p_0 mit allen Wachstumsfaktoren bis zum Zeitpunkt j ergibt genau den Preis p_j, d.h. für $j \in \{1, \ldots, n\}$ gilt:

$$p_0 \cdot x_1 \cdot x_2 \cdot \ldots \cdot x_j = p_0 \prod_{i=1}^{j} x_i = p_0 \cdot \frac{p_1}{p_0} \cdot \frac{p_2}{p_1} \cdot \ldots \cdot \frac{p_{j-1}}{p_{j-2}} \cdot \frac{p_j}{p_{j-1}} = p_j.$$

Diese Situation wirft die Frage auf, um welchen, für alle Jahre konstanten Prozentsatz der Preis des Produkts hätte steigen (bzw. fallen) müssen, um bei gegebenem Anfangspreis p_0 nach n Jahren den Preis p_n zu erreichen.

Aufgrund der Relation

$$\text{Wachstumsfaktor} = 1 + \text{Prozentsatz}$$

lässt sich diese Fragestellung auch anders formulieren: Welcher Wachstumsfaktor w erfüllt die Eigenschaft

$$p_0 \cdot x_1 \cdot \ldots \cdot x_n = p_n = p_0 \cdot w^n$$

oder anders ausgedrückt, wann gilt

$$x_1 \cdot \ldots \cdot x_n = w^n?$$

Der Wachstumsfaktor, der diese Gleichung löst, liefert auch den gesuchten Prozentsatz.

Definition A 3.17 (Geometrisches Mittel). *Für metrische, positive Beobachtungswerte $x_1, \ldots, x_n > 0$ ist das geometrische Mittel $\overline{x}_{geo}$ definiert durch*

$$\overline{x}_{geo} = \sqrt[n]{x_1 \cdot x_2 \cdot \ldots \cdot x_n} = \left(\prod_{i=1}^{n} x_i \right)^{1/n}.$$

Das geometrische Mittel von n Wachstumsfaktoren entspricht also dem konstanten Wachstumsfaktor, dessen n-te Potenz multipliziert mit der Anfangsgröße p_0 die Endgröße p_n zum Ergebnis hat. Das geometrische Mittel wird auch als mittlerer Wachstumsfaktor bezeichnet, da die Verwendung dieses (konstanten) Wachstumsfaktors an Stelle der eigentlichen Wachstumsfaktoren zum gleichen Ergebnis führt.

Aus der obigen Definition ergibt sich, dass die Bildung eines Produkts von Merkmalsausprägungen sinnvoll sein muss, wenn das geometrische Mittel berechnet werden soll. Es wird daher im Allgemeinen für Beobachtungsdaten, die Wachstumsfaktoren darstellen, verwendet. Wachstumsfaktoren geben die relativen Änderungen von Größen wie z.B. Preisen oder Umsätzen bezogen auf einen Vergleichswert wieder. Andererseits ist z.B. bei Wachstumsfaktoren nur das geometrische Mittel sinnvoll, das arithmetische Mittel ist in dieser Situation nicht geeignet.

Ähnlich wie beim arithmetischen Mittel kann auch eine gewichtete Variante des geometrischen Mittels eingeführt werden.

Definition A 3.18 (Gewichtetes geometrisches Mittel). *Seien* $x_1, \ldots, x_n > 0$ *ein metrischer Datensatz und* $g_1, \ldots, g_n \geqslant 0$ *reelle Zahlen mit* $\sum\limits_{i=1}^{n} g_i = 1$.

Das (bzgl. $g_1, \ldots, g_n$*) gewichtete geometrische Mittel* $\overline{x}_{geo,g}$ *von* $x_1, \ldots, x_n$ *berechnet sich mittels der Formel*

$$\overline{x}_{geo,g} = \prod_{i=1}^{n} x_i^{g_i}.$$

Regel A 3.19 (Gewichtetes geometrisches Mittel mit identischen Gewichten). *Die Gewichte* $g_1 = \cdots = g_n = \frac{1}{n}$ *in der Definition des gewichteten geometrischen Mittels liefern das gewöhnliche geometrische Mittel.*

Harmonisches Mittel

Das harmonische Mittel ist ein Lagemaß, das sinnvoll eingesetzt werden kann, wenn die Beobachtungswerte Verhältniszahlen darstellen, also z.B. Verbräuche (in $\frac{l}{km}$), Geschwindigkeiten (in $\frac{m}{s}$) oder Kosten für Kraftstoff (in $\frac{\text{€}}{l}$).

Definition A 3.20 (Harmonisches Mittel). *Für metrische, positive Beobachtungswerte* $x_1, \ldots, x_n > 0$ *ist das harmonische Mittel* $\overline{x}_{harm}$ *definiert durch*

$$\overline{x}_{harm} = \frac{1}{\frac{1}{n} \sum\limits_{i=1}^{n} \frac{1}{x_i}}.$$

Die gewichtete Variante des harmonischen Mittels wird analog zu den anderen beiden Mittelwerten konstruiert.

Definition A 3.21 (Gewichtetes harmonisches Mittel). *Gegeben seien Beobachtungswerte* $x_1, \ldots, x_n > 0$ *eines metrischen Merkmals.*

Das gewichtete harmonische Mittel $\overline{x}_{harm,g}$ *berechnet sich unter Verwendung der Gewichte* $g_1, \ldots, g_n \geqslant 0$ *mit* $\sum_{i=1}^{n} g_i = 1$ *mittels der Formel*

$$\overline{x}_{harm,g} = \frac{1}{\sum_{i=1}^{n} \frac{g_i}{x_i}}.$$

Regel A 3.22 (Gewichtetes harmonisches Mittel mit identischen Gewichten). *Die Gewichte* $g_1 = \cdots = g_n = \frac{1}{n}$ *in der Definition des gewichteten harmonischen Mittels liefern das gewöhnliche harmonische Mittel.*

Beispiel A 3.23. Ein Fahrzeug fährt zunächst eine Strecke von $s_1 = 150$km mit einer Geschwindigkeit von $v_1 = 100\frac{km}{h}$ und danach eine weitere Strecke von $s_2 = 50$km mit einer Geschwindigkeit von $v_2 = 50\frac{km}{h}$. Die Fahrzeiten t_i, $i \in \{1, 2\}$, der einzelnen Strecken berechnen sich mittels $t_i = \frac{s_i}{v_i}$, $i \in \{1, 2\}$. Die Gesamtfahrzeit beträgt $t = t_1 + t_2 = 2{,}5$h (Stunden), so dass die Durchschnittsgeschwindigkeit v für die Gesamtstrecke von $s = s_1 + s_2 = 200$km durch $v = \frac{s}{t} = \frac{200}{2,5} = 80 \left[\frac{km}{h}\right]$ gegeben ist. Dieses Ergebnis kann auch wie folgt ermittelt werden:

$$v = \frac{s}{t} = \frac{s}{t_1 + t_2} = \frac{s}{\frac{s_1}{v_1} + \frac{s_2}{v_2}} = \frac{1}{\frac{s_1}{s}\frac{1}{v_1} + \frac{s_2}{s}\frac{1}{v_2}}.$$

Einsetzen der bekannten Werte für die Geschwindigkeiten v_1, v_2 und der Strecken s_1, s_2, s ergibt

$$v = \frac{1}{\frac{150}{200}\frac{1}{v_1} + \frac{50}{200}\frac{1}{v_2}} = \frac{1}{\frac{3}{4}\frac{1}{100} + \frac{1}{4}\frac{1}{50}} = 80 \left[\frac{km}{h}\right].$$

Die Durchschnittsgeschwindigkeit ist also ein ein gewichtetes harmonisches Mittel (mit den Gewichten $\frac{3}{4}$ und $\frac{1}{4}$) der Geschwindigkeiten v_1 und v_2.

Das gewichtete arithmetische Mittel der Geschwindigkeiten

$$\frac{150}{200} \cdot 100 + \frac{50}{200} \cdot 50 = 87{,}5 \left[\frac{km}{h}\right]$$

würde einen zu hohen Wert ergeben, so dass die in 2,5 Stunden zurückgelegte Strecke 218,75km betragen würde.

Ausreißerverhalten von Median und arithmetischem Mittel

Das arithmetische Mittel und der Median zeigen ein unterschiedliches Verhalten beim Auftreten von Ausreißern in der Stichprobe. Im hier behandelten Kontext bezeichnen Ausreißer Beobachtungen, die in Relation zur Mehrzahl der Daten verhältnismäßig groß oder klein sind. Ausreißer können z.B. durch Mess- und Übertragungsfehler (beispielsweise bei der versehentlichen Übernahme von 170€ statt 1,70€ für den Preis eines Produkts in einer Preistabelle), die bei der Erhebung der Daten aufgetreten sind, verursacht werden. Sie können jedoch auch korrekte Messungen des Merkmals sein, die aber deutlich nach oben bzw. unten von den anderem Messwerten abweichen. Grundsätzlich werden also (unabhängig von der Interpretation) extrem große oder kleine Werte als Ausreißer bezeichnet. Deren unterschiedlicher Einfluss auf die bereitgestellten Lagemaße soll am Beispiel von Median und arithmetischem Mittel verdeutlicht werden.

Während das arithmetische Mittel durch Änderungen in den größten oder den kleinsten Beobachtungswerten (stark) beeinflusst wird, ändert sich der Wert des Medians in diesen Fällen im Allgemeinen nicht: der Median verhält sich „robust" gegenüber Ausreißern.

Beispiel A 3.24. Das arithmetische Mittel $\bar{x}$ und der Median $\tilde{x}$ des Datensatzes

$$1 \quad 3 \quad 3 \quad 4 \quad 4 \quad 5 \quad 8$$

sind gleich: $\bar{x} = 4 = \tilde{x}$. Wird die letzte Beobachtung x_7 durch den Wert 50 ersetzt, so ändert sich der Wert des arithmetischen Mittels auf $\bar{x} = 10$, der Median bleibt unverändert bei $\tilde{x} = 4$.

A 3.3 Streuungsmaße

Die Beschreibung eines Datensatzes durch die alleinige Angabe von Lagemaßen ist in der Regel unzureichend.

Beobachtungen in Datensätzen mit dem selben arithmetischen Mittel können von diesem also unterschiedlich stark abweichen. Diese Abweichung kann durch Streuungsmaße (empirische Varianz, empirische Standardabweichung) quantifiziert werden.

Streuungsmaße dienen der Messung des Abweichungsverhaltens von Merkmalsausprägungen in einem Datensatz. Die Streuung in den Daten resultiert daraus, dass bei Messungen eines Merkmals i.Allg. verschiedene Werte beobachtet werden (z.B. Körpergrößen in einer Gruppe von Menschen oder erreichte Punktzahlen in einem Examen). Lagemaße ermöglichen zwar die Beschreibung eines zentralen Wertes der Daten, jedoch können zwei Datensätze mit gleichem oder nahezu gleichem Lagemaß sehr unterschiedliche Streuungen um den Wert des betrachteten Lagemaßes aufweisen. Streuungsmaße ergänzen daher die im Lagemaß enthaltene Information und geben Aufschluss über ein solches Abweichungsverhalten. Sie werden unterschieden in diejenigen,

- die auf der Differenz zwischen zwei Lagemaßen beruhen (wie z.B. die Spannweite als Differenz von Maximum und Minimum der Daten),
- die Abweichungen zwischen den beobachteten Werten und einem Lagemaß nutzen (wie z.B. die empirische Varianz, die aus den quadrierten Abstän-

den zwischen den Beobachtungen und deren arithmetischem Mittel gebildet wird) und solchen,

- die ein Streuungsmaß in Relation zu einem Lagemaß setzen.

Zur Interpretation von Streuungsmaßen lässt sich festhalten: Je größer der Wert eines Streuungsmaßes ist, desto mehr streuen die Beobachtungen. Ist der Wert klein, sind die Beobachtungen eher um einen Punkt konzentriert. Die konkreten Werte eines Streuungsmaßes sind allerdings schwierig zu interpretieren, da in Abhängigkeit vom betrachteten Maß und Datensatz völlig unterschiedliche Größenordnungen auftreten können. Streuungsmaße sollten daher eher als vergleichende Maßzahlen für thematisch gleichartige Datensätze verwendet werden. Da alle Streuungsmaße grundsätzlich einen Abstandsbegriff voraussetzen, muss zu deren Verwendung ein quantitatives (metrisches) Merkmal vorliegen.

Spannweite und Quartilsabstand

Die Spannweite (englisch Range) R einer Stichprobe ist die Differenz zwischen dem größten und dem kleinsten Beobachtungswert.

Definition A 3.25 (Spannweite). *Für einen metrischen Datensatz $x_1, \ldots, x_n$ ist die Spannweite R definiert als Differenz von Maximum $x_{(n)}$ und Minimum $x_{(1)}$:*

$$R = x_{(n)} - x_{(1)}.$$

Regel A 3.26 (Spannweite bei Häufigkeitsverteilung). *Liegen die Daten in Form einer Häufigkeitsverteilung $f_1, \ldots, f_m$ mit verschiedenen Merkmalsausprägungen $u_1, \ldots, u_m$ des betrachteten Merkmals vor, so kann die Spannweite mittels*

$$R = \max\{u_j \mid j \in J\} - \min\{u_j \mid j \in J\}$$

berechnet werden, wobei $J = \{i \in \{1, \ldots, m\} | f_i > 0\}$ die Menge aller Indizes ist, deren zugehörige relative Häufigkeit positiv ist.

Definitionsgemäß basiert die Spannweite auf beiden extremen Werten, also dem größten und dem kleinsten Wert, in der Stichprobe. Daher reagiert sie empfindlich auf Änderungen in diesen Werten. Insbesondere haben Ausreißer einen direkten Einfluss auf dieses Streuungsmaß und können möglicherweise zu einem erheblich verfälschten Eindruck von der Streuung in den Daten führen. Andere Streuungsmaße wie z.B. der im Folgenden vorgestellte Quartilsabstand, der ähnlich wie die Spannweite auf der Differenz zweier Lagemaße basiert, sind weniger empfindlich gegenüber Ausreißern an den „Rändern" eines Datensatzes.

Der Quartilsabstand Q berechnet sich als Differenz von oberem Quartil (0,75-Quantil) und unterem Quartil (0,25-Quantil) der Daten. Aus der Definition der Quartile folgt, dass im Bereich $[\tilde{x}_{0,25}, \tilde{x}_{0,75}]$, dessen Länge durch den Quartilsabstand beschrieben wird, mindestens 50% aller „zentralen" Beobachtungswerte liegen. Damit ist der Quartilsabstand offenbar ein Maß für die Streuung der Daten.

Definition A 3.27 (Quartilsabstand). *Für einen metrischen Datensatz* $x_1, \ldots, x_n$ *ist der Quartilsabstand* Q *definiert als Differenz*

$$Q = \tilde{x}_{0,75} - \tilde{x}_{0,25},$$

wobei $\tilde{x}_{0,75}$ *das obere und* $\tilde{x}_{0,25}$ *das untere Quartil der Daten bezeichnen.*

Der Quartilsabstand verändert sich bei einer Änderung der größten oder kleinsten Werte (im Gegensatz zur Spannweite) des Datensatzes in der Regel nicht, da diese Werte zur Berechnung nicht herangezogen werden. Dies ist aus der Definition des Quartilsabstands, in die die Daten nur in Form der beiden Quartile eingehen, unmittelbar ersichtlich. Aufgrund dieser Eigenschaft wird der Quartilsabstand auch als robust gegenüber extremen Werten in der Stichprobe bezeichnet.

Erwartungsgemäß ist der Quartilsabstand höchstens so groß wie die Spannweite.

Regel A 3.28 (Ungleichung zwischen Quartilsabstand und Spannweite). *Für den Quartilsabstand* Q *und die Spannweite* R *eines Datensatzes gilt* $Q \leqslant R$.

Konstruktion von Streuungmaßen mittels Residuen

Nun werden Maße betrachtet, die die Streuung im Datensatz auf der Basis der Abstände der beobachteten Werte zu einem Lagemaß beschreiben. Eine wesentliche Voraussetzung zur Definition derartiger Streuungsmaße ist ein geeigneter Abstandsbegriff. Es ist naheliegend zur Bewertung der Streuung in einem Datensatz $x_1, \ldots, x_n$ die Residuen

$$x_i - \bar{x}, \quad i \in \{1, \ldots, n\}$$

zu nutzen, die die Abweichungen des arithmetischen Mittels von den einzelnen Messwerten darstellen. Für die Gesamtabweichung von $\bar{x}$ gilt allerdings

$$\sum_{i=1}^{n}(x_i - \bar{x}) = \sum_{i=1}^{n} x_i - \sum_{i=1}^{n} \bar{x} = n\bar{x} - n\bar{x} = 0,$$

d.h. positive und negative Abweichungen gleichen sich aus. Um diesem entgegenzuwirken werden die Vorzeichen der Residuen üblicherweise eliminiert. Verbreitet sind der Absolutbetrag der Residuen und das Quadrat der Residuen (Abweichungsquadrate)

$$|x_i - \bar{x}| \quad \text{bzw.} \quad (x_i - \bar{x})^2.$$

Daraus ergeben sich durch Summation die (Gesamt-) Streuungsmaße

$$\sum_{i=1}^{n} |x_i - \bar{x}| \quad \text{bzw.} \quad \sum_{i=1}^{n}(x_i - \bar{x})^2.$$

Meist wird die Variante mit quadratischen Abständen verwendet, da sie in vielen Situationen einfacher zu Hand haben ist und in der Wahrscheinlichkeitsrechnung ein gebräuchliches Pendant besitzt, die Varianz. Der Absolutbetrag als Abweichungsmaß wird im Folgenden nicht mit dem arithmetischen Mittel, sondern dem Median als Bezugsgröße genutzt. Die zugehörige Größe

$$\sum_{i=1}^{n} |x_i - \widetilde{x}|$$

heißt Summe der absoluten Abweichungen vom Median.

Empirische Varianz und empirische Standardabweichung

Zunächst wird die Summe der Abweichungsquadrate betrachtet. Das Quadrieren der Abweichungen hat zur Folge, dass sehr kleine Abweichungen vom arithmetischen Mittel kaum, große Abweichungen jedoch sehr stark ins Gewicht fallen.

Definition A 3.29 (Empirische Varianz). *Für einen metrischen Datensatz* $x_1, \ldots, x_n$ *mit zugehörigem arithmetischem Mittel* $\overline{x}_n$ *heißt*

$$s_n^2 = \frac{1}{n}\left((x_1 - \overline{x}_n)^2 + \cdots + (x_n - \overline{x}_n)^2\right) = \frac{1}{n}\sum_{i=1}^{n}(x_i - \overline{x}_n)^2$$

empirische Varianz s_n^2 *von* $x_1, \ldots, x_n$.

Ist die Anzahl n *der Beobachtungswerte aus dem Kontext klar, so wird auf die Angabe des Index verzichtet, d.h. es wird die Notation* s^2 *verwendet.*

Die empirische Varianz wird gelegentlich auch als

$$\widetilde{s}^2 = \frac{1}{n-1}\sum_{i=1}^{n}(x_i - \overline{x})^2$$

eingeführt. In der entsprechenden Literatur muss in Formeln unter Verwendung der empirischen Varianz jeweils auf den veränderten Faktor geachtet werden!

Regel A 3.30 (Berechnung der empirischen Varianz mittels einer Häufigkeitsverteilung). *Liegen die Daten in Form einer Häufigkeitsverteilung* $f_1, \ldots, f_m$ *mit verschiedenen Merkmalsausprägungen* $u_1, \ldots, u_m$ *des betrachteten Merkmals vor, so kann die empirische Varianz berechnet werden durch*

$$s^2 = f_1(u_1 - \overline{x})^2 + f_2(u_2 - \overline{x})^2 + \cdots + f_m(u_m - \overline{x})^2 = \sum_{j=1}^{m} f_j(u_j - \overline{x})^2.$$

Für die empirische Varianz gilt der so genannte Verschiebungssatz (auch bekannt als Steiner-Regel), mit dessen Hilfe sich u.a. auch eine alternative Berechnungsmöglichkeit herleiten lässt.

Regel A 3.31 (Steiner-Regel). *Für ein beliebiges $a \in \mathbb{R}$ erfüllt die empirische Varianz s^2 der Beobachtungswerte $x_1, \ldots, x_n$ die Gleichung*

$$s^2 = \left(\frac{1}{n} \sum_{i=1}^{n} (x_i - a)^2 \right) - (\overline{x} - a)^2.$$

Durch die spezielle Wahl $a = 0$ im Verschiebungssatz lässt sich die empirische Varianz in einer Form darstellen, die deren Berechnung in vielen Situationen erleichtert.

Regel A 3.32 (Alternative Berechnungsformel für die empirische Varianz). *Die empirische Varianz von Beobachtungswerten $x_1, \ldots, x_n$ lässt sich mittels der Formel*

$$s^2 = \left(\frac{1}{n} \sum_{i=1}^{n} x_i^2 \right) - \overline{x}^2 = \overline{x^2} - \overline{x}^2$$

berechnen. Dabei bezeichnet $\overline{x^2}$ das arithmetische Mittel der quadrierten Daten $x_1^2, \ldots, x_n^2$.

Die gemeinsame empirische Varianz zweier Datensätze kann ähnlich wie beim arithmetischen Mittel unter Verwendung der empirischen Varianzen der einzelnen Datensätze ohne Rückgriff auf die Ausgangsdaten bestimmt werden. Hierbei müssen aber zusätzlich noch die arithmetischen Mittel in beiden Urlisten bekannt sein.

Regel A 3.33 (Empirische Varianz bei gepoolten Daten). *Seien $\overline{x}$ bzw. $\overline{y}$ die arithmetischen Mittel und s_x^2 bzw. s_y^2 die empirischen Varianzen der Datensätze $x_1, \ldots, x_{n_1}$ und $y_1, \ldots, y_{n_2}$.*
Die empirische Varianz s_z^2 aller $n_1 + n_2$ Beobachtungswerte

$$z_1 = x_1, \ldots, z_{n_1} = x_{n_1}, z_{n_1+1} = y_1, \ldots, z_{n_1+n_2} = y_{n_2}$$

lässt sich bestimmen mittels

$$s_z^2 = \frac{n_1}{n_1 + n_2} s_x^2 + \frac{n_2}{n_1 + n_2} s_y^2 + \frac{n_1}{n_1 + n_2} (\overline{x} - \overline{z})^2 + \frac{n_2}{n_1 + n_2} (\overline{y} - \overline{z})^2,$$

wobei $\overline{z}$ das arithmetische Mittel des (gepoolten) Datensatzes $z_1, \ldots, z_{n_1+n_2}$ ist.

Von der empirischen Varianz ausgehend wird ein weiteres Streuungsmaß gebildet, die empirische Standardabweichung. Da die empirische Varianz sich als Summe von quadrierten, also nicht-negativen Werten berechnet und daher selbst eine nicht-negative Größe ist, kann die empirische Standardabweichung als (nicht-negative) Wurzel aus der empirischen Varianz definiert werden.

Definition A 3.34 (Empirische Standardabweichung). *Für Beobachtungswerte $x_1, \ldots, x_n$ mit zugehöriger empirischer Varianz s_n^2 wird die empirische Standardabweichung s_n definiert durch*

$$s_n = \sqrt{s_n^2}.$$

Ist der Stichprobenumfang n *aus dem Kontext klar, so wird auch die Notation* s *verwendet.*

Die empirische Standardabweichung besitzt dieselbe Maßeinheit wie die Beobachtungswerte und eignet sich daher besser zum direkten Vergleich mit den Daten der Stichprobe als die empirische Varianz.

Mittlere absolute Abweichung

Die bisher vorgestellten Streuungsmaße messen die Streuung in Relation zum arithmetischen Mittel der zu Grunde liegenden Daten. Die mittlere absolute Abweichung ist eine Kenngröße, die die Abweichungen der Beobachtungsdaten von deren Median zur Messung der Streuung innerhalb eines Datensatzes verwendet. Hierzu werden zunächst die Differenzen zwischen jedem Beobachtungswert und dem Median berechnet. Danach werden die Beträge dieser Differenzen, die absoluten Abweichungen, gebildet.

Definition A 3.35 (Mittlere absolute Abweichung). *Für einen metrischen Datensatz* $x_1, \ldots, x_n$ *mit zugehörigem Median* $\widetilde{x}$ *heißt*

$$d = \frac{1}{n} \sum_{i=1}^{n} |x_i - \widetilde{x}|.$$

mittlere absolute Abweichung d *vom Median (der Daten* $x_1, \ldots, x_n$*).*

Regel A 3.36 (Berechnung der mittleren absoluten Abweichung mittels einer Häufigkeitsverteilung). *Liegen die Daten in Form einer Häufigkeitsverteilung* $f_1, \ldots, f_m$ *mit verschiedenen Merkmalsausprägungen* $u_1, \ldots, u_m$ *des betrachteten Merkmals vor, so kann die mittlere absolute Abweichung berechnet werden als*

$$d = \sum_{j=1}^{m} f_j |u_j - \widetilde{x}|.$$

Werden die mittlere absolute Abweichung und die empirische Standardabweichung für den selben Datensatz ausgewertet, so liefern beide Streuungsmaße Werte in der selben Einheit. Die Streuungsmaße können daher direkt miteinander verglichen werden. In diesem Zusammenhang ist die folgende Ordnungsbeziehung gültig.

Regel A 3.37 (Ungleichung zwischen empirischer Standardabweichung und mittlerer absoluter Abweichung). *Für die mittlere absolute Abweichung* d *und die empirische Standardabweichung* s *eines Datensatzes gilt* $d \leqslant s$.

Variationskoeffizient

Das letzte, hier vorgestellte Streuungsmaß wird nur für positive Beobachtungsdaten verwendet. Im Gegensatz zu den bisher betrachteten Streuungsmaßen wird beim Variationskoeffizienten die Streuung der Daten in Beziehung zu den absolut gemessenen Werten (in Form von deren Mittelwert) gesetzt. Dies ermöglicht eine Messung der Streuung in Relation zur Lage der Daten. Der Variationskoeffizient V berechnet sich als der Quotient aus empirischer Standardabweichung und arithmetischem Mittel.

Definition A 3.38 (Variationskoeffizient). *Seien $\bar{x}$ arithmetisches Mittel und s empirische Standardabweichung eines metrischen Datensatzes $x_1, \ldots, x_n > 0$. Der Variationskoeffizient V ist definiert durch den Quotienten*

$$V = \frac{s}{\bar{x}}.$$

Der Variationskoeffizient eignet sich besonders zum Vergleich der Streuung von Datensätzen, deren Merkmalsausprägungen sich hinsichtlich der Größenordnung stark unterscheiden. Er ist auch das einzige hier eingeführte Streuungsmaß, mit dem Datensätze, die in unterschiedlichen Einheiten gemessen wurden, ohne Umrechnungen verglichen werden können. Die Division bei der Berechnung des Variationskoeffizienten bewirkt, dass sich die jeweiligen Einheiten „kürzen", d.h. der Variationskoeffizient ist eine Zahl „ohne Einheit". Daher wird er auch als dimensionslos bezeichnet.

A 3.4 Lage- und Streuungsmaße bei linearer Transformation

Eine wichtige Transformation von Daten ist die lineare Transformation.

Definition A 3.39 (Lineare Transformation, linear transformierter Datensatz). *Für Zahlen $a, b \in \mathbb{R}$ heißt die Vorschrift*

$$y = a + bx, \qquad x \in \mathbb{R},$$

lineare Transformation. Die Anwendung einer linearen Transformation $y = a + bx$ auf den metrischskalierten Datensatz $x_1, \ldots, x_n$ liefert den linear transformierten Datensatz $y_1, \ldots, y_n$ mit

$$y_i = a + bx_i, \quad i \in \{1, \ldots, n\}.$$

Einige der in den vorhergehenden Abschnitten vorgestellten Lage- und Streuungsmaße zeigen bzgl. linearer Transformation ein nützliches Verhalten, das in der folgenden Regel zusammengefasst wird.

Regel A 3.40 (Regeln bei linearer Transformation der Daten). *Seien $a, b \in \mathbb{R}$ und $y_1, \ldots, y_n$ ein linear transformierter Datensatz von $x_1, \ldots, x_n$:*

$$y_i = a + bx_i, \quad i \in \{1, \ldots, n\}.$$

Dann gilt:

(i) $\widetilde{y} = a + b\widetilde{x}$,   *(iii)* $s_{\widetilde{y}}^2 = b^2 s_x^2$,   *(v)* $d_y = |b| d_x$,

(ii) $\overline{y} = a + b\overline{x}$,   *(iv)* $s_y = |b| \cdot s_x$,

wobei $s_x^2, s_{\widetilde{y}}^2, s_x, s_y, d_x, d_y$ *die zum jeweiligen Datensatz gehörigen Streuungsmaße bezeichnen.*

Eine einfache Methode, Abweichungen der Beobachtungswerte zu beschreiben, ist die Zentrierung der Daten am arithmetischen Mittel.

Definition A 3.41 (Zentrierung, Residuum). *Für Beobachtungswerte* $x_1, \dots, x_n$ *eines metrischen Merkmals heißt die lineare Transformation*

$$y_i = x_i - \overline{x}, \qquad i \in \{1, \dots, n\},$$

Zentrierung. Die transformierten Daten $y_1, \dots, y_n$ *werden als zentriert (oder als Residuen) bezeichnet.*

Aus Regel A 3.40 ergibt sich die folgende Eigenschaft zentrierter Daten.

Regel A 3.42 (Arithmetisches Mittel zentrierter Daten). *Ist* $y_1, \dots, y_n$ *der zum Datensatz* $x_1, \dots, x_n$ *gehörende zentrierte Datensatz, so gilt für das zugehörige arithmetische Mittel* $\overline{y} = 0$.

Sollen Beobachtungswerte aus verschiedenen Messreihen direkt miteinander verglichen werden, so ist es sinnvoll, zusätzliche Informationen über Lage und Streuung der jeweiligen Daten zu berücksichtigen. Die Verwendung standardisierter Daten bietet sich an.

Definition A 3.43 (Standardisierung). *Seien* $x_1, \dots, x_n$ *Beobachtungswerte mit positiver empirischer Standardabweichung* $s_x > 0$ *und arithmetischem Mittel* $\overline{x}$.
Die lineare Transformation

$$z_i = \frac{x_i - \overline{x}}{s_x}, \quad i \in \{1, \dots, n\},$$

der Daten heißt Standardisierung. Die transformierten Daten $z_1, \dots, z_n$ *werden als standardisiert bezeichnet.*

Durch eine Standardisierung können unterschiedliche Datensätze so transformiert werden, dass die arithmetischen Mittelwerte und die Standardabweichungen in allen Datensätzen gleich sind.

Regel A 3.44 (Eigenschaften standardisierter Daten). *Für standardisierte Beobachtungswerte* $z_1, \dots, z_n$ *gilt* $\overline{z} = 0$ *und* $s_z = 1$.

A 3.5 Box-Plots

Ein Box-Plot ist eine einfache graphische Methode zur Visualisierung der Lage und Streuung eines Datensatzes und eignet sich daher besonders zum optischen Vergleich mehrerer Datensätze. Die Lage- und Streuungsmaße, die im Box-Plot Verwendung finden, können unterschiedlich gewählt werden, so dass das vorgestellte Beispiel nur als Eines unter Vielen zu betrachten ist.

Ein Box-Plot besteht aus einem Kasten („box") und zwei Linien („whiskers"), die links und rechts von diesem Kasten wegführen. Eine Achse gibt an, welche Skalierung der Daten vorliegt. Bei der Basisvariante des Box-Plots werden der linke Rand des Kastens durch das untere Quartil $\tilde{x}_{0,25}$, der rechte Rand durch das obere Quartil $\tilde{x}_{0,75}$ festgelegt. Der Abstand zwischen dem linken und rechten Rand des Kastens ist somit gleich dem Quartilsabstand Q. Im Innern des Kastens wird der Median $\tilde{x}$ der Beobachtungswerte markiert. Der linke Whisker endet beim Minimum $x_{(1)}$ des Datensatzes, der rechte beim Maximum $x_{(n)}$. Der Abstand zwischen den beiden äußeren Enden der Linien ist daher durch die Spannweite gegeben. Eine Illustration ist in Abbildung A 3.1 zu finden.

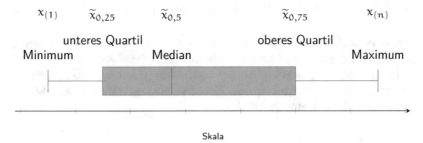

Abbildung A 3.1: Illustration eines einfachen Box-Plots.

Beispiel A 3.45 (Körpergröße). Bei einer Messung der Körpergrößen von Frauen und Männern wurde der folgende zweidimensionale Datensatz ermittelt, in dem in jeder Beobachtung jeweils die erste Komponente die Größe (in cm) und die zweite Komponente das Geschlecht (männlich/weiblich (m/w)) angibt:

$$(154,\text{w}) \quad (181,\text{m}) \quad (182,\text{m}) \quad (174,\text{m}) \quad (166,\text{w})$$
$$(166,\text{w}) \quad (158,\text{w}) \quad (169,\text{w}) \quad (175,\text{m}) \quad (165,\text{m})$$
$$(187,\text{m}) \quad (191,\text{m}) \quad (192,\text{m}) \quad (171,\text{w}) \quad (172,\text{w})$$
$$(172,\text{w}) \quad (168,\text{m}) \quad (180,\text{w}) \quad (183,\text{w}) \quad (183,\text{m})$$

Für den Datensatz werden – getrennt nach Geschlecht – die zur Konstruktion des Box-Plots benötigten Lagemaße berechnet.

	Minimum	unteres Quartil	Median	oberes Quartil	Maximum
Frauen	154	166	170	172	183
Männer	165	174	181,5	187	192

Wie Abbildung A 3.2 zeigt kann aus einer Darstellung dieser Parameter mittels Box-Plots auf einfache Weise ein Überblick über Unterschiede zwischen beiden Gruppen gewonnen werden.

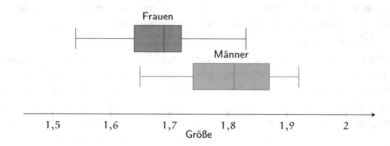

Abbildung A 3.2: Box-Plots zum Vergleich zweier Datensätze.

A 4 Klassierte Daten und Histogramm

Zentraler Aspekt dieses Abschnitts sind Methoden zur (graphischen) Aufbereitung quantitativer Daten, die auf einer Klassierung der Urliste beruhen. Dies bedeutet, dass die Beobachtungswerte in Klassen zusammengefasst und die resultierenden Daten dann weiterverarbeitet werden. Ziel ist es, aussagekräftige Übersichten über die „Verteilung" der Daten zu erhalten.

A 4.1 Klassenbildung

Durch die Zusammenfassung von Daten $x_1, \ldots, x_n$ in Klassen $K_1, \ldots, K_M$ entsteht ein Datenmaterial, das als klassiert oder kategorisiert bezeichnet wird. Der zugehörige Datensatz heißt klassierter Datensatz. Die resultierenden Daten selbst werden als klassiert bezeichnet. Wesentlich ist, dass jedes Datum x_i eindeutig einer Klasse K_j zugeordnet werden kann. Dies bedeutet insbesondere, dass der Schnitt zweier Klassen leer sein muss (d.h. sie sind disjunkt) und dass die Vereinigung aller Klassen den Wertebereich des betrachteten Merkmals überdeckt. Im Hinblick auf die hier vorgestellten graphischen Methoden werden nur Intervalle als Klassen betrachtet, obwohl der Vorgang der Klassierung natürlich allgemeinere Mengen zulässt.

Eine Klassierung kann sinnvoll bei der Darstellung von Daten eines quantitativen Merkmals eingesetzt werden. Aufgrund der Struktur stetiger Datensätze eignet sie sich besonders zur deren Aufbereitung. Eine Strukturierung der Daten erlaubt deren leichtere Analyse und ermöglicht eine aussagekräftige graphische Aufbereitung. Zur Umsetzung der Klassierung wird der Bereich, in dem alle Ausprägungen des betrachteten Merkmals zu finden sind, in eine vorgegebene Anzahl M von Intervallen (Klassen) eingeteilt. Die Längen dieser Intervalle werden als

Klassenbreiten bezeichnet. Jedem Datum wird dann diejenige Klasse zugeordnet, in der es enthalten ist. Die auf diese Weise neu konstruierten Daten können als Ausprägungen eines ordinalskalierten Merkmals mit M möglichen Merkmalsausprägungen (den Klassen) interpretiert werden. In vielen Erhebungen sind nur klassierte Daten für gewisse Merkmale verfügbar (z.B. Einkommen).

Im Allgemeinen werden die Beobachtungswerte als in einem abgeschlossenen Intervall $[a, b]$ liegend angesehen. Die Intervalle der einzelnen Klassen werden nach links offen und nach rechts abgeschlossen (also mit Intervallgrenze) gewählt, um das gesamte Intervall abzudecken, d.h. es wird eine Zerlegung des Intervalls $[a, b]$ in M Teilintervalle

$$K_1 = [v_0, v_1], K_2 = (v_1, v_2], \ldots, K_M = (v_{M-1}, v_M]$$

mit $a = v_0$ und $b = v_M$ vorgenommen.

$$a = v_0 \, v_1 \, v_2 \qquad v_3 \quad \cdots \qquad \cdots \quad v_{M-1} \qquad v_M = b$$

Die erste Klasse nimmt eine besondere Rolle ein, das entsprechende Intervall ist nämlich sowohl nach rechts als auch nach links abgeschlossen. Die Differenzen $b_j = v_j - v_{j-1}$, $j \in \{1, \ldots, M\}$, sind die jeweiligen Klassenbreiten.

Definition A 4.1 (Zerlegung). *Eine Einteilung des Wertebereichs* $[a, b]$ *in Intervalle*

$$K_1 = [v_0, v_1], K_2 = (v_1, v_2], \ldots, K_M = (v_{M-1}, v_M]$$

mit $a = v_0 < v_1 < \cdots < v_{M-1} < v_M = b$ *heißt Zerlegung von* $[a, b]$.

Manchmal ist es zweckmäßig, unbeschränkte Intervalle zu betrachten. Kann z.B. ein Merkmal (theoretisch) unbeschränkt große Werte (Jahresumsatz, monatliches Einkommen, etc.) annehmen, so ist es sinnvoll, das Intervall der letzten Klasse als nach oben unbeschränkt, d.h. als ein Intervall der Form $K_M = (v_{M-1}, \infty)$, zu definieren. Analog sind auch Fälle denkbar, in denen die erste Klasse nicht nach unten beschränkt ist und dementsprechend $K_1 = (-\infty, v_1]$ gewählt wird. Klassen, die zu solchen nicht beschränkten Intervallen gehören, werden als offene Klassen bezeichnet.

Für klassierte Daten werden absolute Häufigkeiten der einzelnen Klassen durch Summierung der absoluten Häufigkeiten aller verschiedenen Merkmalsausprägungen, die in der jeweiligen Klasse enthalten sind, gebildet. Die relativen Häufigkeiten der Klassen ergeben sich analog als Summe der entsprechenden relativen Einzelhäufigkeiten.

Definition A 4.2 (Klassenhäufigkeiten). *Der Datensatz* $x_1, \ldots, x_n \in [a, b]$ *habe die verschiedenen Merkmalsausprägungen* $u_1, \ldots, u_m$ *mit absoluten Häufigkeiten* $n_1, \ldots, n_m$ *und relativen Häufigkeiten* $f_1, \ldots, f_m$.

Die absoluten Häufigkeiten der Zerlegung $K_1, \ldots, K_M$ *von* $[a, b]$ *in Klassen sind definiert als*

$$n(K_j) = \sum_{k \in \{1,\ldots,m\}: u_k \in K_j} n_k, \quad j \in \{1, \ldots, M\}.$$

Die relativen Häufigkeiten der Klassen $K_1, \ldots, K_M$ *sind definiert als*

$$f(K_j) = \frac{n(K_j)}{n} = \sum_{k \in \{1,\ldots,m\}: u_k \in K_j} f_k, \quad j \in \{1, \ldots, M\}.$$

Wie bei gewöhnlichen absoluten und relativen Häufigkeiten addieren sich auch bei klassierten Daten die absoluten Häufigkeiten zur Anzahl n aller Beobachtungen; die Summe der relativen Häufigkeiten ergibt Eins:

$$\sum_{j=1}^{M} n(K_j) = n, \qquad \sum_{j=1}^{M} f(K_j) = 1.$$

Für $j = 1$ gilt unter Verwendung der Indikatorfunktion

$$n(K_1) = \sum_{i=1}^{n} \mathbb{1}_{[v_0, v_1]}(x_i)$$

und für jedes $j \in \{2, \ldots, M\}$

$$n(K_j) = \sum_{i=1}^{n} \mathbb{1}_{(v_{j-1}, v_j]}(x_i).$$

Eine Häufigkeitsverteilung für klassierte Daten wird analog zum entsprechenden Begriff für die Beobachtungen der Urliste eingeführt, d.h. die Häufigkeitsverteilung eines klassierten Datensatzes ist die Auflistung der relativen Häufigkeiten der aufgetretenen Klassen. Die Häufigkeitsverteilung gibt darüber Aufschluss, wie die Merkmalsausprägungen bezogen auf die gewählte Klasseneinteilung im Datensatz verteilt sind.

A 4.2 Histogramm

In Datensätzen ist es möglich, dass sehr viele verschiedene Beobachtungswerte vorliegen. Bei der Messung eines stetigen Merkmals ist es beispielsweise nicht ungewöhnlich, dass alle Beobachtungswerte verschieden sind. Für eine graphische Darstellung solcher Daten sind Diagramme, die auf der Häufigkeitsverteilung der Beobachtungswerte $x_1, \ldots, x_n$ basieren (wie z.B. Stab- oder Säulendiagramme), in der Regel ungeeignet. Die Häufigkeitstabelle führt in diesem Fall nicht zu einer komprimierten und damit übersichtlicheren Darstellung der Daten.

Einen Ausweg aus dieser Problematik bildet die Klassierung solcher Daten. Hierbei werden (unter Inkaufnahme eines gewissen Informationsverlusts) die Merkmalsausprägungen in Klassen zusammengefasst. Die Häufigkeiten der einzelnen

Klassen können dann für eine graphische Darstellung herangezogen werden. Für Klassierungen des Wertebereichs in Intervalle steht das Histogramm als graphisches Hilfsmittel zur Verfügung.

Im Folgenden wird eine Zerlegung des Wertebereichs in Intervalle vorgenommen, wobei die erste und letzte Klasse keine offenen Klassen sein dürfen. Die Klassen seien durch die Intervalle

$$K_1 = [v_0, v_1], K_2 = (v_1, v_2], \ldots, K_M = (v_{M-1}, v_M],$$

deren Klassenbreiten durch $b_1 = v_1 - v_0, \ldots, b_M = v_M - v_{M-1}$ und deren relative Klassenhäufigkeiten durch $f(K_1), \ldots, f(K_M)$ gegeben.

Bezeichnung A 4.3 (Histogramm). Ein Diagramm wird als Histogramm bezeichnet, wenn es auf folgende Weise konstruiert wird: Auf einer horizontalen Achse werden die Klassengrenzen $v_0, \ldots, v_M$ der Intervalle abgetragen. Über jedem Intervall K_j wird ein Rechteck gezeichnet, dessen Breite gleich der Länge des Intervalls, also der Klassenbreite b_j, ist. Die Höhe h_j des Rechtecks berechnet sich gemäß der Formel

$$h_j = \frac{\text{relative Häufigkeit der zum Intervall gehörigen Klasse}}{\text{Länge des Intervalls}} = \frac{f(K_j)}{b_j}.$$

Graphisch ist das Konstruktionsprinzip der Histogrammsäulen in Abbildung A 4.1 dargestellt. In einem derart konstruierten Histogramm ist der Flächeninhalt eines

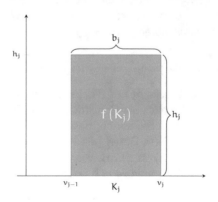

Abbildung A 4.1: Konstruktion einer Histogrammsäule.

Rechtecks gleich der relativen Häufigkeit der zugehörigen Klasse:

$$\text{Flächeninhalt des Rechtecks der Klasse } K_j = b_j \cdot h_j = f(K_j).$$

Aus Gründen der Darstellung kann ein Proportionalitätsfaktor $c > 0$ eingeführt werden, der etwa eine Skalierung der Achsen ermöglicht. Unter Verwendung eines

Proportionalitätsfaktors sind die Flächeninhalte der Rechtecke proportional zu den relativen Häufigkeiten der Klassen, d.h.

$$\text{Flächeninhalt des Rechtecks der Klasse } K_j = c \cdot b_j \cdot h_j = cf(K_j).$$

Dies ist beispielsweise dann der Fall, wenn an Stelle der relativen Klassenhäufigkeiten $f(K_j)$ in der Definition der Höhen der Rechtecke die absoluten Klassenhäufigkeiten $n(K_j)$ verwendet werden (Proportionalitätsfaktor $c = n$).

Das Histogramm ist ein Flächendiagramm, d.h. die zu visualisierenden Größen (in diesem Fall die Häufigkeiten) werden im Diagramm proportional zu einer Fläche dargestellt. Hierdurch unterscheidet sich das Histogramm von Diagrammformen wie dem Stab- oder Säulendiagramm, in denen die relevanten Informationen durch Höhen beschrieben werden. Da in Säulendiagrammen alle Säulen die selbe Breite haben, sind sowohl die Höhen als auch die Flächen der Säulen proportional zur relativen Häufigkeit.

Regel A 4.4 (Gesamtfläche des Histogramms). *In einem Histogramm, das unter Verwendung eines Proportionalitätsfaktors $c > 0$ konstruiert wurde, hat die Gesamtfläche aller Rechtecke im Diagramm den Flächeninhalt c.*

Ohne Verwendung eines Proportionalitätsfaktors (d.h. für $c = 1$) ist die Gesamtfläche der Säulen des Histogramms gleich Eins. Werden in einem Histogramm an Stelle der relativen die absoluten Häufigkeiten zur Darstellung verwendet, so addieren sich die Flächeninhalte der Rechtecke zur Gesamtzahl aller Beobachtungen.

Bei äquidistanten Klassengrenzen (d.h. die Klassenbreiten aller Klassen sind gleich) sind auch die Höhen der Rechtecke proportional zu den Häufigkeiten der Klassen. Mittels Einsetzen der Klassenbreiten $b_1 = b_2 = \cdots = b_M = b$ liefert die obige Formel

$$\text{Flächeninhalt des Rechtecks der Klasse } K_j = bh_j = f(K_j),$$

so dass die Höhen der Rechtecke $h_j = \frac{1}{b} f(K_j)$ betragen, $j \in \{1, \dots, M\}$. In diesem Fall ist das Histogramm also auch ein Höhendiagramm. Es unterscheidet sich von einem Säulendiagramm lediglich dadurch, dass die Säulen ohne Zwischenräume gezeichnet werden. Für klassierte Daten (die Klassen zerlegen den Wertebereich und grenzen daher aneinander) ist das Histogramm einem Säulendiagramm vorzuziehen, das sich primär für nominale und ordinale Merkmale eignet.

Beispiel A 4.5. Die Geschäftsführung eines Unternehmens ist zur Planung des Personalbedarfs an den Fehltagen ihrer 50 Mitarbeiter/innen im vergangenen Jahr interessiert (z.B. durch Krankheit oder Fortbildung) und erstellt die folgende Urliste des Merkmals Anzahl Fehltage:

6	0	11	20	4	10	15	10	13	3
5	19	14	2	10	8	12	10	9	6
18	24	16	22	8	13	1	4	12	5
15	10	18	8	14	10	6	16	9	12
7	12	4	14	6	10	0	17	9	11

Um einen Überblick über die Daten zu bekommen wird ein Histogramm erstellt. Zu diesem Zweck werden die Daten zunächst den sechs Klassen

$$K_1 = [0, 4], K_2 = (4, 8], \ldots, K_6 = (20, 24]$$

mit den Klassenbreiten $b_1 = \cdots = b_6 = 4$ zugeordnet. Die absoluten bzw. relativen Klassenhäufigkeiten $n(K_j)$ bzw. $f(K_j)$ sind in der folgenden Häufigkeitstabelle zusammengefasst. In der letzten Spalte sind die Höhen h_j der Rechtecke angegeben, die sich als Quotient $\frac{f(K_j)}{b_j}$ aus relativer Häufigkeit $f(K_j)$ und zugehöriger Klassenbreite b_j berechnen.

Nr.	Klasse	Häufigkeiten		Klassenbreite	Klassenhöhe
j	K_j	$n(K_j)$	$f(K_j)$	b_j	h_j
1	$[0, 4]$	8	0,16	4	0,040
2	$(4, 8]$	10	0,20	4	0,050
3	$(8, 12]$	16	0,32	4	0,080
4	$(12, 16]$	9	0,18	4	0,045
5	$(16, 20]$	5	0,10	4	0,025
6	$(20, 24]$	2	0,04	4	0,010

Mit Hilfe dieser Daten wird das Histogramm in Abbildung A 4.2 erstellt.

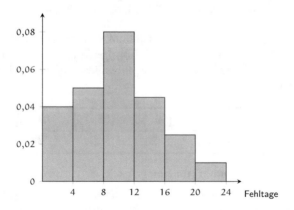

Abbildung A 4.2: Histogramm.

Liegt die Urliste vor, so können die Beobachtungswerte eines metrischen Merkmals in unterschiedlicher Weise klassiert werden, d.h. die Anzahl der Klassen und die Längen der Intervalle können prinzipiell beliebig gewählt werden (unter Berücksichtigung der Bedingung, dass die Klasseneinteilung das gesamte Datenmaterial überdecken muss). Um eine geeignete Darstellung der Daten zu erhalten, sollten jedoch einige Punkte beachtet werden.

Ist die Anzahl der Klassen zu groß gewählt, so ist es möglich, dass das Diagramm zergliedert wirkt, da viele Klassen keine oder nur wenige Beobachtungen enthalten. Werden jedoch zu wenige Klassen verwendet, tritt eventuell ein großer Informationsverlust auf – die Darstellung ist zu grob. Unterschiedliche Häufungen von Beobachtungswerten in einem Bereich können dann in einer Klasse „verschluckt" werden.

Beispiel A 4.6 (Autobahnbaustelle). Im Bereich einer Autobahnbaustelle mit einer erlaubten Höchstgeschwindigkeit von 60km/h wurden auf beiden Fahrspuren Geschwindigkeitsmessungen an insgesamt 100 Fahrzeugen vorgenommen. In der folgenden Urliste gehören die ersten 60 Daten zu Messungen auf der Überholspur, die restlichen 40 Werte wurden auf der rechten Spur gemessen.

$$\begin{array}{cccccccccc}
85 & 72 & 82 & 78 & 78 & 98 & 87 & 85 & 78 & 80 \\
80 & 83 & 80 & 78 & 88 & 96 & 88 & 82 & 87 & 74 \\
77 & 86 & 74 & 73 & 97 & 74 & 72 & 79 & 81 & 77 \\
81 & 82 & 88 & 82 & 70 & 94 & 74 & 90 & 73 & 93 \\
81 & 85 & 83 & 76 & 83 & 80 & 82 & 84 & 77 & 68 \\
90 & 77 & 71 & 76 & 70 & 80 & 71 & 85 & 90 & 77 \\
& & & & & & & & & \\
62 & 52 & 60 & 55 & 59 & 75 & 59 & 41 & 58 & 61 \\
48 & 60 & 63 & 56 & 48 & 49 & 53 & 53 & 53 & 50 \\
59 & 65 & 47 & 58 & 48 & 56 & 52 & 52 & 55 & 69 \\
58 & 45 & 44 & 62 & 59 & 56 & 69 & 50 & 55 & 54 \\
\end{array}$$

Zur Visualisierung aller Daten im Histogramm wird zunächst eine relativ grobe Einteilung der Daten in die Klassen [40, 55], (55,70], (70,85] und (85,100] (jeweils mit der selben Klassenbreite 15) vorgenommen. Auf der Basis der folgenden Klassenhäufigkeiten

Klasse	[40, 55]	(55, 70]	(70, 85]	(85, 100]
absolute Klassenhäufigkeit	20	22	44	14

ergibt sich das Histogramm in Abbildung A 4.3.

Wird die feinere Klasseneinteilung [40, 44], (44, 48], ..., (96, 100] (jeweils mit gleicher Klassenbreite Vier) gewählt, so resultiert zunächst die Häufigkeitstabelle:

Klasse	[40, 44]	(44, 48]	(48, 52]	(52, 56]	(56, 60]
$n(K_j)$	2	5	6	10	9
Klasse	(60, 64]	(64, 68]	(68, 72]	(72, 76]	(76, 80]
$n(K_j)$	4	2	8	9	15
Klasse	(80, 84]	(84, 88]	(88, 92]	(92, 96]	(96, 100]
$n(K_j)$	12	10	3	3	2

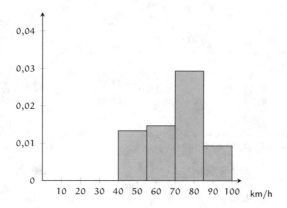

Abbildung A 4.3: Histogramm mit Klassenbreite 15.

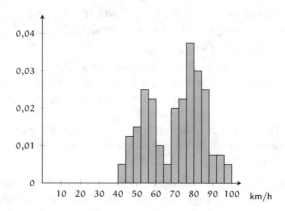

Abbildung A 4.4: Histogramm mit Klassenbreite 4.

Das zugehörige Histogramm ist in Abbildung A 4.4 dargestellt.

Im Gegensatz zum Histogramm in Abbildung A 4.3 sind deutlich zwei Maxima der Häufigkeitsverteilung zu erkennen, die vorher aufgrund der zu groben Aufteilung verborgen waren. Diese Gestalt des Histogramms kann in diesem Fall damit begründet werden, dass die Geschwindigkeit auf der rechten Spur deutlich geringer ist als auf der Überholspur. Die Häufigkeitsverteilung der Geschwindigkeiten ergibt sich also durch eine Überlagerung zweier Häufigkeitsverteilungen (die jeweils nur ein ausgeprägtes Maximum aufweisen; s. Abbildung A 4.5).

Bei der Wahl der Klassenzahl ist also ein Kompromiss zwischen Übersichtlichkeit und Informationsverwertung zu treffen. Hierfür werden unterschiedliche Faustregeln vorgeschlagen. Eine dieser Regeln besagt, dass die Anzahl der Klassen nicht die Wurzel aus der Anzahl aller Beobachtungswerte übersteigen sollte, d.h. bei n Beobachtungen sollten höchstens $\sqrt{n}$ Klassen betrachtet werden. Eine andere Faustregel basiert auf dem dekadischen Logarithmus $\log_{10}$. Nach dieser Regel soll-

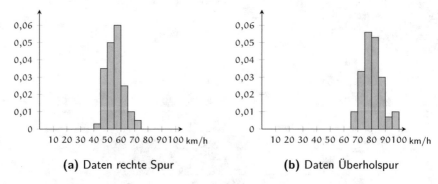

(a) Daten rechte Spur   **(b)** Daten Überholspur

Abbildung A 4.5: Histogramme mit Klassenbreite 5.

te als obere Schranke für die Anzahl der Klassen $10 \cdot \log_{10}(n)$ verwendet werden. Zu entsprechenden Aussagen siehe Fahrmeir et al. (2016).

Die Längen der Intervalle, d.h. die Klassenbreiten, sollten zu Beginn einer Analyse gleich gewählt werden, da in diesem Fall die Höhen der Rechtecke proportional zu den Klassenhäufigkeiten sind und das Histogramm daher als Höhendiagramm interpretiert werden kann. Wenn die in den Daten enthaltene Information jedoch besser ausgewertet werden soll, können in Bereichen, in denen wenige Beobachtungen liegen (z.B. an den „Rändern" des Datensatzes), große Klassenbreiten verwendet werden, während in Bereichen mit vielen Beobachtungen kleine Intervalle gewählt werden.

Unabhängig von diesen Empfehlungen sollte im Wesentlichen der unmittelbare optische Eindruck eines Histogramms (aufgrund mehrerer Darstellungen mit unterschiedlichen Klassen und Klassenzahlen) darüber entscheiden, ob die in den Daten enthaltene Information adäquat wiedergegeben wird oder nicht.

Aus der Darstellung eines (klassierten) Datensatzes in einem Histogramm können bestimmte Eigenschaften der Häufigkeitsverteilung abgelesen werden. Abhängig von der Gestalt des Diagramms werden Häufigkeitsverteilungen der Klassen daher bestimmte Bezeichnungen zugeordnet. Existiert im Histogramm nur ein lokales (und daher auch globales) Maximum (der Modus des zu Grunde liegenden ordinalskalierten Datensatzes ist eindeutig), d.h. es gibt nur einen Gipfel und sowohl links als auch rechts davon fällt die Häufigkeitsverteilung monoton, so wird von einer unimodalen Häufigkeitsverteilung (auch eingipfligen) gesprochen. Ist dies nicht der Fall, d.h. liegen mehrere lokale Maxima im Histogramm vor, so wird die Häufigkeitsverteilung der Klassen als multimodal (auch mehrgipflig) bezeichnet. Treten genau zwei Gipfel auf, wird speziell auch die Bezeichnung bimodal verwendet.

Bei einer multimodalen Verteilung ist Vorsicht bei der Interpretation von Lagemaßen geboten, da Lagemaße meist der Beschreibung eines Zentrums der Daten dienen. Bei einer bimodalen Verteilung ist es möglich, dass der größte Teil der Beobachtungen um zwei Gipfel konzentriert ist, die sich links und rechts neben

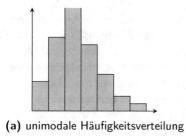 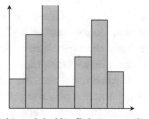

(a) unimodale Häufigkeitsverteilung   (b) bimodale Häufigkeitsverteilung

Abbildung A 4.6: Gestalt von Häufigkeitsverteilungen.

dem Wert befinden, der z.B. vom arithmetischen Mittel oder vom Median geliefert wird. Wird also bei der Beschreibung eines Datensatzes auf eine graphische Darstellung verzichtet, so kann eventuell ein falscher Eindruck vom Zentrum der Daten entstehen.

Beispiel A 4.7. Im Beispiel Autobahnbaustelle wurde eine bimodale Häufigkeitsverteilung festgestellt, die durch Zusammenfassung zweier Datensätze mit (nahezu) unimodalen Häufigkeitsverteilungen entstand. Für das arithmetische Mittel und den Median dieser Daten ergibt sich $\bar{x} = 70{,}9$ und $\tilde{x} = 74$. Der graphischen Darstellung im Histogramm ist aber zu entnehmen, dass sich die Beobachtungen eher in den Bereichen der Geschwindigkeiten 55 und 80 konzentrieren. Zur Veranschaulichung des Effekts können die Histogramme für die Teilpopulationen (rechte Spur, Überholspur) herangezogen werden.

Unimodale Verteilungen können noch detaillierter unterschieden werden. Ist die Darstellung der Häufigkeitsverteilung annähernd spiegelsymmetrisch zu einer senkrechten Achse, so heißt die Verteilung symmetrisch. Ist hingegen ein großer Anteil der Daten eher auf der linken oder rechten Hälfte des Histogramms konzentriert, so wird von einer schiefen Verteilung gesprochen. Sie heißt rechtsschief, falls sich der Gipfel auf der linken Seite des Histogramms befindet und die Häufigkeiten nach rechts abfallen. Im umgekehrten Fall heißt eine Verteilung linksschief.

A 5 Konzentrationsmessung

In der Wirtschaft wird von einer zunehmenden Konzentration in einem Markt oder Marktsegment gesprochen, wenn ein zunehmend größerer Marktanteil auf immer weniger Unternehmen entfällt: einige wenige Anbieter beherrschen den Markt. Im Extremfall gibt es nur einen Anbieter, der den gesamten Markt bedient; es liegt ein Monopol vor. In einer Marktwirtschaft ist es besonders wichtig, Konzentrationstendenzen zu erkennen und starke Konzentrationen in gewissen Märkten mit dem Ziel der Aufrechterhaltung eines Wettbewerbs zu verhindern. Daher ist es für einen Markt oder ein Marktsegment von Bedeutung, wie viel Prozent der Anbieter welchen (einen vorgegebenen) Marktanteil haben, und ob möglicherweise ein großer Teil des Umsatzes auf nur wenige Anbieter entfällt. Andere Anwendungsfelder sind beispielsweise die Verteilung von Umsatz innerhalb einer Unternehmung bzw. eines Konzerns, die Verteilung von Wertpapierbesitz, die Verteilung der Größe landwirtschaftlicher Betriebe, die Verteilung von Einkommen auf eine (Teil-) Bevölkerung, etc. Als ein statistisches Werkzeug zur graphischen Darstellung einer solchen Situation und zur Visualisierung von Konzentrationstendenzen wird die Lorenz-Kurve verwendet. Zudem ist, z.B. in der Wirtschaftspolitik, die Beschreibung der Konzentration durch eine Maßzahl erwünscht.

Allgemeiner lässt sich sagen, dass die Lorenz-Kurve und zugehörige Konzentrationsmaße dann sinnvoll zur Veranschaulichung der beobachteten Ausprägungen eines Merkmals herangezogen werden können, wenn dieses nicht-negative Daten liefert und extensiv ist. Als extensiv wird ein quantitatives Merkmal bezeichnet, wenn zusätzlich die Summe von erhobenen Daten dieses Merkmals eine eigenständige Bedeutung hat. Beispielsweise hat die Summe aller Umsätze von Unternehmen in einem Marktsegment eine eigene Bedeutung. Die Konzentrationsmaße dienen dann der Messung des Grades der Gleichheit bzw. Ungleichheit der Merkmalswerte.

In diesem Abschnitt sei daher stets ein extensives Merkmal X mit beobachteten Ausprägungen $x_1, \ldots, x_n \geqslant 0$ gegeben. Zusätzlich soll $\sum_{i=1}^{n} x_i > 0$ sein, um den Trivialfall $x_1 = \ldots = x_n = 0$ auszuschließen.

Beispiel A 5.1 (Marktentwicklung). In den Jahren 1980, 1990, 2000 und 2010 wurde jeweils der Umsatz von vier Anbietern A, B, C und D in einem Marktsegment erhoben:

Umsätze (in Mio. €)	1980	1990	2000	2010
A	25	20	10	0
B	25	10	10	0
C	25	40	50	100
D	25	30	30	0
Summe	100	100	100	100

In diesem Beispiel bleibt zwar der Gesamtumsatz (hier zur besseren Vergleichbarkeit und zur Vereinfachung) konstant, offensichtlich liegen aber unterschiedliche Marktsituationen in den verschiedenen Jahren vor. Die Situation im Jahr 1980 würde mit „Gleichverteilung" beschrieben, während die Aufteilung im Jahr 2000 einer starken Konzentration gleich käme; denn 50% der umsatzstärksten Anbieter (nämlich C und D) haben einen Anteil von 80% des Umsatzes im betrachteten Marktsegment. Im Jahr 2010 liegt schließlich die Monopolsituation vor. Das Beispiel zeigt somit eine mit der Zeit zunehmende Konzentration.

An diesem Beispiel und seiner Interpretation wird bereits deutlich, dass die Konzentrationsmessung und die graphische Veranschaulichung (in Form der Lorenz-Kurve) dann gewinnbringend eingesetzt werden können, wenn eine relativ große, unübersichtliche Anzahl von Beobachtungswerten eines Merkmals vorliegt. In diesem Abschnitt sind bewusst kleine Beispiele gewählt, um die Effekte besser zu verdeutlichen.

Zunächst wird die graphische Darstellung zur Beschreibung der Konzentration eingeführt. Daraus wird eine geeignete Kenngröße, der Gini-Koeffizient, geometrisch abgeleitet und zum Vergleich von Datensätzen mit möglicherweise unterschiedlichen Anzahlen von Beobachtungen modifiziert. Da es Situationen gibt, die auf unterschiedliche Lorenz-Kurven, aber auf denselben Wert des Gini-Koeffizienten führen, ist die Einführung weiterer Kenngrößen sinnvoll (z.B. Herfindahl-Index).

A 5.1 Lorenz-Kurve

Für Beobachtungen $x_1, \ldots, x_n \geqslant 0$ eines extensiven Merkmals X (z.B. Umsatz) mit $S_n = \sum_{i=1}^{n} x_i > 0$ wird die Lorenz-Kurve folgendermaßen konstruiert.

Bezeichnung A 5.2 (Lorenz-Kurve und ihre Konstruktion).

(i) Bestimmung der Rangwertreihe $x_{(1)} \leqslant x_{(2)} \leqslant \ldots \leqslant x_{(n)}$.

(ii) Für $i \in \{1, \ldots, n\}$ bezeichne $s_i = \frac{i}{n}$ den Anteil der Merkmalsträger (Untersuchungseinheiten) mit Werten kleiner oder gleich $x_{(i)}$.

Berechnung der Summe der i kleinsten Merkmalsausprägungen

$$S_i = x_{(1)} + \ldots + x_{(i)}, \quad i \in \{1, \ldots, n\},$$

und des Anteils der Summe der i kleinsten Werte an der Gesamtsumme (z.B. Anteil der i umsatzschwächsten Unternehmen am Gesamtumsatz der n Anbieter)

$$t_i = \frac{S_i}{S_n} = \frac{x_{(1)} + \ldots + x_{(i)}}{x_{(1)} + \ldots + x_{(n)}}, \quad i \in \{1, \ldots, n\}.$$

(iii) Zeichnen der Lorenz-Kurve (M. O. Lorenz, 1904) durch lineares Verbinden der $n + 1$ Punkte

$$(0, 0), (s_1, t_1), \ldots, (s_n, t_n).$$

Die Berechnung der notwendigen Punktepaare zur Konstruktion der Lorenz-Kurve kann übersichtlich in einer Arbeitstabelle vorgenommen werden.

Beispiel A 5.3. Für die Daten aus Beispiel A 5.1 (Marktentwicklung) werden die Lorenz-Kurven der Jahre 1980, 1990, 2000 und 2010 ermittelt. Dazu werden zunächst die zugehörigen Arbeitstabellen erzeugt (s. Tabelle A 5.1). Daraus ergibt sich die Graphik in Abbildung A 5.1, in der vier Lorenz-Kurven (gemeinsam) eingezeichnet sind.

Die Lorenz-Kurve für das Jahr 1980 ist identisch mit der Diagonalen im Einheitsquadrat, da alle Daten für 1980 identisch sind. Weiterhin ist zu erkennen, dass sich die zunehmende Konzentration durch angeordnete Lorenz-Kurven äußert.

	1980					**1990**			
i	$x_{(i)}$	s_i	S_i	t_i	i	$x_{(i)}$	s_i	S_i	t_i
1	25	0,25	25	0,25	1	10	0,25	10	0,1
2	25	0,50	50	0,50	2	20	0,50	30	0,3
3	25	0,75	75	0,75	3	30	0,75	60	0,6
4	25	1,00	100	1,00	4	40	1,00	100	1,0
Summe	100				Summe	100			

	2000					**2010**			
i	$x_{(i)}$	s_i	S_i	t_i	i	$x_{(i)}$	s_i	S_i	t_i
1	10	0,25	10	0,1	1	0	0,25	0	0
2	10	0,50	20	0,2	2	0	0,50	0	0
3	30	0,75	50	0,5	3	0	0,75	0	0
4	50	1,00	100	1,0	4	100	1,00	100	1,0
Summe	100				Summe	100			

Tabelle A 5.1: Arbeitstabellen zur Ermittlung der Lorenz-Kurven für die Daten aus Beispiel A 5.1.

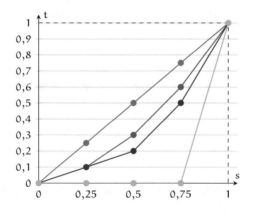

Abbildung A 5.1: Lorenz-Kurven zu Beispiel A 5.1.

Im Beispiel wird deutlich, dass Lorenz-Kurven bei zunehmender Konzentration weiter entfernt von der Diagonalen im Einheitsquadrat sind. Aus dieser Beobachtung wird eine Kenngröße für die Konzentration entwickelt.

Eine Lorenz-Kurve hat die typische Gestalt aus Abbildung A 5.2. Beim Ablesen von Werten wird – je nach Aufgabenstellung – ein Wert auf der s-Achse oder auf der t-Achse als Ausgangspunkt gewählt. Dabei sind folgende Situationen zu unterscheiden:

- Der Wert s ist vorgegeben und der zugehörige Wert wird auf der t-Achse abgelesen:

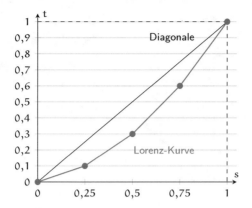

Abbildung A 5.2: Gestalt einer Lorenz-Kurve.

Der Funktionswert der Lorenz-Kurve an der Stelle s gibt an, welchen Anteil die $100\,s\%$ kleinsten Merkmalsträger (besser: die $100\,s\%$ Merkmalsträger mit den kleinsten Ausprägungen) an der Gesamtsumme haben.

- Der Wert t ist vorgegeben und der zugehörige Wert wird auf der s-Achse abgelesen:

  Die $100\,s\%$ der kleinsten Merkmalsträger haben den vorgegebenen Anteil von $100\,t\%$ an der Gesamtsumme.

Beim Ablesen ist zu beachten:

Regel A 5.4 (Werte der Lorenz-Kurve). *Das Ablesen von Werten bei einer Lorenz-Kurve ist nur an den berechneten Punkten der Lorenz-Kurve exakt; an allen anderen Stellen können lediglich Werte abgelesen werden, die als Näherungen (durch lineare Interpolation) interpretiert werden.*

Wie bereits zu Beginn erwähnt, ist die Lorenz-Kurve gerade bei einer hohen Anzahl von Beobachtungen eines extensiven Merkmals ein wertvolles Werkzeug. Mit wachsender Anzahl von Beobachtungen ist – wenn die berechneten Punkte nicht markiert werden – kaum zu erkennen, dass die Lorenz-Kurve ein Streckenzug ist. Außerdem wird klar, dass nun ein Ablesen von Werten an jeder Stelle der Lorenz-Kurve zu interpretierbaren Ergebnissen führt, da die Näherungslösung (zwischen berechneten Punkten) relativ genau ist.

Abbildung A 5.3 basiert auf 1000 Daten $x_1, \ldots, x_{1000}$. Aufgrund der großen Zahl von Ausprägungen sind die Geradenstücke nicht erkennbar. Aus Abbildung A 5.3 lässt sich folgende Frage leicht beantworten:

- Frage: Welchen Anteil am Gesamtumsatz haben die 20% umsatz**stärksten** Anbieter?
- Antwort: Da 80% der umsatzschwächsten Unternehmen einen Anteil von x am gesamten Markt besitzen, haben die 20% umsatzstärksten Unternehmen einen Anteil von $1 - x$ am Gesamtmarkt.

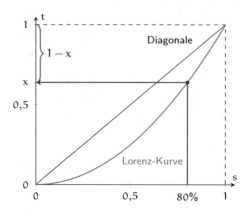

Abbildung A 5.3: Lorenz-Kurve zu 1000 Beobachtungen.

Regel A 5.5 (Eigenschaften der Lorenz-Kurve).

(i) *Aufgrund der Berechnungsvorschrift für die Punkte (s_i, t_i) der Lorenz-Kurve gilt:*
$$0 \leqslant s_i \leqslant 1, \quad 0 \leqslant t_i \leqslant 1, \quad i \in \{1, \ldots, n\}.$$

(ii) *Sind die n beobachteten Merkmalsausprägungen alle identisch, d.h. gilt $x_1 = \cdots = x_n$, dann stimmt die Lorenz-Kurve mit der Diagonalen im Einheitsquadrat (i.e., die Strecke, die die Punkte $(0,0)$ und $(1,1)$ verbindet) überein.*

(iii) *Der Wert t_k gibt an, welcher Anteil an der Gesamtsumme aller Werte auf $100s_k\%$ der „kleinsten" Merkmalsträger entfällt.*

(iv) *Lorenz-Kurven sind immer monoton wachsend, stückweise linear und konvex, und sie verlaufen unterhalb der Winkelhalbierenden (Diagonalen).*

(v) *Wenn sich Lorenz-Kurven zu vergleichbaren Datensätzen nicht schneiden, gibt die Ordnung der Lorenz-Kurven auch die auf- bzw. absteigende Konzentration in den Datensätzen wieder.*

Bei der Interpretation der Lorenz-Kurve ist folgende Vorstellung hilfreich. Wird die Lorenz-Kurve als elastische Schnur betrachtet, die an den Punkten $(0,0)$ und $(1,1)$ befestigt ist und an einigen Stellen (den berechneten Punkten) nach unten „weggezogen" wird, so ist diese Auslenkung umso größer, je größer die Konzentration ist. Beim Vergleich von Lorenz-Kurven liegt dann ein graphisch gut interpretierbarer Fall vor, wenn die Lorenz-Kurven „untereinander liegen" und sich nicht schneiden. Dies wird als Ordnung der Lorenz-Kurven verstanden, und die Situationen können somit direkt verglichen werden. Wenn sich die Lorenz-Kurven schneiden, ist die graphisch basierte Einschätzung des Konzentrationsunterschieds erschwert und eine oder mehrere Kenngrößen sollten ergänzend herangezogen werden.

Die Steigung der Lorenz-Kurve im Intervall $(s_{i-1}, s_i]$ ist durch $\frac{nx_{(i)}}{S_n}$ gegeben. Also ändert sich die Steigung nicht, wenn mehrere Beobachtungen gleich groß sind und mit $x_{(i)}$ übereinstimmen. Ist beispielsweise $x_{(i)} = x_{(i+1)} = x_{(i+2)}$, so hat die Lorenz-Kurve im Intervall

$$(s_{i-1}, s_{i+2}] = (s_{i-1}, s_i] \cup (s_i, s_{i+1}] \cup (s_{i+1}, s_{i+2}]$$

eine konstante Steigung. Dies hat, wie das folgende Beispiel zeigt, eine wesentliche Konsequenz.

Beispiel A 5.6 (Identische Lorenz-Kurven). Die Lorenz-Kurven zu den Datensätzen $x_1 = 2$, $x_2 = 3$, $x_3 = 1$ und $x_1 = 2$, $x_2 = 2$, $x_3 = 3$, $x_4 = 3$, $x_5 = 1$, $x_6 = 1$ stimmen überein.

Allgemein gilt, dass die „Vervielfältigung" eines Datensatzes (Kopien) die Lorenz-Kurve nicht ändert. Der Unterschied kann natürlich durch das Einzeichnen der einzelnen Konstruktionspunkte der Lorenz-Kurven kenntlich gemacht werden. Häufig werden die zur Konstruktion benötigten Punkte (s_i, t_i), $i \in \{1, \ldots, n\}$, jedoch nicht in die Lorenz-Kurve eingetragen.

Regel A 5.7 (Anzahl Beobachtungen bei der Konstruktion der Lorenz-Kurve). *Aus der Lorenz-Kurve selbst kann die Anzahl n der Daten, die dieser zu Grunde liegt, nicht ermittelt werden. Deshalb sollte die Anzahl n zusätzlich zur graphischen Darstellung der Lorenz-Kurve angegeben werden.*

Folgender Aspekt unterstreicht diese Aussage: Die Diagonale ist sowohl bei $n = 2$ umsatzgleichen Unternehmen als auch bei $n = 20$ umsatzgleichen Unternehmen gleich der Lorenz-Kurve. Beide Märkte werden daher gleichermaßen als nicht konzentriert betrachtet. Mit der Lorenz-Kurve wird also nur die relative Konzentration dargestellt und bewertet!

A 5.2 Konzentrationsmaße

Eine geometrisch motivierte Maßzahl für die Konzentration (siehe Beispiel Marktentwicklung) ergibt sich aus der Beobachtung:

Die Konzentration ist $\left\langle \begin{array}{c} \text{hoch} \\ \text{gering} \end{array} \right\rangle$, falls die Fläche zwischen Lorenz-

Kurve und Diagonale $\left\langle \begin{array}{c} \text{groß} \\ \text{klein} \end{array} \right\rangle$ ist.

Dabei hat der kleinstmögliche Flächeninhalt den Wert Null (Lorenz-Kurve und Diagonale stimmen überein). Der Flächeninhalt ist kleiner als $\frac{1}{2}$, da die Lorenz-Kurve stets innerhalb des Dreiecks $(0, 0), (1, 0), (1, 1)$ verläuft.

Definition A 5.8 (Gini-Koeffizient (C. Gini, 1910)). *Sei L eine Lorenz-Kurve. Der Gini-Koeffizient ist definiert durch*

$$G = \frac{\textit{Flächeninhalt zwischen } L \textit{ und Diagonale } D}{\textit{Flächeninhalt zwischen Diagonale und } s\text{-Achse}}$$

$$= \frac{\textit{Flächeninhalt zwischen } L \textit{ und Diagonale } D}{1/2}$$

Die Division des Gini-Koeffizienten durch den Wert $\frac{1}{2}$ liegt darin begründet, dass auf diese Weise eine Maßzahl erzeugt wird, deren Werte nach oben durch Eins beschränkt sind. Die Beschränkung nach unten durch Null ist klar. Diese Vorgehensweise hat somit eine gewisse Normierung der Maßzahl zur Folge.

Beispiel A 5.9. In Beispiel A 5.1 (Marktentwicklung) sind Arbeitstabelle und zugehörige Lorenz-Kurve für das Jahr 2000 gegeben durch:

i	$x_{(i)}$	s_i	S_i	t_i
1	10	0,25	10	0,1
2	10	0,50	20	0,2
3	30	0,75	50	0,5
4	50	1,00	100	1,0

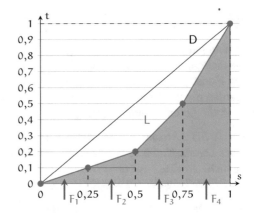

Aus der Graphik resultieren die Flächeninhalte $F_1, \ldots, F_4$:

$$F_1 = \quad \overset{\text{Breite}\;\;\text{Höhe}}{= \frac{0{,}25 \cdot 0{,}1}{2}} = 0{,}0125$$

$$F_2 = \quad = \quad + \quad$$

$$= 0{,}25 \cdot 0{,}1 + \frac{0{,}25 \cdot 0{,}1}{2} = 0{,}0375$$

$$F_3 = 0{,}25 \cdot 0{,}2 + \frac{0{,}25 \cdot 0{,}3}{2} = 0{,}0875$$

$$F_4 = 0{,}25 \cdot 0{,}5 + \frac{0{,}25 \cdot 0{,}5}{2} = 0{,}1875$$

Also hat die markierte Fläche zwischen L und s-Achse den Inhalt $F_1 + F_2 + F_3 + F_4 = 0{,}325$. Daraus ergibt sich

Flächeninhalt zwischen Lorenz-Kurve L und Diagonale D

$=$ Flächeninhalt zwischen Diagonale D und s-Achse

$\qquad\qquad -$ Flächeninhalt zwischen Lorenz-Kurve L und s-Achse

$= 0{,}5 - 0{,}325 = 0{,}175$.

Der Gini-Koeffizient hat somit den Wert $G = \frac{0{,}175}{1/2} = 0{,}35$.

Mit derselben Vorgehensweise wie im obigen Beispiel kann eine allgemeine Formel für den Gini-Koeffizienten hergeleitet werden.

Regel A 5.10 (Berechnung des Gini-Koeffizienten). *Der Gini-Koeffizient ist gegeben durch*

$$G = \frac{n+1-2T}{n} = 1 - \frac{2T-1}{n}, \quad wobei\ T = \sum_{i=1}^{n} t_i.$$

Beweis: Ein Flächenstück unterhalb von L hat die Gestalt ($i \in \{1, \ldots, n\}$):

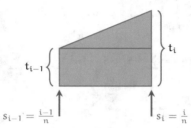

Der Flächeninhalt berechnet sich daher als

$$\fbox{} \quad + \quad \text{▲} \quad = t_{i-1} \underbrace{(s_i - s_{i-1})}_{=1/n} + \frac{(s_i - s_{i-1})(t_i - t_{i-1})}{2}$$

$$= t_{i-1} \cdot \frac{1}{n} + \frac{1}{2n}(t_i - t_{i-1})$$

$$= \frac{1}{2n}(2t_{i-1} + t_i - t_{i-1}) = \frac{1}{2n}(t_{i-1} + t_i)$$

Damit ist der Flächeninhalt der Fläche zwischen L und s-Achse (Summe der Flächenstücke):

$$\underset{i=1}{\underbrace{\frac{1}{2n}(t_0 + t_1)}} + \underset{i=2}{\underbrace{\frac{1}{2n}(t_1 + t_2)}} + \cdots + \underset{i=n}{\underbrace{\frac{1}{2n}(t_{n-1} + t_n)}}$$

$$= \frac{1}{2n}(\underset{0}{\underbrace{t_0}} + \underset{=2t_1}{\underbrace{t_1 + t_1}} + \underset{=2t_2}{\underbrace{t_2 + t_2}} \cdots + \underset{=2t_{n-1}}{\underbrace{t_{n-1} + t_{n-1}}} + \underset{1}{\underbrace{t_n}})$$

$$= \frac{1}{2n}(2(t_1 + t_2 + \cdots + t_{n-1} + t_n) - 1)$$

$$= \frac{2T-1}{2n} \quad \text{mit} \quad T = t_1 + \cdots + t_n.$$

Also beträgt der Flächeninhalt der Fläche zwischen L und D:

$$\frac{1}{2} - \text{Flächeninhalt zwischen L und } s\text{-Achse} \overset{\text{s.o.}}{=} \frac{1}{2} - \frac{2T-1}{2n} = \frac{n+1-2T}{2n}.$$

Per Definition entsteht der Gini-Koeffizient mittels Division des Flächeninhalts durch $\frac{1}{2}$, d.h. durch Multiplikation mit 2, so dass

$$G = \frac{n+1-2T}{n}, \text{ wobei } T = t_1 + \cdots + t_n.$$

Für den Gini-Koeffizienten kann eine alternative Formel hergeleitet werden.

Regel A 5.11 (Alternative Formel des Gini-Koeffizienten). *Der Gini-Koeffizient ist gegeben durch*

$$G = \frac{2W - (n+1)S_n}{nS_n} = \frac{2W}{nS_n} - \frac{n+1}{n},$$

wobei $W = 1 \cdot x_{(1)} + 2 \cdot x_{(2)} + \cdots + n \cdot x_{(n)} = \sum_{i=1}^{n} i x_{(i)}.$

Beweis: Zunächst gilt $S_i = S_n \cdot t_i$, $i \in \{1, \ldots, n\}$. Mit der Setzung $S_0 = 0$ ist $x_{(i)} = S_i - S_{i-1}$, $i \in \{1, \ldots, n\}$, so dass

$$W = \sum_{i=1}^{n} i x_{(i)} = \sum_{i=1}^{n} i(S_i - S_{i-1}) = \sum_{i=1}^{n} i S_i - \sum_{i=0}^{n-1}(i+1)S_i$$

$$= \sum_{i=1}^{n} i S_i - \sum_{i=1}^{n-1} i S_i - \sum_{i=1}^{n-1} S_i$$

$$= nS_n - \sum_{i=1}^{n-1} S_i = (n+1)S_n - \sum_{i=1}^{n} S_i = (n+1)S_n - S_n T.$$

Daraus folgt

$$\frac{2W - (n+1)S_n}{nS_n} = \frac{(n+1)S_n - 2S_n T}{nS_n} = \frac{n+1-2T}{n}.$$

Beispiel A 5.12. In Beispiel A 5.1 (Marktentwicklung) wurde der Gini-Koeffizient $G = 0{,}35$ für das Jahr 2000 auf direktem Weg bestimmt. Mittels der allgemeinen Formel unter Verwendung der Arbeitstabelle zur Lorenz-Kurve

i	$x_{(i)}$	S_i	t_i	$ix_{(i)}$
1	10	10	0,1	10
2	10	20	0,2	20
3	30	50	0,5	90
$n = 4$	50	100	1,0	200
Summe	100		1,8=T	320 =W

resultiert folgende Berechnung des Gini-Koeffizienten:

$$G = \frac{n+1-2T}{n} = \frac{5 - 2 \cdot 1{,}8}{4} = 0{,}35.$$

Unter Verwendung der alternativen Formel lautet die Rechnung:

$$G = \frac{2W - (n+1)S_n}{nS_n} = \frac{2 \cdot 320 - 5 \cdot 100}{4 \cdot 100} = 0{,}35.$$

Die Gini-Koeffizienten für alle betrachteten Jahre sind in folgender Tabelle zusammengefasst.

Jahr	1980	1990	2000	2010
Gini-Koeffizient	0	0,25	0,35	0,75

Der Gini-Koeffizient für das Jahr 1980 ist Null. Wie schon aus der Interpretation der Lorenz-Kurve hervorgeht (Gleichheit mit der Diagonalen) liegt keine Konzentration vor. Ansonsten legt auch der Gini-Koeffizient eine wachsende Konzentration über die Jahre nahe. Allerdings stellt sich die Frage, warum die maximale Konzentration im Jahr 2010 (Monopol) nicht mit der Maßzahl $G = 1$ beschrieben wird.

Die maximale Konzentration liegt in einem Datensatz $x_1, \ldots, x_n$ genau dann vor, wenn genau ein Wert x_i von 0 verschieden ist (siehe Beispiel A 5.1 (Marktentwicklung)). In einem solchen Fall ist $t_1 = \cdots = t_{n-1} = 0$ und $t_n = 1$. Die zugehörige Lorenz-Kurve hat die Gestalt aus Abbildung A 5.4. Der Flächenin-

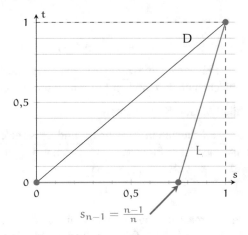

Abbildung A 5.4: Lorenz-Kurve mit maximaler Konzentration.

halt der größtmöglichen Fläche, die von einer Lorenz-Kurve und der Diagonalen eingeschlossen werden kann, ergibt sich daher als Differenz der Flächeninhalte der Dreiecke $(0,0), (1,0), (1,1)$ und $(\frac{n-1}{n}, 0), (1,0), (1,1)$. Damit ist der maximal mögliche Gini-Koeffizient G_{max} gegeben durch

$$G_{max} = \frac{ - }{1/2} = \frac{1/2 - \frac{\frac{1}{n} \cdot 1}{2}}{1/2} = 1 - \frac{1}{n} = \frac{n-1}{n}$$

$$(< 1 \text{ für jedes } n)$$

Regel A 5.13 (Eigenschaften des Gini-Koeffizienten). *Aus der Konstruktion des Gini-Koeffizienten folgt*

$$0 \leqslant G \leqslant \frac{n-1}{n}.$$

Der Wert $G = 0$ *wird angenommen, falls* $x_1 = \cdots = x_n$ *gilt („Gleichverteilung").*
Der Wert $G = \frac{n-1}{n}$ *wird angenommen, falls genau eines der* x_i *von Null verschieden ist.*

Ein Vergleich von Gini-Koeffizienten für Situationen mit unterschiedlichen Anzahlen von Beobachtungen ist kritisch zu sehen, da G_{max} von der Anzahl n abhängig ist. Zur Anwendung der Maßzahl auf derartige Daten ist daher eine Modifikation des Gini-Koeffizienten sinnvoll. Da aus Gründen der Interpretation eine Maßzahl mit Werten zwischen 0 und 1 angestrebt wird, wird der Gini-Koeffizient (zur Normierung) durch den maximal möglichen Flächeninhalt zwischen Diagonale und Lorenz-Kurve dividiert.

Definition A 5.14 (Normierter Gini-Koeffizient). *Die Kenngröße*

$$G^\star = \frac{G}{G_{max}} = \frac{n}{n-1} G = \frac{n+1-2T}{n-1} = 1 - \frac{2(T-1)}{n-1}$$

heißt normierter Gini-Koeffizient.

War der Gini-Koeffizient beschrieben durch den Quotienten

$$G = \frac{\text{Flächeninhalt zwischen } L \text{ und Diagonale}}{\text{Flächeninhalt zwischen Diagonale und } s\text{-Achse}}$$

so gilt für den normierten Gini-Koeffizienten

$$G^\star = \frac{\text{Flächeninhalt zwischen } L \text{ und Diagonale}}{\text{maximal möglicher Flächeninhalt zwischen } L \text{ und Diagonale}}$$

$$= \frac{\frac{n+1-2T}{2n}}{\frac{1}{2} - \frac{1}{2n}} = \frac{\frac{n+1-2T}{2n}}{\frac{n-1}{2n}} = \frac{n+1-2T}{n-1}$$

Regel A 5.15 (Wertebereich des normierten Gini-Koeffizienten). *Für den normierten Gini-Koeffizienten gilt* $0 \leqslant G^\star \leqslant 1$, *wobei die Grenzen angenommen werden.*

Beispiel A 5.16. Zum Beispiel A 5.1 (Marktentwicklung) gibt die Tabelle jeweils den Gini-Koeffizienten und den normierten Gini-Koeffizienten für die Jahre 1980, 1990, 2000 und 2010 an $(n = 4)$.

Jahr	1980	1990	2000	2010
G	0	0,25	0,35	0,75
$G^\star = \frac{4}{3} \cdot G$	0	0,33	0,47	1,00

Wenn sich die zu vergleichenden Lorenz-Kurven nicht schneiden, ist ein Vergleich der Konzentration direkt oder mittels der (normierten) Gini-Koeffizienten möglich. Schneiden sich die Lorenz-Kurven jedoch, so können sich trotz unterschiedlicher Konzentrationssituationen ähnliche oder sogar identische Gini-Koeffizienten ergeben.

Beispiel A 5.17 (Identische Gini-Koeffizienten). Die Zahlenwerte im folgenden Beispiel mit drei Anbietern A, B, C und deren Umsätzen (in Mio. €) in den Jahren 1990, 2000 und 2010 sind so konstruiert, dass sich in den verschiedenen Marktsituationen jeweils derselbe Gini-Koeffizient ergibt.

1990					2000				
i	$x_{(i)}$	s_i	S_i	t_i		i	$x_{(i)}$	s_i	S_i	t_i
1	20	$\frac{1}{3}$	20	$\frac{2}{9}$		1	10	$\frac{1}{3}$	10	$\frac{1}{9}$
2	20	$\frac{2}{3}$	40	$\frac{4}{9}$		2	40	$\frac{2}{3}$	50	$\frac{5}{9}$
3	50	1	90	1		3	40	1	90	1
Summe	90			$\frac{5}{3} = T$		Summe	90			$\frac{5}{3} = T$

Für die Gini-Koeffizienten gilt: $G_{1990} = \frac{n+1-2T}{n} = \frac{4-2\cdot\frac{5}{3}}{3} = \frac{2}{9} = G_{2000}$.

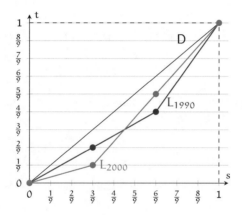

Auch der dritte Datensatz führt zum selben Gini-Koeffizienten:

2010				
i	$x_{(i)}$	s_i	S_i	t_i
1	15	$\frac{1}{3}$	15	$\frac{15}{90} = \frac{1}{6}$
2	30	$\frac{2}{3}$	45	$\frac{1}{2}$
3	45	1	90	1
Summe	90			$\frac{5}{3} = T$

Daher gilt auch $G_{2010} = \frac{2}{9}$, obwohl die Zahlenwerte unterschiedliche Konzentrationen andeuten.

	1990	2000	2010
$x_{(1)}$	20	10	15
$x_{(2)}$	20	40	30
$x_{(3)}$	50	40	45

Der direkte Vergleich zeigt, dass die Situationen möglicherweise unterschiedlich bewertet werden. Die Konzentration im Jahr 1990 müsste eventuell höher eingeschätzt werden, obwohl die jeweiligen Gini-Koeffizienten identisch sind.

Beispiel A 5.17 (Identische Gini-Koeffizienten) zeigt zum Einen, dass eine einzelne Kennziffer oder Maßzahl einen Datensatz natürlich nicht ausreichend beschreibt (vgl. Abschnitt A 3). Die graphische Darstellung sollte stets zur Beurteilung hinzugezogen werden. Zum Anderen motiviert das Beispiel dazu, alternative Kenngrößen zur Beschreibung der Konzentration zu entwickeln. In der Literatur zur Wirtschaftsstatistik gibt es eine Vielzahl von Vorschlägen zur Konzentrationsmessung (vgl. z.B. Bamberg et al. 2017, Mosler und Schmid 2009). Als alternatives Konzentrationsmaß wird hier nur der Herfindahl-Index (O.C. Herfindahl 1950) eingeführt.

Definition A 5.18 (Herfindahl-Index). *Der Herfindahl-Index ist definiert durch*

$$H = \frac{x_1^2 + \cdots + x_n^2}{S_n^2}.$$

In den Extremfällen einer „Gleichverteilung" $x_1 = \cdots = x_n$ bzw. eines einzelnen, von Null verschiedenen Wertes (etwa $x_i \neq 0$) gilt

$$H = \frac{nx_1^2}{(nx_1)^2} = \frac{1}{n} \quad \text{bzw.} \quad H = \frac{0 + \cdots + 0 + x_i^2 + 0 + \cdots + 0}{(0 + \cdots + 0 + x_i + 0 + \cdots + 0)^2} = 1.$$

Regel A 5.19 (Eigenschaften des Herfindahl-Index). *Für den Herfindahl-Index gilt*

$$\frac{1}{n} \leqslant H \leqslant 1,$$

wobei die Grenzen angenommen werden. Der Herfindahl-Index kann mittels des Variationskoeffizienten dargestellt werden:

$$H = \frac{1}{n}(V^2 + 1).$$

Beispiel A 5.20. Im Beispiel A 5.1 (Marktentwicklung) ergibt der Vergleich der jeweiligen Gini-Koeffizienten, normierten Gini-Koeffizienten und Herfindahl-Indizes

Jahr	1980	1990	2000	2010
G	0	0,25	0,35	0,75
$G^\star$	0	0,33	0,47	1,00
H	0,25	0,30	0,36	1,00

Der Herfindahl-Index zeigt daher auch eine mit den Jahren wachsende Konzentration an.

Beispiel A 5.21. Im Beispiel A 5.17 (Identische Gini-Koeffizienten) resultieren folgende Werte von Gini-Koeffizienten, normierten Gini-Koeffizienten und Herfindahl-Indizes.

Jahr	1990	2000	2010
G	0,22	0,22	0,22
G*	0,33	0,33	0,33
H	0,41	0,41	0,39

Für die Jahre 1990 und 2000 führt auch der Herfindahl-Index zu demselben Wert.

A 6 Verhältnis- und Indexzahlen

Maßzahlen dienen der kompakten Darstellung von Informationen. Dabei kann es sich sowohl um allgemeine Größenangaben, die als Realisationen eines quantitativen Merkmals angesehen werden können (z.B. Umsatz eines Unternehmens, Bevölkerungszahl eines Landes, Wert eines Warenkorbs von Gütern), als auch um statistische Kenngrößen (z.B. absolute Häufigkeit, arithmetisches Mittel, empirische Varianz) handeln. Der Begriff „Größe" wird in diesem Abschnitt für numerische Werte (z.B. Merkmalswert, Maßzahl) verwendet.

Bezeichnung A 6.1 (Verhältniszahl)**.** Der Quotient zweier Maßzahlen wird als Verhältniszahl bezeichnet.

Mit Verhältniszahlen werden unterschiedliche Größen in Beziehung gesetzt. Spezielle Verhältniszahlen sind schon in den vorhergehenden Abschnitten aufgetreten.

Beispiel A 6.2. Relative Häufigkeiten können als Verhältniszahlen angesehen werden, da sie als Quotienten

$$\frac{\text{Anzahl der Beobachtungen einer festen Ausprägung}}{\text{Anzahl aller Beobachtungen in einem Datensatz}}$$

definiert sind. Der Variationskoeffizient wird nach der Vorschrift

$$\frac{\text{empirische Standardabweichung}}{\text{arithmetisches Mittel}}$$

als Quotient aus einem Lage- und einem Streuungsmaß bestimmt und ist daher ebenfalls eine Verhältniszahl.

Verhältniszahlen können dem nachstehenden Schema folgend in unterschiedliche Gruppen aufgeteilt werden (vgl. auch die Einteilungen in Hartung et al. (2009) und Rinne (2008)).

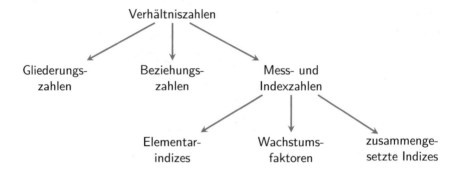

A 6.1 Gliederungs- und Beziehungszahlen

Gliederungszahlen

Gliederungszahlen setzen eine Teilgröße in Beziehung zu einer Gesamtgröße, d.h. sie setzen eine (fest definierte) Teilmenge von Objekten in Relation zur Grundgesamtheit aller Objekte.

Bezeichnung A 6.3 (Gliederungszahl). Die Grundgesamtheit aller Objekte werde in mehrere Teilmengen zerlegt. Alle Mengen seien durch (Gesamt-, Teil-)Größen beschrieben.

Eine Gliederungszahl ist definiert als Quotient einer Teilgröße und der Gesamtgröße:

$$\text{Gliederungszahl} = \frac{\text{Teilgröße}}{\text{Gesamtgröße}}.$$

Relative Häufigkeiten können als Gliederungszahlen interpretiert werden. In diesem Fall sind die Anzahl aller Beobachtungen die Gesamtgröße und die absolute Häufigkeit der jeweiligen betrachteten Merkmalsausprägung die entsprechende Teilgröße.

Beispiel A 6.4. Die Schüler/innen eines Schulzentrums werden hinsichtlich der einzelnen Schultypen in Hauptschüler/innen, Realschüler/innen und Gymnasiasten/innen differenziert. Die Grundgesamtheit bilden somit alle Schüler/innen des Schulzentrums. Die relevanten Größen sind die Anzahl aller Schüler/innen im Schulzentrum sowie die jeweiligen Anzahlen der Schüler/innen in der Hauptschule, der Realschule bzw. dem Gymnasium. Dann ist z.B. der Quotient

$$\frac{\text{Anzahl der Schüler/innen der Realschule}}{\text{Anzahl der Schüler/innen des Schulzentrums}}$$

eine Gliederungszahl.

Die Kostenrechnungsabteilung eines Unternehmens ordnet die während eines Jahres angefallenen Personalkosten den Abteilungen zu. Die Gesamtgröße entspricht daher der Summe aller Personalkosten, die relevanten Teilgrößen sind die in jeder Abteilung entstandenen Personalkosten. Diese werden in Beziehung zu den gesamten Personalausgaben gesetzt und liefern somit die anteiligen Personalausgaben einer Abteilung.

Entsprechend ihrer Definition beschreiben Gliederungszahlen Anteile einer Teilgröße an der Gesamtgröße und haben daher Werte im Intervall $[0, 1]$ bzw. zwischen 0% und 100%. Sie werden häufig in Prozent oder Promille angegeben.

Beispiel A 6.5. Der Umsatz eines Bekleidungsherstellers wird hinsichtlich der drei Unternehmenssparten Damen-, Herren- und Kinderbekleidung analysiert. In der folgenden Tabelle sind die entsprechenden Zahlen für das Jahr 2013 aufgelistet. Der Gesamtumsatz ergibt sich als Summe der einzelnen Werte.

Bekleidungssparte	Damen	Herren	Kinder
Umsatz (in €)	600 000	800 000	200 000

Die drei Quotienten

$$\frac{\text{Umsatz Damenbekleidung}}{\text{Gesamtumsatz}} = \frac{600\,000}{1\,600\,000} = 0,375$$

$$\frac{\text{Umsatz Herrenbekleidung}}{\text{Gesamtumsatz}} = \frac{800\,000}{1\,600\,000} = 0,5$$

$$\frac{\text{Umsatz Kinderbekleidung}}{\text{Gesamtumsatz}} = \frac{200\,000}{1\,600\,000} = 0,125$$

sind Gliederungszahlen, die die Anteile der Umsätze in den einzelnen Sparten angeben.

Beziehungszahlen

Mittels einer Beziehungszahl werden zwei prinzipiell unterschiedliche Größen (d.h. es liegt keine Teilgröße-Gesamtgröße-Relation vor), zwischen denen aber ein sachlicher Bezug besteht, in Beziehung zueinander gesetzt.

Bezeichnung A 6.6 (Beziehungszahl). Der Quotient zweier sachlich zusammenhängender Größen, von denen keine eine Teilgröße der jeweils anderen ist, wird als Beziehungszahl bezeichnet.

Beispiel A 6.7. In einer Aktiengesellschaft wird der innerhalb eines Jahres erwirtschaftete Gewinn ermittelt. Der Gewinn pro Aktie ist eine Beziehungszahl:

$$\text{Gewinn pro Aktie} = \frac{\text{Gewinn innerhalb eines Jahres}}{\text{Anzahl der Aktien des Unternehmens}}.$$

Weitere Beispiele für Beziehungszahlen sind Geschwindigkeitsangaben (z.B. in $\frac{m}{s}$), Verbräuche (z.B. in $\frac{l}{100km}$), Einkommen (z.B. in $\frac{€}{Monat}$) oder Größen wie Leistung$=\frac{Arbeit}{Zeit}$, Produktivität$=\frac{produzierte\ Menge}{geleistete\ Arbeitsstunden}$. Auch eine statistische Kenngröße wie der Variationskoeffizient kann als Beziehungszahl angesehen werden. Beziehungszahlen können durch Wahl einer passenden Bezugsgröße den Vergleich von Daten ermöglichen.

Beispiel A 6.8. Die Anzahl der Geburten in den Ländern A und B innerhalb eines Jahres soll verglichen werden. Da sich die Bevölkerungszahlen in beiden Ländern in der Regel unterscheiden werden, ist dies nur in sinnvoller Weise möglich, wenn die Geburtenzahl in Relation zur jeweiligen Gesamtbevölkerung gesetzt wird. Zum Vergleich werden daher die Beziehungszahlen

$$\frac{\text{Zahl der Geburten im Land}}{\text{Bevölkerungszahl des Landes}}$$

verwendet (s. Statistisches Jahrbuch).

Beziehungszahlen lassen sich in zwei Untergruppen aufteilen: Verursachungszahlen und Entsprechungszahlen. Um diese Einteilung erläutern zu können, werden zunächst zwei weitere Begriffe eingeführt.

Bezeichnung A 6.9 (Bestandsmasse, Bewegungsmasse)**.** Bestandsmassen sind Größen, die zu einem bestimmten Zeitpunkt erfasst werden. Hierzu wird der Verlauf der Merkmalsausprägungen eines Merkmals beobachtet und zum interessierenden Zeitpunkt festgehalten.

Bewegungsmassen sind Größen, die innerhalb eines Zeitraums erfasst werden. Hierzu wird eine bestimmte Zeitperiode festgelegt, in der die für die Größe relevanten Daten erhoben werden.

Beispiel A 6.10. Die Wareneingangsabteilung eines Einrichtungshauses führt Buch über die während einer Woche im Möbellager eingehenden Möbelstücke. Die Anzahl eingetroffener Möbelstücke ist eine Bewegungsmasse, da sie die Zugänge in einem Zeitraum (einer Woche) repräsentiert. Der aktuelle Bestand aller Möbelstücke wird am Ende der Woche ermittelt. Diese Größe ist eine Bestandsmasse, da die Anzahl der Möbelstücke zu einem bestimmten Zeitpunkt erfasst wird. Hierbei ist zu beachten, dass die beiden Massen nicht unbedingt gleich sein müssen. Es können nämlich bereits vorher Möbelstücke im Lager gewesen sein. Außerdem ist es möglich, dass im Verlauf der Woche einige der neu eingetroffenen Möbelstücke das Lager wieder verlassen haben.

In einem Experiment wird die Entwicklung von Bakterien in einer Nährlösung beobachtet. Die Anzahl der Bakterien in der Lösung wird am Versuchsende festgestellt. Diese Anzahl ist eine Bestandsmasse.

In der Bundesrepublik Deutschland wird die Anzahl aller Geburten pro Jahr erhoben. Diese Größe ist eine Bewegungsmasse, denn es wird die Anzahl aller Geburten in einem festgelegten Zeitraum erfasst.

Für Bestandsmassen ist also die Angabe eines Zeitpunkts notwendig, während bei Bewegungsmassen ein Zeitraum spezifiziert werden muss. Vereinfacht ausgedrückt kann folgendes festgehalten werden: Bestandsmassen spiegeln einen Status zu einem bestimmten Zeitpunkt wider, Bewegungsmassen beschreiben eine kumulative Entwicklung über einen bestimmten Zeitraum.

Jeder Bestandsmasse können zwei Bewegungsmassen zugeordnet werden: die Bewegungsmasse, die die Zugänge bzw. Zuwächse beschreibt und diejenige, die die Abgänge bzw. Abnahmen erfasst.

Beispiel A 6.11. Die am Ende eines Jahres bestimmte Anzahl aller Einwohner eines Landes ist eine Bestandsmasse. Die Anzahl aller innerhalb des Jahres neu hinzu gekommenen Einwohner (z.B. durch Einwanderung oder Geburt) sowie die Anzahl der Menschen, die im Verlauf des Jahres nicht mehr den Einwohnern zugeordnet werden (z.B. aufgrund von Auswanderung oder Tod), sind Bewegungsmassen.

Verursachungszahlen

Beziehungszahlen, die Bewegungsmassen in Beziehung setzen zu entsprechenden Bestandsmassen, werden als Verursachungszahlen bezeichnet.

Bezeichnung A 6.12 (Verursachungszahl). Der Quotient einer Bewegungs- und einer Bestandsmasse, die einen sachlichen Bezug zueinander haben, wird Verursachungszahl genannt:

$$\text{Verursachungszahl} = \frac{\text{Bewegungsmasse}}{\text{Bestandsmasse}}.$$

Beispiel A 6.13. Die Anzahl der in einem Bundesland am Ende eines Jahres gemeldeten PKW ist eine Bestandsmasse. Die Anzahl der gemeldeten Versicherungsfälle (in der Kfz-Versicherung) innerhalb eines Jahres ist eine Bewegungsmasse. Also ist der Quotient

$$\frac{\text{Anzahl der gemeldeten Versicherungsfälle innerhalb eines Jahres}}{\text{Anzahl gemeldeter PKW}}$$

eine Verursachungszahl.

Die Anzahl der Studierenden einer Universität zu einem Stichtag ist eine Bestandsmasse. Die Anzahl der Studierenden, die ihr Studium innerhalb eines Jahres abbrechen, ist eine Bewegungsmasse. Damit handelt es sich bei dem Quotienten

$$\frac{\text{Anzahl der Studienabbrüche innerhalb eines Jahres}}{\text{Anzahl der Studierenden der Universität}}$$

um eine Verursachungszahl.

Entsprechungszahlen

Entsprechungszahlen sind Quotienten aus zwei Größen, die zwar einen Bezug zueinander haben, aber nicht als eine Bewegungsmasse und eine Bestandsmasse angesehen werden können.

Bezeichnung A 6.14 (Entsprechungszahl). Beziehungszahlen, die nicht als Verursachungszahlen aufgefasst werden können, heißen Entsprechungszahlen.

Beispiel A 6.15. Die Bevölkerungsdichte ist der Quotient aus der Gesamtbevölkerung eines Landes (in Personen) und dessen flächenmäßiger Größe:

$$\frac{\text{Bevölkerung eines Landes}}{\text{Größe des Landes}}.$$

Da sowohl Nenner als auch Zähler Bestandsmassen repräsentieren, ist die Bevölkerungsdichte eine Entsprechungszahl.

Die monatlichen Kosten eines Telefonanschlusses sowie die Anzahl der Gesprächsminuten innerhalb eines Monats sind Bewegungsmassen, so dass der Quotient Gesprächskosten pro Minute eine Entsprechungszahl ist:

$$\frac{\text{monatliche Kosten}}{\text{Anzahl der Gesprächsminuten im Monat}}.$$

Auch der Variationskoeffizient ist eine Entsprechungszahl. Die verwendeten Maßzahlen können weder als Bestands- noch als Bewegungsmassen sinnvoll interpretiert werden.

A 6.2 Mess- und Indexzahlen

Wird ein Quotient aus zwei Maßzahlen gebildet, die prinzipiell den gleichen Sachverhalt beschreiben, sich aber in einer zeitlichen, räumlichen oder sonstigen Komponente unterscheiden, so wird die resultierende Größe als Messzahl bezeichnet. Die auftretenden Maßzahlen können dabei beispielsweise zu zwei unterschiedlichen Zeitpunkten erhoben worden sein oder sich auf zwei unterschiedliche geographische Orte (Länder) beziehen.

Beispiel A 6.16. In einem Unternehmen werden fortlaufend die Jahresumsätze auf eine Basisperiode bezogen; es entstehen Messzahlen für das Merkmal Umsatz.

Die Besucherzahlen in einem Erlebniszoo werden jeweils auf die des Vorjahres bezogen; es entstehen Messzahlen für den relativen Besucheranstieg bzw. -rückgang.

Das Spendenaufkommen je 100 000 Einwohner wird in unterschiedlichen Regionen (bei festem Zeitraum) verglichen; es entstehen regionalbezogene Messzahlen für das relative Spendenaufkommen.

Im Folgenden werden nur Messzahlen weiterverfolgt, deren Maßzahlen sich durch eine zeitliche Komponente unterscheiden. Dabei werden einfache Indexzahlen (Elementarindizes), Wachstumsfaktoren und zusammengesetzte Indexzahlen als Sonderfälle von Messzahlen unterschieden. Für eine ausführliche Darstellung der Beziehungen sei auf Rinne (2008) verwiesen.

Einfache Indexzahlen (Elementarindizes)

Einfache Indexzahlen sind Quotienten aus Maßzahlen und beschreiben den zeitlichen Verlauf einer Größe. Hierbei werden im Allgemeinen Folgen (siehe auch Zeitreihe) betrachtet, die die Entwicklung der betrachteten Größe relativ zu einem festen Bezugspunkt darstellen.

Definition A 6.17 (Einfache Indexzahl, Basiswert, Berichtswert). *Für positive Beobachtungswerte $x_0, \ldots, x_s$ eines verhältnisskalierten Merkmals, die den Zeitpunkten $0, \ldots, s$ zugeordnet sind, wird die Aufzählung*

$$I_{k,t} = \frac{x_t}{x_k}, \quad t \in \{0, \ldots, s\},$$

als Zeitreihe einfacher Indexzahlen bezeichnet, wobei $k \in \{0, \ldots, s\}$ ein fest gewählter Zeitpunkt ist. Der Wert x_k wird als Basis oder Basiswert, der jeweilige Wert x_t, $t \in \{0, \ldots, s\}$, als Berichtswert bezeichnet.

Das zugehörige Zeitintervall (der Zeitpunkt) des Basiswerts wird auch Basisperiode (Basiszeit), das Zeitintervall (der Zeitpunkt) des jeweiligen Berichtswerts Berichtsperiode (Berichtszeit) genannt. Im jährlich erscheinenden Statistischen Jahrbuch für die Bundesrepublik Deutschland findet sich eine Vielzahl von Beispielen für einfache Indexzahlen.

Beispiel A 6.18. Eine Stadt hatte im Jahr 2000 eine Einwohnerzahl von 40 000 Personen. 1950 betrug die Einwohnerzahl nur 10 000. Werden diese Einwohnerzahlen in Relation gesetzt, so gibt die Messzahl

$$\frac{\text{Einwohnerzahl im Jahr 2000}}{\text{Einwohnerzahl im Jahr 1950}} = \frac{40\,000}{10\,000} = 4$$

an, dass sich die Bevölkerung der Stadt innerhalb von 50 Jahren vervierfacht hat.

Eine einfache Indexzahl liefert den Anteil des Berichtswerts am Basiswert und kann daher als ein einfaches Hilfsmittel zur Beschreibung einer Entwicklung zwischen zwei Zeitpunkten verwendet werden. Einfache Indexzahlen werden häufig in Prozent oder auch mit Hundert multipliziert als Zahl zwischen 0 und 100 angegeben. Handelt es sich bei den Beobachtungswerten, die für die Konstruktion der einfachen Indexzahlen verwendet werden, um Preise, Mengen oder Umsätze, so wird alternativ auch die Bezeichnung Elementarindizes verwendet.

Beispiel A 6.19 (Unternehmensumsatz). Der Umsatz eines Unternehmens wird jährlich bestimmt:

t	Jahr	Umsatz (in €) x_t
0	2008	750 000
1	2009	1 200 000
2	2010	1 500 000
3	2011	900 000
4	2012	1 800 000

Werden als Basiszeitpunkt das Jahr 2008 (d.h. Basisperiode $k = 0$) und damit als Basis $x_0 = 750\,000$ [€] gewählt, dann haben die Elementarindizes folgende Werte:

t	Jahr	Elementarindex $I_{0,t}$
0	2008	1,0
1	2009	1,6
2	2010	2,0
3	2011	1,2
4	2012	2,4

Hieraus kann unter anderem abgelesen werden, dass im Jahr 2009 der Umsatz des Unternehmens um 60% gegenüber dem Vorjahr gestiegen ist. Außerdem hat im Jahr 2010 eine Verdoppelung des Umsatzes im Vergleich zum Jahr 2008 stattgefunden.

Um die Aussagekraft einfacher Indexzahlen nicht zu verzerren, sollten extreme Beobachtungen nicht als Basiswerte verwendet werden. Da Basiswerte aus der weit zurückliegenden Vergangenheit im Allgemeinen ebenfalls keinen repräsentativen Eindruck einer bestimmten Entwicklung vermitteln, ist es manchmal notwendig, für eine Zeitreihe einfacher Indexzahlen in bestimmten Zeitabständen einen neuen, aktuelleren Basiswert zu wählen. In diesem Kontext ist die folgende Verkettungseigenschaft einfacher Indexzahlen von Bedeutung.

Regel A 6.20 (Verkettung einfacher Indexzahlen). *Seien* $x_0, x_1, \ldots, x_s$ *positive, zu den Zeitpunkten* $0, \ldots, s$ *gehörige Beobachtungswerte eines verhältnisskalierten Merkmals. Für drei Zeitpunkte* $k, l, t \in \{0, \ldots, s\}$ *gilt*

$$I_{k,t} = I_{k,l} \cdot I_{l,t}.$$

Eine Umbasierung kann daher in folgender Weise durchgeführt werden: Soll bei einer vorliegenden Reihe einfacher Indexzahlen $I_{k,0}, \ldots, I_{k,s}$ statt des Basiswerts x_k

der neue Basiswert x_l verwendet werden, so kann die Reihe der neuen Indexzahlen mittels der Vorschrift

$$I_{l,t} = \frac{I_{k,t}}{I_{k,l}}, \quad t \in \{0, \ldots, s\},$$

bestimmt werden. Die Indexzahlen zur neuen Basis berechnen sich als Quotienten der Indexzahlen zur alten Basis und der Indexzahl, die die neue Basis in Relation zur alten Basis setzt. Die ursprünglichen Beobachtungswerte müssen bei diesem Vorgehen nicht herangezogen werden.

Beispiel A 6.21. Im Beispiel A 6.19 (Unternehmensumsatz) wurde als Basisperiode der einfachen Indexzahlen das Jahr 2008 ($k = 0$) verwendet. Wird ein Basiswechsel mit neuer Basisperiode 2010 ($l = 2$) durchgeführt, so ergeben sich die neuen Indexzahlen, indem die alten Werte durch den Faktor

$$I_{k,l} = \frac{x_2}{x_0} = \frac{1\,500\,000}{750\,000} = 2$$

dividiert werden.

t	Jahr	Elementarindex $I_{2,t}$
0	2008	0,5
1	2009	0,8
2	2010	1,0
3	2011	0,6
4	2012	1,2

Soll hingegen eine Zeitreihe einfacher Indexzahlen mittels eines neuen Beobachtungswerts x_{s+1} fortgeschrieben werden, so kann direkt auf die Verkettungsregel zurückgegriffen werden. Hierfür muss lediglich der letzte Beobachtungswert x_s bekannt sein, ein Rückgriff auf den eigentlichen Basiswert der Zeitreihe ist nicht erforderlich:

$$I_{k,s+1} = I_{k,s} \cdot I_{s,s+1} = I_{k,s} \cdot \frac{x_{s+1}}{x_s}.$$

Beispiel A 6.22. Im Beispiel A 6.19 (Unternehmensumsatz) habe sich zusätzlich für das Jahr 2013 ein Umsatz von $x_5 = 2\,200\,000$ [€] ergeben. Der zugehörige Elementarindex (mit dem Jahr 2008 als Basisperiode) kann dann folgendermaßen berechnet werden:

$$I_{0,5} = I_{0,4} \cdot I_{4,5} = I_{0,4} \cdot \frac{x_5}{x_4} = 2,4 \cdot \frac{2\,200\,000}{1\,800\,000} \approx 2,933.$$

Aus der Regel für einfache Indexzahlen ergibt sich durch die spezielle Wahl $k = t$ auch die Eigenschaft

$$I_{t,l} \cdot I_{l,t} = I_{t,t} = 1 \quad \text{bzw.} \quad I_{l,t} = \frac{1}{I_{t,l}}$$

Zeitpunkt	erste Bezugszeit ↓ 0	1	$\cdots$	neue Bezugszeit ↓ s	s + 1	$\cdots$	t	$\cdots$
Merkmalswert	x_0	x_1	$\cdots$	x_s	x_{s+1}	$\cdots$	x_t	$\cdots$
Index mit Bezugszeit 0		$I_{0,1}$	$\cdots$	$I_{0,s}$	$I_{0,s+1}$	$\cdots$	$I_{0,t}$	$\cdots$
Indexwert	1	$\frac{x_1}{x_0}$	$\cdots$	$\frac{x_s}{x_0}$	$\frac{x_{s+1}}{x_0}$	$\cdots$	$\frac{x_t}{x_0}$	$\cdots$
Index mit Bezugszeit s					$I_{s,s+1}$	$\cdots$	$I_{s,t}$	$\cdots$
Indexwert				1	$\frac{x_{s+1}}{x_s}$	$\cdots$	$\frac{x_t}{x_s}$	$\cdots$

Tabelle A 6.1: Schema zur Verkettung und Umbasierung von Elementarindizes.

für zwei Zeitpunkte $l, t \in \{0, \dots, s\}$. Das bedeutet, dass der Wert einer Indexzahl, die ein Merkmal zum Zeitpunkt t (Berichtsperiode) bezogen auf den Zeitpunkt k (Basisperiode) beschreibt, gleich dem reziproken Wert derjenigen Indexzahl ist, bei der Basis- und Berichtszeitpunkt vertauscht sind. Dieses Verhalten, das auch als Zeitumkehrbarkeit bezeichnet wird, entspricht der Anschauung wie das folgende Beispiel illustriert.

Beispiel A 6.23. Ein Angestellter vergleicht sein Gehalt von $x_1 = 2400$ [€] im Jahr 2014 mit dem Gehalt von $x_0 = 1800$ [€], das er vier Jahre vorher, also im Jahr 2010, erhalten hat:

$$I_{0,1} = \frac{x_1}{x_0} = \frac{2400}{1800} = \frac{4}{3} \approx 1{,}333.$$

Sein Gehalt im Jahr 2014 beträgt also vier Drittel des Gehalts aus dem Jahr 2010. Die reziproke Messzahl

$$I_{1,0} = \frac{x_0}{x_1} = \frac{1800}{2400} = \frac{3}{4} = 0{,}75$$

besagt gerade, dass sein Gehalt im Jahre 2010 nur drei Viertel des Gehalts aus dem Jahr 2014 betrug.

Die Verkettung und Umbasierung von Elementarindizes lassen sich allgemein gemäß des Schemas in Tabelle A 6.1 darstellen. Es gilt also:

$$I_{s,t} = \frac{x_t}{x_s} = \frac{x_t/x_0}{x_s/x_0} = \frac{I_{0,t}}{I_{0,s}},$$

d.h. der Index mit Bezugszeit s ist eine Messzahl zweier Indizes zur Bezugszeit 0.

Liegt nur eine Tabelle vor, in der zu einem gewissen Zeitpunkt s eine Umbasierung stattgefunden hat, so lässt sich mit der Formel zur Verkettung einfacher Indexzahlen eine durchgehende Reihe von Indexzahlen (zu einer Basis) erzeugen. In Tabellen wird dies häufig durch „$s \triangleq 100\%$" bzw. kurz „$s = 100$" kommentiert. Dabei gilt

$$I_{0,s+i} = I_{0,s} \cdot I_{s,s+i}, \quad i \in \mathbb{N},$$

und speziell $I_{0,s} \cdot I_{s,s+1} = I_{0,s+1}$.

Wachstumskennziffern

Ist bei einer Zeitreihe einfacher Indexzahlen der Basiswert immer der selbe Beobachtungswert, so wird bei einer Zeitreihe von Wachstumsfaktoren immer der unmittelbar vor dem jeweiligen Berichtswert liegende Beobachtungswert als Basiswert verwendet. Ein Wachstumsfaktor liefert grundsätzlich den Anteil des aktuellen Werts (des Berichtswerts) am vorhergehenden Wert (dem Basiswert).

Beispiel A 6.24. Die Anzahl der am Jahresende als arbeitslos gemeldeten Personen in einer Stadt lag im Jahr 2012 bei 25 000 und im Jahr 2013 bei 20 000 Personen. Daraus errechnet sich ein Wachstumsfaktor von

$$\frac{\text{Anzahl der Arbeitslosen im Jahr 2013}}{\text{Anzahl der Arbeitslosen im Jahr 2012}} = \frac{20\,000}{25\,000} = 0{,}8.$$

Die Zahl der Arbeitslosen ist also im betrachteten Zeitraum auf $\frac{4}{5}$ des Ausgangswerts gesunken. Sie lag somit am 31.12.2013 um 20% niedriger als im Vorjahr.

Da sich die Basis des obigen Quotienten (Nenner) ändert, wenn sich der Wachstumsfaktor auf einen anderen Zeitpunkt bezieht, handelt es sich bei Wachstumsfaktoren um Messzahlen mit einer variablen Basis.

Definition A 6.25 (Wachstumsfaktor). *Für positive Beobachtungswerte $x_0, x_1, \ldots, x_s$ eines verhältnisskalierten Merkmals, die zu aufeinander folgenden Zeitpunkten $0, \ldots, s$ gehören, heißt die Aufzählung*

$$w_t = \frac{x_t}{x_{t-1}}, \quad t \in \{1, \ldots, s\},$$

Zeitreihe der Wachstumsfaktoren.

Beispiel A 6.26 (Quartalsumsatz). Ein Unternehmen setzt in den vier Quartalen eines Jahres jeweils eine Menge von

$$x_0 = 30\,000, x_1 = 40\,000, x_2 = 45\,000, x_3 = 30\,000$$

Produkten ab. Die zugehörigen Wachstumsfaktoren der abgesetzten Mengen sind

$$w_1 = \frac{x_1}{x_0} = \frac{40\,000}{30\,000} = \frac{4}{3} \approx 1{,}333,$$

$$w_2 = \frac{x_2}{x_1} = \frac{45\,000}{40\,000} = \frac{9}{8} = 1{,}125,$$

$$w_3 = \frac{x_3}{x_2} = \frac{30\,000}{45\,000} = \frac{2}{3} \approx 0{,}667.$$

Hieran kann unter anderem abgelesen werden, dass der Absatz des Unternehmens im zweiten Quartal auf vier Drittel des Absatzes im vorherigen Quartal gesteigert werden konnte. Im letzten Quartal ist der Absatz auf ca. 67% des Ergebnisses aus dem dritten Quartal gesunken.

Auch das Produkt aus zeitlich aufeinander folgenden Wachstumsfaktoren kann interpretiert werden, wie die folgende Regel zeigt.

Regel A 6.27 (Produkte von Wachstumsfaktoren). *Seien* $x_0, x_1, \ldots, x_s$ *positive Beobachtungswerte eines verhältnisskalierten Merkmals, die zu aufeinander folgenden Zeitpunkten* $0, \ldots, s$ *gehören, und* w_t, $t \in \{1, \ldots, s\}$, *die zugehörige Zeitreihe der Wachstumsfaktoren. Für zwei Zeitpunkte* $k < l$ *gilt*

$$w_{k+1} \cdot w_{k+2} \cdot \ldots \cdot w_l = \frac{x_l}{x_k}.$$

Aus dieser Regel wird deutlich, dass das Produkt von Wachstumsfaktoren $w_{k+1}, \ldots, w_l$ als ein Wachstumsfaktor mit Berichtswert x_l und Basiswert x_k angesehen werden kann. Sollen also Wertänderungen bezüglich länger zurückliegender Zeitpunkte durch einen Wachstumsfaktor beschrieben werden, so können diese durch die Bildung geeigneter Produkte berechnet werden.

Beispiel A 6.28. Im Beispiel A 6.26 (Quartalsumsatz) soll der Umsatz des dritten Quartals auf den des ersten Quartals bezogen werden. Der entsprechende Wachstumsfaktor $w_{0,2}$ berechnet sich gemäß

$$w_{0,2} = w_1 \cdot w_2 = \frac{4}{3} \cdot \frac{9}{8} = 1{,}5.$$

Der Umsatz im dritten Quartal betrug also 150% des Umsatzes im ersten Quartal.

Eine aus dem Wachstumsfaktor abgeleitete Größe ist die Wachstumsrate. Sie berechnet sich, indem vom Wachstumsfaktor der Wert 1 abgezogen wird:

$$\text{Wachstumsrate} = \text{Wachstumsfaktor} - 1.$$

Auf diese Weise entsteht ein Quotient, bei dem die Differenz zweier zeitlich aufeinander folgender Beobachtungswerte auf den zuerst beobachteten Wert bezogen wird.

Beispiel A 6.29. Der Preis einer Käsesorte lag im Jahr 2013 bei 25 €/kg und im Jahr 2014 bei 30 €/kg. Damit beträgt die Wachstumsrate (Teuerungsrate) des Käsepreises

$$\frac{\text{Preis im Jahr 2014}}{\text{Preis im Jahr 2013}} - 1 = \frac{30 - 25}{25} = \frac{5}{25} = \frac{1}{5} = 0{,}2.$$

Also hat sich der Käse um 20% gegenüber dem Vorjahr verteuert.

Eine Wachstumsrate beschreibt die Änderung eines Merkmals innerhalb einer Zeitperiode bezogen auf den beobachteten Wert dieses Merkmals zu Beginn dieser Zeitperiode. Einfach ausgedrückt bedeutet dies, dass eine Wachstumsrate die prozentuale Änderung bezüglich des Basiswerts liefert. Wachstumsraten können daher (im Gegensatz zu Wachstumsfaktoren) auch negative Werte annehmen.

Definition A 6.30 (Wachstumsrate). *Für positive Beobachtungswerte* $x_0, x_1,$
$\ldots, x_s$ *eines verhältnisskalierten Merkmals, die zu aufeinander folgenden Zeitpunkten* $0, \ldots, s$ *gemessen wurden, ist die Wachstumsrate* r_t *definiert durch*

$$r_t = \frac{x_t}{x_{t-1}} - 1 = \frac{x_t - x_{t-1}}{x_{t-1}}, \quad t \in \{1, \ldots, s\}.$$

Beispiel A 6.31. Für die Daten aus Beispiel A 6.19 (Unternehmensumsatz) haben die zugehörigen Wachstumsfaktoren und -raten folgende Werte.

t	Jahr	Umsatz in € x_t	Wachstumsfaktor w_t	Wachstumsrate r_t
0	2008	750 000	—	—
1	2009	1 200 000	1,60	0,60
2	2010	1 500 000	1,25	0,25
3	2011	900 000	0,60	−0,40
4	2012	1 800 000	2,00	1,00

Der Tabelle kann entnommen werden, dass der Umsatz im Jahr 2012 auf das Doppelte des Vorjahresniveaus ($w_4 = 2$) gestiegen ist bzw. sich um 100% gesteigert hat ($r_4 = 1$). Außerdem ist den Zahlen zu entnehmen, dass er im Jahr 2011 auf drei Fünftel des Vorjahreswerts gesunken ist ($w_3 = 0,6$) bzw. sich um 40% des Vorjahreswerts verringert hat ($r_3 = -0,4$).

A 6.3 Preis- und Mengenindizes

In diesem Abschnitt werden Preis-, Mengen- und Umsatzindizes (jeweils nach Laspeyres, Paasche und Fisher) vorgestellt. Eigenschaften werden erläutert und Bezüge zwischen ihnen aufgezeigt. Eine Zusammenstellung der Indizes findet sich am Ende dieses Abschnitts.

Bisher wurden Messzahlen zur Beschreibung der Entwicklung einer Größe über einen bestimmten Zeitraum eingeführt. Häufig ist aber von Interesse, die Entwicklung mehrerer Größen über die Zeit gemeinsam adäquat darzustellen. Im Folgenden werden speziell zur Beschreibung der Entwicklung der Preise und zugehörigen (abgesetzten) Mengen von mehreren Produkten zusammengesetzte Indexzahlen (die auch kurz Indexzahlen oder Indizes genannt werden) definiert.

Mit Hilfe dieser Indizes kann die Entwicklung mehrerer gleichartiger Größen (Mengen, Preise) durch eine einzige Zahl ausgedrückt werden, die dann Anhaltspunkte für den gemeinsamen Verlauf dieser Größen gibt und einen einfachen Vergleich unterschiedlicher Entwicklungen z.B. in verschiedenen Ländern ermöglicht. Preisindizes können z.B. zur Untersuchung der Kursentwicklung von Aktien eines bestimmten Marktsegments oder des Verlaufs der allgemeinen Lebenshaltungskosten dienen. Mengenindizes finden bei der Analyse des Konsumverhaltens einer Bevölkerung Anwendung. Aufschluss über die Entwicklung von Umsätzen und Ausgaben gibt der Umsatzindex, in den sowohl Änderungen von Preisen und (abgesetzten) Mengen einfließen.

Bei der Bestimmung eines Index wird zunächst ein Warenkorb festgelegt, d.h. es wird bestimmt, welche Produkte in welchem Umfang bei der Berechnung des Index Berücksichtigung finden. Mittels einer repräsentativen Auswahl der Güter im Warenkorb kann dabei durch den Index die Entwicklung eines entsprechenden Marktsegments beschrieben werden.

Definition A 6.32 (Warenkorb). *Seien* $q_1^k, \ldots, q_n^k$, $k \in \{0, t\}$, *die Mengen von* n *Produkten zu den beiden Zeitpunkten 0 und t. Die Tupel* $(q_1^0, \ldots, q_n^0)$ *bzw.* $(q_1^t, \ldots, q_n^t)$ *heißen Warenkorb zum Zeitpunkt 0 bzw. t.*

Der Begriff „Warenkorb" wird in der Literatur unterschiedlich definiert. Daher ist im jeweiligen Kontext zu prüfen, welche Definition zu Grunde liegt.

Beispiel A 6.33 (Konsum). Um einen Einblick in die Preissteigerung von Nahrungsmitteln zu erhalten, werden zwei Warenkörbe basierend auf den Mengen aus den Jahren 2010 (Zeitpunkt 0) und 2013 (Zeitpunkt t) zusammengestellt. In der dritten Spalte der folgenden Tabelle kann der Warenkorb zum Zeitpunkt 0, in der vierten Spalte derjenige zum Zeitpunkt t abgelesen werden.

j	Produkt	Menge q_j^0 in kg	Menge q_j^t in kg
1	A	200	300
2	B	180	240
3	C	50	60
4	D	400	300

Sind die Preise der Güter im Warenkorb zu den betrachteten Zeitpunkten bekannt, so kann deren Gesamtwert bestimmt werden. Für den Rest dieses Abschnitts seien $(q_1^k, \ldots, q_n^k)$, $k \in \{0, t\}$, zwei Warenkörbe für die Zeitpunkte 0 und t. In Analogie zu den vorhergehenden Abschnitten wird von einer Basisperiode 0 und einer Berichtsperiode t gesprochen. Weiterhin seien $p_1^k, \ldots, p_n^k$, $k \in \{0, t\}$, die Preise der n Produkte zur Basis- bzw. Berichtsperiode, d.h. p_i^k und q_i^l geben Preis bzw. Menge von Gut i zum Zeitpunkt k bzw. l an, $k, l \in \{0, t\}$. Dann sind die Werte der Warenkörbe jeweils gewichtete Summen:

$$[\text{Wert des Warenkorbs zur Basisperiode 0}] = \sum_{j=1}^{n} p_j^0 q_j^0,$$

$$[\text{Wert des Warenkorbs zur Berichtsperiode t}] = \sum_{j=1}^{n} p_j^t q_j^t.$$

Beispiel A 6.34. Im Beispiel A 6.33 (Konsum) seien zusätzlich zu den Mengen der Produkte (in kg) auch die folgenden Preise (in €/kg) zur Basisperiode und zur Berichtsperiode bekannt.

	Produkt	Menge (in kg)		Preise (in €/kg)	
j		q_j^0	q_j^t	p_j^0	p_j^t
1	A	200	300	2	4
2	B	180	240	1	3
3	C	50	60	15	25
4	D	400	300	10	8

Die Werte des Warenkorbs zur Basisperiode bzw. Berichtsperiode sind dann

$$\sum_{j=1}^{4} p_j^0 q_j^0 = 5330 \quad \text{bzw.} \quad \sum_{j=1}^{4} p_j^t q_j^t = 5820.$$

Preisindizes

Zunächst werden Indizes (Preisindizes) betrachtet, die einen Eindruck von der Preisentwicklung der Produkte im Marktsegment vermitteln sollen. Bei der Berechnung dieser Indizes werden die Mengen der (verkauften) Produkte auch in Form von Anzahlen und Anteilen im Warenkorb berücksichtigt, um z.B. Massenkonsumgütern ein stärkeres Gewicht zu verleihen bzw. selten gekaufte Güter anteilig einzubinden.

Der erste betrachtete Preisindex greift nur auf die abgesetzten Waren der Basisperiode zurück. Der Preisindex P_{0t}^L nach Laspeyres berechnet sich via

$$P_{0t}^L = \frac{\text{(fiktiver) Wert des Warenkorbs der Basisperiode zu Berichtspreisen}}{\text{Wert des Warenkorbs der Basisperiode zu Basispreisen}}$$

und ist demnach interpretierbar als der Anteil des Umsatzes (Wert des Warenkorbs) mit heutigen Preisen (Berichtszeit t) und alten Mengen (Bezugszeit 0) am Umsatz der Bezugszeit.

Definition A 6.35 (Preisindex nach Laspeyres). *Der Preisindex nach Laspeyres* P_{0t}^L *ist definiert als Quotient*

$$P_{0t}^L = \frac{\sum\limits_{j=1}^{n} p_j^t q_j^0}{\sum\limits_{j=1}^{n} p_j^0 q_j^0}.$$

Der Preisindex nach Laspeyres setzt den fiktiven Wert der Waren zum Zeitpunkt t (aktueller Zeitpunkt), der sich aus der mit den verkauften Mengen zum Zeitpunkt 0 gewichteten Summe der aktuellen Preise berechnet, in Beziehung zu dem Gesamtwert der verkauften Waren zum Zeitpunkt 0. Der Preisindex nach Laspeyres gibt also an wie sich die Preise geändert haben, wenn nur der Warenkorb der Basisperiode betrachtet wird.

Beispiel A 6.36. Basierend auf den Daten aus Beispiel A 6.34 (Konsum) ergibt sich für den Preisindex nach Laspeyres

$$P_{0t}^L = \frac{\sum\limits_{j=1}^{n} p_j^t q_j^0}{\sum\limits_{j=1}^{n} p_j^0 q_j^0} = \frac{4 \cdot 200 + 3 \cdot 180 + 25 \cdot 50 + 8 \cdot 400}{2 \cdot 200 + 1 \cdot 180 + 15 \cdot 50 + 10 \cdot 400} = \frac{5790}{5330} \approx 1{,}086.$$

Eine Beschreibung der Preisentwicklung mittels des Preisindex nach Laspeyres liefert also eine Preisänderung von 8,6% im Zeitraum von 2010 bis 2013. Diese Preisänderung bezieht sich lediglich auf die Mengenangaben des Jahres 2010. Änderungen der verkauften Mengen im Verlauf des Zeitraums 2010-2013 werden nicht berücksichtigt.

Da beim Preisindex nach Laspeyres ein Vergleich auf Basis der abgesetzten Waren zum Zeitpunkt 0 durchgeführt wird, sind diese Preisindizes auch für unterschiedliche Zeitpunkte t direkt miteinander vergleichbar. Allerdings wird der Warenabsatz der Basisperiode im Lauf der Zeit immer weniger den realen Verkaufszahlen entsprechen, so dass der Warenkorb in regelmäßigen Abständen aktualisiert werden muss. Hiermit wird garantiert, dass der Index ein der wirklichen Mengen- und Artikelnachfrage sowie der Preisänderung nahe kommendes Ergebnis liefert. Bei Indizes, die z.B. die Lebenshaltungskosten messen, können dabei auch Produkte aus dem Warenkorb durch andere ersetzt werden, um neueren technischen Entwicklungen o.ä. Rechnung zu tragen und eine für das entsprechende Marktsegment aktuelle und repräsentative Struktur aufrechtzuerhalten.

Soll der Warenkorb immer die aktuellen Mengen oder Verkaufszahlen widerspiegeln, so ist ein anderer Index, der Preisindex nach Paasche, zu verwenden. Dieser berechnet sich mittels der Vorschrift

$$P_{0t}^P = \frac{\text{Wert des Warenkorbs der Berichtsperiode zu Berichtspreisen}}{\text{(fiktiver) Wert des Warenkorbs der Berichtsperiode zu Basispreisen}}.$$

Definition A 6.37 (Preisindex nach Paasche). *Der Preisindex nach Paasche* P_{0t}^P *ist definiert durch*

$$P_{0t}^P = \frac{\sum\limits_{j=1}^{n} p_j^t q_j^t}{\sum\limits_{j=1}^{n} p_j^0 q_j^t}.$$

Der Preisindex nach Paasche setzt also den Gesamtwert der verkauften Waren zum Zeitpunkt t in Relation zu einem fiktiven Wert der Waren, der sich aus der mit den verkauften Mengen zum Zeitpunkt t gewichteten Summe der zum Zeitpunkt 0 gegebenen Preise berechnet. Der Preisindex nach Paasche gibt also an wie sich die Preise geändert haben, wenn nur der Warenkorb der Berichtsperiode betrachtet wird.

Beispiel A 6.38. Für die Daten aus Beispiel A 6.34 (Konsum) liefert der Preisindex nach Paasche den Wert

$$
P_{0t}^P = \frac{\sum\limits_{j=1}^{n} p_j^t q_j^t}{\sum\limits_{j=1}^{n} p_j^0 q_j^t} = \frac{4 \cdot 300 + 3 \cdot 240 + 25 \cdot 60 + 8 \cdot 300}{2 \cdot 300 + 1 \cdot 240 + 15 \cdot 60 + 10 \cdot 300} = \frac{5820}{4740} \approx 1{,}228.
$$

Eine Beschreibung der Preisentwicklung mittels des Preisindex nach Paasche liefert also eine Veränderung von 22,8% im Zeitraum von 2010–2013. Diese Änderung bezieht sich beim Preisindex nach Paasche auf die Mengenangaben des Jahres 2013 und ermöglicht somit einen Preisvergleich auf der Basis der aktuellen Mengenangaben ohne Berücksichtigung der verkauften Mengen zum Basiszeitpunkt.

Die große Abweichung vom Laspeyres-Index liegt hier darin begründet, dass sich gerade die Lebensmittel mit steigendem Konsum (A, B, C) stark verteuert haben, während der rückläufige Konsum von D mit einem Preisrückgang einherging.

Beim Preisindex nach Paasche werden die Verkaufszahlen der Produkte zur aktuellen Zeitperiode t verwendet. Der Warenkorb ist also immer auf dem aktuellen Stand (im Gegensatz zum Preisindex nach Laspeyres). Allerdings sind zwei Paasche-Indizes, die für unterschiedliche Zeitpunkte berechnet wurden, deshalb auch nicht mehr direkt vergleichbar. Bei der Betrachtung zweier unterschiedlicher Zeitpunkte fließen nämlich im Allgemeinen auch unterschiedliche Warenkörbe in den Index ein. Dies spiegelt sich auch in der Tatsache wider, dass eine Änderung des Zeitpunkts t in der Regel auch eine Änderung des Bezugswerts, also des Divisors des Index, nach sich zieht. Ein weiterer Nachteil des Preisindex nach Paasche liegt in der Tatsache begründet, dass die Bestimmung der aktuellen Gewichte häufig einen hohen organisatorischen Aufwand erfordert. Hierfür müssen die Konsumgewohnheiten der Verbraucher regelmäßig analysiert werden. In der Praxis wird daher aufgrund der einfacheren Handhabung oft der Preisindex nach Laspeyres verwendet. In gewissen Zeitabständen kann durch eine Erhebung des Paasche-Index überprüft werden, ob der Warenkorb der Basisperiode das Marktsegment noch ausreichend gut repräsentiert. Treten große Differenzen auf, so muss eine Aktualisierung des Warenkorbs durchgeführt werden.

Die bis jetzt eingeführten Indizes erfüllen nicht die von einfachen Indexzahlen bekannte Eigenschaft der Zeitumkehrbarkeit. Eine Vertauschung von Basis- und die Berichtsperiode liefert jedoch folgende Beziehungen.

Regel A 6.39 (Zusammenhang zwischen den Indizes von Laspeyres und Paasche). *Für die Preisindizes nach Laspeyres P_{0t}^L und nach Paasche P_{0t}^P und die durch Vertauschung der Zeitpunkte entstehenden Preisindizes P_{t0}^L und P_{t0}^P gilt:*

$$P_{0t}^L \cdot P_{t0}^P = 1 \quad und \quad P_{0t}^P \cdot P_{t0}^L = 1.$$

Aus dieser Regel wird ersichtlich, dass sorgfältig zwischen Basis- und Berichtsperiode zu differenzieren ist. Liefert eine Messung der Preisentwicklung mittels des Preisindex nach Laspeyres eine Verdoppelung des Preisniveaus im Zeitraum von 0 bis t (d.h. $P_{0t}^L = 2$), so darf daraus nicht geschlossen werden, dass am Laspeyres-Index für die umgekehrte zeitliche Reihenfolge eine Halbierung des Preisniveaus abgelesen werden kann (es gilt also nicht $P_{t0}^L = \frac{1}{2}$!). Der Preisindex nach Paasche liefert hingegen diese Interpretation (d.h. $P_{t0}^P = \frac{1}{2}$). Dieses Verhalten der Preisindizes kann darauf zurückgeführt werden, dass bei einer Vertauschung von Basis- und Berichtsperiode auch die Warenkörbe, die zur Berechnung der Indizes verwendet werden, vertauscht werden. Auf diesen Sachverhalt wird am Ende dieses Abschnitts nochmals eingegangen.

Beispiel A 6.40. Für die Daten aus Beispiel A 6.34 (Konsum) gilt

$$P_{0t}^L = \frac{\sum\limits_{j=1}^{n} p_j^t q_j^0}{\sum\limits_{j=1}^{n} p_j^0 q_j^0} = \frac{4 \cdot 200 + 3 \cdot 180 + 25 \cdot 50 + 8 \cdot 400}{2 \cdot 200 + 1 \cdot 180 + 15 \cdot 50 + 10 \cdot 400} = \frac{5790}{5330},$$

$$P_{0t}^P = \frac{\sum\limits_{j=1}^{n} p_j^t q_j^t}{\sum\limits_{j=1}^{n} p_j^0 q_j^t} = \frac{4 \cdot 300 + 3 \cdot 240 + 25 \cdot 60 + 8 \cdot 300}{2 \cdot 300 + 1 \cdot 240 + 15 \cdot 60 + 10 \cdot 300} = \frac{5820}{4740}.$$

Bei einer Vertauschung der Zeitpunkte 0 und t werden zur Berechnung des Laspeyres-Index der aktuelle Warenkorb und zur Berechnung des Paasche-Index der Warenkorb der Basisperiode verwendet:

$$P_{t0}^L = \frac{\sum\limits_{j=1}^{n} p_j^0 q_j^t}{\sum\limits_{j=1}^{n} p_j^t q_j^t} = \frac{4740}{5820}, \qquad P_{t0}^P = \frac{\sum\limits_{j=1}^{n} p_j^0 q_j^0}{\sum\limits_{j=1}^{n} p_j^t q_j^0} = \frac{5330}{5790}.$$

Das bedeutet

$$P_{0t}^L \cdot P_{t0}^L = \frac{5790}{5330} \cdot \frac{4740}{5820} = \frac{274\,446}{310\,206} \neq 1,$$

$$P_{0t}^P \cdot P_{t0}^P = \frac{5820}{4740} \cdot \frac{5330}{5790} = \frac{310\,206}{274\,446} \neq 1.$$

Die Preisindizes nach Laspeyres und nach Paasche beschreiben eine Preisentwicklung, indem (reale oder fiktive) Werte von bestimmten Warenkörben zueinander in Beziehung gesetzt werden. Die Indizes können jedoch auch anders motiviert werden. Bei der Bestimmung eines Preisindex liegt es nahe, die Elementarindizes von Preisen

$$\frac{p_i^t}{p_i^0}, \quad i \in \{1, \dots, n\},$$

zur Beschreibung einer zeitlichen Entwicklung heranzuziehen. Um die gemeinsame Preisentwicklung mehrerer Produkte zu verfolgen, wären diese Messzahlen in geeigneter Weise zu verknüpfen. Die folgende Regel zeigt, dass beide Indizes als gewichtete arithmetische und gewichtete harmonische Mittel solcher Elementarindizes interpretiert werden können.

Regel A 6.41 (Preisindizes als Mittelwerte).

(i) Für den Preisindex nach Laspeyres gilt

$$P_{0t}^L = \sum_{i=1}^n P_i^L \frac{p_i^t}{p_i^0} = \frac{1}{\sum_{i=1}^n \widetilde{P}_i^L \frac{p_i^0}{p_i^t}}$$

mit den Gewichten

$$P_i^L = \frac{p_i^0 q_i^0}{\sum_{j=1}^n p_j^0 q_j^0}, \quad \widetilde{P}_i^L = \frac{p_i^t q_i^0}{\sum_{j=1}^n p_j^t q_j^0}, \quad i \in \{1, \dots, n\}.$$

(ii) Für den Preisindex nach Paasche gilt

$$P_{0t}^P = \sum_{i=1}^n P_i^P \frac{p_i^t}{p_i^0} = \frac{1}{\sum_{i=1}^n \widetilde{P}_i^P \frac{p_i^0}{p_i^t}}$$

mit den Gewichten

$$P_i^P = \frac{p_i^0 q_i^t}{\sum_{j=1}^n p_j^0 q_j^t}, \quad \widetilde{P}_i^P = \frac{p_i^t q_i^t}{\sum_{j=1}^n p_j^t q_j^t}, \quad i \in \{1, \dots, n\}.$$

Aus dieser Regel ergeben sich weitere Interpretationsmöglichkeiten der Indizes. So kann der Preisindex nach Laspeyres beispielsweise als ein mit den jeweiligen Anteilen $\frac{p_i^0 q_i^0}{\sum_{j=1}^n p_j^0 q_j^0}$ der einzelnen Produkte am Gesamtwert $\sum_{j=1}^n p_j^0 q_j^0$ des Warenkorbs zur Basisperiode gewichtetes arithmetisches Mittel angesehen werden. Der Preisindex nach Paasche ist ein mit den jeweiligen Anteilen $\frac{q_i^t p_i^t}{\sum_{j=1}^n q_j^t p_j^t}$ der einzelnen Produkte am Gesamtwert $\sum_{j=1}^n p_j^t q_j^t$ des Warenkorbs zur Berichtsperiode gewichtetes harmonisches Mittel. Diese beiden alternativen Darstellungen liefern noch einen weiteren wichtigen Zusammenhang zwischen beiden Indizes.

Regel A 6.42 (Ordnung der Preisindizes von Laspeyres und Paasche). *Es gelte*

$$\frac{p_i^0 q_i^0}{\sum\limits_{j=1}^{n} p_j^0 q_j^0} = \frac{p_i^t q_i^t}{\sum\limits_{j=1}^{n} p_j^t q_j^t}, \quad i \in \{1, \ldots, n\}.$$

Dann gilt für Preisindizes nach Laspeyres und Paasche

$$P_{0t}^P \leqslant P_{0t}^L.$$

Diese Regel kann folgendermaßen interpretiert werden. Sind die jeweiligen Anteile der einzelnen Produkte am Gesamtwert in Basis- und Berichtsperiode (ungefähr) gleich, so wird der Index nach Paasche i.Allg. kleinere Werte liefern als der Index nach Laspeyres. Diese Voraussetzung ist z.B. näherungsweise erfüllt, wenn eine der beiden folgenden Bedingungen gilt:

- Die Preise aller Produkte steigen um etwa die selben Prozentsätze und das Konsumverhalten, also der Warenkorb, ändert sich im zeitlichen Verlauf nicht.

- Durch das Kaufverhalten der Konsumenten werden Preisänderungen ausgeglichen, d.h. bei steigenden Preisen eines Produkts tritt eine Verringerung des zugehörigen Absatzes ein und umgekehrt.

Bei realen Daten ist daher häufig zu beobachten, dass der Index nach Laspeyres größere Werte liefert als der entsprechende Index nach Paasche.

Abschließend wird noch ein weiterer Index eingeführt, der Preisindex nach Fisher. Er berechnet sich als geometrisches Mittel der beiden bereits definierten Indizes.

Definition A 6.43 (Preisindex nach Fisher). *Der Preisindex nach Fisher ist definiert durch*

$$P_{0t}^F = \sqrt{P_{0t}^L \cdot P_{0t}^P}.$$

Damit stellt der Preisindex nach Fisher durch die Berücksichtigung der abgesetzten Mengen zum Basiszeitpunkt 0 und zum Berichtszeitpunkt t einen Kompromiss zwischen den beiden anderen Indizes dar.

Beispiel A 6.44. Im Beispiel A 6.34 (Konsum) ergaben sich für den Laspeyres-Index P_{0t}^L und für den Paasche-Index P_{0t}^P die Werte

$$P_{0t}^L = \frac{\sum\limits_{j=1}^{n} p_j^t q_j^0}{\sum\limits_{j=1}^{n} p_j^0 q_j^0} \approx 1{,}086 \quad \text{und} \quad P_{0t}^P = \frac{\sum\limits_{j=1}^{n} p_j^t q_j^t}{\sum\limits_{j=1}^{n} p_j^0 q_j^t} \approx 1{,}228,$$

so dass der Preisindex nach Fisher den Wert

$$P_{0t}^F = \sqrt{P_{0t}^L \cdot P_{0t}^P} \approx \sqrt{1{,}086 \cdot 1{,}228} \approx 1{,}155$$

annimmt. Bei einer Berücksichtigung der abgesetzten Mengen des Jahres 2010 und des Jahres 2013 durch eine Mittelung beider Preisindizes ergibt sich also eine durchschnittliche Preissteigerung von 15,5%.

Da der Preisindex nach Fisher P_{0t}^F sich als geometrisches Mittel des Laspeyres-Index P_{0t}^L und des Paasche-Index P_{0t}^P berechnet, liegt er zwischen diesen beiden Indizes.

Regel A 6.45 (Ordnung der Preisindizes). *Für die Preisindizes nach Laspeyres, Paasche und Fisher gilt entweder*

$$P_{0t}^L \leqslant P_{0t}^F \leqslant P_{0t}^P \quad oder \quad P_{0t}^L \geqslant P_{0t}^F \geqslant P_{0t}^P.$$

Der Fisher-Index erfüllt die Eigenschaft der Zeitumkehrbarkeit. Trotzdem wird auch er in der Praxis nur selten verwendet, da er vom Preisindex nach Paasche abhängt und daher zu seiner Bestimmung ebenfalls aktuelle Gewichte benötigt werden, also aktuelle Warenkörbe erhoben werden müssen.

Regel A 6.46 (Zeitumkehrbarkeit des Preisindex nach Fisher). *Für den Preisindex nach Fisher P_{0t}^F und den nach Vertauschung der Zeitpunkte resultierenden Preisindex P_{t0}^F gilt:*

$$P_{0t}^F \cdot P_{t0}^F = 1.$$

Mengenindizes

Ein Mengenindex ist eine Maßzahl für die mengenmäßige Veränderung mehrerer Produkte in einem Zeitraum. In Analogie zur Konstruktion von Preisindizes wird eine Gewichtung mit Preisen vorgenommen, um Unterschieden in der Bedeutung einzelner Produkte Rechnung zu tragen. Dabei werden für Basis- und Berichtszeit jeweils die selben Preise zu Grunde gelegt.

Der Mengenindex nach Laspeyres gibt die mengenmäßige Änderung eines Produktionsabsatzes zwischen den Zeitpunkten 0 und t unter Verwendung der Preise der Basisperiode an. Er berechnet sich nach der Vorschrift

$$Q_{0t}^L = \frac{\text{(fiktiver) Wert des Warenkorbs der Berichtsperiode zu Basispreisen}}{\text{Wert des Warenkorbs der Basisperiode zu Basispreisen}}.$$

In die folgende Definition wurden auch alternative Darstellungen als gewichtete Mittelwerte von elementaren Mengenindizes aufgenommen, die sich in ähnlicher Weise wie die entsprechenden Darstellungen für Preisindizes zeigen lassen.

Definition A 6.47 (Mengenindex nach Laspeyres). *Der Mengenindex nach Laspeyres ist definiert durch*

$$Q_{0t}^L = \frac{\sum\limits_{j=1}^{n} p_j^0 q_j^t}{\sum\limits_{j=1}^{n} p_j^0 q_j^0} = \sum\limits_{i=1}^{n} Q_i^L \frac{q_i^t}{q_i^0} = \frac{1}{\sum\limits_{i=1}^{n} \widetilde{Q}_i^L \frac{q_i^0}{q_i^t}}$$

mit den Gewichten

$$Q_i^L = \frac{p_i^0 q_i^0}{\sum\limits_{j=1}^{n} p_j^0 q_j^0}, \quad \widetilde{Q}_i^L = \frac{p_i^0 q_i^t}{\sum\limits_{j=1}^{n} p_j^0 q_j^t}, \quad i \in \{1, \dots, n\}.$$

Der Mengenindex nach Laspeyres setzt also den fiktiven Wert der Waren, der sich als Summe der mit den Produktpreisen der Basisperiode gewichteten Absatzzahlen zum Zeitpunkt t ergibt, in Relation zum Gesamtwert der Waren zum Zeitpunkt 0, d.h. es wird eine Bewertung der Absatzmengen basierend auf den alten Preisen vorgenommen. Der Mengenindex nach Laspeyres ergibt sich aus dem Laspeyres-Preisindex durch eine Vertauschung der zeitlichen Rollen von Preis und Menge. Daher entspricht die Interpretation des Mengenindex von Laspeyres derjenigen des Preisindex von Laspeyres.

Beispiel A 6.48 (Warenkorb). Die folgenden Warenkörbe wurden zusammengestellt, um Änderungen im Konsumverhalten der Einwohner einer Kleinstadt zwischen den Jahren 2010 (Zeitpunkt 0) und 2013 (Zeitpunkt t) zu ermitteln.

j	Produkt	Menge q_j^0	q_j^t	Preise (in €) p_j^0	p_j^t
1	Bücher	2 000	1 800	8	10
2	Magazine	4 000	4 500	2	3
3	Kraftfahrzeuge	150	110	20 000	25 000
4	Motorräder	20	30	5 000	6 000

Aus diesen Daten wird der Mengenindex nach Laspeyres ermittelt:

$$Q_{0t}^L = \frac{\sum\limits_{j=1}^{n} p_j^0 q_j^t}{\sum\limits_{j=1}^{n} p_j^0 q_j^0} = \frac{8 \cdot 1\,800 + 2 \cdot 4\,500 + 20\,000 \cdot 110 + 5\,000 \cdot 30}{8 \cdot 2\,000 + 2 \cdot 4\,000 + 20\,000 \cdot 150 + 5\,000 \cdot 20}$$

$$= \frac{2\,373\,400}{3\,124\,000} \approx 0{,}760.$$

Der Mengenindex nach Laspeyres besagt also, dass eine (wertmäßige) Verringerung des Produktabsatzes um ca. 24% im Zeitraum von 2010 bis 2013 stattgefunden hat. Diese Wertänderung bezieht sich auf die Preise des Jahres 2010 und ist somit frei von Änderungen der Preisentwicklung über den Zeitraum von 2010 bis 2013. Der starke Rückgang ist hierbei auf einen Einbruch der Verkaufszahlen der Kraftfahrzeuge zurückzuführen, die wegen des hohen Verkaufspreises einen großen Einfluss auf den Index haben.

Der Mengenindex Q_{0t}^P nach Paasche ist das Pendant zum Preisindex nach Paasche. Er berechnet sich mittels der Vorschrift

$$Q_{0t}^P = \frac{\text{Wert des Warenkorbs der Berichtsperiode zu Berichtspreisen}}{\text{(fiktiver) Wert des Warenkorbs der Basisperiode zu Berichtspreisen}}.$$

Definition A 6.49 (Mengenindex nach Paasche). *Der Mengenindex nach Paasche ist definiert durch*

$$
Q_{0t}^P = \frac{\sum\limits_{j=1}^{n} p_j^t q_j^t}{\sum\limits_{j=1}^{n} p_j^t q_j^0} = \sum_{i=1}^{n} Q_i^P \frac{q_i^t}{q_i^0} = \frac{1}{\sum\limits_{i=1}^{n} \widetilde{Q}_i^P \frac{q_i^0}{q_i^t}}
$$

mit den Gewichten

$$
Q_i^P = \frac{p_i^t q_i^0}{\sum\limits_{j=1}^{n} p_j^t q_j^0}, \quad \widetilde{Q}_i^P = \frac{p_i^t q_i^t}{\sum\limits_{j=1}^{n} p_j^t q_j^t}, \quad i \in \{1, \dots, n\}.
$$

Der Mengenindex nach Paasche setzt also den Wert der Waren zum Zeitpunkt t in Beziehung zu der Summe der mit den Preisen zum Zeitpunkt t gewichteten Absatzzahlen der Basisperiode, d.h. die Bewertung der Absatzzahlen basiert auf den aktuellen Preisen zum Zeitpunkt t. Der Mengenindex nach Paasche ergibt sich aus dem Paasche-Preisindex durch eine Vertauschung der zeitlichen Rollen von Preis und Menge.

Beispiel A 6.50. Für die Daten aus Beispiel A 6.48 (Warenkorb) ist der Mengenindex nach Paasche gegeben durch

$$
Q_{0t}^P = \frac{\sum\limits_{j=1}^{n} p_j^t q_j^t}{\sum\limits_{j=1}^{n} p_j^t q_j^0} = \frac{10 \cdot 1\,800 + 3 \cdot 4\,500 + 25\,000 \cdot 110 + 6\,000 \cdot 30}{10 \cdot 2\,000 + 3 \cdot 4\,000 + 25\,000 \cdot 150 + 6\,000 \cdot 20}
$$

$$
= \frac{2\,961\,500}{3\,902\,000} \approx 0{,}759.
$$

Der Mengenindex nach Paasche liefert eine Verringerung des Absatzes um ungefähr 24,1% im Zeitraum von 2010 bis 2013. Diese Wertänderung bezieht sich ausschließlich auf die Preise des Jahres 2013.

Der Mengenindex nach Fisher ergibt sich analog zum entsprechenden Preisindex als geometrisches Mittel aus den beiden anderen Mengenindizes.

Definition A 6.51 (Mengenindex nach Fisher). *Der Mengenindex nach Fisher ist definiert durch*

$$
Q_{0t}^F = \sqrt{Q_{0t}^L \cdot Q_{0t}^P}.
$$

Der Mengenindex nach Fisher ermöglicht also bei der Berechnung der mengenmäßigen Veränderung sowohl eine Berücksichtigung der Preise zum Zeitpunkt 0 als auch zum Zeitpunkt t. Er liegt immer zwischen den beiden anderen Mengenindizes.

Regel A 6.52 (Ordnung der Mengenindizes). *Für die Mengenindizes von Laspeyres, Paasche und Fisher gilt entweder*

$$Q_{0t}^L \leqslant Q_{0t}^F \leqslant Q_{0t}^P \quad oder \quad Q_{0t}^L \geqslant Q_{0t}^F \geqslant Q_{0t}^P.$$

Beispiel A 6.53. Im Beispiel Warenkorb ergaben sich folgende Werte für die Mengenindizes nach Laspeyres und Paasche:

$$Q_{0t}^L = \frac{2\,373\,400}{3\,124\,000} \approx 0{,}760 \quad und \quad Q_{0t}^P = \frac{2\,961\,500}{3\,902\,000} \approx 0{,}759.$$

Der Mengenindex nach Fisher liefert daher das Ergebnis

$$Q_{0t}^F = \sqrt{Q_{0t}^L \cdot Q_{0t}^P} \approx \sqrt{0{,}760 \cdot 0{,}759} \approx 0{,}759$$

(Die Mengenindizes nach Laspeyres und Paasche stimmen in diesem Zahlenbeispiel nahezu überein). Wird die Änderung des Absatzes mittels des Fisher-Index gemessen, so ergibt sich im betrachteten Zeitraum eine Verringerung um 24,1%.

Die Mengenindizes nach Laspeyres und Paasche haben im Gegensatz zum Mengenindex nach Fisher nicht die Eigenschaft der Zeitumkehrbarkeit. Es gelten jedoch die folgenden Beziehungen.

Regel A 6.54 (Beziehungen für Mengenindizes). *Für die Mengenindizes* Q_{0t}^L, Q_{0t}^P, Q_{0t}^F *und die durch Vertauschung der Zeitpunkte entstehenden Mengenindizes* $Q_{t0}^L, Q_{t0}^P, Q_{t0}^F$ *gilt:*

$$Q_{0t}^L \cdot Q_{t0}^P = Q_{0t}^P \cdot Q_{t0}^L = Q_{0t}^F \cdot Q_{t0}^F = 1.$$

Wertindex

Der Umsatz- oder Wertindex ist eine Maßzahl für die allgemeine Entwicklung des Werts von Warenkörben zwischen den Zeitpunkten 0 und t. Der Wertindex U_{0t} ist definiert durch

$$U_{0t} = \frac{\text{Wert des Warenkorbs der Berichtsperiode zu Berichtspreisen}}{\text{Wert des Warenkorbs der Basisperiode zu Basispreisen}}.$$

Handelt es sich bei den Elementen der betrachteten Warenkörbe um verkaufte Waren, so können Zähler und Nenner als Umsätze interpretiert werden:

$$U_{0t} = \frac{\text{Umsatz in der Berichtsperiode}}{\text{Umsatz in der Basisperiode}}.$$

Aus der Konstruktion dieses Index ist zu ersehen, dass er auch (im Gegensatz zu den Preis- und Mengenindizes) als Elementarindex aufgefasst werden kann.

Definition A 6.55 (Wertindex, Umsatzindex). *Der Wertindex (Umsatzindex)* U_{0t} *ist definiert durch*

$$U_{0t} = \frac{\sum\limits_{j=1}^{n} p_j^t q_j^t}{\sum\limits_{j=1}^{n} p_j^0 q_j^0}.$$

Der Umsatzindex kann auch als gewichtetes arithmetisches Mittel

$$U_{0t} = \sum\limits_{j=1}^{n} U_j \frac{p_j^t q_j^t}{p_j^0 q_j^0}$$

der Messzahlen $\frac{p_j^t q_j^t}{p_j^0 q_j^0}$, $j \in \{1, \dots, n\}$, mit den Gewichten $U_j = \frac{p_j^0 q_j^0}{\sum\limits_{i=1}^{n} p_i^0 q_i^0}$ geschrieben werden.

Der Wertindex kann beispielsweise ausgewertet werden, wenn Aufschluss über die tatsächlichen Ausgaben von Haushalten gewonnen werden soll. Da sowohl die Änderungen der Mengen als auch die Änderungen der Preise in den Index eingehen, kann bei einer Wertveränderung des Index ohne Kenntnis der einzelnen Daten keine Aussage darüber getroffen werden, welche von beiden Entwicklungen hierfür verantwortlich war.

Beispiel A 6.56. Mit den Warenkörben aus Beispiel A 6.34 (Konsum) kann ermittelt werden, wie sich die tatsächlichen Ausgaben für Nahrungsmittel im Zeitraum von 2010–2013 entwickelt haben. Der Wertindex liefert den Wert

$$U_{0t} = \frac{5820}{5330} \approx 1{,}092,$$

d.h. auf Basis der Warenkörbe liegt eine Ausgabensteigerung von ca. 9,2% vor.

Beispiel A 6.57 (Bekleidung). Ein Hersteller von Bekleidungsartikeln möchte Aufschluss über die Umsatzänderung in der Sparte Herrenoberbekleidung im Zeitraum von 2012 (Basisperiode 0) bis 2013 (Berichtsperiode t) erhalten. Hierzu werden für die einzelnen Produkte (Hemden, T-Shirts, Pullover), die die Firma vertreibt, die verkauften Mengen und die zugehörigen (mittleren) Verkaufspreise bestimmt.

j	Produkt	Menge in Stück q_j^0	q_j^t	Preise (in €) p_j^0	p_j^t
1	Hemden	15 000	13 000	22	23
2	T-Shirts	20 000	24 000	10	10
3	Pullover	8 000	9 000	25	27

Aus dem Umsatzindex

$$U_{0t} = \frac{23 \cdot 13\,000 + 10 \cdot 24\,000 + 27 \cdot 9\,000}{22 \cdot 15\,000 + 10 \cdot 20\,000 + 25 \cdot 8\,000} = \frac{782\,000}{730\,000} \approx 1{,}071$$

kann abgelesen werden, dass der Umsatz im Zeitraum 2012–2013 um ca. 7,1% gestiegen ist.

Der Umsatz U eines Produkts berechnet sich als Produkt aus abgesetzter Menge Q und zugehörigem Preis P, d.h. es gilt $U = P \cdot Q$. Dies legt nahe, dass ein solcher Zusammenhang auch für den Umsatzindex und die vorgestellten Preis- und Mengenindizes gilt. Der folgenden Regel ist aber zu entnehmen, dass nur Fisher-Indizes diese Eigenschaft erfüllen. In den anderen Fällen wird einem Laspeyres-Preisindex ein Paasche-Mengenindex zugeordnet und umgekehrt.

Regel A 6.58 (Zusammenhang zwischen Umsatz-, Preis- und Mengenindizes). *Seien U_{0t} der Umsatzindex, P_{0t}^L (P_{0t}^P, P_{0t}^F) der Preisindex nach Laspeyres (Paasche, Fisher) und Q_{0t}^L (Q_{0t}^P, Q_{0t}^F) der zugehörige Mengenindex. Dann gilt:*

$$U_{0t} = P_{0t}^L \cdot Q_{0t}^P = P_{0t}^P \cdot Q_{0t}^L = P_{0t}^F \cdot Q_{0t}^F.$$

Diese Regel wird zur so genannten Preisbereinigung oder Deflationierung verwendet, d.h. aus einem Umsatzindex soll ein Mengenindex berechnet werden. Aufgrund der obigen Beziehung kann beispielsweise der Mengenindex nach Laspeyres mittels der Formel

$$Q_{0t}^L = \frac{U_{0t}}{P_{0t}^P}$$

berechnet werden, wenn sowohl der Umsatzindex als auch der entsprechende Preisindex nach Paasche bekannt sind.

Beispiel A 6.59. Der Bekleidungsartikelhersteller aus Beispiel A 6.57 (Bekleidung) ist daran interessiert, einen Eindruck von der mengenmäßigen Absatzentwicklung seiner Produkte zu erhalten, wobei die Preise aus dem Jahr 2012 (Basisperiode) zu Grunde gelegt werden sollen. Vorher wurde bereits der Paasche-Preisindex der Daten

$$P_{0t}^P = \frac{23 \cdot 13000 + 10 \cdot 24000 + 27 \cdot 9000}{22 \cdot 13000 + 10 \cdot 24000 + 25 \cdot 9000} = \frac{782}{751} \approx 1,041$$

zum Vergleich mit der allgemeinen Preisentwicklung berechnet. Der Mengenindex nach Laspeyres berechnet sich daher gemäß

$$Q_{0t}^L = \frac{U_{0t}}{P_{0t}^P} = \frac{782}{730} \cdot \frac{751}{782} = \frac{751}{730} \approx 1,029.$$

Die Maßzahl liefert also eine Steigerung der abgesetzten Mengen (unter Berücksichtigung der unterschiedlichen Bedeutung der Produkte) um 2,9%.

Die vorgestellten Indexzahlen sind in Tabelle A 6.2 zusammengefasst.

	Preisindex	Mengenindex	Umsatzindex
Laspeyres	$P_{0t}^{L} = \dfrac{\sum\limits_{j=1}^{n} p_j^t q_j^0}{\sum\limits_{j=1}^{n} p_j^0 q_j^0}$	$Q_{0t}^{L} = \dfrac{\sum\limits_{j=1}^{n} p_j^0 q_j^t}{\sum\limits_{j=1}^{n} p_j^0 q_j^0}$	$U_{0t}^{L} = U_{0t} = \dfrac{\sum\limits_{j=1}^{n} p_j^t q_j^t}{\sum\limits_{j=1}^{n} p_j^0 q_j^0}$
Paasche	$P_{0t}^{P} = \dfrac{\sum\limits_{j=1}^{n} p_j^t q_j^t}{\sum\limits_{j=1}^{n} p_j^0 q_j^t}$	$Q_{0t}^{P} = \dfrac{\sum\limits_{j=1}^{n} p_j^t q_j^t}{\sum\limits_{j=1}^{n} p_j^t q_j^0}$	$U_{0t}^{P} = U_{0t} = \dfrac{\sum\limits_{j=1}^{n} p_j^t q_j^t}{\sum\limits_{j=1}^{n} p_j^0 q_j^0}$
Fisher	$P_{0t}^{F} = \sqrt{P_{0t}^{L} P_{0t}^{P}}$	$Q_{0t}^{F} = \sqrt{Q_{0t}^{L} Q_{0t}^{P}}$	$U_{0t}^{F} = U_{0t} = \dfrac{\sum\limits_{j=1}^{n} p_j^t q_j^t}{\sum\limits_{j=1}^{n} p_j^0 q_j^0}$ $= P_{0t}^{F} \cdot Q_{0t}^{F}$

Tabelle A 6.2: Indexzahlen.

A 7 Zusammenhangsmaße

In Anwendungen wird in der Regel nicht nur ein Merkmal einer statistischen Einheit gemessen, sondern mehrere (z.B. Geschlecht, Körpergröße, Körpergewicht, Blutdruck von Personen etc.). Die gemeinsame Erhebung der Merkmale hat den Vorteil, dass im Datenmaterial auch Informationen über Zusammenhänge der Merkmale enthalten sind. Eine statistische Analyse der Daten kann daher (gerade) auch Aufschluss über Zusammenhänge zwischen Größen geben. In der deskriptiven Statistik ermöglichen Zusammenhangsmaße eine Quantifizierung solcher Zusammenhänge, wobei deren Anwendbarkeit – wie bei Lage- und Streuungsmaßen – vom Merkmalstyp der betrachteten Größen abhängig ist. Im Folgenden wird daher angenommen, dass die untersuchten Größen das selbe Skalenniveau haben. Die Größen an sich können dabei durchaus unterschiedlich skaliert sein; die Beobachtungsgröße mit dem geringsten Messniveau bestimmt dann die anzuwendende Methode.

In den bisherigen Abschnitten wurden die statistischen Konzepte stets nach ansteigendem Messniveau (nominal, ordinal, metrisch) eingeführt. Bei der Vorstellung der Zusammenhangsmaße wird von dieser Vorgehensweise abgewichen: nach nominalen Merkmalen werden zunächst metrische Merkmale betrachtet. Dies ist dadurch bedingt, dass das hier eingeführte Zusammenhangsmaß für ordinale Daten aus dem für metrische abgeleitet werden kann und die Eigenschaften übertragen werden.

A 7.1 Nominale Merkmale

Liegen nominale Merkmale vor, so gibt es wegen der fehlenden Ordnung der Daten weder monotone noch konkrete funktionale Zusammenhänge zwischen beiden Merkmalen (im Gegensatz zur Zusammenhangsmessung für Daten auf einem höheren Messniveau). Daher können zur Quantifizierung des Zusammenhangs nur die absoluten bzw. relativen Häufigkeiten herangezogen werden, d.h. entsprechende Maße können nur die in der (gemeinsamen) Häufigkeitsverteilung zweier Merkmale enthaltene Information nutzen. Um Zusammenhangsmaße für nominale Merkmale von Merkmalen eines höheren Messniveaus abzugrenzen, wird daher im Folgenden die Bezeichnung Assoziationsmaße verwendet. Die hier vorgestellten Assoziationsmaße basieren auf der mittels absoluter Häufigkeiten definierten χ^2-Größe (Chi-Quadrat-Größe). Ehe auf diese Maße näher eingegangen wird, werden zunächst Darstellungsmöglichkeiten von relativen Häufigkeiten für mehrdimensionale Daten vorgestellt und einige zugehörige Begriffe eingeführt.

Kontingenztafel

Eine Kontingenztafel ist eine tabellarische Darstellung der Häufigkeiten eines Datensatzes, der aus Beobachtungen eines mehrdimensionalen Merkmals mit nominalem Skalenniveau besteht. Da im Folgenden nur Zusammenhangsmaße für zwei Merkmale X und Y betrachtet werden, wird auch die Betrachtung der Darstellungsmöglichkeiten weitgehend auf den bivariaten Fall eingeschränkt. In dieser Situation werden die (verschiedenen) Merkmalsausprägungen von (X, Y) als Paare (x_i, y_j) notiert und die zugehörige absolute Häufigkeit im Datensatz mit n_{ij} bezeichnet, $i \in \{1, \ldots, r\}$, $j \in \{1, \ldots, s\}$. Diese Häufigkeiten werden dann in einer Kontingenztafel oder Kontingenztabelle zusammengefasst (eine Kontingenztafel mit relativen Häufigkeiten wird später vorgestellt).

	y_1	y_2	$\cdots$	y_s	Summe
x_1	n_{11}	n_{12}	$\cdots$	n_{1s}	$n_{1\bullet}$
x_2	n_{21}	n_{22}	$\cdots$	n_{2s}	$n_{2\bullet}$
$\vdots$	$\vdots$	$\vdots$	$\ddots$	$\vdots$	$\vdots$
x_r	n_{r1}	n_{r2}	$\cdots$	n_{rs}	$n_{r\bullet}$
Summe	$n_{\bullet 1}$	$n_{\bullet 2}$	$\cdots$	$n_{\bullet s}$	n

Gelegentlich wird die Dimension der Kontingenztafel in die Notation aufgenommen und die Bezeichnung $r \times s$-Kontingenztafel verwendet. Dies betont, dass die Kontingenztabelle r Zeilen und s Spalten besitzt und die zugehörigen Merkmale somit r bzw. s Merkmalsausprägungen haben.

Die Bestandteile der Kontingenztafel werden nun detaillierter erläutert: Die verschiedenen Ausprägungen der Merkmale werden in der Vorspalte (X) bzw. der Kopfzeile (Y) aufgelistet. Die absolute Häufigkeit n_{ij} der Beobachtung (x_i, y_j) ist in der i-ten Zeile der j-ten Spalte zu finden.

In einer weiteren Spalte bzw. weiteren Zeile werden die absoluten Randhäufigkeiten angegeben. Die Randhäufigkeit $n_{i\bullet} = n_{i1} + \cdots + n_{is}$ in der i-ten Zeile ist die Summe der zu den Merkmalsausprägungen $(x_i, y_1), \ldots, (x_i, y_s)$ gehörigen Häufigkeiten (mit <u>festem</u> x_i). Die Randhäufigkeit $n_{\bullet j} = n_{1j} + \cdots + n_{rj}$ der j-ten Spalte ist die Summe der Häufigkeiten der Merkmalsausprägungen $(x_1, y_j), \ldots, (x_r, y_j)$ (mit <u>festem</u> y_j). Der Punkt im Index der Häufigkeiten deutet also an, über welchen Index summiert wurde.

Die Randhäufigkeiten geben an, wie oft die jeweilige Ausprägung (des univariaten Merkmals), die in der zugehörigen Zeile bzw. Spalte steht, in der gesamten Stichprobe vorkommt. Demzufolge ist in der rechten Spalte die Häufigkeitsverteilung des ersten Merkmals zu finden (hier X). In der untersten Zeile steht die Häufigkeitsverteilung des zweiten Merkmals (hier Y).

Die Anzahl n aller Beobachtungen wird in die untere rechte Ecke der Kontingenztafel eingetragen. Da sie die Summe über die absoluten Häufigkeiten aller Ausprägungen des ersten bzw. des zweiten Merkmals ist, wird gelegentlich auch die Schreibweise $n_{\bullet\bullet}$ verwendet:

$$n_{1\bullet} + n_{2\bullet} + \cdots + n_{r\bullet} = n_{\bullet 1} + n_{\bullet 2} + \cdots + n_{\bullet s} = n_{\bullet\bullet} = n.$$

Die Darstellung der Häufigkeiten in einer Kontingenztabelle ist im Allgemeinen nur dann sinnvoll, wenn die Merkmale wenige Ausprägungen haben. Bei stetigen Merkmalen sind die absoluten Häufigkeiten n_{ij} in der Regel klein (oft Null), so dass Kontingenztafeln in dieser Situation kein sinnvolles Mittel zur Datenkomprimierung sind. Durch eine Klassierung des Datensatzes werden sie jedoch auch für quantitative Daten interessant.

Kontingenztafeln können ebenso zur Darstellung relativer Häufigkeiten verwendet werden. Mit der Bezeichnung $f_{ij} = \frac{n_{ij}}{n}$ für die relative Häufigkeit der Merkmalsausprägung (x_i, y_j) werden entsprechende Notationen eingeführt:

$$f_{i\bullet} = f_{i1} + f_{i2} + \cdots + f_{is}, \quad i \in \{1, \ldots, r\},$$
$$f_{\bullet j} = f_{1j} + f_{2j} + \cdots + f_{rj}, \quad j \in \{1, \ldots, s\}.$$

Die Gesamtsummen ergeben

$$f_{1\bullet} + f_{2\bullet} + \cdots + f_{r\bullet} = f_{\bullet 1} + f_{\bullet 2} + \cdots + f_{\bullet s} = f_{\bullet\bullet} = 1,$$

so dass die auf relativen Häufigkeiten basierende Kontingenztafel gegeben ist durch

	y_1	y_2	$\cdots$	y_s	
x_1	f_{11}	f_{12}	$\cdots$	f_{1s}	$f_{1\bullet}$
x_2	f_{21}	f_{22}	$\cdots$	f_{2s}	$f_{2\bullet}$
$\vdots$	$\vdots$	$\vdots$	$\ddots$	$\vdots$	$\vdots$
x_r	f_{r1}	f_{r2}	$\cdots$	f_{rs}	$f_{r\bullet}$
	$f_{\bullet 1}$	$f_{\bullet 2}$	$\cdots$	$f_{\bullet s}$	1

Beispiel A 7.1 (Partnervermittlung). Im Aufnahmeantrag einer Partnervermittlung wird neben dem Geschlecht einer Person zusätzlich deren Augenfarbe vermerkt. Die Auswertung von 14 Anträgen ergibt folgenden Datensatz, wobei der erste Eintrag das Geschlecht (männlich/weiblich (m/w)) und der zweite die Augenfarbe (Blau (1), Grün (2), Braun (3)) angeben:

$$(\text{m},1) \quad (\text{m},2) \quad (\text{w},1) \quad (\text{m},2) \quad (\text{w},1) \quad (\text{w},3) \quad (\text{m},2)$$
$$(\text{m},1) \quad (\text{w},1) \quad (\text{m},3) \quad (\text{m},2) \quad (\text{w},2) \quad (\text{w},3) \quad (\text{m},1)$$

Die Kontingenztabellen dieser Daten mit absoluten bzw. relativen Häufigkeiten sind gegeben durch:

	1	2	3	
m	3	4	1	8
w	3	1	2	6
	6	5	3	14

	1	2	3	
m	$\frac{3}{14}$	$\frac{2}{7}$	$\frac{1}{14}$	$\frac{4}{7}$
w	$\frac{3}{14}$	$\frac{1}{14}$	$\frac{1}{7}$	$\frac{3}{7}$
	$\frac{3}{7}$	$\frac{5}{14}$	$\frac{3}{14}$	1

Eine tabellarische Darstellung mehrerer nominaler Merkmale ist in ähnlicher Weise möglich. Exemplarisch werden drei Merkmale X, Y, Z mit Ausprägungen $x_1, \ldots, x_r$,

$y_1, \ldots, y_s$ und $z_1, \ldots, z_t$ betrachtet. Die absolute bzw. relative Häufigkeit der Ausprägung (x_i, y_j, z_k) wird mit n_{ijk} bzw. f_{ijk} bezeichnet. Entsprechend werden Randhäufigkeiten gebildet:

$$n_{\bullet jk} = \sum_{i=1}^{r} n_{ijk}, \quad n_{i\bullet k} = \sum_{j=1}^{s} n_{ijk}, \quad n_{ij\bullet} = \sum_{k=1}^{t} n_{ijk}.$$

Analog sind z.B. die Notationen $n_{i\bullet\bullet}$, $n_{\bullet j\bullet}$, $n_{\bullet\bullet k}$ zu verstehen. Tabelle A 7.1 illustriert wie die Häufigkeiten in einer Kontingenztabelle dargestellt werden können (ohne Berücksichtigung von Randhäufigkeiten).

		Z							
		z_1			$\cdots$		z_t		
		Y			$\cdots$		Y		
		y_1	$\cdots$	y_s	y_1	$\cdots$	y_s	y_1	$\cdots$	y_s
X	x_1	n_{111}	$\cdots$	n_{1s1}	$\cdots$	$\cdots$	$\cdots$	n_{11t}	$\cdots$	n_{1st}
	$\vdots$	$\vdots$	$\vdots$	$\vdots$	$\vdots$		$\vdots$	$\vdots$		$\vdots$
	x_r	n_{r11}	$\cdots$	n_{rs1}	$\cdots$	$\cdots$	$\cdots$	n_{r1t}	$\cdots$	n_{rst}

Tabelle A 7.1: Kontingenztabelle für drei Merkmale X, Y, Z.

Bedingte Häufigkeiten

Ein zentraler Häufigkeitsbegriff ist die bedingte Häufigkeitsverteilung. Zu deren Definition werden z.B. die Häufigkeiten des Merkmals X unter der Voraussetzung betrachtet, dass Y eine bestimmte Ausprägung y_j hat. Im Beispiel A 7.1 (Partnervermittlung) bedeutet dies etwa, dass die Häufigkeitsverteilung des Merkmals Augenfarbe innerhalb der Gruppe der Frauen betrachtet wird.

Die bedingte Häufigkeitsverteilung ergibt sich, indem die absoluten Häufigkeiten $n_{1j}, \ldots, n_{rj}$ der Tupel $(x_1, y_j), \ldots, (x_r, y_j)$ auf die Gesamthäufigkeit $n_{1j} + \cdots + n_{rj} = n_{\bullet j}$ der Beobachtung y_j in den Daten – also der absoluten Häufigkeit aller Tupel, die die Ausprägung y_j enthalten – bezogen werden:

$$\frac{\text{Häufigkeit der Beobachtung } (x_i, y_j)}{\text{Häufigkeit der Beobachtung } y_j} = \frac{n_{ij}}{n_{\bullet j}}, \quad i \in \{1, \ldots, r\}.$$

Da sich die relativen Häufigkeiten einer Kontingenztafel nur durch einen konstanten Faktor (der Stichprobengröße n) von den entsprechenden absoluten Häufigkeiten unterscheiden, können die obigen Ausdrücke auch als Quotienten von relativen Häufigkeiten berechnet werden.

Definition A 7.2 (Bedingte Häufigkeit).

(i) *Sei* $n_{\bullet j} > 0$. *Der Quotient*

$$f_{X=x_i|Y=y_j} = \frac{n_{ij}}{n_{\bullet j}} = \frac{f_{ij}}{f_{\bullet j}}, \quad i \in \{1, \ldots, r\},$$

heißt bedingte Häufigkeit (von $X = x_i$ *unter der Bedingung* $Y = y_j$). *Die zugehörige Häufigkeitsverteilung*

$$f_{X=x_1|Y=y_j}, \ldots, f_{X=x_r|Y=y_j}$$

wird als bedingte Häufigkeitsverteilung (von X *unter der Bedingung* $Y = y_j$) *bezeichnet.*

(ii) *Sei* $n_{i\bullet} > 0$. *Der Quotient*

$$f_{Y=y_j|X=x_i} = \frac{n_{ij}}{n_{i\bullet}} = \frac{f_{ij}}{f_{i\bullet}}, \quad j \in \{1, \ldots, s\},$$

heißt bedingte Häufigkeit (von $Y = y_j$ *unter der Bedingung* $X = x_i$). *Die zugehörige Häufigkeitsverteilung*

$$f_{Y=y_1|X=x_i}, \ldots, f_{Y=y_s|X=x_i}$$

wird als bedingte Häufigkeitsverteilung (von Y *unter der Bedingung* $X = x_i$) *bezeichnet.*

Die Bedingungen $n_{i\bullet} > 0$, $n_{\bullet j} > 0$ in der Definition der bedingten Häufigkeiten können so interpretiert werden, dass eine bedingte Häufigkeit bzgl. einer gegebenen Ausprägung nur dann sinnvoll ist, wenn diese auch tatsächlich beobachtet wurde.

Beispiel A 7.3 (Schädlingsbefall). In einem Experiment wird die Schädlingsanfälligkeit von Erbsensorten untersucht. Hierzu werden die Erbsensorten A, B und C auf 15 Testfeldern angebaut und nach einer vorgegebenen Zeit auf Schädlingsbefall untersucht (Kodierung ja/nein (j/n)). Resultat des Versuchs ist der zweidimensionale Datensatz

$$(A,j) \quad (B,j) \quad (A,j) \quad (C,j) \quad (C,n)$$
$$(A,n) \quad (B,n) \quad (A,n) \quad (C,j) \quad (A,j)$$
$$(A,n) \quad (C,n) \quad (A,n) \quad (B,j) \quad (A,n)$$

wobei der erste Eintrag die Erbsensorte (Merkmal X) und der zweite die Existenz von Schädlingen (Merkmal Y) bezeichnen. Die zu diesem Datensatz gehörige Kontingenztafel der absoluten Häufigkeiten ist somit

	j	n	
Sorte A	3	5	8
Sorte B	2	1	3
Sorte C	2	2	4
	7	8	15

Die bedingte Häufigkeitsverteilung

$$f_{X=A|Y=j} = \frac{n_{11}}{n_{\bullet 1}} = \frac{3}{7}, f_{X=B|Y=j} = \frac{n_{21}}{n_{\bullet 1}} = \frac{2}{7}, f_{X=C|Y=j} = \frac{n_{31}}{n_{\bullet 1}} = \frac{2}{7},$$

beschreibt die Häufigkeiten der einzelnen Erbsensorten unter der Bedingung, dass ein Schädlingsbefall aufgetreten ist. Dies bedeutet allerdings nicht, dass Sorte A im Vergleich zu den anderen Sorten anfälliger für Schädlinge ist. Es bedeutet nur, dass unter allen Feldern mit Schädlingsbefall diejenigen mit Sorte A am stärksten vertreten waren. Hierbei ist zu berücksichtigen, dass Sorte A im Vergleich zu den anderen Erbsensorten am häufigsten ausgesät wurde. Auf Basis des Datenmaterials kann sogar davon ausgegangen werden, dass Sorte A weniger anfällig gegenüber Schädlingen ist als die anderen Sorten. Wird nämlich für jede Sorte separat untersucht, wie hoch der jeweilige Anteil an befallenen Feldern ist, so ergibt sich:

$$f_{Y=j|X=A} = \frac{n_{11}}{n_{1\bullet}} = \frac{3}{8}, f_{Y=j|X=B} = \frac{n_{21}}{n_{2\bullet}} = \frac{2}{3}, f_{Y=j|X=C} = \frac{n_{31}}{n_{3\bullet}} = \frac{1}{2}.$$

Es waren also nur $\frac{3}{8} = 37,5\%$ aller Felder mit Sorte A von Schädlingen befallen, während bei Sorte B bzw. Sorte C zwei Drittel bzw. die Hälfte aller Felder einen Befall aufwiesen.

Regel A 7.4 (Bedingte Häufigkeitsverteilung). *Für die bedingten Häufigkeitsverteilungen eines Datensatzes* (x_i, y_j), $i \in \{1, \ldots, r\}$, $j \in \{1, \ldots, s\}$, *gilt*

$$\sum_{i=1}^{r} f_{X=x_i|Y=y_j} = 1, \qquad \sum_{j=1}^{s} f_{Y=y_j|X=x_i} = 1.$$

χ^2-Größe

Ziel dieses Abschnitts ist es, einfache Assoziationsmaße zur Zusammenhangsmessung bereitzustellen. Die hier vorgestellten Größen basieren auf der χ^2-Größe. Bei der Definition wird zunächst angenommen, dass alle Randhäufigkeiten $n_{i\bullet}, n_{\bullet j}$ positiv sind.

Definition A 7.5 (χ^2-Größe). *Bei positiven Randhäufigkeiten* $n_{i\bullet}, n_{\bullet j}$ *wird die* χ^2-*Größe definiert durch*

$$\chi^2 = \sum_{i=1}^{r} \sum_{j=1}^{s} \frac{(n_{ij} - v_{ij})^2}{v_{ij}} \quad \text{mit } v_{ij} = \frac{n_{i\bullet} n_{\bullet j}}{n}, i \in \{1, \ldots, r\}, j \in \{1, \ldots, s\}.$$

Gemäß der obigen Definition ist die χ^2-Größe nicht definiert, falls die Kontingenztafel eine Nullzeile bzw. -spalte enthält, eine Randhäufigkeit also den Wert Null hat. Eine entsprechende Erweiterung der Definition wird später vorgenommen. Außerdem ist es wichtig zu betonen, dass zur Bestimmung der χ^2-Größe die Anzahl n aller Beobachtungen bekannt sein muss; mittels einer auf relativen Häufigkeiten basierenden Kontingenztafel kann sie nicht ermittelt werden.

Zunächst werden einige Eigenschaften der χ^2-Größe vorgestellt, die insbesondere dazu dienen, die Verwendung als Assoziationsmaß zu rechtfertigen. Aus der Definition der χ^2-Größe ist die Nicht-Negativität dieser Maßzahl unmittelbar einsichtig.

Regel A 7.6 (Nicht-Negativität der χ^2-Größe). *Für die χ^2-Größe gilt $\chi^2 \geqslant 0$.*

Der Begriff der empirischen Unabhängigkeit ist zentral für das Verständnis der χ^2-Größe.

Definition A 7.7 (Empirische Unabhängigkeit). *Die Merkmale X und Y heißen empirisch unabhängig, wenn für die absoluten Häufigkeiten gilt:*

$$\frac{n_{ij}}{n} = \frac{n_{i\bullet}}{n} \frac{n_{\bullet j}}{n} \quad \text{für alle } i \in \{1, \ldots, r\} \text{ und für alle } j \in \{1, \ldots, s\}.$$

Aus der Definition ist sofort die folgende Formulierung mittels relativer Häufigkeiten klar.

Regel A 7.8 (Empirische Unabhängigkeit). *Die empirische Unabhängigkeit von X und Y ist äquivalent zu*

$$f_{ij} = f_{i\bullet} f_{\bullet j} \quad \text{für alle } i \in \{1, \ldots, r\} \text{ und } j \in \{1, \ldots, s\}.$$

Sind zwei Merkmale empirisch unabhängig, so sind also die Häufigkeiten der Merkmalsausprägungen des zweidimensionalen Datensatzes durch die Randhäufigkeiten vollständig bestimmt. Der Begriff der empirischen Unabhängigkeit lässt sich folgendermaßen motivieren: Angenommen, es gäbe keinen Zusammenhang zwischen beiden Merkmalen. Dann müssten die bedingten Häufigkeitsverteilungen des Merkmals X bei jeweils gegebenem $Y = y_j$ mit der (unbedingten) Häufigkeitsverteilung von X übereinstimmen, d.h. für beliebige $i \in \{1, \ldots, r\}$, $j \in \{1, \ldots, s\}$ müsste die bedingte Häufigkeit von x_i unter y_j gleich der relativen Häufigkeit von x_i im Datensatz sein. In diesem Fall hätte das zu den Ausprägungen y_j, $j \in \{1, \ldots, s\}$, gehörige Merkmal Y offenbar keinerlei Einfluss auf das Merkmal X. Dies bedeutet, dass für jedes $j \in \{1, \ldots, s\}$ der Zusammenhang

$$f_{X=x_i|Y=y_j} = \frac{n_{ij}}{n_{\bullet j}} = \frac{n_{i\bullet}}{n} = f_{i\bullet} \quad \text{für alle } i \in \{1, \ldots, r\}$$

gilt bzw. äquivalent dazu

$$f_{ij} = \frac{n_{ij}}{n} = \frac{n_{i\bullet} n_{\bullet j}}{n^2} = f_{i\bullet} f_{\bullet j} \quad \text{für alle } i \in \{1, \ldots, r\} \text{ und } j \in \{1, \ldots, s\}.$$

Diese Forderung entspricht aber gerade der definierenden Eigenschaft der empirischen Unabhängigkeit. Die empirische Unabhängigkeit ist somit ein notwendiges

Kriterium, damit zwischen zwei Merkmalen kein Zusammenhang besteht. Die obige Motivation gilt aus Symmetriegründen auch für den umgekehrten Fall eines Einflusses des Merkmals X auf das Merkmal Y.

Durch die Klärung des Begriffs der empirischen Unabhängigkeit wird auch verständlich, wie die χ^2-Größe eine Beziehung zwischen zwei Merkmalen misst. Die χ^2-Größe vergleicht die tatsächlich beobachteten Häufigkeiten n_{ij} mit den (absoluten) Häufigkeiten bei Vorliegen der empirischen Unabhängigkeit

$$v_{ij} = nf_{i\bullet}f_{\bullet j} = \frac{n_{i\bullet}n_{\bullet j}}{n},$$

d.h. die tatsächliche und die Kontingenztafel „bei Unabhängigkeit" werden verglichen:

	y_1	y_2	$\cdots$	y_s
x_1	n_{11}	n_{12}	$\cdots$	n_{1s}
$\vdots$	$\vdots$		n_{ij}	$\vdots$
x_r	n_{r1}	n_{r2}	$\cdots$	n_{rs}

	y_1	y_2	$\cdots$	y_s
x_1	v_{11}	v_{12}	$\cdots$	v_{1s}
$\vdots$	$\vdots$		v_{ij}	$\vdots$
x_r	v_{r1}	v_{r2}	$\cdots$	v_{rs}

Die Randverteilungen stimmen in beiden Fällen überein, denn es gilt für $i \in \{1, \dots, r\}$ bzw. $j \in \{1, \dots, s\}$:

$$v_{i\bullet} = \sum_{j=1}^{s} v_{ij} = \sum_{j=1}^{s} \frac{n_{i\bullet}}{n}n_{\bullet j} = \frac{n_{i\bullet}}{n}n_{\bullet\bullet} = n_{i\bullet} \quad \text{bzw.}$$

$$v_{\bullet j} = \sum_{i=1}^{r} v_{ij} = \sum_{i=1}^{r} n_{i\bullet}\frac{n_{\bullet j}}{n} = n_{\bullet\bullet}\frac{n_{\bullet j}}{n} = n_{\bullet j}.$$

An dieser Stelle ist zu beachten, dass die „theoretischen Häufigkeiten" $v_{ij} = \frac{n_{i\bullet}n_{\bullet j}}{n}$ keine natürlichen Zahlen sein müssen.

In Analogie zur Definition von Streuungsmaßen werden die beiden Häufigkeitsverteilungen mittels eines quadratischen Abstands verglichen, d.h. die quadrierten Abstände der Ausdrücke n_{ij} und $v_{ij} = \frac{n_{i\bullet}n_{\bullet j}}{n}$ werden zur Untersuchung eines Zusammenhangs der Merkmale betrachtet. Das resultierende Maß ist die χ^2-Größe

$$\chi^2 = \sum_{i=1}^{r}\sum_{j=1}^{s} \frac{(n_{ij} - v_{ij})^2}{v_{ij}},$$

bei deren Definition zunächst angenommen wird, dass die im Nenner auftretenden Werte v_{ij} positiv sind. Letzteres ist äquivalent zu $n_{i\bullet} > 0$ und $n_{\bullet j} > 0$ für alle i und j, d.h. die zu Grunde liegende Kontingenztabelle hat weder eine Nullzeile noch eine Nullspalte. Gilt hingegen $n_{i\bullet} = 0$ für ein i oder $n_{\bullet j} = 0$ für ein j, so haben beide oben abgebildeten Tafeln die selbe Nullzeile oder -spalte, so dass dort beide Verteilungen übereinstimmen. Die entsprechenden Indizes werden in der Berechnung der χ^2-Größe daher nicht berücksichtigt, d.h.

$$\chi^2 = \sum_{i,j:v_{ij}>0} \frac{(n_{ij} - v_{ij})^2}{v_{ij}}.$$

Da die zugehörigen Merkmalsausprägungen im vorliegenden Datenmaterial nicht aufgetreten sind, kann die jeweilige Merkmalsausprägung von X bzw. Y vernachlässigt werden. Im Folgenden kann daher angenommen werden, dass die Kontingenztafel weder Nullzeilen noch -spalten enthält.

Die χ^2-Größe nimmt die untere Schranke des Wertebereichs, d.h. den Wert Null, genau dann an, wenn beide Merkmale empirisch unabhängig sind.

Regel A 7.9 (χ^2-Größe und empirische Unabhängigkeit). *Für die χ^2-Größe gilt:*

$$\chi^2 = 0 \iff X \text{ und } Y \text{ sind empirisch unabhängig.}$$

Dieses Resultat kann folgendermaßen angewendet werden: Nimmt χ^2 kleine Werte an, so besteht vermutlich kein Zusammenhang zwischen den Merkmalen X und Y. Der Fall $\chi^2 = 0$ selbst wird in Anwendungen allerdings nur selten auftreten. Es ist sogar möglich, dass bei gegebenen Randhäufigkeiten die Quotienten $\frac{n_{i\bullet}n_{\bullet j}}{n}$ keine natürlichen Zahlen sind, d.h. es gibt keine Kontingenztafel mit absoluten Häufigkeiten, die zur empirischen Unabhängigkeit der Merkmale führt (s. z.B. Beispiel A 7.3 (Schädlingsbefall))!

Zur Berechnung der χ^2-Größe wird eine alternative Formel angegeben, die häufig einfacher handhabbar ist.

Regel A 7.10 (Alternative Formel für die χ^2-Größe). *Für die χ^2-Größe gilt:*

$$\chi^2 = n \left(\sum_{i=1}^{r} \sum_{j=1}^{s} \frac{n_{ij}^2}{n_{i\bullet}n_{\bullet j}} \right) - n.$$

Im Spezialfall $r = s = 2$ lässt sich die Berechnungsvorschrift vereinfachen.

Regel A 7.11 (χ^2-Größe für 2×2-Kontingenztafeln). *Gilt $r = s = 2$, so folgt*

$$\chi^2 = n \frac{(n_{11}n_{22} - n_{12}n_{21})^2}{n_{1\bullet}n_{2\bullet}n_{\bullet 1}n_{\bullet 2}}.$$

Eigenschaften der χ^2-Größe

Bisher wurde nur eine untere Schranke für den Wertebereich der χ^2-Größe angegeben. Deren Wertebereich ist auch nach oben beschränkt, wobei die Schranke allerdings von der Stichprobengröße n abhängt.

Regel A 7.12 (Obere Schranke für die χ^2-Größe). *Für die χ^2-Größe gilt*

$$\chi^2 \leqslant n \cdot \min\{r-1, s-1\}.$$

Enthält die Kontingenztafel Nullzeilen oder Nullspalten, so spielen diese bei der Berechnung der χ^2-Größe keine Rolle (sie werden ignoriert). In diesem Fall reduziert sich der maximale Wert, so dass die obere Schranke lautet

$$n \cdot (\min\{r - \text{Anzahl Nullzeilen}, s - \text{Anzahl Nullspalten}\} - 1).$$

Für kleine Werte der χ^2-Größe kann davon ausgegangen werden, dass nur ein schwacher Zusammenhang zwischen den betrachteten Merkmalen besteht. Im Folgenden wird sich zeigen, dass für Werte nahe der oberen Schranke der χ^2-Größe hingegen von einem starken Zusammenhang zwischen beiden Merkmalen auszugehen ist. Die obere Schranke wird nämlich nur angenommen, wenn die Kontingenztafel eine Gestalt aufweist, die als vollständige Abhängigkeit interpretiert werden kann. Gilt $r \geqslant s$, d.h. gibt es mindestens so viele Ausprägungen von X wie von Y, so legt bei vollständiger Abhängigkeit die Ausprägung x_i von X die Ausprägung von Y eindeutig fest. Für $r \leqslant s$ legt eine Beobachtung von Y den Wert von X fest. Diese „völlige Abhängigkeit" kann somit als Gegenstück zur empirischen Unabhängigkeit interpretiert werden.

Regel A 7.13 (Völlige Abhängigkeit in einer $r \times s$-Kontingenztafel). *Für die χ^2-Größe gilt $\chi^2 = n \cdot \min\{r-1, s-1\}$ genau dann, wenn eine der folgenden Bedingungen für die zugehörige Kontingenztafel erfüllt ist:*

(i) Es gilt $r < s$ und in jeder Spalte sind die Häufigkeiten in genau einem Feld konzentriert.

(ii) Es gilt $r = s$ und in jeder Zeile und in jeder Spalte sind die Häufigkeiten in genau einem Feld konzentriert.

(iii) Es gilt $r > s$ und in jeder Zeile sind die Häufigkeiten in genau einem Feld konzentriert.

Beispiel A 7.14. Für $r = s = 5$ und $n_1, \ldots, n_5 > 0$ mit $n_1 + \cdots + n_5 = n$ ist eine Kontingenztafel, die den maximalen Wert $4n$ der χ^2-Größe annimmt, gegeben durch

	y_1	y_2	y_3	y_4	y_5	
x_1	0	n_1	0	0	0	n_1
x_2	0	0	0	n_2	0	n_2
x_3	n_3	0	0	0	0	n_3
x_4	0	0	0	0	n_4	n_4
x_5	0	0	n_5	0	0	n_5
	n_3	n_1	n_5	n_2	n_4	n

In den Fällen $r < s$ bzw. $r > s$ ergeben sich ähnliche Kontingenztafeln, wobei zusätzlich noch $s - r$ weitere Spalten bzw. $r - s$ weitere Zeilen auftreten, die ebenfalls jeweils genau eine positiv besetzte Zelle enthalten. Die folgende Tabelle ist ein Beispiel einer 4×5-Kontingenztafel mit maximaler χ^2-Größe ($= 3n$).

	y_1	y_2	y_3	y_4	y_5	
x_1	0	n_1	0	0	0	n_1
x_2	0	0	0	n_2	0	n_2
x_3	n_3	0	n_5	0	0	$n_3 + n_5$
x_4	0	0	0	0	n_4	n_4
	n_3	n_1	n_5	n_2	n_4	n

Bei Werten der χ^2-Größe nahe an der oberen Grenze des Wertebereichs ist von einem ausgeprägten Zusammenhang der Merkmale auszugehen. Dies lässt sich folgendermaßen motivieren ($s \leqslant r$): Wird die obere Schranke durch die χ^2-Größe angenommen, so bedeutet dies, dass in der zugehörigen Kontingenztafel in jeder Zeile alle Beobachtungen in einem einzigen Feld konzentriert sind, d.h. bei Beobachtung des Merkmals X kann sofort auf die Ausprägung des Merkmals Y geschlossen werden. Beide Merkmale hängen also direkt voneinander ab. Weicht die χ^2-Größe nur geringfügig von der oberen Schranke ab, so wird eine solche Beziehung zumindest noch näherungsweise gegeben sein.

Mittels der χ^2-Größe kann daher ein Spektrum von Unabhängigkeit bis zur völligen Abhängigkeit quantifiziert werden. Die χ^2-Größe hat jedoch einige Nachteile bzgl. ihres Wertebereichs, die die Interpretation ihrer Werte erschweren: Die obere Schranke variiert mit der Anzahl der Beobachtungen und ist unbeschränkt in dem Sinne, dass sie bei wachsendem Stichprobenumfang n beliebig groß werden kann.

Beispiel A 7.15 (Unbeschränktheit der χ^2-Größe). Die Unbeschränktheit der χ^2-Größe lässt sich bereits an einer 2×2-Kontingenztafel einsehen:

	y_1	y_2	
x_1	1	0	1
x_2	0	N	N
	1	N	$N+1$

Für diese Kontingenztafel ergibt sich mittels der vereinfachten Formel für 2×2-Kontingenztafeln

$$\chi^2 = n \frac{(n_{11} n_{22} - n_{12} n_{21})^2}{n_{1\bullet} n_{2\bullet} n_{\bullet 1} n_{\bullet 2}} = (N+1) \frac{N^2}{N \cdot N} = N+1.$$

Da $N \in \mathbb{N}$ beliebig groß gewählt werden kann und diese Kontingenztabelle als Teil einer mit Nullen aufzufüllenden $r \times s$-Kontingenztafel interpretiert werden kann, folgt die Behauptung der Unbeschränktheit.

Diese Unbeschränktheit ist problematisch, wenn eine Aussage über die Stärke des Zusammenhangs getroffen werden soll. Für eine konkrete Kontingenztafel muss immer die obere Schranke der χ^2-Größe berechnet werden, ehe deren Wert interpretiert werden kann. Daher wird die χ^2-Größe im Allgemeinen nicht direkt zur Untersuchung des Zusammenhangs zweier Merkmale verwendet. Mittels der Größe können jedoch Maßzahlen konstruiert werden, deren Wertebereich nicht mehr vom Stichprobenumfang n abhängt. Zunächst wird der Kontingenzkoeffizient nach Pearson eingeführt.

Kontingenzkoeffizienten

Definition A 7.16 (Kontingenzkoeffizient nach Pearson). *Der Kontingenzkoeffizient* C *nach Pearson ist definiert durch*

$$C = \sqrt{\frac{\chi^2}{n + \chi^2}}.$$

Im Gegensatz zur χ^2-Größe hängt der Kontingenzkoeffizient nach Pearson nicht vom Stichprobenumfang n ab und kann daher auch aus den relativen Häufigkeiten ermittelt werden.

Regel A 7.17 (Kontingenzkoeffizient nach Pearson bei relativen Häufigkeiten). *Liegt eine Kontingenztafel mit relativen Häufigkeiten vor, so berechnet sich der Kontingenzkoeffizient* C *mittels*

$$C = \sqrt{\frac{\phi^2}{1 + \phi^2}} \quad mit \quad \phi^2 = \frac{\chi^2}{n} = \sum_{i=1}^{r} \sum_{j=1}^{s} \frac{(f_{ij} - f_{i\bullet}f_{\bullet j})^2}{f_{i\bullet}f_{\bullet j}}.$$

Die in der Definition auftretende Größe ϕ^2 wird als mittlere quadratische Kontingenz bezeichnet. Sie ist unabhängig von der Stichprobengröße n.

Wie bereits erwähnt hängt der Wertebereich des Kontingenzkoeffizienten C nicht von der Stichprobengröße ab. Allerdings treten in der folgenden oberen Schranke noch die Dimensionen r und s der zugehörigen Kontingenztafel auf.

Regel A 7.18 (Obere Schranke für den Kontingenzkoeffizienten). *Für den Kontingenzkoeffizienten* C *nach Pearson gilt*

$$0 \leqslant C \leqslant \sqrt{\frac{\min\{r-1, s-1\}}{\min\{r, s\}}} < 1.$$

Der Kontingenzkoeffizient nach Pearson erbt die Eigenschaften der χ^2-Größe bezüglich der Zusammenhangsmessung, d.h. für Werte nahe bei Null gibt es Anhaltspunkte für die empirische Unabhängigkeit der Merkmale, für Werte nahe der oberen Schranke ist ein ausgeprägter Zusammenhang der untersuchten Merkmale plausibel. Da der Wertebereich des Kontingenzkoeffizienten jedoch von den Dimensionen der betrachteten Kontingenztabelle abhängt, ist der Vergleich zweier Datensätze mit Kontingenztafeln unterschiedlicher Dimension mit Hilfe dieses

Assoziationsmaßes problematisch. Eine normierte Variante des Kontingenzkoeffizienten, der korrigierte Kontingenzkoeffizient nach Pearson, schafft Abhilfe. Die selbe Idee führt in völlig anderem Kontext zur Definition des normierten Gini-Koeffizienten.

Definition A 7.19 (Korrigierter Kontingenzkoeffizient). *Der korrigierte Kontingenzkoeffizient C_* nach Pearson ist definiert durch*

$$C_* = C \cdot \sqrt{\frac{\min\{r, s\}}{\min\{r, s\} - 1}}.$$

Aus den Eigenschaften des Kontingenzkoeffizienten C und der χ^2-Größe ergeben sich sofort diejenigen des korrigierten Kontingenzkoeffizienten C_*.

Regel A 7.20 (Eigenschaften des korrigierten Kontingenzkoeffizienten). *Für den korrigierten Kontingenzkoeffizienten C_* gilt*

$$0 \leqslant C_* \leqslant 1.$$

Das Verhalten des korrigierten Kontingenzkoeffizienten an den Grenzen des Wertebereichs lässt sich folgendermaßen charakterisieren:

- *Es gilt $C_* = 0$ genau dann, wenn die betrachteten Merkmale X und Y empirisch unabhängig sind.*
- *Es gilt $C_* = 1$ genau dann, wenn eine der folgenden Bedingungen für die zugehörige Kontingenztafel erfüllt ist:*
  - *(i) Es gilt $r < s$ und in jeder Spalte sind die Häufigkeiten in genau einem Feld konzentriert.*
  - *(ii) Es gilt $r = s$ und in jeder Zeile und in jeder Spalte sind die Häufigkeiten in genau einem Feld konzentriert.*
  - *(iii) Es gilt $r > s$ und in jeder Zeile sind die Häufigkeiten in genau einem Feld konzentriert.*

Da der Wertebereich von C_* nicht von den Dimensionen der betrachteten Kontingenztafel abhängt, ist auch ein Vergleich unterschiedlich dimensionierter Tafeln mittels C_* möglich.

Abschließend sei betont, dass die vorgestellten Assoziationsmaße lediglich Anhaltspunkte für die Stärke eines Zusammenhangs liefern. Aussagen über ein explizites Änderungsverhalten der Merkmale untereinander sind nicht möglich. Dies erfordert Daten eines höheren Messniveaus, die die Verwendung von Zusammenhangsmaßen wie z.B. dem Rangkorrelationskoeffizienten nach Spearman oder dem Korrelationskoeffizienten nach Bravais-Pearson ermöglichen.

Entgegen der bisher üblichen Vorgehensweise werden zunächst Zusammenhangsmaße für metrische Daten betrachtet, ehe auf entsprechende Maße für ordinale Daten eingegangen wird. Dies erleichtert sowohl das Verständnis der Zusammenhangsmessung als auch die Herleitung einiger Aussagen.

A 7.2 Metrische Merkmale

Ziel dieses Abschnitts ist die Einführung des Korrelationskoeffizienten nach Bravais-Pearson, einem Zusammenhangsmaß für Daten eines bivariaten Merkmals (X, Y), dessen Komponenten X und Y auf metrischem Niveau gemessen werden. Anders als der Kontingenzkoeffizient basiert er nicht auf den Häufigkeiten der Merkmalsausprägungen von (X, Y), sondern direkt auf den Beobachtungswerten. In diesem Abschnitt sei daher $(x_1, y_1), \ldots, (x_n, y_n)$ eine gepaarte Messreihe der Merkmale X und Y.

Ehe die Zusammenhangsmessung von metrischen Merkmalen thematisiert wird, werden zunächst Streudiagramme zur graphischen Darstellung von metrischen Datensätzen vorgestellt.

Streudiagramme

Ein Streudiagramm (gebräuchlich ist auch die englische Bezeichnung Scatterplot) ist eine graphische Darstellung der Beobachtungswerte eines zweidimensionalen Merkmals (X, Y), das aus zwei metrisch skalierten Merkmalen X und Y besteht. Die Beobachtungspaare werden dabei in einem zweidimensionalen Koordinatensystem als Punkte markiert. Hierzu werden auf der horizontalen Achse im Diagramm die Ausprägungen des ersten Merkmals und auf der vertikalen die des zweiten Merkmals abgetragen. Die Visualisierung von Daten mittels eines Streudiagramms kann bereits Hinweise auf mögliche Zusammenhänge zwischen beiden Merkmalen geben.

Beispiel A 7.21 (Gewicht und Körpergröße). Im Rahmen einer Untersuchung wurden Gewicht (in kg) und Körpergröße (in cm) von 32 Personen gemessen:

$$(50,160) \quad (65,170) \quad (73,170) \quad (88,185) \quad (76,170) \quad (50,168) \quad (56,159)$$
$$(68,182) \quad (71,183) \quad (87,190) \quad (60,171) \quad (52,160) \quad (65,187) \quad (78,178)$$
$$(73,182) \quad (88,176) \quad (75,164) \quad (59,170) \quad (67,189) \quad (89,192) \quad (53,167)$$
$$(66,180) \quad (68,181) \quad (60,153) \quad (71,183) \quad (65,165) \quad (71,189) \quad (73,167)$$
$$(65,184) \quad (79,191) \quad (70,175) \quad (61,181)$$

Das zu diesen Daten gehörige Streudiagramm ist in Abbildung A 7.1 dargestellt.

Empirische Kovarianz

Wie im vorherigen Abschnitt wird zunächst eine Hilfsgröße, die empirische Kovarianz, definiert, die bereits erste Schlüsse über den Zusammenhang zweier Merkmale erlaubt. Zu deren Definition werden die arithmetischen Mittel $\bar{x}$ und $\bar{y}$ der Messreihen $x_1, \ldots, x_n$ und $y_1, \ldots, y_n$ verwendet.

Definition A 7.22 (Empirische Kovarianz). *Basierend auf Beobachtungen* $(x_1, y_1), \ldots, (x_n, y_n)$ *eines bivariaten Merkmals* (X, Y) *ist die empirische Kovari-*

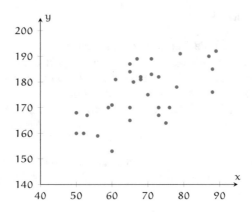

Abbildung A 7.1: Streudiagramm.

anz der Merkmale X *und* Y *definiert durch*

$$s_{xy} = \frac{1}{n} \sum_{i=1}^{n} (x_i - \overline{x})(y_i - \overline{y}).$$

Ehe der Korrelationskoeffizient vorgestellt wird, werden einige Eigenschaften der empirischen Kovarianz hergeleitet, die einerseits die Berechnung erleichtern und andererseits den Nachweis von Eigenschaften des Korrelationskoeffizienten erlauben.

Die empirische Varianz kann als Spezialfall der empirischen Kovarianz aufgefasst werden: Wird zweimal die selbe Messreihe verwendet (wird also das „bivariate" Merkmal (X, X) betrachtet), so liefert die empirische Kovarianz die Varianz der Messreihe; d.h. mit der Setzung $y_i = x_i$, $i \in \{1, \dots, n\}$, ergibt sich die empirische Varianz s_x^2 der Daten $x_1, \dots, x_n$.

Regel A 7.23 (Zusammenhang von Kovarianz und Varianz). *Die Kovarianz der Beobachtungswerte* $(x_1, x_1), \dots, (x_n, x_n)$ *ist gleich der Varianz der Daten* $x_1, \dots, x_n$: $s_{xx} = s_x^2$.

Die Kovarianz verhält sich ähnlich wie die Varianz bei linearer Transformation der Daten.

Regel A 7.24 (Kovarianz bei linear transformierten Daten). *Seien* $(x_1, y_1), \dots,$ (x_n, y_n) *Beobachtungswerte eines zweidimensionalen Merkmals* (X, Y) *mit zugehöriger Kovarianz* s_{xy}. *Mittels linearer Transformationen werden die Daten*

$$x_i^* = a + bx_i, \quad a, b \in \mathbb{R}, \quad \text{und} \quad y_i^* = c + dy_i, \quad c, d \in \mathbb{R},$$

für $i \in \{1, \dots, n\}$ *erzeugt.*

Die Kovarianz $s_{x^*y^*}$ *der Daten* $(x_1^*, y_1^*), \dots, (x_n^*, y_n^*)$ *berechnet sich gemäß*

$$s_{x^*y^*} = bds_{xy}.$$

Die empirische Kovarianz kann mittels relativer Häufigkeiten bestimmt werden, wobei die Kontingenztafel der <u>verschiedenen</u> Beobachtungswerte (w_i, z_j), $i \in \{1, \ldots, r\}$, $j \in \{1, \ldots, s\}$, zu Grunde gelegt wird. Bezeichnen f_{ij} die relativen Häufigkeiten (vergleiche Abschnitt A 7.1), so gilt

$$s_{xy} = \sum_{i=1}^{r} \sum_{j=1}^{s} f_{ij}(w_i - \overline{w})(z_j - \overline{z}),$$

wobei $\overline{w} = \sum_{i=1}^{r} f_{i\bullet} w_i$ und $\overline{z} = \sum_{j=1}^{s} f_{\bullet j} z_j$ die arithmetischen Mittel bezeichnen.

Analog zur empirischen Varianz lässt sich auch für die empirische Kovarianz eine im Allgemeinen leichter zu berechnende Darstellung angeben.

Regel A 7.25 (Alternative Berechnungsformel für die empirische Kovarianz). *Für die empirische Kovarianz s_{xy} gilt*

$$s_{xy} = \frac{1}{n} \sum_{i=1}^{n} x_i y_i - \overline{x} \cdot \overline{y} = \overline{xy} - \overline{x} \cdot \overline{y},$$

wobei $\overline{xy}$ das arithmetische Mittel der Produkte $x_1 y_1, \ldots, x_n y_n$ bezeichnet.

Beweis: Die Umformungen beinhalten den Nachweis der entsprechenden Formel für die empirische Varianz:

$$s_{xy} = \frac{1}{n} \sum_{i=1}^{n} (x_i - \overline{x})(y_i - \overline{y}) = \frac{1}{n} \sum_{i=1}^{n} (x_i y_i - x_i \overline{y} - \overline{x} y_i + \overline{x} \cdot \overline{y})$$

$$= \frac{1}{n} \sum_{i=1}^{n} x_i y_i - \left(\frac{1}{n} \sum_{i=1}^{n} x_i \right) \overline{y} - \overline{x} \left(\frac{1}{n} \sum_{i=1}^{n} y_i \right) + \overline{x} \cdot \overline{y}$$

$$= \overline{xy} - \overline{x} \cdot \overline{y} - \overline{x} \cdot \overline{y} + \overline{x} \cdot \overline{y} = \overline{xy} - \overline{x} \cdot \overline{y}.$$

Beispiel A 7.26. Der folgende Datensatz wurde im Rahmen einer Untersuchung des Zusammenhangs von Alter (Merkmal X) und Körpergröße (Merkmal Y) bei männlichen Jugendlichen erhoben.

Alter (in Jahren)	14	16	16	12	15	17
Größe (in m)	1,60	1,75	1,80	1,50	1,55	1,80

Das arithmetische Mittel der ersten Messreihe ist $\overline{x} = 15$, das der zweiten beträgt $\overline{y} = \frac{10}{6} \approx 1{,}667$. Für den Mittelwert der Produkte der Beobachtungswerte ergibt sich

$$\overline{xy} = \frac{1}{6}(14 \cdot 1{,}6 + 16 \cdot 1{,}75 + 16 \cdot 1{,}8$$

$$+ 12 \cdot 1{,}5 + 15 \cdot 1{,}55 + 17 \cdot 1{,}8) = 25{,}175.$$

Also gilt für die empirische Kovarianz des obigen Datensatzes

$$s_{xy} = \overline{xy} - \overline{x} \cdot \overline{y} \approx 25{,}175 - 15 \cdot 1{,}667 = 0{,}17.$$

Die empirische Kovarianz wird zur Beschreibung eines linearen Zusammenhangs zwischen zwei Merkmalen herangezogen. Die Graphik in Abbildung A 7.2 verdeutlicht, warum sie dazu geeignet ist. Dargestellt sind die Messwerte $(x_1, y_1), \ldots,$

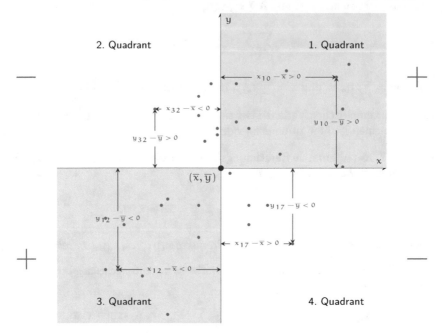

Abbildung A 7.2: Illustration der Kovarianz als Zusammenhangsmaß.

(x_{32}, y_{32}) des Merkmalpaars (X, Y) aus Beispiel A 7.21 (Gewicht und Körpergröße) in einem Koordinatensystem (Scatterplot) mit Zentrum $(\bar{x}, \bar{y})$. Für Datenpunkte, die sich im ersten und dritten Quadranten dieses Koordinatensystems befinden, ist der Beitrag zur Kovarianz positiv. In diesem Fall finden sich bei großen Merkmalsausprägungen des Merkmals X auch große Ausprägungen des Merkmals Y bzw. bei kleinen Ausprägungen des Merkmals X auch kleine Ausprägungen des Merkmals Y. Für Daten im zweiten und vierten Quadranten ist der Beitrag negativ. Also deutet ein positiver Wert der Kovarianz ein gleichsinniges Ordnungsverhalten der Merkmale an, d.h. nehmen die Merkmalsausprägungen des Merkmals X zu, so gilt dies auch für die Merkmalsausprägungen von Y. Bei negativer Kovarianz kann von einem gegensinnigen Ordnungsverhalten ausgegangen werden, d.h. abnehmende Merkmalsausprägungen des Merkmals X gehen mit wachsenden Ausprägungen des Merkmals Y einher. Hat die empirische Kovarianz jedoch einen Wert nahe Null, so liegen keine Anhaltspunkte für einen der oben erwähnten Zusammenhänge vor. Die Beobachtungswerte verteilen sich dann etwa gleichmäßig auf alle vier Quadranten.

Ein Nachteil der empirischen Kovarianz ist, dass ihre Werte von der Größe der betrachteten Beobachtungswerte abhängen. Diese Maßzahl gibt daher lediglich (anhand des Vorzeichens) einen Hinweis auf das gemeinsame Wachstumsverhalten beider Merkmale, sie erlaubt aber keine Aussage über die Stärke des Zusammenhangs. Aus diesem Grund wird (ähnlich wie bei der χ^2-Größe) eine Normierung durchgeführt. Das resultierende Maß ist der Bravais-Pearson-Korrelationskoeffizient (oder kurz Korrelationskoeffizient, Korrelation). Zu seiner Berechnung werden zusätzlich die empirischen Standardabweichungen s_x und s_y der Messreihen $x_1, \ldots, x_n$ und $y_1, \ldots, y_n$ verwendet.

Korrelationskoeffizient von Bravais-Pearson

Definition A 7.27 (Bravais-Pearson-Korrelationskoeffizient). *Seien* $(x_1, y_1), \ldots,$ (x_n, y_n) *ein gepaarter Datensatz zum bivariaten Merkmal* (X, Y) *und* $s_x > 0$ *bzw.* $s_y > 0$ *die Standardabweichungen von* $x_1, \ldots, x_n$ *bzw.* $y_1, \ldots, y_n$. *Der Bravais-Pearson-Korrelationskoeffizient* r_{xy} *ist definiert durch*

$$r_{xy} = \frac{s_{xy}}{s_x s_y} = \frac{\sum\limits_{i=1}^{n} (x_i - \overline{x})(y_i - \overline{y})}{\sqrt{\sum\limits_{i=1}^{n} (x_i - \overline{x})^2} \sqrt{\sum\limits_{i=1}^{n} (y_i - \overline{y})^2}}.$$

Ist eine der beiden Standardabweichungen s_x und s_y gleich Null, so ist der obige Quotient nicht definiert. Aus der Definition der empirischen Varianz folgt sofort, dass $s_x = 0$ die Gleichheit $x_1 = \cdots = x_n$ aller zugehörigen Beobachtungswerte impliziert. Dies bedeutet $x_i = \overline{x}$ für alle $i \in \{1, \ldots, n\}$, so dass auch $s_{xy} = 0$ gilt. Entsprechendes gilt natürlich für die Messreihe $y_1, \ldots, y_n$. Da diese Situationen in Anwendungen in der Regel nicht auftreten, wird im Folgenden stets $s_x > 0$ und $s_y > 0$ angenommen.

Der Korrelationskoeffizient kann auch für Beobachtungsdaten, die in Form einer Kontingenztafel relativer Häufigkeiten vorliegen, berechnet werden. In diesem Fall sind die entsprechenden Varianten der empirischen Kovarianz s_{xy} und der empirischen Standardabweichungen s_x und s_y in die Formel einzusetzen, wobei zur Bestimmung der Standardabweichungen die relativen Randhäufigkeiten $f_{i\bullet}$ und $f_{\bullet j}$ heranzuziehen sind. Mit der oben eingeführten Notation liefert dies die Darstellung:

$$r_{xy} = \frac{\sum\limits_{i=1}^{r} \sum\limits_{j=1}^{s} f_{ij} (w_i - \overline{w})(z_j - \overline{z})}{\sqrt{\sum\limits_{i=1}^{r} f_{i\bullet} (w_i - \overline{w})^2} \sqrt{\sum\limits_{j=1}^{s} f_{\bullet j} (z_j - \overline{z})^2}}.$$

Desweiteren können natürlich die alternativen Darstellungen der empirischen Kovarianz und Varianz bei der Berechnung des Bravais-Pearson-Korrelationskoeffizienten verwendet werden.

Das Verhalten von empirischer Varianz und Kovarianz bei linearen Transformationen der Beobachtungswerte wirkt sich unmittelbar auf den Bravais-Pearson-Korrelationskoeffizienten aus.

Regel A 7.28 (Korrelation bei linear transformierten Daten). *Seien* $(x_1, y_1), \ldots,$ (x_n, y_n) *Beobachtungswerte eines bivariaten Merkmals* (X, Y) *mit zugehörigem Bravais-Pearson-Korrelationskoeffizienten* r_{xy}. *Mittels linearer Transformationen werden die Daten*

$$x_i^* = a + bx_i, \quad a \in \mathbb{R}, b \neq 0, \quad \text{und} \quad y_i^* = c + dy_i, \quad c \in \mathbb{R}, d \neq 0,$$

für $i \in \{1, \ldots, n\}$ *erzeugt.*

Der Korrelationskoeffizient $r_{x^*y^*}$ *der Daten* $(x_1^*, y_1^*), \ldots, (x_n^*, y_n^*)$ *berechnet sich gemäß*

$$r_{x^*y^*} = \frac{bd}{|bd|} r_{xy} = \begin{cases} r_{xy}, & \text{falls } bd > 0 \\ -r_{xy}, & \text{falls } bd < 0 \end{cases}.$$

Eine lineare Transformation der Daten kann somit lediglich eine Änderung des Vorzeichens von r_{xy} *bewirken.*

In der Definition des Korrelationskoeffizienten wird die empirische Kovarianz auf das Produkt der jeweiligen Standardabweichungen der einzelnen Messreihen beider Merkmale bezogen. Dies hat zur Folge, dass der Wertebereich nicht mehr von der Größenordnung der Beobachtungswerte abhängt und beschränkt ist.

Die folgende Regel zeigt, dass das Intervall $[-1, 1]$ Wertebereich des Korrelationskoeffizienten ist. Wie im Fall des korrigierten Kontingenzkoeffizienten sind auch hier die Bedingungen, unter denen die Randwerte des Intervalls angenommen werden, der Schlüssel zum Verständnis der Art der Zusammenhangsmessung.

Regel A 7.29 (Wertebereich des Bravais-Pearson-Korrelationskoeffizienten). *Für den Bravais-Pearson-Korrelationskoeffizienten gilt*

$$-1 \leqslant r_{xy} \leqslant 1.$$

Das Verhalten des Bravais-Pearson-Korrelationskoeffizienten an den Grenzen des Wertebereichs lässt sich folgendermaßen charakterisieren:

- *Der Bravais-Pearson-Korrelationskoeffizient nimmt genau dann den Wert 1 an, wenn die Beobachtungswerte auf einer Geraden mit positiver Steigung liegen:*

$$r_{xy} = 1 \Longleftrightarrow \text{Es gibt ein } b > 0 \text{ und ein } a \in \mathbb{R} \text{ mit } y_i = a + bx_i,$$
$$i \in \{1, \ldots, n\}.$$

- *Der Wert* -1 *wird genau dann angenommen, wenn die Beobachtungswerte auf einer Geraden mit negativer Steigung liegen:*

$$r_{xy} = -1 \Longleftrightarrow \text{Es gibt ein } b < 0 \text{ und ein } a \in \mathbb{R} \text{ mit } y_i = a + bx_i,$$
$$i \in \{1, \ldots, n\}.$$

Die Extremwerte des Korrelationskoeffizienten werden also genau dann angenommen, wenn die Beobachtungswerte im Streudiagramm auf einer Geraden $y = a + bx$ mit einer von Null verschiedenen Steigung b liegen. Für $b > 0$ bedeutet dies, dass das zu den Ausprägungen $y_1, \ldots, y_n$ gehörige Merkmal Y um b Einheiten steigt, wenn das zu den Merkmalsausprägungen $x_1, \ldots, x_n$ gehörige Merkmal X um eine Einheit wächst. Ist $b < 0$, so fällt das Merkmal Y um b Einheiten, wenn das Merkmal X um eine Einheit wächst. Der Korrelationskoeffizient nach Bravais-Pearson misst somit lineare Zusammenhänge. Diese Art des Zusammenhangs wird als Korrelation bezeichnet. Hiermit erklären sich die folgenden Bezeichnungen (und auch der Name der Maßzahl).

Definition A 7.30 (Korrelation). *Die Merkmale X und Y heißen*

$$\begin{aligned} &\textit{positiv korreliert,} && \textit{falls } r_{xy} > 0, \\ &\textit{unkorreliert,} && \textit{falls } r_{xy} = 0, \\ &\textit{negativ korreliert,} && \textit{falls } r_{xy} < 0. \end{aligned}$$

In der Praxis werden die Beobachtungswerte zweier Merkmale aufgrund von natürlicher Streuung oder (Mess-)Fehlern bei der Erfassung nur selten in einem exakten linearen Zusammenhang stehen. Allerdings kann mit Hilfe des Bravais-Pearson-Korrelationskoeffizienten untersucht werden, ob zumindest näherungsweise ein linearer Zusammenhang besteht. Nimmt der Korrelationskoeffizient Werte nahe 1 oder −1 an, so gibt es einen Anhaltspunkt für einen linearen Zusammenhang zwischen beiden Merkmalen. Auch wenn der Korrelationskoeffizient nicht Werte in der Nähe der Ränder des Wertebereichs annimmt, so vermittelt er doch aufgrund der Eigenschaften der empirischen Kovarianz einen Eindruck vom Verhalten der Punktwolke der Daten im Streudiagramm. Für unterschiedliche Größenordnungen der Kenngröße werden daher folgende Sprechweisen eingeführt.

Bezeichnung A 7.31 (Stärke der Korrelation). Die Merkmale X und Y heißen

$$\begin{aligned} &\text{schwach korreliert,} && \text{falls } 0 \leqslant |r_{xy}| < 0{,}5, \\ &\text{stark korreliert,} && \text{falls } 0{,}8 \leqslant |r_{xy}| \leqslant 1. \end{aligned}$$

In Abbildung A 8.2 sind verschiedene zweidimensionale Datensätze in Form von Punktwolken dargestellt. Darunter ist jeweils der Wert des Bravais-Pearson-Korrelationskoeffizienten angegeben. Anhand der Graphiken wird deutlich, dass der Betrag des Korrelationskoeffizienten sich umso mehr dem Wert Eins nähert, je stärker die Punktwolke um eine Gerade konzentriert ist. Außerdem ist ersichtlich, dass das Vorzeichen des Korrelationskoeffizienten von der Steigung dieser Geraden abhängt.

Beispiel A 7.32. Die arithmetischen Mittel des Datensatzes

j	1	2	3	4	5	6
x_j	3	4	5	6	7	8
y_j	9,5	13	16	20	20,5	23

sind gegeben durch $\bar{x} = 5,5$ und $\bar{y} = 17$. Die zugehörigen empirischen Varianzen sind $s_x^2 \approx 2,917$ und $s_y^2 = 21,75$, die empirischen Standardabweichungen $s_x = \sqrt{s_x^2} \approx 1,708$ und $s_y = \sqrt{s_y^2} \approx 4,664$. Wegen $s_{xy} \approx 7,833$ ist der Korrelationskoeffizient gegeben durch

$$r_{xy} = \frac{s_{xy}}{s_x s_y} \approx 0,983.$$

Es gibt also Anhaltspunkte für einen ausgeprägten linearen Zusammenhang der Daten, die Merkmale sind stark positiv korreliert.

Abschließend sei noch auf einen wichtigen Punkt bei der Messung eines Zusammenhangs mittels des Korrelationskoeffizienten hingewiesen. Diese Kenngröße liefert lediglich Aufschluss über lineare Zusammenhänge. Anders geartete Zusammenhänge können damit nicht gemessen werden. Falls der Korrelationskoeffizient gleich Null ist, bedeutet dies insbesondere nicht zwingend, dass überhaupt kein Zusammenhang zwischen beiden Merkmalen existiert. Es bedeutet lediglich, dass anhand des Datenmaterials kein linearer Zusammenhang nachgewiesen werden kann. Abbildung A 8.2 verdeutlicht, dass von einem Wert des Korrelationskoeffizienten nahe Null nicht auf eine „diffuse Punktwolke" geschlossen werden kann.

Beispiel A 7.33 (Quadratischer Zusammenhang). Mittels des folgenden Zahlenbeispiels soll illustriert werden, dass zwischen zwei Merkmalen auch dann ein Zusammenhang bestehen kann, wenn der Bravais-Pearson-Korrelationskoeffizient nicht darauf schließen lässt:

j	1	2	3	4	5	Summe
x_j	-2	-1	0	1	2	0
y_j	4	1	0	1	4	10
$x_j y_j$	-8	-1	0	1	8	0

Die zugehörige empirische Kovarianz beträgt wegen $\bar{x} = 0$ und $\overline{xy} = 0$

$$s_{xy} = \overline{xy} - \bar{x} \cdot \bar{y} = 0,$$

so dass auch der Korrelationskoeffizient r_{xy} der Daten gleich Null ist. Die Daten stehen aber offensichtlich in einem quadratischen Zusammenhang, d.h. es gilt $y_j = x_j^2$, $j \in \{1, \ldots, 5\}$.

Selbst wenn der Korrelationskoeffizient auf einen Zusammenhang zwischen zwei Merkmalen hindeutet, ist es grundsätzlich nicht möglich, nur anhand der Daten eine Aussage darüber zu treffen, welches Merkmal das jeweils andere beeinflusst. Dies wird bereits aus der Tatsache ersichtlich, dass diese Kenngröße symmetrisch in den Daten der Merkmale X und Y ist. Eine Vertauschung beider Merkmale lässt dessen Wert unverändert. Eine Entscheidung über die Richtung des Zusammenhangs kann nur auf Basis des sachlichen Kontexts, in dem die Merkmale zueinander stehen, getroffen werden. Weitere Aspekte, die in diesem Kontext diskutiert werden müssen, sind die so genannte Scheinkorrelation und Korrelationen, die aufgrund einer parallelen Entwicklung von nicht in Zusammenhang stehenden Merkmalen entstehen. Eine Scheinkorrelation zwischen Merkmalen X und Y entsteht, wenn der Zusammenhang von X und Y durch eine dritte Variable Z induziert wird, mit der X und Y jeweils sinnvoll korreliert werden können. Im Rahmen einer Korrelationsanalyse ist somit darauf zu achten, dass ein sachlogischer Zusammenhang zwischen den betrachteten Merkmalen besteht. Für weitere Details sei auf Bamberg et al. (2017) und Hartung et al. (2009) verwiesen.

Beispiel A 7.34. Es ist unmittelbar einsichtig, dass Körpergröße X und Körpergewicht Y einer Person voneinander abhängen, da mit einer wachsenden Körpergröße eine größere Masse einhergeht und somit ein höheres Gewicht verursacht wird. Andererseits ist die Schuhgröße Z einer Person (d.h. letztlich die Fußlänge) ein Merkmal, das mit wachsendem Gewicht zunehmen wird. Dies ist jedoch weniger durch das Gewicht als durch die Körpergröße bedingt. Somit hängen Y und Z nur scheinbar voneinander ab, d.h. der Zusammenhang von Y und Z wird durch deren Abhängigkeit von X erzeugt.

Eine unsinnige Korrelation entsteht z.B., wenn die Anzahl brütender Storchenpaare und die Anzahl der Geburten in einer Region in Beziehung gesetzt werden.

A 7.3 Ordinale Merkmale

In diesem Abschnitt wird der Rangkorrelationskoeffizient nach Spearman definiert, der durch den Bravais-Pearson-Korrelationskoeffizienten motiviert ist und auch aus ihm abgeleitet werden kann. Er ist ein Zusammenhangsmaß für bivariate Merkmale (X, Y), wobei X und Y mindestens ordinales Messniveau haben. Zur Berechnung des Rangkorrelationskoeffizienten wird nur auf die Ränge der Beobachtungsdaten der einzelnen Merkmale zurückgegriffen, d.h. es werden ausschließlich die Reihenfolgen der Beobachtungswerte verwendet, die tatsächlichen Werte sind irrelevant. Für Beobachtungswerte (x_j, y_j), $j \in \{1, \ldots, n\}$, des Merkmals (X,Y) bezeichne $R(x_j)$ den Rang der Beobachtung x_j in der Messreihe $x_1, \ldots, x_n$, $R(y_j)$ den Rang der Beobachtung y_j in der Messreihe $y_1, \ldots, y_n$. Um Trivialfälle auszuschließen wird angenommen, dass jeweils in beiden Messreihen nicht alle Beobachtungswerte gleich sind. Dies impliziert insbesondere, dass auch deren jeweilige Ränge nicht alle übereinstimmen. Damit ist der Nenner des Quotienten in der folgenden Definition immer positiv und der Quotient definiert.

Definition A 7.35 (Rangkorrelationskoeffizient nach Spearman). *Der Rangkorrelationskoeffizient nach Spearman* r_{Sp} *ist definiert durch*

$$r_{Sp} = \frac{\sum\limits_{i=1}^{n} (R(x_i) - \overline{R}(x))(R(y_i) - \overline{R}(y))}{\sqrt{\sum\limits_{i=1}^{n} (R(x_i) - \overline{R}(x))^2} \sqrt{\sum\limits_{i=1}^{n} (R(y_i) - \overline{R}(y))^2}},$$

wobei $\overline{R}(x) = \frac{1}{n} \sum\limits_{i=1}^{n} R(x_i)$ *bzw.* $\overline{R}(y) = \frac{1}{n} \sum\limits_{i=1}^{n} R(y_i)$ *die arithmetischen Mittel der Ränge* $R(x_1), \ldots, R(x_n)$ *bzw.* $R(y_1), \ldots, R(y_n)$ *bezeichnen.*

Der Rangkorrelationskoeffizient stimmt mit dem Bravais-Pearson-Korrelationskoeffizienten überein, wenn an Stelle der Originaldaten (x_j, y_j) die Rangpaare $(R(x_j), R(y_j))$ verwendet werden.

Regel A 7.36 (Zusammenhang zwischen Rangkorrelationskoeffizient und Bravais-Pearson-Korrelationskoeffizient). *Der Rangkorrelationskoeffizient nach Spearman der Beobachtungswerte* $(x_1, y_1), \ldots, (x_n, y_n)$ *ist identisch mit dem Bravais-Pearson-Korrelationskoeffizienten der zugehörigen Rangdaten* $(R(x_1), R(y_1)), \ldots, (R(x_n), R(y_n))$:

$$r_{Sp} = r_{R(x)R(y)}.$$

Der Rangkorrelationskoeffizient kann also tatsächlich als eine Maßzahl für die Korrelation der Ränge der Beobachtungsdaten beider Merkmale angesehen werden. Dabei ist zu berücksichtigen, dass sich mittels des Rangkorrelationskoeffizienten sicherlich keine genau spezifizierten funktionalen Zusammenhänge (wie lineare Zusammenhänge beim Bravais-Pearson-Korrelationskoeffizienten) zwischen den Merkmalen aufdecken lassen. Es wird sich zeigen, dass aufgrund des niedrigeren Messniveaus mittels des Rangkorrelationskoeffizienten nur allgemeine Monotoniebeziehungen zwischen den Merkmalen beschrieben werden können.

Ehe näher auf die Eigenschaften des Rangkorrelationskoeffizienten eingegangen wird, wird zunächst eine alternative Berechnungsmöglichkeit bei Datensätzen ohne Bindungen vorgestellt.

Regel A 7.37 (Rangkorrelationskoeffizient bei verschiedenen Rängen). *Sind die Beobachtungswerte in den jeweiligen Datenreihen* $x_1, \ldots, x_n$ *und* $y_1, \ldots, y_n$ *jeweils paarweise verschieden, d.h. gilt*

$$x_i \neq x_j, \quad y_i \neq y_j \quad \text{für alle } i \neq j, i, j \in \{1, \ldots, n\},$$

so kann der Rangkorrelationskoeffizient nach Spearman berechnet werden mittels

$$r_{Sp} = 1 - \frac{6}{n(n^2 - 1)} \sum_{i=1}^{n} (R(x_i) - R(y_i))^2.$$

Aufgrund der Übereinstimmung mit dem Bravais-Pearson-Korrelationskoeffizienten ist das Intervall $[-1, 1]$ Wertebereich des Rangkorrelationskoeffizienten. Wie im Fall des Bravais-Pearson-Korrelationskoeffizienten können die Bedingungen angegeben werden, unter denen die Randwerte des Intervalls angenommen werden. Hierbei zeigt sich, dass die Ränge in beiden Messreihen entweder identisch sind oder in umgekehrter Reihenfolge auftreten.

Regel A 7.38 (Wertebereich des Rangkorrelationskoeffizienten). *Für den Rangkorrelationskoeffizienten nach Spearman gilt*

$$-1 \leqslant r_{Sp} \leqslant 1.$$

Das Verhalten des Rangkorrelationskoeffizienten nach Spearman an den Grenzen des Wertebereichs lässt sich folgendermaßen charakterisieren:

- *Der Rangkorrelationskoeffizient nach Spearman nimmt genau dann den Wert 1 an, wenn die Ränge in beiden Datenreihen übereinstimmen:*

$$r_{Sp} = 1 \iff R(x_i) = R(y_i) \text{ für alle } i \in \{1, \dots, n\}.$$

- *Der Rangkorrelationskoeffizient nach Spearman nimmt genau dann den Wert −1 an, wenn die Ränge der einzelnen Datenreihen untereinander ein gegenläufiges Verhalten aufweisen:*

$$r_{Sp} = -1 \iff R(x_i) = n + 1 - R(y_i) \text{ für alle } i \in \{1, \dots, n\}.$$

Aus dieser Eigenschaft wird deutlich, welche Art von Zusammenhängen durch den Rangkorrelationskoeffizienten erfasst werden. $r_{Sp} = 1$ gilt genau dann, wenn die Ränge der Beobachtungswerte die Bedingung $R(x_i) = R(y_i)$, $i \in \{1, \dots, n\}$, erfüllen. Das bedeutet, dass aus $x_i < x_j$ für die zugehörigen y-Werte $y_i < y_j$ und dass aus $x_i = x_j$ für die y-Werte $y_i = y_j$ folgt. Nimmt der Rangkorrelationskoeffizient eines Datensatzes also Werte nahe Eins an, so kann davon ausgegangen werden, dass ein „synchrones" Wachstum beider Merkmale vorliegt.

$r_{Sp} = -1$ gilt genau dann, wenn die Ränge die Gleichungen $R(x_i) = n+1-R(y_i)$, $i \in \{1, \dots, n\}$, erfüllen. Also ergibt sich aus $x_i < x_j$ für die zugehörigen y-Werte $y_i > y_j$, und aus $x_i = x_j$ folgt für die y-Werte $y_i = y_j$, wobei $i, j \in \{1, \dots, n\}$ und $i \neq j$. Werte in der Nähe von −1 legen daher ein gegenläufiges Verhalten beider Merkmale nahe.

Zusammenfassend kann festgestellt werden, dass der Rangkorrelationskoeffizient ein Maß für das monotone Änderungsverhalten zweier Merkmale ist.

Beispiel A 7.39. Der Zusammenhang zwischen erreichten Punktzahlen bei der Bearbeitung von Übungsaufgaben (Merkmal Y) und in einer Examensklausur (Merkmal X) soll untersucht werden. Dazu liegen folgende Daten vor.

Studierende	1	2	3	4	5	6	7	8
Klausurpunkte	34	24	87	45	72	69	91	38
Punkte in den Übungsaufgaben	13	8	60	34	58	61	64	50

Für die Ränge der Klausurpunkte x_i, $i \in \{1, \dots, n\}$, und der Punkte in den Übungsaufgaben y_i, $i \in \{1, \dots, n\}$, ergibt sich somit:

Studierende	1	2	3	4	5	6	7	8
Rang der Klausur	2	1	7	4	6	5	8	3
Rang der Übungsaufgaben	2	1	6	3	5	7	8	4
Differenz der Ränge	0	0	1	1	1	−2	0	−1

Da alle Punkte in der Klausur bzw. in den Übungsaufgaben verschieden sind, kann die vereinfachte Formel zur Berechnung des Rangkorrelationskoeffizienten benutzt werden. Es gilt

$$r_{Sp} = 1 - \frac{6}{n(n^2 - 1)} \sum_{i=1}^{n} (R(x_i) - R(y_i))^2$$

$$= 1 - \frac{6}{8(8^2 - 1)} (0 + 0 + 1 + 1 + 1 + 4 + 0 + 1) \approx 0{,}905.$$

Dieses Ergebnis spiegelt die Einschätzung wider, dass die Leistung in Klausur und Übung ähnlich ist, d.h. bei einer guten Leistung im Übungsbetrieb ist ein gutes Resultat in der Prüfungsklausur anzunehmen und umgekehrt. Es beweist jedoch nicht, dass eine gute Bearbeitung der Übungen eine gute Klausur impliziert. Weiterhin kann auch die Behauptung, dass es nicht möglich ist, eine gute Klausur ohne eine entsprechende Bearbeitung der Übungsaufgaben zu schreiben, nicht mit Hilfe des Rangkorrelationskoeffizienten belegt werden.

Der Bravais-Pearson-Korrelationskoeffizient konnte bei linearer Transformation der Daten aus dem ursprünglichen Koeffizienten leicht berechnet werden. Da der Rangkorrelationskoeffizient nur über die Ränge von den Messwerten abhängt, kann er sogar bei beliebigen streng monotonen Transformationen der Messreihen ohne Rückgriff auf die Originaldaten ermittelt werden.

Regel A 7.40 (Rangkorrelationskoeffizient bei monotoner Transformation der Daten). *Seien $x_1, \ldots, x_n$ und $y_1, \ldots, y_n$ Beobachtungen zweier ordinalskalierter Merkmale mit Rangkorrelationskoeffizient r_{Sp}.*

Sind f und g streng monotone Funktionen, dann gelten die folgenden Zusammenhänge für den Rangkorrelationskoeffizienten $r_{Sp}^{f,g}$ der transformierten Daten $f(x_1), \ldots, f(x_n)$ und $g(y_1), \ldots, g(y_n)$:

- *Sind beide Funktionen f und g entweder wachsend oder fallend, dann gilt*

$$r_{Sp}^{f,g} = r_{Sp}.$$

- *Sind f fallend und g wachsend bzw. liegt die umgekehrte Situation vor, so gilt*

$$r_{Sp}^{f,g} = -r_{Sp}.$$

A 8 Regressionsanalyse

In Abschnitt A 7 wurden Zusammenhangsmaße (z.B. der Bravais-Pearson-Korrelationskoeffizient) dazu verwendet, die Stärke des Zusammenhangs mittels einer Maßzahl zu quantifizieren. In Erweiterung dieses Zugangs behandelt die deskriptive Regressionsanalyse die Beschreibung einer (funktionalen) Abhängigkeitsbeziehung zweier metrischer Merkmale X und Y. Anhaltspunkte für eine bestimmte Abhängigkeitsstruktur von X und Y ergeben sich oft aus theoretischen Überlegungen oder empirisch durch Auswertung eines Zusammenhangsmaßes oder Zeichnen eines Streudiagramms. Ein hoher Wert (nahe Eins) des Bravais-Pearson-Korrelationskoeffizienten beispielsweise legt einen positiven, linearen Zusammenhang zwischen den Merkmalen nahe. In dieser Situation wird daher (zunächst) oft angenommen, dass X und Y in linearer Form voneinander abhängen: $Y = f(X) = a + bX$, wobei mindestens einer der Parameter a und b nicht bekannt ist. Die einzige verfügbare Information zur Bestimmung von Schätzwerten für a und b ist die beobachtete gepaarte Messreihe $(x_1, y_1), \ldots, (x_n, y_n)$.

Beispiel A 8.1 (Werbeaktion). In der Marketingabteilung eines Unternehmens werden die Kosten der letzten n Werbeaktionen für ein Produkt den jeweils folgenden Monatsumsätzen gegenübergestellt. Zur Analyse der Daten wird angenommen, dass die Umsätze (linear) vom Werbeaufwand abhängen. Der funktionale Zusammenhang zwischen dem Merkmal X (Werbeaufwand) und dem (abhängigen) Merkmal Y (Monatsumsatz) soll durch eine Gerade (Umsatzfunktion)

$$Y = a + bX$$

beschrieben werden. Der (unbekannte) Parameter b gibt die Steigung der Geraden an und beschreibt den direkten Einfluss des Werbeaufwands. Der (ebenfalls unbekannte) Parameter a gibt den Ordinatenabschnitt der Geraden an und damit den vom Werbeaufwand unabhängigen Bestandteil des Umsatzes. Mittels der Daten $(x_1, y_1), \ldots, (x_n, y_n)$ können Informationen über die Parameter a und b gewonnen werden.

Ziel der Regressionsanalyse ist es, einen funktionalen Zusammenhang zwischen einem abhängigen Merkmal Y und einem erklärenden Merkmal X basierend auf einer gepaarten Messreihe zu beschreiben. Hierzu wird (z.B. auf der Basis theoretischer Überlegungen aus der Fachwissenschaft oder Praxiserfahrungen) unterstellt, dass sich das Merkmal Y als Funktion

$$Y = f(X)$$

des Merkmals X schreiben lässt, wobei die Funktion f zumindest teilweise unbekannt ist. In den nachfolgenden Ausführungen wird stets davon ausgegangen, dass f nur von einem oder mehreren unbekannten Parametern abhängt, die die Funktion f eindeutig festlegen (im obigen Beispiel sind dies a und b). Das Problem der Regressionsrechnung besteht darin, diese Unbekannten möglichst gut zu bestimmen. Mittels eines Datensatzes $(x_1, y_1), \ldots, (x_n, y_n)$ des bivariaten Merkmals

(X, Y) werden Informationen über die Funktion f, die die Abhängigkeitsstruktur der Merkmale beschreibt, gewonnen.

Bezeichnung A 8.2 (Regressor, Regressand, Regressionsfunktion, Regressionswert). In der obigen Situation wird das Merkmal X als Regressor oder erklärende Variable (auch exogene Variable, Einflussfaktor) bezeichnet. Das Merkmal Y heißt Regressand oder abhängige Variable (auch endogene Variable, Zielvariable). Die Funktion f wird Regressionsfunktion genannt. Die Funktionswerte $\widehat{y}_i = f(x_i)$, $i \in \{1, \ldots, n\}$, heißen Regressionswerte.

In der Realität wird die Gültigkeit der Gleichung $Y = f(X)$ oft nicht gegeben sein. Die Funktion f ist zwar nur teilweise spezifiziert, d.h. es liegen unbekannte Parameter vor, die von der betrachteten Situation abhängen, aber trotzdem wird für die Regressionswerte in der Regel $\widehat{y}_i \neq y_i$ gelten, d.h. die Funktionswerte $\widehat{y}_1, \ldots, \widehat{y}_n$ von f werden im Allgemeinen an den Stellen $x_1, \ldots, x_n$ von den tatsächlich gemessenen Werten abweichen. Ursache sind z.B. Messfehler und Messungenauigkeiten bei der Beobachtung von X und Y oder natürliche Schwankungen in den Eigenschaften der statistischen Einheiten. Das dem funktionalen Zusammenhang zu Grunde liegende Modell ist außerdem oft nur eine Idealisierung der tatsächlich vorliegenden Situation, so dass die Funktion f (bzw. die Menge von Funktionen f) nur eine Approximation des wirklichen Zusammenhangs darstellt. Um dieser Tatsache Rechnung zu tragen, wird in der Regel die Gültigkeit einer Beziehung

$$Y = f(X) + \varepsilon$$

unterstellt, wobei der additive Fehlerterm ε alle möglichen Fehlerarten repräsentiert. Dieses Modell wird als Regressionsmodell bezeichnet. Aus diesem Ansatz ergibt sich bei Beobachtung der Paare $(x_1, y_1), \ldots, (x_n, y_n)$ dann für jedes Datenpaar die Beziehung

$$y_i = f(x_i) + \varepsilon_i, \quad i \in \{1, \ldots, n\},$$

mit dem Fehlerterm ε_i, der die Abweichung von $f(x_i)$ zum Messwert y_i beschreibt. Um einen konkreten funktionalen Zusammenhang zwischen den Merkmalen zu ermitteln und dabei gleichzeitig diese Abweichungen zu berücksichtigen, wird im Regressionsmodell versucht, die Regressionsfunktion f in der gewählten Klasse von Funktionen möglichst gut anzupassen. Im Folgenden wird die zur Erzeugung einer Näherung $\widehat{f}$ verwendete Methode der kleinsten Quadrate erläutert.

Aus der so ermittelten Schätzung $\widehat{f}$ für die Regressionsfunktion f kann dann mit $\widehat{f}(x)$ ein Schätzwert – eine „Prognose" – für den zu einem nicht beobachteten x-Wert gehörigen y-Wert bestimmt werden. Für $x \in I = [x_{(1)}, x_{(n)}]$ ist dies sicher eine sinnvolle Vorgehensweise, da dort Informationen über den Verlauf von f vorliegen. Das Verfahren ist aber insbesondere auch für außerhalb von I liegende x-Werte interessant und wird in diesem Sinne oft zur Abschätzung zukünftiger Entwicklungen verwendet. Für eine gute Prognose sollten die Datenqualität und die Anpassung durch die Regressionsfunktion hinreichend gut sein, sowie die zur

Prognose verwendeten Werte des Merkmals X nicht „zu weit außerhalb" des Intervalls I liegen.

A 8.1 Methode der kleinsten Quadrate

Vor Anwendung der Methode der kleinsten Quadrate ist zunächst eine Klasse $\mathcal{H}$ von Funktionen zu wählen, von der angenommen wird, dass zumindest einige der enthaltenen Funktionen den Einfluss des Merkmals X auf das Merkmal Y gut beschreiben. Wie zu Beginn erwähnt, werden hier nur parametrische Klassen betrachtet. Beispiele hierfür sind die Menge der linearen Funktionen $f_{a,b}(x) = a + bx$ mit den Parametern a und b (lineare Regression)

$$\mathcal{H} = \{f_{a,b}(x) = a + bx, x \in \mathbb{R} \mid a, b \in \mathbb{R}\}$$

oder die Menge der quadratischen Polynome $f_{a,b,c}(x) = a + bx + cx^2$ mit den Parametern a, b und c (quadratische Regression)

$$\mathcal{H} = \left\{f_{a,b,c}(x) = a + bx + cx^2, x \in \mathbb{R} \mid a, b, c \in \mathbb{R}\right\}.$$

Allgemeiner kann auch die Menge der Polynome p-ten Grades betrachtet werden, die bei geeigneter Wahl von $p \in \mathbb{N}_0$ die genannten Klassen umfasst:

$$\mathcal{H} = \left\{f_{a_0, a_1, \ldots, a_p}(x) = a_0 + a_1 x + a_2 x^2 + \cdots + a_p x^p, x \in \mathbb{R} \mid a_0, \ldots, a_p \in \mathbb{R}\right\}.$$

Die Methode der kleinsten Quadrate liefert ein Kriterium, um aus der jeweiligen Klasse $\mathcal{H}$ diejenigen Funktionen auszuwählen, die den Zusammenhang zwischen X und Y auf Basis des vorliegenden Datenmaterials in einem gewissen Sinn am besten beschreiben. Basierend auf der quadratischen Abweichung von y_i und $f(x_i)$

$$Q(f) = \sum_{i=1}^{n} (y_i - f(x_i))^2 = \sum_{i=1}^{n} \varepsilon_i^2$$

wird eine Funktion $\widehat{f} \in \mathcal{H}$ gesucht, die die geringste Abweichung zu den Daten $y_1, \ldots, y_n$ hat:

$$Q(\widehat{f}) \leqslant Q(f) \quad \text{für alle } f \in \mathcal{H}.$$

Eine Lösung $\widehat{f}$ dieses Optimierungsproblems minimiert also die Summe der quadrierten Abweichungen ε_i und besitzt unter allen Funktionen $f \in \mathcal{H}$ die kleinste auf diese Weise gemessene Gesamtabweichung zu den beobachteten Daten $y_1, \ldots, y_n$ an den Stellen $x_1, \ldots, x_n$. Für parametrische Funktionen $f_{b_1, \ldots, b_j}$ aus einer Klasse, die durch j Parameter $b_1, \ldots, b_j \in \mathbb{R}$ $(j \in \mathbb{N})$ beschrieben wird, reduziert sich die obige Minimierungsaufgabe auf die Bestimmung eines Minimums der Funktion mehrerer Variablen

$$Q(b_1, \ldots, b_j) = \sum_{i=1}^{n} (y_i - f_{b_1, \ldots, b_j}(x_i))^2.$$

Gesucht wird in dieser Situation ein Tupel $(\widehat{b}_1, \ldots, \widehat{b}_j) \in \mathbb{R}^j$ mit

$$Q(\widehat{b}_1, \ldots, \widehat{b}_j) \leqslant Q(b_1, \ldots, b_j) \quad \text{für alle } (b_1, \ldots, b_j) \in \mathbb{R}^j.$$

Hierbei kann die Wahl der Parameter bereits aufgrund der zu beschreibenden Situation auf bestimmte (echte) Teilmengen von $\mathbb{R}^j$ eingeschränkt werden (z.B. bei der Regression durch einen vorgegebenen Punkt).

Falls die konkrete parametrische Form der jeweiligen Funktionen dies zulässt, können die Parameter, die das Minimierungsproblem lösen, direkt angegeben und berechnet werden (siehe z.B. lineare Regression). Kann eine Lösung nicht explizit bestimmt werden oder ist deren Berechnung sehr aufwändig, so ist die Verwendung numerischer Hilfsmittel notwendig. In einigen Fällen kann ein Regressionsproblem durch eine geeignete Transformation der Beobachtungswerte in ein einfacher zu handhabendes Regressionsmodell überführt werden.

A 8.2 Lineare Regression

Im linearen Regressionsmodell wird angenommen, dass ein metrisches Merkmal X in linearer Weise auf ein metrisches Merkmal Y einwirkt. Ausgehend vom Regressionsmodell $Y = f(X) + \varepsilon$ bedeutet dies, dass f eine lineare Funktion ist, d.h. es gibt Zahlen $a, b \in \mathbb{R}$ mit

$$f(x) = a + bx, \quad x \in \mathbb{R}.$$

Die Einschränkung auf lineare Funktionen ist eine verbreitete Annahme, da oft (zumindest nach einer geeigneten Transformation) ein linearer Zusammenhang zwischen beiden Merkmalen aus praktischer Erfahrung plausibel ist. Zudem wird der lineare Zusammenhang oft nur lokal unterstellt, d.h. die lineare Beziehung wird nur in einem eingeschränkten Bereich (bzgl. des Merkmals X bzw. der Variablen x) angenommen, wo die lineare Funktion jedoch eine gute Approximation an die tatsächliche (evtl. komplizierte) Funktion ist. Wird dieser Bereich verlassen, so kann die Annahme der Linearität oft nicht aufrecht erhalten werden und das Regressionsmodell muss modifiziert werden. Ein weiterer wichtiger Aspekt des linearen Ansatzes ist, dass sich die Regressionsgerade leicht berechnen lässt.

Beispiel A 8.3 (Fortsetzung Beispiel A 8.1 (Werbeaktion)). In der Marketingabteilung des Unternehmens soll das Budget für eine bevorstehende Werbeaktion bestimmt werden. Um einen Anhaltspunkt über den zu erwartenden Nutzen der Aktion bei Aufwändung eines bestimmten Geldbetrages zu erhalten, werden die Kosten von bereits durchgeführten Werbeaktionen und die zugehörigen Umsätze der beworbenen Produkte untersucht. In der folgenden Tabelle sind die Kosten (in $1\,000€$) der letzten sechs Aktionen den Umsätzen (in Mio. €) der jeweils folgenden Monate gegenübergestellt.

Werbeaktion	1	2	3	4	5	6
Kosten	23	15	43	45	30	51
Umsatz	2,3	1,1	2,7	2,9	2,1	3,3

Aus Erfahrung kann angenommen werden, dass der Zusammenhang zwischen Kosten und Umsätzen durch eine lineare Funktion

$$\text{Umsatz} = a + b \cdot \text{Kosten}, \quad a, b \in \mathbb{R},$$

gut beschrieben wird. Die Methode der kleinsten Quadrate ermöglicht die Bestimmung von sinnvollen Schätzwerten für die Koeffizienten a und b. Der geschätzte funktionale Zusammenhang zwischen beiden Merkmalen eignet sich dann zur Abschätzung der Wirkung – und damit des zu veranschlagenden Budgets – der geplanten Werbeaktion.

Im Folgenden wird die lineare Funktion bestimmt, die gegebene Daten unter Annahme eines linearen Regressionsmodells im Sinne der Methode der kleinsten Quadrate am besten nähert. Die gesuchten Koeffizienten $\widehat{a}$ und $\widehat{b}$ der Regressionsgerade ergeben sich als Minimum der Funktion Q zweier Veränderlicher

$$Q(a, b) = \sum_{i=1}^{n} (y_i - f(x_i))^2 = \sum_{i=1}^{n} (y_i - (a + bx_i))^2.$$

Die Abstände der Beobachtungswerte y_i und der Funktionswerte $\widehat{y}_i = f(x_i)$ sind im folgenden Streudiagramm als Strecken markiert. Mittels der Methode der kleinsten Quadrate wird eine Gerade $y = a + bx$ so angepasst, dass die Summe aller quadrierten Abstände zwischen Beobachtungswerten (x_i, y_i) und Regressionswerten $(x_i, f(x_i))$, $i \in \{1, \dots, n\}$, minimal ist (s. Abbildung A 8.1).

Ist die empirische Varianz s_x^2 der Messwerte $x_1, \dots, x_n$ positiv (d.h. $s_x^2 > 0$), so hat die Minimierungsaufgabe genau eine Lösung, d.h. es gibt nur ein Paar $(\widehat{a}, \widehat{b})$, das das Minimum der Funktion Q annimmt. Die Forderung an die empirische Varianz ist gleichbedeutend damit, dass mindestens zwei x-Werte verschieden sind.

Regel A 8.4 (Koeffizienten der Regressionsgerade). *Seien $x_1, \dots, x_n$ Beobachtungswerte mit positiver empirischer Varianz s_x^2. Dann sind die mit der Methode der kleinsten Quadrate bestimmten Koeffizienten der Regressionsgerade $\widehat{f}(x) = \widehat{a} + \widehat{b}x$, $x \in \mathbb{R}$, gegeben durch*

$$\widehat{a} = \overline{y} - \widehat{b}\,\overline{x} \quad und \quad \widehat{b} = \frac{s_{xy}}{s_x^2} = \frac{\frac{1}{n}\sum_{i=1}^{n} x_i y_i - \overline{x} \cdot \overline{y}}{\frac{1}{n}\sum_{i=1}^{n} x_i^2 - \overline{x}^2}.$$

$\overline{x}$ und $\overline{y}$ sind die arithmetischen Mittel der Beobachtungswerte $x_1, \dots, x_n$ und $y_1, \dots, y_n$, s_{xy} ist die empirische Kovarianz der gepaarten Messreihe. Das Minimum von $Q(a, b)$ ist gegeben durch

$$Q(\widehat{a}, \widehat{b}) = n s_y^2 (1 - r_{xy}^2).$$

Der Nachweis der Darstellungen von $\widehat{a}$ und $\widehat{b}$ kann durch Bildung partieller Ableitungen von $Q(a, b)$ nach a und b und Bestimmung eines stationären Punkts geführt werden.

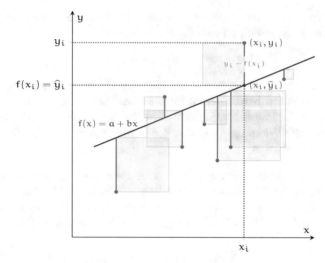

(a) Beliebige Gerade f mit quadratischer Abweichung
$Q(a, b) = 702{,}76$.

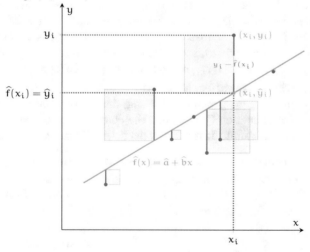

(b) Optimale Gerade $\widehat{f}$ mit quadratischer Abweichung
$Q(\widehat{a}, \widehat{b}) = 492{,}331192$.

Abbildung A 8.1: Illustration der Kleinste-Quadrate-Methode.

Ehe Eigenschaften der Regressionsgerade diskutiert werden, wird zunächst die Bedingung $s_x^2 > 0$ an die empirische Varianz der Beobachtungswerte der erklärenden Variable erläutert. Wie bereits erwähnt, ist $s_x^2 = 0$ äquivalent zur Gleichheit aller x-Werte: $x_1 = \cdots = x_n = \overline{x}$. Diese Situation wird in realen Datensätzen in der Regel nicht eintreten, d.h. die Voraussetzung stellt keine bedeutsame Einschränkung dar. Andererseits macht es auch keinen Sinn, eine Regression auf der Basis eines Datensatzes mit der Eigenschaft $s_x^2 = 0$ durchzuführen. Gilt nämlich $s_x^2 = 0$, so steht entweder der Datensatz $(\overline{x}, \overline{y}), \ldots, (\overline{x}, \overline{y})$ zur Verfügung (falls $s_y^2 = 0$), oder es gibt mehrere verschiedene Daten, deren erste Komponente aber stets gleich $\overline{x}$ ist (falls $s_y^2 > 0$). Da zur eindeutigen Festlegung einer Geraden mindestens zwei verschiedene Punkte notwendig sind, ist das Datenmaterial im ersten Fall offensichtlich nicht ausreichend. Dies ist allerdings auch nicht notwendig, da offensichtlich stets der gleiche Wert von (X, Y) gemessen wurde und somit ein einfacher (deterministischer) Zusammenhang vorliegt: Nimmt X den Wert $\overline{x}$ an, so hat Y den Wert $\overline{y}$ und umgekehrt. Im zweiten Fall liegen alle Beobachtungen im Streudiagramm auf einer zur y-Achse parallelen Geraden durch den Punkt $(\overline{x}, 0)$. Diese Senkrechte kann aber nicht durch eine <u>Funktion</u> beschrieben werden (insbesondere auch nicht durch eine lineare Funktion $f(x) = a + bx$), da einem x-Wert mehrere y-Werte zugeordnet werden müssten. Die Methode der kleinsten Quadrate liefert in beiden Fällen keine eindeutige Lösung und bewertet alle Lösungen gleich gut (oder schlecht): Für $c \in \mathbb{R}$ sind alle Geraden

$$g_c(x) = \overline{y} + c(x - \overline{x}), \quad x \in \mathbb{R},$$

durch den Punkt $(\overline{x}, \overline{y})$ Lösungen des Minimierungsproblems mit $\widehat{b} = c$ und $\widehat{a} = \overline{y} - c\overline{x}$ sowie Minimalwert $Q(\overline{y} - c\overline{x}, c) = ns_y^2$. Somit müssen zur eindeutigen Festlegung der Regressionsgerade mindestens zwei Beobachtungen mit unterschiedlichen Ausprägungen des Merkmals X aufgetreten sein.

Im weiteren Verlauf wird angenommen, dass die Regressionsgerade eindeutig bestimmt werden kann, d.h. es wird $s_x^2 > 0$ vorausgesetzt. Die folgende Regel fasst einige Eigenschaften der Regressionsgerade zusammen.

Regel A 8.5 (Eigenschaften der Regressionsgerade). *Sei $\widehat{f}(x) = \widehat{a} + \widehat{b}x$, $x \in \mathbb{R}$, die mittels der Methode der kleinsten Quadrate bestimmte Regressionsgerade. Bezeichnen $\widehat{y}_i = \widehat{f}(x_i)$, $i \in \{1, \ldots, n\}$, die Regressionswerte sowie s_x^2 und s_y^2 die empirischen Varianzen der Beobachtungswerte $x_1, \ldots, x_n$ bzw. $y_1, \ldots, y_n$, so hat die Regressionsgerade folgende Eigenschaften:*

(i) *Die Koeffizienten $\widehat{a}$ und $\widehat{b}$ der Regressionsgerade sind so gewählt, dass der mittlere quadratische Abstand zwischen den Beobachtungswerten $y_1, \ldots, y_n$ und den Werten der Gerade an den Stellen $x_1, \ldots, x_n$ minimal wird, d.h.*

$$\frac{1}{n} \sum_{i=1}^n \left(y_i - \widehat{f}(x_i)\right)^2 \leqslant \frac{1}{n} \sum_{i=1}^n \left(y_i - (a + bx_i)\right)^2 \quad \textit{für alle } a, b \in \mathbb{R}.$$

Für $s_x^2 > 0$ gilt Gleichheit nur für $(a, b) = (\widehat{a}, \widehat{b})$.

(ii) *Gilt $s_y^2 > 0$, so ist die Regressionsgerade genau dann eine wachsende (fallende, konstante) Funktion, wenn der Bravais-Pearson-Korrelationskoeffizient r_{xy} der Beobachtungswerte $(x_1, y_1), \ldots, (x_n, y_n)$ positiv (negativ, Null) ist, d.h.*

$$\widehat{b} \begin{cases} > \\ < \\ = \end{cases} 0 \iff r_{xy} \begin{cases} > \\ < \\ = \end{cases} 0.$$

Gilt $s_y^2 = 0$, so ist die Regressionsgerade konstant: $\widehat{f}(x) = \overline{y}$, $x \in \mathbb{R}$.

(iii) Die Regressionsgerade verläuft immer durch den Punkt $(\overline{x}, \overline{y})$:

$$\widehat{f}(\overline{x}) = \widehat{a} + \widehat{b}\overline{x} = \overline{y}.$$

(iv) Das arithmetische Mittel der Regressionswerte $\widehat{y}_1, \ldots, \widehat{y}_n$ und der Beobachtungswerte $y_1, \ldots, y_n$ ist gleich:

$$\overline{\widehat{y}} = \frac{1}{n} \sum_{i=1}^{n} \widehat{y}_i = \overline{y}.$$

(v) Die Summe der Differenzen $y_i - \widehat{y}_i$, $i \in \{1, \ldots, n\}$, ist gleich Null, d.h.

$$\sum_{i=1}^{n} (y_i - \widehat{y}_i) = 0.$$

Unter den obigen Aussagen ist besonders der Zusammenhang zwischen dem Bravais-Pearson-Korrelationskoeffizienten und der Steigung der Regressionsgeraden hervorzuheben. Diese Beziehung entspricht der Interpretation, dass ein positiver bzw. negativer Korrelationskoeffizient auf eine lineare Tendenz in den Daten mit positiver bzw. negativer Steigung hindeutet. Beispielhaft lässt sich der Zusammenhang von Regressionsgerade und Korrelationskoeffizient auch mittels Abbildung A 8.2 illustrieren, in die die zugehörigen Regressionsgeraden eingezeichnet sowie die Korrelationskoeffizienten angegeben sind. Eine spezielle Interpretation

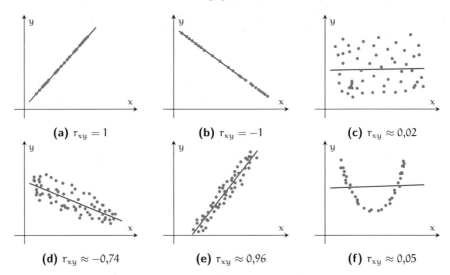

(a) $r_{xy} = 1$ **(b)** $r_{xy} = -1$ **(c)** $r_{xy} \approx 0{,}02$

(d) $r_{xy} \approx -0{,}74$ **(e)** $r_{xy} \approx 0{,}96$ **(f)** $r_{xy} \approx 0{,}05$

Abbildung A 8.2: Korrelation und Regression.

haben die Differenzen $y_i - \widehat{y}_i$ (die so genannten Residuen). Sie repräsentieren die Abweichungen der Regressionsgerade von den Beobachtungswerten $y_1, \ldots, y_n$ an den Stellen $x_1, \ldots, x_n$. Eigenschaft (v) der Regressionsgerade besagt, dass sich positive und negative Abweichungen stets ausgleichen.

Beispiel A 8.6. Auf der Basis der Daten aus Beispiel A 8.3 (Werbeaktion) wird eine lineare Regression durchgeführt, wobei die Kosten als erklärende Variable X und der Umsatz als abhängige Variable Y angesehen werden. In der folgenden Tabelle sind die Kosten $x_1, \ldots, x_6$ pro Werbeaktion (in 1 000€) und die Umsätze $y_1, \ldots, y_6$ der beworbenen Produkte (in Mio. €) aufgelistet.

i	x_i	y_i	$x_i \cdot y_i$	x_i^2
1	23,0	2,3	52,9	529,0
2	15,0	1,1	16,5	225,0
3	43,0	2,7	116,1	1849,0
4	45,0	2,9	130,5	2025,0
5	30,0	2,1	63,0	900,0
6	51,0	3,3	168,3	2601,0
arithmetisches Mittel	34,5	2,4	91,217	1354,833

Abbildung A 8.3: Arbeitstabelle zur Ermittlung einer Regressionsgeraden.

Anhand dieser Daten ergeben sich für die empirische Kovarianz s_{xy} und die empirische Varianz s_x^2 die Werte

$$s_{xy} = \frac{1}{n} \sum_{i=1}^{n} x_i y_i - \overline{x} \cdot \overline{y} \approx 8{,}417, \quad s_x^2 = \frac{1}{n} \sum_{i=1}^{n} x_i^2 - \overline{x}^2 \approx 164{,}583.$$

Die Koeffizienten der zugehörigen Regressionsgerade $\widehat{f}(x) = \widehat{a} + \widehat{b}x$ sind daher

$$\widehat{b} = \frac{s_{xy}}{s_x^2} \approx 0{,}051, \qquad \widehat{a} = \overline{y} - \widehat{b}\overline{x} \approx 0{,}636.$$

Abbildung A 8.4 zeigt die Regressionsgerade im Streudiagramm.

Mit Hilfe der Regressionsgerade ist es auch möglich, über nicht beobachtete Werte Aussagen zu machen. Dies ist zunächst innerhalb des Intervalls $I = [x_{(1)}, x_{(n)}] = [15, 51]$ sinnvoll. Beispielsweise kann für einen Werbeaufwand von 20 000€ ein Umsatz von etwa

$$\widehat{f}(20) = \widehat{a} + \widehat{b} \cdot 20 \approx 0{,}636 + 0{,}051 \cdot 20 = 1{,}656 \text{ [Mio. €]}$$

prognostiziert werden. Außerhalb des Intervalls I liegen keine Beobachtungswerte vor, so dass eine Aussage darüber, wie der Zusammenhang zwischen beiden Merkmalen dort geartet ist, kritisch zu sehen ist. „In der Nähe" des Intervalls I können noch gute Näherungen erwartet werden. Beispielsweise würde bei einer Werbeaktion mit einem Budget von 55 000€ wegen

$$\widehat{f}(55) = \widehat{a} + \widehat{b} \cdot 55 \approx 0{,}636 + 0{,}051 \cdot 55 = 3{,}441 \text{ [Mio. €]}$$

ein resultierender Umsatz von ca. 3,4 Mio. € prognostiziert.

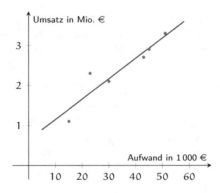

Abbildung A 8.4: Streudiagramm und Regressionsgerade.

Im Folgenden wird untersucht, wie sich die Regressionsgerade ändert, wenn die Beobachtungswerte der Merkmale X und Y linear transformiert werden. Auch hier können die Koeffizienten der resultierenden Gerade direkt aus den Koeffizienten der ursprünglichen Regressionsgerade bestimmt werden.

Regel A 8.7 (Lineare Regression bei linearer Transformation der Daten). *Seien* $s_x^2 > 0$ *und* $\widehat{f}(x) = \widehat{a} + \widehat{b}x$, $x \in \mathbb{R}$, *die zu den Daten* $(x_1, y_1), \ldots, (x_n, y_n)$ *gehörige Regressionsgerade. Werden die Beobachtungswerte mit* $\beta \neq 0$, $\delta \neq 0$, $\alpha, \gamma \in \mathbb{R}$, *(linear) transformiert gemäß*

$$u_i = \beta x_i + \alpha, \quad v_i = \delta y_i + \gamma, \quad i \in \{1, \ldots, n\},$$

so gilt für die Koeffizienten der zu den Daten $(u_1, v_1), \ldots, (u_n, v_n)$ *gehörigen Regressionsgerade* $\widehat{g}(u) = \widehat{c} + \widehat{d}u$, $u \in \mathbb{R}$:

$$\widehat{c} = \delta \widehat{a} + \gamma - \frac{\alpha \delta}{\beta} \widehat{b}, \quad \widehat{d} = \frac{\delta}{\beta} \widehat{b}.$$

Insbesondere im Fall $\beta = 1$ und $\delta = 1$ ist $\widehat{c} = \widehat{a} + \gamma - \alpha \widehat{b}$ und $\widehat{d} = \widehat{b}$, d.h. die Steigungen der Regressionsgeraden $\widehat{f}$ und $\widehat{g}$ stimmen überein, und es gilt

$$\widehat{g}(u) = \widehat{a} + \gamma - \alpha \widehat{b} + \widehat{b}u.$$

Dies sollte aufgrund der Anschauung und Motivation auch so sein, denn die Gesamtheit der Daten wird lediglich in der Lage verschoben, die relative Lage der Punkte zueinander bleibt jedoch unverändert. Weiterhin gilt in dieser Situation für $x \in \mathbb{R}$

$$\widehat{f}(x) = \widehat{a} + \widehat{b}x = \widehat{c} - \gamma + \alpha \widehat{d} + \widehat{d}x = \widehat{c} + \widehat{d}(x + \alpha) - \gamma = \widehat{g}(x + \alpha) - \gamma.$$

Beispiel A 8.8 (Bruttowochenverdienst). Von 1983 bis 1988 hat sich der durchschnittliche Bruttowochenverdienst von Arbeitern in der Industrie wie folgt entwickelt (Quelle: Statistische Jahrbücher 1986 und 1989 für die Bundesrepublik Deutschland):

Jahr x_i	1983	1984	1985	1986	1987	1988
Verdienst y_i (in DM)	627	647	667	689	712	742

Die Höhe des Verdienstes soll in Abhängigkeit von der Zeit durch eine lineare Funktion beschrieben werden. Dazu wird ein lineares Regressionsmodell mit erklärender Variable X (Zeit) und abhängiger Variable Y (Höhe des Verdienstes) betrachtet. Die Berechnung der Koeffizienten $\widehat{a}$ und $\widehat{b}$ der Regressionsgerade $\widehat{f}(x) = \widehat{a} + \widehat{b}x$, $x \in \mathbb{R}$, liefert

$$\widehat{a} = -44\,248{,}36191, \quad \widehat{b} = 22{,}62857.$$

Eine Prognose für den Bruttowochenverdienst der Arbeiter im Jahr 1989 auf der Basis dieser Daten ergibt

$$\widehat{f}(1989) = \widehat{a} + \widehat{b} \cdot 1989 \approx 759{,}87.$$

An diesem Beispiel wird der Nutzen von linearen Transformationen der Beobachtungswerte bei konkreten Berechnungen deutlich. Mit $u_i = x_i - 1982$ und $v_i = y_i - 600$, $i \in \{1, \ldots, 6\}$, entsteht folgende Arbeitstabelle

i	x_i	y_i	u_i	v_i	u_i^2	v_i^2	$u_i v_i$
1	1983	627	1	27	1	729	27
2	1984	647	2	47	4	2209	94
3	1985	667	3	67	9	4489	201
4	1986	689	4	89	16	7921	356
5	1987	712	5	112	25	12544	560
6	1988	742	6	142	36	20164	852
Summe			21	484	91	48056	2090
Mittelwert			3,5	80,6667	15,1667	8009,3333	348,3333

und daraus $s_u^2 \approx 2{,}91667$, $s_v^2 \approx 1502{,}22222$, $s_{uv} = 66$. Also ist in der Darstellung der zugehörigen Regressionsgeraden $\widehat{g}(u) = \widehat{c} + \widehat{d}u$

$$\widehat{d} = \frac{s_{uv}}{s_u^2} \approx 22{,}62857 \quad \text{und} \quad \widehat{c} = \overline{v} - \widehat{d}\overline{u} \approx 1{,}46765.$$

Die Regressionsgerade für die ursprünglichen, nicht-transformierten Werte kann direkt mit der Regel zur linearen Transformation der Beobachtungswerte bestimmt werden. Die Variablen der Transformationen sind $\beta = 1$, $\alpha = -1982$, $\delta = 1$ und $\gamma = -600$.

Demnach lässt sich die oben berechnete Regressionsgerade für die transformierten Daten auch direkt bestimmen: $\widehat{g}(u) = \widehat{c} + \widehat{d}u$ mit $\widehat{d} = \widehat{b} = 22{,}62857$ und

$$\widehat{c} = \widehat{a} + \gamma - \alpha\widehat{b} = -44\,248{,}36191 - 600 + 1982 \cdot 22{,}62857 = 1{,}46383.$$

Die Unterschiede im Wert von $\widehat{c}$ sind durch Rundungsfehler bedingt. Werden hier weniger als fünf Nachkommastellen in den Berechnungen verwendet, so führt dies zu deutlich größeren Abweichungen.

Andererseits liegt bei Berechnungen der Vorteil gerade in der umgekehrten Anwendung der Transformationsregel. Die Regressionsgerade für die transformierten Werte lässt sich (s.o.) mit geringem Aufwand bestimmen:

$$\widehat{g}(u) = 1{,}46765 + 22{,}62857u.$$

Daraus entsteht die Regressionsgerade zu den Originaldaten durch die Bestimmung von $\widehat{a}$ und $\widehat{b}$ gemäß $\widehat{b} = \widehat{d}$ und

$$\widehat{a} = \widehat{c} - \gamma + \alpha\widehat{b} = 1{,}46765 + 600 - 1982 \cdot 22{,}62857 = -44\,248{,}35809.$$

Die Prognose für das Jahr 1989 ist daher

$$\widehat{f}(1989) = \widehat{g}(1989 - 1982) + 600 = \widehat{g}(7) + 600 \approx 759{,}87.$$

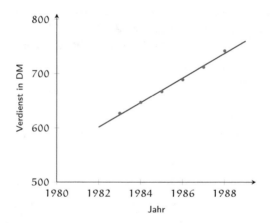

Abbildung A 8.5: Streudiagramm und Regressionsgerade.

A 8.3 Bewertung der Anpassung

In diesem Abschnitt werden zwei Werkzeuge vorgestellt, die eine Bewertung der Anpassungsgüte der ermittelten Regressionsgerade an die vorliegenden Daten erlauben.

Residuen

Da bei der Methode der kleinsten Quadrate der Ausdruck

$$Q(f) = \sum_{i=1}^{n} (y_i - f(x_i))^2$$

minimiert wird, der auf den Abweichungen $\varepsilon_i = y_i - f(x_i)$, $i \in \{1, \ldots, n\}$, basiert, liegt es nahe, bei der Bewertung der optimalen Funktion $\widehat{f}$ ebenfalls diese Differenzen zu berücksichtigen.

Definition A 8.9 (Residuen). *Die Differenzen*

$$\widehat{e}_i = y_i - \widehat{y}_i, \quad i \in \{1, \ldots, n\},$$

der Beobachtungswerte $y_1, \ldots, y_n$ *und der Regressionswerte* $\widehat{y}_1, \ldots, \widehat{y}_n$ *werden als Residuen bezeichnet, wobei* $\widehat{y}_i = \widehat{f}(x_i)$, $i \in \{1, \ldots, n\}$.

Der Wertebereich der Residuen hängt von den Beobachtungswerten des Merkmals Y ab. Zur Beseitigung dieses Effekts werden in der Literatur unterschiedliche Normierungen der Residuen vorgeschlagen. Exemplarisch wird eine nahe liegende Modifikation vorgestellt, die den Wertebereich $[-1, 1]$ liefert.

Definition A 8.10 (Normierte Residuen). *Für* $\sum\limits_{i=1}^{n} \widehat{e}_i^2 > 0$ *heißen die Quotienten*

$$\widehat{d}_i = \frac{\widehat{e}_i}{\sqrt{\sum\limits_{i=1}^{n} \widehat{e}_i^2}} = \frac{y_i - \widehat{y}_i}{\sqrt{\sum\limits_{i=1}^{n} (y_i - \widehat{y}_i)^2}}, \quad i \in \{1, \ldots, n\},$$

normierte Residuen.

Die Division mit $\sqrt{\sum\limits_{i=1}^{n} \widehat{e}_i^2}$ lässt sich natürlich nur für $\sum\limits_{i=1}^{n} \widehat{e}_i^2 > 0$ ausführen. Da $\sum\limits_{i=1}^{n} \widehat{e}_i^2 = 0$ eine exakte Anpassung der Regressionsgeraden an die Daten impliziert und somit eine Bewertung mittels Residuen überflüssig ist, ist dies jedoch keine bedeutsame Einschränkung.

Regel A 8.11 (Eigenschaften der normierten Residuen).

(i) *Für die normierten Residuen gilt*

$$-1 \leqslant \widehat{d}_i \leqslant 1, \quad i \in \{1, \ldots, n\},$$

$\sum\limits_{i=1}^{n} \widehat{d}_i = 0$ *und* $\sum\limits_{i=1}^{n} \widehat{d}_i^2 = 1$.

(ii) *Die Summe der quadrierten Residuen ist genau dann Null, wenn alle Beobachtungswerte* $(x_1, y_1), \ldots, (x_n, y_n)$ *auf dem Graphen der Regressionsfunktion* $\widehat{f}$ *liegen, d.h.*

$$\sum\limits_{i=1}^{n} \widehat{e}_i^2 = 0 \iff y_i = \widehat{y}_i, \quad i \in \{1, \ldots, n\}.$$

Die Residuen treten in einem wichtigen Zusammenhang auf, der als Streuungs- oder Varianzzerlegung bekannt ist (vgl. auch Varianzzerlegung bei gepoolten Daten).

Regel A 8.12 (Streuungszerlegung bei linearer Regression). *Im Spezialfall der linearen Regression gilt die Streuungszerlegung*

$$\sum_{i=1}^{n}(y_i - \overline{y})^2 = \sum_{i=1}^{n}(\widehat{y}_i - \overline{y})^2 + \sum_{i=1}^{n}(y_i - \widehat{y}_i)^2.$$

Bezeichnen s_y^2 die empirische Varianz der Beobachtungswerte $y_1, \ldots, y_n$, $s_{\widehat{y}}^2$ die empirische Varianz der Regressionswerte $\widehat{y}_1, \ldots, \widehat{y}_n$ und $s_{\widehat{e}}^2$ die empirische Varianz der Residuen $\widehat{e}_1, \ldots, \widehat{e}_n$, so kann die Gesamtvarianz s_y^2 zerlegt werden gemäß

$$s_y^2 = s_{\widehat{y}}^2 + s_{\widehat{e}}^2.$$

Die jeweiligen Terme in der Gleichung für die Streuungszerlegung unterscheiden sich nur durch einen konstanten Faktor von denen in der Varianzzerlegung, d.h.

$$ns_y^2 = \sum_{i=1}^{n}(y_i - \overline{y})^2, \quad ns_{\widehat{y}}^2 = \sum_{i=1}^{n}(\widehat{y}_i - \overline{y})^2, \quad ns_{\widehat{e}}^2 = \sum_{i=1}^{n}(y_i - \widehat{y}_i)^2.$$

Aus der Varianzzerlegung folgt, dass sich die empirische Varianz der Beobachtungswerte $y_1, \ldots, y_n$ als Summe der Varianzen der Regressionswerte und der Residuen darstellen lässt. Die Varianz $s_{\widehat{y}}^2$ misst die Streuung in den Regressionswerten $\widehat{y}_1, \ldots, \widehat{y}_n$, also die Streuung, die sich aus dem im Rahmen der linearen Regression bestimmten linearen Zusammenhang und der Variation der beobachteten x-Werte erklären lässt. Der entsprechende Summand $\sum_{i=1}^{n}(\widehat{y}_i - \overline{y})^2$ in der Streuungszerlegung wird daher auch „durch die Regression erklärte Streuung" genannt. Der verbleibende Teil der Varianz der Beobachtungswerte $y_1, \ldots, y_n$ des Merkmals Y ist die Varianz $s_{\widehat{e}}^2$ der Residuen. Die Residuen berechnen sich als Differenzen der Beobachtungswerte $y_1, \ldots, y_n$ und der Regressionswerte $\widehat{y}_1, \ldots, \widehat{y}_n$. Da die Residuen das arithmetische Mittel Null haben, ist deren Varianz ein Maß für die Abweichung der beobachteten y-Werte von den durch die lineare Regression bestimmten Werten $\widehat{y}_1, \ldots, \widehat{y}_n$. Dieser Anteil an der Gesamtstreuung lässt sich nicht über den geschätzten funktionalen Zusammenhang erklären. Der entsprechende Summand $\sum_{i=1}^{n}(y_i - \widehat{y}_i)^2$ in der Streuungszerlegung wird Residual- oder Reststreuung genannt. Liegen im Extremfall alle Beobachtungswerte $y_1, \ldots, y_n$ auf der Regressionsgerade, so ist diese Reststreuung gleich Null. Die gesamte Streuung kann dann durch die Streuung in den $\widehat{y}$-Werten und damit durch den Regressionsansatz erklärt werden.

Zusammenfassend gilt also: Die Streuungszerlegungsformel beschreibt die Zerlegung der Gesamtstreuung der Beobachtungswerte des Merkmals Y in einen durch das Regressionsmodell erklärten Anteil und einen Rest, der die verbliebene Streuung in den Daten widerspiegelt.

Auf der Basis der Residuen werden nun zwei Methoden vorgestellt, mit denen die Anpassung der Regressionsgerade an die Daten untersucht werden kann. Während beim Bestimmtheitsmaß die Qualität der Anpassung in Form einer Maßzahl ausgedrückt wird, ermöglicht ein Streudiagramm der Residuen, der Residualplot, eine optische Einschätzung der Anpassung.

Bestimmtheitsmaß

Das betrachtete Bestimmtheitsmaß bewertet die Anpassungsgüte einer mittels der Methode der kleinsten Quadrate ermittelten Regressionsgerade an einen gegebenen Datensatz.

Definition A 8.13 (Bestimmtheitsmaß). *Sei* $(x_1, y_1), \ldots, (x_n, y_n)$ *eine gepaarte Messreihe mit* $s_x^2 > 0$ *und* $s_y^2 > 0$. *Das Bestimmtheitsmaß* B_{xy} *der linearen Regression ist definiert durch*

$$B_{xy} = 1 - \frac{\sum_{i=1}^{n}(y_i - \widehat{y}_i)^2}{\sum_{i=1}^{n}(y_i - \overline{y})^2} = 1 - \frac{s_{\widehat{e}}^2}{s_y^2}.$$

Aufgrund der Streuungszerlegung kann das Bestimmtheitsmaß in besonderer Weise interpretiert werden. Hierzu werden zunächst zwei alternative Darstellungen angegeben, wobei eine auf dem Bravais-Pearson-Korrelationskoeffizienten beruht.

Regel A 8.14 (Eigenschaften des Bestimmtheitsmaßes).

(i) *Für das Bestimmtheitsmaß gilt*

$$B_{xy} = \frac{\sum_{i=1}^{n}(\widehat{y}_i - \overline{y})^2}{\sum_{i=1}^{n}(y_i - \overline{y})^2} = \frac{s_{\widehat{y}}^2}{s_y^2}.$$

(ii) *Das Bestimmtheitsmaß ist gleich dem Quadrat des Bravais-Pearson-Korrelationskoeffizienten* r_{xy} *der Daten* $(x_1, y_1), \ldots, (x_n, y_n)$:

$$B_{xy} = r_{xy}^2.$$

(iii) $Q(\widehat{a}, \widehat{b}) = n s_y^2 (1 - B_{xy})$.

(iv) *Werden* $(x_1, y_1), \ldots, (x_n, y_n)$ *linear transformiert, so stimmen die Bestimmtheitsmaße der Regressionsfunktionen* $\widehat{f}$ *und* $\widehat{g}$ *überein (Bezeichnungen wie in Regel A 8.7):*

$$B_{xy} = B_{uv},$$

d.h. das Bestimmtheitsmaß der Regression ändert sich nicht bei linearen Transformationen der Daten.

Das Bestimmtheitsmaß

$$B_{xy} = \frac{\sum\limits_{i=1}^{n} (\widehat{y}_i - \overline{y})^2}{\sum\limits_{i=1}^{n} (y_i - \overline{y})^2} = \frac{s_{\widehat{y}}^2}{s_y^2}$$

ist also im Fall der linearen Regression gerade der Quotient aus der Streuung $\sum\limits_{i=1}^{n} (\widehat{y}_i - \overline{y})^2$, die sich über das Regressionsmodell erklären lässt, und der Gesamt-streuung $\sum\limits_{i=1}^{n} (y_i - \overline{y})^2$ der Beobachtungsdaten $y_1, \ldots, y_n$.

Das Bestimmtheitsmaß nimmt genau dann den Wert Eins an, wenn sich die gesamte Streuung in den Daten durch das Regressionsmodell erklären lässt. Für Werte nahe Eins wird ein hoher Anteil der Gesamtstreuung durch die Regressionsgerade beschrieben, so dass von einer guten Anpassung an die Daten ausgegangen werden kann.

Außerdem nimmt das Bestimmtheitsmaß genau dann den Wert Null an, wenn sich die Streuung in den Daten überhaupt nicht durch die Regressionsgerade erklären lässt. In diesem Fall gilt $\sum\limits_{i=1}^{n} (\widehat{y}_i - \overline{y})^2 = 0$ und die Residualstreuung ist gleich der Gesamtstreuung. Für Werte des Bestimmtheitsmaßes, die in der Nähe von Null liegen, wird dementsprechend davon ausgegangen, dass die Regressionsfunktion einen Zusammenhang zwischen beiden Merkmalen nicht beschreibt.

Dies deckt sich mit der Interpretation des Bestimmtheitsmaßes in der Darstellung mittels des Bravais-Pearson-Korrelationskoeffizienten. Ist das Bestimmtheitsmaß Null, so gilt dies auch für den Korrelationskoeffizienten. In diesem Fall kann aber davon ausgegangen werden, dass kein linearer Zusammenhang zwischen beiden Merkmalen vorliegt, die Merkmale X und Y sind unkorreliert. Diese Situation wurde bereits bei den Eigenschaften der Regressionsgerade diskutiert. Hierbei ist zu beachten, dass für den Fall $s_{\widehat{y}}^2 = 0$ (also $\widehat{f}(x) = \overline{y}$ für alle x) ebenfalls kein Zusammenhang besteht, da eine Veränderung in x keine Veränderung in y nach sich zieht ($\widehat{f}$ ist konstant!). Im anderen Extremfall, d.h. für $B_{xy} = 1$, gilt $r_{xy} \in \{-1, 1\}$, so dass die Daten auf der Regressionsgerade liegen.

Die wichtigsten Eigenschaften des Bestimmtheitsmaßes werden in Regel A 8.15 nochmals zusammengestellt.

Regel A 8.15 (Eigenschaften des Bestimmtheitsmaßes).

(i) Für das Bestimmtheitsmaß gilt

$$0 \leqslant B_{xy} \leqslant 1.$$

(ii) Das Bestimmtheitsmaß nimmt genau dann den Wert Eins an, wenn alle Beobachtungswerte auf dem Graphen der Regressionsfunktion liegen, d.h.

$$B_{xy} = 1 \iff \widehat{y}_i = y_i, \quad i \in \{1, \ldots, n\}.$$

(iii) Das Bestimmtheitsmaß nimmt genau dann den Wert Null an, wenn die Regressionsgerade konstant ist, d.h.

$$B_{xy} = 0 \iff \widehat{y}_i = \overline{y}, \quad i \in \{1, \dots, n\}.$$

Beispiel A 8.16 (Fortsetzung Beispiel A 8.8 (Bruttowochenverdienst)). Das Bestimmtheitsmaß der linearen Regression ist gegeben durch $B_{xy} \approx 0{,}994$. Aufgrund des Verhaltens des Bestimmtheitsmaßes bei linearer Transformation der Daten gilt auch $B_{uv} \approx 0{,}994$. Dieser Wert lässt eine sehr gute Anpassung der Regressionsgerade an die Daten vermuten.

Residualanalyse (Residualplot)

Eine Untersuchung der Anpassung der Regressionsgerade mit Hilfe des Residualplots wird als Residualanalyse bezeichnet. Die Residualanalyse bietet sich besonders zur Überprüfung der verwendeten Modellannahme, also des vermuteten funktionalen Zusammenhangs zwischen den betrachteten Merkmalen, an.

Ein Residualplot ist ein spezielles Streudiagramm, in dem die Regressionswerte $\widehat{y}_1, \dots, \widehat{y}_n$ auf der Abszisse und die jeweils zugehörigen Residuen auf der Ordinate eines kartesischen Koordinatensystems abgetragen werden. Im Residualplot können dabei entweder die Residuen

$$\widehat{e}_i = y_i - \widehat{y}_i, \quad i \in \{1, \dots, n\},$$

oder die normierten Residuen

$$\widehat{d}_i = \frac{y_i - \widehat{y}_i}{\sqrt{\sum\limits_{i=1}^{n} (y_i - \widehat{y}_i)^2}}, \quad i \in \{1, \dots, n\},$$

verwendet werden. Der auf $\widehat{d}_1, \dots, \widehat{d}_n$ basierende Residualplot hat den Vorzug, dass der Wertebereich stets auf das Intervall $[-1, 1]$ beschränkt ist.

Anhand der Anordnung der Punkte in einem Residualplot können Aussagen darüber getroffen werden, ob der lineare Regressionsansatz durch das vorliegende Datenmaterial bestätigt wird. Hierbei macht es prinzipiell keinen Unterschied, welche Variante des Residualplots verwendet wird. Werden jedoch die Residualplots mehrerer Datensätze miteinander verglichen, so sollte der Variante mit normierten Residuen der Vorzug gegeben werden, da dann der Wertebereich der Residuen nicht von der Größenordnung der Daten abhängt. Zur Interpretation von Residualplots werden nun einige Standardfälle skizziert.

Liegt zwischen zwei Merkmalen tatsächlich ein Zusammenhang vor, der dem Ansatz im Regressionsmodell entspricht, so werden die Abweichungen zwischen den Regressionswerten $\widehat{y}_1, \dots, \widehat{y}_n$ und den beobachteten Werten $y_1, \dots, y_n$ nur auf zufällige Messfehler oder -ungenauigkeiten bzw. natürliche Streuung zurückzuführen sein. Diese Vermutung sollte sich im Residualplot widerspiegeln, d.h. die

Abweichungen sollten keine regelmäßigen Strukturen aufweisen.

Die Punkte liegen in ungeordneter Weise zu etwa gleichen Teilen sowohl oberhalb als auch unterhalb der Abszisse. Die Abweichungen verteilen sich unregelmäßig über den Verlauf der geschätzten Funktion, wie dies bei zufällig bedingten Fehlern auch zu erwarten wäre.

Hat der Residualplot hingegen das folgende Aussehen, so liegen systematische Unterschiede zwischen den Werten der Regressionsfunktion und den Beobachtungswerten des abhängigen Merkmals vor.

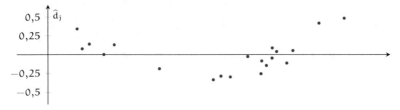

In diesem Fall ist möglicherweise die Klasse der linearen Funktionen zur Beschreibung des Zusammenhangs der Merkmale nicht ausreichend. Abhilfe könnte eine Erweiterung der Klasse von Regressionsfunktionen schaffen, z.B. durch die Verwendung quadratischer Polynome.

Weist der Residualplot einzelne große Abweichungen wie in der folgenden Graphik auf, so ist der Datensatz im Streudiagramm auf Ausreißer zu untersuchen.

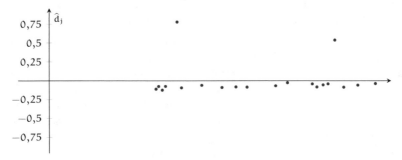

Stellt sich heraus, dass die zugehörigen Daten (z.B. aufgrund von Messfehlern) ignoriert und daher aus dem Datensatz entfernt werden können, so lässt sich die Anpassungsgüte der Regressionsgerade möglicherweise verbessern. Dabei ist zu beachten, dass auch Ausreißer relevante Information enthalten können. Eine entsprechende Bereinigung des Datensatzes ist daher sorgfältig zu rechtfertigen.

Beispiel A 8.17 (Abfüllanlage). Die Leistungsfähigkeit einer Abfüllanlage für Dosen wird untersucht. Ergebnis der Datenerhebung ist der folgende Datensatz von 32 Messungen, in dem die jeweils erste Komponente die Laufzeit der Anlage (in min) und die zweite die Abfüllmenge (in 1 000 Dosen) angibt:

$$\begin{array}{cccccc}
(189,82) & (189,79) & (180,67) & (199,80) & (197,83) & (186,81)\\
(200,89) & (162,53) & (195,85) & (197,85) & (158,51) & (194,86)\\
(157,53) & (188,73) & (168,58) & (167,54) & (175,64) & (151,45)\\
(175,61) & (156,44) & (190,79) & (160,49) & (190,83) & (170,61)\\
(151,50) & (177,66) & (156,50) & (167,56) & (171,64) & (161,54)\\
& & (178,68) & (167,58) & &
\end{array}$$

Das zugehörige Streudiagramm (s. Abbildung A 8.6) legt bereits den Schluss nahe, dass ein (ausgeprägter) linearer Zusammenhang zwischen Laufzeit der Anlage und Abfüllmenge besteht. Es wird daher eine lineare Funktion an die Daten angepasst, wobei die Laufzeit als erklärende Variable (Merkmal X) und die Abfüllmenge als abhängige Variable (Merkmal Y) angenommen werden. Die durch die Koeffizienten $\widehat{a} \approx -89{,}903$ und $\widehat{b} \approx 0{,}887$ gegebene und in Abbildung A 8.6 dargestellte Regressionsgerade $\widehat{f}(x) = \widehat{a} + \widehat{b}x$ unterstreicht den bereits gewonnenen Eindruck. In der Tat ist die mit Hilfe des Bestimmtheitsmaßes gemessene Güte der

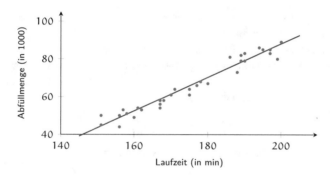

Abbildung A 8.6: Streudiagramm und Regressionsgerade zu Beispiel A 8.17.

Anpassung der Gerade an die Daten sehr hoch: es gilt $B_{xy} \approx 0{,}952$. Im Residualplot (s. Abbildung A 8.7) scheinen die Abweichungen der Regressionswerte von den Beobachtungswerten auch keinerlei Regelmäßigkeiten aufzuweisen. Insgesamt kann daher festgestellt werden, dass die Wahl eines linearen Regressionsmodells durch den Residualplot und den Wert des Bestimmtheitsmaßes bestätigt wird.

Zum Ende dieses Abschnitts ist es wichtig anzumerken, dass häufig andere als lineare Regressionsfunktionen betrachtet werden sollten oder sogar müssen.

Bemerkung A 8.18. In manchen Situationen ist eine lineare Regressionsfunktion, d.h. die Anpassung einer optimalen Geraden an eine Punktwolke nicht geeignet

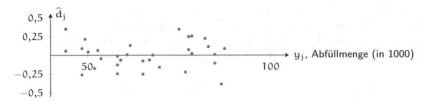

Abbildung A 8.7: Residualplot zu Beispiel A 8.17.

bzw. nicht sinnvoll. Dies kann der Fall sein, weil sich das Datenmaterial im Streudiagramm augenscheinlich anders darstellt, oder weil (beispielsweise physikalische oder ökonomische) Modelle einen nichtlinearen Zusammenhang von Merkmalen postulieren. In diesen Fällen sind dann andere Regressionsfunktionen (quadratische, exponentielle,...) anzuwenden. Im Detail wird auf diese Fragestellung nicht eingegangen. Hier sei auf die umfangreiche Literatur zur Regressionsanalyse verwiesen (s. z.B. Hartung et al. 2009).

Beispiel A 8.19. In Abschnitt A 7 wurden folgende Datenpaare betrachtet

$$(-2,4) \quad (-1,1) \quad (0,0) \quad (1,1) \quad (2,4).$$

Das Streudiagramm zeigt, dass eine lineare Regression nicht sinnvoll ist (es gilt sogar der exakte Zusammenhang $y_i = x_i^2$, $i \in \{1,\ldots,5\}$). Zudem ist die empirische Korrelation r_{xy} der Merkmale X und Y gleich Null, d.h. die Merkmale X und Y sind unkorreliert. Eine <u>lineare</u> Regression ist also nicht anzuwenden. Das allgemeine quadratische Regressionsmodell $Y = f(X) + \varepsilon$ ist beispielsweise durch die quadratische Regressionsfunktion f mit

$$f(x) = a + bx + cx^2, \quad x \in \mathbb{R},$$

und (unbekannten) Parametern $a, b, c \in \mathbb{R}$ gegeben.

A 9 Zeitreihenanalyse

In vielen Bereichen werden Merkmalsausprägungen eines Merkmals in bestimmten zeitlichen Abständen gemessen, d.h. es entsteht ein Datensatz (die Zeitreihe), der den Verlauf der Merkmalsausprägungen im Beobachtungszeitraum wiedergibt.

Beispiel A 9.1. In einem Unternehmen werden die Umsatzzahlen der Produkte in jedem Quartal erhoben. Anhand der Daten kann Aufschluss über die Nachfrageentwicklung gewonnen werden und somit z.B. über das Verbleiben von Artikeln in der Produktpalette entschieden werden.

Der Kurs einer Aktie wird an jedem Handelstag aktualisiert. Aus dem Verlauf des Aktienkurses kann die Wertentwicklung eines Unternehmens an der Börse abgelesen werden.

Die Zahl aller in Deutschland als arbeitssuchend gemeldeten Personen wird im monatlichen Rhythmus neu bestimmt. Die Beobachtung dieser Größe im zeitlichen Verlauf vermittelt einen Eindruck von der Entwicklung des Arbeitsmarkts in Deutschland.

Ein Energieversorger speichert Informationen über den im Tagesverlauf anfallenden Energiebedarf. Diese Information ist von zentraler Bedeutung für die zukünftige Bereitstellung von Energie.

Im Rahmen der deskriptiven Zeitreihenanalyse wird angestrebt, Schwankungen in den Beobachtungswerten einer Zeitreihe auszugleichen und Trends in den Daten zu beschreiben. Hierfür werden Glättungsmethoden und Regressionsansätze verwendet. Weist die Zeitreihe ein saisonales Muster auf, so kann eine Bereinigung durchgeführt werden, um mögliche Trends in den Daten leichter erkennen und analysieren zu können. In diesem Abschnitt wird eine Einführung in die grundlegenden Methoden der deskriptiven Zeitreihenanalyse gegeben. Das Methodenspektrum ist jedoch weitaus umfangreicher als die folgende Darstellung, die sich auf wenige Aspekte beschränkt. Für weiter führende Betrachtungen sei z.B. auf Schlittgen und Streitberg (2001) oder Rinne und Specht (2002) verwiesen.

Bezeichnung A 9.2 (Zeitreihe). Eine gepaarte Messreihe $(t_1, y_1), \ldots, (t_n, y_n)$ zweier metrischer Merkmale T und Y mit der Eigenschaft $t_1 < \cdots < t_n$ heißt Zeitreihe. Ist die Folge der Zeitpunkte $t_1, \ldots, t_n$ aus dem Kontext ersichtlich, so wird auch $y_1, \ldots, y_n$ als Zeitreihe bezeichnet.

Sind die Abstände zwischen den Beobachtungszeitpunkten des Merkmals Zeit gleich groß, so werden die Zeitpunkte äquidistant genannt. In diesem Fall wird die vereinfachte Notation $t_i = i$, $i \in \{1, \ldots, n\}$, verwendet und mit y_i die zum Zeitpunkt i gehörige Beobachtung bezeichnet. Diese Situation wird hier primär behandelt.

Einige Methoden der Zeitreihenanalyse lassen sich nur sinnvoll auf Daten anwenden, bei denen die Beobachtungen zu äquidistanten Zeitpunkten vorgenommen wurden. Durch das Auftreten von Lücken in der Erhebung könnten sonst Phänomene verschleiert werden (wie z.B. saisonale Schwankungen). Hierbei sind Zeiträume, in denen eine Messung des Merkmals prinzipiell nicht möglich ist, geeignet zu berücksichtigen.

Beispiel A 9.3. Der Aktienkurs (in €) eines Unternehmens wird an sechs Tagen bestimmt. Es ergibt sich der folgende zweidimensionale Datensatz:

```
(06.11.2013, 156,41) (07.11.2013, 158,13) (08.11.2013, 157,93)
(11.11.2013, 158,58) (12.11.2013, 159,71) (13.11.2013, 158,94)
```

Die Beobachtungswerte der zugehörige Zeitreihe wurden also formal betrachtet nicht in gleichen Zeitabständen erhoben. Der Zeitraum zwischen der Beobachtung des dritten und vierten Aktienkurses beträgt drei Tage, während derjenige zwischen den übrigen Werten nur bei einem Tag liegt. Allerdings war der Zeitraum vom 09.11.2013 bis zum 10.11.2013 ein Wochenende. Da an einem Wochenende keine Aktien gehandelt werden, führt eine Interpretation der Daten zu dem Schluss, dass die Abstände zwischen den Beobachtungen als gleich angenommen werden können (jeweils ein Handelstag). Die Zeitpunkte der Zeitreihe werden daher als äquidistant angesehen.

Die adäquate graphische Darstellung einer Zeitreihe ist die Verlaufskurve.

Beispiel A 9.4. Der Stand eines Aktienindex wird über einen Zeitraum von einer Stunde alle fünf Minuten notiert. Hieraus ergibt sich der folgende bivariate Datensatz, in dem in der ersten Komponente die vergangene Zeit im Format [Stunde:Minute] und in der zweiten Komponente der jeweilige Indexwert angegeben sind:

```
(0:00, 5030,22) (0:05, 5033,57) (0:10, 5036,74) (0:15, 5038,11)
(0:20, 5038,59) (0:25, 5037,39) (0:30, 5032,23) (0:35, 5025,98)
(0:40, 5020,15) (0:45, 5017,31) (0:50, 5015,71) (0:55, 5017,92)
(1:00, 5019,33)
```

Die zugehörige Verlaufskurve ist in Abbildung A 9.1 dargestellt.

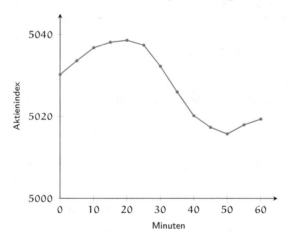

Abbildung A 9.1: Verlaufskurve.

A 9.1 Zeitreihenzerlegung

Um unterschiedliche Einflüsse auf das zu einer Zeitreihe gehörige Merkmal zu modellieren, wird häufig davon ausgegangen, dass sich die Beobachtungswerte $y_1, \ldots, y_n$ einer Zeitreihe in unterschiedliche Komponenten zerlegen lassen. In der deskriptiven Zeitreihenanalyse wird dabei im Allgemeinen eine Zerlegung

$$y_i = H(g_i, s_i, \varepsilon_i), \quad i \in \{1, \ldots, n\},$$

in eine glatte Komponente g_i, eine saisonale Komponente s_i und eine irreguläre Komponente ε_i betrachtet, die mittels der Funktion H verknüpft sind.

Die glatte Komponente g_i spiegelt längerfristige Entwicklungen in den Daten wider. Sie kann eventuell noch in eine Trendkomponente d_i und eine zyklische Komponente z_i zerlegt werden. Die Trendkomponente gibt einen Trend in den Daten wieder und wird darum häufig als monotone Funktion der Zeit gewählt. Die zyklische Komponente beschreibt Einflüsse, die in großen Zeiträumen einem periodischen Wechsel unterliegen. Bei der Modellierung von Phänomenen im Bereich der Wirtschaftswissenschaften sind dies z.B. Konjunkturzyklen. Die zyklische Komponente entspricht daher einer wellenförmigen Funktion, wobei die einzelnen Perioden nicht zwingend gleich groß sein müssen. Die Zusammenfassung beider Komponenten zur glatten Komponente ist üblich, da sich die getrennte Untersuchung der beiden Komponenten z.B. bei relativ kurzen Zeitreihen als problematisch erweist. Liegen nicht genügend Werte in einer Zeitreihe vor, so kann beispielsweise ein konjunktureller Einfluss nicht empirisch belegt werden.

Durch die saisonale Komponente s_i werden saisonale Einwirkungen (z.B. durch Jahreszeiten) auf die Daten beschrieben. Sie weist daher ein Wellenmuster mit konstanter Periodenlänge (z.B. einem 12-Monats-Rhythmus) auf.

Verbleibende Schwankungen in der Zeitreihe, die nicht durch eine der erwähnten Komponenten erklärt werden können, werden in der irregulären Komponente ε_i zusammengefasst.

Die eingeführten Komponenten müssen nicht in jedem Fall in vollem Umfang zur Beschreibung und Erklärung einer Zeitreihe herangezogen werden. Ist z.B. der Verlaufskurve zu entnehmen, dass kein saisonaler Einfluss auf die Zeitreihe vorliegt, so kann auf die Komponente s_i verzichtet werden. Die irreguläre Komponente ist aber in aller Regel bei der Beschreibung realer Zeitreihen unabdingbar. In ihr werden zufällige Schwankungen oder Messfehler in den Daten aufgefangen.

Das in der deskriptiven Statistik am häufigsten betrachtete Modell der Zeitreihenzerlegung ist eine additive Zerlegung in die Komponenten g_i, s_i und ε_i:

$$y_i = g_i + s_i + \varepsilon_i, \quad i \in \{1, \ldots, n\}.$$

Die glatte Komponente wird gelegentlich weiter zerlegt und als Summe $g_i = d_i + z_i$ aus der Trendkomponente d_i und der zyklischen Komponente z_i aufgefasst. Wie oben bereits erwähnt, können bestimmte Komponenten in dieser Zerlegung weggelassen werden, wenn bereits aus dem Verlauf der Zeitreihe erkennbar oder durch Zusatzinformationen klar ist, dass sie zur Beschreibung nicht erforderlich sind. Im Modell der additiven Zerlegung wird angenommen, dass die irreguläre Komponente vergleichsweise kleine Werte, die zufällig um Null schwanken, annimmt. Die Zeitreihe sollte sich im Wesentlichen durch die anderen Komponenten erklären lassen.

A 9.2 Zeitreihen ohne Saison

Durch Beobachtung eines Merkmals Y habe sich eine Zeitreihe $y_1, \ldots, y_n$ ergeben, für die eine additive Zerlegung

$$y_i = g_i + \varepsilon_i, \quad i \in \{1, \ldots, n\},$$

mit einer glatten Komponente g_i und einer irregulären Komponente ε_i angenommen wird. Zwei Möglichkeiten zur Schätzung der glatten Komponente werden nun näher betrachtet: Regressionsansätze und die Methode der gleitenden Durchschnitte.

Regressionsansätze

Zur Schätzung wird hierbei auf die Methoden der Regressionsanalyse (z.B. lineare Regression, quadratische Regression etc.) zurückgegriffen. Die zu den Beobachtungswerten gehörigen Zeitpunkte $t_1 < \cdots < t_n$ werden dabei als Ausprägungen eines Merkmals T angesehen. Ausgehend von einem Regressionsmodell

$$Y = f(T) + \varepsilon, \quad f \in \mathcal{H},$$

beschreibt die Funktion f aus einer geeigneten (parametrischen) Klasse $\mathcal{H}$ den Einfluss der glatten Komponente auf die Zeitreihe. Für die Merkmalsausprägungen $(t_1, y_1), \ldots, (t_n, y_n)$ des Merkmals (T, Y) ergeben sich im Regressionsmodell die Beziehungen

$$y_i = f(t_i) + \varepsilon_i, \quad i \in \{1, \ldots, n\}.$$

Wie in Abschnitt A 8 erläutert wurde, kann (mit Hilfe der Methode der kleinsten Quadrate) diejenige Funktion aus der Klasse $\mathcal{H}$ bestimmt werden, die die Daten am besten beschreibt. Die resultierende Funktion $\widehat{f}$ wird dann als Schätzung $\widehat{g}_i = \widehat{f}(t_i)$ für die glatte Komponente verwendet. Die Abweichungen $y_i - \widehat{g}_i$, $i \in \{1, \ldots, n\}$, der Beobachtungswerte $y_1, \ldots, y_n$ von den geschätzten Werten der glatten Komponente entsprechen sowohl der irregulären Komponente im Zerlegungsmodell der Zeitreihe als auch den Residuen in der Regressionsrechnung. Die glatte Komponente wird also durch eine parametrische Funktion geschätzt, so dass die Werte der irregulären Komponente in einem gewissen Sinn minimiert werden. Aufgrund der Bedeutung der irregulären Komponente in der Zeitreihenzerlegung erscheint dieser Ansatz plausibel. Das Verhalten der Zeitreihe sollte hauptsächlich durch die glatte Komponente bestimmt werden.

Als Beispiel wird eine additive Zerlegung der Form

$$y_i = a + bt_i + \varepsilon_i, \quad i \in \{1, \ldots, n\},$$

betrachtet, d.h. es wird angenommen, dass die glatte Komponente eine lineare Funktion $g(t) = a + bt$ der Zeit mit unbekannten Parametern $a, b \in \mathbb{R}$ bildet. In diesem Fall können die Ergebnisse der linearen Regression direkt angewendet werden. Im zugehörigen linearen Regressionsmodell $Y = a + bT + \varepsilon$ ergeben sich mittels der Methode der kleinsten Quadrate für die Koeffizienten a, b die Schätzwerte

$$\widehat{a} = \overline{y} - \widehat{b}\,\overline{t}, \quad \widehat{b} = \frac{s_{ty}}{s_t^2} = \frac{\sum\limits_{i=1}^{n}(t_i - \overline{t})(y_i - \overline{y})}{\sum\limits_{i=1}^{n}(t_i - \overline{t})^2}.$$

Die Schätzung $\widehat{g}_i$ für die glatte Komponente in der obigen Zerlegung ist somit

$$\widehat{g}_i = \widehat{a} + \widehat{b}t_i, \quad i \in \{1, \ldots, n\}.$$

Werden äquidistante Zeitpunkte verwendet, so lassen sich die Koeffizienten noch vereinfachen.

Regel A 9.5 (Schätzung der glatten Komponente bei äquidistanten Zeitpunkten). *Wird für eine Zeitreihe, deren Beobachtungswerte zu äquidistanten Zeitpunkten $t_i = i$, $i \in \{1, \ldots, n\}$, gemessen wurden, ein Zerlegungsmodell*

$$y_i = g_i + \varepsilon_i = a + b \cdot i + \varepsilon_i, \quad i \in \{1, \ldots, n\},$$

angenommen, so ergibt sich mittels einer linearen Regression für die glatte Komponente der Zeitreihe die Schätzung

$$\widehat{g}_i = \widehat{a} + \widehat{b} \cdot i, \quad i \in \{1, \ldots, n\},$$

mit den Koeffizienten

$$\widehat{a} = \overline{y} - \widehat{b} \cdot \frac{n+1}{2}, \quad \widehat{b} = \frac{6}{n-1}\left(\frac{2}{n(n+1)}\sum_{i=1}^{n} i \cdot y_i - \overline{y}\right).$$

Beispiel A 9.6. Die Bevölkerungszahl eines Landes wurde im Zeitraum von 1960 bis 2012 jedes zweite Jahr erhoben (s. Tabelle A 9.1). Die Zeitreihe $y_1, \ldots, y_{27}$

Jahr	1960	1962	1964	1966	1968	1970	1972	1974	1976
	52,123	52,748	53,965	53,798	54,354	54,913	55,824	56,350	56,285
Jahr	1978	1980	1982	1984	1986	1988	1990	1992	1994
	56,039	56,485	57,058	57,200	57,309	57,095	57,010	57,603	58,522
Jahr	1996	1998	2000	2002	2004	2006	2008	2010	2012
	59,095	59,541	59,974	60,496	60,723	60,621	61,222	61,694	62,216

Tabelle A 9.1: Bevölkerungszahl (in Mio.).

wurde somit zu äquidistanten Zeitpunkten gemessen. Zur Analyse der Bevölkerungsentwicklung wird ein Zerlegungsmodell der Form $y_i = a + b \cdot i + \varepsilon_i$ betrachtet, in dem den Jahresangaben zur Vereinfachung die Zeitpunkte $t_i = i$, $i \in \{1, \ldots, 27\}$, zugeordnet werden. Schätzungen für die Parameter $a, b \in \mathbb{R}$ der glatten Komponente $g_i = a + bi$ werden in einem linearen Regressionsmodell

$$Y = a + bT + \varepsilon, \quad a, b \in \mathbb{R},$$

bestimmt, wobei die Zeit (Merkmal T) erklärende Variable und die Bevölkerungsgröße (Merkmal Y) abhängige Variable ist. Aufgrund der Wahl der Messzeitpunkte können die Formeln für äquidistante Beobachtungszeitpunkte verwendet werden. Aus den obigen Daten ergibt sich

$$\frac{1}{27} \sum_{i=1}^{27} i \cdot y_i \approx 824{,}727 \quad \text{und} \quad \overline{y} = \frac{1}{27} \sum_{i=1}^{27} y_i \approx 57{,}417.$$

Die Koeffizienten der Regressionsgerade (und der Schätzung $\widehat{g}_i$ für die glatte
Komponente) sind daher

$$\widehat{b} = \frac{6}{26} \left(\frac{2}{27 \cdot 28} \sum_{i=1}^{27} i \cdot y_i - \overline{y} \right) \approx 0{,}344, \qquad \widehat{a} = \overline{y} - \widehat{b} \cdot \frac{28}{2} \approx 52{,}597.$$

Im in Abbildung A 9.2 dargestellten Kurvendiagramm ist nicht nur die Zeitreihe
selbst, sondern auch die Regressionsgerade, die in diesem Fall eine Trendschätzung
darstellt, abgebildet.

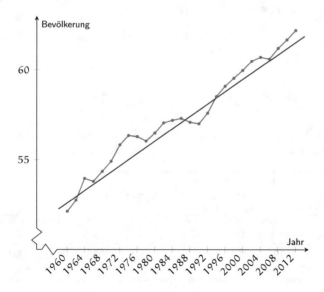

Abbildung A 9.2: Kurvendiagramm mit Regressionsgerade.

Aufgrund des bisherigen Kurvenverlaufs kann vermutet werden, dass sich das
Bevölkerungswachstum in der nahen Zukunft nicht allzu sehr von der Trendschätzung unterscheiden wird. Ein Prognosewert für die Bevölkerungszahl im Jahre
2014 wäre daher durch die Auswertung der Regressionsgerade an der Stelle $t = 28$
gegeben:

$$\widehat{g}_{28} = \widehat{a} + \widehat{b} \cdot 28 \approx 62{,}237.$$

Hierbei ist jedoch ausdrücklich zu betonen, dass solche Prognosen nur für einen sehr kurzen Zeithorizont sinnvoll sind, da sich der Trend im zukünftigen Verlauf der Zeitreihe eventuell stark ändern und keine lineare Form mehr besitzen könnte.

Zur Überprüfung der Anpassungsgüte der geschätzten glatten Komponente können die Standardwerkzeuge der linearen Regression, das Bestimmtheitsmaß und der Residualplot, verwendet werden.

Methode der gleitenden Durchschnitte

Bei der Methode der gleitenden Durchschnitte wird der Wert der glatten Komponente zu einem bestimmten Zeitpunkt jeweils durch das arithmetische Mittel aus Beobachtungswerten in einem Zeitfenster um diesen Zeitpunkt genähert. Zunächst werden gleitende Durchschnitte eingeführt, wobei nur Zeitreihen betrachtet werden, deren Beobachtungen zu äquidistanten Zeitpunkten gemessen wurden.

Definition A 9.7 (Gleitende Durchschnitte). $y_1, \ldots, y_n$ *sei ein Zeitreihe mit äquidistanten Zeitpunkten* $t_i = i$, $i \in \{1, \ldots, n\}$.

- *Für* $k \in \mathbb{N}_0$ *wird die Folge der Werte*

$$y_i^* = \frac{1}{2k+1} \sum_{j=-k}^{k} y_{i+j}, \quad i \in \{k+1, \ldots, n-k\},$$

als Folge der gleitenden Durchschnitte der Ordnung $2k+1$ *bezeichnet.*

- *Für* $k \in \mathbb{N}$ *wird die Folge der Werte*

$$y_i^* = \frac{1}{2k} \left[\frac{1}{2} y_{i-k} + \sum_{j=-k+1}^{k-1} y_{i+j} + \frac{1}{2} y_{i+k} \right], \quad i \in \{k+1, \ldots, n-k\},$$

als Folge der gleitenden Durchschnitte der Ordnung $2k$ *bezeichnet.*

Für eine Zeitreihe $y_1, \ldots, y_n$ ist der Wert y_i^* eines gleitenden Durchschnitts der Ordnung $2k+1$ definiert als ein arithmetisches Mittel aus den k vorherigen Beobachtungswerten $y_{i-k}, y_{i-k+1}, \ldots, y_{i-1}$ der Zeitreihe, dem aktuellen Wert y_i und den k nachfolgenden Zeitreihenwerten $y_{i+1}, y_{i+2}, \ldots, y_{i+k}$. Für einen gleitenden Durchschnitt der Ordnung $2k$ berechnet sich der Wert y_i^* als ein gewichtetes Mittel dieser Zeitreihenwerte. Der erste und der letzte betrachtete Wert, d.h. y_{i-k} und y_{i+k}, gehen nur mit dem halben Gewicht der übrigen Werte ein. Insgesamt entsteht durch die Bildung gleitender Durchschnitte die neue Zeitreihe $y_{k+1}^*, \ldots, y_{n-k}^*$ aus $n-2k$ Werten.

Beispiel A 9.8 (Gleitende Durchschnitte). Die Berechnung der gleitenden Durchschnitte wird an folgendem Zahlenbeispiel illustriert. Abbildung A 9.3 zeigt die resultierenden Verlaufskurven.

		i	1	2	3	4	5	6	7	8	9	10
	●	y_i	10	7	10	13	13	10	10	7	4	4
Ordnung 3	△	y_i^*	—	9	10	12	12	11	9	7	5	—
Ordnung 4	□	y_i^*	—	—	10,375	11,125	11,5	10,75	8,875	7	—	—

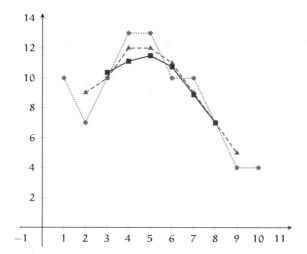

Abbildung A 9.3: Gleitende Durchschnitte aus Beispiel A 9.8.

Durch die Mittelwertbildung über die Zeitreihenwerte in der Umgebung der aktuellen Position wird die Folge der gleitenden Durchschnitte $y_{k+1}^*, \ldots, y_{n-k}^*$ im Zeitraum $k+1, \ldots, n-k$ weniger starke Schwankungen aufweisen als die Originalzeitreihe. Die Bildung der gleitenden Durchschnitte bewirkt also je nach Wahl der Ordnung eine mehr oder weniger starke Glättung der Zeitreihe.

W1 sind identisch mit der ursprünglichen Zeitreihe.ird die Ordnung der gleitenden Durchschnitte klein gewählt, so wirken sich Schwankungen in der Originalzeitreihe stark auf die Folge der gleitenden Durchschnitte aus, da die Werte der gleitenden Durchschnitte nur wenig von der jeweiligen Vergangenheit und Zukunft in der Zeitreihe abhängen. Die entstehende Zeitreihe ist daher auch weniger stark geglättet, d.h. auch bei $y_{k+1}^*, \ldots, y_{n-k}^*$ kann sich eventuell ein „unruhiger" Verlauf zeigen. Gleitende Durchschnitte der Ordnung

Für große Ordnungen ergibt sich hingegen eine starke Glättung, da bei der Mittelwertbildung viele Werte aus der Vergangenheit und Zukunft berücksichtigt werden. Ein starke Glättung verwischt starke „Ausschläge" der ursprünglichen Zeitreihe. Dort auftretende Trendänderungen wirken sich erst spät auf die geglättete Zeitreihe aus. Außerdem hat die Folge der gleitenden Durchschnitte mit zunehmender Ordnung immer weniger Folgenglieder. Besteht eine Zeitreihe aus einer ungeraden Anzahl von Beobachtungen und wird im Extremfall für die Ordnung eines gleitenden Durchschnitts gerade diese Anzahl gewählt, so besteht die Folge der gleitenden Durchschnitte sogar nur aus einem einzigen Wert: dem arithmetischen Mittel aller Zeitreihenwerte.

Die Folge der gleitenden Durchschnitte lässt sich mit dem folgenden Verfahren in einfacher Weise berechnen.

Regel A 9.9 (Berechnung der gleitenden Durchschnitte).

- *Verfahren für eine ungerade Ordnung* $2k + 1$ *mit* $k \in \mathbb{N}_0$:

   (i) Berechnung von $M_{k+1} = \sum_{j=1}^{2k+1} y_j$.

   (ii) Rekursive Ermittlung der Werte
   $$M_{k+2} = M_{k+1} - y_1 + y_{2k+2},$$
   $$\vdots$$
   $$M_{n-k} = M_{n-k-1} - y_{n-2k-1} + y_n.$$

   (iii) Die Folge der gleitenden Durchschnitte der Ordnung $2k+1$ *ist gegeben durch*
   $$y_i^* = \frac{1}{2k+1} \cdot M_i, \quad i \in \{k+1, \ldots, n-k\}.$$

- *Verfahren für eine gerade Ordnung* $2k$ *mit* $k \in \mathbb{N}$:

   (i) Berechnung von $M_k = \sum_{j=1}^{2k} y_j$.

   (ii) Rekursive Ermittlung der Werte
   $$M_{k+1} = M_k - y_1 + y_{2k+1},$$
   $$\vdots$$
   $$M_{n-k} = M_{n-k-1} - y_{n-2k} + y_n.$$

   (iii) Die Folge der gleitenden Durchschnitte der Ordnung $2k$ *ist gegeben durch*
   $$y_i^* = \frac{1}{4k} \cdot [M_{i-1} + M_i], \quad i \in \{k+1, \ldots, n-k\}.$$

Nun wird die Methode der gleitenden Durchschnitte zur Schätzung der glatten Komponente g_i in einer additiven Zeitreihenzerlegung ohne Saisonkomponente vorgestellt.

Regel A 9.10 (Schätzung der glatten Komponente). *Seien folgende Voraussetzungen erfüllt:*

(i) Die glatte Komponente der Zeitreihe $y_1, \ldots, y_n$ *lässt sich lokal in einem Zeitfenster der Länge* $2k+1$ *(d.h. für aufeinander folgende Werte* $y_{i-k}, \ldots, y_{i+k}$*) durch eine Gerade approximieren, ohne dass dabei größere Abweichungen auftreten.*

(ii) Mittel über Werte der irregulären Komponente in der Zeitreihenzerlegung ergeben näherungsweise Null.

Dann kann die glatte Komponente im Zeitraum $k+1, \ldots, n-k$ *durch*

$$\widehat{g}_i = y_i^*, \quad i \in \{k+1, \ldots, n-k\},$$

geschätzt werden, wobei $y_{k+1}^*, \ldots, y_{n-k}^*$ *die zur Zeitreihe* $y_1, \ldots, y_n$ *gehörige Folge der gleitenden Durchschnitte der Ordnung* $2k+1$ *(oder* $2k$*) ist.*

Die Voraussetzungen an die Methode der gleitenden Durchschnitte lassen sich wie folgt interpretieren: Die erste Bedingung ist eine Forderung an die Variabilität der glatten Komponente. Je größer die Ordnung gewählt wird, desto weniger stark darf sich die glatte Komponente über die Zeit ändern. Die zweite Bedingung reflektiert die Bedeutung der irregulären Komponente im additiven Zerlegungsmodell. Das Verhalten der Zeitreihe sollte sich hauptsächlich durch die glatte Komponente erklären lassen. Dementsprechend sollte die irreguläre Komponente vergleichsweise kleine Werte annehmen, die regellos um Null schwanken. Daher ist es sinnvoll zu fordern, dass allgemein Mittel über Werte der irregulären Komponente zumindest ungefähr Null ergeben.

Bei Anwendung der Methode der gleitenden Durchschnitte zur Schätzung der glatten Komponente einer Zeitreihe ist die zugehörige Ordnung zu wählen. Hierbei ist die Bedingung der linearen Approximierbarkeit der glatten Komponente im entsprechenden Zeitfenster zu beachten. Unter der Annahme, dass die irreguläre Komponente keine zu starken Verzerrungen der Daten hervorruft, kann daher als grobe Faustregel festgehalten werden: Weist die Zeitreihe starke Schwankungen auf, so sind kleine Werte für die Ordnung der gleitenden Durchschnitte zu wählen. Treten nur schwächere Bewegungen in der Zeitreihe auf, so können größere Werte für k verwendet werden. Bei Wahl der Ordnung muss allerdings beachtet werden, dass durch den Glättungsprozess Entwicklungen in der ursprünglichen Zeitreihe verdeckt oder in Extremfällen verzerrt werden können. Dies ist ebenfalls bei einer Interpretation der geglätteten Zeitreihe zu berücksichtigen. Falls die Originalzeitreihe jedoch Muster in Form einer saisonalen Schwankung aufweist, so sollte generell die Variante der gleitenden Durchschnitte für Zeitreihen mit Saisonkomponente verwendet werden.

Die gleitenden Durchschnitte einer Zeitreihe $y_1, \ldots, y_n$ können gemäß ihrer Definition nur für den Zeitraum $k+1, \ldots, n-k$ berechnet werden. Für die Zeitpunkte $1, \ldots, k$ und $n-k+1, \ldots, n$ sind sie nicht definiert. Dort können mit geeigneten Fortsetzungsverfahren auch Werte erzeugt werden (s. Burkschat et al. 2012).

A 9.3 Zeitreihen mit Saison

Durch eine Erweiterung der obigen Vorgehensweise kann mittels der Methode der gleitenden Durchschnitte nicht nur die glatte Komponente einer Zeitreihe (mit äquidistanten Beobachtungszeitpunkten) geschätzt werden. Sie ermöglicht auch die Bestimmung von Schätzwerten für die saisonale Komponente, wenn eine additive Zerlegung der Form

$$y_i = g_i + s_i + \varepsilon_i, \quad i \in \{1, \dots, n\},$$

in die glatte Komponente g_i, die Saisonkomponente s_i und die irreguläre Komponente ε_i vorausgesetzt wird.

Saisonbereinigung mittels der Methode der gleitenden Durchschnitte

Regel A 9.11 (Schätzwerte für die glatte und die saisonale Komponente). *Seien folgende Voraussetzungen erfüllt:*

(i) Die saisonale Komponente der Zeitreihe $y_1, \dots, y_n$ wiederholt sich in Perioden der Länge p, d.h. es gilt:

$$s_i = s_{i+p}, \quad i \in \{1, \dots, n-p\}.$$

Zusätzlich summieren sich die p Saisonwerte der Periode zu Null:

$$s_1 + s_2 + \cdots + s_p = 0.$$

(ii) Die glatte Komponente lässt sich lokal in einem Zeitfenster der Länge p (falls p ungerade) bzw. $p + 1$ (falls p gerade) durch eine Gerade approximieren, ohne dass dabei größere Abweichungen auftreten.

(iii) Mittel über Werte der irregulären Komponente ergeben näherungsweise Null.

Sei $k = \frac{p-1}{2}$ (falls p ungerade) bzw. $k = \frac{p}{2}$ (falls p gerade). Dann kann die glatte Komponente im Zeitraum $k + 1, \dots, n - k$ durch

$$\widehat{g}_i = y_i^*, \quad i \in \{k+1, \dots, n-k\},$$

geschätzt werden, wobei $y_{k+1}^*, \dots, y_{n-k}^*$ die zur Zeitreihe $y_1, \dots, y_n$ gehörige Folge der gleitenden Durchschnitte der Ordnung p ist.

Die Saisonkomponenten $s_1, \dots, s_p$ können durch

$$\widehat{s}_i = \widetilde{s}_i - \frac{1}{p} \sum_{j=1}^{p} \widetilde{s}_j, \quad i \in \{1, \dots, p\},$$

geschätzt werden, wobei die Größen $\widetilde{s}_1, \dots, \widetilde{s}_p$ definiert werden mittels

$$\widetilde{s}_i = \frac{1}{m_i - l_i + 1} \sum_{j=l_i}^{m_i} (y_{i+jp} - y_{i+jp}^*), \quad i \in \{1, \dots, p\}.$$

Die Anzahlen $m_i - l_i + 1$, $i \in \{1, \dots, p\}$, entsprechen den jeweils beobachteten Zyklen der Saisonkomponente s_i, wobei

$$m_i = \max\{m \in \mathbb{N}_0 \,|\, i + mp \leqslant n - k\}, \quad l_i = \min\{l \in \mathbb{N}_0 \,|\, i + lp \geqslant k + 1\}.$$

In der ersten Bedingung werden zwei Forderungen an die saisonale Komponente gestellt. Da diese Komponente saisonale Schwankungen in den Daten beschreiben soll, liegt ein periodisches Verhalten nahe. Durch die erste Forderung wird eine konstante Saisonfigur, also eine konstante Periodenlänge p mit jeweils gleichen (zeitunabhängigen) Einflüssen innerhalb einer Saison, vorausgesetzt.

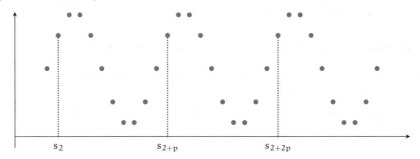

Die zweite Forderung repräsentiert eine Normierung und bewirkt eine eindeutige Trennung der glatten und der saisonalen Komponente in der Zeitreihenzerlegung. Die Interpretation beider Komponenten würde auch eine Zerlegung in $g_i' = g_i + a$ und $s_i' = s_i - a$ mit einem beliebigen $a \in \mathbb{R}$ erlauben, so dass eine eindeutige Schätzung beider Komponenten ohne zusätzliche Bedingungen nicht möglich wäre. Durch die Forderung, dass die Summe der s_i gleich Null ist, ist eine Verschiebung der Komponenten durch Addition einer Konstanten ausgeschlossen. Die letzten beiden Voraussetzungen können ähnlich wie im Fall der Methode der gleitenden Durchschnitte für Zeitreihen ohne Saisonkomponente interpretiert werden. Liegt eine Saisonfigur der Länge p vor (z.B. Quartalsdaten eines Jahres ($p = 4$), Monatsdaten ($p = 12$)), so ist ein gleitender Durchschnitt der Ordnung p zu wählen, um diese Saisoneffekte nicht zu verfälschen. Dies stellt jedoch keine besondere Einschränkung dar, weil die glatte Komponente eher längerfristige Entwicklungen beschreiben und daher innerhalb der Periodenlänge der Saison keinen zu großen Schwankungen unterliegen sollte.

Dass das obige Verfahren sinnvolle Schätzwerte für die glatte und die saisonale Komponente liefert, kann folgendermaßen begründet werden, wobei wiederum nur der Fall $p = 2k + 1$ betrachtet wird: Sei $y_{k+1}^*, \ldots, y_{n-k}^*$ die geglättete Zeitreihe. Die Werte können additiv in die jeweiligen geglätteten Werte g_i^* der glatten Komponente, der saisonalen Komponente s_i^* und der irregulären Komponente ε_i^* zerlegt werden:

$$y_i^* = g_i^* + s_i^* + \varepsilon_i^*, \quad i \in \{k+1, \ldots, n-k\}.$$

Aus der ersten Bedingung folgt

$$s_i^* = \frac{1}{2k+1} \sum_{j=-k}^{k} s_{i+j} = 0, \quad i \in \{k+1, \ldots, n-k\},$$

die dritte Bedingung liefert

$$\varepsilon_i^* = \frac{1}{2k+1} \sum_{j=-k}^{k} \varepsilon_{i+j} \approx 0, \quad i \in \{k+1, \ldots, n-k\}.$$

Analog zur Schätzung der glatten Komponente in Zeitreihen ohne Saisonkomponente kann aufgrund der zweiten Bedingung gefolgert werden:

$$g_i^* \approx g_i, \quad i \in \{k+1, \ldots, n-k\}.$$

Aufgrund der Zerlegung der geglätteten Zeitreihe gilt dann wiederum

$$y_i^* = g_i^* + s_i^* + \varepsilon_i^* \approx g_i, \quad i \in \{k+1, \ldots, n-k\}.$$

Insbesondere ergibt sich

$$y_i - y_i^* = (g_i + s_i + \varepsilon_i) - y_i^* \approx s_i + \varepsilon_i, \quad i \in \{k+1, \ldots, n-k\},$$

d.h. die Differenzen beschreiben den „wahren" Saisonverlauf.

Für die Größen

$$\widetilde{s}_i = \frac{1}{m_i - l_i + 1} \sum_{j=l_i}^{m_i} (y_{i+jp} - y_{i+jp}^*), \quad i \in \{1, \ldots, p\},$$

folgt mit der ersten und dritten Bedingung dann:

$$\begin{aligned}
\widetilde{s}_i &\approx \frac{1}{m_i - l_i + 1} \sum_{j=l_i}^{m_i} s_{i+jp} + \frac{1}{m_i - l_i + 1} \sum_{j=l_i}^{m_i} \varepsilon_{i+jp} \\
&= \frac{1}{m_i - l_i + 1} \sum_{j=l_i}^{m_i} s_i + \frac{1}{m_i - l_i + 1} \sum_{j=l_i}^{m_i} \varepsilon_{i+jp} \\
&= s_i + \frac{1}{m_i - l_i + 1} \sum_{j=l_i}^{m_i} \varepsilon_{i+jp} \approx s_i, \quad i \in \{1, \ldots, p\}.
\end{aligned}$$

Die Schätzungen $\widetilde{s}_i$ erfüllen allerdings nicht zwangsläufig die zweite Forderung der ersten Bedingung, d.h. die Summe $\widetilde{s}_1 + \cdots + \widetilde{s}_p$ kann von Null verschieden sein. Aus diesem Grund werden als Schätzwerte die korrigierten Größen

$$\widehat{s}_i = \widetilde{s}_i - \frac{1}{p} \sum_{j=1}^{p} \widetilde{s}_j = \widetilde{s}_i - \overline{\widetilde{s}}, \quad i \in \{1, \ldots, p\},$$

verwendet, deren Summe gleich Null ist (Zentrierung). Wegen

$$\frac{1}{p} \sum_{j=1}^{p} \widetilde{s}_j \approx \frac{1}{p} \sum_{j=1}^{p} s_j = 0,$$

repräsentieren auch die Werte $\widehat{s}_1, \ldots, \widehat{s}_p$ sinnvolle Schätzungen für $s_1, \ldots, s_p$.

Die Zeitreihe $y_i^{(t)} = y_i - y_i^*$, $i \in \{k+1, \ldots, n-k\}$, auf deren Basis die Saisonkomponente geschätzt wird, heißt trendbereinigte Zeitreihe. Da y_i^* eine Schätzung für die glatte Komponente g_i ist, die häufig einen Trend in den Daten beschreibt, ist diese Bezeichnung gerechtfertigt. Die Zeitreihe $y_i^{(s)} = y_i - \hat{s}_i$ wird dementsprechend saisonbereinigte Zeitreihe genannt, wobei $\hat{s}_{i+jp} = \hat{s}_i$ für $i \in \{1, \ldots, p\}$ und $j \in \mathbb{N}$ gesetzt wird. Bei einer Saisonbereinigung wird also von der Originalzeitreihe die jeweils zum betrachteten Zeitpunkt gehörige Schätzung für die Saisonkomponente abgezogen.

Um die bei einer Saisonbereinigung benötigten Werte übersichtlich darzustellen und Berechnungen leichter durchführen zu können, kann ein tabellarisches Hilfsmittel, das Periodendiagramm, verwendet werden. Ein Periodendiagramm ist eine Tabelle, in deren erster Spalte die Zahlen von $1, \ldots, p$ eingetragen werden. In den folgenden Spalten sind die Beobachtungswerte der trendbereinigten Zeitreihe aus den einzelnen Zeitperioden aufgelistet, wobei angenommen wird, dass Beobachtungswerte aus l Perioden vorliegen. In jeder dieser Spalten sind alle beobachteten Werte aus einem Zeitraum der Länge p aufgelistet, wobei die Werte bezüglich der Zeilen chronologisch geordnet sind. In der ersten und der letzten dieser Spalten (und auch darüberhinaus) können Einträge fehlen, wenn keine vollständigen Perioden beobachtet wurden oder Randwerte in der Folge der gleitenden Durchschnitte fehlen. In der letzten Spalte des Periodendiagramms werden die arithmetischen Mittel $\tilde{s}_1, \ldots, \tilde{s}_p$ der trendbereinigten Zeitreihenwerte aus der zugehörigen Zeile gebildet. In dem Tabellenfeld unter dieser Spalte ist schließlich das arithmetische Mittel aus den darüber stehenden Mittelwerten zu finden. Die Werte in der letzten Spalte stellen dann die Basis für eine Saisonbereinigung mittels der Methode der gleitenden Durchschnitte dar.

Nr.	1. Periode	2. Periode	...	l-te Periode	Mittelwerte
1	—	$y_{1+p} - y_{1+p}^*$	...	$y_{1+(l-1)p} - y_{1+(l-1)p}^*$	$\tilde{s}_1$
2	$y_2 - y_2^*$	$y_{2+p} - y_{2+p}^*$	...	$y_{2+(l-1)p} - y_{2+(l-1)p}^*$	$\tilde{s}_2$
$\vdots$	$\vdots$	$\vdots$	$\ddots$	$\vdots$	$\vdots$
$p-1$	$y_{p-1} - y_{p-1}^*$	$y_{2p-1} - y_{2p-1}^*$	...	$y_{lp-1} - y_{lp-1}^*$	$\tilde{s}_{p-1}$
p	$y_p - y_p^*$	$y_{2p} - y_{2p}^*$	...	—	$\tilde{s}_p$
					$\bar{\tilde{s}} = \frac{1}{p} \sum_{j=1}^{p} \tilde{s}_j$

Zusammenfassung

Unter den Voraussetzungen zur Schätzung der Saisonkomponente lassen sich die Schritte einer elementaren Zeitreihenanalyse im Modell

$$y_i = g_i + s_i + \varepsilon_i, \qquad i \in \{1, \ldots, n\},$$

wie folgt darstellen.

(i) Mittels gleitender Durchschnitte der Ordnung $p \in \{2k, 2k+1\}$ wird eine Trendschätzung vorgenommen. Es resultiert die geglättete Zeitreihe

$$y_{k+1}^*, \ldots, y_{n-k}^*.$$

(ii) Die Trendschätzung wird zur Konstruktion der trendbereinigten Zeitreihe verwendet:
$$y_i^{(t)} = y_i - y_i^*, \qquad i \in \{k+1, \ldots, n-k\}.$$

(iii) Die Saisonkomponenten $s_1, \ldots, s_p$ werden zunächst im Periodendiagramm durch die Größen $\tilde{s}_1, \ldots, \tilde{s}_p$ (vor-)geschätzt.

(iv) Durch eine Zentrierung der $\tilde{s}_1, \ldots, \tilde{s}_p$ mittels des zugehörigen arithmetischen Mittels $\bar{\tilde{s}}$ werden für $i \in \{1, \ldots, p\}$ die Schätzwerte

$$\hat{s}_i = \tilde{s}_i - \frac{1}{p} \sum_{j=1}^{p} \tilde{s}_j = \tilde{s}_i - \bar{\tilde{s}}$$

für die Saisonkomponenten s_i bestimmt.

(v) Durch die Definition

$$\hat{s}_{i+jp} = \hat{s}_i, \qquad i \in \{1, \ldots, p\}, j \in \mathbb{N},$$

wird jeder Beobachtung y_i die „passende" Schätzung $\hat{s}_i$ der zugehörigen Saisonkomponente zugeordnet.

(vi) Mit diesen Hilfsgrößen wird die saisonbereinigte Zeitreihe berechnet:

$$y_i^{(s)} = y_i - \hat{s}_i, \qquad i \in \{1, \ldots, n\}.$$

A 10 Beispielaufgaben

Beispielaufgabe A 10.1. In der folgenden Tabelle sind sieben Beobachtungswerte $x_1, \ldots, x_7$ eines metrischen Merkmals X angegeben.

x_1	x_2	x_3	x_4	x_5	x_6	x_7
8	0	9	4	8	4	9

(a) Ermitteln Sie

(1) die Rangwertreihe und den Median,

(2) das arithmetische Mittel,

(3) die empirische Varianz,

(4) das Minimum, das Maximum und die Spannweite sowie

(5) das untere Quartil, das obere Quartil und den Quartilsabstand.

(b) Berechnen Sie die zugehörigen Winkel zur Darstellung in einem Kreisdiagramm zu den Merkmalsausprägungen $u_1 = 0$, $u_2 = 4$, $u_3 = 8$, $u_4 = 9$.

(c) Betrachten Sie die transformierten Daten $y_1, \ldots, y_7$ mit $y_i = \frac{1}{42} x_i + \frac{6}{7}$, $i = 1, \ldots, 7$, und berechnen Sie das zugehörige arithmetische Mittel, den Median und die empirische Varianz.

Lösung: (a) (1) Aus der Rangwertreihe

$$x_{(1)} = 0, x_{(2)} = 4, x_{(3)} = 4, x_{(4)} = 8, x_{(5)} = 8, x_{(6)} = 9, x_{(7)} = 9$$

ergibt sich der Median $\tilde{x} = x_{(4)} = 8$.

(2) $\bar{x} = \frac{1}{7} \sum_{i=1}^{7} x_i = \frac{1}{7} \sum_{i=1}^{7} x_{(i)} = \frac{42}{7} = 6$

(3) $s_x^2 = \frac{1}{7} \sum_{i=1}^{7} (x_i - \bar{x})^2 = \frac{1}{7} \sum_{i=1}^{7} (x_{(i)} - \bar{x})^2 = \frac{1}{7}(6^2 + 4 \cdot 2^2 + 2 \cdot 3^2) = \frac{70}{7} = 10$

(4) Minimum $x_{(1)} = 0$, Maximum $x_{(7)} = 9$, Spannweite $R = x_{(7)} - x_{(1)} = 9$

(5) unteres Quartil $\tilde{x}_{0,25} = x_{(2)} = 4$, denn $np = 7 \cdot 0{,}25 = 1{,}75 < 2 < np + 1$, oberes Quartil $\tilde{x}_{0,75} = x_{(6)} = 9$, denn $np = 7 \cdot 0{,}75 = 5{,}25 < 6 < np + 1$, Quartilsabstand $Q = \tilde{x}_{0,75} - \tilde{x}_{0,25} = 9 - 4 = 5$.

(b) Die Häufigkeitstabelle ist gegeben durch:

i	1	2	3	4
u_i	0	4	8	9
absolute Häufigkeit n_i	1	2	2	2
relative Häufigkeit f_i	$\frac{1}{7}$	$\frac{2}{7}$	$\frac{2}{7}$	$\frac{2}{7}$
Winkel im Kreisdiagramm	$\frac{360}{7}$ $\approx 51{,}4°$	$\frac{2}{7} \cdot 360$ $\approx 102{,}9°$	$\frac{2}{7} \cdot 360$	$\frac{2}{7} \cdot 360$

(c) Für die gesuchten Kenngrößen der transformierten Daten $y_i = \frac{1}{42} x_i + \frac{6}{7}$, $i = 1, \ldots, 7$, gilt:

$$\bar{y} = \frac{1}{42} \bar{x} + \frac{6}{7} = 1,$$

$$\tilde{y} = \frac{1}{42} \tilde{x} + \frac{6}{7} = \frac{8}{42} + \frac{6}{7} = \frac{4 + 18}{21} = \frac{22}{21},$$

$$s_y^2 = \frac{1}{42^2} s_x^2 = \frac{10}{42^2} = \frac{5}{882}.$$

Beispielaufgabe A 10.2. Für den Datensatz

$$50, \ 70, \ 60, \ 15, \ 75, \ 20, \ 25,$$
$$35, \ 35, \ 40, \ 60, \ 70, \ 75, \ 20,$$
$$60, \ 25, \ 30, \ 35, \ 40, \ 55, \ 60,$$
$$20, \ 25, \ 30, \ 35, \ 50.$$

aus 26 Beobachtungen (Messungen jeweils in Sekunden) soll ein Box-Plot in der Standardvariante erstellt werden.

(a) Berechnen Sie alle für die Konstruktion des Box-Plots erforderlichen Kenngrößen.

(b) Zeichnen Sie den Box-Plot.

(c) Ermitteln Sie die Werte der aus dem Box-Plot ablesbaren Streuungsmaße.

Lösung: Die Rangwertreihe zu den gegebenen $n = 26$ Daten lautet

$$15, 20, 20, 20, 25, 25, 25, 30, 30, 35, 35, 35, 35,$$
$$40, 40, 50, 50, 55, 60, 60, 60, 60, 70, 70, 75, 75$$

(a) Die Kenngrößen zur Konstruktion eines (Standard-)Boxplots sind
   - Minimum $x_{(1)} = 15$,
   - unteres Quartil $\tilde{x}_{0,25} = x_{(7)} = 25$, denn $np = 26 \cdot 0{,}25 = 6{,}5 < 7 < np + 1$,
   - Median $\tilde{x} = \frac{1}{2} \left(x_{(13)} + x_{(14)} \right) = \frac{1}{2}(35+40) = 37{,}5$, denn $np = 26 \cdot 0{,}5 = 13 \in \mathbb{N}$,
   - oberes Quartil $\tilde{x}_{0,75} = x_{(20)} = 60$, denn $np = 26 \cdot 0{,}75 = 19{,}5 < 20 < np + 1$,
   - Maximum $x_{(26)} = 75$.

(b) Der zugehörige Boxplot ist in Abbildung A 10.1 dargestellt.

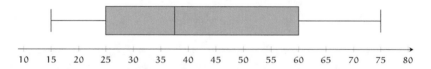

Abbildung A 10.1: Box-Plot aus Aufgabe A 10.2.

(c) Die gesuchten Streuungsmaße sind:

$$\text{Spannweite} \qquad R = x_{(26)} - x_{(1)} = 75 - 15 = 60.$$
$$\text{Quartilsabstand} \qquad Q = \tilde{x}_{0,75} - \tilde{x}_{0,25} = 60 - 25 = 35.$$

Beispielaufgabe A 10.3. Gegeben sei der metrische Datensatz:

$$x_1 = 1{,}0, \quad x_2 = 0{,}75, \quad x_3 = 1{,}0, \quad x_4 = 3{,}75,$$
$$x_5 = 1{,}5, \quad x_6 = 3{,}25, \quad x_7 = 1{,}0, \quad x_8 = 3{,}75.$$

(a) (1) Geben Sie zu diesem Datensatz die empirische Verteilungsfunktion F_8 an.

   (2) Wie kann man aus der empirischen Verteilungsfunktion F_8 aus (1) einen Modus des Datensatzes ablesen? Geben Sie diesen Modus x_{mod} an.

   (3) Berechnen Sie den Variationskoeffizienten des Datensatzes.

   (4) Berechnen Sie den Quartilsabstand des Datensatzes.

(b) Berechnen Sie zur Klassierung

$$K_1 = [0, 1], \quad K_2 = (1, 3], \quad K_3 = (3, 4]$$

die relativen Klassenhäufigkeiten, die Klassenbreiten und die Höhen der Rechtecke im zugehörigen Histogramm bei einer Skalierung mit dem Proportionalitätsfaktor $c = 16$. Zeichnen Sie das zugehörige Histogramm.

Lösung: (a) Die geordneten Merkmalsausprägungen mit den zugehörigen relativen Häufigkeiten zu diesem Datensatz sind gegeben durch

j	1	2	3	4	5
$u_{(j)}$	0,75	1,0	1,5	3,25	3,75
$f_{(j)}$	$\frac{1}{8}$	$\frac{3}{8}$	$\frac{1}{8}$	$\frac{1}{8}$	$\frac{2}{8}$

(1) Für die empirische Verteilungsfunktion ergibt sich

$$F_8(x) = \begin{cases} 0, & x < 0{,}75 \\ \frac{1}{8}, & 0{,}75 \leqslant x < 1 \\ \frac{1}{2}, & 1 \leqslant x < 1{,}5 \\ \frac{5}{8}, & 1{,}5 \leqslant x < 3{,}25 \\ \frac{3}{4}, & 3{,}25 \leqslant x < 3{,}75 \\ 1, & 3{,}75 \leqslant x \end{cases}.$$

(2) Der (hier eindeutige) Modus x_{mod} ist gegeben durch die Merkmalsausprägung mit der größten relativen Häufigkeit bzw. durch die Sprungstelle von F_8, die die größte Sprunghöhe besitzt. Hier gilt also $x_{mod} = 1$.

(3) Mit

$$\bar{x} = \sum_{j=1}^{5} u_j f_j = \frac{1}{8}(1 \cdot 0{,}75 + 3 \cdot 1{,}0 + 1 \cdot 1{,}5 + 1 \cdot 3{,}25 + 2 \cdot 3{,}75) = \frac{16}{8} = 2,$$

$$s^2 = \sum_{j=1}^{m} f_j(u_j - \bar{x})^2 = \frac{1}{8}(1 \cdot 1{,}25^2 + 3 \cdot 1{,}0^2 + 1 \cdot 0{,}5^2 + 1 \cdot 1{,}25^2 + 2 \cdot 1{,}75^2)$$

$$= \frac{12{,}5}{8} = \frac{100}{64} = 1{,}5625$$

und $s = \sqrt{s^2} = \frac{10}{8} = \frac{5}{4}$ erhält man $V = \frac{s}{\bar{x}} = \frac{5}{4 \cdot 2} = \frac{5}{8}$.

(4) Der Quartilsabstand ist gegeben durch $Q = \tilde{x}_{0,75} - \tilde{x}_{0,25}$. Wegen

$$8 \cdot 0{,}25 = 2 \in \mathbb{N} \quad \text{ist} \quad \tilde{x}_{0,25} = \frac{x_{(2)} + x_{(3)}}{2} = \frac{1+1}{2} = 1$$

und wegen

$$8 \cdot 0{,}75 = 6 \in \mathbb{N} \quad \text{ist} \quad \tilde{x}_{0,75} = \frac{x_{(6)} + x_{(7)}}{2} = \frac{3{,}25 + 3{,}75}{2} = 3{,}5.$$

Also folgt: $Q = \tilde{x}_{0,75} - \tilde{x}_{0,25} = 3{,}5 - 1 = 2{,}5$.

(b) Aus den Daten ergibt sich die Tabelle

i	K_i	n_i	$f(K_i)$	b_i	$h_i = c \cdot \frac{f(K_i)}{b_i}$
1	$[0,1]$	4	$\frac{1}{2}$	1	8
2	$(1,3]$	1	$\frac{1}{8}$	2	1
3	$(3,4]$	3	$\frac{3}{8}$	1	6

Das zugehörige Histogramm ist in Abbildung A 10.2 dargestellt.

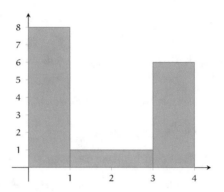

Abbildung A 10.2: Histogramm zu Aufgabe A 10.3.

Beispielaufgabe A 10.4. Die folgende Tabelle enthält die Umsätze, die fünf Unternehmen im Jahr 2009 mit einem ausschließlich von ihnen angebotenen Produkt erwirtschaftet haben:

Unternehmen	A	B	C	D	E
Umsatz (in Mio. €)	20	40	80	10	50

(a) Zeichnen Sie die zugehörige Lorenz-Kurve.

(b) Ermitteln Sie den zugehörigen Gini-Koeffizienten und den normierten Gini-Koeffizienten.

Lösung: (a) Zur Berechnung der Lorenz-Kurve wird folgende Arbeitstabelle verwendet:

i	1	2	3	4	5	Summe
$x_{(i)}$	10	20	40	50	80	
S_i	10	30	70	120	200	
t_i	$\frac{1}{20}$	$\frac{3}{20}$	$\frac{7}{20}$	$\frac{12}{20}$	1	$T = \frac{43}{20} = 2{,}15$

Die Lorenz-Kurve ist in Abbildung A 10.3 dargestellt.

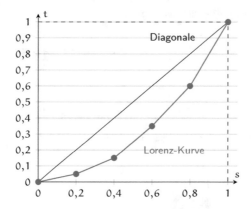

Abbildung A 10.3: Lorenz-Kurve zu Aufgabe A 10.4(a).

(b) Der Gini-Koeffizient ist mit $T = 2{,}15$ gegeben durch

$$G = \frac{n + 1 - 2T}{n} = \frac{5 + 1 - 4{,}3}{5} = \frac{1{,}7}{5} = 0{,}34 \,.$$

Der normierte Gini-Koeffizient hat dann den Wert $G^* = \frac{n}{n-1} G = \frac{5}{4} \cdot 0{,}34 = 0{,}425$.

Beispielaufgabe A 10.5. Ein Dienstleister, der ausschließlich in einer speziellen Branche für Subaufträge beauftragt wird, hat im Jahr 2008 höhere Preise verlangt als im Vorjahr. Er bietet die Kategorien Standard-Service und Komplett-Service an. In Tabelle A 10.1 sind für das Jahr 2007 (Zeitpunkt 0) und das Jahr 2008 (Zeitpunkt t) die Anzahlen der Beauftragungen für diesen Dienstleister in der jeweiligen Kategorie sowie die zugehörigen Preise angegeben.

	Kategorie	Subaufträge (in 100)		Preis (in 1000 €)	
j		q_j^0	q_j^t	p_j^0	p_j^t
1	(Standard)	5	5	4	6
2	(Komplett)	6	1	5	10

Tabelle A 10.1: Beauftragungen für den Dienstleister in der jeweiligen Kategorie sowie zugehörige Preise zu Aufgabe A 10.5.

(a) Berechnen Sie die Preisindizes nach Laspeyres, Paasche und Fisher.

(b) Berechnen Sie den Wertindex.

Lösung: (a) Preisindex nach Laspeyres:

$$P_{0t}^L = \frac{\sum\limits_{j=1}^{2} p_j^t q_j^0}{\sum\limits_{j=1}^{2} p_j^0 q_j^0} = \frac{6 \cdot 5 + 10 \cdot 6}{4 \cdot 5 + 5 \cdot 6} = \frac{90}{50} = \frac{9}{5} = 1{,}8 \,.$$

Preisindex nach Paasche:

$$P_{0t}^P = \frac{\sum\limits_{j=1}^{2} p_j^t q_j^t}{\sum\limits_{j=1}^{2} p_j^0 q_j^t} = \frac{6 \cdot 5 + 10 \cdot 1}{4 \cdot 5 + 5 \cdot 1} = \frac{40}{25} = \frac{8}{5} = 1{,}6.$$

Preisindex nach Fisher:

$$P_{0t}^F = \sqrt{P_{0t}^L \cdot P_{0t}^P} = \sqrt{\frac{9}{5} \cdot \frac{8}{5}} = \frac{\sqrt{72}}{5} = \frac{6}{5}\sqrt{2} \approx 1{,}697.$$

(b) Wertindex:

$$U_{0t} = \frac{\sum\limits_{j=1}^{2} p_j^t q_j^t}{\sum\limits_{j=1}^{2} p_j^0 q_j^0} = \frac{6 \cdot 5 + 10 \cdot 1}{4 \cdot 5 + 5 \cdot 6} = \frac{40}{50} = \frac{4}{5} = 0{,}8.$$

Beispielaufgabe A 10.6. In einem physikalischen Versuch soll die Federkonstante einer Schraubenfeder bestimmt werden. Dazu wird in fünf Versuchsdurchgängen jeweils ein Körper bekannter Masse m_i (in 100g) an die Feder gehängt und die sich dadurch einstellende Auslenkung y_i (in cm) der Feder aus der Ruhelage gemessen. Dabei ergeben sich folgende Versuchsergebnisse, die in einer Arbeitstabelle festgehalten werden:

$\sum\limits_{i=1}^{5} m_i$	$\sum\limits_{i=1}^{5} y_i$	$\sum\limits_{i=1}^{5} m_i^2$	$\sum\limits_{i=1}^{5} y_i^2$	$\sum\limits_{i=1}^{5} m_i \cdot y_i$
20	35	110	269	165

(a) Bestimmen Sie mittels der Methode der kleinsten Quadrate die zugehörige Regressionsgerade

$$\hat{y}(m) = \hat{a} + \hat{b}m, \quad m \in \mathbb{R},$$

die die Auslenkung der Feder (in cm) in Abhängigkeit von der Masse (in 100g) beschreibt.

(b) Bewerten Sie mit Hilfe einer geeigneten statistischen Größe die Güte des linearen Zusammenhangs zwischen den beiden Merkmalen „Auslenkung der Feder (in cm)" und „Masse (in 100g)".

Lösung: (a) Zunächst gilt:

$$\overline{m} = 4, \qquad \overline{y} = 7,$$
$$s_{my} = \overline{my} - \overline{m} \cdot \overline{y} = \frac{165}{5} - 4 \cdot 7 = 33 - 28 = 5,$$
$$s_m^2 = \overline{m^2} - \overline{m}^2 = 22 - 16 = 6.$$

Also ist $\hat{b} = \frac{s_{my}}{s_m^2} = \frac{5}{6}$, $\hat{a} = \overline{y} - \hat{b}\overline{m} = 7 - \frac{5}{6} \cdot 4 = \frac{11}{3}$. Die geschätzte Regressionsgerade ist also gegeben durch $\hat{y}(m) = \frac{11}{3} + \frac{5}{6}m$, $m \geqslant 0$.

(b) Mit $s_y^2 = \overline{y^2} - \overline{y}^2 = \frac{269}{5} - 49 = \frac{24}{5}$ ist

$$r_{my} = \frac{s_{my}}{s_m s_y} = \frac{5}{\sqrt{6} \cdot \sqrt{\frac{24}{5}}} = \frac{5\sqrt{5}}{\sqrt{144}} = \frac{5\sqrt{5}}{12} \approx 0{,}932.$$

Damit ist r_{my} nahe 1, die lineare Anpassung ist also sehr gut.

A 11 Flashcards

Nachfolgend sind ausgewählte Flashcards zu den Inhalten von Teil A abgedruckt, deren Lösungen in Teil F nachgeschlagen werden können. Diese und weitere Flashcards können mit der **SN Flashcards App** zur eigenen Wissensüberprüfung genutzt werden. Detaillierte Lösungshinweise sind dort ebenfalls verfügbar.

Flashcard A 11.1

Das Merkmal X beschreibe den Schlusskurs der Aktie eines bestimmten Unternehmens an einem bestimmten Tag. Welche der folgenden Aussagen ist zutreffend?

Ⓐ X kann als nominalskaliert aufgefasst werden.

Ⓑ X kann als ordinalskaliert aufgefasst werden.

Ⓒ X kann als diskretes Merkmal aufgefasst werden.

Ⓓ X kann als stetiges Merkmal aufgefasst werden.

Ⓔ Der Merkmalstyp ist eindeutig festgelegt.

Flashcard A 11.2

Seien $x_1, \ldots, x_n \in \mathbb{R}$ Beobachtungswerte eines metrischen Merkmals mit den verschiedenen Merkmalsausprägungen $u_1, \ldots, u_m$, $n, m \in \mathbb{N}$, $m \leqslant n$, mit arithmetischem Mittel $\overline{x}$ und empirischer Varianz $s_x^2 > 0$. Die zugehörigen absoluten bzw. relativen Häufigkeiten seien mit $n_1, \ldots, n_m$ bzw. $f_1, \ldots, f_m$ bezeichnet. Welche der folgenden Aussagen ist im Allgemeinen falsch?

Ⓐ $s_x^2 = \frac{1}{n} \sum_{i=1}^{n} (x_i - \overline{x})^2$

Ⓑ $s_x^2 = \frac{1}{n} \sum_{i=1}^{n} x_i^2 - \overline{x}^2$

Ⓒ $s_x^2 = \frac{1}{m} \sum_{j=1}^{m} (u_j - \overline{x})^2$

Ⓓ $s_x^2 = \sum_{j=1}^{m} f_j (u_j - \overline{x})^2$

Ⓔ $s_x^2 = \frac{1}{n} \sum_{j=1}^{m} n_j (u_j - \overline{x})^2$

Flashcard A 11.3

Welche der folgenden Aussagen über die Lorenz-Kurve L (definiert über $[0,1]$) für Beobachtungen $x_1, \ldots, x_n \geqslant 0$, $n \geqslant 2$, eines (extensiven) Merkmals mit $\sum_{i=1}^{n} x_i > 0$ sind falsch?

A L ist monoton wachsend.

B L ist stückweise linear.

C L kann nicht mit der Strecke von Punkt $(0,0)$ bis zum Punkt $(1,1)$ übereinstimmen.

D L ist konvex.

E Bei Vorliegen maximaler Konzentration stimmt L mit der Abszisse auf dem Intervall $[0,1]$ überein.

Flashcard A 11.4

In einem Warenkorb mit $n (\geqslant 2)$ Produkten seien alle Preise von der Basiszeit 0 zur Berichtszeit t um je 10% gestiegen. Welche der folgenden Aussagen sind stets wahr?

A Es gilt $P_{0t}^P = 1{,}1$

B Es gilt $P_{0t}^F = 1{,}1$

C Es gilt $P_{t0}^L = \frac{1}{1{,}1}$

D Es gilt $P_{t0}^P = \frac{1}{1{,}1}$

E Es gilt $U_{0t} = 1{,}1$

Flashcard A 11.5

Welche Aussage über die Regressionsgerade der Form $y(x) = \hat{a} + \hat{b}x$, $x \in \mathbb{R}$, für einen metrischen Datensatz $(x_1, y_1), \ldots, (x_n, y_n)$, $n \in \mathbb{N}$, mit positiven empirischen Varianzen s_x^2 und s_y^2 trifft stets zu?

A Die Regressionsgerade minimiert (unter allen Geraden) die Summe der quadratischen Abstände von y_i und $y(x_i)$, $i \in \{1, \ldots, n\}$.

B Der Wert von $\hat{b}$ kann mit der Kenntnis des Bravais-Pearson-Korrelationskoeffizienten und der beiden empirischen Varianzen s_x^2 und s_y^2 bestimmt werden.

C Der Punkt $(\overline{x}, \overline{y})$ mit $\overline{x} = \frac{1}{n} \sum_{i=1}^{n} x_i$ und $\overline{y} = \frac{1}{n} \sum_{i=1}^{n} y_i$ liegt stets auf der Regressionsgeraden.

D Wenn die Steigung $\hat{b}$ der Regressionsgeraden nahe bei 0 liegt, dann ist auch der lineare Zusammenhang der entsprechenden Merkmale sehr schwach.

E Das Vorzeichen von $\hat{b}$ stimmt mit dem Vorzeichen des Bravais-Pearson-Korrelationskoeffizienten überein.

B

Wahrscheinlichkeitsrechnung

Modelle für reale, zufallsabhängige Vorgänge werden in vielen Bereichen von Wissenschaft, Technik und Wirtschaft eingesetzt. Diese dienen der (vereinfachten) Beschreibung der Wirklichkeit und dem Zweck, Aussagen im Modell zu gewinnen. Diese Ergebnisse können, falls das Modell „gut genug" ist, durch „Rückübersetzung" in die Realität Entscheidungshilfen sein. Ist eine hinreichende Übereinstimmung des Modells mit der Wirklichkeit überprüft (das Modell also validiert), so können dann auch vorliegende oder zu erhebende Daten zur weiteren Spezifizierung des Modells analysiert werden. Die Wahrscheinlichkeitsrechnung ist die mathematische Grundlage der stochastischen Modellierung.

Im Gegensatz zu deterministischen Vorgängen mit einem direkten Ursache-/ Wirkungzusammenhang ist bei zufallsabhängigen Vorgängen ein Ergebnis prinzipiell nicht (exakt) vorhersagbar. Beispiele für derartige Situationen sind Börsenkurse, Betriebsdauern technischer Geräte oder Glücksspiele, die häufig der Veranschaulichung in der Wahrscheinlichkeitsrechnung dienen. Stochastische Modelle und Verfahren werden aber auch dort eingesetzt, wo eine Vorhersage von Ergebnissen oder Ausgängen zwar prinzipiell möglich, aber zu komplex ist, da die Anzahl der Einflussgrößen zu hoch ist oder Probleme bei deren Quantifizierung bestehen.

In der Wahrscheinlichkeitsrechnung werden zufällige Ereignisse in einem mathematischen Kalkül abgebildet und die definierten Begriffe untersucht. Sie bildet das theoretische Fundament der Schließenden Statistik, in der Schlüsse aus Daten gezogen und Aussagen abgeleitet werden. In beiden Bereichen sind solche Aussagen von zentraler Bedeutung, in denen es darum geht, trotz der zufälligen Einflüsse zu „belastbaren" Aussagen im folgenden Sinn zu kommen: Einzelversuche sind zwar nicht vorhersagbar, aber stochastische Aussagen bei Versuchswiederholungen sind möglich.

Die mathematische Präzisierung eines Zufallsexperiments wird einführend am Werfen eines Würfels (als ein Experiment) verdeutlicht. Die möglichen Ergebnisse werden kodiert durch die Zahlen $1, 2, \ldots, 6$, die zur als Grundraum bezeichneten Menge $\Omega = \{1, 2, 3, 4, 5, 6\}$ zusammengefasst werden. Die zum Ergebnis $\omega \in \Omega$ eines Würfelwurfs gehörige Menge $\{\omega\}$ wird als Elementarereignis bezeichnet. Die Vorstellung, dass jede Zahl bei Verwendung eines fairen Würfels dieselbe Chance

© Springer-Verlag GmbH Deutschland, ein Teil von Springer Nature 2020
E. Cramer, U. Kamps, *Grundlagen der Wahrscheinlichkeitsrechnung und Statistik*,
https://doi.org/10.1007/978-3-662-60552-3_2

hat, wird durch die Wahrscheinlichkeiten

$$P(\{\omega\}) = \frac{1}{6} \text{ für alle } \omega \in \Omega$$

ausgedrückt. Jedes Ergebnis hat also dieselbe Wahrscheinlichkeit (Probability). Das Ereignis „Es fällt eine gerade Zahl" ist dann beschreibbar durch die Teilmenge $A = \{2, 4, 6\}$ von Ω. Da diese Menge die Hälfte aller möglichen Ergebnisse enthält, sollte aus Symmetriegründen $P(A) = \frac{1}{2}$ gelten. Dies ist im folgenden stochastischen Modell erfüllt. Zusätzlich zum Grundraum Ω betrachtet man die Potenzmenge $\text{Pot}(\Omega)$ von Ω als Menge der möglichen Ereignisse und eine Abbildung P, die jeder Menge $A \subseteq \Omega$ bzw. $A \in \text{Pot}(\Omega)$ durch die Vorschrift $P(A) = \frac{|A|}{6}$ eine Wahrscheinlichkeit zuordnet.

Dieses Beispiel zeigt, dass der Begriff Wahrscheinlichkeit dadurch mathematisch gefasst wird, dass jedem möglichen Ereignis $A \in \text{Pot}(\Omega)$ eine Zahl $P(A)$ (die „Wahrscheinlichkeit" von A) zugeordnet wird. Ist der Grundraum z.B. eine nichtabzählbare Teilmenge der reellen Zahlen (etwa das Intervall $[0, 1]$), dann kann aus mathematischen Gründen die Potenzmenge nicht mehr als Menge aller möglichen Ereignisse dienen. Diese Problematik wird weiter unten thematisiert.

Es gibt eine Vielzahl von Büchern zur Einführung in die Wahrscheinlichkeitsrechnung oder Wahrscheinlichkeitstheorie mit unterschiedlichen Zielsetzungen, Adressaten und Anforderungen. Exemplarisch seien die Lehrbücher Bauer (2002), Behnen und Neuhaus (2003), Dehling und Haupt (2004), Dümbgen (2003), Henze (2018), Hübner (2009), Irle (2005), Krengel (2005), Mathar und Pfeifer (1990) und Pfanzagl (1991) genannt.

B 1 Grundlagen der Wahrscheinlichkeitsrechnung

In diesem Abschnitt werden grundlegende Begriffe und Bezeichnungen eingeführt.

Bezeichnung B 1.1 (Grundraum, Ergebnis, Ereignis, Elementarereignis). Die Menge aller möglichen Ergebnisse eines Zufallsvorgangs (Zufallsexperiments) wird Grundraum (Grundmenge, Ergebnisraum) genannt und meistens mit dem griechischen Buchstaben Ω bezeichnet:

$$\Omega = \{\omega \mid \omega \text{ ist mögliches Ergebnis eines zufallsabhängigen Vorgangs}\}.$$

Ein Element ω von Ω heißt Ergebnis. Eine Menge von Ergebnissen heißt Ereignis. Ereignisse werden meist mit großen lateinischen Buchstaben $A, B, C, \ldots$ bezeichnet. Ein Ereignis, das genau ein Element besitzt, heißt Elementarereignis.

Beispiel B 1.2 (Einfacher Würfelwurf). Das Zufallsexperiment eines einfachen Würfelwurfs wird betrachtet. Die möglichen Ergebnisse sind die Ziffern 1, 2, 3, 4, 5 und 6, d.h. der Grundraum ist $\Omega = \{1, 2, 3, 4, 5, 6\}$. Die Elementarereignisse sind $\{1\}, \{2\}, \{3\}, \{4\}, \{5\}, \{6\}$. Andere Ereignisse sind etwa:

- „Es fällt eine gerade Ziffer": $A = \{2,4,6\}$
- „Es fällt eine Ziffer kleiner als 3": $B = \{1,2\}$

Kombinationen von Ereignissen sind von besonderem Interesse. Dazu werden folgende Bezeichnungen vereinbart.

Bezeichnung B 1.3 (Spezielle Ereignisse). Seien I eine Indexmenge sowie A, B und A_i, $i \in I$, Ereignisse in einem Grundraum Ω.

- $A \cap B = \{\omega \in \Omega \mid \omega \in A \text{ und } \omega \in B\}$ heißt Schnittereignis der Ereignisse A und B.

- $\bigcap_{i \in I} A_i = \{\omega \in \Omega \mid \omega \in A_i \text{ für jedes } i \in I\}$ heißt Schnittereignis der Ereignisse A_i, $i \in I$.

- Die Ereignisse A und B heißen disjunkt, falls $A \cap B = \emptyset$.

- Die Ereignisse A_i, $i \in I$, heißen paarweise disjunkt, falls für jede Auswahl zweier verschiedener Indizes $i, j \in I$ gilt: $A_i \cap A_j = \emptyset$.

- $A \cup B = \{\omega \in \Omega \mid \omega \in A \text{ oder } \omega \in B\}$ heißt Vereinigungsereignis der Ereignisse A und B.

- $\bigcup_{i \in I} A_i = \{\omega \in \Omega \mid \text{es gibt ein } i \in I \text{ mit } \omega \in A_i\}$ heißt Vereinigungsereignis der Ereignisse A_i, $i \in I$.

- Gilt $A \subseteq B$, d.h. für jedes $\omega \in A$ gilt $\omega \in B$, so heißt A Teilereignis von B.

- Die Menge $A^c = \Omega \setminus A = \{\omega \in \Omega \mid \omega \notin A\}$ ist das Komplementärereignis von A; A^c heißt Komplement von A (in Ω).

- Die Menge $B \setminus A = \{\omega \in \Omega \mid \omega \in B \text{ und } \omega \notin A\} = B \cap A^c$ ist das Differenzereignis von B und A; $B \setminus A$ heißt Komplement von A in B.

Definition B 1.4 (Wahrscheinlichkeitsmaß, Wahrscheinlichkeitsverteilung, Zähldichte). *Seien $\Omega = \{\omega_1, \omega_2, \omega_3, \dots\}$ ein endlicher oder abzählbar unendlicher Grundraum und $\mathfrak{A} = Pot(\Omega)$ die Potenzmenge von Ω (also die Menge aller Ereignisse über Ω). Ferner sei $p : \Omega \to [0,1]$ eine Abbildung mit $\sum_{\omega \in \Omega} p(\omega) = 1$. Die durch*

$$P(A) = \sum_{\omega \in A} p(\omega), \quad A \in \mathfrak{A},$$

definierte Abbildung $P : \mathfrak{A} \to [0,1]$, $A \mapsto P(A)$, die jedem Ereignis A eine Wahrscheinlichkeit $P(A)$ zuordnet, heißt diskretes Wahrscheinlichkeitsmaß oder diskrete Wahrscheinlichkeitsverteilung auf $\mathfrak{A}$ (oder über Ω). Die Abbildung p heißt Zähldichte.

Für $\omega \in \Omega$ heißt $p(\omega) = P(\{\omega\})$ Elementarwahrscheinlichkeit des Elementarereignisses $\{\omega\}$; als Kurzschreibweise wird $P(\omega) = P(\{\omega\})$ verwendet.

Eigenschaft B 1.5. *Eine diskrete Wahrscheinlichkeitsverteilung* P *gemäß Definition B 1.4 besitzt folgende Eigenschaften:*

(i) $0 \leqslant P(A) \leqslant 1$ *für jedes Ereignis* $A \in \mathfrak{A}$,

(ii) $P(\Omega) = 1$,

(iii) P *ist σ-additiv, d.h. für alle paarweise disjunkten Ereignisse* $A_i, i \in \mathbb{N}$, *gilt*

$$P\left(\bigcup_{i=1}^{\infty} A_i\right) = \sum_{i=1}^{\infty} P(A_i).$$

Insbesondere ist $P\left(\bigcup_{i=1}^{n} A_i\right) = \sum_{i=1}^{n} P(A_i)$ *für alle* $n \in \mathbb{N}$.

Die Eigenschaften (i)-(iii) in Eigenschaft B 1.5 heißen auch Kolmogorov-Axiome (s. auch Definition B 3.2).

Bezeichnung B 1.6 (Diskreter Wahrscheinlichkeitsraum). Seien $\Omega = \{\omega_1, \omega_2, \dots\}$ ein endlicher oder abzählbar unendlicher Grundraum, $\mathfrak{A} = \text{Pot}(\Omega)$ und P ein diskretes Wahrscheinlichkeitsmaß auf $\mathfrak{A}$.

Das Paar (Ω, P) wird diskreter Wahrscheinlichkeitsraum genannt. Ist der Grundraum endlich, d.h. $\Omega = \{\omega_1, \dots, \omega_n\}$, so wird (Ω, P) als endlicher diskreter Wahrscheinlichkeitsraum bezeichnet.

Beispiel B 1.7 (Laplace-Raum). Ist $\Omega = \{\omega_1, \dots, \omega_n\}$, $n \in \mathbb{N}$, eine endliche Menge bestehend aus n Elementen, dann wird durch die Vorschrift

$$P(A) = \frac{|A|}{|\Omega|} = \frac{|A|}{n}, \quad A \subseteq \Omega,$$

ein Wahrscheinlichkeitsmaß über $\text{Pot}(\Omega)$ definiert. Dabei bezeichnet $|A|$ die Anzahl der Elemente des Ereignisses A.

Das auf diese Weise definierte Wahrscheinlichkeitsmaß P wird als Laplace-Verteilung oder auch als diskrete Gleichverteilung auf Ω bezeichnet. (Ω, P) heißt Laplace-Raum über Ω.

Beispiel B 1.8 (Einfacher Würfelwurf). Der einfache Würfelwurf wird modelliert durch die Grundmenge $\Omega = \{1, \dots, 6\}$ und die Laplace-Verteilung auf Ω. Die Wahrscheinlichkeit eines beliebigen Ereignisses $A \in \text{Pot}(\Omega)$ wird berechnet gemäß $P(A) = \frac{|A|}{6}$.

Beispielsweise wird das Ereignis A „Augenzahl ungerade" beschrieben durch $A = \{1, 3, 5\}$, so dass seine Wahrscheinlichkeit im Laplace-Modell durch

$$P(A) = P(\{1, 3, 5\}) = \frac{|\{1, 3, 5\}|}{6} = \frac{3}{6} = \frac{1}{2}$$

gegeben ist.

In einem Laplace-Raum (Ω, P) über einer Menge $\Omega = \{\omega_1, \ldots, \omega_n\}$, $n \in \mathbb{N}$, ist die Berechnung von Wahrscheinlichkeiten besonders einfach. Für jedes Elementarereignis gilt:

$$P(\{\omega_i\}) = \frac{1}{|\Omega|} = \frac{1}{n}, \quad \omega_i \in \Omega,$$

d.h. die Wahrscheinlichkeit eines jeden Elementarereignisses ist gleich $\frac{1}{n}$. Damit ist die Zähldichte gegeben durch $p(\omega) = \frac{1}{n}$, $\omega \in \Omega$. Die Wahrscheinlichkeit eines beliebigen Ereignisses berechnet sich aus der Anzahl der Elemente des Ereignisses. Bezeichnet man diese Ergebnisse als günstige Fälle, so erhält man die Merkregel:

$$P(A) = \frac{|A|}{|\Omega|} = \frac{\text{Anzahl günstiger Fälle}}{\text{Anzahl möglicher Fälle}}.$$

Beispiel B 1.9. Ein Problem des Chevalier de Méré aus dem 17. Jahrhundert lautet: Was ist bei drei Würfelwürfen wahrscheinlicher: Augensumme gleich 11 oder Augensumme gleich 12?

Die Situation wird modelliert durch den Grundraum aller Tripel mit einer der Ziffern $1, \ldots, 6$ in den Komponenten: $\Omega = \{\omega = (\omega_1, \omega_2, \omega_3); \ \omega_i \in \{1, \ldots, 6\}, i \in \{1, 2, 3\}\}$ sowie der Zähldichte $p(\omega) = \frac{1}{|\Omega|} = \frac{1}{6^3}$ für alle $\omega \in \Omega$ (aus Symmetriegründen).

Von Interesse sind die Ereignisse $A = \{\omega \in \Omega; \omega_1 + \omega_2 + \omega_3 = 11\}$ und $B = \{\omega \in \Omega; \omega_1 + \omega_2 + \omega_3 = 12\}$ im Laplace-Raum (Ω, P). Informell lassen sich diese Mengen tabellarisch darstellen:

A					B			
6	4	1	(6)		6	5	1	(6)
6	3	2	(6)		6	4	2	(6)
5	5	1	(3)		6	3	3	(3)
5	4	2	(6)		5	5	2	(3)
5	3	3	(3)		5	4	3	(6)
4	4	3	(3)		4	4	4	(1)
Σ	11		(27)		Σ	12		(25)

Es gibt zwar jeweils sechs Fälle von „Zahlenkombinationen", aber Ω ist eine Menge von Tripeln, d.h. die Würfel werden als unterscheidbar modelliert. Beispielsweise gilt $(6, 4, 1) \neq (6, 1, 4) \neq (1, 6, 4)$, usw. Abzählen der Fälle liefert $|A| = 27$ und $|B| = 25$, und somit ergibt sich

$$P(A) = \frac{27}{216} > \frac{25}{216} = P(B).$$

Liegt ein Laplace-Raum vor, so reduziert sich die Berechnung von Wahrscheinlichkeiten also auf das Abzählen von Elementen eines Ereignisses. Mit solchen Fragestellungen beschäftigt sich die Kombinatorik. Ehe die Grundmodelle der Kombinatorik eingeführt werden, wird noch der relevante Bereich einer Wahrscheinlichkeitsverteilung, der Träger, eingeführt.

Bezeichnung B 1.10 (Träger). Sei (Ω, P) ein diskreter Wahrscheinlichkeitsraum. Die Menge $T(= \text{supp}(P)) = \{\omega \in \Omega; \; P(\omega) > 0\}$ heißt Träger von P.

Urnenmodelle

Zur Veranschaulichung einfacher Stichprobenverfahren und damit der Bestimmung der Mächtigkeit endlicher Mengen werden Urnenmodelle verwendet. Eine Urne enthalte dazu n nummerierte Kugeln (mit den Nummern $1, \dots, n$), die die Grundgesamtheit oder den Grundraum bilden.

Das Ziehen einer Kugel aus der Urne entspricht der (zufälligen) Auswahl eines Objektes aus der Grundgesamtheit. Die Erhebung einer Stichprobe vom Umfang k aus einer Grundgesamtheit von n Objekten entspricht daher dem Ziehen von k Kugeln aus einer Urne mit n Kugeln. Die Urne wird im Folgenden als die Menge der Zahlen $1, \dots, n$ verstanden: $\mathfrak{U}_n = \{1, \dots, n\}$, wobei die Zahl i der i-ten Kugel entspricht. Resultat einer Ziehung von k Kugeln ist ein geordnetes Tupel $(\omega_1, \dots, \omega_k)$, wobei ω_i die im i-ten Zug entnommene Kugel repräsentiert (z.B. durch deren Nummer). Jede Kugel werde jeweils mit derselben Wahrscheinlichkeit gezogen, d.h. als Ausgangspunkt wird ein Laplace-Modell gewählt.

Im Folgenden werden insgesamt vier Urnenmodelle nach dem Ziehungsablauf und der Notation der Ziehung unterschieden:

(i) Ziehungsablauf

    (a) Die gezogene Kugel wird nach Feststellung ihrer Nummer in die Urne zurückgelegt.

    (b) Die gezogene Kugel wird nach Feststellung ihrer Nummer nicht in die Urne zurückgelegt.

(ii) Notation der Ziehung

    (a) Die Reihenfolge der Ziehungen wird berücksichtigt.

    (b) Die Reihenfolge der Ziehungen wird nicht berücksichtigt.

Für die Urnenmodelle werden folgende Bezeichnungen verwendet.

Ziehen von k Kugeln aus n Kugeln	mit Zurücklegen	ohne Zurücklegen
mit Berücksichtigung der Reihenfolge	(n,k)-Permutationen mit Wiederholung	(n,k)-Permutationen ohne Wiederholung
ohne Berücksichtigung der Reihenfolge	(n,k)-Kombinationen mit Wiederholung	(n,k)-Kombinationen ohne Wiederholung

Bezeichnung B 1.11 ((n,k)-Permutationen mit Wiederholung). Die Menge aller (n,k)-Permutationen mit Wiederholung ist die Menge aller Ergebnisse, die im Urnenmodell mit Zurücklegen und mit Berücksichtigung der Reihenfolge auftreten können (n Kugeln in der Urne, k Ziehungen). Ist $\mathfrak{U}_n = \{1, \ldots, n\}$ die Menge der in der Urne enthaltenen Kugeln, so beschreibt

$$\Omega_{PmW} = \{(\omega_1, \ldots, \omega_k) | \omega_i \in \mathfrak{U}_n, 1 \leqslant i \leqslant k\}$$

die Menge aller (n,k)-Permutationen mit Wiederholung über $\mathfrak{U}_n$. Ein Element $(\omega_1, \ldots, \omega_k)$ von Ω_{PmW} heißt (n,k)-Permutation mit Wiederholung über $\mathfrak{U}_n$. Durch (Ω_{PmW}, P) mit

$$P(A) = \frac{|A|}{|\Omega_{PmW}|} = \frac{|A|}{n^k}, \quad A \subseteq \Omega_{PmW},$$

wird ein Laplace-Raum auf Ω_{PmW} definiert. Die Mächtigkeit von Ω_{PmW} ist durch die Zahl

$$Per_{mW}(n,k) = |\Omega_{PmW}| = \underbrace{n \cdot n \cdot \ldots \cdot n}_{k-mal} = n^k$$

gegeben, d.h. es gibt n^k Möglichkeiten, k Kugeln aus einer Urne mit n Kugeln mit Zurücklegen und mit Beachtung der Zugreihenfolge zu entnehmen.

Beispiel B 1.12. Eine Urne enthält vier Kugeln, die mit 1, 2, 3 und 4 nummeriert sind. Drei Mal hintereinander wird aus dieser Urne eine Kugel entnommen, ihre Zahl notiert und danach wieder zurückgelegt. Gesucht ist die Anzahl der $(4, 3)$-Permutationen mit Wiederholung.

Dazu wird zunächst die Menge Ω_{PmW} aller $(4, 3)$-Permutationen mit Wiederholung explizit angegeben:

$$\begin{aligned}
\Omega_{PmW} = \{ &(1,1,1), (1,1,2), (1,1,3), (1,1,4), (1,2,1), (1,2,2), (1,2,3), (1,2,4),\\
&(1,3,1), (1,3,2), (1,3,3), (1,3,4), (1,4,1), (1,4,2), (1,4,3), (1,4,4),\\
&(2,1,1), (2,1,2), (2,1,3), (2,1,4), (2,2,1), (2,2,2), (2,2,3), (2,2,4),\\
&(2,3,1), (2,3,2), (2,3,3), (2,3,4), (2,4,1), (2,4,2), (2,4,3), (2,4,4),\\
&(3,1,1), (3,1,2), (3,1,3), (3,1,4), (3,2,1), (3,2,2), (3,2,3), (3,2,4),\\
&(3,3,1), (3,3,2), (3,3,3), (3,3,4), (3,4,1), (3,4,2), (3,4,3), (3,4,4),\\
&(4,1,1), (4,1,2), (4,1,3), (4,1,4), (4,2,1), (4,2,2), (4,2,3), (4,2,4),\\
&(4,3,1), (4,3,2), (4,3,3), (4,3,4), (4,4,1), (4,4,2), (4,4,3), (4,4,4)\}.
\end{aligned}$$

Abzählen ergibt 64 verschiedene $(4, 3)$-Permutationen mit Wiederholung. Mit Anwendung der allgemeinen Formel berechnet sich die Anzahl der $(4, 3)$-Permutationen mit Wiederholung gemäß

$$|\Omega_{PmW}| = 4^3 = 64.$$

Bezeichnung B 1.13 ((n,k)-Permutationen ohne Wiederholung). Die Menge aller (n,k)-Permutationen ohne Wiederholung ist die Menge aller Ergebnisse, die im Urnenmodell ohne Zurücklegen und mit Berücksichtigung der Reihenfolge auftreten können (n Kugeln in der Urne, k Ziehungen). Ist $\mathcal{U}_n = \{1,\ldots,n\}$ die Menge der in der Urne enthaltenen Kugeln, so beschreibt

$$\Omega_{PoW} = \{(\omega_1,\ldots,\omega_k)|\omega_i \in \mathcal{U}_n, 1 \leqslant i \leqslant k; \omega_i \neq \omega_j \text{ für } 1 \leqslant i \neq j \leqslant k\}$$

die Menge aller (n,k)-Permutationen ohne Wiederholung über $\mathcal{U}_n$. Bei diesem Urnenmodell ist die Anzahl der Ziehungen k notwendig kleiner oder gleich der Anzahl n von Kugeln in der Urne, d.h. $1 \leqslant k \leqslant n$. Ein Element von Ω_{PoW} heißt (n,k)-Permutation ohne Wiederholung über $\mathcal{U}_n$.

Durch (Ω_{PoW}, P) mit

$$P(A) = \frac{|A|}{|\Omega_{PoW}|} = \frac{|A|}{\frac{n!}{(n-k)!}} = \frac{(n-k)!}{n!}|A|, \quad A \subseteq \Omega_{PoW},$$

wird ein Laplace-Raum auf Ω_{PoW} definiert. Die Mächtigkeit von Ω_{PoW} ist durch die Zahl

$$\text{Per}_{oW}(n,k) = |\Omega_{PoW}| = n \cdot (n-1) \cdot \ldots \cdot (n-k+1) = \frac{n!}{(n-k)!}$$

gegeben, d.h. es gibt $\frac{n!}{(n-k)!}$ Möglichkeiten, k Kugeln aus einer Urne mit n Kugeln ohne Zurücklegen und mit Beachtung der Zugreihenfolge zu ziehen. Speziell für $n = k$ gilt $|\Omega_{PoW}| = n!$ und Ω_{PoW} ist die Menge aller Permutationen der Zahlen von 1 bis n.

Beispiel B 1.14. Eine Urne enthält vier Kugeln, die mit 1, 2, 3 und 4 nummeriert sind. Drei Mal hintereinander wird aus dieser Urne eine Kugel entnommen, ihre Zahl notiert und danach zur Seite gelegt. Es werden also 3-Tupel mit den Zahlen 1, 2, 3 und 4 notiert, wobei jede Zahl höchstens ein Mal vorkommen darf und die Zugreihenfolge berücksichtigt wird. Gesucht ist die Anzahl der $(4,3)$-Permutationen ohne Wiederholung.

Dazu wird zunächst die Menge Ω_{PoW} aller $(4,3)$-Permutationen ohne Wiederholung explizit angegeben:

$$\begin{aligned}
\Omega_{PoW} = \{&(1,2,3), (1,2,4), (1,3,2), (1,3,4), (1,4,2), (1,4,3),\\
&(2,1,3), (2,1,4), (2,3,1), (2,3,4), (2,4,1), (2,4,3),\\
&(3,1,2), (3,1,4), (3,2,1), (3,2,4), (3,4,1), (3,4,2),\\
&(4,1,2), (4,1,3), (4,2,1), (4,2,3), (4,3,1), (4,3,2)\}.
\end{aligned}$$

Durch Abzählen erhält man, dass es 24 verschiedene $(4,3)$-Permutationen ohne Wiederholung gibt. Mit Anwendung der allgemeinen Formel berechnet sich die Anzahl der $(4,3)$-Permutationen ohne Wiederholung gemäß

$$|\Omega_{PoW}| = \frac{4!}{(4-3)!} = 24.$$

Bezeichnung B 1.15 ((n,k)-Kombinationen ohne Wiederholung). Die Menge aller (n,k)-Kombinationen ohne Wiederholung ist die Menge aller Ergebnisse, die im Urnenmodell ohne Zurücklegen und ohne Berücksichtigung der Reihenfolge auftreten können (n Kugeln in der Urne, k Ziehungen). Ist die Menge der in der Urne enthaltenen Kugeln gegeben durch $\mathcal{U}_n = \{1 \ldots, n\}$, so beschreiben

$$\Omega_{\mathsf{KoW}} = \{(\omega_1, \ldots, \omega_k) | \omega_i \in \mathcal{U}_n, \omega_1 < \cdots < \omega_k\}$$

oder alternativ

$$\Omega'_{\mathsf{KoW}} = \{A \subseteq \mathcal{U}_n; |A| = k\}$$

die Menge aller (n,k)-Kombinationen ohne Wiederholung über $\mathcal{U}_n$. Ein Element von Ω_{KoW} heißt (n,k)-Kombination ohne Wiederholung über $\mathcal{U}_n = \{1, \ldots, n\}$.

Da die Reihenfolge bei (n,k)-Kombinationen ohne Bedeutung ist, werden die Einträge ω_i des k-Tupels aufsteigend geordnet. Durch $(\Omega_{\mathsf{KoW}}, P)$ mit

$$P(A) = \frac{|A|}{|\Omega_{\mathsf{KoW}}|} = \frac{|A|}{\binom{n}{k}}, \quad A \subseteq \Omega_{\mathsf{KoW}},$$

wird ein Laplace-Raum auf Ω_{KoW} definiert. Die Mächtigkeit von Ω_{KoW} ist durch die Zahl

$$\mathsf{Kom}_{\mathsf{oW}}(n,k) = |\Omega_{\mathsf{KoW}}| = \frac{n!}{(n-k)! \cdot k!} = \binom{n}{k}$$

gegeben, d.h. es gibt $\binom{n}{k}$ Möglichkeiten, k Kugeln aus einer Urne mit n Kugeln ohne Zurücklegen und ohne Beachtung der Zugreihenfolge zu ziehen.

Beispiel B 1.16. Eine Urne enthält vier Kugeln, die mit 1, 2, 3 und 4 nummeriert sind. Drei Kugeln werden nacheinander der Urne entnommen, ohne dass eine zurückgelegt wird. Anschließend werden die Kugeln gemäß ihrer Nummer aufsteigend sortiert. Alternativ kann die Ziehung auch so durchgeführt werden, dass die drei Kugeln auf einmal aus dieser Urne entnommen werden und die Zahlen aufsteigend notiert werden. Es werden also 3-Tupel mit den Zahlen 1, 2, 3 und 4 notiert, wobei jede Zahl höchstens ein Mal vorkommen darf und die Zugreihenfolge nicht berücksichtigt wird. Gesucht ist die Anzahl der (4, 3)-Kombinationen ohne Wiederholung.

Dazu wird zunächst die Menge Ω_{KoW} aller (4, 3)-Kombinationen ohne Wiederholung explizit angegeben:

$$\Omega_{\mathsf{KoW}} = \{(1, 2, 3), (1, 2, 4), (1, 3, 4), (2, 3, 4)\}.$$

Es gibt also vier verschiedene (4, 3)-Kombinationen ohne Wiederholung. Mit Anwendung der allgemeinen Formel berechnet sich die Anzahl der (4, 3)-Kombinationen ohne Wiederholung gemäß

$$|\Omega_{\mathsf{KoW}}| = \binom{4}{3} = \frac{4!}{3! \cdot (4-3)!} = \frac{24}{6} = 4.$$

Das folgende, vierte Grundmodell der Kombinatorik führt nicht auf einen Laplace-Raum.

Bezeichnung B 1.17 ((n,k)-Kombinationen mit Wiederholung). Die Menge aller (n,k)-Kombinationen mit Wiederholung ist die Menge aller Ergebnisse, die im Urnenmodell mit Zurücklegen und ohne Berücksichtigung der Reihenfolge auftreten können (n Kugeln in der Urne, k Ziehungen). Ist die Menge der in der Urne enthaltenen Kugeln gegeben durch $\mathcal{U}_n = \{1, \ldots, n\}$, so beschreibt

$$\Omega_{KmW} = \{(\omega_1, \ldots, \omega_k) \mid \omega_i \in \mathcal{U}_n, \omega_1 \leqslant \cdots \leqslant \omega_k\}$$

die Menge aller (n,k)-Kombinationen mit Wiederholung über $\mathcal{U}_n$. Ein Element von Ω_{KmW} heißt (n,k)-Kombination mit Wiederholung über $\mathcal{U}_n = \{1, \ldots, n\}$.

Da die Reihenfolge bei (n,k)-Kombinationen ohne Bedeutung ist, werden die Einträge ω_i des n-Tupels aufsteigend geordnet. Hierbei ist zu beachten, dass Einträge mehrfach auftreten können.

Die Mächtigkeit von Ω_{KmW} ist durch die Zahl

$$\text{Kom}_{mW}(n,k) = \binom{n+k-1}{k} = \frac{(n+k-1)!}{(n-1)! \cdot k!}$$

gegeben, d.h. es gibt $\binom{n+k-1}{k}$ Möglichkeiten, k Kugeln aus einer Urne mit n Kugeln mit Zurücklegen und ohne Beachtung der Zugreihenfolge zu ziehen.

Dieses Urnenmodell kann nicht zur Definition eines Laplace-Raums verwendet werden, da die Konsistenz zur Modellierung des Experiments als Laplace-Modell mit Beachtung der Zugreihenfolge nicht gegeben wäre. Dies wird im folgenden Beispiel illustriert.

Beispiel B 1.18. Aus einer Urne mit $n = 4$ mit den Ziffern 1, 2, 3, 4 nummerierten Kugeln wird $k = 4$ mal gezogen. Im Folgenden werden die Wahrscheinlichkeiten der Ereignisse

(i) es wird viermal eine Eins gezogen,

(ii) es werden nur verschiedene Ziffern gezogen,

betrachtet, wobei die Zugreihenfolge keine Rolle spielt. Dazu werden die Grundräume Ω_{PmW} und Ω_{KmW} herangezogen.

Zunächst wird ein Laplace-Modell (Ω_{PmW}, P_{PmW}) zur Modellierung verwendet, d.h. die Zugreihenfolge wird im Modell berücksichtigt (s. Bezeichnung B 1.11). Dann resultieren mit $A = \{(1, 1, 1, 1)\}$ und

$$B = \{(1, 2, 3, 4), (1, 2, 4, 3), (1, 3, 2, 4), \ldots, (4, 3, 2, 1)\}$$

die Wahrscheinlichkeiten

$$P_{PmW}(A) = \frac{1}{4^4}, \qquad P_{PmW}(B) = \frac{4!}{4^4}.$$

Im Grundraum Ω_{KmW} entsprechen den Ereignissen A und B die Ereignisse $A^* = \{(1, 1, 1, 1)\}$ und $B^* = \{(1, 2, 3, 4)\}$. Eine Laplace-Annahme auf der Grundmenge Ω_{KmW} würde den Ereignissen A^* und B^* jedoch dieselbe Wahrscheinlichkeit $\frac{1}{\binom{7}{4}}$ zuordnen, so dass diese Festlegung den Wahrscheinlichkeiten $P_{PmW}(A)$ und $P_{PmW}(B)$ im Modell (Ω_{PmW}, P_{PmW}) widersprechen würde. Daher eignet sich der Raum Ω_{KmW} nicht zur Definition eines Laplace-Raums.

Beispiel B 1.19. Eine Urne enthält vier Kugeln, die mit 1, 2, 3 und 4 nummeriert sind. Drei Mal wird aus dieser Urne eine Kugel entnommen, ihre Zahl notiert und danach wieder zurückgelegt. Da die Reihenfolge der gezogenen Zahlen keine Rolle spielen soll, werden sie aufsteigend geordnet. Es werden also aufsteigend geordnete 3-Tupel mit den Zahlen 1, 2, 3 und 4 notiert, wobei jede Zahl auch mehrmals auftreten kann. Gesucht ist die Anzahl der $(4, 3)$-Kombinationen mit Wiederholung.

Dazu wird zunächst die Menge Ω_{KmW} aller $(4, 3)$-Kombinationen mit Wiederholung explizit angegeben:

$$\Omega_{KmW} = \{(1, 1, 1), (1, 1, 2), (1, 1, 3), (1, 1, 4), (1, 2, 2),$$
$$(1, 2, 3), (1, 2, 4), (1, 3, 3), (1, 3, 4), (1, 4, 4),$$
$$(2, 2, 2), (2, 2, 3), (2, 2, 4), (2, 3, 3), (2, 3, 4),$$
$$(2, 4, 4), (3, 3, 3), (3, 3, 4), (3, 4, 4), (4, 4, 4)\}.$$

Durch Abzählen erhält man, dass es 20 verschiedene $(4, 3)$-Kombinationen mit Wiederholung gibt. Durch Anwendung der allgemeinen Formel berechnet sich die Anzahl der $(4, 3)$-Kombinationen mit Wiederholung gemäß

$$|\Omega_{KmW}| = \binom{4 + 3 - 1}{3} = \binom{6}{3} = \frac{6!}{3! \cdot (6 - 3)!} = \frac{720}{36} = 20.$$

Bemerkung B 1.20 (Murmelmodelle). Alternativ zu den Urnenmodellen können zur Veranschaulichung der Grundmodelle der Kombinatorik auch „Murmelmodelle" verwendet werden. Anstelle von n Kugeln und k Ziehungen werden dabei n Zellen betrachtet, auf die k Murmeln verteilt werden.

Wie in den Urnenmodellen werden vier Situationen unterschieden:

(i) Belegungsmodus

(a) Es ist möglich, eine Zelle mit mehreren Murmeln zu belegen.

(b) Jede Zelle darf nur mit einer Murmel belegt werden.

(ii) Notation der Murmeln

(a) Die Murmeln sind nummeriert und unterscheidbar.

(b) Die Murmeln sind nicht unterscheidbar.

Man erhält dann das Diagramm der Entsprechungen in Abbildung B 1.1 (vgl. Krengel 2005).

k-mal Ziehen aus n Kugeln	mit Zurücklegen	ohne Zurücklegen	
Permutation mit Reihenfolge	$\|\Omega_{PmW}\| = n^k$ s. Bez. B 1.11	$\|\Omega_{PoW}\| = \frac{n!}{(n-k)!}$ s. Bez. B 1.13	unterscheidbare Murmeln
Kombination ohne Reihenfolge	$\|\Omega_{KmW}\| = \binom{n+k-1}{k}$ s. Bez. B 1.17	$\|\Omega_{KoW}\| = \binom{n}{k}$ s. Bez. B 1.15	nicht unterscheidbare Murmeln
	mit Mehrfach-belegung	ohne Mehrfach-belegung	k Murmeln auf n Zellen verteilen

Abbildung B 1.1: Ziehungs- und Verteilungsmodelle.

B 2 Diskrete Wahrscheinlichkeitsverteilungen

Eine Vielzahl diskreter Wahrscheinlichkeitsverteilungen wird in Anwendungen eingesetzt. Zur Festlegung der Verteilung wird jedem Element einer Menge von Trägerpunkten $T = \{x_1, x_2, \ldots\}$ eine Wahrscheinlichkeit $p_k = P(\{x_k\}) \in (0, 1]$, $k = 1, 2, \ldots$ zugeordnet, wobei die Zahlen p_k die Summationsbedingung $\sum_k p_k = 1$ erfüllen müssen. Für $x \in \Omega \setminus T$ gilt stets $p(x) = 0$.

In diesem Abschnitt sind einige wichtige diskrete Wahrscheinlichkeitsverteilungen zusammengestellt. Die einfachste diskrete Wahrscheinlichkeitsverteilung konzentriert die Wahrscheinlichkeitsmasse in einem Punkt.

Bezeichnung B 2.1 (Einpunktverteilung). Die Einpunktverteilung δ_x in einem Punkt $x \in \mathbb{R}$ ist definiert durch die Zähldichte

$$p(x) = 1,$$

d.h. die Einpunktverteilung (oder Dirac-Verteilung oder Punktmaß) hat den Träger $T = \{x\}$.

Bezeichnung B 2.2 (Diskrete Gleichverteilung). Die diskrete Gleichverteilung auf den Punkten $x_1 < \cdots < x_n$ ist definiert durch die Zähldichte

$$p(x_k) = p_k = \frac{1}{n}, \quad k \in \{1, \ldots, n\}, \text{ für ein } n \in \mathbb{N},$$

d.h. jedem der n Trägerpunkte wird dieselbe Wahrscheinlichkeit zugeordnet.

Bezeichnung B 2.3 (Hypergeometrische Verteilung). Die hypergeometrische Verteilung $\text{hyp}(n,r,s)$ ist definiert durch die Zähldichte

$$p_k = \frac{\binom{r}{k}\binom{s}{n-k}}{\binom{r+s}{n}}, \quad n - s \leqslant k \leqslant \min(r, n), k \in \mathbb{N}_0,$$

für $n, r, s \in \mathbb{N}$ mit $n \leqslant r + s$ (s. Abbildung B 2.1).

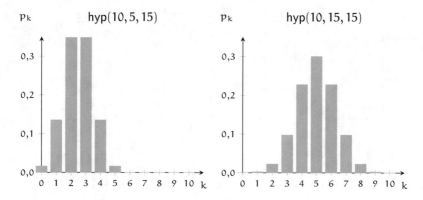

Abbildung B 2.1: Zähldichten von hypergeometrischen Verteilungen.

In einem Urnenmodell wird p_k erzeugt als die Wahrscheinlichkeit, beim n-maligen Ziehen ohne Zurücklegen aus einer Urne mit insgesamt r roten und s schwarzen Kugeln genau k rote und $n - k$ schwarze Kugeln zu erhalten.

Anwendung findet die hypergeometrische Verteilung z.B. bei der sogenannten Gut-Schlecht-Prüfung im Rahmen der Qualitätskontrolle durch eine Warenstichprobe. Einer Lieferung von $r + s$ Teilen, die r defekte und s intakte Teile enthält, wird eine Stichprobe vom Umfang n (ohne Zurücklegen) entnommen; p_k ist dann die Wahrscheinlichkeit, dass genau k defekte Teile in der Stichprobe enthalten sind. Mit einer analogen Argumentation ist die Wahrscheinlichkeit für „4 Richtige" beim Zahlenlotto „6 aus 49" durch $p_4 = \frac{\binom{6}{4}\binom{43}{2}}{\binom{49}{6}}$ gegeben.

Bezeichnung B 2.4 (Binomialverteilung). Die Binomialverteilung $\mathrm{bin}(n, p)$ ist definiert durch die Zähldichte

$$p_k = \binom{n}{k} p^k (1 - p)^{n-k}, \quad 0 \leqslant k \leqslant n, k \in \mathbb{N}_0,$$

für $n \in \mathbb{N}$ und den Parameter $p \in (0, 1)$ (s. Abbildung B 2.2).

Eine zur hypergeometrische Verteilung analoge Interpretation der obigen Wahrscheinlichkeiten ist über ein Urnenmodell möglich, wenn die Stichprobe mit Zurücklegen (statt ohne Zurücklegen) gewonnen wird und $p = \frac{r}{r+s}$ den Anteil defekter Teile in der Lieferung bezeichnet. Enthält also eine Produktion den Anteil p defekter Teile, so ist p_k die Wahrscheinlichkeit für genau k defekte Teile in einer Stichprobe vom Umfang n.

Bezeichnung B 2.5 (Poisson-Verteilung). Die Poisson-Verteilung $\mathrm{po}(\lambda)$ ist definiert durch die Zähldichte

$$p_k = \frac{\lambda^k}{k!} e^{-\lambda}, \quad k \in \mathbb{N}_0,$$

für einen Parameter $\lambda > 0$ (s. Abbildung B 2.3).

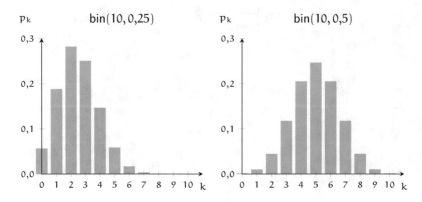

Abbildung B 2.2: Zähldichten von Binomialverteilungen.

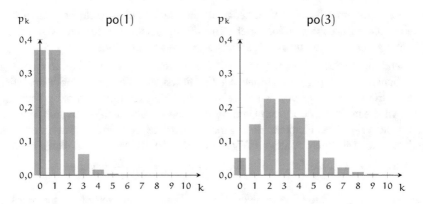

Abbildung B 2.3: Zähldichten von Poisson-Verteilungen.

Die Poisson-Verteilung wird auch als Gesetz der seltenen Ereignisse bezeichnet, „da bereits für relativ kleine k die Wahrscheinlichkeit p_k sehr klein ist". Die Wahrscheinlichkeitsmasse ist nahezu konzentriert auf den ersten Werten von $\mathbb{N}_0$.

Bezeichnung B 2.6 (Geometrische Verteilung)**.** Die geometrische Verteilung $\mathrm{geo}(p)$ ist definiert durch die Zähldichte

$$p_k = p(1-p)^k, \quad k \in \mathbb{N}_0,$$

für einen Parameter $p \in (0,1)$ (s. Abbildung B 2.4).

Die bisher eingeführten Wahrscheinlichkeitsverteilungen waren eindimensional, d.h. das Argument in $p_k = p(k)$ oder $p_k = p(x_k)$ ist ein Element der reellen Zahlen $\mathbb{R}$. Die Polynomialverteilung ist ein Beispiel für eine multivariate diskrete Wahrscheinlichkeitsverteilung.

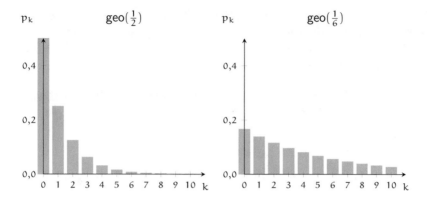

Abbildung B 2.4: Zähldichten von geometrischen Verteilungen.

Bezeichnung B 2.7 (Polynomialverteilung). Die Polynomialverteilung (oder Multinomialverteilung) $\mathrm{pol}(n, p_1, \ldots, p_m)$ ist definiert durch die Zähldichte

$$p(k_1, k_2, \ldots, k_m) = \binom{n}{k_1, k_2, \ldots, k_m} \prod_{j=1}^{m} p_j^{k_j},$$

$$(k_1, k_2, \ldots, k_m) \in \left\{ (i_1, \ldots, i_m) \in \mathbb{N}_0^m \,\middle|\, \sum_{j=1}^{m} i_j = n \right\},$$

für ein $n \in \mathbb{N}$ und die Parameter $p_j \in (0, 1)$, $1 \leqslant j \leqslant m$, mit $\sum_{j=1}^{m} p_j = 1$. Dabei ist $\binom{n}{k_1, k_2, \ldots, k_m} = \frac{n!}{k_1! k_2! \cdot \ldots \cdot k_m!}$ der sogenannte Polynomialkoeffizient.

Für $m = 2$ und mit den Setzungen $p_1 = p$, $p_2 = 1 - p$, $k_1 = k$ und $k_2 = n - k$ führt die Polynomialverteilung auf die Binomialverteilung.

B 3 Wahrscheinlichkeitsmaße mit Riemann-Dichten

Diskrete Wahrscheinlichkeitsmaße werden über Zähldichten eingeführt, die Elementen einer (höchstens) abzählbaren Menge Wahrscheinlichkeiten zuweisen. In der Praxis benötigt man insbesondere Modelle, in denen reelle Zahlen zur Beschreibung eines Versuchsergebnisses verwendet werden (etwa die reellen Zahlen im Intervall $[0, 1]$ zur Beschreibung einer prozentualen Steigerung). Aus mathematischer Sicht besteht der qualitative Unterschied darin, dass statt abzählbarer Grundräume nun Mengen mit überabzählbar vielen Elementen betrachtet werden. Hier muss eine andere Vorgehensweise zur Definition einer Wahrscheinlichkeitsverteilung gewählt werden. Nicht mehr jedem Elementarereignis, sondern jedem Intervall wird eine Wahrscheinlichkeit zugewiesen.

Ist der Grundraum Ω eine überabzählbare Teilmenge der reellen Zahlen, dann muss aus mathematischen Gründen auch die Potenzmenge als „Vorrat" von Ereignissen durch ein anderes Mengensystem ersetzt werden; die geeignete Struktur ist die sogenannte σ-Algebra.

Definition B 3.1 (σ-Algebra). *Seien $\Omega \neq \emptyset$ und $\mathfrak{A} \subseteq Pot(\Omega)$ ein System von Teilmengen von Ω. $\mathfrak{A}$ heißt σ-Algebra von Ereignissen über Ω, falls gilt:*

(i) $\Omega \in \mathfrak{A}$,

(ii) $A \in \mathfrak{A} \implies A^c \in \mathfrak{A}$ für jedes $A \in \mathfrak{A}$,

(iii) für jede Folge $A_1, A_2, \ldots$ von Mengen aus $\mathfrak{A}$ gilt: $\bigcup\limits_{n=1}^{\infty} A_n \in \mathfrak{A}$.

Eine σ-Algebra ist ein System von Teilmengen von Ω, das abgeschlossen ist gegenüber der Bildung von Komplementen und abzählbaren Vereinigungen. Als Elementarereignis bezeichnet man in diesem Zusammenhang eine Menge aus $\mathfrak{A}$, die keine echte Vereinigung anderer Ereignisse (Mengen aus $\mathfrak{A}$) ist. Aus der Definition einer σ-Algebra folgt sofort, dass $\emptyset \in \mathfrak{A}$ und für jede Folge $A_1, A_2, \ldots$ von Mengen aus $\mathfrak{A}$ gilt: $\bigcap\limits_{n=1}^{\infty} A_n \in \mathfrak{A}$. Die Potenzmenge $Pot(\Omega)$ einer nicht-leeren Menge Ω ist stets eine σ-Algebra. Basierend auf einer σ-Algebra wird der Begriff eines allgemeinen Wahrscheinlichkeitsraums eingeführt.

Definition B 3.2 (Kolmogorov-Axiome, Wahrscheinlichkeitsraum). *Sei $\mathfrak{A}$ eine σ-Algebra über $\Omega \neq \emptyset$. Eine Abbildung $P : \mathfrak{A} \to [0, 1]$ mit*

(i) $P(A) \geqslant 0 \quad \forall A \in \mathfrak{A}$,

(ii) $P(\Omega) = 1$ und

(iii) $P\left(\bigcup\limits_{n=1}^{\infty} A_n \right) = \sum\limits_{n=1}^{\infty} P(A_n)$ für jede Wahl paarweise disjunkter Mengen aus $\mathfrak{A}$ (σ-Additivität)

heißt Wahrscheinlichkeitsverteilung oder Wahrscheinlichkeitsmaß auf Ω bzw. $(\Omega, \mathfrak{A})$. $(\Omega, \mathfrak{A}, P)$ heißt Wahrscheinlichkeitsraum, $(\Omega, \mathfrak{A})$ heißt messbarer Raum oder Messraum.

Aus den Eigenschaften (ii) und (iii) in Definition B 3.2 folgt unmittelbar $P(\emptyset) = 0$. Dazu wähle man in (iii) die Folge paarweiser disjunkter Ereignisse gemäß $A_1 = \emptyset$, $A_2 = \Omega$ und $A_j = \emptyset$, $j \geqslant 3$. Dann gilt

$$P(\Omega) = P\left(\bigcup\limits_{n=1}^{\infty} A_n \right) = \sum\limits_{n=1}^{\infty} P(A_n) = P(A_1) + P\left(\bigcup\limits_{n=2}^{\infty} A_n \right) = P(A_1) + P(\Omega).$$

Daraus folgt direkt $P(A_1) = P(\emptyset) = 0$:

Definition B 3.2 ist konsistent mit der Definition B 1.4 eines diskreten Wahrscheinlichkeitsraums wie Eigenschaft B 1.5 zeigt.

Bezeichnung B 3.3 (Borelsche σ-Algebra). Werden Intervalle $[a, b]$ oder (a, b) (auch $[0, \infty)$, $\mathbb{R}$) als Grundraum $\Omega \subseteq \mathbb{R}$ in einem Modell angesetzt, so wählt man jeweils die kleinstmögliche σ-Algebra, die <u>alle</u> Teilmengen $(c, d] \subseteq [a, b]$ enthält. Diese σ-Algebra bezeichnet man als Borelsche σ-Algebra $\mathcal{B}^1$ über $[a, b]$ bzw. (a, b); sie ist eine echte Teilmenge der Potenzmenge von $[a, b]$ bzw. (a, b). Analog geht man in höheren Dimensionen vor.

Für $\Omega = \mathbb{R}^n$ wählt man als Menge von Ereignissen die Borelsche σ-Algebra $\mathcal{B}^n$, die als kleinstmögliche σ-Algebra definiert ist mit der Eigenschaft, alle n-dimensionalen Intervalle

$$(a, b] = \{x = (x_1, \ldots, x_n) \in \mathbb{R}^n \mid a_i < x_i \leqslant b_i, 1 \leqslant i \leqslant n\}$$
$$\text{für } a = (a_1, \ldots, a_n) \in \mathbb{R}^n \text{ und } b = (b_1, \ldots, b_n) \in \mathbb{R}^n$$

zu enthalten.

Betrachtet man einen Grundraum $\widetilde{\Omega} \subseteq \mathbb{R}^n$, so ist die geeignete Borelsche σ-Algebra gegeben durch $\widetilde{\mathcal{B}}^n = \{B \cap \widetilde{\Omega} \mid B \in \mathcal{B}^n\}$ (die sogenannte Spur-σ-Algebra).

Zunächst wird nur der Fall $n = 1$ betrachtet, d.h. es wird ein Grundraum $\Omega \subseteq \mathbb{R}^1$ zugrunde gelegt. Insbesondere sei angenommen, dass Ω ein Intervall ist.

Bezeichnung B 3.4 (Riemann-Dichte, Verteilungsfunktion). Eine integrierbare Funktion $f : \mathbb{R} \to \mathbb{R}$ mit $f(x) \geqslant 0$, $x \in \mathbb{R}$, und $\displaystyle\int_{-\infty}^{\infty} f(x)\, dx = 1$ heißt Riemann-Dichte oder Riemann-Dichtefunktion (kurz: Dichte oder Dichtefunktion).

Über die Festlegung von Wahrscheinlichkeiten mittels

$$F(x) = P((-\infty, x]) = \int_{-\infty}^{x} f(y)\, dy, \quad x \in \mathbb{R},$$

wird stets eindeutig ein Wahrscheinlichkeitsmaß definiert; die Funktion $F : \mathbb{R} \to [0, 1]$ wird als Verteilungsfunktion bezeichnet.

Die Wahrscheinlichkeit für ein Intervall $(a, b] \subseteq \Omega$ ist dann gegeben durch

$$P((a, b]) = \int_{a}^{b} f(x)\, dx.$$

Mit dieser Setzung ist klar, dass einem einzelnen Punkt (im Gegensatz zu diskreten Wahrscheinlichkeitsmaßen) stets die Wahrscheinlichkeit 0 zugewiesen wird: $P(\{x\}) = 0$ für alle $x \in \Omega$. Das hat auch zur Konsequenz, dass alle Intervalle mit Grenzen $a, b \in \Omega, a < b$, dieselbe Wahrscheinlichkeit haben:

$$P((a, b)) = P([a, b]) = P((a, b]) = P([a, b)).$$

In diesem Skript werden nur diskrete Wahrscheinlichkeitsverteilungen und solche mit Riemann-Dichten behandelt. Für allgemeinere Modelle werden weitere mathematische Grundlagen benötigt. Hier sei auf weiterführende Literatur zur Stochastik verwiesen (s. z.B. Bauer 2002).

Im Folgenden werden wichtige Wahrscheinlichkeitsverteilungen mit Riemann-Dichten vorgestellt, die abkürzend auch als stetige Wahrscheinlichkeitsverteilungen bezeichnet werden.

Bemerkung B 3.5. Im weiteren Verlauf kann stets davon ausgegangen werden, dass $\Omega = \mathbb{R}$ gilt. Ist $\Omega \subsetneq \mathbb{R}$, so kann das Modell auf $\mathbb{R}$ erweitert werden, indem die Riemann-Dichte für $x \in \mathbb{R} \setminus \Omega$ zu Null definiert wird.

Bezeichnung B 3.6 (Rechteckverteilung). Die Rechteckverteilung (oder stetige Gleichverteilung) $R(a, b)$ ist definiert durch die Dichtefunktion

$$f(x) = \frac{1}{b-a} \mathbb{1}_{[a,b]}(x) = \begin{cases} \frac{1}{b-a}, & x \in [a, b] \\ 0, & x \notin [a, b] \end{cases}$$

für Parameter $a, b \in \mathbb{R}$ mit $a < b$.

Die Verteilungsfunktion ist gegeben durch

$$F(x) = \begin{cases} 0, & x < a \\ \frac{x-a}{b-a}, & x \in [a, b] \\ 1, & x > b \end{cases}.$$

Die Rechteckverteilung $R(a, b)$ besitzt die Eigenschaft, dass die Wahrscheinlichkeit eines in $[a, b]$ enthaltenen Intervalls nur von der Länge des Intervalls, nicht aber von dessen Lage abhängt.

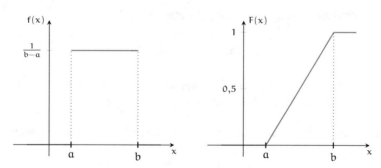

Abbildung B 3.1: Riemann-Dichte und Verteilungsfunktion der Rechteckverteilung $R(a, b)$.

Bezeichnung B 3.7 (Exponentialverteilung). Die Exponentialverteilung $\text{Exp}(\lambda)$ ist definiert durch die Dichtefunktion

$$f(x) = \lambda e^{-\lambda x} \mathbb{1}_{(0,\infty)}(x) = \begin{cases} \lambda e^{-\lambda x}, & x > 0 \\ 0, & x \leqslant 0 \end{cases}$$

für einen Parameter $\lambda > 0$.

Die Verteilungsfunktion ist gegeben durch

$$F(x) = \begin{cases} 1 - e^{-\lambda x}, & x > 0 \\ 0, & x \leqslant 0 \end{cases}.$$

Die Exponentialverteilung wird vielfältig und sehr häufig in stochastischen Modellen verwendet (etwa in der Beschreibung von Wartezeiten oder Lebensdauern). Gelegentlich wird eine Parametrisierung $\text{Exp}(\theta^{-1})$ mit $\theta > 0$ gewählt, so dass z.B.

$$F(x) = \begin{cases} 1 - e^{-x/\theta}, & x > 0 \\ 0, & x \leqslant 0 \end{cases}$$

gilt. Die beiden nächsten Verteilungen sind Verallgemeinerungen der Exponentialverteilung und können aufgrund eines weiteren Parameters reale Gegebenheiten oft besser modellieren. Sie werden häufig in technischen Anwendungen verwendet.

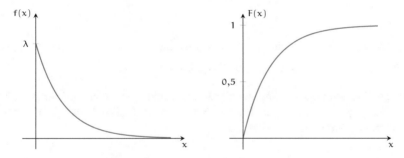

Abbildung B 3.2: Riemann-Dichte und Verteilungsfunktion der Exponentialverteilung $\text{Exp}(\lambda)$.

Bezeichnung B 3.8 (Weibull-Verteilung). Die Weibull-Verteilung $\text{Wei}(\alpha, \beta)$ ist definiert durch die Dichtefunktion

$$f(x) = \begin{cases} \alpha \beta x^{\beta - 1} e^{-\alpha x^\beta}, & x > 0 \\ 0, & x \leqslant 0 \end{cases}$$

für Parameter $\alpha > 0$ und $\beta > 0$.

Die Verteilungsfunktion ist gegeben durch

$$F(x) = \begin{cases} 1 - e^{-\alpha x^\beta}, & x > 0 \\ 0, & x \leqslant 0 \end{cases}.$$

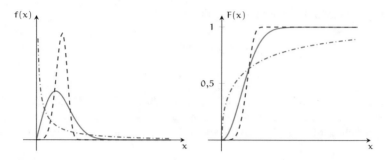

Abbildung B 3.3: Riemann-Dichten und zugehörige Verteilungsfunktionen für verschiedene Weibull-Verteilungen Wei$(1, \beta)$.

Bezeichnung B 3.9 (Gammaverteilung). Die Gammaverteilung $\Gamma(\alpha, \beta)$ ist definiert durch die Dichtefunktion

$$f(x) = \begin{cases} \frac{\alpha^\beta}{\Gamma(\beta)} \, x^{\beta-1} \, e^{-\alpha x}, & x > 0 \\ 0, & x \leqslant 0 \end{cases}$$

für Parameter $\alpha > 0$ und $\beta > 0$. Dabei bezeichnet $\Gamma(\cdot)$ die durch $\Gamma(z) = \int_0^\infty t^{z-1} \, e^{-t} \, dt$, $z > 0$, definierte Gammafunktion.

Eine geschlossene Darstellung der Verteilungsfunktion existiert nur für $\beta \in \mathbb{N}$; die Verteilung wird dann auch als Erlang-Verteilung Erl(β) bezeichnet. Für $\beta \in \mathbb{N}$ ist die Verteilungsfunktion gegeben durch

$$F(x) = \begin{cases} 1 - e^{-\alpha x} \left(\sum_{j=0}^{\beta-1} \frac{(\alpha x)^j}{j!} \right), & x > 0 \\ 0, & x \leqslant 0 \end{cases}.$$

Für $\alpha = \lambda$ und $\beta = 1$ ergibt sich die Exponentialverteilung.

Die nächste Verteilung hat als eine spezielle Gammaverteilung eine besondere Bedeutung in der Schließenden Statistik.

Bezeichnung B 3.10 (χ^2-Verteilung). Die χ^2-Verteilung $\chi^2(n)$ mit n Freiheitsgraden ist definiert durch die Dichtefunktion

$$f(x) = \begin{cases} \frac{1}{2^{n/2}\Gamma(n/2)} \, x^{n/2-1} \, e^{-x/2}, & x > 0 \\ 0, & x \leqslant 0 \end{cases}$$

mit $n \in \mathbb{N}$. Sie stimmt mit der $\Gamma(\frac{1}{2}, \frac{n}{2})$-Verteilung überein.

Neben der Rechteckverteilung ist eine zweite Verteilung über einem endlichen Intervall von Bedeutung.

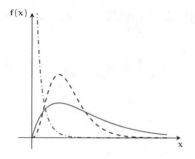 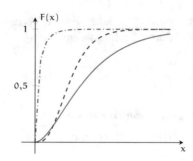

Abbildung B 3.4: Riemann-Dichten und zugehörige Verteilungsfunktionen für verschiedene Gammaverteilungen $\Gamma(\alpha, \beta)$.

Bezeichnung B 3.11 (Betaverteilung). Die Betaverteilung $\text{beta}(\alpha, \beta)$ ist definiert durch die Dichtefunktion

$$f(x) = \begin{cases} \frac{\Gamma(\alpha+\beta)}{\Gamma(\alpha)\,\Gamma(\beta)}\, x^{\alpha-1}\,(1-x)^{\beta-1}, & x \in (0,1) \\ 0, & x \notin (0,1) \end{cases}$$

für Parameter $\alpha > 0$ und $\beta > 0$.

Die Verteilungsfunktion ist im Allgemeinen nicht geschlossen darstellbar.

Die speziellen Betaverteilungen $\text{beta}(\alpha, 1)$ heißen auch Potenzverteilungen und besitzen die Verteilungsfunktion

$$F(x) = \begin{cases} 0, & x < 0 \\ x^{\alpha}, & 0 \leqslant x < 1 \\ 1, & x \geqslant 1 \end{cases}.$$

Die Rechteckverteilung $R(0,1)$ ist ein Spezialfall mit $\alpha = 1$.

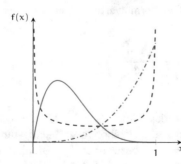 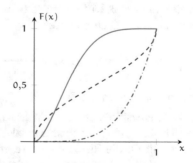

Abbildung B 3.5: Riemann-Dichten und zugehörige Verteilungsfunktionen für verschiedene Betaverteilungen $\text{beta}(\alpha, \beta)$.

In ökonomischen Anwendungen finden Pareto-Verteilungen Verwendung.

Bezeichnung B 3.12 (Pareto-Verteilung). Die Pareto-Verteilung Par(α) ist definiert durch die Dichtefunktion

$$f(x) = \begin{cases} \frac{\alpha}{x^{\alpha+1}}, & x \geqslant 1 \\ 0, & x < 1 \end{cases}$$

für einen Parameter $\alpha > 0$.

Die Verteilungsfunktion ist gegeben durch

$$F(x) = \begin{cases} 1 - x^{-\alpha}, & x \geqslant 1 \\ 0, & x < 1 \end{cases}.$$

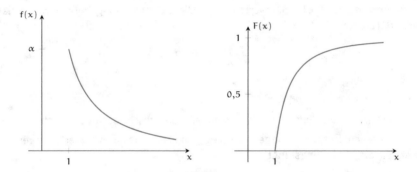

Abbildung B 3.6: Riemann-Dichte und Verteilungsfunktion der Pareto-Verteilung Par(α).

Die in der Stochastik wichtigste Verteilung ist die Normalverteilung, die auch in Kapitel D eine zentrale Rolle spielt.

Bezeichnung B 3.13 (Normalverteilung). Die Normalverteilung $N(\mu, \sigma^2)$ ist definiert durch die Dichtefunktion

$$f(x) = \varphi_{\mu, \sigma^2}(x) = \frac{1}{\sqrt{2\pi}\,\sigma} \, \exp\left\{-\frac{(x-\mu)^2}{2\sigma^2}\right\}, \quad x \in \mathbb{R},$$

mit den Parametern $\mu \in \mathbb{R}$ und $\sigma > 0$.

Die Verteilungsfunktion ist nicht geschlossen darstellbar. Speziell für $\mu = 0$ und $\sigma^2 = 1$ heißt $N(0,1)$ Standardnormalverteilung; die zugehörige Verteilungsfunktion wird mit Φ, die Riemann-Dichte mit $\varphi = \varphi_{0,1}$ bezeichnet. Die Graphen von Φ und φ sind in Abbildung B 3.7 dargestellt.

Verschiedene Dichtefunktionen von Normalverteilungen sind in Abbildung B 3.8 dargestellt. Je kleiner der Parameter σ^2 wird, desto steiler wird der Graph der Funktion. Der Parameter μ bewirkt eine Verschiebung entlang der Abszisse.

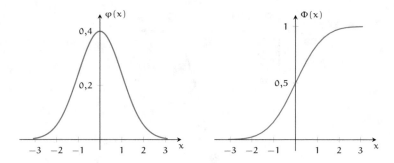

Abbildung B 3.7: Graphen von Riemann-Dichte φ und Verteilungsfunktion Φ der Standardnormalverteilung $N(0,1)$.

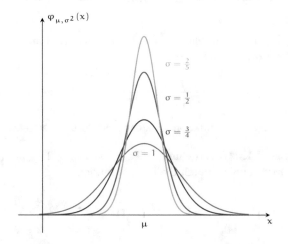

Abbildung B 3.8: Dichtefunktionen φ_{μ,σ^2} von Normalverteilungen $N(\mu,\sigma^2)$ mit identischem Parameter μ und verschiedenen Werten für σ.

Die Verteilungsfunktion Φ_{μ,σ^2} von $N(\mu,\sigma^2)$ lässt sich durch die Identität

$$\Phi_{\mu,\sigma^2}(x) = \Phi\left(\frac{x-\mu}{\sigma}\right), \quad x \in \mathbb{R}$$

darstellen. Da φ achsensymmetrisch ist, d.h. $\varphi(x) = \varphi(-x)$, $x \in \mathbb{R}$, gilt die Identität:

$$\Phi(x) = 1 - \Phi(-x), \quad x \in \mathbb{R}. \tag{B.1}$$

Ein Graph zu Φ_{μ,σ^2} ist in Abbildung B 3.9 dargestellt.

Schließlich werden noch zwei weitere Verteilungen mit Riemann-Dichten eingeführt, die in der Schließenden Statistik verwendet werden.

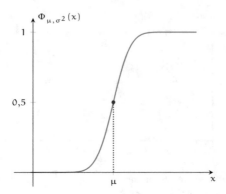

Abbildung B 3.9: Verteilungsfunktion Φ_{μ,σ^2} einer $N(\mu,\sigma^2)$-Verteilung.

Bezeichnung B 3.14 (t-Verteilung). Die t-Verteilung $t(n)$ mit n Freiheitsgraden ist definiert durch die Dichtefunktion

$$f(x) = \frac{\Gamma\left(\frac{n+1}{2}\right)}{\sqrt{n\pi}\,\Gamma(\frac{n}{2})}\left(1+\frac{x^2}{n}\right)^{-(n+1)/2}, \; x \in \mathbb{R},$$

mit $n \in \mathbb{N}$. Die Verteilungsfunktion ist nicht geschlossen darstellbar.

Bezeichnung B 3.15 (F-Verteilung). Die F-Verteilung $F(n,m)$ mit n und m Freiheitsgraden ist definiert durch die Dichtefunktion

$$f(x) = \begin{cases} \frac{\Gamma(\frac{n+m}{2})}{\Gamma(\frac{n}{2})\Gamma(\frac{m}{2})}\left(\frac{n}{m}\right)^{n/2}\frac{x^{n/2-1}}{\left(1+\frac{n}{m}x\right)^{\frac{n+m}{2}}}, & x > 0 \\ 0, & x \leqslant 0 \end{cases}$$

mit $n \in \mathbb{N}$ und $m \in \mathbb{N}$. Die Verteilungsfunktion ist nicht geschlossen darstellbar.

Bezeichnung B 3.16 (Träger). Sei f eine Riemann-Dichtefunktion.

Die Menge $\{x \in \mathbb{R} \mid f(x) > 0\}$ heißt Träger der zugehörigen Wahrscheinlichkeitsverteilung P (oder von f bzw. der zugehörigen Verteilungsfunktion F). Sie wird auch mit supp(P), supp(f) oder supp(F) bezeichnet. Ist der Träger ein Intervall, so spricht man von einem Trägerintervall.

Grundsätzlich können Verteilungen durch eine Lage-/Skalentransformation modifiziert und möglicherweise um neue Parameter ergänzt werden, um bessere Modellanpassungen zu erreichen. Dazu betrachtet man zu einer Verteilungsfunktion F die Verteilungsfunktion

$$F_{a,b}(x) = F\left(\frac{x-a}{b}\right)$$

mit Parametern $a \in \mathbb{R}$ und $b > 0$. a wird als Lageparameter, b als Skalenparameter bezeichnet. Ist (α, ω) das Trägerintervall von F, so ist $(a + b\alpha, a + b\omega)$ das

Trägerintervall von $F_{a,b}$. Für die zugehörigen Riemann-Dichten gilt:

$$f_{a,b}(x) = \frac{1}{b} f\left(\frac{x-a}{b}\right), \quad x \in \mathbb{R}.$$

Die resultierende Familie von Verteilungen

$$\mathcal{P} = \left\{ P_{a,b} \mid P_{a,b} \text{ hat die Riemann-Dichte } f_{a,b}, a \in \mathbb{R}, b > 0 \right\}$$

heißt Lokations-Skalenfamilie mit Standardvertreter $f = f_{0,1}$ (bzw. $P_{0,1}$).

Beispiel B 3.17.

(i) Die obige Transformation führt bei einer Betaverteilung $\text{beta}(\alpha, \beta)$ zum Trägerintervall $(a, a+b)$, so dass beliebige endliche Intervalle als Träger gewählt werden können. Die Dichtefunktion $f_{a,b}$ entsteht mit f aus Bezeichnung B 3.11 durch

$$\begin{aligned}
f_{a,b}(x) &= \frac{1}{b} f\left(\frac{x-a}{b}\right) \\
&= \begin{cases} \frac{\Gamma(\alpha+\beta)}{b^{\alpha+\beta-1}\Gamma(\alpha)\Gamma(\beta)}(x-a)^{\alpha-1}(a+b-x)^{\beta-1}, & x \in (a, a+b) \\ 0, & x \notin (a, a+b) \end{cases}.
\end{aligned}$$

(ii) Bei einer Standardexponentialverteilung $\text{Exp}(1)$ (s. Bezeichnung B 3.7) resultiert mit Lokationsparameter μ und Skalenparameter θ das Trägerintervall (μ, ∞) und die Dichtefunktion $f_{\mu,\theta}$ gegeben durch

$$f_{\mu,\theta}(x) = \frac{1}{\theta} f\left(\frac{x-\mu}{\theta}\right) = \begin{cases} \frac{1}{\theta} e^{-(x-\mu)/\theta}, & x > \mu \\ 0, & x \leqslant \mu \end{cases}.$$

Die durch diese Dichte festgelegte Verteilung heißt zweiparametrige Exponentialverteilung mit Lageparameter μ und Skalenparameter θ. Ein Graph der Riemann-Dichte ist in Abbildung B 3.10 dargestellt.

(iii) Eine Lage-/Skalentransformation führt nicht immer zu einer Verteilungsfamilie mit (zwei) neuen Parametern. Wird beispielsweise eine Exponentialverteilung $\text{Exp}(\lambda)$ mit einem Parameter $\lambda > 0$ und der Dichtefunktion f mit $f(x) = \lambda e^{-\lambda x} \mathbb{1}_{(0,\infty)}(x)$, $x \in \mathbb{R}$, (s. Bezeichnung B 3.7) als Ausgangspunkt gewählt, so ist die transformierte Dichtefunktion $f_{a,b}$ gegeben durch

$$f_{a,b}(x) = \frac{1}{b} f\left(\frac{x-a}{b}\right) = \frac{\lambda}{b} \exp\left(-\frac{\lambda}{b}(x-a)\right) \mathbb{1}_{(a,\infty)}(x), \quad x \in \mathbb{R}.$$

Mit der Setzung $\mu = a$ und $\theta = \frac{b}{\lambda} (> 0)$ resultiert eine zweiparametrige Exponentialverteilung mit Lageparameter μ und Skalenparameter θ (in der Bezeichnungsweise aus (ii)). Der Skalenparameter λ bildet zusammen mit dem eingeführten Skalenparameter b den neuen Skalenparameter $\theta = b/\lambda$.

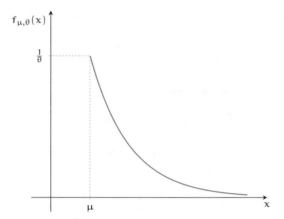

Abbildung B 3.10: Graph der Riemann-Dichte einer zweiparametrigen Exponentialverteilung mit Lageparameter $\mu \in \mathbb{R}$ und Skalenparameter $\theta > 0$.

(iv) Die Familie der Normalverteilungen (s. Beispiel D 1.4 (ii))

$$\mathcal{P} = \left\{ N(\mu, \sigma^2) \mid \mu \in \mathbb{R}, \sigma^2 > 0 \right\}$$

bildet eine Lokations-Skalenfamilie mit dem Lokationsparameter $\mu \in \mathbb{R}$ und dem Skalenparameter $\sigma > 0$ sowie dem Standardvertreter $\varphi_{0,1} = \varphi$ (bzw. $N(0,1)$) (s. auch Bezeichnung B 3.13).

B 4 Eigenschaften von Wahrscheinlichkeitsmaßen

Aus der Definition eines Wahrscheinlichkeitsmaßes folgen wichtige Eigenschaften für das Rechnen mit Wahrscheinlichkeiten. Diese Regeln basieren nur auf den Kolmogorov-Axiomen und gelten damit in allgemeinen Wahrscheinlichkeitsräumen, insbesondere also für diskrete und stetige Wahrscheinlichkeitsverteilungen, die über Zähldichten bzw. Riemann-Dichten eingeführt werden. In diesem Abschnitt sei $(\Omega, \mathfrak{A}, P)$ ein allgemeiner Wahrscheinlichkeitsraum (s. Definition B 3.2).

Lemma B 4.1. *Sei* $(\Omega, \mathfrak{A}, P)$ *ein Wahrscheinlichkeitsraum. Für* $A, B \in \mathfrak{A}$ *gilt:*

(i) $P(A \cup B) = P(A) + P(B)$, *falls* $A \cap B = \emptyset$,

(ii) $P(B \setminus A) = P(B) - P(A)$, *falls* $A \subseteq B$ *(Subtraktivität von P),*

(iii) $P(A^c) = 1 - P(A)$,

(iv) $A \subseteq B \Longrightarrow P(A) \leqslant P(B)$ *(Monotonie von P),*

(v) $P(A \cup B) = P(A) + P(B) - P(A \cap B)$,

(vi) $P(\bigcup\limits_{i=1}^{n} A_i) \leqslant \sum\limits_{i=1}^{n} P(A_i)$, $\quad A_1, \ldots, A_n \in \mathfrak{A}$ *(Subadditivität),*

(vii) $P(\bigcup\limits_{i=1}^{\infty} A_i) \leqslant \sum\limits_{i=1}^{\infty} P(A_i)$, $\quad A_1, A_2, \ldots \in \mathfrak{A}$ *(Sub-σ-Additivität).*

Beweis: (i) Folgt aus der σ-Additivität mit der Setzung $A_1 = A$, $A_2 = B$ und $A_j = \emptyset$, $j \geqslant 3$.

(ii) Für $A \subseteq B$ ist $A \cap B = A$. Weiter ist $B \setminus A = B \cap A^c$. Aus der Disjunktheit von $A = A \cap B$ und $B \cap A^c$ folgt:

$$P(B) = P(B \cap \Omega) = P(B \cap (A \cup A^c)) = P(\underbrace{(B \cap A)}_{=A} \cup (B \cap A^c))$$

$$= P(A) + P(B \cap A^c) = P(A) + P(B \setminus A).$$

(iii) Ergibt sich aus (ii) mit $B = \Omega$.

(iv) Mit $A \subseteq B$ gilt wegen (ii): $P(A) = P(B) - P(B \setminus A) \leqslant P(B)$.

(v) Wegen (i) gilt (vgl. auch Beweis von (ii)):

$$P(A^c \cap B) + P(A \cap B) = P(B) \text{ und } P(B^c \cap A) + P(A \cap B) = P(A).$$

Da $A \cup B = (A \cap B^c) \cup (A \cap B) \cup (A^c \cap B)$ Vereinigung paarweise disjunkter Mengen ist, folgt

$$P(A \cup B) = P(A \cap B^c) + P(A \cap B) + P(A^c \cap B)$$

$$= P(A) - P(A \cap B) + P(A \cap B) + P(B) - P(A \cap B)$$

$$= P(A) + P(B) - P(A \cap B).$$

(vi) Zum Nachweis der Eigenschaft spaltet man das Vereinigungsereignis disjunkt auf und nutzt die Additivität von P. Es ist

$$\bigcup_{i=1}^{n} A_i = A_1 \cup (A_1^c \cap A_2) \cup (A_1^c \cap A_2^c \cap A_3) \cup \cdots \cup \left(\bigcap_{j=1}^{n-1} A_j^c \cap A_n \right)$$

$$= A_1 \cup \bigcup_{i=2}^{n} \left(\left(\bigcap_{j=1}^{i-1} A_j^c \right) \cap A_i \right),$$

so dass

$$P\left(\bigcup_{i=1}^{n} A_i \right) = P(A_1) + \sum_{i=2}^{n} \underbrace{P\left(\bigcap_{j=1}^{i-1} A_j^c \cap A_i \right)}_{\leqslant P(A_i)}$$

$$\overset{(iv)}{\leqslant} P(A_1) + \sum_{i=2}^{n} P(A_i) = \sum_{i=1}^{n} P(A_i).$$

In stochastischen Modellen benötigt man häufig Folgen von Ereignissen und deren Eigenschaften.

Definition B 4.2 (Ereignisfolgen, limes superior, limes inferior). *Seien $\mathfrak{A}$ eine σ-Algebra über $\Omega \neq \emptyset$ und $(A_n)_{n \in \mathbb{N}} \subseteq \mathfrak{A}$.*

$$(A_n)_n \text{ heißt } \begin{cases} \textit{isoton (monoton wachsend)}, & \textit{falls } A_n \subseteq A_{n+1} \quad \forall n \in \mathbb{N} \\ \textit{antiton (monoton fallend)}, & \textit{falls } A_n \supseteq A_{n+1} \quad \forall n \in \mathbb{N} \end{cases}.$$

Für isotone bzw. antitone Ereignisfolgen heißt jeweils

$$\lim_{n\to\infty} A_n = \bigcup_{n=1}^{\infty} A_n \ \ bzw. \ \ \lim_{n\to\infty} A_n = \bigcap_{n=1}^{\infty} A_n$$

der Grenzwert (Limes) von $(A_n)_{n\in\mathbb{N}}$.

Für eine beliebige Ereignisfolge $(A_n)_n$ *heißen*

$$\limsup_{n\to\infty} A_n = \lim_{n\to\infty} \left(\bigcup_{k=n}^{\infty} A_k \right) = \bigcap_{n=1}^{\infty} \bigcup_{k=n}^{\infty} A_k$$

der limes superior und

$$\liminf_{n\to\infty} A_n = \lim_{n\to\infty} \left(\bigcap_{k=n}^{\infty} A_k \right) = \bigcup_{n=1}^{\infty} \bigcap_{k=n}^{\infty} A_k$$

der limes inferior der Folge $(A_n)_{n\in\mathbb{N}}$.

Bemerkung B 4.3. Mit $(A_n)_n \subseteq \mathfrak{A}$ sind der limes superior und der limes inferior selbst wieder Ereignisse aus $\mathfrak{A}$, d.h.

$$\limsup_{n\to\infty} A_n \in \mathfrak{A}, \ \liminf_{n\to\infty} A_n \in \mathfrak{A},$$

und es gilt

$$\limsup_{n\to\infty} A_n = \{\omega \in \Omega | \omega \text{ liegt in unendlich vielen der } A_i\},$$

$$\liminf_{n\to\infty} A_n = \{\omega \in \Omega | \omega \text{ liegt in allen } A_i \text{ bis auf endlich viele}\}.$$

Der limes superior beschreibt also das Ereignis, dass unendlich viele der A_i's eintreten, der limes inferior das Ereignis, dass alle bis auf endlich viele der A_i's eintreten.

Für Ereignisfolgen erhält man folgende Eigenschaften.

Lemma B 4.4. *Seien* $(\Omega, \mathfrak{A}, P)$ *ein Wahrscheinlichkeitsraum und* $(A_n)_n \subseteq \mathfrak{A}$. *Dann gilt:*

(i) $P\left(\bigcup_{n=1}^{\infty} A_n \right) = P(\lim_{n\to\infty} A_n) = \lim_{n\to\infty} P(A_n)$, *falls die Ereignisfolge* $(A_n)_n$ *isoton ist (Stetigkeit von P von unten),*

(ii) $P\left(\bigcap_{n=1}^{\infty} A_n \right) = P(\lim_{n\to\infty} A_n) = \lim_{n\to\infty} P(A_n)$, *falls* $(A_n)_n$ *antiton ist (Stetigkeit von P von oben),*

(iii) $P\left(\limsup_{n\to\infty} A_n \right) = \lim_{n\to\infty} P\left(\bigcup_{k=n}^{\infty} A_k \right),$

$P\left(\liminf_{n\to\infty} A_n \right) = \lim_{n\to\infty} P\left(\bigcap_{k=n}^{\infty} A_k \right).$

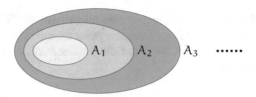

Abbildung B 4.1: Darstellung einer isotonen Mengenfolge $A_1, A_2, \ldots$

Beweis: (i) Seien $B_1 = A_1$, $B_{n+1} = A_{n+1} \cap A_n^c$ und $A_n \subseteq A_{n+1}$, $n \in \mathbb{N}$ (s. Abbildung B 4.1). Damit sind die Mengen $B_1, B_2, \ldots$ paarweise disjunkt, und es gilt

$$\bigcup_{n=1}^{\infty} B_n = B_1 \cup \underbrace{\bigcup_{n=2}^{\infty} (A_n \cap A_{n-1}^c)}_{\subseteq A_n} \subseteq \bigcup_{n=1}^{\infty} A_n.$$

Weiterhin folgt:

$$\omega \in \bigcup_{n=1}^{\infty} A_n \implies \exists i : \omega \in A_i \wedge \omega \notin A_j \ \forall j < i \implies \omega \in B_i \implies \omega \in \bigcup_{n=1}^{\infty} B_n,$$

d.h. jedes $\omega \in \bigcup_{n=1}^{\infty} A_n$ ist auch Element von $\bigcup_{n=1}^{\infty} B_n$. Also folgt $\bigcup_{n=1}^{\infty} B_n = \bigcup_{n=1}^{\infty} A_n$. Damit gilt unter Anwendung der σ-Additivität von P:

$$P\left(\bigcup_{n=1}^{\infty} A_n\right) = P\left(\bigcup_{n=1}^{\infty} B_n\right) \overset{\sigma\text{-Add.}}{=} \sum_{n=1}^{\infty} P(B_n)$$

$$\overset{A_1 = B_1}{=} P(A_1) + \sum_{n=2}^{\infty} P(B_n)$$

$$= P(A_1) + \lim_{m \to \infty} \sum_{n=1}^{m} \underbrace{P(B_{n+1})}_{=P(A_{n+1})-P(A_n)}$$

$$= P(A_1) + \lim_{m \to \infty} (P(A_{m+1}) - P(A_1)) = \lim_{m \to \infty} P(A_m).$$

(ii) Mit der de Morganschen Regel folgt aus (i): $\bigcap_{n=1}^{\infty} A_n = \left(\bigcup_{n=1}^{\infty} A_n^c\right)^c$, wobei $(A_n^c)_n$ eine isotone Mengenfolge ist. Damit gilt:

$$P\left(\bigcap_{n=1}^{\infty} A_n\right) = 1 - P\left(\bigcup_{n=1}^{\infty} A_n^c\right) = 1 - \lim_{m \to \infty} \underbrace{P(A_m^c)}_{=1-P(A_m)} = \lim_{m \to \infty} P(A_m)$$

(iii) Die Anwendung von (i) und (ii) liefert:

$$P(\limsup_{n \to \infty} A_n) = P\left(\lim_{n \to \infty} \bigcup_{k=n}^{\infty} A_k\right)$$

$$= \lim_{n \to \infty} P\left(\bigcup_{k=n}^{\infty} A_k\right), \text{ denn } \left(\bigcup_{k=n}^{\infty} A_k\right)_n \text{ ist eine antitone Folge,}$$

$$P(\liminf_{n \to \infty} A_n) = P\left(\lim_{n \to \infty} \bigcap_{k=n}^{\infty} A_k\right)$$

$$= \lim_{n \to \infty} P\left(\bigcap_{k=n}^{\infty} A_k\right), \text{ denn } \left(\bigcap_{k=n}^{\infty} A_k\right)_n \text{ ist eine isotone Folge.}$$

Die Wahrscheinlichkeit für ein Vereinigungsereignis ist die Summe der Einzel-wahrscheinlichkeiten, falls die Ereignisse paarweise disjunkt sind. Ist dies nicht der Fall, lässt sich die Wahrscheinlichkeit auf die Wahrscheinlichkeiten aller Schnitt-ereignisse zurückführen.

Lemma B 4.5 (Siebformel von Sylvester-Poincaré). *Für Ereignisse* $(A_n)_{n \in \mathbb{N}}$ *in einem Wahrscheinlichkeitsraum* $(\Omega, \mathfrak{A}, P)$ *gilt:*

$$P\Big(\bigcup_{k=1}^{n} A_k \Big) = \sum_{k=1}^{n} P(A_k) - \sum_{1 \leqslant i_1 < i_2 \leqslant n} P(A_{i_1} \cap A_{i_2})$$
$$+ \sum_{1 \leqslant i_1 < i_2 < i_3 \leqslant n} P(A_{i_1} \cap A_{i_2} \cap A_{i_3})$$
$$\mp \cdots + (-1)^{n+1} P\Big(\bigcap_{k=1}^{n} A_k \Big)$$

In den Fällen $n = 2$ und $n = 3$ gelten somit speziell:

$$
\begin{aligned}
n = 2: \quad P(A_1 \cup A_2) \quad &= P(A_1) + P(A_2) - P(A_1 \cap A_2) \quad \text{(s. Lemma B 4.1)} \\
n = 3: \quad P(A_1 \cup A_2 \cup A_3) \quad &= P(A_1) + P(A_2) + P(A_3) \\
&\quad - P(A_1 \cap A_2) - P(A_1 \cap A_3) - P(A_2 \cap A_3) \\
&\quad + P(A_1 \cap A_2 \cap A_3).
\end{aligned}
$$

Bemerkung B 4.6. Aus der Sylvester-Poincaré-Siebformel werden sogenann-te Bonferroni-Ungleichungen gewonnen. Seien $A_1, \ldots, A_n$ Ereignisse aus $\mathfrak{A}$ im Wahrscheinlichkeitsraum $(\Omega, \mathfrak{A}, P)$. Dann gilt:

$$\sum_{k=1}^{n} P(A_k) - \sum_{1 \leqslant i_1 < i_2 \leqslant n} P(A_{i_1} \cap A_{i_2}) \leqslant P\Big(\bigcup_{k=1}^{n} A_k \Big) \leqslant \sum_{k=1}^{n} P(A_k).$$

Weitere Ungleichungen entstehen durch Abbruch der Siebformel nach Termen gerader bzw. ungerader Ordnung.

Tabelle B 4.1 enthält eine Zusammenstellung von Bezeichnungen und Sprechwei-sen.

B 5 Bedingte Wahrscheinlichkeiten

Das Konzept der bedingten Wahrscheinlichkeit dient der Beschreibung des Ein-flusses von Vor- oder Zusatzinformationen bzw. deren Einbeziehung in ein sto-chastisches Modell.

Für $A \in \mathfrak{A}$ ist $P(A)$ die Wahrscheinlichkeit des Eintretens von Ereignis A. Nun sei bekannt oder gefordert, dass Ereignis $B \in \mathfrak{A}$ eintritt. Welchen Einfluss hat diese Information auf die Wahrscheinlichkeit des Eintretens von A?

Mathematisches Objekt	Interpretation
Ω	Grundraum, Ergebnisraum
ω	(mögliches) Ergebnis
$A \in \mathfrak{A}$	Ereignis
$\mathfrak{A}$	Menge der (möglichen) Ereignisse
Ω	sicheres Ereignis
$\emptyset$	unmögliches Ereignis
$\omega \in A$	Ereignis A tritt ein
$\omega \in A^c$	Ereignis A tritt nicht ein
$\omega \in A \cup B$	Ereignis A oder Ereignis B tritt ein
$\omega \in A \cap B$	Ereignis A und Ereignis B treten ein
$A \subseteq B$	Eintreten von Ereignis A impliziert das Eintreten von Ereignis B
$A \cap B = \emptyset$	Ereignisse A und B schließen einander aus, A und B sind disjunkt
$\omega \in \bigcup\limits_{i \in I} A_i$	mindestens ein Ereignis A_i, $i \in I$, tritt ein
$\omega \in \bigcap\limits_{i \in I} A_i$	alle Ereignisse A_i, $i \in I$, treten ein
$\omega \in \limsup\limits_{i \in I} A_i$	unendlich viele Ereignisse A_i, $i \in I$, treten ein
$\omega \in \liminf\limits_{i \in I} A_i$	alle bis auf endlich viele Ereignisse A_i, $i \in I$, treten ein

Tabelle B 4.1: Bezeichnungen und Sprechweisen.

Beispiel B 5.1.

(i) Würfelwurf

Wie groß ist die Wahrscheinlichkeit für das Auftreten der Zwei unter der Bedingung, dass eine gerade Zahl auftritt? Die intuitive Antwort ist 1/3. In Gedanken schränkt man den Grundraum auf die Menge $\{2, 4, 6\}$ ein.

(ii) Urnenmodell

Aus einer Urne mit zwei weißen und drei schwarzen Kugeln werden zwei Kugeln ohne Zurücklegen gezogen. Dann erscheint klar:

$$P\left(\begin{array}{c}\text{Die zweite Kugel ist schwarz bedingt unter der Kenntnis,}\\ \text{dass die erste Kugel weiß ist}\end{array}\right) = \frac{3}{4}.$$

Die Ziehung der Kugeln wird als Laplace-Experiment mit dem Grundraum $\Omega = \{(i,j) | i,j \in \{1,\dots,5\}, i \neq j\}$ mit $|\Omega| = 5 \cdot 4$ modelliert. Die Interpretation von Ω ist gegeben durch: Die weißen Kugeln haben die Nummern 1 und 2, die schwarzen Kugeln die Nummern 3, 4 und 5. Mit der Definition

Ereignis A: „Zweite Kugel ist schwarz" und

Ereignis B: „Erste Kugel ist weiß"

gilt dann

$$A \cap B = \{(1,3),(1,4),(1,5),(2,3),(2,4),(2,5)\}, |A \cap B| = 6,$$
$$B = \{(1,2),(1,3),(1,4),(1,5),(2,1),(2,3),(2,4),(2,5)\}, |B| = 8,$$
$$P(B) = \frac{8}{20}, \quad P(A \cap B) = \frac{6}{20}.$$

Damit ist

$$\frac{P(A \cap B)}{P(B)} = \frac{\frac{6}{20}}{\frac{8}{20}} = \frac{3}{4}.$$

Dieser Quotient wird allgemein als bedingte Wahrscheinlichkeit definiert.

Definition B 5.2 (Bedingte Wahrscheinlichkeit). *Sei $(\Omega, \mathfrak{A}, P)$ ein Wahrscheinlichkeitsraum. Für jedes $B \in \mathfrak{A}$ mit $P(B) > 0$ wird durch*

$$P(A|B) = \frac{P(A \cap B)}{P(B)}, \quad A \in \mathfrak{A},$$

eine Wahrscheinlichkeitsverteilung $P(\cdot|B)$ auf $\mathfrak{A}$ definiert, die sogenannte bedingte Verteilung unter (der Hypothese) B. $P(A|B)$ heißt (elementar) bedingte Wahrscheinlichkeit von A unter B.

Als Funktion von A bildet $P(A|B)$ wiederum eine Wahrscheinlichkeitsverteilung und $(\Omega, \mathfrak{A}, P(\cdot|B))$ ist ein Wahrscheinlichkeitsraum. Wegen $P(A|B) = P(A \cap B|B)$ ist auch $(B, \{A \cap B| A \in \mathfrak{A}\}, P(\cdot|B))$ ein Wahrscheinlichkeitsraum über dem (eingeschränkten) Grundraum $B \subseteq \Omega$. Die Menge $\{A \cap B| A \in \mathfrak{A}\}$ ist eine σ-Algebra über B.

Für das Arbeiten mit bedingten Wahrscheinlichkeiten sind die nachfolgenden Eigenschaften und Begriffe wesentlich.

Lemma B 5.3. *Seien $(\Omega, \mathfrak{A}, P)$ ein Wahrscheinlichkeitsraum und $A, B \in \mathfrak{A}$ mit $P(A) > 0$, $P(B) > 0$ sowie $A_1, A_2, \ldots, A_n \in \mathfrak{A}$ mit $P\left(\bigcap_{i=1}^{n-1} A_i\right) > 0$. Dann gilt:*

(i) $P(A|B) = P(B|A) \cdot \frac{P(A)}{P(B)}$,

(ii) $P\left(\bigcap_{i=1}^{n} A_i\right) = P(A_1) \cdot P(A_2|A_1) \cdot P(A_3|A_1 \cap A_2) \cdot \ldots \cdot P\left(A_n \middle| \bigcap_{i=1}^{n-1} A_i\right)$.

Beweis: (i) $P(B|A)\frac{P(A)}{P(B)} = \frac{P(B \cap A)}{P(A)} \cdot \frac{P(A)}{P(B)} = P(A|B)$.

(ii) $P(A_1) \cdot P(A_2|A_1) \cdot P(A_3|A_2 \cap A_1) \cdot \ldots \cdot P\left(A_n \middle| \bigcap_{i=1}^{n-1} A_i\right)$

$= P(A_1) \cdot \frac{P(A_1 \cap A_2)}{P(A_1)} \cdot \frac{P(A_1 \cap A_2 \cap A_3)}{P(A_1 \cap A_2)} \cdot \ldots \cdot \frac{P(\bigcap_{i=1}^{n} A_i)}{P(\bigcap_{i=1}^{n-1} A_i)} = P(\bigcap_{i=1}^{n} A_i)$.

Lemma B 5.4 (Formel von der totalen Wahrscheinlichkeit). *Seien* $(\Omega, \mathfrak{A}, P)$ *ein Wahrscheinlichkeitsraum und* $A \in \mathfrak{A}$, $(B_n)_n \subseteq \mathfrak{A}$, B_n *paarweise disjunkt mit* $A \subseteq \bigcup\limits_{n=1}^{\infty} B_n$. *Dann gilt:*

$$P(A) = \sum_{n=1}^{\infty} P(A \cap B_n) = \sum_{n=1}^{\infty} P(A|B_n) \cdot P(B_n).$$

Ist $P(B_n) = 0$, *so ist* $P(A|B_n)$ *nicht definiert. Man setzt in diesem Fall* $P(B_n) \cdot P(A|B_n) = 0$ *mit* $P(A|B_n) \in [0, 1]$ *beliebig.*

Beweis: Wegen $A \subseteq \bigcup\limits_{n=1}^{\infty} B_n$ ist $A = \bigcup\limits_{n=1}^{\infty} \underbrace{(A \cap B_n)}_{\text{paarweise disjunkt}}$. Damit folgt

$$P(A) = P\Big(\bigcup_{n=1}^{\infty} (A \cap B_n) \Big) \stackrel{\sigma\text{-add.}}{=} \sum_{n=1}^{\infty} P(A \cap B_n) = \sum_{n=1}^{\infty} P(A|B_n) \cdot P(B_n).$$

Eigenschaft B 5.5 (Bayessche Formel). *Seien* $(\Omega, \mathfrak{A}, P)$ *ein Wahrscheinlichkeitsraum und* $A \in \mathfrak{A}$, $(B_n)_n \subseteq \mathfrak{A}$, $B_1, B_2, \ldots$ *paarweise disjunkt*, $A \subseteq \bigcup\limits_{n=1}^{\infty} B_n$ *mit* $P(A) > 0$. *Dann gilt für jedes* $k \in \mathbb{N}$

$$P(B_k|A) = \frac{P(B_k) \cdot P(A|B_k)}{\sum\limits_{n=1}^{\infty} P(A|B_n) \cdot P(B_n)}.$$

Beweis: Wegen $P(B_k|A) = \frac{P(B_k) \cdot P(A|B_k)}{P(A)}$ folgt nach der Formel von der totalen Wahrscheinlichkeit B 5.4 die Behauptung.

Bei der Bayesschen Formel wird von der „Wirkung" A auf eine „Ursache" B_k geschlossen. In einem medizinischen Kontext kann obige Formel wie folgt interpretiert werden: Ein Arzt stellt ein Symptom A fest, das von verschiedenen Krankheiten $B_1, \ldots, B_n$ herrühren kann.

(i) Die relative Häufigkeit einer jeden Krankheit sei bekannt. Diese ist eine „Schätzung" für $P(B_k)$, $k = 1, 2, \ldots$.

(ii) Wenn die Krankheit B_k vorliegt, dann seien die relativen Häufigkeiten für das Auftreten von Symptom A bekannt. Diese liefern Werte für $P(A|B_k)$, $k = 1, 2, \ldots$.

Gesucht ist die Wahrscheinlichkeit für die Krankheit B_k, wenn Symptom A auftritt. $P(B_k)$ heißt auch a priori Wahrscheinlichkeit, $P(B_k|A)$ a posteriori Wahrscheinlichkeit.

B 6 Stochastische Unabhängigkeit von Ereignissen

Die stochastische Unabhängigkeit ist ein zentraler Begriff in der Stochastik. Zunächst wird die stochastische Unabhängigkeit von zwei oder mehr Ereignissen behandelt. Intuitiv würden Ereignisse A und B als unabhängig betrachtet werden, wenn die Wahrscheinlichkeit von A nicht davon abhängt, ob B eingetreten ist oder nicht, d.h. die bedingte Wahrscheinlichkeit $P(A|B)$ ist unabhängig von B: $P(A|B) = P(A)$. Dabei wird jedoch $P(B) > 0$ vorausgesetzt, da sonst die bedingte Wahrscheinlichkeit nicht definiert ist. Unter Berücksichtigung der Definition von $P(A|B)$ folgt äquivalent die Gleichung

$$P(A|B) = P(A) \iff \frac{P(A \cap B)}{P(B)} = P(A) \iff P(A \cap B) = P(A) \cdot P(B).$$

Diese intuitive Vorgehensweise impliziert also, dass die Wahrscheinlichkeit des Schnittereignisses $A \cap B$ als Produkt der Wahrscheinlichkeiten der Ereignisse A und B bestimmt werden kann. Da diese Beziehung auch für den Fall $P(B) = 0$ verwendet werden kann, wird die stochastische Unabhängigkeit in dieser Weise definiert.

Definition B 6.1 (Stochastische Unabhängigkeit von Ereignissen). *Seien* $(\Omega, \mathfrak{A}, P)$ *ein Wahrscheinlichkeitsraum und* $A, B \in \mathfrak{A}$. *Die Ereignisse* A *und* B *heißen stochastisch unabhängig, falls gilt:*

$$P(A \cap B) = P(A) \cdot P(B).$$

Beispiel B 6.2. Seien $\Omega = \{1, 2, 3, 4\}$ und P die Laplace-Verteilung auf Ω. Die Ereignisse $A = \{1, 2\}$ und $B = \{1, 3\}$ sind stochastisch unabhängig, da $P(A) = P(B) = \frac{1}{2}$ und

$$P(A \cap B) = P(\{1\}) = \frac{1}{4} = \frac{1}{2} \cdot \frac{1}{2} = P(A) \cdot P(B).$$

Lemma B 6.3 (Eigenschaften stochastisch unabhängiger Ereignisse). *Für Ereignisse* A *und* B *in einem Wahrscheinlichkeitsraum* $(\Omega, \mathfrak{A}, P)$ *gelten folgende Eigenschaften:*

(i) Sind A *und* B *stochastisch unabhängig, dann sind auch die Ereignisse*

$$A \text{ und } B^c, \quad A^c \text{ und } B \quad \text{sowie } A^c \text{ und } B^c$$

jeweils stochastisch unabhängig.

(ii) Ist $P(B) > 0$, *so gilt:*

$$A \text{ und } B \text{ sind stochastisch unabhängig} \iff P(A|B) = P(A).$$

(iii) Ist $P(A) \in \{0, 1\}$, *so gilt für alle Ereignisse* $B \in \mathfrak{A}$: A *und* B *sind stochastisch unabhängig.*

Als Erweiterung des obigen Unabhängigkeitsbegriffs wird die stochastische Unabhängigkeit einer Familie von Ereignissen definiert.

Definition B 6.4 (Stochastische Unabhängigkeit). *Seien* I *eine beliebige Indexmenge und* A_i, $i \in I$, *Ereignisse in einem Wahrscheinlichkeitsraum* $(\Omega, \mathfrak{A}, P)$. *Dann heißen diese Ereignisse*

(i) *paarweise stochastisch unabhängig, falls*

$$P(A_i \cap A_j) = P(A_i) \cdot P(A_j), \quad \forall\, i, j \in I, i \neq j.$$

(ii) *(gemeinsam) stochastisch unabhängig, falls für jede endliche Auswahl von Indizes* $\{i_1, \ldots, i_s\} \subseteq I$ *gilt:*

$$P(A_{i_1} \cap \cdots \cap A_{i_s}) = P(A_{i_1}) \cdot \ldots \cdot P(A_{i_s}).$$

Für $n = 3$ lassen sich die Forderungen der paarweisen bzw. gemeinsamen stochastischen Unabhängigkeit folgendermaßen formulieren:

(i) Die Ereignisse A_1, A_2, A_3 sind paarweise stochastisch unabhängig, wenn gilt:

$$P(A_1 \cap A_2) = P(A_1)P(A_2), \quad P(A_1 \cap A_3) = P(A_1)P(A_3) \text{ und}$$
$$P(A_2 \cap A_3) = P(A_2)P(A_3).$$

(ii) A_1, A_2, A_3 sind gemeinsam stochastisch unabhängig, wenn gilt:

$$P(A_1 \cap A_2) = P(A_1)P(A_2), \quad P(A_1 \cap A_3) = P(A_1)P(A_3),$$
$$P(A_2 \cap A_3) = P(A_2)P(A_3) \text{ und } P(A_1 \cap A_2 \cap A_3) = P(A_1)P(A_2)P(A_3).$$

Im Vergleich zur paarweise stochastischen Unabhängigkeit kommt bei der gemeinsamen stochastischen Unabhängigkeit im zweiten Fall ($n = 3$) eine zusätzliche Forderung hinzu. Aus der gemeinsamen stochastischen Unabhängigkeit von Ereignissen folgt deren paarweise stochastische Unabhängigkeit. Die Umkehrung ist aber im Allgemeinen nicht richtig.

Beispiel B 6.5. Seien $\Omega = \{1, 2, 3, 4\}$ und P die Laplace-Verteilung auf Ω. Die Ereignisse $A = \{1, 2\}$, $B = \{1, 3\}$, $C = \{2, 3\}$ sind wegen

$$P(A) = P(B) = P(C) = \frac{1}{2}, \quad P(A \cap B) = P(A \cap C) = P(B \cap C) = \frac{1}{4}$$

paarweise stochastisch unabhängig. Wegen $A \cap B \cap C = \emptyset$ gilt jedoch

$$P(A \cap B \cap C) = 0 \neq \frac{1}{8} = P(A) \cdot P(B) \cdot P(C),$$

d.h. A, B, C sind nicht gemeinsam stochastisch unabhängig.

Eigenschaft B 6.6. *Seien* $(\Omega, \mathfrak{A}, P)$ *ein Wahrscheinlichkeitsraum,* I *eine Indexmenge und* $A_i \in \mathfrak{A}$, $i \in I$.

(i) *Jede Teilmenge stochastisch unabhängiger Ereignisse ist eine Menge stochastisch unabhängiger Ereignisse.*

(ii) *Sind die Ereignisse* A_i, $i \in I$, *stochastisch unabhängig und* $B_i \in \{A_i, A_i^c, \emptyset, \Omega\}$, $i \in I$, *so sind auch die Ereignisse* B_i, $i \in I$, *stochastisch unabhängig.*

(iii) *Sind die Ereignisse* $A_1, \ldots, A_n$ *stochastisch unabhängig, dann gilt:*

$$P\Big(\bigcup_{i=1}^{n} A_i\Big) = 1 - P\Big(\bigcap_{i=1}^{n} A_i^c\Big) = 1 - \prod_{i=1}^{n} (1 - P(A_i)).$$

Die Modellierung der „unabhängigen Versuchswiederholung" wird am folgenden Beispiel verdeutlicht.

Beispiel B 6.7 (Bernoulli-Modell). Ein Experiment liefere mit Wahrscheinlichkeit $p \in [0,1]$ das Ergebnis 1 und mit Wahrscheinlichkeit $1 - p$ das Ergebnis 0 (z.B. ein Münzwurf). Dieses Experiment werde n-mal „unabhängig" ausgeführt. Das geeignete stochastische Modell ist durch den Grundraum

$$\Omega = \{\omega = (\omega_1, \ldots, \omega_n) \mid \omega_i \in \{0, 1\}, 1 \leqslant i \leqslant n\}$$

und die Zähldichte $f : \Omega \longrightarrow [0, 1]$ definiert durch

$$f((\omega_1, \ldots, \omega_n)) = \prod_{j=1}^{n} p^{\omega_j} (1 - p)^{1 - \omega_j} = p^{\sum \omega_j} (1 - p)^{n - \sum \omega_j} = p^k (1 - p)^{n - k},$$

falls $\omega = (\omega_1, \ldots, \omega_n)$ genau k Komponenten mit Wert 1 hat, spezifiziert (es gilt $\sum_{\omega \in \Omega} f(\omega) = \sum_{k=0}^{n} \binom{n}{k} p^k (1 - p)^{n-k} = 1$). Dieses Modell heißt Bernoulli-Modell.

Der Zusammenhang zur stochastischen Unabhängigkeit ist wie folgt gegeben. Sei A_i das Ereignis für das Ergebnis 1 im i-ten Versuch, d.h.

$$A_i = \{\omega \in \Omega \mid \omega_i = 1\}.$$

Dann kann gezeigt werden: $P(A_i) = p$, $P(A_i \cap A_j) = p^2$, $i \neq j$, $P(A_i \cap A_j \cap A_k) = p^3$, i, j, k alle verschieden, usw.

Lemma B 6.8 (Borel-Cantelli). *Sei* $(A_n)_{n \in \mathbb{N}}$ *eine Folge von Ereignissen in einem Wahrscheinlichkeitsraum* $(\Omega, \mathfrak{A}, P)$. *Dann gilt:*

(i) $\displaystyle\sum_{n=1}^{\infty} P(A_n) < \infty \Longrightarrow P\Big(\limsup_{n \to \infty} A_n\Big) = 0.$

(ii) *Für stochastisch unabhängige Ereignisse* A_n, $n \in \mathbb{N}$, *gilt:*

$$\sum_{n=1}^{\infty} P(A_n) = \infty \Longrightarrow P\Big(\limsup_{n \to \infty} A_n\Big) = 1.$$

Bemerkung B 6.9.

(i) Analog zu den Aussagen des Lemmas von Borel-Cantelli gilt:

(a) $\sum\limits_{n=1}^{\infty} P(A_n^c) < \infty \Longrightarrow P\left(\liminf\limits_{n\to\infty} A_n\right) = 1.$

(b) Für stochastisch unabhängige Ereignisse A_n, $n \in \mathbb{N}$, gilt:

$$\sum_{n=1}^{\infty} P(A_n^c) = \infty \Longrightarrow P\left(\liminf_{n\to\infty} A_n\right) = 0.$$

(ii) Für eine Folge stochastisch unabhängiger Ereignisse gilt stets:

$$P\left(\limsup_{n\to\infty} A_n\right) \in \{0, 1\} \text{ und } P\left(\liminf_{n\to\infty} A_n\right) \in \{0, 1\}.$$

Nun wird in Erweiterung von Beispiel B 6.7 allgemein beschrieben, wie man die Hintereinanderausführung „unabhängiger" Versuche in einem stochastischen Modell beschreibt.

Gegeben seien die Modelle $(\Omega_i, \mathfrak{A}_i, P_i)$, $1 \leqslant i \leqslant n$, z.B. Ziehen mit Zurücklegen aus Urnen, Würfelexperimente,...Ziel ist die Spezifizierung eines Modells für ein Experiment, das aus der unabhängigen Hintereinanderausführung der Teilexperimente besteht (z.B. n-maliges Ziehen, n-maliger Würfelwurf, Kombinationen davon,...). Dann wird ein Wahrscheinlichkeitsraum $(\Omega, \mathfrak{A}, P)$ eingeführt mit dem Grundraum

$$\Omega = \{(\omega_1, \ldots, \omega_n) \mid \omega_i \in \Omega_i, 1 \leqslant i \leqslant n\}$$

$$= \underset{i=1}{\overset{n}{\times}} \Omega_i \quad (n\text{-faches Kreuzprodukt}).$$

Die Mengen Ω_i müssen dabei nicht identisch sein.

Definition B 6.10 (Produktraum). *Für diskrete Wahrscheinlichkeitsräume* $(\Omega_i, \mathfrak{A}_i, P_i)$, $1 \leqslant i \leqslant n$, *heißt* $(\Omega, \mathfrak{A}, P)$ *mit*

$$\Omega = \underset{i=1}{\overset{n}{\times}} \Omega_i = \{(\omega_1, \ldots, \omega_n) \mid \omega_i \in \Omega_i, 1 \leqslant i \leqslant n\},$$

$\mathfrak{A}$ *Potenzmenge von* Ω *und* P *definiert durch die Zähldichte*

$$P(\{\omega\}) = \prod_{i=1}^{n} P_i(\{\omega_i\}), \quad \omega = (\omega_1, \ldots, \omega_n) \in \Omega,$$

Produkt der Wahrscheinlichkeitsräume $(\Omega_i, \mathfrak{A}_i, P_i)$, $1 \leqslant i \leqslant n$. *Der mit*

$$(\Omega, \mathfrak{A}, P) = \bigotimes_{i=1}^{n} (\Omega_i, \mathfrak{A}_i, P_i)$$

bezeichnete Wahrscheinlichkeitsraum heißt Produktraum.

Damit steht alternativ zur ersten Beschreibung eines „3-fachen Würfelwurfs" durch den Grundraum $\Omega = \{(\omega_1, \omega_2, \omega_3) | \omega_i \in \{1, \ldots, 6\}, \ i \in \{1, 2, 3\}\}$ und die Zähldichte $p(\omega_1, \omega_2, \omega_3) = \frac{1}{6^3}$ für jedes $(\omega_1, \omega_2, \omega_3) \in \Omega$ (Laplace-Raum) nun das „elegantere" Modell $\bigotimes_{i=1}^{3} (\Omega_i, \mathfrak{A}_i, P_i)$ zur Verfügung mit $\Omega_1 = \Omega_2 = \Omega_3 = \{1, \ldots, 6\}$ und $P_1 = P_2 = P_3$ als Laplace-Verteilungen auf $\{1, \ldots, 6\}$.

Beispiel B 6.11. Bezeichnet im Beispiel B 6.7 $E_k = \{\omega \in \Omega \mid \sum_{i=1}^{n} \omega_i = k\}$, $k \in \{0, \ldots, n\}$, das Ereignis, in n Versuchen genau k-mal Ergebnis 1 zu erhalten, so ist

$$P(E_k) = \binom{n}{k} p^k (1-p)^{n-k}.$$

Die Ereignisse $E_0, \ldots, E_n$ sind disjunkt und die durch $P(E_0), \ldots, P(E_n)$ definierte Wahrscheinlichkeitsverteilung auf $\{0, 1, \ldots, n\}$ ist die in Bezeichnung B 2.4 eingeführte Binomialverteilung.

B 7 Beispielaufgaben

Beispielaufgabe B 7.1. In einem Wahrscheinlichkeitsraum $(\Omega, \mathfrak{A}, P)$ seien bzgl. der Ereignisse $A, B, C \in \mathfrak{A}$ folgende Wahrscheinlichkeiten bekannt:

(i) $P(B) = \frac{7}{20}$,   (iv) $P(A^c \cap C) = \frac{1}{4}$,   (vii) $P((A \cup B) \cap C) = \frac{3}{20}$.

(ii) $P(C^c) = \frac{7}{10}$,   (v) $P(A \cap B) = \frac{1}{10}$,

(iii) $P(A) = \frac{3}{10}$,   (vi) $P(A \cap B \cap C) = \frac{1}{20}$,

Bestimmen Sie die Wahrscheinlichkeiten der Ereignisse

(a) $A \cup B$,   (c) $A \cap C$,   (e) $B \cap C$,

(b) $A^c \cup C$,   (d) $A \cap B^c \cap C$,   (f) $A \cup B \cup C$.

Hinweis zu (e): Betrachten Sie Voraussetzung (vii).

Lösung: (a) $P(A \cup B) = P(A) + P(B) - P(A \cap B) \overset{(iii),(i),(v)}{=} \frac{3}{10} + \frac{7}{20} - \frac{1}{10} = \frac{11}{20}$.

(b) Wegen $P(C) = 1 - P(C^c) \overset{(ii)}{=} \frac{3}{10}$ und $P(A^c) = 1 - P(A) \overset{(iii)}{=} \frac{7}{10}$ gilt

$$P(A^c \cup C) = P(A^c) + P(C) - P(A^c \cap C) \overset{(iv)}{=} \frac{7}{10} + \frac{3}{10} - \frac{1}{4} = \frac{3}{4}.$$

(c) Mit $P(C) = P(C \cap A) + P(C \cap A^c)$ folgt:

$$P(A \cap C) = P(C) - P(A^c \cap C) \overset{(ii),(iv)}{=} \frac{3}{10} - \frac{1}{4} = \frac{1}{20}.$$

(d) Wegen $P(A \cap C) = P(A \cap C \cap B) + P(A \cap C \cap B^c)$ resultiert die Wahrscheinlichkeit

$$P(A \cap B^c \cap C) = P(A \cap C) - P(A \cap B \cap C) \overset{(c),(vi)}{=} \frac{1}{20} - \frac{1}{20} = 0.$$

(e) Voraussetzung (vii) besagt $P((A \cup B) \cap C) = P((A \cap C) \cup (B \cap C)) = \frac{3}{20}$. Aus der Identität $(A \cap C) \cap (B \cap C) = A \cap B \cap C$ und $P(A \cap B \cap C) \overset{(vi)}{=} \frac{1}{20}$ erhält man mit

$$P((A \cap C) \cup (B \cap C)) = P(A \cap C) + P(B \cap C) - P(A \cap B \cap C)$$

das Ergebnis

$$P(B \cap C) = P((A \cap C) \cup (B \cap C)) - P(A \cap C) + P(A \cap B \cap C)$$

$$\overset{(vii),(c),(vi)}{=} \frac{3}{20} - \frac{1}{20} + \frac{1}{20} = \frac{3}{20}.$$

(f) Mit der Formel von Sylvester-Poincaré (Siebformel) gilt unter Verwendung von (iii), (i), (ii), (v), (c), (e) und (vi):

$$P(A \cup B \cup C) = P(A) + P(B) + P(C) - P(A \cap B) - P(A \cap C)$$
$$- P(B \cap C) + P(A \cap B \cap C)$$
$$= \frac{3}{10} + \frac{7}{20} + \frac{3}{10} - \frac{1}{10} - \frac{1}{20} - \frac{3}{20} + \frac{1}{20} = \frac{7}{10}.$$

Alternativ kann auch folgendermaßen vorgegangen werden:

$$P(A \cup B \cup C) = P((A \cup B) \cup C) = P(A \cup B) + P(C) - P((A \cup B) \cap C)$$

$$\overset{(a),(ii),(vii)}{=} \frac{11}{20} + \frac{3}{10} - \frac{3}{20} = \frac{7}{10}.$$

Beispielaufgabe B 7.2. Ein fairer sechsseitiger Würfel (d.h. alle sechs Seiten des Würfels besitzen dieselbe Auftretenswahrscheinlichkeit) werde zwei Mal hintereinander geworfen.

Geben Sie für dieses Experiment den Grundraum Ω und ein geeignetes Wahrscheinlichkeitsmodell an. Bestimmen Sie ferner die Wahrscheinlichkeit des Ereignisses E: „Das Ergebnis des zweiten Wurfs ist um genau 2 größer als das Ergebnis des ersten Wurfs".

Lösung: Als Grundraum wird $\Omega = \{(\omega_1, \omega_2) \mid 1 \leqslant \omega_i \leqslant 6, i = 1, 2\}$ gewählt, wobei $\omega_i = j$ bedeutet, dass im i-ten Wurf die Zahl j auftritt, $i = 1, 2, 1 \leqslant j \leqslant 6$. Durch

$$P(A) = \frac{|A|}{|\Omega|} = \frac{|A|}{6^2} = \frac{|A|}{36}, \quad A \subseteq \Omega,$$

wird ein Laplace-Raum (Ω, P) definiert. Mit $E = \{(1,3),(2,4),(3,5),(4,6)\}$ folgt dann

$$P(E) = \frac{|E|}{|\Omega|} = \frac{4}{36} = \frac{1}{9}.$$

Beispielaufgabe B 7.3. Vier unverfälschte Würfel mit den Ziffern $1, \ldots, 6$ verteilt auf die sechs Seiten eines Würfels werden gleichzeitig geworfen. Dabei werden folgende Ereignisse betrachtet:

A $\; \widehat{=} \;$ „Es fallen genau zwei Einsen.",
B $\; \widehat{=} \;$ „Die Augensumme (Summe der auftretenden Ziffern) beträgt 6.",
C $\; \widehat{=} \;$ „Es fallen genau zwei Sechsen." ,
D $\; \widehat{=} \;$ „Die Augensumme beträgt 22.".

(a) Beschreiben Sie mengentheoretisch für diese Situation eine geeignete Ergebnismenge Ω und die Ereignisse A und B als Teilmengen von Ω. Geben Sie zudem ein geeignetes Wahrscheinlichkeitsmodell an.

(b) Bestimmen Sie die Wahrscheinlichkeiten der Ereignisse $A, B, A \cap C, A \cap D$, $C \cap D, B \cup C$.

(c) Sind die Ereignisse A und C stochastisch unabhängig?

Lösung: (a) Das Werfen von vier Würfeln (jeweils mit den Ziffern $1, \ldots, 6$) wird durch den Grundraum

$$\Omega = \left\{ \omega = (\omega_1, \omega_2, \omega_3, \omega_4) \mid \omega_i \in \{1, \ldots, 6\}, i \in \{1, \ldots, 4\} \right\}$$

beschrieben. Dabei bezeichnet ω_i das Ergebnis des i-ten Würfels, $i = 1, \ldots, 4$, wobei die Würfel als unterscheidbar angesehen werden.

Dann gilt für die Ereignisse $A \subset \Omega$ und $B \subset \Omega$:

$$A = \big\{ (1, 1, \omega_3, \omega_4), (1, \omega_2, 1, \omega_4), (1, \omega_2, \omega_3, 1), (\omega_1, 1, 1, \omega_4), (\omega_1, 1, \omega_3, 1),$$
$$(\omega_1, \omega_2, 1, 1) \mid \omega_i \in \{2, \ldots, 6\}, i \in \{1, 2, 3, 4\} \big\},$$

$$B = \left\{ \omega = (\omega_1, \omega_2, \omega_3, \omega_4) \in \Omega \ \Big| \ \sum_{i=1}^{4} \omega_i = 6 \right\}$$

$$= \big\{ (1, 1, 1, 3), (1, 1, 3, 1), (1, 3, 1, 1), (3, 1, 1, 1),$$
$$(1, 1, 2, 2), (1, 2, 1, 2), (1, 2, 2, 1), (2, 1, 1, 2), (2, 1, 2, 1), (2, 2, 1, 1) \big\}.$$

Aufgrund der Modellannahmen wird ein Laplace-Modell unterstellt, d.h. für jedes $\omega \in \Omega$ gilt: $P(\{\omega\}) = \frac{1}{|\Omega|} = \frac{1}{6^4}$. Demgemäß folgt für jedes Ereignis $C \subset \Omega$: $P(C) = \frac{|C|}{|\Omega|}$.

(b) Mit der Darstellung von A und B aus Aufgabenteil (a) ergeben sich dann die Mächtigkeiten und Wahrscheinlichkeiten:

$$|A| = 6 \cdot 5 \cdot 5 = 150, \qquad P(A) = \frac{6 \cdot 5 \cdot 5}{6^4} = \frac{25}{6^3} = \frac{25}{216},$$
$$|B| = 10, \qquad P(B) = \frac{10}{6^4} = \frac{10}{1296} = \frac{5}{648}.$$

Die weiteren gesuchten Wahrscheinlichkeiten werden folgendermaßen berechnet:

(1) Das Ereignis $A \cap C$ hat die Darstellung

$$A \cap C = \{(1, 1, 6, 6), (1, 6, 1, 6), (1, 6, 6, 1), (6, 1, 1, 6), (6, 1, 6, 1), (6, 6, 1, 1)\},$$

so dass $|A \cap C| = 6$. Daher gilt $P(A \cap C) = \frac{6}{6^4} = \frac{1}{216}$.

(2) Jedes Element in A hat genau zwei Einsen. Damit ist die Augensumme der Würfelergebnisse höchstens 14, da die beiden anderen Würfel maximal jeweils eine Sechs ergeben können. A und D schließen einander daher aus, d.h. $A \cap D = \emptyset$. Somit gilt $P(A \cap D) = 0$.

(3) Das Ereignis $C \cap D$ kann beschrieben werden durch die Aussage „Es fallen genau zwei Sechsen und die Augensumme beträgt 22". Daher muss die Augensumme der beiden verbleibenden Ergebnisse gleich 10 sein. Da keine

weitere Sechs auftritt, müssen also zwei Fünfen geworfen werden, um die Augensumme 22 zu erreichen. Wegen

$$C \cap D = \{(6,6,5,5),(6,5,6,5),(6,5,5,6),(5,6,6,5),(5,6,5,6),(5,5,6,6)\}$$

folgt $|C \cap D| = 6$ und $P(C \cap D) = \frac{6}{6^4} = \frac{1}{216}$.

(4) Die Mengen B und C sind disjunkt, d.h. es gibt kein $\omega \in \Omega$, für das $\omega \in B$ und $\omega \in C$ gilt. Also folgt $|B \cup C| = |B| + |C|$. Weiterhin gilt $|A| = 150$ und aus Symmetriegründen folgt dann $|C| = |A| = 150$. Damit ergibt sich $|B \cup C| \stackrel{\text{s.o.}}{=} 10 + 150 = 160$ und

$$P(B \cup C) = \frac{160}{6^4} = \frac{4 \cdot 4 \cdot 10}{6 \cdot 6 \cdot 6 \cdot 6} = \frac{2}{3} \cdot \frac{2}{3} \cdot \frac{5}{18} = \frac{10}{81}.$$

(c) Wegen $P(A \cap C) = \frac{1}{216} \neq \frac{25}{216} \cdot \frac{25}{216} = P(A) P(C)$ sind die Ereignisse A und C nicht stochastisch unabhängig.

Beispielaufgabe B 7.4. Eine Urne enthalte zwei rote und zwei schwarze Kugeln. Aus dieser Urne wird vier Mal mit Zurücklegen gezogen und notiert, wie viele rote unter den vier gezogenen Kugeln waren.

Geben Sie für diese Situation ein geeignetes Wahrscheinlichkeitsmodell an, und berechnen Sie die Wahrscheinlichkeit des Ereignisses, dass genau zwei von den vier gezogenen Kugeln rot sind.

Lösung: Als Grundraum wird $\Omega = \{(\omega_1, \omega_2, \omega_3, \omega_4) \mid \omega_i \in \{r,s\}, i = 1, \ldots, 4\}$ gewählt, wobei $\omega_i = r$ (bzw. $\omega_i = s$) bedeutet, dass im i-ten Zug eine rote (bzw. schwarze) Kugel gezogen wird. Durch die Vereinbarung $P(\{(\omega_1, \omega_2, \omega_3, \omega_4)\}) = \frac{1}{16}$ wird ein Laplace-Raum (Ω, P) definiert.

Damit ist die gesuchte Wahrscheinlichkeit gegeben durch:

$$P\big(\{(r,r,s,s,),(r,s,r,s),(r,s,s,r),(s,r,r,s),(s,r,s,r),(s,s,r,r)\}\big) = \frac{6}{16} = \frac{3}{8}.$$

Beispielaufgabe B 7.5. Eine unverfälschte Münze, d.h. „Kopf" und „Zahl" treten jeweils mit Wahrscheinlichkeit $\frac{1}{2}$ auf, werde dreimal (unabhängig) hintereinander geworfen.

Geben Sie für dieses Experiment einen Grundraum Ω und ein geeignetes Wahrscheinlichkeitsmodell an. Beschreiben Sie weiterhin die folgenden Ereignisse als Teilmengen von Ω und berechnen Sie die zugehörigen Wahrscheinlichkeiten:

A: *Im ersten Wurf fällt „Kopf" und im letzten Wurf fällt „Zahl".*

B: *In den drei Würfen erscheint „Kopf" häufiger als „Zahl".*

Sind die Ereignisse A und B stochastisch unabhängig?

Lösung: Mit den Abkürzungen K für „Kopf" und Z für „Zahl" kann der Grundraum Ω für dieses Experiment wie folgt dargestellt werden:

$$\Omega = \{(i,j,k) \mid i,j,k \in \{K,Z\}\}.$$

Zusammen mit der Laplace-Verteilung ergibt sich ein geeignetes Wahrscheinlichkeitsmodell, so dass die Wahrscheinlichkeit für ein Ereignis $E \subseteq \Omega$ gegeben ist durch

$$P(E) = \frac{|E|}{|\Omega|} = \frac{|E|}{2^3} = \frac{|E|}{8}.$$

Weiter gilt $A = \{(K, K, Z), (K, Z, Z)\}$, $B = \{(K, K, K), (Z, K, K), (K, Z, K), (K, K, Z)\}$. Damit erhält man:

$$P(A) = \frac{|A|}{|\Omega} = \frac{2}{8} = \frac{1}{4} \text{ und } P(B) = \frac{|B|}{|\Omega|} = \frac{4}{8} = \frac{1}{2}.$$

Wegen $P(A \cap B) = P(\{(K, K, Z)\}) = \frac{1}{8} = \frac{1}{4} \cdot \frac{1}{2} = P(A) \cdot P(B)$ folgt, dass die Ereignisse A und B stochastisch unabhängig sind.

Beispielaufgabe B 7.6. Ein Hersteller von Regenschirmen produziert seine aktuelle Kollektion an drei verschiedenen Standorten S_1, S_2, S_3. Ihm ist bekannt, dass die Wahrscheinlichkeit, dass ein am Standort S_1 produzierter Schirm defekt ist, 0,008 beträgt, und die, dass ein am Standort S_2 produzierter Schirm defekt ist, 0,02 ist. Die Produktion der aktuellen Kollektion teilt sich wie folgt auf: Am Standort S_1 werden 50% der Regenschirme produziert, am Standort S_3 30%. Weiterhin sei bekannt, dass die Wahrscheinlichkeit für einen defekten Schirm in der Gesamtkollektion bei 0,02 liegt.

(a) Berechnen Sie die Wahrscheinlichkeit dafür, dass ein defekter Schirm am Standort S_2 gefertigt worden ist.

(b) Berechnen Sie die Wahrscheinlichkeit dafür, dass ein am Standort S_3 produzierter Regenschirm intakt ist.

Lösung: Die im Aufgabentext genannten Angaben werden – ohne einen expliziten Grundraum anzugeben – in Wahrscheinlichkeiten für Ereignisse übersetzt. Dazu sei S_i das Ereignis, dass ein Regenschirm am Standort S_i produziert wird, $i = 1, 2, 3$. Ferner bezeichne D das Ereignis, dass ein zufällig ausgewählter Regenschirm defekt ist. Dann gilt nach Voraussetzung $P(D|S_1) = 0,008$ und $P(D|S_2) = 0,02$. Weiter entnimmt man der Aufgabenstellung $P(S_1) = 0,5$ und $P(S_3) = 0,3$, so dass $P(S_2) = 1 - P(S_1) - P(S_3) = 0,2$. Außerdem ist $P(D) = 0,02$ bekannt.

(a) Mit dem Satz von Bayes folgt:

$$P(S_2|D) = \frac{P(S_2 \cap D)}{P(D)} = \frac{P(D \cap S_2)}{P(S_2)} \cdot \frac{P(S_2)}{P(D)} = P(D|S_2) \cdot \frac{P(S_2)}{P(D)}$$
$$= 0,02 \cdot \frac{0,2}{0,02} = 0,2.$$

Die Wahrscheinlichkeit, dass ein defekter Schirm am Standort S_2 gefertigt worden ist, beträgt daher 20%.

(b) Mit der Formel von der totalen Wahrscheinlichkeit erhält man

$$P(D^c|S_3) = 1 - P(D|S_3) = 1 - \frac{P(D \cap S_3)}{P(S_3)}$$
$$= 1 - \frac{P(D) - P(D \cap S_1) - P(D \cap S_2)}{P(S_3)}$$
$$= 1 - \frac{P(D) - P(D|S_1)P(S_1) - P(D|S_2)P(S_2)}{P(S_3)}$$

$$= 1 - \frac{0,02 - 0,008 \cdot 0,5 - 0,02 \cdot 0,2}{0,3}$$
$$= 1 - \frac{0,02 - 0,004 - 0,004}{0,3}$$
$$= 1 - \frac{0,012}{0,3} = 1 - 0,04 = 0,96.$$

Die Wahrscheinlichkeit, dass ein am Standort S_3 produzierter Regenschirm intakt ist, beträgt also 96%.

B 8 Flashcards

Nachfolgend sind ausgewählte Flashcards zu den Inhalten von Teil B abgedruckt, deren Lösungen in Teil F nachgeschlagen werden können. Diese und weitere Flashcards können mit der **SN Flashcards App** zur eigenen Wissensüberprüfung genutzt werden. Detaillierte Lösungshinweise sind dort ebenfalls verfügbar.

Flashcard B 8.1

Drei faire (unterscheidbare) Würfel jeweils mit den möglichen Ergebnissen $1, \ldots, 6$ werden geworfen. Welche der folgenden Aussagen ist wahr?

A Die Wahrscheinlichkeit für drei Sechsen ist $1/216$.

B Die Wahrscheinlichkeit für drei Sechsen stimmt mit der Wahrscheinlichkeit für das Auftreten einer Eins, einer Zwei und einer Drei überein.

C Die Wahrscheinlichkeit für die Augensumme 17 ist $3/216$.

D Die Wahrscheinlichkeit für eine Augensumme kleiner oder gleich 5 ist $9/216$.

E Die Wahrscheinlichkeit, dass das Produkt der Ergebnisse 6 beträgt, ist $1/36$.

Flashcard B 8.2

Welche der folgenden Funktionen $p : \mathbb{N} \longrightarrow \mathbb{R}$ (festgelegt durch die jeweilige Abbildungsvorschrift) definiert eine Zähldichte?

A $p(k) = \frac{1}{k}$, $k \in \mathbb{N}$

B $p(3) = 1$, $p(k) = 0$ für alle $k \in \mathbb{N}, k \neq 3$

C $p(k) = \frac{1}{2} \cdot \left(\frac{2}{3} \right)^k$, $k \in \mathbb{N}$

D $p(1) = 1 - \frac{1}{5}$, $p(2) = \frac{1}{5}$, $p(k) = 0$ für alle $k \geqslant 3$

E Für ein $n \in \mathbb{N}$ ist $p(k) = \frac{1}{n}, k \in \{1, \ldots, n\}$, sowie $p(k) = 0$ für alle $k > n$.

Flashcard B 8.3

Welche der folgenden Funktionen $f_i : \mathbb{R} \to \mathbb{R}$, $i \in \{1,\dots,5\}$, definieren eine Riemann-Dichtefunktion über $\mathbb{R}$?

Ⓐ $f_1(x) = \frac{1}{2}x^{-1/2}$ für $x \in (0,1)$ und $f_1(x) = 0$ für $x \notin (0,1)$

Ⓑ $f_2(x) = x$ für $x \in (0,1)$ und $f_2(x) = 0$ für $x \notin (0,1)$

Ⓒ $f_3(x) = \frac{1}{2} + x$ für $x \in (0,1)$ und $f_3(x) = 0$ für $x \notin (0,1)$

Ⓓ $f_4(x) = \frac{3}{2}\sqrt{x}$ für $x \in (0,1)$ und $f_4(x) = 0$ für $x \notin (0,1)$

Ⓔ $f_5(x) = 4x - 1$ für $x \in (0,1)$ und $f_5(x) = 0$ für $x \notin (0,1)$

Flashcard B 8.4

Seien A, B und C Ereignisse in einem Wahrscheinlichkeitsraum $(\Omega, \mathfrak{A}, P)$, wobei B und C disjunkt seien. Welche Aussage ist <u>stets</u> wahr?

Ⓐ $P(A \cup B) = P(A) + P(B)$

Ⓑ $P(B \setminus A) = P(B) - P(A)$

Ⓒ $A \subsetneq B \Longrightarrow P(A) < P(B)$

Ⓓ $P((A \cap B) \cup (A \cap C)) = P(A \cap B) + P(A \cap C)$

Ⓔ $P(A \cup B \cup C) = P(A) + P(B) + P(C)$

Flashcard B 8.5

Gegeben sei ein diskreter Wahrscheinlichkeitsraum mit der Grundmenge $\Omega = \{1,\dots,7\}$ und der Zähldichte $p(k) = \frac{k}{28}$, $k \in \{1,\dots,7\}$. Betrachten Sie die Ereignisse $A = \{1,2\}$ und $B = \{1,2,3\}$. Welche der folgenden Aussagen ist wahr?

Ⓐ $P(B|A) = 1$ und $P(A|B) = 1$

Ⓑ $P(A) = \frac{3}{28}$ und $P(A|B) = \frac{1}{2}$

Ⓒ $P(B|A) = P(B \setminus A)$

Ⓓ $P(B) = P(\{6\})$ und $P(B|A) = 1$

Ⓔ $P(A) = P(B \setminus A)$

C

Zufallsvariablen

In stochastischen Modellen werden interessierende Merkmale (vgl. auch hierzu den Begriff „Merkmal" in Abschnitt A 1.2) in der Regel mit Zufallsvariablen beschrieben. Dies sind Abbildungen von einem zugrundeliegenden Wahrscheinlichkeitsraum in einen neuen Wahrscheinlichkeitsraum, der einerseits eine einfachere Struktur hat und andererseits eine „gute" Beschreibung der Zielgröße erlaubt.

C 1 Zufallsvariablen und Wahrscheinlichkeitsmaße

Zufallsvorgänge werden beschrieben durch einen Wahrscheinlichkeitsraum $(\Omega, \mathfrak{A}, P)$, wobei der Ausgang des Vorgangs ein Element ω von Ω ist. Dabei ist häufig nicht $\omega \in \Omega$ selbst als Ergebnis von Interesse, sondern ein Funktionswert $X(\omega)$, wobei X eine Funktion auf Ω ist.

Beispiel C 1.1. Beschreibt Ω den n-fachen Münzwurf mit $\omega = (\omega_1, \ldots, \omega_n)$, $\omega_i \in \{0, 1\}$, $1 \leqslant i \leqslant n$, so gibt die Funktion X mit $X(\omega) = \sum_{i=1}^{n} \omega_i$ die Anzahl der Einsen (Anzahl der „Treffer") des Vektors ω an.

Bei der Beschreibung von Telefongesprächen ist oft nicht das Zustandekommen eines Gesprächs und die damit verbundenen Ereignisse (z.B. Uhrzeit, Gesprächspartner usw.) wichtig, sondern nur dessen Dauer. Diese wird modelliert als eine sogenannte Realisation einer Zufallsvariable Y, d.h. ein Wert $Y(\omega)$ für ein ω aus einer zugrundeliegenden Grundmenge Ω, deren Struktur nicht von Interesse oder Bedeutung ist. Eine derartige Modellvorstellung liegt auch in naturwissenschaftlichen Experimenten oder für beobachtete ökonomische Größen vor. Die gemessenen Ergebnisse, die beobachteten Werte und deren Verteilung sind von Bedeutung, nicht die (exakte) Beschreibung des Zustandekommens. In diesem Sinne stellt eine Zufallsvariable eine Fokussierung auf den Untersuchungsgegenstand dar.

© Springer-Verlag GmbH Deutschland, ein Teil von Springer Nature 2020

E. Cramer, U. Kamps, *Grundlagen der Wahrscheinlichkeitsrechnung und Statistik*,

https://doi.org/10.1007/978-3-662-60552-3_3

Beispiel C 1.2.

(i) Im n-fachen unabhängigen Münzwurfexperiment mit Grundmenge $\Omega = \{0,1\}^n$ ist die Wahrscheinlichkeitsverteilung bestimmt durch die Zähldichte

$$P(\omega) = p^k(1-p)^{n-k}, \text{ wobei } k = \text{ Anzahl der Einsen im Vektor } \omega.$$

Dabei ist $p \in [0,1]$ die Wahrscheinlichkeit für eine Eins bei einem einzelnen Wurf. Ist als Zielgröße des Experiments nur die jeweilige Anzahl von Einsen von Interesse (z.B. die Anzahl „Treffer"), so beschreibt man dies durch die Funktion (Abbildung) X gegeben durch

$$X : \begin{cases} \Omega & \to \{0,1,\ldots,n\} = \Omega' \\ \omega & \mapsto \sum_{i=1}^{n} \omega_i \end{cases}.$$

Für ein $k \in \{0,\ldots,n\}$ ist damit die Wahrscheinlichkeit, dass die Zufallsvariable X den Wert k hat, gegeben durch

$$P(X = k) = P\big(\{\omega \in \Omega \mid X(\omega) = k\}\big) = \binom{n}{k} p^k(1-p)^{n-k} \ (= p_k).$$

Dabei ist $P(X = k)$ eine vereinfachende Schreibweise für die Wahrscheinlichkeit der Menge aller $\omega \in \Omega$, die genau k Einsen enthalten. Es gibt $\binom{n}{k}$ solcher ω, die jeweils dieselbe Wahrscheinlichkeit $p^k(1-p)^{n-k}$ besitzen.

Wegen $\sum_{k=0}^{n} p_k = 1$ und $0 \leqslant p_k \leqslant 1$ für alle $k \in \{0,\ldots,n\}$ bilden diese eine diskrete Wahrscheinlichkeitsverteilung auf der Menge Ω', die schon bekannte Binomialverteilung (s. Bezeichnung B 2.4).

(ii) Im Beispiel B 1.9 bilden die Zahlen

$$q_r = P\big(\{\omega \in \Omega \mid \omega_1 + \omega_2 + \omega_3 = r\}\big), \quad 3 \leqslant r \leqslant 18,$$

wegen $\sum_{r=3}^{18} q_r = 1$ eine diskrete Wahrscheinlichkeitsverteilung auf der Menge $\Omega' = \{3,\ldots,18\}$. Die Zufallsvariable X definiert durch $X((\omega_1,\omega_2,\omega_3)) = \omega_1 + \omega_2 + \omega_3$ erzeugt über $P(X = k) = P(\{\omega \in \Omega \mid X(\omega) = k\}) = q_k$ dieses neue Wahrscheinlichkeitsmaß auf Ω'.

Definition C 1.3 (Zufallsvariable, Zufallsvektor). *Sei* $(\Omega, \mathfrak{A}, P)$ *ein Wahrscheinlichkeitsraum. Eine Abbildung* $X : \Omega \longrightarrow \mathbb{R}^n$ *heißt Zufallsvariable (falls* $n = 1$*) oder Zufallsvektor (falls* $n \geqslant 2$*).*

In diesem einführenden Buch werden meist Zufallsvariablen (bzw. eindimensionale Zufallsvektoren) behandelt. Eine Zufallsvariable erzeugt im Wertebereich der Funktion eine neue Wahrscheinlichkeitsverteilung (s. Beispiel C 1.2).

Lemma C 1.4. *Seien $(\Omega, \mathfrak{A}, P)$ ein Wahrscheinlichkeitsraum, $X : \Omega \to \mathbb{R}$ und $\mathcal{B}$ die Borelsche σ-Algebra über $\mathbb{R}$. Dann definiert*

$$P^X : \mathcal{B} \to [0, 1] \text{ mit } P^X(A) = P(\{\omega \in \Omega \mid X(\omega) \in A\}), \quad A \in \mathcal{B},$$

eine Wahrscheinlichkeitsverteilung über $\mathbb{R}$ bzw. über $X(\Omega) = \{X(\omega) \mid \omega \in \Omega\}$. Statt $P^X(A)$ schreibt man auch $P(X \in A)$ oder $P(X = x)$, falls $A = \{x\}$, $x \in \mathbb{R}$.

Ist $(\Omega, \mathfrak{A}, P)$ ein diskreter Wahrscheinlichkeitsraum, so ist P^X eine diskrete Wahrscheinlichkeitsverteilung über $X(\Omega)$ bzw. über $\mathbb{R}$ (s. Abschnitt B 2).

Wird also ein interessierendes Merkmal in einem stochastischen Modell durch eine Zufallsvariable oder einen Zufallsvektor X beschrieben, so betrachtet man nur noch die Verteilung P^X ohne Rückgriff auf die explizite Gestalt des zugrundeliegenden Wahrscheinlichkeitsraums $(\Omega, \mathfrak{A}, P)$.

Definition C 1.5 (Verteilung von X unter P). *Seien $(\Omega, \mathfrak{A}, P)$ ein Wahrscheinlichkeitsraum und $X : \Omega \to \mathbb{R}$ eine Zufallsvariable. Die Wahrscheinlichkeitsverteilung P^X definiert durch*

$$P^X(A) = P(\{\omega \in \Omega \mid X(\omega) \in A\}), \quad A \in \mathcal{B},$$

heißt Verteilung von X unter P. Andere Bezeichnungen und Notationen sind: X hat Verteilung P^X, X ist verteilt wie P^X, $X \sim P^X$ oder auch kurz $X \sim P$.

Bemerkung C 1.6. Für diskrete Wahrscheinlichkeitsverteilungen reicht die Angabe von $P^X(A)$ für alle einelementigen Mengen des Trägers aus. Für Wahrscheinlichkeitsverteilungen mit Riemann-Dichten werden Borelmengen $A \in \mathcal{B}$ bzw. Einschränkungen von $A \in \mathcal{B}$ auf ein Intervall betrachtet. Es kann gezeigt werden, dass es sogar ausreicht, für A nur Intervalle des Typs $(-\infty, x]$, $x \in \mathbb{R}$, zu betrachten, da die zugehörigen Wahrscheinlichkeiten $P^X((-\infty, x])$ das Wahrscheinlichkeitsmaß auf $\mathcal{B}$ eindeutig festlegen.

Beispiel C 1.7.

(i) Die Zufallsvariable X ist Poisson-verteilt mit Parameter $\lambda > 0$ (s. Bezeichnung B 2.5), falls

$$P^X(k) = P(X = k) = \frac{\lambda^k}{k!} e^{-\lambda}, \quad k \in \mathbb{N}_0.$$

(ii) X ist exponentialverteilt mit Parameter $\lambda > 0$ (s. Bezeichnung B 3.7), falls

$$P(X \in (-\infty, x]) = P(X \leqslant x) = \begin{cases} \int_0^x \lambda e^{-\lambda y} dy = 1 - e^{-\lambda x}, & x > 0 \\ 0, & x \leqslant 0 \end{cases}.$$

Bezeichnung C 1.8 (Indikatorfunktion). Seien $\Omega \neq \emptyset, (\Omega, \mathfrak{A}, P)$ ein Wahrscheinlichkeitsraum und $A \in \mathfrak{A}$. Die Funktion $\mathfrak{I}_A : \Omega \to \mathbb{R}$ definiert durch

$$\mathfrak{I}_A(\omega) = \begin{cases} 1, & \omega \in A \\ 0, & \text{sonst} \end{cases}$$

heißt Indikatorfunktion von A. Für jedes feste $A \in \mathfrak{A}$ ist $\mathfrak{I}_A$ eine Zufallsvariable, und es gilt $\mathfrak{I}_A \sim \text{bin}(1, p)$ mit $p = P(A)$, denn

$$P(\mathfrak{I}_A = 0) = P(\{\omega \in \Omega | \mathfrak{I}_A(\omega) = 0\}) = P(A^c) = 1 - p \text{ und}$$
$$P(\mathfrak{I}_A = 1) = P(\{\omega \in \Omega | \mathfrak{I}_A(\omega) = 1\}) = P(A) = p.$$

Weiterhin gilt:

- $\mathfrak{I}_{A \cup B} = \max(\mathfrak{I}_A, \mathfrak{I}_B)$,
- $\mathfrak{I}_{A \cup B} = \mathfrak{I}_A + \mathfrak{I}_B$, falls $A \cap B = \emptyset$,
- $\mathfrak{I}_{A \cap B} = \min(\mathfrak{I}_A, \mathfrak{I}_B) = \mathfrak{I}_A \cdot \mathfrak{I}_B$,
- $\mathfrak{I}_{A^c} = 1 - \mathfrak{I}_A$.

Stochastische Unabhängigkeit von Zufallsvariablen

Eine Zufallsvariable ist eine Abbildung von einem Wahrscheinlichkeitsraum $(\Omega, \mathfrak{A}, P)$ in einen (anderen) Wahrscheinlichkeitsraum $(\Omega', \mathfrak{A}', P^X)$. In Erweiterung des Begriffs der Unabhängigkeit von Ereignissen wird die Unabhängigkeit von Zufallsvariablen definiert.

Definition C 1.9 (Stochastische Unabhängigkeit von Zufallsvariablen). *Seien I eine Indexmenge und $X_i : (\Omega, \mathfrak{A}, P) \to (\Omega_i, \mathfrak{A}_i, P^{X_i})$, $i \in I$, Zufallsvariablen. Die Zufallsvariablen X_i, $i \in I$, heißen stochastisch unabhängig, falls*

$$P\Big(\bigcap_{i \in J}\{X_i \in A_i\}\Big) = \prod_{i \in J} P(X_i \in A_i), \ \forall J \subseteq I, |J| < \infty \ \text{und} \ \forall A_i \in \mathfrak{A}_i, i \in J.$$

Die Bedingung in Definition C 1.9 entspricht der stochastischen Unabhängigkeit der Ereignisse $(\{X_i \in A_i\})_{i \in I}$ für jede Wahl der Ereignisse $A_i \in \mathfrak{A}_i$, $i \in I$, und führt damit auf Definition B 6.1. Aus dieser eher unhandlichen Definition können vergleichsweise einfache Kriterien für die stochastische Unabhängigkeit von Zufallsvariablen abgeleitet werden (s. Lemma C 1.10, Satz C 3.6 und Satz C 3.14).

Lemma C 1.10. *Sei $(\Omega, \mathfrak{A}, P)$ ein diskreter Wahrscheinlichkeitsraum. Dann gilt: X_i, $i \in I$, sind stochastisch unabhängig genau dann, wenn*

$$P(X_j = x_j, j \in J) = \prod_{j \in J} P(X_j = x_j) \quad \forall x_j \in X_j(\Omega) \, \forall j \in J \, \forall J \subseteq I, |J| < \infty.$$

Satz C 1.11. *Sind die Zufallsvariablen* $X_i : \Omega \mapsto \Omega_i$, $i \in I$, *stochastisch unabhängig und sind Abbildungen* $f_i : \Omega_i \mapsto \Omega_i'$ *gegeben, dann sind die Zufallsvariablen* $f_i \circ X_i$, $i \in I$, *stochastisch unabhängig.*

Weiterhin gilt für disjunkte Indexmengen $I_j \subseteq I$, $j \in J$, *und Abbildungen* $g_j :$ $\underset{i \in I_j}{\times} \Omega_i \to \Omega_j'$, $j \in J$:

$g_j \circ (X_i, i \in I_j)$, $j \in J$, *sind stochastisch unabhängige Funktionen von Zufallsvariablen mit disjunkten Indexmengen.*

Beispiel C 1.12. Sind X_1, X_2, X_3 stochastisch unabhängig, dann sind z.B. auch die Zufallsvariablen $X_2, X_1 + X_3$ sowie $X_2^2, |X_1 - X_3|$ stochastisch unabhängig.

Summen unabhängiger Zufallsvariablen

Summen unabhängiger Zufallsvariablen spielen in vielen Bereichen der Stochastik eine wichtige Rolle und treten etwa beim arithmetischen Mittel von Zufallsvariablen auf. Dabei stellt sich die Frage, welche Wahrscheinlichkeitsverteilung eine solche Summe besitzt. Zunächst wird der Fall diskret verteilter Zufallsvariablen behandelt.

Satz C 1.13 (Faltung). *Seien* X *und* Y *stochastisch unabhängige Zufallsvariablen auf* $\mathbb{Z} = \{\ldots, -2, -1, 0, 1, 2, \ldots\}$ *mit den Zähldichten* f *bzw.* g *(d.h.* $P(X = n) = f(n)$, $P(Y = m) = g(m)$, $n, m \in \mathbb{Z}$). *Dann hat* $X + Y$ *die Zähldichte* h *gegeben durch:*

$$h(k) = \sum_{j \in \mathbb{Z}} f(j) \cdot g(k - j) = \sum_{j \in \mathbb{Z}} f(k - j) \cdot g(j)$$

$$= P(X + Y = k) = P(\{\omega | X(\omega) + Y(\omega) = k\}), \quad k \in \mathbb{Z}.$$

h *wird Faltung der Dichten* f *und* g *genannt und mit* $h = f * g$ *bezeichnet.*

Beweis: Es ist $\sum_{j \in \mathbb{Z}} P(X = j) = \sum_{j \in \mathbb{Z}} P(Y = j) = 1$. Mit der Formel von der totalen Wahrscheinlichkeit erhält man

$$P(X + Y = k) = \sum_{j \in \mathbb{Z}} P(X + Y = k, \, Y = j) = \sum_{j \in \mathbb{Z}} P(X + j = k, \, Y = j)$$

$$= \sum_{j \in \mathbb{Z}} P(X = k - j) P(Y = j) = \sum_{j \in \mathbb{Z}} f(k - j) g(j).$$

Die zweite Darstellung folgt durch Vertauschung der Rollen von X und Y.

Beispiel C 1.14.

(i) Seien X und Y stochastisch unabhängige, $\text{bin}(1, p)$-verteilte Zufallsvariablen (d.h. $P(X = 0) = 1 - p$, $P(X = 1) = p$). Dann ist

$$P(X + Y = k) = \begin{cases} P(X = 0) \cdot P(Y = 0), & k = 0 \\ P(X = 0) \cdot P(Y = 1) + P(X = 1) \cdot P(Y = 0), & k = 1 \\ P(X = 1) \cdot P(Y = 1), & k = 2 \end{cases}$$

$$= \begin{cases} (1-p)^2, & k=0 \\ 2p(1-p), & k=1 \\ p^2, & k=2 \end{cases} = \binom{2}{k} p^k (1-p)^{2-k}, \ k \in \{0,1,2\},$$

d.h. $X + Y \sim \text{bin}(2,p)$. Mit vollständiger Induktion folgt die Aussage:

Seien $X_1, \ldots, X_n$ stochastisch unabhängige, $\text{bin}(1,p)$-verteilte Zufallsvariablen. Dann besitzt $\sum_{i=1}^{n} X_i$ eine $\text{bin}(n,p)$-Verteilung.

(ii) Seien X und Y stochastisch unabhängige Zufallsvariablen mit $X \sim \text{po}(\lambda)$, $Y \sim \text{po}(\mu)$, $\lambda, \mu > 0$. Dann gilt für $k \in \mathbb{N}_0$:

$$P(X+Y=k) = \sum_{j \in \mathbb{N}_0} P(X = k-j) \cdot P(Y = j)$$

$$= \sum_{j=0}^{k} \frac{\lambda^{k-j}}{(k-j)!} e^{-\lambda} \cdot \frac{\mu^j}{j!} e^{-\mu} = \frac{e^{-(\lambda+\mu)}}{k!} \sum_{j=0}^{k} \binom{k}{j} \lambda^{k-j} \mu^j$$

$$= \frac{e^{-(\lambda+\mu)}}{k!} (\lambda + \mu)^k,$$

d.h. $X+Y \sim \text{po}(\lambda+\mu)$. Die Summe von X und Y ist also wiederum Poisson-verteilt.

Auch für die Verteilung der Summe zweier unabhängiger Zufallsvariablen mit Riemann-Dichten existieren zum diskreten Fall analoge Darstellungen, sogenannte Faltungsformeln.

Satz C 1.15 (Faltung). *Seien* X *und* Y *stochastisch unabhängige Zufallsvariablen auf* $\mathbb{R}$ *mit den Riemann-Dichten* f *bzw.* g. *Dann hat* X + Y *die Riemann-Dichte* h *gegeben durch die Faltungsformeln*

$$h(z) = \int_{-\infty}^{\infty} f(z-y)\, g(y)\, dy = \int_{-\infty}^{\infty} f(x)\, g(z-x)\, dx, \quad z \in \mathbb{R},$$

d.h. $P(X+Y \in (a,b)) = \int_{a}^{b} h(z)\, dz, \ a < b.$

Beispiel C 1.16.

(i) Seien X und Y stochastisch unabhängige $\text{Exp}(\lambda)$-verteilte Zufallsvariablen. Dann ist die Dichte h von X + Y gegeben durch

$$h(z) = \begin{cases} \int_0^z \lambda e^{-\lambda(z-y)} \lambda e^{-\lambda y}\, dy = \lambda^2 z e^{-\lambda z}, & z > 0 \\ 0, & z \leqslant 0 \end{cases}$$

d.h. $X + Y \sim \Gamma(\lambda, 2)$. Durch vollständige Induktion folgt:

Seien $X_1, \ldots, X_n$ stochastisch unabhängige, $\text{Exp}(\lambda)$-verteilte Zufallsvariablen. Dann besitzt $\sum_{i=1}^{n} X_i$ eine $\Gamma(\lambda, n)$-Verteilung.

Allgemeiner gilt: Seien X und Y stochastisch unabhängige Zufallsvariablen mit $X \sim \Gamma(\lambda, \beta)$ und $Y \sim \Gamma(\lambda, \gamma)$. Dann ist $X+Y$ wiederum gammaverteilt: $X + Y \sim \Gamma(\lambda, \beta + \gamma)$. Eine entsprechende Aussage gilt für $n > 2$ gammaverteilte Zufallsvariablen.

(ii) Für stochastisch unabhängige normalverteilte Zufallsvariablen $X \sim N(\mu, \sigma^2)$ und $Y \sim N(\nu, \tau^2)$ ist die Summe $X + Y$ wiederum normalverteilt: $X + Y \sim N(\mu+\nu, \sigma^2 +\tau^2)$. Eine entsprechende Aussage gilt für $n > 2$ normalverteilte Zufallsvariablen.

Insbesondere erhält man für stochastisch unabhängige $N(\mu, \sigma^2)$-verteilte Zufallsvariablen $X_1, \ldots, X_n$:

$$\sum_{i=1}^{n} X_i \sim N(n\mu, n\sigma^2).$$

Die Zufallsvariable aX hat für $a > 0$ eine $N(a\mu, a^2\sigma^2)$-Verteilung, denn für $x \in \mathbb{R}$ gilt:

$$P(aX \leqslant x) = P\left(X \leqslant \frac{x}{a}\right) = \int_{-\infty}^{x/a} f(z)dz = \frac{1}{a} \int_{-\infty}^{x} f\left(\frac{z}{a}\right) dz$$

$$= \frac{1}{\sqrt{2\pi}a\sigma} \int_{-\infty}^{x} \exp\left\{ -\frac{\left(\frac{z}{a} - \mu\right)^2}{2\sigma^2} \right\} dz$$

$$= \frac{1}{\sqrt{2\pi}a\sigma} \int_{-\infty}^{x} \exp\left\{ -\frac{(z - a\mu)^2}{2a^2\sigma^2} \right\} dz = P(Z \leqslant x),$$

wobei $Z \sim N(a\mu, a^2\sigma^2)$ und f die Dichtefunktion von $N(\mu, \sigma^2)$ ist. Daraus folgt, dass das arithmetische Mittel $\overline{X}_n = \frac{1}{n} \sum_{i=1}^{n} X_i$ ebenfalls normalverteilt ist: $\overline{X}_n \sim N(\mu, \frac{\sigma^2}{n})$. Dies ist in der Schließenden Statistik von Bedeutung.

C 2 Verteilungsfunktion und Quantilfunktion

In diesem Skript werden nur zwei Formen von Wahrscheinlichkeitsverteilungen thematisiert. Diskrete Wahrscheinlichkeitsverteilungen werden über eine Zähldichte beschrieben, die übrigen Wahrscheinlichkeitsmaße werden über Riemann-Dichten eingeführt. Neben dieser Beschreibung durch Dichten gibt es auch andere Möglichkeiten zur Festlegung von Wahrscheinlichkeitsverteilungen. In Bezeichnung B 3.4 wurde bereits eine weitere Größe vorgestellt, die sogenannte Verteilungsfunktion, die nun ausführlicher behandelt wird.

Definition C 2.1 (Verteilungsfunktion). *Seien* $(\Omega, \mathfrak{A}, P)$ *ein Wahrscheinlichkeitsraum und* X *eine Zufallsvariable auf* $(\Omega, \mathfrak{A}, P)$ *mit Wahrscheinlichkeitsverteilung* P^X. *Die Funktion*

$$F^X : \begin{cases} \mathbb{R} & \to \mathbb{R} \\ x & \mapsto P^X((-\infty, x]) = P(X \leqslant x) \end{cases}$$

heißt die zu P^X *gehörige Verteilungsfunktion. Ist aus dem Kontext die Zugehörigkeit von* F^X *zu* X *klar, so wird auch kurz* F *geschrieben. Übliche Bezeichnungen und Sprechweisen sind:* F *ist die Verteilungsfunktion von* X, X *ist nach* F *verteilt,* $X \sim F$.

$F^X(x)$ ist also die Wahrscheinlichkeit, dass die Zufallsvariable X Werte kleiner oder gleich $x \in \mathbb{R}$ annimmt.

Bemerkung C 2.2.

(i) Sei p^X die Zähldichte von P^X. Dann ist

$$F^X(x) = P^X((-\infty, x]) = \sum_{y \in (-\infty, x]} p^X(y) = \sum_{\substack{y \leqslant x \\ y \in \text{supp}(P^X)}} p^X(y), \quad x \in \mathbb{R}.$$

(ii) Ist f^X die Riemann-Dichte von P^X, so ist für $x \in \mathbb{R}$

$$F^X(x) = P^X((-\infty, x]) = P(X \leqslant x) = P(\{\omega \in \Omega \mid X(\omega) \leqslant x\}) = \int_{-\infty}^{x} f^X(y)\,dy.$$

Lemma C 2.3.

(i) Sei F^X *die zu* P^X *gehörige Verteilungsfunktion. Dann gilt:*

 (a) F^X *ist monoton wachsend,*

 (b) F^X *ist rechtsseitig stetig,*

 (c) $\lim\limits_{x \to -\infty} F^X(x) = 0, \ \lim\limits_{x \to +\infty} F^X(x) = 1.$

 P^X *ist durch* F^X *eindeutig bestimmt.*

(ii) Jede Funktion mit den Eigenschaften (a)-(c) ist eine Verteilungsfunktion und bestimmt eindeutig ein Wahrscheinlichkeitsmaß auf $\mathbb{R}$.

Bemerkung C 2.4.

(i) Für Verteilungsfunktionen können folgende Rechenregeln abgeleitet werden:

$$P(a < X \leqslant b) = F^X(b) - F^X(a), \qquad a < b.$$
$$P(t < X) = 1 - F^X(t), \qquad t \in \mathbb{R}.$$

(ii) Es gilt: $P(X = x) = F^X(x) - F^X(x-)$, wobei $F^X(x-) = \lim\limits_{t \to x, t < x} F^X(t)$, d.h. F^X ist stetig in x genau dann, wenn $P(X = x) = 0$ ist. Ansonsten liegt bei x eine Sprungstelle von F^X vor.

Aus $P(X = x) = 0$ folgt zunächst die linksseitige Stetigkeit von F^X an der Stelle x. Da F^X als Verteilungsfunktion ohnehin rechtsseitig stetig ist, folgt dann auch die Stetigkeit von F^X an der Stelle x. Gilt daher $P(X = x) = 0$, so folgt insbesondere die für stetige Verteilungsfunktionen stets erfüllte Beziehung

$$P(x \leqslant X) = 1 - F^X(x).$$

Weiterhin gilt, dass es höchstens abzählbar viele Punkte $x \in \mathbb{R}$ mit $P(X = x) > 0$ gibt, d.h es gibt höchstens abzählbar viele Unstetigkeitsstellen der Verteilungsfunktion.

(iii) Seien P^X ein diskretes Wahrscheinlichkeitsmaß und $\{x_1, x_2, \ldots\}$, $x_i < x_{i+1}$, $i \in \mathbb{N}$, eine Abzählung des Trägers von P^X. Dann gilt:

$$P^X(\underbrace{(-\infty, x_{i+1})}_{\text{offenes Intervall}}) = \underbrace{P^X((-\infty, x_i])}_{=F^X(x_i)} + \underbrace{P^X((x_i, x_{i+1}))}_{=0}.$$

Ist damit $t \in [x_i, x_{i+1})$, so folgt wegen $(-\infty, x_i] \subseteq (-\infty, t] \subseteq (-\infty, x_{i+1})$

$$P^X((-\infty, x_i]) \leqslant P^X((-\infty, t)) \leqslant P^X((-\infty, x_{i+1})),$$

d.h. $F^X(x_i) = F^X(t)$ für alle $t \in [x_i, x_{i+1})$. Somit ist F^X eine Treppenfunktion, die Sprünge an den Trägerpunkten x_i besitzt und zwischen je zwei Trägerpunkten konstant ist.

(iv) Ist ein Wahrscheinlichkeitsmaß P über die Verteilungsfunktion F gegeben, so dass F auf $\{y : 0 < F(y) < 1\} = (a, b)$ stetig differenzierbar ist, so wird durch

$$f(x) = \begin{cases} 0, & x \leqslant a \\ F'(x), & a < x < b \\ 0, & x \geqslant b \end{cases}$$

die zu P gehörige Riemann-Dichtefunktion erklärt.

Beispiel C 2.5.

(i) Die Zähldichte der $\mathrm{bin}(5, \frac{1}{2})$-Verteilung ist bestimmt durch

$$p^X(x) = \begin{cases} \binom{5}{x} \left(\frac{1}{2}\right)^x \left(1 - \frac{1}{2}\right)^{5-x} = \binom{5}{x} \left(\frac{1}{2}\right)^5, & x \in \{0, \ldots, 5\} \\ 0, & \text{sonst} \end{cases}$$

mit $\mathrm{supp}(P^X) = \{0, \ldots, 5\}$. Daher ist die Verteilungsfunktion gegeben durch

$$F^X(x) = \begin{cases} 0, & x < 0 \\ \frac{1}{2^5} \sum_{i=0}^{\lfloor x \rfloor} \binom{5}{i}, & 0 \leqslant x \leqslant 5 \\ 1, & x > 5 \end{cases}$$

wobei $\lfloor x \rfloor = \max\{z \in \mathbb{Z} | z \leqslant x\}$ die sogenannte untere Gauß-Klammer von $x \in \mathbb{R}$ bezeichnet. Der zugehörige Graph ist in Abbildung C 2.1 dargestellt.

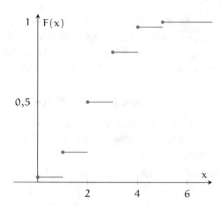

Abbildung C 2.1: Verteilungsfunktion einer bin$(5, \frac{1}{2})$-Verteilung.

(ii) Die Verteilungsfunktion der Exponentialverteilung mit Parameter $\lambda > 0$ ist gegeben durch (s. Bezeichnung B 3.7)

$$F(x) = \begin{cases} 0, & x < 0 \\ 1 - e^{-\lambda x}, & x \geqslant 0 \end{cases}$$

und damit stetig auf $\mathbb{R}$. Ihr Graph ist in Abbildung C 2.2 dargestellt. Die Verteilungsfunktion ergibt sich durch Integration der Riemann-Dichte wie folgt: Da für die Riemann-Dichte $f(t) = 0$ gilt, falls $t < 0$ ist, folgt für $x < 0$

$$F(x) = \int_{-\infty}^{x} f(t)\,dt = \int_{-\infty}^{x} 0\,dt = 0.$$

Ist $x \geqslant 0$, so liefert dies mit der Darstellung der Riemann-Dichte für positive Argumente

$$F(x) = \int_{-\infty}^{x} f(t)\,dt = \int_{0}^{x} \lambda e^{-\lambda t}\,dt = \left[-e^{-\lambda t} \right]_{0}^{x} = 1 - e^{-\lambda x}.$$

(iii) In statistischen Normalverteilungsmodellen werden häufig die σ-, 2σ- und 3σ-Bereiche herangezogen, womit die Intervalle

$$(\mu - \sigma, \mu + \sigma), \quad (\mu - 2\sigma, \mu + 2\sigma), \quad (\mu - 3\sigma, \mu + 3\sigma)$$

gemeint sind. Im 3σ-Bereich liegt nahezu die gesamte „Wahrscheinlichkeitsmasse" einer $N(\mu, \sigma^2)$-Verteilung.

Zur Interpretation von σ sei auch auf Beispiel C 5.13(v) verwiesen. Mit der Bezeichnung Φ für die Verteilungsfunktion der Standardnormalverteilung $N(0, 1)$ (s. Bezeichnung B 3.13) und einer $N(\mu, \sigma^2)$-verteilten Zufallsvariablen X gilt:

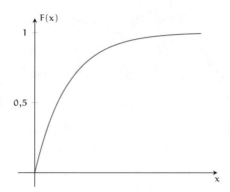

Abbildung C 2.2: Verteilungsfunktion einer Exp(λ)-Verteilung.

$$P\big(X \in (\mu - k\sigma, \mu + k\sigma)\big) = P\big(\mu - k\sigma \leqslant X \leqslant \mu + k\sigma\big)$$

$$= P\Big(-k \leqslant \frac{X - \mu}{\sigma} \leqslant k\Big) = \Phi(k) - \Phi(-k)$$

$$\overset{(B.1)}{=} 2\Phi(k) - 1 \approx \begin{cases} 0{,}6827, & k = 1 \\ 0{,}9545, & k = 2 \\ 0{,}9973, & k = 3 \end{cases}.$$

Dieser Zusammenhang ist in Abbildung C 2.3 illustriert.

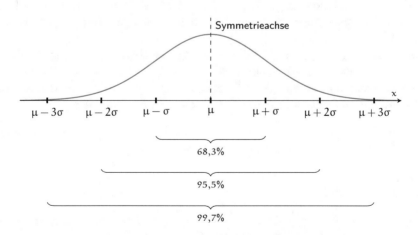

Abbildung C 2.3: σ-Bereiche der Normalverteilung.

Ist die Verteilungsfunktion streng monoton wachsend, so kann die Umkehrfunktion gebildet werden. In einer allgemeineren Definition werden auch Verteilungsfunktionen zugelassen, die stückweise konstant sind.

Definition C 2.6 (Quantilfunktion). *Sei* F *eine Verteilungsfunktion. Dann heißt die durch*

$$F^{-1}(y) = \inf\{x \in \mathbb{R} \mid F(x) \geqslant y\}, \quad y \in (0, 1),$$

definierte Funktion $F^{-1} : (0, 1) \to \mathbb{R}$ *Quantilfunktion oder Pseudoinverse von* F.

Eigenschaften der Quantilfunktion sind in Lemma C 2.7 zusammengestellt.

Lemma C 2.7. *Sei* F^{-1} *die Quantilfunktion der Verteilungsfunktion* F. *Dann gilt:*

(i) F^{-1} *ist monoton wachsend und linksseitig stetig.*

(ii) *Für alle* $x \in \mathbb{R}$ *und* $y \in (0, 1)$ *gilt:*

    (a) $F(x) \geqslant y \Longleftrightarrow x \geqslant F^{-1}(y)$,

    (b) $F(x-) \leqslant y \Longleftrightarrow x \leqslant F^{-1}(y+)$,

    (c) $F(F^{-1}(y)-) \leqslant y \leqslant F(F^{-1}(y))$,

    (d) $F^{-1}(F(x)) \leqslant x \leqslant F^{-1}(F(x)+)$.

    Dabei bezeichnen $g(t+)$ *und* $g(t-)$ *den rechtsseitigen bzw. linksseitigen Grenzwert der Funktion* g *an der Stelle* $t \in \mathbb{R}$.

(iii) *Sei* X *eine Zufallsvariable mit stetiger Verteilungsfunktion* F.

    Dann ist $F(X) \sim R(0, 1)$.

(iv) *Sei* $Y \sim R(0, 1)$. *Dann ist* $F^{-1}(Y) \sim F$.

In Lemma C 2.7 (ii) (c) und (d) gilt offenbar Gleichheit, wenn F im Punkt $F^{-1}(y)$ bzw. wenn F^{-1} im Punkt $F(x)$ stetig ist. Die Aussage in Lemma C 2.7 (iv) findet u.a. in der Simulation Verwendung und zeigt auf, wie eine rechteckverteilte Zufallsvariable transformiert wird, um eine Zufallsvariable mit Verteilungsfunktion F zu erhalten.

Größte Werte $x \in \mathbb{R}$, für die $F(x) \leqslant p$ oder kleinste Werte $x \in \mathbb{R}$, für die $F(x) > 1 - q$ gilt, spielen in der Schließenden Statistik (bei statistischen Tests) eine wichtige Rolle und werden Quantile genannt. Quantile werden im Rahmen der Beschreibenden Statistik bereits in den Abschnitten A 3.1 und A 3.2 behandelt.

Definition C 2.8 (Quantil). *Für* $p \in (0, 1)$ *heißt* $Q_p = F^{-1}(p)$ *das* p-*Quantil von* F *bzw. der zu* F *gehörigen Wahrscheinlichkeitsverteilung* P.

Beispiel C 2.9. In den Abbildungen C 2.4 (a)-(d) sind Ablesebeispiele für p-Quantile dargestellt.

Satz C 2.10. *Sei* $p \in (0, 1)$. *Ist* F *streng monoton wachsend und stetig, so ist* Q_p *die eindeutige Lösung der Gleichung* $F(x) = p$ *in* $x \in \mathbb{R}$.

Beispiel C 2.11. Nach Beispiel C 2.5 ist die Verteilungsfunktion der Exponentialverteilung mit Parameter $\lambda > 0$ gegeben durch (s. Bezeichnung B 3.7)

$$F(x) = \begin{cases} 0, & x < 0 \\ 1 - e^{-\lambda x}, & x \geqslant 0 \end{cases}.$$

es existiert ein x mit F(x) = p

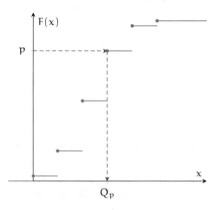

es existiert **kein** x mit F(x) = p

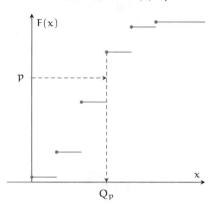

(a) Verteilungsfunktion einer diskreten Verteilung.

(b) Verteilungsfunktion einer diskreten Verteilung

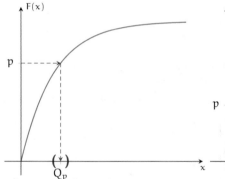
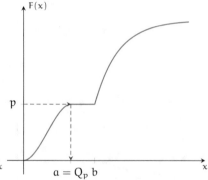

(c) Verteilungsfunktion ist in einer Umgebung von Q_p streng monoton wachsend und stetig

(d) Verteilungsfunktion ist stetig und im Intervall (a, b) konstant.

Abbildung C 2.4: Verschiedene Typen von Verteilungsfunktionen und Bestimmung von Quantilen.

Da F streng monoton steigend auf $(0, \infty)$ ist, ergibt sich Q_p für $p \in (0, 1)$ als Lösung der Gleichung $F(x) = 1 - e^{-\lambda x} = p$. Dies ergibt die Darstellung $Q_p = -\frac{1}{\lambda} \ln(1 - p)$.

Beispiel C 2.12. Seien Φ die Verteilungsfunktion und u_α, $\alpha \in (0, 1)$, das α-Quantil der Standardnormalverteilung. Nach Satz C 2.10 ist u_α die eindeutige Lösung von $\Phi(u_\alpha) = \alpha$. Wegen $\Phi(x) = 1 - \Phi(-x)$, $x \in \mathbb{R}$, (s. (B.1)) ist dies äquivalent zu $\Phi(-u_\alpha) = 1 - \alpha$. Andererseits ist $u_{1-\alpha}$ die eindeutige Lösung der Gleichung $\Phi(u_{1-\alpha}) = 1 - \alpha$. Somit folgt also für $\alpha \in (0,1)$

$$-u_\alpha = u_{1-\alpha}.$$

Diese Situation ist in Abbildung C 2.5 dargestellt.

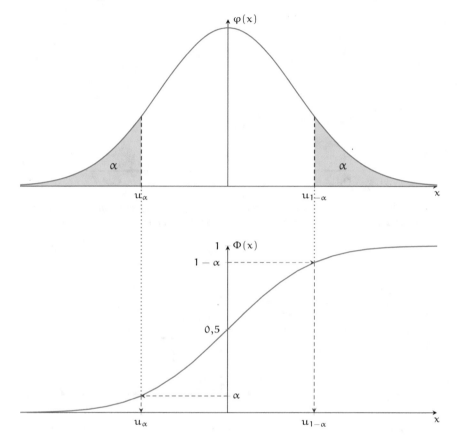

Abbildung C 2.5: Dichtefunktion φ und Verteilungsfunktion Φ der Standardnormalverteilung $N(0,1)$ (s. Bezeichnung B 3.13).

Eine entsprechende Gleichung gilt für alle stetigen Verteilungen mit achsensymmetrischer Riemann-Dichte. Ein weiteres Beispiel ist die t-Verteilung $t(n)$ mit n Freiheitsgraden, die eine achsensymmetrische Dichtefunktion hat (s. Bezeichnung B 3.14). Auch hier gilt für die zugehörigen Quantile $t_\alpha(n)$ die Beziehung

$$-t_\alpha(n) = t_{1-\alpha}(n), \quad \alpha \in (0,1).$$

Bemerkung C 2.13. Quantile werden in der Beschreibenden Statistik für einen Datensatz $x_1,\ldots,x_n$ definiert (s. Definition A 3.9). Dies entspricht im Wesentlichen dem hier eingeführten Begriff, wenn die empirische Verteilungsfunktion F_n zum Datensatz $x_1,\ldots,x_n$ an Stelle der Verteilungsfunktion F eingesetzt wird. Entsprechend werden die Bezeichnungen aus Bezeichnung A 3.5 für Quantile mit speziellen Werten von p verwendet (z.B. Quartil für das 0,25-Quantil etc.).

C 3 Mehrdimensionale Zufallsvariablen und Verteilungen

Zufallsvektoren, die auch als mehrdimensionale Zufallsvariablen bezeichnet werden, werden in Definition C 1.3 als Funktionen von Ω nach $\mathbb{R}^n$ eingeführt. Analog zu Definition C 1.5 spricht man von der Verteilung P^X von $X = (X_1, \ldots, X_n)$. Hierbei sind die Mengen A, die in P^X eingesetzt werden können, aus einer geeigneten σ-Algebra zu wählen. In diesem Skript werden zur Vereinfachung nur Zufallsvektoren betrachtet, die entweder in allen Komponenten diskret sind oder Riemann-Dichten besitzen (s. Definition C 3.7).

Die gemeinsame Verteilung der Zufallsvariablen $X_1, \ldots, X_n$ ist durch die Angabe aller Wahrscheinlichkeiten $P(X_1 \in A_1, \ldots, X_n \in A_n)$, für alle $A_i \in \mathfrak{A}_i$, $i \in \{1, \ldots, n\}$, bestimmt. Im diskreten Fall kann man sich dabei auf einelementige Mengen beschränken; im Fall von Riemann-Dichten genügt es, für A_i alle halboffenen Intervalle im $\mathbb{R}^n$ zu betrachten.

Wie im eindimensionalen Fall wird die Verteilungsfunktion zur Beschreibung der Wahrscheinlichkeitsverteilung P^X eingeführt.

Definition C 3.1 (Multivariate Verteilungsfunktion). *Sei $X = (X_1, \ldots, X_n)$ ein Zufallsvektor mit Wahrscheinlichkeitsverteilung P^X. Die durch*

$$
\begin{aligned}
F^X(x) &= P^X((-\infty, x_1] \times \cdots \times (-\infty, x_n]) \\
&= P(X_1 \in (-\infty, x_1], \ldots, X_n \in (-\infty, x_n]) \\
&= P(X_1 \leqslant x_1, \ldots, X_n \leqslant x_n), \quad (x_1, \ldots, x_n) \in \mathbb{R}^n,
\end{aligned}
$$

definierte Funktion heißt multivariate (oder mehrdimensionale) Verteilungsfunktion.

Führt man für einen diskreten n-dimensionalen Zufallsvektor $X = (X_1, \ldots, X_n)$ mit Verteilung P^X analog zum eindimensionalen Fall den Träger

$$
T = \text{supp}(P^{X_1, \ldots, X_n}) = \{(x_1, \ldots, x_n) \in \mathbb{R}^n \mid P(X_1 = x_1, \ldots, X_n = x_n) > 0\}
$$

ein, so heißt die Funktion $p^X : \mathbb{R}^n \to [0, 1]$ mit

$$
p^X(x) = \begin{cases} P^X(\{x\}) = P(X = x) = P(X_1 = x_1, \ldots, X_n = x_n), & x \in T \\ 0, & x \notin T \end{cases}
$$

Zähldichte von P^X (bzw. von X) mit Träger T. Die Verteilungsfunktion F^X lässt sich schreiben als

$$
F^X(x_1, \ldots, x_n) = \sum_{\substack{(t_1, \ldots, t_n) \in T, \\ t_i \leqslant x_i, 1 \leqslant i \leqslant n}} p^X(t_1, \ldots, t_n), \quad (x_1, \ldots, x_n) \in \mathbb{R}^n.
$$

In vielen Anwendungen sind die gemeinsame Verteilung einer Auswahl von Komponenten des Vektors X und die Verteilungen der Komponenten X_i des Vektors von Interesse. Diese heißen Rand- oder Marginalverteilungen.

Bezeichnung C 3.2 (Randverteilung, Marginalverteilung). Sei $X = (X_1, \ldots, X_n)$ ein Zufallsvektor mit Verteilung P^X. Die Verteilung von $(X_{i_1}, \ldots, X_{i_m})$ für m $(< n)$ Indizes mit $1 \leqslant i_1 < \cdots < i_m \leqslant n$ heißt m-dimensionale Rand- oder Marginalverteilung zu $(i_1, \ldots, i_m)$. Die Verteilung von X_i heißt i-te Rand- oder Marginalverteilung.

Sei $X = (X_1, \ldots, X_n)$ ein Zufallsvektor mit Verteilung P^X. Die Randverteilung von $(X_{i_1}, \ldots, X_{i_m})$ wird bestimmt, indem in den „nicht benötigten Komponenten" $\mathbb{R}$ als Menge eingesetzt wird:

Sei $B = \overset{m}{\underset{j=1}{\times}} [a_j, b_j]$ das kartesische Produkt von Intervallen $[a_j, b_j], j \in \{1, \ldots, m\}$.
Dann ist

$$P^{(X_{i_1}, \ldots, X_{i_m})}(B) = P\big(X_{i_1} \in [a_1, b_1], \ldots, X_{i_m} \in [a_m, b_m]\big)$$
$$= P\big(X_{i_j} \in [a_j, b_j], j \in \{1, \ldots, m\}, \text{ und } X_j \in \mathbb{R}, j \in \{1, \ldots, n\} \setminus \{i_1, \ldots, i_m\}\big).$$

Insbesondere ist die Verteilungsfunktion F^{X_i} der i-ten Randverteilung bestimmt durch

$$F^{X_i}(x) = P^X(\mathbb{R} \times \cdots \times \mathbb{R} \times \underbrace{(-\infty, x]}_{\text{i-te Komponente}} \times \mathbb{R} \times \cdots \times \mathbb{R}).$$

Dieser Zusammenhang kann wie folgt ausgenutzt werden. Ist die Verteilungsfunktion $F^{X_1, \ldots, X_n}$ eines Zufallsvektors $(X_1, \ldots, X_n)$ gegeben, so kann die Verteilungsfunktion eines Teilvektors $(X_{i_1}, \ldots, X_{i_m})$ durch Grenzwertbildung ermittelt werden. Es gilt der Zusammenhang

$$F^{X_{i_1}, \ldots, X_{i_m}}(x_{i_1}, \ldots, x_{i_m}) = \lim_{x_j \to \infty, j \notin \{i_1, \ldots, i_m\}} F^{X_1, \ldots, X_n}(x_1, \ldots, x_n).$$

Als Spezialfall werde der Fall $n = 3$ betrachtet. Dann gilt etwa

$$F^{X_1}(x_1) = \lim_{x_2, x_3 \to \infty} F^{X_1, X_2, X_3}(x_1, x_2, x_3), \quad F^{X_2, X_3}(x_2, x_3) = \lim_{x_1 \to \infty} F^{X_1, X_2, X_3}(x_1, x_2, x_3).$$

Die eindimensionalen Randverteilungen legen die gemeinsame Verteilung nicht eindeutig fest, wie das folgende Beispiel zeigt.

Beispiel C 3.3. Seien $X = (X_1, X_2)$, $Y = (Y_1, Y_2)$ Zufallsvektoren auf dem Wahrscheinlichkeitsraum $(\Omega, \mathfrak{A}, P)$ mit

$$X(\Omega) = Y(\Omega) = \{0, 1\}^2 = \{(0, 0), (1, 0), (0, 1), (1, 1)\},$$

$$P^X((0, 1)) = P^X((1, 0)) = \frac{1}{2}, \quad P^X((0, 0)) = P^X((1,1)) = 0,$$

$$P^Y((0, 1)) = P^Y((1, 0)) = 0, \quad P^Y((0, 0)) = P^Y((1, 1)) = \frac{1}{2}.$$

Damit ist offensichtlich $P^X \neq P^Y$. Für die Randverteilungen gilt jedoch:

$$P^{X_1}(j) = P^X(\{j\} \times \mathbb{R}) = P(X_1 = j, X_2 \in \{0, 1\})$$

$$= P(X_1 = j, X_2 = 0) + P(X_1 = j, X_2 = 1)$$

$$= P^X((j,0)) + P^X((j,1)) = \frac{1}{2}, \quad j \in \{0,1\},$$

und analog

$$P^{Y_1}(j) = P^Y((j,0)) + P^Y((j,1)) = \frac{1}{2}, \quad j \in \{0,1\}.$$

Also ist $P^{X_1} = P^{Y_1}$. Ebenso zeigt man $P^{X_2} = P^{Y_2}$.

Beispiel C 3.4. Diskrete endliche mehrdimensionale Verteilungen werden oft in Form einer sogenannten Wahrscheinlichkeitstafel oder Kontingenztafel notiert. Die Wahrscheinlichkeitsverteilungen $P^{(X_1,X_2)}$ und $P^{(Y_1,Y_2)}$ aus Beispiel C 3.3 werden dann geschrieben als $(p_{ij}^{(X_1,X_2)} = P(X_1 = i, X_2 = j)$ etc.)

	$p_{ij}^{(X_1,X_2)}$	X_2 0	X_2 1	$P(X_1 = i)$
X_1	0	0	$\frac{1}{2}$	$\frac{1}{2}$
	1	$\frac{1}{2}$	0	$\frac{1}{2}$
	$P(X_2 = j)$	$\frac{1}{2}$	$\frac{1}{2}$	1

	$p_{ij}^{(Y_1,Y_2)}$	Y_2 0	Y_2 1	$P(Y_1 = i)$
Y_1	0	$\frac{1}{2}$	0	$\frac{1}{2}$
	1	0	$\frac{1}{2}$	$\frac{1}{2}$
	$P(Y_2 = j)$	$\frac{1}{2}$	$\frac{1}{2}$	1

(vgl. dazu auch die Darstellung von Häufigkeiten in Abschnitt A 7.1). Die Zeilen- und Spaltensummen führen zu den Randverteilungen. Die Aussage aus Beispiel C 3.3 ist anhand der beiden Tafeln offensichtlich.

Ein Beispiel für eine multivariate diskrete Wahrscheinlichkeitsverteilung wurde in Bezeichnung B 2.7 mit der Polynomialverteilung bereits gegeben. Diese wird hier in der Notation mit Zufallsvariablen wiederholt und interpretiert.

Beispiel C 3.5 (Verallgemeinertes Bernoulli-Experiment). Ein Zufallsexperiment liefere eines von $m \geq 2$ möglichen Ergebnissen A_i, $1 \leq i \leq m$, die als Mengen beschrieben seien. Seien $A_1, \ldots, A_m$ paarweise disjunkt mit $P(A_j) = p_j$, $1 \leq j \leq m$, und $\sum_{j=1}^{m} p_j = 1$. Nun betrachtet man die n-malige unabhängige Versuchswiederholung und beschreibt dieses Experiment über dem Grundraum $\Omega = \{1, \ldots, m\}^n$. Interessiert man sich für die Verteilung der Ergebnisse und beschreibt mit der Zufallsvariablen X_j die Anzahl des Auftretens von Ereignis A_j bei n Versuchen, $1 \leq j \leq m$, so kann man für $k_j \in \mathbb{N}_0$, $1 \leq j \leq m$, mit $\sum_{j=1}^{m} k_j = n$ zeigen:

$$P(X_1 = k_1, \ldots, X_m = k_m) = P(\{\omega \in \Omega \mid X_1(\omega) = k_1, \ldots, X_m(\omega) = k_m\})$$

$$= P^{(X_1,\ldots,X_m)}(\{(k_1, \ldots, k_m)\})$$

$$= \frac{n!}{k_1! \cdot \ldots \cdot k_m!} \prod_{i=1}^{m} p_i^{k_i}.$$

Die Randverteilung von X_1 ist gegeben durch die Zähldichte ($k \in \{0, \ldots, n\}$)

$$P^{X_1}(\{k\}) = P^{(X_1, \ldots, X_m)}(\{k\} \times \mathbb{R} \times \cdots \times \mathbb{R}) = \cdots = \binom{n}{k} p_1^k (1 - p_1)^{n-k},$$

und damit eine $\mathrm{bin}(n, p_1)$-Verteilung. Dies gilt entsprechend für die anderen eindimensionalen Randverteilungen mit p_j an Stelle von p_1.

Bei stochastisch unabhängigen Zufallsvariablen ist die gemeinsame Verteilungsfunktion eindeutig durch die Verteilungsfunktionen der eindimensionalen Randverteilungen bestimmt.

Satz C 3.6. $X_1, \ldots, X_n$ *sind stochastisch unabhängige Zufallsvariablen mit Verteilungsfunktionen* $F^{X_1}, \ldots, F^{X_n}$ *genau dann, wenn*

$$F^{(X_1, \ldots, X_n)}(x_1, \ldots, x_n) = F^{X_1}(x_1) \cdot \ldots \cdot F^{X_n}(x_n) \quad \forall (x_1, \ldots, x_n) \in \mathbb{R}^n.$$

Der Begriff der Riemann-Dichte zur Beschreibung einer Wahrscheinlichkeitsverteilung wird auf den n-dimensionalen Fall übertragen.

Definition C 3.7 (Riemann-Dichtefunktion). *Eine Riemann-integrierbare Funktion* $f : \mathbb{R}^n \to \mathbb{R}$ *heißt Riemann-Dichtefunktion (oder Riemann-Dichte oder kurz Dichte) über* $\mathbb{R}^n$, *falls* $f(x) \geqslant 0$, $x \in \mathbb{R}^n$, *und*

$$\int_{-\infty}^{\infty} \cdots \int_{-\infty}^{\infty} f(x_1, \ldots, x_n) dx_1 \ldots dx_n = 1$$

gilt.

Eine Riemann-Dichte legt eindeutig ein Wahrscheinlichkeitsmaß über $\mathbb{R}^n$ fest.

Bemerkung C 3.8. Ist f eine Dichte über $\mathbb{R}^n$, so ist die zugehörige Verteilungsfunktion F stetig und gegeben durch

$$F(x_1, \ldots, x_n) = \int_{-\infty}^{x_n} \cdots \int_{-\infty}^{x_1} f(y_1, \ldots, y_n) dy_1 \cdots dy_n, \quad (x_1, \ldots, x_n) \in \mathbb{R}^n.$$

Wahrscheinlichkeiten für das zugehörige Wahrscheinlichkeitsmaß P bestimmt man über die Integraldarstellung

$$P\left(\bigtimes_{i=1}^{n} [a_i, b_i]\right) = \int_{a_n}^{b_n} \cdots \int_{a_1}^{b_1} f(y_1, \ldots, y_n) dy_1 \ldots dy_n$$

für alle $a = (a_1, \ldots, a_n) \in \mathbb{R}^n$ und $b = (b_1, \ldots, b_n) \in \mathbb{R}^n$ mit $a_i \leqslant b_i$, $1 \leqslant i \leqslant n$. Die eindimensionalen Intervalle $[a_i, b_i]$, $1 \leqslant i \leqslant n$, können dabei auch (ohne Änderung des Wertes der Wahrscheinlichkeit) durch halboffene oder offene Intervalle ersetzt werden.

Beispiel C 3.9. Eine zweidimensionale Dichtefunktion ist gegeben durch

$$f(x,y) = \begin{cases} 2e^{-(2x+y)}, & x,y \geqslant 0 \\ 0, & \text{sonst} \end{cases}.$$

Die zugehörige Verteilungsfunktion berechnet sich zu

$$F(x,y) = \begin{cases} (1 - e^{-2x})(1 - e^{-y}), & x,y \geqslant 0 \\ 0, & \text{sonst} \end{cases}.$$

Bezeichnung C 3.10 (Multivariate Normalverteilung). Ein n-dimensionaler Zufallsvektor $X = (X_1, \ldots, X_n)$ besitzt eine multivariate Normalverteilung mit den Parametern $\mu \in \mathbb{R}^n$ und Σ, wobei Σ eine positiv definite $(n \times n)$-Matrix ist, falls X die Dichte

$$f(x) = \frac{1}{\sqrt{(2\pi)^n \det(\Sigma)}} \exp\left(-\frac{1}{2}(x - \mu)\Sigma^{-1}(x - \mu)'\right), \quad x = (x_1, \ldots, x_n) \in \mathbb{R}^n,$$

hat. (Eine symmetrische $(n \times n)$-Matrix A heißt positiv definit, falls $xAx' > 0$ für alle Zeilenvektoren $x \in \mathbb{R}^n$ mit $x \neq 0$.)

Als Notation wird $X \sim N_n(\mu, \Sigma)$ verwendet. Für $\mu = (0, \ldots, 0)$ und $\Sigma = I_n$ (n-dimensionale Einheitsmatrix) heißt $N_n(0, I_n)$ multivariate Standardnormalverteilung.

Beispiel C 3.11 (Bivariate Normalverteilung). Die bivariate Normalverteilung eines Zufallsvektors (X_1, X_2) ist definiert durch die Dichtefunktion (für $x_1, x_2 \in \mathbb{R}$)

$$\begin{aligned} f^{X_1, X_2}(x_1, x_2) = \frac{1}{2\pi\sigma_1\sigma_2\sqrt{1 - \rho^2}} \exp\Bigg(& -\frac{1}{2(1 - \rho^2)} \Bigg[\frac{(x_1 - \mu_1)^2}{\sigma_1^2} \\ & - 2\rho\frac{(x_1 - \mu_1)(x_2 - \mu_2)}{\sigma_1\sigma_2} + \frac{(x_2 - \mu_2)^2}{\sigma_2^2} \Bigg] \Bigg) \end{aligned} \quad \text{(C.1)}$$

mit den fünf Parametern $\mu_1, \mu_2 \in \mathbb{R}$, $\sigma_1^2, \sigma_2^2 > 0$ und $\rho \in (-1, 1)$. Sie wird bezeichnet mit $(X_1, X_2) \sim N_2(\mu_1, \mu_2, \sigma_1^2, \sigma_2^2, \rho)$.

Die Dichtefunktion wird direkt aus der in Bezeichnung C 3.10 gegebenen Dichte der multivariaten Normalverteilung hergeleitet. Als Matrix Σ wird

$$\Sigma = \begin{pmatrix} \sigma_1^2 & \rho\sigma_1\sigma_2 \\ \rho\sigma_1\sigma_2 & \sigma_2^2 \end{pmatrix} \in \mathbb{R}^{2 \times 2}$$

gewählt, deren Determinante $\det \Sigma = \sigma_1^2\sigma_2^2(1 - \rho^2)$ ist. Dies impliziert insbesondere nach dem Minorantenkriterium (vgl. Kamps et al. 2009), dass Σ nur für $\rho \in (-1, 1)$ positiv definit ist. Der Vektor μ ist gegeben durch $\mu = (\mu_1, \mu_2) \in \mathbb{R}^2$. Ausmultiplizieren des Arguments der Exponentialfunktion in Beispiel C 3.10 mit

$$\Sigma^{-1} = \frac{1}{1 - \rho^2} \begin{pmatrix} 1/\sigma_1^2 & -\rho/(\sigma_1\sigma_2) \\ -\rho/(\sigma_1\sigma_2) & 1/\sigma_2^2 \end{pmatrix}$$

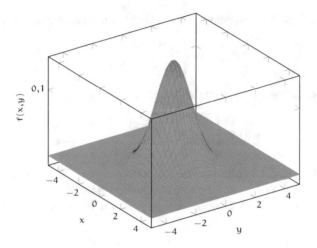

Abbildung C 3.1: Dichtefunktion einer bivariaten Standardnormalverteilung $N_2(0, 0, 1, 1, 0)$.

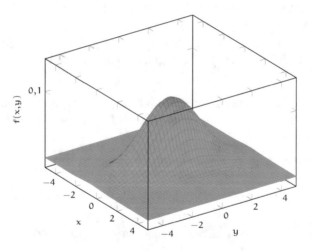

Abbildung C 3.2: Dichtefunktion einer bivariaten Normalverteilung $N_2(0, 0, 1, 4, \frac{1}{2})$.

liefert die Darstellung in (C.1). Graphen zweier Dichtefunktionen sind in den Abbildungen C 3.1 und C 3.2 dargestellt.

Die i-te Randdichte einer multivariaten Verteilung, die durch ihre n-dimensionale Dichte bestimmt ist, erhält man durch Integration.

Bemerkung C 3.12. Ist $X = (X_1, \ldots, X_n)$ ein Zufallsvektor mit Dichte f^X, so gilt für die i-te Randdichte (die Dichtefunktion der i-ten Randverteilung) mit $t \in \mathbb{R}$:

$$f^{X_i}(t) = \int_{-\infty}^{\infty} \cdots \int_{-\infty}^{\infty} f^X(x_1, \ldots, x_{i-1}, t, x_{i+1}, \ldots, x_n) dx_1 \ldots dx_{i-1} dx_{i+1} \ldots dx_n.$$

Die multivariate Normalverteilung hat die besondere Eigenschaft, dass die Randverteilungen wiederum Normalverteilungen sind. Für die bivariate Normalverteilung ist diese Aussage im folgenden Satz enthalten.

Satz C 3.13. *Sei* $(X_1, X_2) \sim N_2(\mu_1, \mu_2, \sigma_1^2, \sigma_2^2, \rho)$ *mit* $\mu_1, \mu_2 \in \mathbb{R}$, $\sigma_1^2, \sigma_2^2 > 0$ *sowie* $\rho \in (-1, 1)$. *Dann gilt:*

$$X_1 \sim N(\mu_1, \sigma_1^2), \quad X_2 \sim N(\mu_2, \sigma_2^2).$$

Beweis: (X_1, X_2) hat die in (C.1) gegebene Dichte. Das Argument der Exponentialfunktion kann durch eine geeignete quadratische Ergänzung als Summe zweier Quadrate geschrieben werden:

$$\frac{(x_1 - \mu_1)^2}{\sigma_1^2} - 2\rho \frac{(x_1 - \mu_1)(x_2 - \mu_2)}{\sigma_1 \sigma_2} + \frac{(x_2 - \mu_2)^2}{\sigma_2^2}$$

$$= \frac{(x_1 - \mu_1)^2}{\sigma_1^2} - 2\rho \frac{(x_1 - \mu_1)(x_2 - \mu_2)}{\sigma_1 \sigma_2} + \frac{\rho^2 (x_2 - \mu_2)^2}{\sigma_2^2} + \frac{(1 - \rho^2)(x_2 - \mu_2)^2}{\sigma_2^2}$$

$$= \left(\frac{x_1 - \mu_1}{\sigma_1} - \frac{\rho(x_2 - \mu_2)}{\sigma_2} \right)^2 + \frac{(1 - \rho^2)(x_2 - \mu_2)^2}{\sigma_2^2}$$

$$= \frac{(x_1 - \mu_1 - \frac{\sigma_1 \rho (x_2 - \mu_2)}{\sigma_2})^2}{\sigma_1^2} + \frac{(1 - \rho^2)(x_2 - \mu_2)^2}{\sigma_2^2}.$$

Daraus ergibt sich für die Dichte in (C.1) die Faktorisierung

$$f^{X_1, X_2}(x_1, x_2) = g(x_1, x_2) \cdot h(x_2), \tag{C.2}$$

wobei

$$g(x_1, x_2) = \frac{1}{\sqrt{2\pi}\sigma_1 \sqrt{1 - \rho^2}} \exp\left(-\frac{1}{2(1 - \rho^2)\sigma_1^2} \left[x_1 - \mu_1 - \frac{\sigma_1 \rho (x_2 - \mu_2)}{\sigma_2} \right]^2 \right) \tag{C.3}$$

und $h(x_2) = \dfrac{1}{\sqrt{2\pi}\sigma_2} \exp\left(-\dfrac{(x_2 - \mu_2)^2}{2\sigma_2^2} \right)$.

Dabei ist $g(\cdot, x_2)$ für jedes feste $x_2 \in \mathbb{R}$ die Dichte einer $N\big(\mu_1 + \frac{\sigma_1 \rho (x_2 - \mu_2)}{\sigma_2}, (1 - \rho^2)\sigma_1^2\big)$-Verteilung, h ist Dichte einer $N(\mu_2, \sigma_2^2)$-Verteilung. Die Integration bzgl. x_1 liefert nun

$$f^{X_2}(x_2) = \int_{-\infty}^{\infty} f^{X_1, X_2}(x_1, x_2) dx_1 = h(x_2) \underbrace{\int_{-\infty}^{\infty} g(x_1, x_2) dx_1}_{=1} = h(x_2),$$

da das Integral über eine Dichtefunktion stets gleich Eins ist. Damit ist f^{X_2} die Dichte einer $N(\mu_2, \sigma_2^2)$-Verteilung. Eine analoge Argumentation liefert die Randverteilung von X_1.

Für Dichten multivariater Verteilungen gilt ferner allgemein der folgende Zusammenhang zur stochastischen Unabhängigkeit.

Satz C 3.14. $X_1, \ldots, X_n$ *sind stochastisch unabhängige Zufallsvariablen mit Dichten* $f^{X_1}, \ldots, f^{X_n}$ *genau dann, wenn*

$$f^{(X_1, \ldots, X_n)}(x_1, \ldots, x_n) = \prod_{i=1}^{n} f^{X_i}(x_i) \quad \forall (x_1, \ldots, x_n) \in \mathbb{R}^n.$$

Im Fall der stochastischen Unabhängigkeit ist also die gemeinsame Dichte gerade durch das Produkt der Randdichten gegeben.

Für die bivariate Normalverteilung liefert Satz C 3.14 eine einfache Charakterisierung der stochastischen Unabhängigkeit.

Satz C 3.15. *Sei* $(X_1, X_2) \sim N_2(\mu_1, \mu_2, \sigma_1^2, \sigma_2^2, \rho)$ *mit* $\mu_1, \mu_2 \in \mathbb{R}$, $\sigma_1^2, \sigma_2^2 > 0$ *sowie* $\rho \in (-1, 1)$. *Dann gilt:*

$$X_1, X_2 \text{ stochastisch unabhängig } \iff \rho = 0.$$

Beweis: Ist $\rho = 0$, so resultiert direkt die geforderte Produktdarstellung aus (C.1) mit den Eigenschaften der Exponentialfunktion. Sei umgekehrt die Gleichung $f^{X_1, X_2}(x_1, x_2) = f^{X_1}(x_1) \cdot f^{X_2}(x_2)$ für alle $x_1, x_2 \in \mathbb{R}$ gegeben. Dann gilt speziell für $x_1 = \mu_1$ und $x_2 = \mu_2$

$$f^{X_1, X_2}(\mu_1, \mu_2) = f^{X_1}(\mu_1) \cdot f^{X_2}(\mu_2) \iff \frac{1}{2\pi\sigma_1\sigma_2\sqrt{1-\rho^2}} = \frac{1}{\sqrt{2\pi}\sigma_1} \cdot \frac{1}{\sqrt{2\pi}\sigma_2}.$$

Die letzte Gleichung ist äquivalent zu $\sqrt{1-\rho^2} = 1$ bzw. $\rho^2 = 0$.

C 4 Transformationen von Zufallsvariablen

Ausgehend von einer Wahrscheinlichkeitsverteilung wird in der Analyse stochastischer Modelle häufig die Verteilung transformierter Zufallsvariablen oder Zufallsvektoren benötigt. Als Hilfsmittel zur Berechnung der Verteilungen derartiger Transformationen werden nachfolgend für Zufallsvariablen und Zufallsvektoren mit Riemann-Dichten sogenannte Transformationsformeln betrachtet. Im Eindimensionalen wird meist über die Verteilungsfunktion argumentiert.

Beispiel C 4.1.

(i) Die Normalverteilung wurde in Bezeichnung B 3.13 eingeführt. Dort wurde bereits die folgende Eigenschaft erwähnt: Ist X standardnormalverteilt und sind $\mu \in \mathbb{R}$, $\sigma > 0$ Parameter, so gilt

$$Y = \sigma X + \mu \sim N(\mu, \sigma^2),$$

d.h. die lineare Transformation Y einer normalverteilten Zufallsvariablen X ist wiederum normalverteilt. Für $y \in \mathbb{R}$ gilt nämlich:

$$F^Y(y) = P(Y \leqslant y) = P\left(X \leqslant \frac{y-\mu}{\sigma}\right) = \int_{-\infty}^{\frac{y-\mu}{\sigma}} \frac{1}{\sqrt{2\pi}} \exp\left\{-\frac{x^2}{2}\right\} dx$$

$$= \frac{1}{\sqrt{2\pi}\sigma} \int_{-\infty}^{y} \exp\left\{-\frac{(x-\mu)^2}{2\sigma^2}\right\} dx = \Phi_{\mu,\sigma^2}(y),$$

da $f(x) = \frac{1}{\sqrt{2\pi}\sigma} \exp\left\{-\frac{(x-\mu)^2}{2\sigma^2}\right\}$, $x \in \mathbb{R}$, die Dichte der $N(\mu, \sigma^2)$-Verteilung ist.

Andererseits folgt mit derselben Argumentation: Ist $Y \sim N(\mu, \sigma^2)$, so gilt $X = \frac{Y-\mu}{\sigma} \sim N(0,1)$. Da also jede Normalverteilung (durch eine lineare Transformation) auf eine Standardnormalverteilung transformiert werden kann, müssen nur für diese numerische Werte vorliegen; diese findet man in Tabellen zusammengefasst in vielen Büchern zur Statistik (s. z.B. Hartung et al. 2009). Der Zusammenhang wird in der Schließenden Statistik bei zugrundegelegten Normalverteilungen oft verwendet.

(ii) Seien $X \sim N(0,1)$ und $Y = X^2$. Für die Verteilung des Quadrats einer standardnormalverteilten Zufallsvariablen gilt aufgrund der Beziehung $\Phi(x) = 1 - \Phi(-x)$:

$$F^Y(y) = P(X^2 \leqslant y) = 0, \text{ falls } y \leqslant 0,$$
$$F^Y(y) = P(X^2 \leqslant y) = P(-\sqrt{y} \leqslant X \leqslant \sqrt{y}) = \Phi(\sqrt{y}) - \Phi(-\sqrt{y})$$
$$= 2\Phi(\sqrt{y}) - 1, \text{ falls } y > 0.$$

Damit gilt für die Dichte von Y für $y > 0$:

$$f^Y(y) = \frac{d}{dy}F^Y(y) = 2\varphi(\sqrt{y}) \cdot \frac{1}{2\sqrt{y}} = \frac{1}{\sqrt{2\pi}}y^{-1/2}e^{-y/2}.$$

Wegen $\Gamma(\frac{1}{2}) = \sqrt{\pi}$ ist $Y \sim \chi^2(1)$ bzw. $Y \sim \Gamma(\frac{1}{2}, \frac{1}{2})$. Damit ist auch die Verteilung einer Summe $X_1^2 + \cdots + X_n^2$ stochastisch unabhängiger $N(0,1)$-verteilter Zufallsvariablen $X_1, \ldots, X_n$ wiederum χ^2-verteilt: $\sum_{i=1}^{n} X_i^2 \sim \chi^2(n)$ (bzw. $\sim \Gamma(\frac{1}{2}, \frac{n}{2})$) (vgl. Beispiel C 1.16(i)).

(iii) Analog zu (i) resultiert für $X \sim \Gamma(\alpha, \beta)$ und $a > 0$ die Eigenschaft

$$aX \sim \Gamma(\frac{\alpha}{a}, \beta).$$

Für Rechnungen dieser Art kann eine Transformationsformel für Dichten angegeben werden, aus der auch das Ergebnis in Beispiel C 4.1 (i) direkt folgt.

Satz C 4.2 (Transformationsformel für Dichtefunktionen). *Die Zufallsvariable X habe die Riemann-Dichte f^X mit*

$$f^X(x) \begin{cases} > 0, & x \in (a, b) \\ = 0, & sonst \end{cases}.$$

Weiterhin sei die Funktion $g : (a, b) \to (c, d)$ bijektiv und stetig differenzierbar mit stetig differenzierbarer Umkehrfunktion g^{-1}. Dann besitzt die transformierte Zufallsvariable $Y = g(X)$ die Dichte

$$f^Y(y) = \begin{cases} |(g^{-1})'(y)|f^X(g^{-1}(y)), & y \in (c, d) \\ 0, & sonst \end{cases}.$$

Bemerkung C 4.3. Die obige Formel enthält die Ableitung der Umkehrfunktion. Unter den Voraussetzungen des Satzes gilt mit einer Formel für die Ableitung der Umkehrfunktion (s. z.B. Kamps et al. 2009) $(g^{-1})'(y) = \frac{1}{g'(g^{-1}(y))}$ die Darstellung

$$f^Y(y) = \frac{f^X(g^{-1}(y))}{|g'(g^{-1}(y))|}, \quad y \in (c, d).$$

Auf die linearen Transformationen in Beispiel C 4.1 (i) und (iii) ist der Satz direkt anwendbar mit $g(x) = \sigma x + \mu$ und $g(x) = \alpha x$, $x \in \mathbb{R}$. Die Funktion $g(x) = x^2$ ist auf $\mathbb{R}$ nicht bijektiv, so dass Satz C 4.2 in Beispiel C 4.1 (ii) nicht von Nutzen ist.

Für mehrdimensionale Verteilungen sind Anwendungen für Transformationen vielfältiger, der entsprechende Satz aber auch komplizierter. Eine Anwendung eines allgemeinen Transformationssatzes für mehrdimensionale Dichten ist auch die Bestimmung der Verteilung einer Summe von Zufallsvariablen. Im Fall der stochastischen Unabhängigkeit wurde die Faltungsformel bereits in Satz C 1.15 angegeben. Zur Herleitung dieser Formel wird folgendermaßen vorgegangen: Für den Zufallsvektor $(X_1, \ldots, X_n)$ bestimmt man mit Hilfe von Satz C 4.4 die gemeinsame Dichte von $(X_1, X_1 + X_2, \ldots, \sum_{i=1}^{n} X_i)$ und berechnet dann die n-te Marginalverteilung des transformierten Vektors.

Satz C 4.4 (Transformationssatz für Dichten). *Sei* $X = (X_1, \ldots, X_n)$ *ein Zufallsvektor auf* $(\Omega, \mathfrak{A}, P)$ *mit n-dimensionaler Dichte* f^X. *Es existiere eine offene Menge* $M \subseteq \mathbb{R}^n$ *mit*

$$f^X(x_1, \ldots, x_n) = 0 \quad \forall (x_1, \ldots, x_n) \in M^c.$$

Weiterhin sei $T : (\mathbb{R}^n, \mathcal{B}^n) \to (\mathbb{R}^n, \mathcal{B}^n)$ *eine stetig differenzierbare Abbildung mit*

- *(i)* $\widetilde{T} = T|_M$ *ist injektiv* ($\widetilde{T}$ *ist die Einschränkung oder Restriktion von* T *auf* M),
- *(ii) alle partiellen Ableitungen von* $\widetilde{T}$ *sind stetig auf* M *und*
- *(iii) die Funktionaldeterminante erfüllt*

$$\Delta(x_1, \ldots, x_n) = \det\left(\frac{\partial \widetilde{T}_i(x_1, \ldots, x_n)}{\partial x_j}\right)_{1 \leqslant i, j \leqslant n} \neq 0 \quad \forall (x_1, \ldots, x_n) \in M.$$

Dann gilt: Der Zufallsvektor $Y = \widetilde{T}(X)$ *besitzt die Dichte*

$$f^Y(y_1, \ldots, y_n) = \frac{f^X(\widetilde{T}^{-1}(y_1, \ldots, y_n))}{|\Delta(\widetilde{T}^{-1}(y_1, \ldots, y_n))|} \mathbb{1}_{\widetilde{T}(M)}(y_1, \ldots, y_n).$$

Die Anwendung des Transformationssatzes C 4.4 auf eine Abbildung T mit

$$T(x) = xA + b, \quad x \in \mathbb{R}^n,$$

mit einer invertierbaren Matrix $A \in \mathbb{R}^{n \times n}$ und $b \in \mathbb{R}^n$ ist oft von Bedeutung. Sind X und Y n-dimensionale Zufallsvektoren mit $Y = T(X) = XA + b$, so ist die Funktionaldeterminante $\Delta(x) = \det(A')$ konstant und gemäß Voraussetzung ungleich Null. Die Umkehrabbildung zu T ist gegeben durch $T^{-1}(y) = (y-b)A^{-1}$, $y \in \mathbb{R}^n$. Der Transformationssatz liefert dann wegen $\det(A) = \det(A')$

$$f^Y(y_1, \ldots, y_n) = \frac{f^X((y - b)A^{-1})}{|\det(A)|}, \quad y = (y_1, \ldots, y_n) \in \mathbb{R}^n. \tag{C.4}$$

Beispiel C 4.5. Für den zweidimensionalen Fall wird die Faltungsformel über den oben beschriebenen Weg hergeleitet. Der Zufallsvektor $X = (X_1, X_2)$ habe die Dichte f^X. Die Transformation T mit $T(x_1, x_2) = (x_1, x_1 + x_2) = (x_1, x_2)A$ mit $A = \left(\begin{smallmatrix} 1 & 1 \\ 0 & 1 \end{smallmatrix} \right)$ hat die Umkehrabbildung T^{-1} mit $T^{-1}(y_1, y_2) = (y_1, y_2 - y_1) = (y_1, y_2)A^{-1} = (y_1, y_2) \left(\begin{smallmatrix} 1 & -1 \\ 0 & 1 \end{smallmatrix} \right)$. Wegen $\det \left(\frac{\partial T_i}{\partial x_j} \right)_{1 \leqslant i,j \leqslant 2} = \det(A') = \det \left(\begin{smallmatrix} 1 & 0 \\ 1 & 1 \end{smallmatrix} \right) = 1$ ist die Dichte von $T(X) = (X_1, X_1 + X_2)$ gegeben durch

$$f^{T(X)}(y_1, y_2) = f^X(y_1, y_2 - y_1).$$

Die Dichte von $Z = X_1 + X_2$ ist die zweite Randdichte von $T(X)$:

$$f^Z(z) = \int_{-\infty}^{\infty} f^X(y_1, z - y_1) \, dy_1, \quad z \in \mathbb{R}.$$

Im speziellen Fall der Unabhängigkeit von X_1 und X_2 gilt (s. Satz C 1.15)

$$f^{X_1 + X_2}(z) = \int_{-\infty}^{\infty} f^{X_1}(y_1) f^{X_2}(z - y_1) \, dy_1, \quad z \in \mathbb{R}.$$

C 5 Erwartungswerte, Varianz, Kovarianz und Korrelation

Der Oberbegriff der in der Überschrift genannten Größen ist „Momente". Diese sind Kenngrößen von Wahrscheinlichkeitsverteilungen, beschreiben deren Eigenschaften und dienen dem Vergleich von Wahrscheinlichkeitsverteilungen.

Im einfachen Würfelwurf mit den möglichen Ergebnissen $1, \ldots, 6$ ist das „mittlere" Ergebnis intuitiv $\frac{1}{6} \cdot 1 + \cdots + \frac{1}{6} \cdot 6 = 3{,}5$. Diese Zahl ist selbst offenbar kein mögliches Ergebnis des Würfelwurfs. Versteht man das Zufallsexperiment jedoch als Glücksspiel mit der Auszahlung i €, wenn Zahl i erscheint, so ist 3,5 € die mittlere Auszahlung und direkt interpretierbar.

Für stetige Wahrscheinlichkeitsverteilungen kann folgende Motivation gegeben werden: Für eine Zufallsvariable X mit Dichte f entspricht die markierte Fläche in Abbildung C 5.1 der Wahrscheinlichkeit $P(X \in (x, x + \Delta x))$, die durch $\Delta x \cdot f(x)$ angenähert wird. Da der „Beitrag" zum durchschnittlichen Wert etwa $x \cdot \Delta x \cdot f(x)$ ist, erscheint $\int_{-\infty}^{\infty} xf(x)dx$ als sinnvolle Definition des Erwartungswerts.

Die Definition des Erwartungswerts ist formal aufwändig, weil berücksichtigt werden muss, dass die mathematischen Operationen (Summation bzw. Integration) wohldefiniert sind. Zunächst wird der eindimensionale Fall, d.h. Momente von Zufallsvariablen, behandelt.

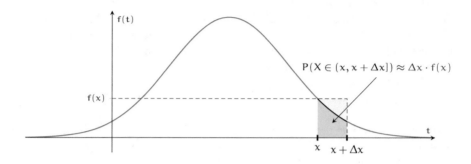

Abbildung C 5.1: Approximation von $P(X \in (x, x + \Delta x))$ durch $\Delta x \cdot f(x)$.

Erwartungswert und Momente

Definition C 5.1 (Erwartungswert). *Seien $(\Omega, \mathfrak{A}, P)$ ein Wahrscheinlichkeitsraum und X eine Zufallsvariable mit*

(a) Zähldichte p oder

(b) Riemann-Dichte f.

(i) Sei $X(\Omega) \subseteq [0, \infty)$ oder $X(\Omega) \subseteq (-\infty, 0]$.

(a) $EX \equiv E(X) = \sum\limits_{x \in X(\Omega)} xp(x)$ *bzw.*

(b) $EX \equiv E(X) = \int\limits_{-\infty}^{\infty} xf(x)\mathrm{d}x$

heißt Erwartungswert von X (unter P).

(ii) Ist $E(\max(X,0)) < \infty$ oder $E(\min(X,0)) > -\infty$, dann heißt EX wie in (i) Erwartungswert von X (unter P).

Für nicht negative oder nicht positive Zufallsvariablen ist der Erwartungswert immer definiert, wobei er möglicherweise den Wert ∞ oder $-\infty$ hat. Sind positive und negative Werte möglich, dann sichern die Bedingungen in (ii) die Wohldefiniertheit. Häufig wird (in anderen Texten) in der Definition des Erwartungswerts nicht zugelassen, dass ein unendlicher Wert auftritt. Dann wird z.B. im diskreten Fall die absolute Konvergenz der Reihe gefordert.

Im weiteren Text wird stets die Wohldefiniertheit der auftretenden Erwartungswerte vorausgesetzt.

Beispiel C 5.2.

(i) Sei $X \sim \text{bin}(n, p)$:

$$EX = \sum_{k=0}^{n} k \cdot P^X(k) = \sum_{k=1}^{n} \underbrace{k \binom{n}{k}}_{=n\binom{n-1}{k-1}} p^k (1-p)^{n-k}$$

$$= np \sum_{k=1}^{n} \binom{n-1}{k-1} p^{k-1}(1-p)^{n-k}$$

$$= np \underbrace{\sum_{k=0}^{n-1} \binom{n-1}{k} p^{k}(1-p)^{(n-1)-k}}_{=1} = np,$$

da die Summanden die Zähldichte einer $\text{bin}(n-1,p)$-Verteilung bilden.

(ii) Sei $X \sim \text{po}(\lambda)$:

$$EX = \sum_{k=0}^{\infty} kP^{X}(k) = \sum_{k=1}^{\infty} k\frac{\lambda^{k}}{k!}e^{-\lambda} = \lambda e^{-\lambda} \underbrace{\sum_{k=1}^{\infty} \frac{\lambda^{k-1}}{(k-1)!}}_{=1} = \lambda.$$

(iii) Sei $X \sim R(a,b)$:

$$EX = \int_{a}^{b} x\frac{1}{b-a}dx = \frac{1}{b-a}\frac{b^{2}-a^{2}}{2} = \frac{b+a}{2}.$$

(iv) Sei $X \sim \Gamma(\alpha,\beta)$:

$$EX = \int_{0}^{\infty} x\frac{\alpha^{\beta}}{\Gamma(\beta)}x^{\beta-1}e^{-\alpha x}dx = \frac{\beta}{\alpha}\int_{0}^{\infty} \frac{\alpha^{\beta+1}}{\Gamma(\beta+1)}x^{(\beta+1)-1}e^{-\alpha x}dx = \frac{\beta}{\alpha}.$$

Das letzte Integral hat den Wert 1, weil der Integrand die Dichte der $\Gamma(\alpha,\beta+1)$-Verteilung ist. Dieser „Trick" bei der Integration ist häufig von Nutzen. Ferner wurde verwendet, dass $\Gamma(\beta+1) = \beta\Gamma(\beta)$, $\beta > 0$, gilt.

Speziell gilt für $X \sim \text{Exp}(\lambda)$: $EX = \frac{1}{\lambda}$.

(v) Sei $X \sim N(\mu,\sigma^{2})$:

$$EX = \int_{-\infty}^{\infty} xf(x)dx = \frac{1}{\sqrt{2\pi}}\int_{-\infty}^{\infty} \frac{x}{\sigma}e^{-\frac{(x-\mu)^{2}}{2\sigma^{2}}}dx$$

$$\overset{y=\frac{x-\mu}{\sigma}}{=} \frac{1}{\sqrt{2\pi}}\int_{-\infty}^{\infty} (\sigma y + \mu)e^{-y^{2}/2}dy$$

$$= \frac{\sigma}{\sqrt{2\pi}}\int_{-\infty}^{\infty} ye^{-y^{2}/2}dy + \mu\int_{-\infty}^{\infty} \underbrace{\frac{1}{\sqrt{2\pi}}e^{-y^{2}/2}}_{\text{Dichte }\varphi\text{ von }N(0,1)} dy$$

$$= \frac{\sigma}{\sqrt{2\pi}}\underbrace{\left[-e^{-y^{2}/2}\right]_{-\infty}^{\infty}}_{=0} + \mu = \mu, \text{ denn } \int_{-\infty}^{\infty} \varphi(y)dy = 1.$$

(vi) Für die Indikatorfunktion $\mathcal{I}_{A}$ (s. Bezeichnung C 1.8) gilt:

$$E\mathcal{I}_{A} = 0 \cdot P(\mathcal{I}_{A} = 0) + 1 \cdot P(\mathcal{I}_{A} = 1) = P(A).$$

Dies ist ein Spezialfall von (i), da $\mathcal{I}_{A} \sim \text{bin}(1,p)$ mit $p = P(A)$.

Bemerkung C 5.3. Für Zufallsvariablen X mit Werten in $\mathbb{N}_0$, d.h. der Träger der diskreten Wahrscheinlichkeitsverteilung P^X ist enthalten in $\mathbb{N}_0$, gibt es eine alternative Berechnungsmöglichkeit für den Erwartungswert:

$$EX = \sum_{n=1}^{\infty} P(X \geqslant n)$$

$$= \sum_{n=1}^{\infty} \big(1 - F(n) + P(X = n)\big) = \sum_{n=0}^{\infty} \big(1 - F(n)\big). \qquad (C.5)$$

Bezeichnet $p_k = P(X = k)$ die Zähldichte von X mit Träger $\{1, \dots, n\}$, so kann die Formel wie in Abbildung C 5.2 illustriert werden. Man beachte, dass in diesem Fall gilt:

$$EX = \sum_{k=1}^{n} k \cdot p_k = \sum_{k=1}^{n} P(X \geqslant k) = \sum_{k=1}^{n} \Big(\sum_{\ell=k}^{n} p_\ell \Big).$$

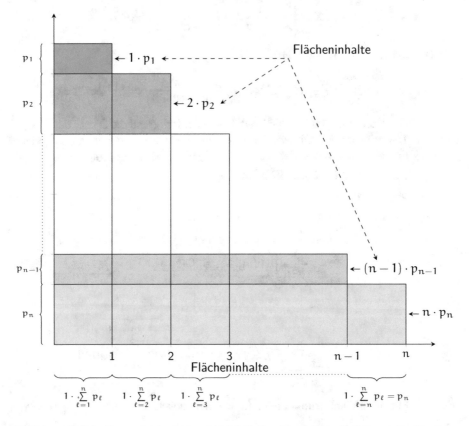

Abbildung C 5.2: Illustration zur Identität (C.5) für eine diskrete Zufallsvariable X mit Träger $\{1, \dots, n\}$.

Beispiel C 5.4. Die Zufallsvariable X beschreibe die Wartezeit bis zum ersten Auftreten des Symbols beim unabhängigen Wiederholen eines Münzwurfs (einschließlich des zugehörigen Wurfs), bei dem die Seite des Symbols mit Wahrscheinlichkeit $p \in (0,1)$ fällt. X ist somit gleich der Anzahl Würfe bis zum ersten Mal das Symbol erscheint.

Die Zähldichte von X ist gegeben durch $p^X(k) = P(X = k) = p(1-p)^{k-1}$, $k \in \mathbb{N}$. Auch diese Verteilung bezeichnet man als geometrische Verteilung (vgl. Bezeichnung B 2.6). Hier liegt allerdings ein anderer Träger vor ($\mathbb{N}$ statt $\mathbb{N}_0$)!

Der Erwartungswert ist unter Anwendung der geometrischen Reihe gegeben durch

$$EX = \sum_{n=1}^{\infty} P(X \geqslant n) = \sum_{n=1}^{\infty} \sum_{k=n}^{\infty} p^X(k) = \sum_{n=1}^{\infty} \sum_{k=n}^{\infty} p(1-p)^{k-1}$$

$$= p \sum_{n=1}^{\infty} (1-p)^{n-1} \underbrace{\sum_{k=1}^{\infty} (1-p)^{k-1}}_{=1/p} = \frac{1}{p}.$$

Bezeichnung C 5.5 (Moment). Als (allgemeines) Moment einer Zufallsvariablen X wird der Erwartungswert einer Funktion $g(X)$ bezeichnet.

Funktionen g mit besonderer Bedeutung werden weiter unten genannt. Zunächst geht es um die Bestimmung von Momenten. Dies wird für einen Zufallsvektor und eine Funktion g von mehreren Veränderlichen notiert, wobei das Ergebnis der Hintereinanderausführung $g(X)$ reell ist.

Satz C 5.6. *Seien $k \in \mathbb{N}$, $X : \Omega \to \mathbb{R}^k$ ein Zufallsvektor und $g : \mathbb{R}^k \to \mathbb{R}$ eine stetige Funktion, so dass der Erwartungswert von $g(X)$ existiert (d.h. wohldefiniert ist).*

Dann gilt, falls P^X diskret ist,

(i) $E(g(X)) = \displaystyle\sum_{(t_1,\ldots,t_k) \in supp(P^X)} g(t_1,\ldots,t_k) P^X((t_1,\ldots,t_k))$

bzw. falls P^X stetig ist

(ii) $E(g(X)) = \displaystyle\int_{-\infty}^{\infty} \cdots \int_{-\infty}^{\infty} g(t_1,\ldots,t_k) f^X(t_1,\ldots,t_k) dt_1 \ldots dt_k.$

In Satz C 5.6 wird die Erwartungswertbildung auf die Verteilung von X zurückgeführt. Die nachstehenden Eigenschaften des Erwartungswert-Operators gelten im diskreten wie auch im stetigen Fall (d.h. bei Vorliegen einer Dichte) und sind aufgrund der Definition des Erwartungswerts unmittelbar klar.

Lemma C 5.7. *Seien X und Y Zufallsvariablen mit endlichem Erwartungswert und $a, b \in \mathbb{R}$. Dann gilt:*

(i) $Ea = a$.

(ii) $E(aX) = aEX$.

(iii) $E(X+Y) = EX+EY$ *(Additivität) und damit* $E(aX+b) = aEX+b$ *(Linearität)*.

(iv) $E(|X+Y|) \leqslant E(|X|) + E(|Y|)$ *(Dreiecksungleichung)*.

(v) $X \leqslant Y$ *(punktweise Ordnung der Funktionen, d.h.* $X(\omega) \leqslant Y(\omega)$ *für alle* $\omega \in \Omega) \iff EX \leqslant EY$;

insbesondere gelten $EY \geqslant 0$, falls $Y \geqslant 0$, und $EX \leqslant E(|X|)$.

(vi) $E(|X|) = 0 \iff P(X \neq 0) = 0$.

Lemma C 5.8. *Seien* I *eine Indexmenge und* X_i, $i \in I$, *Zufallsvariablen mit endlichem Erwartungswert. Dann gilt:*

(i) $E(\sup_{i \in I} X_i) \geqslant \sup_{i \in I} EX_i$,

(ii) $E(\inf_{i \in I} X_i) \leqslant \inf_{i \in I} EX_i$.

Im Fall der stochastischen Unabhängigkeit von Zufallsvariablen ist der Erwartungswert auch multiplikativ.

Satz C 5.9 (Multiplikationssatz). *Seien* $X_1, \ldots, X_n$ *stochastisch unabhängige Zufallsvariablen mit endlichen Erwartungswerten. Dann gilt:*

$$E\left(\prod_{i=1}^{n} X_i\right) = \prod_{i=1}^{n} E(X_i)$$

Spezielle Momente sind von besonderer Bedeutung in der Stochastik. Durch Anwendung von Satz C 5.6 mit speziellen Funktionen g, i.e.,

(i) $g(x) = (x-c)^k$ und Zufallsvariable X,

(ii) $g(x) = (x-EX)^2$ und Zufallsvariable X bzw. $c = EX$ und $k = 2$ in (i),

(iii) $g(x,y) = (x-EX)(y-EY)$ und Zufallsvektor (X,Y)

resultieren folgende Begriffe für spezielle Momente.

Bezeichnung C 5.10 (k-tes Moment, Varianz, Kovarianz). Seien X und Y Zufallsvariablen und $c \in \mathbb{R}$, $k \in \mathbb{N}$.

(i) $m_k(c) = E((X-c)^k)$ heißt k-tes Moment von X um c (unter P) (nichtzentrales Moment). Für $c = 0$ heißt $m_k = EX^k$ k-tes (zentrales) Moment.

(ii) $\operatorname{Var} X = E((X-EX)^2)$ heißt Varianz (Streuung von X) (alternative Notation $\operatorname{Var}(X)$).

(iii) $\sqrt{\operatorname{Var} X}$ heißt Standardabweichung von X.

(iv) $\operatorname{Kov}(X,Y) = E((X-EX)(Y-EY))$ heißt Kovarianz von X und Y.

Die Varianz einer Wahrscheinlichkeitsverteilung ist ein Maß für die Konzentriertheit, d.h. sie bewertet die Verteilung der Wahrscheinlichkeitsmasse um den Erwartungswert. Ist der Großteil der Masse nahe beim Erwartungswert, so ist die Varianz eher klein. Im diskreten Fall dient die Varianz anschaulich zur Bewertung der „Nähe" der Trägerpunkte zum Erwartungswert bzw. der „Verteilung der Gewichte (Wahrscheinlichkeiten)". Im stetigen Fall wird bewertet, wie viel „Masse" der Verteilung auf gewisse Intervalle verteilt ist. Auch dies ist nur eine grobe Vorstellung. Die Varianz dient mit dieser Interpretation insbesondere dem Vergleich von Wahrscheinlichkeitsverteilungen.

Die folgende Anmerkung gibt Anhaltspunkte für die (endliche) Existenz von Momenten.

Bemerkung C 5.11. Für Zufallsvariablen X und Y gilt:

(i) $0 \leqslant |X| \leqslant |Y|$, $E(|Y|) < \infty \Longrightarrow EX < \infty$, $E(|X|) < \infty$.

(ii) $EX^k < \infty$ für ein $k \in \mathbb{N}$, $X \geqslant 0 \Longrightarrow EX^l < \infty \quad \forall l \leqslant k$.

(iii) $EX^2 < \infty \Longrightarrow E((X+a)^2) < \infty \quad \forall a \in \mathbb{R}$, insbesondere gilt $\text{Var}(X) < \infty$.

Varianz und Kovarianz

Nun werden Eigenschaften von k-ten Momenten, Varianz und Kovarianz zusammengestellt.

Lemma C 5.12 (Eigenschaften der Varianz). *Sei X eine Zufallsvariable mit* $\text{Var } X < \infty$. *Dann gilt:*

(i) $\text{Var}(a + bX) = b^2 \, \text{Var } X \quad \forall a, b \in \mathbb{R}$.

(ii) $\text{Var } X = EX^2 - E^2 X$.

(iii) $\text{Var } X = 0 \Longleftrightarrow P(X \neq EX) = 0$.

(iv) $\text{Var } X = \min\limits_{a \in \mathbb{R}} E((X-a)^2)$,

d.h. EX *minimiert die mittlere quadratische Abweichung von X zu* a.

Beweis:

(i) $\text{Var}(a+bX) = E[(a+bX-E(a+bX))^2] = E[(a+bX-a-bEX)^2] = b^2 E(X-EX)^2 = b^2 \, \text{Var } X$.

(ii) Aus der Linearität des Erwartungswerts folgt mit einer binomischen Formel:

$$\text{Var } X = E[(X - EX)^2] = E(X^2 - 2X \cdot EX + (EX)^2)$$
$$= EX^2 - 2EX \cdot EX + (EX)^2 = EX^2 - (EX)^2 = EX^2 - E^2 X,$$

wobei die Notation $E^2 X = (EX)^2$ verwendet wird.

(iv) Sei $\mu = EX$. Wie in (ii) folgt:

$$E((X-a)^2) = E((X-\mu+\mu-a)^2)$$
$$= E(X-\mu)^2 + 2(\mu-a)\underbrace{E(X-\mu)}_{=0} + (\mu-a)^2$$
$$= \text{Var } X + (\mu-a)^2 \geqslant \text{Var } X$$

mit Gleichheit genau dann, wenn $\mu = a$.

Die im Beweis von Lemma C 5.12 (iv) hergeleitete Identität (vgl. Regel A 3.31)

$$E((X-a)^2) = \operatorname{Var} X + (EX - a)^2, \quad a \in \mathbb{R},$$

wird auch als Verschiebungssatz oder Satz von Steiner bezeichnet.

Lemma C 5.12 (i) zeigt die Bedeutung der Varianz als sogenanntes Skalenmaß. Einer lediglich um einen additiven Parameter verschobenen Verteilung wird dieselbe Varianz zugeordnet. Demgegenüber wird der Erwartungswert EX als Lagemaß bezeichnet.

Beispiel C 5.13.

  (i) $X \sim \operatorname{bin}(n, p)$: $\operatorname{Var} X = np(1 - p)$.

 (ii) $X \sim \operatorname{po}(\lambda)$: $\operatorname{Var} X = \lambda (= EX)$.

(iii) $X \sim R(a, b)$: $\operatorname{Var} X = \frac{(a-b)^2}{12}$.

(iv) $X \sim \Gamma(\alpha, \beta)$: $\operatorname{Var} X = \frac{\beta}{\alpha^2}$, insbesondere gilt für $X \sim \operatorname{Exp}(\lambda)$: $\operatorname{Var} X = \frac{1}{\lambda^2}$.

 (v) $X \sim N(\mu, \sigma^2)$: $\operatorname{Var}(X) = \sigma^2$.

Bemerkung C 5.14 (Standardisierung). Eine Zufallsvariable X mit $EX = 0$ und $\operatorname{Var} X = 1$ heißt standardisiert. Ist eine Zufallsvariable Y gegeben mit $EY = \mu$ und $0 < \operatorname{Var} Y = \sigma^2 < \infty$, dann gilt für die Zufallsvariable $X = \frac{Y - EY}{\sqrt{\operatorname{Var} Y}} = \frac{Y - \mu}{\sigma}$: $EX = 0$ und $\operatorname{Var} X = 1$. Dieser Vorgang heißt Standardisierung (s. Beispiel C 4.1; vgl. auch Bezeichnung A 3.43).

Lemma C 5.15. *Seien X und Y Zufallsvariablen mit* $\operatorname{Var} X < \infty$, $\operatorname{Var} Y < \infty$. *Dann gilt:*

$$\operatorname{Var}(X + Y) = \operatorname{Var} X + \operatorname{Var} Y + 2\operatorname{Kov}(X, Y).$$

Allgemeiner gilt für Zufallsvariablen $X_1, \ldots, X_n$ *mit* $EX_i^2 < \infty$, $1 \leqslant i \leqslant n$:

$$\operatorname{Var}\left(\sum_{i=1}^n X_i\right) = \sum_{i=1}^n \operatorname{Var} X_i + 2\sum_{1 \leqslant i < j \leqslant n} \operatorname{Kov}(X_i, X_j).$$

Beweis: Der Beweis wird nur für zwei Zufallsvariablen X und Y ausgeführt:

$$\begin{aligned}
\operatorname{Var}(X + Y) &= E(X + Y - E(X + Y))^2 = E((X - EX) + (Y - EY))^2 \\
&= E\left((X - EX)^2 + 2(X - EX)(Y - EX) + (Y - EY)^2\right) \\
&= \operatorname{Var} X + \operatorname{Var} Y + 2\operatorname{Kov}(X, Y).
\end{aligned}$$

Lemma C 5.16 (Eigenschaften der Kovarianz). *Seien X und Y Zufallsvariablen mit endlichen zweiten Momenten. Dann gilt:*

  (i) $\operatorname{Kov}(X, Y) = E(XY) - EX \cdot EY$.

 (ii) $\operatorname{Kov}(X, X) = \operatorname{Var} X$.

(iii) $\operatorname{Kov}(X, Y) = \operatorname{Kov}(Y, X)$.

(iv) $\operatorname{Kov}(a + bX, c + dY) = bd\operatorname{Kov}(X, Y)$, $a, b, c, d \in \mathbb{R}$.

(v) X, Y *stochastisch unabhängig* $\Longrightarrow$ Kov(X, Y) = 0.

Allgemeiner gilt für Zufallsvariablen $X_1, \ldots, X_m$ *mit* $EX_i^2 < \infty$, $1 \leqslant i \leqslant m$, $Y_1, \ldots, Y_n$ *mit* $EY_i^2 < \infty$, $1 \leqslant i \leqslant n$, *sowie* $a_1, \ldots, a_m, b_1, \ldots, b_n \in \mathbb{R}$:

$$\text{Kov}\left(\sum_{i=1}^{m} a_i X_i, \sum_{j=1}^{n} b_j Y_j\right) = \sum_{i=1}^{m} \sum_{j=1}^{n} a_i b_j \, \text{Kov}(X_i, Y_j).$$

Beweis:

(i) Wie im Beweis von Lemma C 5.12 (ii) folgt:

$$\text{Kov}(X, Y) = E((X - EX)(Y - EY))$$
$$= E(XY - XEY - YEX + EXEY) = E(XY) - EX \cdot EY.$$

(v) X, Y stochastisch unabhängig $\overset{C\,5.9}{\Longrightarrow} E(XY) = EX \cdot EY \Longrightarrow \text{Kov}(X, Y) = 0.$

Im Fall der stochastischen Unabhängigkeit der Zufallsvariablen X und Y gilt also $\text{Var}(X + Y) = \text{Var}\,X + \text{Var}\,Y$. In dieser Situation ist also (neben dem Erwartungswert) auch die Varianz additiv. Diese Eigenschaft gilt auch für Zufallsvariablen $X_1, \ldots, X_n$, sofern diese (paarweise) stochastisch unabhängig sind. Diese Voraussetzung kann durch die schwächere Bedingung der Unkorreliertheit ersetzt werden.

Bezeichnung C 5.17 (Unkorreliertheit, Korrelationskoeffizient).

(i) Die Zufallsvariablen X und Y heißen unkorreliert, falls Kov(X, Y) = 0.

(ii) Die Größe $\text{Korr}(X, Y) = \frac{\text{Kov}(X,Y)}{\sqrt{\text{Var}\,X}\sqrt{\text{Var}\,Y}} \in [-1, 1]$ heißt Korrelationskoeffizient. Sie wird mit $\rho = \rho_{XY}$ bezeichnet.

Der Korrelationskoeffizient ist ein Maß für den linearen Zusammenhang der Zufallsvariablen X und Y. Die Extremfälle (völlige Abhängigkeit) sind mit $X = a + bY$, $a, b \in \mathbb{R}$, für $b < 0$ bzw. $b > 0$ gegeben.

Bemerkung C 5.18. In der Wahrscheinlichkeitsrechnung werden die Größen Erwartungswert (C 5.1), Varianz, Standardabweichung, Kovarianz (C 5.10) und Korrelationskoeffizient (C 5.17) eingeführt. Diese umfassen im Spezialfall die aus der Beschreibenden Statistik bekannten Größen arithmetisches Mittel (A 3.10), empirische Varianz (A 3.29), empirische Standardabweichung (A 3.34), empirische Kovarianz (A 7.22) und Bravais-Pearson-Korrelationskoeffizient (A 7.27), wenn eine diskrete Verteilung auf Punkten $x_1, \ldots, x_n$ zugrunde gelegt wird.

Sei dazu X zunächst eine Zufallsvariable mit diskreter Gleichverteilung auf den Punkten $x_1 < \cdots < x_n$ (s. B 2.2), d.h. $P(X = x_i) = \frac{1}{n}$, $1 \leqslant i \leqslant n$. Dann gilt:

$$EX = \sum_{i=1}^{n} x_i \cdot \frac{1}{n} = \frac{1}{n} \sum_{i=1}^{n} x_i = \bar{x} \quad \text{(arithmetisches Mittel)},$$

$$\mathrm{Var}\,X = \frac{1}{n}\sum_{i=1}^{n}(x_i - \overline{x})^2 = s_n^2 \quad \text{(empirische Varianz)}.$$

Für einen bivariaten Zufallsvektor (X, Y) mit zugehöriger Zähldichte

$$P(X = x_i, Y = y_i) = \frac{1}{n}, \quad 1 \leqslant i \leqslant n,$$

und Träger $\{(x_1, y_1), \ldots, (x_n, y_n)\}$ mit paarweise verschiedenen $x_1, \ldots, x_n$ und paarweise verschiedenen $y_1, \ldots, y_n$ ist die Kovarianz von X und Y gegeben durch

$$\mathrm{Kov}(X, Y) = \frac{1}{n}\sum_{i=1}^{n}(x_i - \overline{x})(y_i - \overline{y}) = s_{xy} \quad \text{(empirische Kovarianz)}.$$

Die Trägerpunkte (x_i, y_i), $1 \leqslant i \leqslant n$, werden in der Beschreibenden Statistik als Datenpunkte eines bivariaten metrischen Merkmals aufgefasst.

Weiterhin sind analoge Eigenschaften von Varianz und Kovarianz in der obigen Situation aus der Beschreibenden Statistik bekannt:

$$\mathrm{Var}\,X = EX^2 - E^2X = \overline{x^2} - \overline{x}^2 \quad \text{(s. C 5.12 und A 3.32)},$$
$$\mathrm{Kov}(X, Y) = E(XY) - EX \cdot EY = \overline{xy} - \overline{x} \cdot \overline{y} \quad \text{(s. C 5.16 und A 7.25)}.$$

Ebenso hat die in B 3.4 eingeführte und in Abschnitt C 2 betrachtete Verteilungsfunktion ihre Entsprechung, ihren „Vorläufer" in der Beschreibenden Statistik. Zur Illustration bezeichnen $u_{(1)} < \cdots < u_{(m)}$ wie in Abschnitt A 2.2 die beobachteten verschiedenen Ausprägungen mit zugehörigen relativen Häufigkeiten $f_{(1)}, \ldots, f_{(m)}$ für einen Datensatz $x_1, \ldots, x_n$. Werden nun $u_{(1)} < \cdots < u_{(m)}$ als Trägerpunkte einer diskreten Wahrscheinlichkeitsverteilung mit der Zähldichte p gegeben durch $p(u_{(k)}) = f_{(k)}$, $1 \leqslant k \leqslant m$, aufgefasst, so stimmt die empirische Verteilungsfunktion mit der in C 2.1 definierten Verteilungsfunktion überein. Ferner gilt für eine Zufallsvariable X mit Zähldichte p gemäß den Rechenregeln A 3.11 und A 3.30

$$EX = \sum_{i=1}^{m} u_{(i)}p(u_{(i)}) = \sum_{i=1}^{m} u_{(i)}f_{(i)} = \overline{x},$$
$$\mathrm{Var}\,X = \sum_{i=1}^{m}(u_{(i)} - EX)^2 p(u_{(i)}) = \sum_{i=1}^{m}(u_{(i)} - \overline{x})^2 f_{(i)} = s^2.$$

Die oben erwähnten Entsprechungen im Fall der diskreten Gleichverteilung können daher allgemeiner für diskrete Wahrscheinlichkeitsverteilungen mit endlichem Träger und rationalen Wahrscheinlichkeiten gefasst werden.

Im Rahmen der Schließenden Statistik werden die Verteilungsfunktion und die zugehörige empirische Version in Abschnitt D 2.2 kurz aufgegriffen.

Der Beweis der folgenden Aussage folgt sofort aus Lemma C 5.15.

Satz C 5.19. *Seien* $X_1, \ldots, X_n$ *unkorrelierte Zufallsvariablen, d.h.* $\text{Kov}(X_i, X_j) = 0 \ \forall\, i \neq j.$ *Dann gilt:*

$$\text{Var}\left(\sum_{i=1}^{n} X_i\right) = \sum_{i=1}^{n} \text{Var}(X_i).$$

Insbesondere gilt diese Summenformel, falls die Zufallsvariablen stochastisch unabhängig sind.

Bemerkung C 5.20. In der Schließenden Statistik basieren Entscheidungen häufig auf dem arithmetischen Mittel $\frac{1}{n} \sum_{i=1}^{n} X_i$ von stochastisch unabhängigen und identisch verteilten Zufallsvariablen $X_1, \ldots, X_n$. Die Intuition sagt, dass eine einzelne Beobachtung eine „unsicherere" Information trägt als das arithmetische Mittel mehrerer Beobachtungen. Die Varianz als Streuungsmaß spiegelt diese Vorstellung wider:

$$\text{Var}\left(\frac{1}{n} \sum_{i=1}^{n} X_i\right) = \frac{1}{n^2} \sum_{i=1}^{n} \text{Var}\, X_i = \frac{1}{n} \text{Var}\, X_1.$$

Die Varianz nimmt also mit wachsendem Stichprobenumfang n ab und damit die „Genauigkeit" zu.

Bemerkung C 5.21. Aus der Unkorreliertheit von Zufallsvariablen folgt i. Allg. nicht deren stochastische Unabhängigkeit!

Seien $\Omega = \{1, 2, 3\}$, $P(\{\omega\}) = \frac{1}{3}$, $\omega \in \Omega$, X, Y Zufallsvariablen mit $X(1) = 1$, $X(2) = 0$, $X(3) = -1$ und $Y(1) = Y(3) = 1$, $Y(2) = 0$.

Die gemeinsame Wahrscheinlichkeitsverteilung ist dann gegeben durch den Träger $T = \{(1,1), (0,0), (-1,1)\}$ sowie die Wahrscheinlichkeiten

$$P^{(X,Y)}(\{(1,1)\}) = P(\{1\}) = \frac{1}{3},$$

$$P^{(X,Y)}(\{(0,0)\}) = P(\{2\}) = \frac{1}{3} \text{ und}$$

$$P^{(X,Y)}(\{(-1,1)\}) = P(\{3\}) = \frac{1}{3}.$$

Sie hat die Randverteilungen $P(X = -1) = P(X = 0) = P(X = 1) = \frac{1}{3}$ und $P(Y = 0) = \frac{1}{3}$, $P(Y = 1) = \frac{2}{3}$. Weiterhin ist durch

$$P^{X \cdot Y}(\{-1\}) = P^{(X,Y)}(\{(-1,1)\}) = P(\{3\}) = \frac{1}{3},$$

$$P^{X \cdot Y}(\{0\}) = P(\{2\}) = \frac{1}{3} \text{ und}$$

$$P^{X \cdot Y}(\{1\}) = P(\{1\}) = \frac{1}{3}$$

die Verteilung von XY festgelegt. Damit folgt $EX = \frac{1}{3}(-1 + 0 + 1) = 0$ sowie

$$EY = 0 \cdot \frac{1}{3} + 1 \cdot \frac{2}{3} = \frac{2}{3}, \quad E(XY) = \frac{1}{3}(-1 + 0 + 1) = 0,$$

d.h. $E(XY) = EX \cdot EY$, also sind X und Y unkorreliert.

Aber X und Y sind <u>nicht</u> stochastisch unabhängig, denn z.B. gilt

$$P(X = 1, Y = 1) = \frac{1}{3} \neq \frac{2}{9} = P(X = 1)P(Y = 1).$$

Für bivariate Normalverteilungen sind Unkorreliertheit und stochastische Unabhängigkeit äquivalent.

Satz C 5.22. *Sei* $(X_1, X_2) \sim N_2(\mu_1, \mu_2, \sigma_1^2, \sigma_2^2, \rho)$ *mit* $\mu_1, \mu_2 \in \mathbb{R}$, $\sigma_1^2, \sigma_2^2 > 0$ *sowie* $\rho \in (-1, 1)$. *Dann gilt:*

$$X_1, X_2 \text{ stochastisch unabhängig} \iff X_1, X_2 \text{ unkorreliert}.$$

Beweis: Nach Satz C 3.15 genügt es $\rho = \text{Korr}(X_1, X_2)$ zu zeigen. Unter Ausnutzung der Identität (C.2) gilt

$$\begin{aligned}
\text{Kov}(X_1, X_2) &= E(X_1 - \mu_1)(X_2 - \mu_2) \\
&= \int_{-\infty}^{\infty} \int_{-\infty}^{\infty} (x_1 - \mu_1)(x_2 - \mu_2) f^{X_1, X_2}(x_1, x_2) dx_1 dx_2 \\
&= \int_{-\infty}^{\infty} (x_2 - \mu_2) f^{X_2}(x_2) \left(\int_{-\infty}^{\infty} (x_1 - \mu_1) g(x_1, x_2) dx_1 \right) dx_2.
\end{aligned}$$

Da $g(\cdot, x_2)$ für festes $x_2 \in \mathbb{R}$ die Dichte einer $N\left(\mu_1 + \frac{\sigma_1 \rho(x_2 - \mu_2)}{\sigma_2}, (1 - \rho^2)\sigma_1^2\right)$-Verteilung ist, ist das Integral gleich deren Erwartungswert minus μ_1, d.h. gleich $\frac{\sigma_1 \rho(x_2 - \mu_2)}{\sigma_2}$. Damit ergibt sich

$$\begin{aligned}
\text{Kov}(X_1, X_2) &= \int_{-\infty}^{\infty} (x_2 - \mu_2) \cdot \frac{\sigma_1 \rho(x_2 - \mu_2)}{\sigma_2} f^{X_2}(x_2) dx_2 \\
&= \frac{\sigma_1 \rho}{\sigma_2} \int_{-\infty}^{\infty} (x_2 - \mu_2)^2 f^{X_2}(x_2) dx_2 = \frac{\sigma_1 \rho}{\sigma_2} \underbrace{\text{Var}(X_2)}_{= \sigma_2^2} = \rho \sigma_1 \sigma_2.
\end{aligned}$$

Damit folgt $\text{Korr}(X_1, X_2) = \frac{\text{Kov}(X_1, X_2)}{\sqrt{\text{Var}(X_1)\text{Var}(X_2)}} = \frac{\rho \sigma_1 \sigma_2}{\sigma_1 \sigma_2} = \rho$.

Ungleichungen

Im Zusammenhang mit Momenten sind auch Ungleichungen wichtig.

Satz C 5.23.

(i) *(Ungleichung von Jensen)*

   Seien X eine Zufallsvariable und $h : \mathbb{R} \to \mathbb{R}$ *eine konvexe (konkave) Funktion, so dass* $E(h(X))$ *und EX endlich existieren. Dann gilt:*

$$E(h(X)) \overset{(\leq)}{\geq} h(EX).$$

(ii) (Ungleichung von Markov)

Seien X eine Zufallsvariable und $g : [0, \infty) \to [0, \infty)$ *monoton wachsend. Dann gilt*

$$P(|X| > \epsilon) \leqslant P(|X| \geqslant \epsilon) \leqslant \frac{1}{g(\epsilon)} E(g(|X|)) \quad \forall \epsilon > 0 \text{ mit } g(\epsilon) > 0.$$

(iii) (Ungleichung von Tschebyscheff)

Seien X eine Zufallsvariable mit $EX^2 < \infty$. *Dann gilt:*

$$P(|X - EX| \geqslant \epsilon) \leqslant \frac{\text{Var } X}{\epsilon^2} \quad \forall \epsilon > 0.$$

Beweis: (ii) Im diskreten Fall gilt:

$$E(g(|X|)) = \sum_{x \in \mathbb{R}} g(|x|)P^X(x) = \sum_{|x| \geqslant \epsilon} g(|x|)P^X(x) + \sum_{|x| < \epsilon} g(|x|)P^X(x)$$

$$\geqslant g(\epsilon) \sum_{|x| \geqslant \epsilon} P^X(x) = g(\epsilon)P(|X| \geqslant \epsilon).$$

(iii) Mit $g(t) = t^2$ resultiert aus der Anwendung von (ii) auf die Zufallsvariable $Y = X - EX$ die Ungleichung von Tschebyscheff.

Für eine diskrete Wahrscheinlichkeitsverteilung der Zufallsvariablen X mit Träger $\mathbb{N}_0$ und der speziellen Wahl $g(x) = x$, $x \in \mathbb{R}$, in Satz C 5.23(ii) zeigt Abbildung C 5.3 geometrisch den Zusammenhang

$$\epsilon \cdot (1 - F(\epsilon)) = \epsilon \cdot P(X > \epsilon) \leqslant EX.$$

Erwartungswerte von Zufallsvektoren

Im multivariaten Fall, d.h. für Zufallsvektoren, wird der Begriff des Erwartungswertvektors auf die Erwartungswerte der Komponenten zurückgeführt.

Definition C 5.24 (Erwartungswertvektor, Kovarianzmatrix). *Seien* $X = (X_1, \ldots, X_n)$ *ein Zufallsvektor und alle auftretenden Erwartungswerte wohldefiniert. Dann heißen*

(i) $E(X) = (EX_1, \ldots, EX_n)$ *Erwartungswertvektor von X,*

(ii) die Matrix $\text{Kov}(X) = (\text{Kov}(X_i, X_j))_{1 \leqslant i,j \leqslant n}$ *Kovarianzmatrix von X.*

Die Diagonaleinträge in der Kovarianzmatrix sind gerade die Varianzen der Komponenten von X. Per Definition ist die Matrix symmetrisch und sie ist positiv semidefinit, d.h. für alle $z \in \mathbb{R}^n$ gilt $z \cdot \text{Kov}(X) \cdot z' \geqslant 0$ (s. Lemma C 5.25).

Das Rechnen mit mehrdimensionalen Momenten leitet sich direkt aus der Definition und der Vektor- und Matrixalgebra ab. Die entsprechenden Rechenregeln sind für Zeilenvektoren des $\mathbb{R}^n$ formuliert.

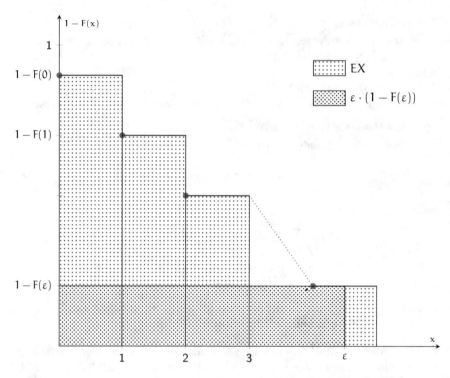

Abbildung C 5.3: Illustration zur Markov-Ungleichung für eine diskrete Zufallsvariable X mit Träger $\mathbb{N}_0$.

Lemma C 5.25. *Sei* $X = (X_1, \ldots, X_n)$ *ein* n*-dimensionaler Zufallsvektor mit* $\mu = EX$ *und* $\Sigma = \text{Kov}(X)$. *Dann gilt:*

(i) $E(\alpha X + a) = \alpha EX + a$, $\alpha \in \mathbb{R}$, $a \in \mathbb{R}^n$,

(ii) $E(Xa') = EX \cdot a'$, $a \in \mathbb{R}^n$,

(iii) $\Sigma = E((X - \mu)'(X - \mu)) = E(X'X) - \mu'\mu$,

(iv) $\text{Kov}(\alpha X) = \alpha^2 \Sigma$, $\alpha \in \mathbb{R}$,

(v) $\text{Var}(Xa') = a\Sigma a'$, $a \in \mathbb{R}^n$.

C 6 Erzeugende Funktionen

Zur Bestimmung von Momenten, Faltungen u.a. können erzeugende Funktionen nützlich sein.

Definition C 6.1 (Wahrscheinlichkeitserzeugende Funktion). *Sei* X *eine Zufallsvariable mit diskreter oder stetiger Wahrscheinlichkeitsverteilung* P^X. *Die Funktion* g *mit*

$$g(t) = Et^X \quad \text{für alle } t, \text{ für die } Et^X \text{ endlich existiert,}$$

heißt wahrscheinlichkeitserzeugende Funktion oder kurz erzeugende Funktion von X (bzw. von P^X).

Für diese Funktion wird nachfolgend nur der Fall einer diskreten Wahrscheinlichkeitsverteilung betrachtet.

Bemerkung C 6.2. Hat die Zufallsvariable X eine diskrete Wahrscheinlichkeitsverteilung auf $\mathbb{N}_0$ mit Zähldichte p^X bzw. $p_k = P(X = k)$, $k \in \mathbb{N}_0$, so ist die erzeugende Funktion gegeben durch

$$Et^X = \sum_{k=0}^{\infty} t^k p_k.$$

Diese Reihe ist definiert für alle t aus dem Konvergenzbereich K dieser Potenzreihe. Es gilt stets $[-1, 1] \subseteq K$, denn wegen

$$\sum_{k=0}^{\infty} |t^k p_k| \leqslant \sum_{k=0}^{\infty} p_k = 1, \quad t \in [-1, 1],$$

konvergiert die Reihe in $[-1, 1]$ absolut. Diese erzeugende Funktion ist beliebig oft differenzierbar im Nullpunkt und es gilt:

$$p_k = P(X = k) = \frac{1}{k!} g^{(k)}(0), \quad k \in \mathbb{N},$$

wobei $g^{(k)}$ die k-te Ableitung von g bezeichnet.

Beispiel C 6.3.

(i) Sei $X \sim \text{bin}(n, p)$. Nach dem Binomischen Lehrsatz gilt:

$$Et^X = \sum_{k=0}^{n} \binom{n}{k} (pt)^k (1-p)^{n-k} = (1 - p + pt)^n, \quad t \in \mathbb{R}.$$

(ii) Sei $X \sim \text{po}(\lambda)$:

$$g(t) = Et^X = \sum_{k=0}^{\infty} e^{-\lambda} \frac{(\lambda t)^k}{k!} = e^{\lambda(t-1)}, \quad t \in \mathbb{R}.$$

Weiterhin ist $g^{(k)}(t) = \lambda^k e^{\lambda(t-1)}$ und damit $\frac{1}{k!} g^{(k)}(0) = P(X = k)$, $k \in \mathbb{N}$.

Bemerkung C 6.4.

(i) Die erzeugende Funktion einer diskreten Wahrscheinlichkeitsverteilung auf $\mathbb{N}_0$ bestimmt diese eindeutig.

(ii) Ist $(0, 1 + \varepsilon) \subseteq K$ für ein $\varepsilon > 0$, so existieren alle Momente EX^k, $k \in \mathbb{N}$, endlich, und es gilt

$$g^{(k)}(1) = E\left(\prod_{i=0}^{k-1} (X - i) \right), \quad k \in \mathbb{N}.$$

Insbesondere ist $g'(1) = EX$.

(iii) Sind X und Y stochastisch unabhängige Zufallsvariablen mit diskreten Wahr-scheinlichkeitsverteilungen auf $\mathbb{N}_0$, so gilt für alle $t \in K$:

$$Et^{X+Y} = Et^X \cdot Et^Y,$$

d.h. die erzeugende Funktion der Summe ist das Produkt der erzeugenden Funktionen der Summanden. Per vollständiger Induktion gilt diese Darstellung für jede endliche Summe stochastisch unabhängiger Zufallsvariablen.

Aus Bemerkung C 6.4 (i) und (iii) folgt, dass die Faltung stochastisch unabhängiger binomialverteilter (Poisson-verteilter) Zufallsvariablen wiederum binomialverteilt (Poisson-verteilt) ist. Für $X \sim bin(n, p)$ und $Y \sim bin(m, p)$ (bzw. $X \sim po(\lambda)$ und $Y \sim po(\mu)$) gilt:

$$Et^{X+Y} = Et^X \cdot Et^Y = (1 - p + pt)^{n+m} \quad (\text{bzw. } = e^{(\lambda+\mu)(t-1)}).$$

Dies ist jedoch die erzeugende Funktion einer $bin(n+m, p)$-Verteilung (bzw. einer $po(\lambda + \mu)$-Verteilung), die gemäß Bemerkung C 6.4 (i) durch ihre erzeugende Funktion eindeutig festgelegt ist.

Eine weitere Transformierte mit engem Bezug zu Momenten ist die momenterzeugende Funktion.

Definition C 6.5 (Momenterzeugende Funktion). *Sei X eine Zufallsvariable mit diskreter oder stetiger Wahrscheinlichkeitsverteilung P^X. Die Funktion h mit*

$$h(t) = Ee^{tX}, \quad t \in D = \{z \in \mathbb{R} \mid Ee^{zX} < \infty\}$$

heißt momenterzeugende Funktion von X (bzw. von P^X).

Bei der Bestimmung der momenterzeugenden Funktion muss auf den Definitionsbereich geachtet werden, der möglicherweise nur aus der Null besteht. Dieses Problem kann vermieden werden, wenn anstelle von Ee^{tX} die Größe Ee^{itX} betrachtet wird, wobei $i = \sqrt{-1}$ die imaginäre Einheit ist. Diese Fourier-Transformierte des Maßes P^X heißt charakteristische Funktion und ist für jedes $t \in \mathbb{R}$ definiert. Eine Alternative zur momenterzeugenden Funktion aus Definition C 6.5 liefert die Festlegung $\tilde{h}(t) = Ee^{-tX}$. Die Funktion $\tilde{h}$ heißt auch Laplace-Transformierte von P^X. Alle nachfolgenden Aussagen übertragen sich auf die Laplace-Transformierte unter Berücksichtigung des Übergangs $t \to -t$.

Bemerkung C 6.6. Die momenterzeugende Funktion der linear transformierten Zufallsvariablen $a+bX$, $a, b \in \mathbb{R}$, lässt sich aus der momenterzeugenden Funktion h von X bestimmen:

$$Ee^{t(a+bX)} = e^{at}Ee^{btX} = e^{at}h(bt), \quad bt \in D.$$

Satz C 6.7. *Sei* X *eine Zufallsvariable mit momenterzeugender Funktion* h. D *enthalte ein Intervall der Form* $(-\varepsilon, \varepsilon)$ *für ein* $\varepsilon > 0$. *Dann gilt:*

(i) h *bestimmt die zugrundeliegende Wahrscheinlichkeitsverteilung eindeutig.*

(ii) Es existieren alle absoluten Momente $E(|X|^k)$, $k \in \mathbb{N}$, *endlich.*

(iii) h *ist im Nullpunkt beliebig oft differenzierbar, und es gilt*

$$h^{(k)}(0) = EX^k, \quad k \in \mathbb{N}.$$

Wie bei der wahrscheinlichkeitserzeugenden Funktion ist im Fall der stochastischen Unabhängigkeit die momenterzeugende Funktion der Summe gegeben durch das Produkt der momenterzeugenden Funktionen der Summanden.

Satz C 6.8. *Seien* X *und* Y *stochastisch unabhängige Zufallsvariablen, deren momenterzeugende Funktionen auf* D *endlich existieren. Dann gilt:*

$$Ee^{t(X+Y)} = Ee^{tX} \cdot Ee^{tY}, \quad t \in D.$$

Mit vollständiger Induktion gilt diese Eigenschaft wiederum für jede endliche Summe unabhängiger Zufallsvariablen $X_1, X_2, \ldots$.

Beispiel C 6.9.

(i) Für $X \sim po(\lambda)$ resultiert die momenterzeugende Funktion h mit

$$h(t) = Ee^{tX} = \sum_{k=0}^{\infty} e^{-\lambda} \frac{(\lambda e^t)^k}{k!} = \exp(\lambda(e^t - 1)), \quad t \in \mathbb{R}.$$

Daraus ergibt sich der Erwartungswert (s. Beispiel C 5.2)

$$EX = h'(0) = \frac{d}{dt} \exp(\lambda(e^t - 1))|_{t=0} = \lambda e^t \exp(\lambda(e^t - 1))|_{t=0} = \lambda.$$

Mit stochastisch unabhängigen, Poisson-verteilten Zufallsvariablen $X_i \sim po(\lambda_i)$, $1 \leqslant i \leqslant n$, ist die momenterzeugende Funktion der Summe $S_n = \sum_{i=1}^{n} X_i$ gegeben durch

$$Ee^{tS_n} = \prod_{i=1}^{n} Ee^{tX_i} = \prod_{i=1}^{n} \exp(\lambda_i(e^t - 1)) = \exp\left((e^t - 1) \sum_{i=1}^{n} \lambda_i\right), \quad t \in \mathbb{R}.$$

Dies ist die momenterzeugende Funktion einer $po(\sum_{i=1}^{n} \lambda_i)$-Verteilung. Weil die Wahrscheinlichkeitsverteilung eindeutig durch die momenterzeugende Funktion bestimmt ist, folgt $S_n \sim po(\sum_{i=1}^{n} \lambda_i)$ (s. Beispiel C 1.14).

(ii) Seien $X \sim \Gamma(\lambda, \beta)$ und $Y \sim \Gamma(\lambda, \gamma)$ stochastisch unabhängige Zufallsvariablen. Insbesondere gilt $\mathrm{E}e^{tX} = (\frac{\lambda}{\lambda-t})^{\beta}$, $t \in (-\infty, \lambda)$. Die momenterzeugende Funktion von $X + Y$ ist daher gegeben durch $\mathrm{E}e^{t(X+Y)} = (\frac{\lambda}{\lambda-t})^{\beta+\gamma}$, $t < \lambda$. Da diese die Wahrscheinlichkeitsverteilung eindeutig festlegt, ist gezeigt (s. Beispiel C 1.16(i)):

$$X + Y \sim \Gamma(\lambda, \beta + \gamma).$$

(iii) Für $X \sim N(0, 1)$ ist

$$\mathrm{E}e^{tX} = \frac{1}{\sqrt{2\pi}} \int_{-\infty}^{\infty} e^{tx} e^{-x^2/2} dx = \frac{1}{\sqrt{2\pi}} \int_{-\infty}^{\infty} e^{-(x-t)^2/2} e^{t^2/2} dx$$

$$= e^{t^2/2} \int_{-\infty}^{\infty} \frac{1}{\sqrt{2\pi}} e^{-(x-t)^2/2} dx = e^{t^2/2}, \quad t \in \mathbb{R},$$

da der Integrand die Dichtefunktion einer $N(t, 1)$-Verteilung ist. Die linear transformierte Zufallsvariable $Y = \sigma X + \mu \sim N(\mu, \sigma^2)$ (für $\mu \in \mathbb{R}$, $\sigma > 0$) besitzt damit nach Bemerkung C 6.6 die momenterzeugende Funktion

$$\mathrm{E}e^{tY} = e^{\mu t} \mathrm{E}e^{\sigma t X} = \exp\left(\mu t + \frac{1}{2}\sigma^2 t^2\right), \quad t \in \mathbb{R}.$$

Weiterhin ist für stochastisch unabhängige Zufallsvariablen $X \sim N(\mu, \sigma^2)$ und $Y \sim N(\nu, \tau^2)$ wegen

$$\mathrm{E}e^{t(X+Y)} = \exp\left((\mu + \nu)t + \frac{1}{2}(\sigma^2 + \tau^2)t^2\right), \quad t \in \mathbb{R},$$

die Summe wiederum normalverteilt, i.e. $X + Y \sim N(\mu + \nu, \sigma^2 + \tau^2)$ (s. Beispiel C 1.16 (ii)).

C 7 Bedingte Verteilungen und bedingte Erwartungswerte

Das Konzept bedingter Verteilungen und bedingter Erwartungswerte dient dazu, Vorinformation oder Annahmen über das Eintreten gewisser Ereignisse in einem stochastischen Modell zu verarbeiten.

In Definition B 5.2 wurde bereits die (elementar) bedingte Wahrscheinlichkeitsverteilung in der Formulierung für Ereignisse in einem Wahrscheinlichkeitsraum $(\Omega, \mathfrak{A}, P)$ eingeführt. In diesem Abschnitt werden diskrete oder stetige Wahrscheinlichkeitsverteilungen zugrundegelegt und die Beschreibung über Zufallsvariablen gewählt.

Definition C 7.1. *(Bedingte Wahrscheinlichkeitsverteilung, bedingte Zähldichte, bedingte Dichte)*

(i) *Seien (X, Y) ein diskret verteilter Zufallsvektor mit gemeinsamer Zähldichte $p^{(X,Y)}$ und p^X, p^Y die Randdichte von X bzw. Y. Die für ein gegebenes $x \in X(\Omega)$ durch die Zähldichte*

$$p^{Y|X}(y|x) \equiv p^{Y|X=x}(y) \equiv P(Y = y|X = x)$$

$$= \begin{cases} \frac{p^{(X,Y)}(x,y)}{p^X(x)}, & p^X(x) > 0 \\ p^Y(y), & p^X(x) = 0 \end{cases}, \quad y \in \mathbb{R},$$

bestimmte Wahrscheinlichkeitsverteilung heißt bedingte Wahrscheinlichkeits-verteilung von Y unter (der Hypothese) X = x. $p^{Y|X}$ heißt bedingte Zähl-dichte von Y unter X.

(ii) Seien (X, Y) ein stetig verteilter Zufallsvektor mit gemeinsamer Dichte $f^{(X,Y)}$ und f^X, f^Y die Randdichte von X bzw. Y. Die für ein gegebenes $x \in \mathbb{R}$ durch die Dichtefunktion

$$f^{Y|X}(y|x) \equiv f^{Y|X=x}(y) = \begin{cases} \frac{f^{(X,Y)}(x,y)}{f^X(x)}, & f^X(x) > 0 \\ f^Y(y), & f^X(x) = 0 \end{cases}, \quad y \in \mathbb{R},$$

bestimmte Wahrscheinlichkeitsverteilung heißt bedingte Wahrscheinlichkeits-verteilung von Y unter (der Hypothese) X = x. $f^{Y|X}$ heißt bedingte Dichte von Y unter X.

Bemerkung C 7.2.

(i) Die in Definition C 7.1 eingeführten Größen sind stets Zähldichten bzw. Dichten, denn für alle $x \in \text{supp}(P^X)$ gilt:

(a) $p^{Y|X=x} \geqslant 0$ und $\displaystyle\sum_{y \in \text{supp}(P^Y)} p^{Y|X=x}(y) = \frac{1}{p^X(x)} \sum_{y \in \text{supp}(P^Y)} p^{(X,Y)}(x,y) = 1,$

(b) $f^{Y|X=x} \geqslant 0$ und $\displaystyle\int_{-\infty}^{\infty} f^{Y|X=x}(y)\, dy = \frac{1}{f^X(x)} \int_{-\infty}^{\infty} f^{(X,Y)}(x,y)\, dy = 1.$

(ii) Die in Definition C 7.1 genannten Begriffe werden in derselben Weise für Zufallsvektoren X und Y eingeführt, deren Dimension verschieden sein kann.

(iii) Wenn X und Y stochastisch unabhängig sind, so gilt für alle $x \in \text{supp}(P^X)$

$$p^{Y|X}(y|x) = p^Y(y) \text{ bzw. } f^{Y|X}(y|x) = f^Y(y), \quad y \in \mathbb{R}.$$

Im stetigen Fall kann die bedingte Verteilung nicht analog zum diskreten Fall über eine Wahrscheinlichkeit $P(Y = y|X = x)$ oder auch $P(Y \leqslant y|X = x)$ eingeführt werden, da die Wahrscheinlichkeit des bedingenden Ereignisses stets Null ist. Aus theoretischer Sicht ist der stetige Fall aufwändiger und auch die Interpretation ist schwieriger. Man kann jedoch zeigen, dass eine bedingte Verteilungsfunktion

$$F^{Y|X}(y|x) \equiv F^{Y|X=x}(y) \equiv P(Y \leqslant y \mid X = x)$$

sinnvoll definiert werden kann über den Grenzwert

$$\begin{aligned} F^{Y|X=x}(y) &= \lim_{h \to 0} P(Y \leqslant y \mid x \leqslant X \leqslant x + h) \\ &= \lim_{h \to 0} \frac{P(x \leqslant X \leqslant x + h, Y \leqslant y)}{P(x \leqslant X \leqslant x + h)}. \end{aligned}$$

Falls dieser Ausdruck nach y differenzierbar ist, gilt für festes x:

$$\frac{d}{dy}F^{Y|X=x}(y) = f^{Y|X=x}(y).$$

Umgekehrt gilt

$$F^{Y|X=x}(y) = \int_{-\infty}^{y} f^{Y|X=x}(t)dt, \quad y \in \mathbb{R}.$$

Entsprechend gelten die Rechenregeln aus Bemerkung C 2.4, d.h. z.B. gilt für $a < b$

$$P(a < Y \leqslant b \mid X = x) = F^{Y|X=x}(b) - F^{Y|X=x}(a).$$

Satz C 7.3. *Sei* $(X_1, X_2) \sim N_2(\mu_1, \mu_2, \sigma_1^2, \sigma_2^2, \rho)$. *Dann gilt für* $x_1, x_2 \in \mathbb{R}$:

$$P^{X_1|X_2=x_2} \text{ ist eine } N\Big(\mu_1 + \frac{\sigma_1 \rho(x_2 - \mu_2)}{\sigma_2}, (1-\rho^2)\sigma_1^2\Big)\text{-Verteilung,}$$

$$P^{X_2|X_1=x_1} \text{ ist eine } N\Big(\mu_2 + \frac{\sigma_2 \rho(x_1 - \mu_1)}{\sigma_1}, (1-\rho^2)\sigma_2^2\Big)\text{-Verteilung,}$$

d.h. die bedingten Verteilungen einer bivariaten Normalverteilung sind ebenfalls Normalverteilungen mit konstanter Varianz.

Beweis: Nach (C.3) gilt für den Quotienten

$$f^{X_1|X_2=x_2}(x_1) = \frac{f^{(X_1,X_2)}(x_1,x_2)}{f^{X_2}(x_2)} = g(x_1, x_2), \quad x_1, x_2 \in \mathbb{R},$$

wobei $g(\cdot, x_2)$ für festes $x_2 \in \mathbb{R}$ die Dichte einer $N\big(\mu_1 + \frac{\sigma_1 \rho(x_2-\mu_2)}{\sigma_2}, (1-\rho^2)\sigma_1^2\big)$-Verteilung ist. Daraus folgt sofort die erste Behauptung. Die Zweite ergibt sich mit einer entsprechenden Argumentation.

Bezeichnung C 7.4 (Bedingter Erwartungswert, bedingte Varianz). Die Momente einer bedingten Verteilung werden als bedingte Momente bezeichnet. Der bedingte Erwartungswert von Y unter $X = x$ wird berechnet gemäß

$$E(Y|X = x) = \sum_{y \in \text{supp}(P^Y)} y p^{Y|X=x}(y)$$

im diskreten Fall bzw. gemäß

$$E(Y|X = x) = \int_{-\infty}^{\infty} y f^{Y|X=x}(y)dy$$

im stetigen Fall (sofern die Ausdrücke wohldefiniert sind).

Die bedingte Varianz ist im Fall der Existenz bestimmt durch

$$\text{Var}(Y|X = x) = E\Big[\big(Y - E(Y|X = x)\big)^2 \,\Big|\, X = x\Big].$$

Der bedingte Erwartungswert $h(x) = E(Y|X = x)$ definiert eine Funktion h von x. Existiert der bedingte Erwartungswert für alle $x \in X(\Omega)$ endlich, so wird darüber eine neue Zufallsvariable definiert, die sogenannte bedingte Erwartung.

Bezeichnung C 7.5 (Bedingte Erwartung). Seien $(\Omega, \mathfrak{A}, P)$ ein Wahrscheinlichkeitsraum und $X, Y : (\Omega, \mathfrak{A}) \longrightarrow (\mathbb{R}, \mathcal{B})$ Zufallsvariablen.

Die Zufallsvariable $Z : (\Omega, \mathfrak{A}) \longrightarrow (\mathbb{R}, \mathcal{B})$ definiert durch $Z(\omega) = h(X(\omega))$, $\omega \in \Omega$, mit $h(x) = E(Y|X = x)$ heißt bedingte Erwartung von Y unter X und wird mit $E(Y|X)$ bezeichnet.

Lemma C 7.6 (Eigenschaften der bedingten Erwartung). *Die endliche Existenz der auftretenden Größen wird vorausgesetzt. Seien $a \in \mathbb{R}$ und g eine Funktion auf $X(\Omega)$. Dann gilt:*

(i) $E(a|X) = a$,

(ii) $E(g(X) \cdot Y|X) = g(X) \cdot E(Y|X)$, *insbesondere gilt für* $g(X) = a$: $E(aY|X) = aE(Y|X)$,

(iii) $E[E(Y|X)|X] = E(Y|X)$,

(iv) $E(E(Y|X)) = EY$,

(v) $E(Y|X) = EY$, *falls X und Y stochastisch unabhängig sind.*

Die Aussagen (ii) und (iii) in Lemma C 7.6 betreffen die Gleichheit von Zufallsvariablen und gelten „mit Wahrscheinlichkeit Eins". Das bedeutet, es kann eine „Ausnahmemenge" $N \in \mathfrak{A}$ geben mit $P(N) = 0$, so dass für Elemente $\omega \in N$ die Beziehung nicht richtig ist. Eine solche „Nullmenge" ist jedoch stochastisch irrelevant. Aussage (iv) lässt sich leicht beweisen. Im stetigen Fall ist

$$E(E(Y|X)) = E(h(X)) = \int_{\mathbb{R}} h(x) f^X(x) dx$$

$$= \int_{\mathbb{R}} E(Y|X = x) f^X(x) dx = \int_{\mathbb{R}} \int_{\mathbb{R}} y f^{Y|X=x}(y) dy f^X(x) dx$$

$$= \int_{\mathbb{R}} y \underbrace{\int_{\mathbb{R}} f^{Y|X=x}(y) f^X(x)}_{f^{(X,Y)}(x,y)} dx \, dy = \int_{\mathbb{R}} y f^Y(y) dy = EY.$$

Abschließend werden nützliche Integrationsformeln zusammengestellt.

Lemma C 7.7. *Sei (X, Y) ein Zufallsvektor mit stetiger gemeinsamer Verteilung. Dann gilt:*

(i) $E(g(X, Y)) = \int_{\mathbb{R}} E(g(X, Y)|X = x) f^X(x) dx$.

(ii) $E(g(X, Y)|X = x) = E(g(x, Y)|X = x) = \int_{\mathbb{R}} g(x, y) f^{Y|X=x}(y) dy$.

Insbesondere ist $E(g(X, Y)|X = x) = Eg(x, Y)$, falls X und Y stochastisch unabhängig sind.

(iii) $P(g(X, Y) \in A | X = x) = P(g(x, Y) \in A | X = x), A \in \mathcal{B}$.

Insbesondere ist $P(g(X, Y) \in A | X = x) = P(g(x, Y) \in A)$, $A \in \mathcal{B}$, *falls* X *und* Y *stochastisch unabhängig sind.*

(iv) $P(X \in A, Y \in B) = \int_A P(Y \in B | X = x) f^X(x)\, dx$.

C 8 Grenzwertsätze

Explizite Ausdrücke für die Wahrscheinlichkeitsverteilung einer Summe S_n stochastisch unabhängiger Zufallsvariablen sind nur für wenige Verteilungstypen verfügbar. Daher ist man an der Beschreibung des asymptotischen Verhaltens von S_n und von P^{S_n} interessiert. Die Resultate sind auch für die Schließende Statistik von besonderer Bedeutung. In diesem Abschnitt werden das Schwache und das Starke Gesetz großer Zahlen sowie der Zentrale Grenzwertsatz vorgestellt. Es gibt in der Literatur unterschiedliche Versionen, die sich in der Wahl der Voraussetzungen und damit auch in der Allgemeinheit der Aussagen unterscheiden.

Satz C 8.1 (Eine Version des Schwachen Gesetzes großer Zahlen). *Seien* $X_1, X_2, \ldots$ *paarweise unkorrelierte Zufallsvariablen (d.h.* $\text{Kov}(X_i, X_j) = 0 \; \forall\, i \neq j$*) mit* $EX_i = \mu$ $\forall\, i \in \mathbb{N}$ *und* $\text{Var}\, X_i \leqslant M < \infty \; \forall\, i \in \mathbb{N}$ *für eine Konstante* $M > 0$. *Dann gilt:*

$$P\left(\left| \frac{1}{n} \sum_{i=1}^{n} X_i - \mu \right| \geqslant \varepsilon \right) \leqslant \frac{M}{n\varepsilon^2} \xrightarrow{n \to \infty} 0 \quad \forall\, \varepsilon > 0.$$

Beweis: Mit $E(\frac{1}{n} \sum\limits_{i=1}^{n} X_i) = \frac{1}{n} \sum\limits_{i=1}^{n} \mu = \mu$ und $\text{Var}(\frac{1}{n} \sum\limits_{i=1}^{n} X_i) = \frac{1}{n^2} \sum\limits_{i=1}^{n} \text{Var}\, X_i \leqslant \frac{M}{n}$ erhält man mit der Ungleichung von Tschebyscheff C 5.23 (iii) für beliebiges $\varepsilon > 0$:

$$P\left(\left| \frac{1}{n} \sum_{i=1}^{n} X_i - \mu \right| \geqslant \varepsilon \right) \leqslant \frac{\frac{1}{n^2} \sum\limits_{i=1}^{n} \text{Var}\, X_i}{\varepsilon^2} \leqslant \frac{M}{n\varepsilon^2}.$$

Der Satz sagt also (unter den gegebenen Voraussetzungen) aus: Die Wahrscheinlichkeit, dass das arithmetische Mittel der Zufallsvariablen vom Erwartungswert der Verteilung um mindestens ε abweicht, geht mit wachsendem Stichprobenumfang gegen Null. Die Aussage des Satzes wird auch in der Form $P - \lim\limits_{n \to \infty} \frac{1}{n} \sum\limits_{i=1}^{n} X_i = \mu$ notiert. Diese Art der Konvergenz wird als „stochastische Konvergenz" bezeichnet. Das arithmetische Mittel kann in diesem Sinne als ein „Schätzer" für den Erwartungswert der Verteilung gesehen werden.

Bemerkung C 8.2. Das Schwache Gesetz großer Zahlen eröffnet auch die Möglichkeit, relative Häufigkeiten bei unabhängigen Versuchswiederholungen (z.B. Häufigkeit des Auftretens der Ziffer 6 beim wiederholten Würfelwurf) in Zusammenhang mit den entsprechenden Wahrscheinlichkeiten im zugehörigen stochastischen Modell zu bringen.

Allgemein seien ein diskreter Wahrscheinlichkeitsraum (Ω, P) und ein Ereignis $A \subseteq \Omega$ mit $P(A) = p \in (0,1)$ gegeben. Betrachtet wird die n-fache unabhängige Wiederholung des Zufallsexperiments beschrieben durch den Produktraum (s. Definition B 6.10).

Mit A_i sei das Ereignis beschrieben, dass der i-te Versuch das Ergebnis A zeigt (etwa das Auftreten der Ziffer 6 im Würfelexperiment). Dann sind die Indikator-Zufallsvariablen $X_i = \mathfrak{I}_{A_i}$, $1 \leqslant i \leqslant n$, stochastisch unabhängig, und es gilt:

$$X_i \sim \text{bin}(1, p), \ EX_i = P(A_i) = p, \ \text{Var}\, X_i = p(1-p), \quad 1 \leqslant i \leqslant n.$$

Damit ist die Aussage des Schwachen Gesetzes großer Zahlen gültig:

$$P - \lim_{n \to \infty} \frac{1}{n} \sum_{i=1}^{n} X_i = p.$$

Die relative Häufigkeit $\frac{1}{n} \sum_{i=1}^{n} X_i$ von A bei n Versuchen (z.B. der Ziffer 6 bei n Versuchen) konvergiert also stochastisch gegen den Erwartungswert p ($= 1/6$ im Würfelbeispiel).

Versionen des Starken Gesetzes großer Zahlen machen ebenfalls eine Aussage über die Konvergenz des arithmetischen Mittels gegen den Erwartungswert der zugrundeliegenden Verteilung, allerdings mit einer anderen (stärkeren) Konvergenz.

Satz C 8.3 (1. Version des Starken Gesetzes großer Zahlen). *Sei $X_1, X_2, \ldots$ eine Folge stochastisch unabhängiger Zufallsvariablen auf einem Wahrscheinlichkeitsraum $(\Omega, \mathfrak{A}, P)$, die alle endliche Varianzen besitzen. Ferner gelte für die Varianzen $\sum_{n=1}^{\infty} \frac{\text{Var}\, X_n}{n^2} < \infty$. Dann gilt:*

$$P\left(\left\{\omega \in \Omega \,\Big|\, \frac{1}{n} \sum_{i=1}^{n} X_i(\omega) - \frac{1}{n} \sum_{i=1}^{n} EX_i \xrightarrow{n \to \infty} 0\right\}\right) = 1.$$

Die Aussage ist zunächst etwas allgemeiner als im Schwachen Gesetz großer Zahlen, weil hier die Konvergenz des arithmetischen Mittels der Zufallsvariablen gegen das arithmetische Mittel ihrer Erwartungswerte betrachtet wird. Der Spezialfall $EX_i = \mu$, $i \in \mathbb{N}$, mit $\frac{1}{n} \sum_{i=1}^{n} EX_i = \mu$ ist enthalten.

Die Aussage des Satzes schreibt man in der Form

$$\frac{1}{n} \sum_{i=1}^{n} X_i - \frac{1}{n} \sum_{i=1}^{n} EX_i \xrightarrow{n \to \infty} 0 \qquad P\text{-f.s.}$$

und beschreibt diese Konvergenzart als „fast sichere Konvergenz". Man betrachtet dabei die punktweise Konvergenz (bzgl. ω) auf einer Menge $A \in \mathfrak{A}$ mit $P(A) =$

1. Man lässt zu, dass die punktweise Konvergenz auf „stochastisch irrelevanten Mengen", i.e. solchen mit Wahrscheinlichkeit Null, nicht gilt.

Die Voraussetzung an die Reihe der gewichteten Varianzen ist insbesondere für Zufallsvariablen erfüllt, für die $\operatorname{Var} X_i \leqslant M < \infty$, $i \in \mathbb{N}$, gilt (s. Satz C 8.1).

Sind die Zufallsvariablen des Satzes identisch verteilt, so ist die Voraussetzung bei existierender Varianz erfüllt, denn $\sum_{n=1}^{\infty} \frac{\operatorname{Var} X_n}{n^2} = \operatorname{Var} X_1 \sum_{n=1}^{\infty} \frac{1}{n^2} = \operatorname{Var} X_1 \cdot \frac{\pi^2}{6} < \infty$.
Auf die Existenz der Varianz kann aber sogar verzichtet werden.

Satz C 8.4 (2. Version des Starken Gesetzes großer Zahlen). *Sei* $X_1, X_2, \ldots$ *eine Folge stochastisch unabhängiger, identisch verteilter Zufallsvariablen mit* $EX_1 = \mu$. *Dann gilt:*

$$\frac{1}{n} \sum_{i=1}^{n} X_i \xrightarrow{n \to \infty} \mu \quad P\text{-f.s.}$$

Die Aussage der fast-sicheren Konvergenz kann auch wie folgt geschrieben werden:

$$\exists N \in \mathfrak{A} \text{ mit } P(N) = 0 \text{ und } \lim_{n \to \infty} \frac{1}{n} \sum_{i=1}^{n} X_i(\omega) = \mu \quad \forall \omega \in \Omega \setminus N.$$

Es gibt also eine „Ausnahmemenge", deren Wahrscheinlichkeit Null ist, außerhalb derer die punktweise Konvergenz stets gilt.

Beispiel C 8.5. In der Situation aus Bemerkung C 8.2 sind die Voraussetzungen von Satz C 8.4 offenbar erfüllt. Damit konvergiert die Folge der relativen Häufigkeiten $(f_n)_n$, definiert durch $f_n = \frac{1}{n} \sum_{i=1}^{n} \mathcal{I}_{A_i}$, des Eintretens von A fast sicher gegen $p = P(A)$.

Im Würfelexperiment mit einem fairen Würfel bezeichne A das Ereignis eine Sechs zu würfeln, so dass $p = P(A) = \frac{1}{6}$. In Abbildung C 8.1 sind die relativen Häufigkeiten f_n, $n = 1, \ldots, 1000$, einer 1000-fachen Simulation des (unabhängigen) Würfelwurfs dargestellt. Der Stabilisierungseffekt (d.h. die punktweise Konvergenz von $(f_n)_n$) ist erkennbar. Aus dieser Beobachtung leitet sich die Aussage ab, dass der Ausgang eines einzelnen Zufallsexperiments zwar nicht vorhersagbar ist, das „Mittel" des Ausgangs von vielen (unabhängigen) identischen Zufallsexperimenten aber sehr wohl prognostiziert werden kann.

Schwaches und Starkes Gesetz großer Zahlen machen Aussagen über die Konvergenz des arithmetischen Mittels von Zufallsvariablen gegen eine Konstante (einen Erwartungswert). Da es nur für wenige Verteilungstypen explizite Darstellungen für die Faltungsverteilungen gibt, ist man auch an der asymptotischen Verteilung einer Summe (eines arithmetischen Mittels) von Zufallsvariablen interessiert.

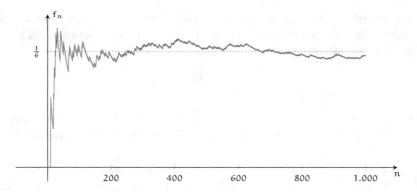

Abbildung C 8.1: Relative Häufigkeiten für eine Sechs beim 1000-fachen Würfelwurf.

Satz C 8.6 (Eine Version des Zentralen Grenzwertsatzes). *Sei* $X_1, X_2, \ldots$ *eine Folge stochastisch unabhängiger, identisch verteilter Zufallsvariablen mit* $EX_1 = \mu$ *und* $0 < \operatorname{Var} X_1 = \sigma^2 < \infty$. *Dann gilt für*

$$S_n^* = \frac{\sum_{i=1}^{n} X_i - n\mu}{\sigma \sqrt{n}} \left(= \frac{\frac{1}{n} \sum_{i=1}^{n} X_i - \mu}{\sigma / \sqrt{n}} \right):$$

$$\lim_{n \to \infty} P(S_n^* \leqslant t) = \int_{-\infty}^{t} \frac{1}{\sqrt{2\pi}} e^{-x^2/2} dx = \Phi(t), \quad t \in \mathbb{R}.$$

Die Summe S_n^* im Satz ist die standardisierte Summe der X_i's, denn $ES_n^* = 0$ und $\operatorname{Var} S_n^* = 1$. Der bedeutende Satz sagt also aus, dass die Verteilungsfunktion der standardisierten Partialsummen der Zufallsvariablen mit wachsendem n gegen die Verteilungsfunktion der Standardnormalverteilung konvergiert, und dies unabhängig von der Wahl der Verteilung der zugrundeliegenden Zufallsvariablen!

Für große n gilt somit für $t \in \mathbb{R}$

$$P(S_n^* \leqslant t) \approx \Phi(t)$$

bzw. (s. Bezeichnung B 3.13)

$$P\left(\sum_{i=1}^{n} X_i \leqslant t \right) = P\left(S_n^* \leqslant \frac{t - n\mu}{\sqrt{n}\sigma} \right) \approx \Phi\left(\frac{t - n\mu}{\sqrt{n}\sigma} \right) = \Phi_{n\mu, n\sigma^2}(t).$$

Dieser Sachverhalt wird auch mit der Notation

$$\sum_{i=1}^{n} X_i \overset{as}{\sim} N(n\mu, n\sigma^2)$$

bezeichnet. Der obige Zusammenhang ist übrigens für alle $t \in \mathbb{R}$ exakt, falls die zugrundeliegende Verteilung eine Normalverteilung $N(\mu, \sigma^2)$ ist. Unter geeigneten

Voraussetzungen ist daher S_n^* für große n näherungsweise standardnormalverteilt. Dies bedeutet, dass das arithmetische Mittel der Zufallsvariablen ebenfalls approximativ normalverteilt ist:

$$\frac{1}{n}\sum_{i=1}^{n} X_i \overset{as}{\sim} N(\mu, \frac{\sigma^2}{n}).$$

Satz C 8.6 kann auch unter schwächeren Voraussetzungen formuliert werden. Beispielsweise kann die Voraussetzung der identischen Verteilung abgeschwächt werden.

In der Praxis wird häufig angenommen (aber leider selten begründet), dass eine gute Approximation durch eine Normalverteilung vorliegt, damit statistische Verfahren verwendet werden können, die für Normalverteilungsannahmen entwickelt wurden.

Für die Verknüpfung konvergenter reeller Zahlenfolgen existieren Rechenregeln zur Bestimmung der resultierenden Grenzwerte (vgl. Kamps et al. 2009, S. 62ff.). Derartige Regeln gelten auch für „konvergente" Folgen von Zufallsvariablen.

Satz C 8.7. *Seien* $(X_n)_{n\in\mathbb{N}}$ *eine Folge von Zufallsvariablen und* h *eine stetige Funktion. Dann gilt:*

(i) Aus $P - \lim_{n\to\infty} X_n = c \in \mathbb{R}$ *folgt* $P - \lim_{n\to\infty} h(X_n) = h(c)$.

(ii) Aus $X_n \xrightarrow{n\to\infty} c \in \mathbb{R}$ *P-f.s. folgt* $h(X_n) \xrightarrow{n\to\infty} h(c)$ *P-f.s.*

Eine bedeutende Aussage ergibt sich in der Verknüpfung der obigen Konvergenzarten mit der sogenannten Verteilungskonvergenz. Sind $(F^{X_n})_{n\in\mathbb{N}}$ Verteilungsfunktionen und F^X eine stetige Verteilungsfunktion, so heißt $(X_n)_{n\in\mathbb{N}}$ konvergent gegen X in Verteilung, falls

$$\lim_{n\to\infty} F^{X_n}(t) = F^X(t) \quad \text{für alle } t \in \mathbb{R}.$$

Zur Bezeichnung wird $X_n \overset{d}{\to} X$ verwendet. Im Zentralen Grenzwertsatz C 8.6 liegt daher Verteilungskonvergenz vor: $S_n^* \overset{d}{\to} Z$ mit $Z \sim N(0, 1)$.

Für das Rechnen mit möglicherweise verschiedenen Konvergenzarten kann das *Lemma von Slutsky* genutzt werden.

Lemma C 8.8. *Seien* $(X_n)_{n\in\mathbb{N}}$ *und* $(Y_n)_{n\in\mathbb{N}}$ *Folgen von Zufallsvariablen und* X *eine Zufallsvariable mit* $X_n \overset{d}{\to} X$. *Weiterhin gelte* $P - \lim_{n\to\infty} Y_n = c \in \mathbb{R}$ *oder* $Y_n \xrightarrow{n\to\infty} c \in \mathbb{R}$ *P-f.s. Dann gilt für* $t \in \mathbb{R}$:

(i) $\lim_{n\to\infty} P(X_n + Y_n \leqslant t) = P(X + c \leqslant t)$,

(ii) $\lim_{n\to\infty} P(X_n Y_n \leqslant t) = P(cX \leqslant t)$,

(iii) $\lim_{n\to\infty} P\left(\frac{X_n}{Y_n} \leqslant t\right) = P\left(\frac{X}{c} \leqslant t\right)$ *(falls* $c \neq 0$).

Anwendung findet dieser Satz z.B. bei der Konstruktion approximativer Konfidenzintervalle im Binomialmodell D 4.4 (s. S. 286).

C 9 Beispielaufgaben

Beispielaufgabe C 9.1. Die Funktion $f : \mathbb{R} \longrightarrow \mathbb{R}$ sei gegeben durch

$$f(x) = \begin{cases} \dfrac{c}{x+3} & 0 \leqslant x \leqslant 6 \\ 0, & \text{sonst} \end{cases}$$

mit einer Konstanten $c \in \mathbb{R}$.

(a) Begründen Sie, dass die Funktion f bei der Wahl von $c = \frac{1}{\ln(3)}$ Dichtefunktion einer stetigen Zufallsvariablen X ist.

Seien im Folgenden $c = \frac{1}{\ln(3)}$ und X die Zufallsvariable aus Aufgabenteil (a).

(b) Bestimmen Sie $P(X \leqslant 3)$.

(c) Ermitteln Sie die Erwartungswerte $E(X+3)$ und $E(X)$.

Lösung: (a) f ist Dichtefunktion einer stetigen Zufallsvariablen, falls die Bedingungen

(i) $f(x) \geqslant 0$, $x \in \mathbb{R}$, und

(ii) $\displaystyle \int_{-\infty}^{\infty} f(x)\,dx = 1$

erfüllt sind. Zunächst gilt

$$c = \frac{1}{\ln(3)} > 0 \quad \text{und} \quad \frac{1}{x+3} > 0, \quad x \in [0,6],$$

so dass

$$f(x) = \frac{1}{\ln(3)} \frac{1}{x+3} > 0, \quad x \in [0,6], \quad \text{und} \quad f(x) = 0, \quad x \in \mathbb{R} \setminus [0,6].$$

Also folgt $f(x) \geqslant 0$, $x \in \mathbb{R}$, und die Nichtnegativität von f ist erfüllt. Ferner gilt:

$$\int_{-\infty}^{\infty} f(x)\,dx = \int_0^6 \frac{1}{\ln(3)} \frac{1}{x+3}\,dx = \frac{1}{\ln(3)} \ln(x+3) \Big|_0^6 = \frac{1}{\ln(3)} [\ln(9) - \ln(3)]$$

$$= \frac{1}{\ln(3)}(2\ln(3) - \ln(3)) = 1.$$

Damit ist f eine Dichtefunktion.

(b) Für die gesuchte Wahrscheinlichkeit gilt:

$$P(X \leqslant 3) = \int_0^3 \frac{1}{\ln(3)} \frac{1}{x+3}\,dx = \frac{1}{\ln(3)}[\ln(6) - \ln(3)]$$

$$= \frac{1}{\ln(3)}(\ln(2) + \ln(3) - \ln(3)) = \frac{\ln(2)}{\ln(3)} \approx 0{,}631.$$

(c) Der Erwartungswert von $X+3$ ist gegeben durch:

$$E(X+3) = \int_{-\infty}^{\infty} (x+3)f(x)\,dx = \int_0^6 (x+3)\frac{1}{\ln(3)} \frac{1}{x+3}\,dx$$

$$= \int_0^6 \frac{1}{\ln(3)}\,dx = \frac{6}{\ln(3)} \approx 5{,}46.$$

Damit ergibt sich unter Ausnutzung der Linearität des Erwartungswerts:

$$E(X + 3) = E(X) + E(3) = E(X) + 3.$$

Also gilt $E(X) = E(X + 3) - 3 = \frac{6}{\ln(3)} - 3 \approx 2{,}46$.

$E(X)$ kann alternativ (und aufwändiger) über die Definition ermittelt werden:

$$E(X) = \int_{-\infty}^{\infty} x f(x)\, dx = \int_0^6 \frac{1}{\ln(3)} \frac{x}{x+3}\, dx = \frac{1}{\ln(3)} \int_0^6 \frac{x+3-3}{x+3}\, dx$$

$$= \frac{1}{\ln(3)} \int_0^6 \left(1 - \frac{3}{x+3}\right) dx$$

$$= \frac{1}{\ln(3)} \Big[x - 3\ln(x+3)\Big]_0^6 = \frac{1}{\ln(3)}(6 - 3[\ln(9) - \ln(3)])$$

$$= \frac{6 - 3\ln(3)}{\ln(3)} = \frac{6}{\ln(3)} - 3.$$

Beispielaufgabe C 9.2. Ein Online-Versandhändler will mit einer Gutscheinaktion Neukunden gewinnen. Er plant, $n \in \mathbb{N}$ Gutscheine für Überraschungspakete zu verteilen. Je eingelöstem Gutschein entstehen dem Händler 20 € zusätzliche Kosten. Er geht davon aus, dass sich die Verwendung der Gutscheine durch stochastisch unabhängige, identisch binomialverteilte Zufallsvariablen $X_1, \ldots, X_n$ mit $X_i \sim \mathrm{bin}(1, 0{,}8)$ für $i = 1, \ldots, n$ modellieren lässt, wobei er die Zufallsvariablen wie folgt interpretiert:

$X_i = 1$ entspricht dem Ereignis „der i-te Gutschein wird eingelöst" und

$X_i = 0$ entspricht dem Ereignis „der i-te Gutschein wird nicht eingelöst".

Bezeichne $S_n = \sum_{i=1}^n X_i$ die Summe dieser Zufallsvariablen.

(a) (1) Geben Sie die Verteilung von S_n an, und berechnen Sie die erwarteten zusätzlichen Gesamtkosten $E(20 \cdot S_n)$.

(2) Der Versandhändler will möglichst viele Gutscheine verteilen, aber gleichzeitig die erwarteten zusätzlichen Gesamtkosten durch Gutscheineinlösungen nicht über 3 200 € steigen lassen. Wie sollte er $n \in \mathbb{N}$ wählen?

(b) Der Händler entschließt sich, $n = 100$ Gutscheine zu verteilen.

(1) Berechnen Sie die Varianz von S_{100}.

(2) Geben Sie die Wahrscheinlichkeit dafür an, dass alle 100 verteilten Gutscheine eingelöst werden.

(3) Bestimmen Sie mit Hilfe der Tschebyscheff-Ungleichung eine Abschätzung nach unten für die Wahrscheinlichkeit $P(|S_{100} - E(S_{100})| < 8)$.

(4) Geben Sie einen Näherungswert für die Wahrscheinlichkeit $P(S_{100} \leqslant 86)$ an.

Lösung: (a) (1) Die Zufallsvariable S_n besitzt eine Binomialverteilung mit den Parametern $n \in \mathbb{N}$ und 0,8, d.h. $S_n \sim bin(n, 0,8)$. Dann gilt:

$$E(20 \cdot S_n) = 20 E(S_n) = 20 \cdot n \cdot 0,8 = 16 \cdot n.$$

(2) Wegen $E(20\, S_n) \leqslant 3\,200 \iff n \leqslant 200$ sollte der Versandhändler höchstens 200 Gutscheine verteilen.

(b) (1) $Var(S_{100}) = n \cdot p \cdot (1 - p)$ mit $n = 100, p = 0,8$. Also ist $Var(S_{100}) = 100 \cdot 0,8 \cdot 0,2 = 16$.

(2) $P(S_{100} = 100) = \binom{100}{100} \cdot 0,8^{100} \cdot 0,2^0 = 0,8^{100} \approx 2,037 \cdot 10^{-10}$,

(3) $P\big(|S_{100} - E(S_{100})| < 8\big) \geqslant 1 - \frac{Var(S_{100})}{8^2} = 1 - \frac{16}{64} = 1 - \frac{1}{4} = \frac{3}{4}$.

(4) Unter Verwendung des Zentralen Grenzwertsatzes erhält man mit $E(S_{100}) = n \cdot p = 100 \cdot 0,8 = 80$ die Näherung

$$P(S_{100} \leqslant 86) = P\left(\frac{S_{100} - E(S_{100})}{\sqrt{Var(S_{100})}} \leqslant \overbrace{\frac{86 - 80}{\sqrt{16}}}^{=1,5}\right) \overset{\text{ZGWS}}{\approx} \Phi(1,5) \overset{\text{Tab.}}{\approx} 0,933.$$

Beispielaufgabe C 9.3. Die Wahrscheinlichkeitsverteilung eines zweidimensionalen diskreten Zufallsvektors (X, Y) sei durch die folgende Tabelle der Wahrscheinlichkeiten

$$P(X = i, Y = j), \quad i \in \{0, 1\}, j \in \{1, 2, 3\},$$

gegeben:

$X = i$ \ $Y = j$	1	2	3
0	0,1	0,4	0
1	0,1	0,2	0,2

(a) Bestimmen Sie die Randverteilungen P^X und P^Y der Zufallsvariablen X und Y, deren Erwartungswerte EX und EY und Varianzen $Var(X)$ und $Var(Y)$ sowie die Verteilungsfunktion F_Y von Y.

(b) Berechnen Sie die bedingten Wahrscheinlichkeiten $P(Y = 2|X = 1)$ und $P(X = 1|Y = 2)$.

(c) Berechnen Sie die Kovarianz $Kov(X, Y)$ von X und Y. Sind X und Y stochastisch unabhängig?

Lösung: (a) Für die Randverteilung P^X von X gilt

$$P(X = 0) = P(X = 0, Y = 1) + P(X = 0, Y = 2) + P(X = 0, Y = 3)$$
$$= 0,1 + 0,4 + 0 = 0,5,$$
$$P(X = 1) = P(X = 1, Y = 1) + P(X = 1, Y = 2) + P(X = 1, Y = 3)$$
$$= 0,1 + 0,2 + 0,2 = 0,5,$$

d.h. $X \sim bin(1, 0,5)$. Damit gilt für den Erwartungswert $E(X) = 1 \cdot 0,5 = 0,5$ und für die Varianz $Var(X) = 1 \cdot 0,5 \cdot (1 - 0,5) = 0,25$.

Für die Randverteilung P^Y von Y gilt analog:

$$P(Y = 1) = P(X = 0, Y = 1) + P(X = 1, Y = 1) = 0{,}1 + 0{,}1 = 0{,}2,$$
$$P(Y = 2) = P(X = 0, Y = 2) + P(X = 1, Y = 2) = 0{,}4 + 0{,}2 = 0{,}6,$$
$$P(Y = 3) = P(X = 0, Y = 3) + P(X = 1, Y = 3) = 0 + 0{,}2 = 0{,}2.$$

Weiter ist

$$EY = \sum_{k=1}^{3} kP(Y = k) = 1 \cdot P(Y = 1) + 2 \cdot P(Y = 2) + 3 \cdot P(Y = 3)$$
$$= 0{,}2 + 1{,}2 + 0{,}6 = 2$$

und mit

$$E(Y^2) = \sum_{k=1}^{3} k^2 P(Y = k) = 1^2 \cdot P(Y = 1) + 2^2 \cdot P(Y = 2) + 3^2 \cdot P(Y = 3)$$
$$= 0{,}2 + 2{,}4 + 1{,}8 = 4{,}4$$

die Varianz von Y gegeben durch

$$\mathrm{Var}(Y) = E(Y^2) - (EY)^2 = 4{,}4 - 2^2 = 0{,}4.$$

Für die Verteilungsfunktion F_Y von Y gilt:

$$F_Y(y) = \begin{cases} 0, & y < 1 \\ 0{,}2, & 1 \leqslant y < 2 \\ 0{,}8, & 2 \leqslant y < 3 \\ 1, & y \geqslant 3 \end{cases}.$$

(b) Es gilt:

$$P(Y = 2 | X = 1) = \frac{P(X = 1, Y = 2)}{P(X = 1)} \overset{(a)}{=} \frac{0{,}2}{0{,}5} = 0{,}4$$

und

$$P(X = 1 | Y = 2) = \frac{P(X = 1, Y = 2)}{P(Y = 2)} \overset{(a)}{=} \frac{0{,}2}{0{,}6} = \frac{1}{3}.$$

(c) Es gilt

$$E(XY) = \sum_{i=0}^{1} \sum_{j=1}^{3} ijP(X = i, Y = j)$$
$$= P(X = 1, Y = 1) + 2P(X = 1, Y = 2) + 3P(X = 1, Y = 3)$$
$$= 0{,}1 + 0{,}4 + 0{,}6 = 1{,}1$$

und damit

$$\mathrm{Kov}(X,Y) = E(XY) - E(X)E(Y) \overset{(a)}{=} 1{,}1 - 0{,}5 \cdot 2 = 0{,}1.$$

Insbesondere sind X und Y nicht stochastisch unabhängig, da $\mathrm{Kov}(X,Y) \neq 0$.

Beispielaufgabe C 9.4. Sei Z eine Zufallsvariable auf einem Wahrscheinlichkeitsraum $(\Omega, \mathfrak{A}, P)$ mit $Z \sim \text{beta}(\alpha, 1)$ $\alpha > 0$, d.h. die Verteilungsfunktion F^Z bzw. die Riemann-Dichtefunktion f^Z von Z sind gegeben durch

$$F^Z(z) = \begin{cases} 0, & z \leqslant 0 \\ z^\alpha, & 0 < z < 1 \\ 1, & z \geqslant 1 \end{cases} \quad \text{bzw.} \quad f^Z(z) = \begin{cases} \alpha z^{\alpha-1}, & z \in (0,1) \\ 0, & \text{sonst} \end{cases}.$$

Bestimmen Sie die Verteilung der Zufallsvariablen $Q = -\ln(Z)$.

Lösung: (i) Sei F^Q die Verteilungsfunktion von Q. Zunächst gilt für $x > 0$:

$$F^Q(x) = P(Q \leqslant x) = P(-\ln(Z) \leqslant x) = P(\ln(Z) \geqslant -x)$$

$$= P(Z \geqslant e^{-x}) = 1 - P(Z < e^{-x}) \overset{Z \text{ stet. vert.}}{=} 1 - P(Z \leqslant e^{-x})$$

$$= 1 - F^Z(e^{-x}) \overset{e^{-x} \in (0,1)}{=} 1 - (e^{-x})^\alpha = 1 - e^{-\alpha x}.$$

Für $x \leqslant 0$ gilt weiter

$$F^Q(x) \overset{(s.o)}{=} \cdots = P(Z \geqslant \underbrace{e^{-x}}_{\geqslant 1}) = 1 - \underbrace{P(Z < e^{-x})}_{=1} = 0.$$

Somit ist Q exponentialverteilt mit Parameter α: $Q \sim \text{Exp}(\alpha)$.

(ii) Der Dichtetransformationssatz kann alternativ zur Lösung verwendet werden. Die Abbildung

$$g : (0,1) \longrightarrow (0,\infty), \quad g(y) = -\ln(y),$$

ist bijektiv und besitzt die Umkehrfunktion

$$g^{-1} : (0,\infty) \longrightarrow (0,1), g^{-1}(x) = e^{-x}.$$

Weiterhin sind die Funktionen g und g^{-1} stetig differenzierbar mit $(g^{-1})'(x) = -e^{-x}$, $x \in (0,\infty)$. Mit dem Dichtetransformationssatz folgt für $x \in (0,\infty)$

$$f^Q(x) = f^{g(Z)}(x) = |(g^{-1})'(x)| f^Z(g^{-1}(x)) = e^{-x}\alpha(e^{-x})^{\alpha-1} = \alpha e^{-\alpha x}.$$

Für $x \leqslant 0$ gilt $f^Q(x) = 0$. Insgesamt erhält man $Q \sim \text{Exp}(\alpha)$.

Beispielaufgabe C 9.5. Sei X eine Zufallsvariable auf einem Wahrscheinlichkeitsraum $(\Omega, \mathfrak{A}, P)$ mit $X \sim \text{geo}(p)$ für ein $p \in (0,1)$, d.h.

$$P(X = k) = p(1-p)^k, \quad k \in \mathbb{N}_0.$$

(a) Bestimmen Sie die wahrscheinlichkeitserzeugende Funktion g_X von X.

(b) Berechnen Sie mithilfe der in Aufgabenteil (a) berechneten wahrscheinlichkeitserzeugenden Funktion g_X den Erwartungswert EX der Zufallsvariablen X.

Lösung: (a) Für $|t| < \frac{1}{1-p}$ gilt mit Hilfe der geometrischen Reihe:

$$g_X(t) = E(t^X) = \sum_{k=0}^{\infty} P(X = k)t^k = p \sum_{\substack{k=0 \\ |t(1-p)|<1}}^{\infty} (\underbrace{t(1-p)}_{})^k = \frac{p}{1 - t(1-p)}.$$

(b) Zunächst folgt für $|t| < \frac{1}{1-p}$:

$$g'_X(t) \overset{\text{(a)}}{=} \frac{d}{dt}\left(\frac{p}{1 - t(1-p)}\right) = \frac{p(1-p)}{(1 - t(1-p))^2}.$$

Weiter gilt dann:

$$EX = g'_X(1) \overset{\text{s.o.}}{=} \frac{p(1-p)}{p^2} = \frac{1-p}{p}.$$

Beispielaufgabe C 9.6. Seien X und Y zwei Zufallsvariablen auf einem Wahrscheinlichkeitsraum $(\Omega, \mathfrak{A}, P)$ mit gemeinsamer Riemann-Dichtefunktion

$$f^{X,Y}(x, y) = \begin{cases} cy^2(2 - x - y), & (x, y) \in (0, 1)^2 \\ 0, & \text{sonst} \end{cases}.$$

(a) Zeigen Sie, dass $c = 4$ gilt.

(b) Zeigen Sie, dass die Randdichte f^X von X gegeben ist durch

$$f^X(x) = \begin{cases} \frac{1}{3}(5 - 4x), & x \in (0, 1) \\ 0, & \text{sonst} \end{cases}.$$

(c) Sei $x \in (0, 1)$ gegeben. Bestimmen Sie die bedingte Dichte $f^{Y|X=x}$ von Y unter $X = x$ und berechnen Sie $E(Y \mid X = x)$.

(d) Begründen Sie, dass X und Y stochastisch abhängig sind.

(e) Sei $a > 0$ gegeben. Bestimmen Sie die Verteilungsfunktion der Zufallsvariablen aX.

Lösung: (a) Zunächst wird gezeigt, dass $f^{X,Y}$ für $c = 4$ eine bivariate Riemann-Dichte ist.

    (1) $f^{X,Y}(x,y) \geqslant 0$, $x, y \in \mathbb{R}$ gilt nach Voraussetzung.

    (2) Die Integrationsbedingung ist für $c = 4$ erfüllt, denn:

$$\int_{-\infty}^{\infty}\int_{-\infty}^{\infty} f^{X,Y}(x,y)\,dx\,dy = \int_0^1\int_0^1 cy^2(2 - x - y)\,dx\,dy$$

$$= c\int_0^1 \left[(2y^2 - y^3)x - \frac{1}{2}y^2x^2\right]_{x=0}^{x=1} dy$$

$$= c\int_0^1 \left(\frac{3}{2}y^2 - y^3\right) dy$$

$$= c\left[\frac{1}{2}y^3 - \frac{1}{4}y^4\right]_0^1 = \frac{c}{4}.$$

Da $\frac{c}{4} = 1$ gelten muss, ist $c = 4$ die gesuchte Konstante.

(b) Für $x \in (0, 1)$ bzw. $x \notin (0, 1)$ gilt:

$$f^X(x) = \int_{-\infty}^{\infty} f^{X,Y}(x,y)\,dy = \int_0^1 4y^2(2 - x - y)\,dy$$

$$= 4 \left[\frac{2}{3} y^3 - \frac{1}{3} x y^3 - \frac{1}{4} y^4 \right]_0^1 = 4 \left(\frac{2}{3} - \frac{x}{3} - \frac{1}{4} \right) = \frac{5}{3} - \frac{4x}{3}, \quad x \in (0, 1),$$

$$f^X(x) = 0, \quad x \notin (0, 1).$$

(c) Für $x \in (0, 1)$ gilt:

$$f^{Y|X=x}(y) = \frac{f^{X,Y}(x,y)}{f^X(x)} = 12 \cdot \frac{y^2 (2 - x - y)}{5 - 4x} \mathbf{1}_{(0,1)}(y),$$

während für $x \notin (0, 1)$ gilt:

$$f^{Y|X=x}(y) = f^Y(y).$$

Damit folgt:

$$E(Y \mid X = x) = \int_{-\infty}^{\infty} y f^{Y|X=x}(y) \, dy = \int_0^1 12 \cdot \frac{y^3 (2 - x - y)}{5 - 4x} \, dy$$

$$= \frac{12}{5 - 4x} \int_0^1 y^3 (2 - x - y) \, dy = \frac{12}{5 - 4x} \left[\frac{1}{2} y^4 - \frac{x}{4} y^4 - \frac{1}{5} y^5 \right]_0^1$$

$$= \frac{12}{5 - 4x} \left(\frac{1}{2} - \frac{1}{5} - \frac{x}{4} \right) = \frac{12}{5 - 4x} \left(\frac{3}{10} - \frac{x}{4} \right) = \frac{3}{5} \cdot \frac{6 - 5x}{5 - 4x}, \quad x \in (0, 1).$$

(d) X und Y sind stochastisch abhängig, da für $(x, y) \in (0, 1)^2$ gilt: $f^{Y|X=x}$ ist abhängig von x und damit verschieden von f^Y (es gilt: $f^Y(y) = 2y^2(3 - 2y)$, $y \in (0, 1)$).

(e) Sei $a > 0$. Zunächst wird die Verteilungsfunktion F^X bestimmt (s. Abbildung C 9.1):

$$F^X(x) = \int_{-\infty}^x f^X(t) \, dt = \frac{1}{3} \int_0^x (5 - 4t) \, dt = \frac{1}{3} \left[5t - 2t^2 \right]_0^x$$

$$= \frac{1}{3} (5 - 2x)x, \quad x \in (0, 1),$$

$$F^X(x) = 0, \quad x \leqslant 0,$$

$$F^X(x) = 1, \quad x \geqslant 1.$$

Damit gilt für $a > 0$:

$$F^{aX}(x) = P(aX \leqslant x) = P \left(X \leqslant \frac{x}{a} \right)$$

$$= \begin{cases} 0, & \frac{x}{a} \leqslant 0 \\ \frac{1}{3} \left(5 - 2 \frac{x}{a} \right) \frac{x}{a}, & \frac{x}{a} \in (0, 1) \\ 1, & \frac{x}{a} \geqslant 1 \end{cases} = \begin{cases} 0, & x \leqslant 0 \\ \frac{x}{3a} \left(5 - 2 \frac{x}{a} \right), & x \in (0, a) \\ 1, & x \geqslant a \end{cases}.$$

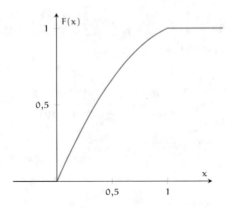

Abbildung C 9.1: Verteilungsfunktion von X aus Beispielaufgabe C 9.6.

C 10 Flashcards

Nachfolgend sind ausgewählte Flashcards zu den Inhalten von Teil C abgedruckt, deren Lösungen in Teil F nachgeschlagen werden können. Diese und weitere Flashcards können mit der **SN Flashcards App** zur eigenen Wissensüberprüfung genutzt werden. Detaillierte Lösungshinweise sind dort ebenfalls verfügbar.

Flashcard C 10.1

Gegeben seien stochastisch unabhängige Zufallsvariablen X und Y mit diskreten Wahrscheinlichkeitsverteilungen. Welche der folgenden Aussagen sind wahr?

A Wenn X und Y jeweils den Träger $\{0,\dots,5\}$ haben, so hat die Faltung von X und Y den Träger $\{0,\dots,10\}$.

B Die Verteilungsfunktion von X+Y ist an jeder Stelle gegeben durch die Summe der Verteilungsfunktionen von X und Y an dieser Stelle.

C Ist $X \sim \text{bin}(m,p)$ und $Y \sim \text{bin}(n,p)$ mit $m,n \in \mathbb{N}$ und $p \in (0,1)$, dann ist $X+Y \sim \text{bin}(m+n,p)$.

D Wenn X und Y identisch Laplace-verteilt sind, dann ist auch X+Y Laplace-verteilt.

E Hat X den Träger $\{0,1\}$ und Y den Träger $\{1,2\}$, so hat die Faltungsverteilung von X und Y den Träger $\{0,1,2,3\}$.

Flashcard C 10.2

Die Zufallsvariable X besitze die durch den folgenden Graphen gegebene Verteilungsfunktion F^X:

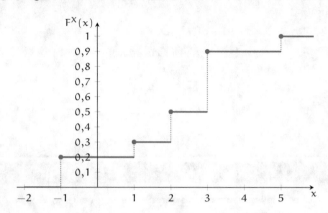

Welche der folgenden Aussagen ist wahr?

- (A) $P(X \leqslant 4) = 0,9$
- (B) $P(X \geqslant -1) = 0,8$
- (C) $P(-1 < X < 1) = 0$
- (D) $P(X = 3) = 0,4$
- (E) $P(X \in [2, 3]) = 0,6$

Flashcard C 10.3

Sei X eine Zufallsvariable mit stetiger Verteilungsfunktion F auf $\mathbb{R}$ und seien $a, b, c \in \mathbb{R}$ mit $a < b$ und $c > 0$. Welche der Aussagen sind stets wahr?

- (A) $P(X > a) = 1 - F(a)$
- (B) $P(a \leqslant X < b) = F(b) - F(a)$
- (C) $P(X \leqslant a \text{ oder } X > b) = 1 - (F(b) - F(a))$
- (D) $P(X = c) = 0$
- (E) $P(|X| \leqslant c) = F(c) - F(-c)$

Flashcard C 10.4

Sei X eine geometrisch verteilte Zufallsvariable mit Parameter $p \in (0,1)$, d.h. $P(X = k) = p(1-p)^k$, $k \in \mathbb{N}_0$. Welche der folgenden Aussagen sind wahr?

(A) $P(X \leqslant n) = 1 - (1-p)^{n+1}$, $n \in \mathbb{N}_0$

(B) Für die zugehörige Verteilungsfunktion F^X gilt $F^X(n) = F^X(n+c)$ für jedes $n \in \mathbb{N}_0$ und jedes $c \in (0,1)$.

(C) Für jedes $k \in \mathbb{N}_0$ gilt $\frac{P(X=k)}{P(X \geqslant k)} = 1 - P(X \geqslant 1)$.

(D) $EX = \frac{1}{p}$

(E) $EX = \frac{1-p}{p}$

Flashcard C 10.5

Sei X eine Zufallsvariable mit diskreter Verteilung über $\mathbb{N}_0$. Welche Aussage ist stets wahr?

(A) $EX \in \mathbb{N}$

(B) $EX < \infty$. Hinweis: Es gilt $\sum\limits_{k=1}^{\infty} \frac{1}{k^2} = \frac{\pi^2}{6}$.

(C) $E(X^2) \geqslant (EX)^2$, falls die Varianz von X endlich ist.

(D) $\mathrm{Var}(X) > 0$

(E) $\mathrm{Kov}(X,X) = \mathrm{Var}(X)$, falls die Varianz von X endlich ist.

Flashcard C 10.6

Welche der folgenden Aussagen ist wahr?
Aus der stochastischen Unabhängigkeit der Zufallsvariablen X und Y (mit endlichen Varianzen) folgt:

(A) $E(XY) = EX \cdot EY$

(B) $\mathrm{Var}(X+Y) = \mathrm{Var}(X) + \mathrm{Var}(Y)$

(C) $\mathrm{Kov}(X,Y) = 0$

(D) $F^{(X,Y)}(x,y) = F^X(x) \cdot F^Y(y)$ für alle $x, y \in \mathbb{R}$

(E) $P(X \leqslant x | Y \leqslant y) = P(X \leqslant x)$ für alle $x, y \in \mathbb{R}$ mit $F^Y(y) > 0$

D

Schließende Statistik

D 1 Problemstellungen der Schließenden Statistik

Mit den Mitteln der Deskriptiven Statistik werden für eine Gruppe von Objekten Eigenschaften eines Merkmals dieser Objekte anhand von Beobachtungswerten beschrieben. Alle Aussagen beziehen sich ausschließlich auf die zugrundeliegenden Objekte und die für diese beobachteten Werte.

In vielen Fällen ist man jedoch nicht an den untersuchten Objekten selbst interessiert, sondern möchte vielmehr Aussagen über eine größere Gruppe machen, die sogenannte Gesamtpopulation (Grundgesamtheit). Beispielsweise soll anhand eines Fragebogens die Lebenssituation von Studierenden untersucht werden. Da es aber i.Allg. zu zeit- und kostenaufwändig ist, alle Studierenden (einer Hochschule) zu befragen, wird eine Einschränkung auf eine Teilgruppe von Studierenden vorgenommen. Dabei wird unterstellt, dass die in der Teilgruppe erhaltenen Aussagen für die Gesamtgruppe *repräsentativ* sind, d.h. das Ergebnis bei Befragung der Gesamtpopulation entspräche weitgehend dem in der befragten, kleineren Gruppe. Eine ähnliche Fragestellung besteht etwa bei Wahlprognosen. Es wird versucht, mittels einer kleinen Gruppe von befragten Wählern das Wahlergebnis möglichst gut vorherzusagen. Dabei ist aber aus Erfahrungen der Vergangenheit klar, dass die so getroffenen Prognosen meist mehr oder weniger fehlerbehaftet sind. Dies ist dadurch bedingt, dass die befragte Gruppe i.Allg. natürlich kein Spiegel der Gesamtpopulation ist. Diese Fehler sind durch die Vorgehensweise bedingt und daher auch in Interpretationen zu berücksichtigen. Verfahren zur Verringerung derartiger Fehler sowie die Festlegung von „repräsentativen" Stichproben werden in der Stichprobentheorie behandelt, die hier nicht weiter betrachtet wird (s. z.B. Pokropp 1996, Kauermann und Küchenhoff 2011).

Grundfragestellungen der Schließenden Statistik können aus dem folgenden Beispiel abgeleitet werden und treten in vielen Anwendungsbereichen auf (z.B. Markt- und Meinungsforschung, Medizin, etc.).

Beispiel D 1.1. Zu Zwecken der Qualitätssicherung werden z.B. einer laufenden Produktion Proben entnommen und Merkmalsausprägungen notiert. In einem zugrundeliegenden stochastischen Modell werden die Ausprägungen als Realisatio-

© Springer-Verlag GmbH Deutschland, ein Teil von Springer Nature 2020
E. Cramer, U. Kamps, *Grundlagen der Wahrscheinlichkeitsrechnung und Statistik*,
https://doi.org/10.1007/978-3-662-60552-3_4

nen von Zufallsvariablen aufgefasst, für die eine Verteilung angenommen wird. Diese ist entweder vollständig unbekannt oder nur bis auf gewisse Parameter bekannt. In diesem Zusammenhang sind Themen von Interesse

(i) wie ein unbekannter Parameter aufgrund der Daten bestmöglich festgelegt („geschätzt") werden kann (s. Schätzen, Abschnitt D 2),

(ii) wie ein Intervall beschaffen sein soll, in dem der „wahre" Wert des Parameters mit hoher Wahrscheinlichkeit liegt (s. Konfidenzintervall, Abschnitt D 4),

(iii) wie man die Frage beantwortet, dass der „wahre" Parameter einen Schwellenwert überschreitet (s. Testen, Abschnitt D 6).

Die Schließende Statistik stellt die zur Umsetzung solcher Vorhaben benötigten Verfahren und Methoden bereit. Der Begriff wie auch die alternative Bezeichnung Induktive Statistik verdeutlichen die Vorgehensweise, eine Aussage von einer Teilpopulation auf die Gesamtpopulation zu übertragen. Die Schließende Statistik bedient sich dabei zur Modellierung der Wahrscheinlichkeitstheorie. Ein wesentlicher Punkt in der Anwendung der Verfahren der Inferenzstatistik ist (wie auch in der Deskriptiven Statistik), dass die verwendeten Verfahren den Merkmalstypen adäquat sein müssen. Es macht z.B. keinen Sinn, das arithmetische Mittel von Beobachtungswerten eines nominalen Merkmals wie Haarfarbe zu berechnen. Dies impliziert, dass vor der Anwendung statistischer Verfahren grundsätzlich die Frage des Merkmalstyps beantwortet werden muss. Anschließend ist ein für diesen Typ geeignetes Verfahren zu wählen.

D 1.1 Grundbegriffe

Die Verfahren der Inferenzstatistik beruhen auf den Messungen eines Merkmals X in einer Teilgruppe der Grundgesamtheit, der sogenannten Stichprobe. Diese wird mit

$$X_1, \ldots, X_n$$

bezeichnet, wobei n die Anzahl der Objekte der Teilgruppe ist und Stichprobenumfang heißt. Die Zufallsvariable X_i, die die i-te Messung beschreibt, heißt Stichprobenvariable. Von den Objekten, die zur Messung herangezogen werden, wird im Folgenden angenommen, dass sie aus der Gesamtpopulation zufällig ausgewählt werden. Dies soll die Repräsentativität der Stichprobe sicherstellen. Es kann dabei natürlich zu Verzerrungen kommen. Dies kann i.Allg. aber durch einen hinreichend großen Stichprobenumfang zumindest gemildert werden. Für eine Stichprobenvariable X_i wird im stochastischen Modell eine Wahrscheinlichkeitsverteilung unterstellt, die etwa durch die Verteilungsfunktion festgelegt wird:

$$F_i(t) = P(X_i \leqslant t), \quad t \in \mathbb{R}.$$

Im Folgenden wird – sofern nichts anderes angegeben ist – angenommen, dass die Zufallsvariablen $X_1, \ldots, X_n$ stochastisch unabhängig sind und jeweils dieselbe Wahrscheinlichkeitsverteilung P besitzen. Dies ist ein spezielles, in der Praxis häufig genutztes Modell. Entsprechend der englischen Bezeichnung „independent and identically distributed" wird diese Eigenschaft nachfolgend mit „iid" abgekürzt. Als Schreibweise wird

$$X_1, \ldots, X_n \overset{\text{iid}}{\sim} P$$

verwendet. Statt P schreibt man auch F oder f, falls P durch die Verteilungsfunktion F oder die Dichtefunktion f gegeben ist.

In der Wahrscheinlichkeitsrechnung wird unterstellt, dass die dem Modell zugrundeliegende Wahrscheinlichkeitsverteilung vollständig bekannt ist. Dies ist in der Inferenzstatistik nicht oder nur teilweise der Fall. Daher geht man zunächst von einer Klasse $\mathcal{P}$ von Wahrscheinlichkeitsverteilungen mit speziellen Eigenschaften aus:

$$\mathcal{P} = \{P \mid P \text{ hat spezielle Eigenschaften}\}.$$

Bezeichnung D 1.2 (Stichprobe, Beobachtung, Realisation, Stichprobenumfang, Verteilungsannahme, Schätzer, Teststatistik). Seien $n \in \mathbb{N}$, $X_1, \ldots, X_n$ stochastisch unabhängige und identisch verteilte Zufallsvariablen auf einem Wahrscheinlichkeitsraum $(\Omega, \mathfrak{A}, P)$ mit Werten in $(\mathbb{R}, \mathcal{B})$, $X = (X_1, \ldots, X_n)$ und $\mathcal{P}$ eine Menge von Wahrscheinlichkeitsmaßen auf $\mathbb{R}$. Dann heißen

(i) $(X_1, \ldots, X_n)$ Stichprobe. Abkürzend wird auch $X_1, \ldots, X_n$ als Stichprobe bezeichnet.

(ii) X_i Stichprobenvariablen, $1 \leqslant i \leqslant n$.

(iii) n Stichprobenumfang.

(iv) $(x_1, \ldots, x_n) = X(\omega) = (X_1(\omega), \ldots, X_n(\omega)) \in \mathbb{R}^n$ für $\omega \in \Omega$ Realisation (der Stichprobe $(X_1, \ldots, X_n)$), Stichprobenergebnis oder Beobachtung. Die Menge aller möglichen Stichprobenergebnisse heißt Stichprobenraum.

(v) $X_1(\omega), \ldots, X_n(\omega)$ Beobachtungen oder Realisationen von $X_1, \ldots, X_n$.

(vi) die Forderung $X_1, \ldots, X_n \overset{\text{iid}}{\sim} P \in \mathcal{P}$ Verteilungsannahme oder Verteilungsmodell. Sofern die Menge $\mathcal{P}$ im Kontext klar ist, wird die Notation $X_1, \ldots, X_n \overset{\text{iid}}{\sim} P$ verwendet.

Ist $T : \mathbb{R}^n \longrightarrow \mathbb{R}$ eine Funktion der Stichprobe $(X_1, \ldots, X_n)$, so wird $T(X_1, \ldots, X_n)$ als Statistik bezeichnet. Im Schätzkontext wird sie auch Schätzer oder Schätzfunktion, bei der Verwendung im Rahmen von Hypothesentests Teststatistik genannt. Für eine Beobachtung $(x_1, \ldots, x_n)$ heißt $T(x_1, \ldots, x_n)$ Schätzwert bzw. Realisation der Teststatistik.

Zur Festlegung des Verteilungsmodells werden unterschiedliche Konzepte verwendet.

Bezeichnung D 1.3 (Parametrisches Verteilungsmodell, nichtparametrisches Verteilungsmodell, Parameterraum). Sei $\mathcal{P}$ ein Verteilungsmodell.

Kann jedes Element $P \in \mathcal{P}$ eindeutig durch die Angabe eines Parameter(-vektors) $\vartheta \in \Theta \subseteq \mathbb{R}^k$ identifiziert werden, so heißt das Verteilungsmodell parametrische Verteilungsannahme. Dies wird notiert als

$$\mathcal{P} = \{P_\vartheta \mid \vartheta \in \Theta\} \quad \text{bzw. als} \quad P_\vartheta, \vartheta \in \Theta.$$

Die Menge Θ der möglichen Parameter heißt Parameterraum. Ist keine derartige Parametrisierung gegeben, wird das Modell als nichtparametrisches Verteilungsmodell bezeichnet.

Die meisten im Folgenden diskutierten Modelle sind parametrisch. Im Prinzip liefert jede der in den Abschnitten B 2 und B 3 genannten (diskreten oder stetigen) Verteilungen ein derartiges Verteilungsmodell.

Beispiel D 1.4.

(i) Ein zentrales Beispiel einer einparametrischen Familie diskreter Verteilungen sind Binomialverteilungen mit Parameterraum $\Theta = [0, 1]$:

$$\mathcal{P} = \{\mathrm{bin}(n, p) \mid p \in [0, 1]\} \text{ für ein festes } n \in \mathbb{N}.$$

(ii) Unter den stetigen Verteilungen spielt die Normalverteilung eine zentrale Rolle. Da diese zwei Parameter besitzt, bestehen verschiedene Möglichkeiten zur Festlegung von Modellen. Zur Spezifikation eines parametrischen Verteilungsmodells muss grundsätzlich festgelegt werden, welcher Parameter als bekannt bzw. unbekannt betrachtet wird. Die Menge $\mathcal{P}$ wird dann entsprechend durch eine andere Parametermenge Θ parametrisiert. Die Beschreibung

$$\mathcal{P} = \{N(\mu, \sigma^2) \mid \mu \in \mathbb{R}, \sigma^2 > 0\}$$

entspricht der Voraussetzung, dass beide Parameter unbekannt sind, d.h. $\Theta = \mathbb{R} \times (0, \infty)$. Andere Festlegungen von Θ führen zu anderen Modellen:

  (a) μ unbekannt: $\mathcal{P} = \{N(\mu, \sigma_0^2) \mid \mu \in \mathbb{R}\}$ mit festem (bekanntem) $\sigma_0^2 > 0$, so dass $\Theta = \mathbb{R}$ oder $\Theta = \mathbb{R} \times \{\sigma_0^2\}$,

  (b) σ^2 unbekannt: $\mathcal{P} = \{N(\mu_0, \sigma^2) \mid \sigma^2 > 0\}$ mit festem (bekanntem) $\mu_0 \in \mathbb{R}$, so dass $\Theta = (0, \infty)$ oder $\Theta = \{\mu_0\} \times (0, \infty)$.

(iii) Ein nichtparametrisches Model wird z.B. spezifiziert durch

$$\mathcal{P} = \{P \mid P \text{ hat eine stetige Verteilungsfunktion auf } \mathbb{R}\}.$$

Ein Ziel der Inferenzstatistik ist es, Aussagen über die zugrundeliegende Verteilung P (bzw. den zugehörigen Parameter(vektor) ϑ) mittels der Stichprobe $X_1, \ldots, X_n$ zu gewinnen.

Beispiel D 1.5. Die Wahrscheinlichkeit, dass eine zufällig ausgewählte Person eine bestimmte Eigenschaft besitzt, werde mit $p \in (0, 1)$ angenommen, wobei p unbekannt sei. Zur Gewinnung von Aussagen über den Wert von p werden 10 Personen zufällig ausgewählt und jede Person hinsichtlich der interessierenden Eigenschaft untersucht. Es wird daher eine Stichprobe $X_1, \ldots, X_{10}$ vom Umfang $n = 10$ entnommen (aus der Gesamtpopulation aller Personen). Jede Zufallsvariable X_i besitzt eine Binomialverteilung $\mathrm{bin}(1, p)$ mit dem unbekannten Parameter p. Über diesen sollen nun Aussagen getroffen werden. Ein Datensatz $x_1, \ldots, x_n$ heißt dann Beobachtung und wird etwa zur Schätzung von p verwendet.

Beispiel D 1.6. Von einer Zufallsvariablen X, die ein Merkmal beschreibt, wird im Modell angenommen, dass sie eine Normalverteilung $N(\mu, \sigma^2)$ besitzt. Die Parameter μ und σ^2 werden als unbekannt vorausgesetzt. Mittels der Inferenzstatistik sollen basierend auf einer Stichprobe $X_1, \ldots, X_n$ Aussagen über diese Größen hergeleitet werden.

In der Inferenzstatistik lassen sich drei wichtige Grundtypen von Verfahren angegeben, die für unterschiedliche Arten von Aussagen verwendet werden können (vgl. Beispiel D 1.1):

- Punktschätzungen: Hierbei soll ein spezieller Wert, der für das betrachtete Merkmal charakteristisch ist, geschätzt werden (etwa eine mittlere Füllmenge oder die Toleranz bei der Fertigung eines Produkts). In Beispiel D 1.5 bedeutet dies, eine konkrete Vorschrift zur Schätzung von p anzugeben:

  z.B. $\widehat{p} = \frac{1}{10} \sum\limits_{i=1}^{10} X_i$.

- Intervallschätzungen: Da Punktschätzungen i.Allg. nur sehr ungenaue Prognosen liefern, werden oft Konfidenzintervalle angegeben. Diese Bereiche werden so konstruiert, dass mit hoher Wahrscheinlichkeit der untersuchte (unbekannte) Parameter in dem angegebenen Bereich liegt. In obigem Beispiel bedeutet dies etwa, ein Intervall $[\widehat{u}, \widehat{o}]$ anzugeben mit $P(p \in [\widehat{u}, \widehat{o}]) \geqslant 0{,}95$.

- Hypothesentests: In vielen Fällen sollen konkrete Hypothesen bzgl. des untersuchten Parameters untersucht werden. Kennzeichnend für ihr Konstruktionsprinzip ist, dass richtige Hypothesen nur mit einer kleinen Wahrscheinlichkeit abgelehnt werden sollen. In Beispiel D 1.5 kann etwa die Hypothese „Die Wahrscheinlichkeit p, die interessierende Eigenschaft zu haben, ist kleiner als 5%" untersucht werden.

Die obigen Fragestellungen werden im Folgenden für verschiedene Modellannahmen untersucht. Dabei wird immer wieder auf Hilfsmittel aus der Wahrscheinlichkeitstheorie zurückgegriffen.

In diesem Skript werden die grundlegenden Ideen der Schließenden Statistik sowie einige wichtige und häufig verwendete Verfahren vorgestellt. Der Text bietet somit eine Einführung in die wichtigsten (elementaren) statistischen Konzepte und ausgewählte Standardverfahren. In vielen praktischen Anwendungen werden jedoch fortgeschrittene Methoden benötigt bzw. sollten dort sinnvoll eingesetzt werden, um bessere Grundlagen für Entscheidungen bereitzustellen. Für einen Einstieg in weiterführende Methoden und Verfahren der Statistik sei zum Beispiel auf Bortz und Schuster (2010), Fahrmeir et al. (1996), Hartung et al. (2009), Rinne (2008) und Sachs und Hedderich (2018) verwiesen.

D 1.2 Stichprobenmodelle

In den folgenden Ausführungen werden drei allgemeine Modelle mit unterschiedlicher Datensituation zugrunde gelegt.

(i) Einstichprobenmodell

Das folgende Modell D 1.7 stellt in gewissem Sinne die Standardsituation dar, an der die nachfolgenden Konzepte zunächst erläutert werden.

Modell D 1.7 (Einstichprobenmodell).

$$X_1, \ldots, X_n \overset{iid}{\sim} P_\vartheta, \vartheta \in \Theta.$$

(ii) Zweistichprobenmodelle

Diese Modelle dienen der Modellierung von Situationen, in denen Vergleiche zweier Merkmale oder Vergleiche eines Merkmals (beispielsweise) zu zwei Zeitpunkten bzw. in zwei Teilpopulationen durchgeführt werden (s. z.B. Modell D 5.12 mit normalverteilten Stichprobenvariablen). Nachfolgend werden zwei Modelle unterschieden:

(a) *Verbundene Stichproben*: Die Stichprobe besteht aus Paaren (X_i, Y_i), $i = 1, \ldots, n$. In der Regel stammt das zugehörige bivariate Merkmal von einer Versuchseinheit, an der zwei Merkmale gemessen werden. Im Folgenden werden $(X_1, Y_1), \ldots, (X_n, Y_n)$ als stochastisch unabhängig angenommen, so dass die Stichprobenvariablen der Teilstichproben $X_1, \ldots, X_n$ bzw. $Y_1, \ldots, Y_n$ auch jeweils stochastisch unabhängig sind. Die Zufallsvariablen X_i und Y_i sind aber i.Allg. stochastisch abhängig. Anwendungen dieses Modells sind „Vorher-Nachher-Vergleiche" oder Vergleiche von Filialen eines Unternehmens, etc.

Modell D 1.8 (Verbundene Stichproben). $(X_1, Y_1), \ldots, (X_n, Y_n) \overset{iid}{\sim}$ $P \in \mathcal{P}$, *wobei* $\mathcal{P}$ *eine Familie bivariater Verteilungen ist.*

(b) *Unabhängige Stichproben*: Die Stichprobe besteht aus zwei Teilstichproben $X_1, \ldots, X_{n_1}$ und $Y_1, \ldots, Y_{n_2}$ mit Stichprobenumfängen n_1 und n_2. Alle Stichprobenvariablen werden nachfolgend als gemeinsam stochastisch unabhängig betrachtet. Eine wichtige Anwendung dieses Modells sind Messungen eines Merkmals in zwei (unabhängigen) Populationen, z.B. Vergleiche von weiblichen und männlichen Probanden, von zwei Maschinen A und B, etc.

Modell D 1.9 (Unabhängige Stichproben). $X_1, \ldots, X_{n_1} \overset{iid}{\sim} P$ *und* $Y_1, \ldots, Y_{n_2} \overset{iid}{\sim} Q$ *seien stochastisch unabhängige Stichproben.*

D 2 Punktschätzungen

In diesem Abschnitt werden statistische Verfahren vorgestellt, die den „wahren" Wert eines Parameters bzw. die den Wert der (unbekannten) Verteilungsfunktion F an einer gegebenen Stelle $x \in \mathbb{R}$ schätzen (vgl. Bezeichnung D 1.2).

D 2.1 Parameterschätzungen

Nachfolgend werden verschiedene parametrische Verteilungsmodelle zugrundegelegt und Punktschätzungen für die zugehörigen Parameter betrachtet. Sofern nichts anderes angegeben ist, wird vom Einstichprobenmodell D 1.7 ausgegangen:

$$X_1, \ldots, X_n \overset{iid}{\sim} P_\vartheta, \vartheta \in \Theta.$$

Gemäß Bezeichnung D 1.2 ist eine beliebige Funktion $T(X_1, \ldots, X_n)$ der Stichprobenvariablen $X_1, \ldots, X_n$ in diesem Kontext eine Schätzung oder Schätzfunktion. In der Statistik spielen die folgenden Größen eine zentrale Rolle.

Bezeichnung D 2.1 (Stichprobenmittel, Stichprobenvarianz, mittlere quadratische Abweichung (von μ)). Sei $X_1, \ldots, X_n$ eine Stichprobe. Dann heißen

(i) $\overline{X} = \frac{1}{n} \sum\limits_{i=1}^{n} X_i$ Stichprobenmittel,

(ii) $\widehat{\sigma}^2 = \frac{1}{n-1} \sum\limits_{i=1}^{n} (X_i - \overline{X})^2$ Stichprobenvarianz,

(iii) $\widehat{\sigma}_\mu^2 = \frac{1}{n} \sum\limits_{i=1}^{n} (X_i - \mu)^2$ die mittlere quadratische Abweichung von μ,

(iv) $S^2 = \frac{1}{n} \sum\limits_{i=1}^{n} (X_i - \overline{X})^2$ die mittlere quadratische Abweichung.

Es ist zu bemerken, dass Statistiken als Funktionen von Zufallsvariablen wiederum Zufallsvariablen sind. Diese besitzen nach den Überlegungen aus der Wahrscheinlichkeitstheorie eine Verteilung, die Grundlage zur Bewertung der Schätzungen ist.

Beispiel D 2.2. Im Modell $X_1, \ldots, X_n \overset{iid}{\sim} N(\mu, \sigma^2)$ mit $\mu \in \mathbb{R}$ und $\sigma^2 > 0$ gilt nach Beispiel C 1.16 und Beispiel C 4.1:

(i) das Stichprobenmittel ist normalverteilt: $\overline{X} \sim N(\mu, \frac{\sigma^2}{n})$.

Weiterhin folgt (s. z.B. Krengel 2005):

(ii) die normierte Stichprobenvarianz hat eine χ^2-Verteilung mit $n-1$ Freiheitsgraden:

$$\frac{n-1}{\sigma^2} \widehat{\sigma}^2 \sim \chi^2(n-1).$$

Im Modell $X_1, \ldots, X_n \overset{iid}{\sim} bin(1, p)$, $p \in [0, 1]$, besitzt das n-fache des Stichprobenmittels eine Binomialverteilung (s. Beispiel C 1.14):

$$n\overline{X} = S_n = \sum\limits_{j=1}^{n} X_j \sim bin(n, p).$$

Bezeichnung D 2.3 (Punktschätzung). Seien $X_1, \ldots, X_n \overset{iid}{\sim} P_\vartheta, \vartheta \in \Theta$, und $\gamma : \Theta \longrightarrow \mathbb{R}$. Jede Funktion

$$T(X_1, \ldots, X_n)$$

heißt Schätzfunktion oder Punktschätzung (je nach Interpretation für ϑ oder den transformierten Parameter $\gamma(\vartheta)$). Ist $x_1, \ldots, x_n$ ein Stichprobenergebnis, so heißt $T(x_1, \ldots, x_n)$ Schätzwert für ϑ (bzw. $\gamma(\vartheta)$).

Schätzfunktionen oder auch (Punkt-) Schätzer für einen Parameter ϑ werden meist durch ein Dach $\hat{\ }$, eine Tilde $\tilde{\ }$ o.ä. gekennzeichnet: $\hat\vartheta, \tilde\vartheta$.

Beispiel D 2.4. Seien $X_1, \ldots, X_n \overset{iid}{\sim} \text{bin}(1, p)$ mit $p \in [0, 1]$. Dann sind nach Definition D 2.3 folgende Funktionen (nicht unbedingt gute oder sinnvolle) Punktschätzungen für die (unbekannte) Wahrscheinlichkeit p:

(i) $\hat{p}_1 = \frac{1}{2}$ (es kann auch jede andere feste Zahl gewählt werden!),

(ii) $\hat{p}_2 = X_1$,

(iii) $\hat{p}_3 = X_1 \cdot X_n$,

(iv) $\hat{p}_4 = \frac{1}{n} \sum_{i=1}^{n} X_i$.

Für eine Stichprobe vom Umfang $n = 5$ wurden folgende Werte beobachtet:

$$1, \quad 0, \quad 0, \quad 1, \quad 0.$$

Die obigen Schätzer liefern für diese Stichprobe folgende, „sehr" verschiedene Schätzwerte:

$$\hat{p}_1 = \frac{1}{2}, \quad \hat{p}_2 = 1, \quad \hat{p}_3 = 0, \quad \hat{p}_4 = \frac{2}{5}.$$

Es besteht also offenbar Bedarf, Schätzfunktionen zu bewerten, d.h. deren Güte zu untersuchen.

Gütekriterien

Obwohl $\hat{p}_1, \ldots, \hat{p}_4$ in Beispiel D 2.4 nach Definition D 2.3 Schätzfunktionen für p sind, scheint nicht jeder dieser Schätzer auch sinnvoll zu sein. Zur Beurteilung der Qualität müssen daher Gütekriterien definiert werden. Als Kenngrößen zur Bewertung von Schätzern werden der Erwartungswert als Lagemaß und die Varianz bzw. der mittlere quadratische Fehler als Streuungsmaß verwendet.

Erwartungstreue

Ein wichtiges Kriterium ist die Erwartungstreue eines Schätzers $\hat\vartheta$.

Definition D 2.5 (Erwartungstreue). *Sei* $X_1, \ldots, X_n \overset{iid}{\sim} P_\vartheta, \vartheta \in \Theta$, *ein parametrisches Verteilungsmodell.*

Ein Schätzer $\hat\vartheta$ *heißt erwartungstreu (oder unverzerrt) für den Parameter* ϑ, *falls*

$$E_\vartheta \hat\vartheta = \vartheta \quad \text{für alle } \vartheta \in \Theta.$$

Der Index am Erwartungswertsymbol E_ϑ zeigt an, dass der Erwartungswert jeweils bzgl. der Verteilung P_ϑ gebildet wird. Entsprechende Notationen Var_ϑ etc. werden nachfolgend verwendet.

Da der untersuchte Parameter ϑ nicht bekannt ist, soll ein „vernünftiger" Schätzer für ϑ zumindest im Mittel den richtigen Wert liefern. Damit der Schätzer $\widehat{\vartheta}$ berechenbar ist, darf $\widehat{\vartheta}$ natürlich nicht vom unbekannten Parameter ϑ abhängen!

Beispiel D 2.6. Für die Schätzer aus Beispiel D 2.4 ergibt sich mit $p \in [0,1]$:

$$E_p \widehat{p}_1 = 0{,}5, \quad E_p \widehat{p}_2 = p, \quad E_p \widehat{p}_3 = p^2, \quad E_p \widehat{p}_4 = p.$$

Damit sind die Schätzer $\widehat{p}_2$ und $\widehat{p}_4$ erwartungstreu. Die Schätzer $\widehat{p}_1$ und $\widehat{p}_3$ erweisen sich als nicht erwartungstreu, da sie nicht für einen beliebigen Wert $p \in [0,1]$ im Mittel diesen Wert liefern. $\widehat{p}_3$ ist allerdings erwartungstreu für p^2.

Der Begriff der Erwartungstreue wird nun an den in Bezeichnung D 2.1 eingeführten Statistiken erläutert.

Beispiel D 2.7. Seien $X_1, \ldots, X_n \overset{iid}{\sim} P$, wobei $\mu = EX_1$ und $\sigma^2 = \mathrm{Var}\, X_1$ endlich existieren.

(i) Das Stichprobenmittel ist eine erwartungstreue Schätzung für μ, denn:

$$E_\mu(\overline{X}) = E_\mu\left(\frac{1}{n}\sum_{i=1}^n X_i\right) = \frac{1}{n}\sum_{i=1}^n E_\mu X_i = \frac{1}{n}\sum_{i=1}^n \mu = \mu.$$

(ii) Die mittlere quadratische Abweichung von μ, i.e. $\widehat{\sigma}_\mu^2 = \frac{1}{n}\sum_{i=1}^n (X_i - \mu)^2$, ist erwartungstreu für σ^2. Unter den getroffenen Annahmen gilt:

$$E_{\sigma^2} \widehat{\sigma}_\mu^2 = E_{\sigma^2}\left(\frac{1}{n}\sum_{i=1}^n (X_i-\mu)^2\right) = \frac{1}{n}\sum_{i=1}^n E_{\sigma^2}(X_i-\mu)^2 = \frac{1}{n}\sum_{i=1}^n \mathrm{Var}_{\sigma^2} X_i = \sigma^2.$$

Da der Schätzer $\widehat{\sigma}_\mu^2$ vom Parameter μ abhängt, ist dieser im Modell als bekannt anzunehmen.

(iii) Sei $n \geqslant 2$. Die mittlere quadratische Abweichung $S^2 = \frac{1}{n}\sum_{i=1}^n (X_i - \overline{X})^2$ ist hingegen nicht erwartungstreu. Zunächst werde angenommen, dass $\mu = EX_i = 0$ gilt. Dies impliziert insbesondere $E\overline{X} = 0$. Der Verschiebungssatz liefert

$$\sum_{i=1}^n (X_i - \overline{X})^2 = \sum_{i=1}^n X_i^2 - n(\overline{X})^2,$$

so dass

$$E\left(\sum_{i=1}^n (X_i - \overline{X})^2\right) = \sum_{i=1}^n EX_i^2 - nE(\overline{X})^2 = \sum_{i=1}^n \mathrm{Var}\, X_i - n\,\mathrm{Var}\,\overline{X} = (n-1)\sigma^2.$$

Im letzten Schritt wurde benutzt, dass wegen der Unabhängigkeit der Stichprobenvariablen die Varianzformel C 5.19 anwendbar ist und damit nach Bemerkung C 5.20 folgt:

$$\operatorname{Var} \overline{X} = \operatorname{Var}\left(\frac{1}{n}\sum_{i=1}^{n} X_i\right) = \frac{1}{n^2}\sum_{i=1}^{n}\operatorname{Var} X_i = \frac{\sigma^2}{n}.$$

Daher ergibt sich

$$ES^2 = \frac{n-1}{n}\sigma^2,$$

so dass S^2 nicht erwartungstreu ist (der Faktor $\frac{n-1}{n}$ ist stets kleiner als 1). Da der Faktor für $n \to \infty$ gegen 1 konvergiert, gilt

$$\lim_{n\to\infty} ES^2 = \lim_{n\to\infty}\frac{n-1}{n}\sigma^2 = \sigma^2 \text{ für alle } \sigma^2 > 0.$$

Diese Eigenschaft wird als asymptotische Erwartungstreue bezeichnet.

Gilt allgemein $E_\mu X_i = \mu \in \mathbb{R}$, so resultiert das Ergebnis durch die Betrachtung der Zufallsvariablen $Y_i = X_i - \mu$ mit $EY_i = 0$, $1 \leqslant i \leqslant n$. Es gilt:

$$\sum_{i=1}^{n}(X_i - \overline{X})^2 = \sum_{i=1}^{n}(X_i - \mu - (\overline{X} - \mu))^2 = \sum_{i=1}^{n}(Y_i - \overline{Y})^2,$$

d.h. die quadratische Abweichung ist invariant gegen Verschiebungen (vgl. Regel A 3.40).

(iv) In (iii) wurde gezeigt, dass die mittlere quadratische Abweichung keine erwartungstreue Schätzung für σ^2 ist. Dies kann jedoch durch eine leichte Modifikation des Schätzers erreicht werden. Die Stichprobenvarianz kann geschrieben werden als

$$\widehat{\sigma}^2 = \frac{n}{n-1}S^2,$$

so dass $E\widehat{\sigma}^2 = \frac{n}{n-1}ES^2 = \sigma^2$ für alle $\sigma^2 > 0$. Die Stichprobenvarianz ist damit also erwartungstreu. Dies ist der Grund, warum sie in vielen statistischen Anwendungen der mittleren quadratischen Abweichung vorgezogen wird.

Aus Beispiel D 2.7 (iv) kann folgende Regel abgeleitet werden.

Regel D 2.8. *Seien* $X_1, \ldots, X_n \overset{iid}{\sim} P_\vartheta, \vartheta \in \Theta$, *und* $\widetilde{\vartheta} = \widetilde{\vartheta}(X_1, \ldots, X_n)$ *ein Schätzer für* ϑ *mit*

$$E_\vartheta \widetilde{\vartheta} = a_n + b_n\vartheta \quad \text{für alle } \vartheta \in \Theta,$$

wobei $a_n, b_n \in \mathbb{R}, b_n \neq 0$, *bekannte, von* ϑ *unabhängige Werte sind. Dann ist durch*

$$\widehat{\vartheta} = \frac{\widetilde{\vartheta} - a_n}{b_n}$$

eine erwartungstreue Schätzung für ϑ *gegeben.*

Mittlerer quadratischer Fehler

Die Erwartungstreue eines Schätzers ist <u>ein</u> Kriterium zur Bewertung der Güte einer Schätzfunktion. Als alleiniges Kriterium reicht es i.Allg. nicht aus, da es die Abweichung eines Schätzers vom interessierenden Parameter nicht in Betracht zieht. Aus diesem Grund wird als weiteres Kriterium die quadratische Abweichung bzgl. des zu schätzenden Parameters ϑ eingeführt.

Definition D 2.9 (Mittlerer quadratischer Fehler). *Der mittlere quadratische Fehler (MSE, „mean squared error") eines Schätzers $\widehat{\vartheta}$ bzgl. des Parameters ϑ ist definiert durch*

$$MSE_{\vartheta}(\widehat{\vartheta}) = E_{\vartheta}(\widehat{\vartheta} - \vartheta)^2, \quad \vartheta \in \Theta.$$

Ist der Schätzer erwartungstreu, so ist der mittlere quadratische Fehler gleich der Varianz des Schätzers.

Regel D 2.10. *Sei $\widehat{\vartheta}$ eine Schätzung für ϑ. Dann gilt:*

$$MSE_{\vartheta}(\widehat{\vartheta}) = Var_{\vartheta}(\widehat{\vartheta}) + \left(E_{\vartheta}\widehat{\vartheta} - \vartheta\right)^2.$$

Der Term $E_{\vartheta}\widehat{\vartheta} - \vartheta$ heißt Verzerrung oder Bias des Schätzers.

Ist $\widehat{\vartheta}$ erwartungstreu, so gilt $MSE_{\vartheta}(\widehat{\vartheta}) = Var_{\vartheta}(\widehat{\vartheta})$.

Beweis: Die Darstellung als Summe von Varianz und quadratischer Abweichung des Erwartungswerts vom Parameter folgt sofort aus dem Verschiebungssatz. Für erwartungstreue Schätzfunktionen gilt $E_{\vartheta}\widehat{\vartheta} = \vartheta$ für beliebiges $\vartheta \in \Theta$, so dass in diesem Fall die Verzerrung Null ist.

Bemerkung D 2.11. Schränkt man sich in einem konkreten Modell auf erwartungstreue Schätzfunktionen ein, so sind insbesondere Schätzfunktionen mit minimaler Varianz von Interesse. Die Varianz dient dann als Gütemaß, das die Streuung der Schätzung beschreibt.

Beispiel D 2.12. In Beispiel D 2.6 sind die Schätzer $\widehat{p}_2$ und $\widehat{p}_4$ erwartungstreu. Da $\widehat{p}_2$ nur die Werte 0 oder 1 liefern kann, ist seine Qualität zu bezweifeln. Der Vergleich der Varianzen unterstreicht dies:

$$Var\,\widehat{p}_2 = p(1-p), \qquad Var\,\widehat{p}_4 = \frac{p(1-p)}{n}.$$

Daher ist die Varianz von $\widehat{p}_4$ für $n \geqslant 2$ immer kleiner als die Varianz von $\widehat{p}_2$. Außerdem wird die Streuung des Schätzers $\widehat{p}_4$ mit wachsendem Stichprobenumfang kleiner, so dass $\widehat{p}_4$ zu bevorzugen ist. Es kann sogar gezeigt werden, dass die Schätzfunktion $\widehat{p}_4$ für eine Stichprobe $X_1, \ldots, X_n \overset{iid}{\sim} bin(1, p)$ unter allen erwartungstreuen Schätzern diejenige mit kleinster Varianz ist.

Beispiel D 2.13. Für das Stichprobenmittel $\overline{X}$ ergibt sich unter den Voraussetzung von Beispiel D 2.7 die Varianz

$$\text{Var}_\mu(\overline{X}) = \frac{\sigma^2}{n},$$

d.h. mit wachsendem Stichprobenumfang sinkt die Varianz. Dies zeigt, dass größere Stichprobenumfänge eine höhere „Präzision" der Schätzfunktion ergeben.

Die Varianz eignet sich daher zum direkten Vergleich erwartungstreuer Schätzfunktionen. Die Varianzschätzungen S^2 und $\widehat{\sigma}^2$ in Beispiel D 2.7 können mit dem mittleren quadratischen Fehler verglichen werden.

Beispiel D 2.14. Im Modell $X_1, \ldots, X_n \overset{iid}{\sim} N(\mu, \sigma^2)$ ist die Varianz des für σ^2 erwartungstreuen Schätzers $\widehat{\sigma}^2$ gegeben durch $\text{Var}(\widehat{\sigma}^2) = \frac{2}{n-1}\sigma^4$. Für $\alpha > 0$ sei eine Familie von Schätzern definiert durch $\widehat{\sigma}^2_\alpha = \alpha\widehat{\sigma}^2$. Dann gilt $E\widehat{\sigma}^2_\alpha = \alpha\sigma^2$, so dass

$$\begin{aligned}
\text{MSE}_{\sigma^2}(\widehat{\sigma}^2_\alpha) &= \text{Var}(\widehat{\sigma}^2_\alpha) + \left(E\widehat{\sigma}^2_\alpha - \sigma^2\right)^2 \\
&= \alpha^2 \text{Var}(\widehat{\sigma}^2) + \left(\alpha\sigma^2 - \sigma^2\right)^2 \\
&= \frac{2\alpha^2}{n-1}\sigma^4 + (\alpha-1)^2\sigma^4 = (2\alpha^2 + (n-1)(\alpha-1)^2)\frac{\sigma^4}{n-1}.
\end{aligned}$$

Der Schätzer $\widehat{\sigma}^2_\alpha$ mit minimalem Wert von $2\alpha^2 + (n-1)(\alpha-1)^2$ hat also den kleinsten mittleren quadratischen Fehler. Eine einfache Rechnung zeigt, dass das optimale α durch

$$\alpha^* = \frac{n-1}{n+1}$$

gegeben ist. Der (nicht erwartungstreue) Schätzer mit dem kleinsten mittleren quadratischen Fehler ist daher

$$\widehat{\sigma}^2_* = \frac{n-1}{n+1}\widehat{\sigma}^2 = \frac{1}{n+1}\sum_{i=1}^n (X_i - \overline{X})^2.$$

Der mittlere quadratische Fehler ist $\text{MSE}_{\sigma^2}(\widehat{\sigma}^2_*) = \frac{2}{n+1}\sigma^4$.

Konsistenz

Der Schätzer $\widehat{p}_4$ aus Beispiel D 2.4 hat die Eigenschaft, dass die Varianz für größer werdenden Stichprobenumfang n gegen Null konvergiert. Nach Satz C 8.4 genügt die Folge der Schätzer $(\widehat{p}_{4,n})_{n\in\mathbb{N}}$ dem Starken Gesetz großer Zahlen, d.h. es gilt

$$\widehat{p}_{4,n} \xrightarrow{n\to\infty} p \text{ fast sicher,}$$

so dass $\widehat{p}_{4,n}$ auch punktweise den Parameter p approximiert. Diese Eigenschaft heißt starke Konsistenz (zur Begriffsbildung siehe Anmerkungen nach Satz C 8.4).

Allgemein ist dies eine weitere wichtige Eigenschaft eines sinnvollen Schätzers. Da der Stichprobenumfang hierbei variiert, muss zusätzlich der Stichprobenumfang n als Index aufgenommen werden, d.h. es wird $\widehat{\vartheta}_n$ an Stelle von $\widehat{\vartheta}$ geschrieben.

Definition D 2.15 (Konsistenz). *Eine Folge von Schätzern* $(\widehat{\vartheta}_n)_n$ *heißt stark konsistent für den Parameter* ϑ, *falls gilt:*

$$\widehat{\vartheta}_n \xrightarrow{n\to\infty} \vartheta \text{ P-f.s. für } \vartheta \in \Theta.$$

Ist die Konvergenz gegen ϑ nur stochastisch, so wird von schwacher Konsistenz gesprochen (zur Begriffsbildung siehe Anmerkungen nach Satz C 8.1).

Wegen $p = EX_1$ ist $(\widehat{p}_{4,n})_n$ eine konsistente Folge erwartungstreuer Schätzer für den Erwartungswert EX_1. Diese Aussage ist ein Spezialfall eines allgemeinen Sachverhalts.

Satz D 2.16. *Sei* $X_1, X_2, \ldots \overset{iid}{\sim} P_\mu, \mu \in \mathbb{R}$, *mit* $EX_1 = \mu$. *Die Stichprobenmittel* $\overline{X}_n = \frac{1}{n} \sum_{i=1}^{n} X_i$, $n \in \mathbb{N}$, *bilden eine konsistente Folge erwartungstreuer Punktschätzer für den Erwartungswert* μ.

D 2.2 Schätzung der Verteilungsfunktion

In diesem Abschnitt wird ein nichtparametrisches Verteilungsmodell unterstellt (vgl. Einstichprobenmodell D 1.7).

Modell D 2.17.

$$X_1, \ldots, X_n \overset{iid}{\sim} F \text{ mit unbekannter Verteilungsfunktion } F$$

Da keinerlei Einschränkungen an die Verteilungsfunktion F der Stichprobenvariablen vorausgesetzt werden, kann jedes Wahrscheinlichkeitsmaß P in Betracht gezogen werden. Ziel ist es, die zu P gehörige (unbekannte) Verteilungsfunktion F basierend auf der Stichprobe $X_1, \ldots, X_n$ zu schätzen. Dazu wird „punktweise" vorgegangen, d.h. für festes $t \in \mathbb{R}$ wird eine Punktschätzung für die Wahrscheinlichkeit

$$F(t) = P(X_1 \leqslant t)$$

bestimmt. Es ist naheliegend, die bereits in der Beschreibenden Statistik verwendete empirische Verteilungsfunktion $\widehat{F}_n$ zu nutzen:

$$\widehat{F}_n(t) = \frac{1}{n} \sum_{i=1}^{n} \mathbb{1}_{(-\infty, t]}(X_i), \qquad t \in \mathbb{R}.$$

Der Summand $\mathcal{I}_i(t) = \mathbb{1}_{(-\infty, t]}(X_i)$ ist eine Zufallsvariable, die angibt, ob die Zufallsvariable X_i kleiner oder gleich t ist, und die gemäß Bezeichnung C 1.8

binomialverteilt ist. Wegen $E\mathcal{I}_i(t) = F(t)$ gilt $\mathcal{I}_i(t) \sim bin(1, F(t))$. Da die Zufalls-variablen $X_1, \ldots, X_n$ nach Voraussetzung stochastisch unabhängig sind, gilt dies auch für $\mathcal{I}_1(t), \ldots, \mathcal{I}_n(t)$ mit festem $t \in \mathbb{R}$, so dass nach Beispiel C 1.14

$$n\widehat{F}_n(t) = \sum_{i=1}^{n} \mathbf{1}_{(-\infty, t]}(X_i) = \sum_{i=1}^{n} \mathcal{I}_i(t) \sim bin(n, F(t)), \qquad t \in \mathbb{R}.$$

Aus diesen Überlegungen resultieren mit den Ergebnissen aus Abschnitt D 2 folgende Eigenschaften.

Eigenschaft D 2.18. *Sei* $\widehat{F}_n$ *die empirische Verteilungsfunktion. Dann gilt für festes* $t \in \mathbb{R}$:

$$E\widehat{F}_n(t) = F(t), \quad Var\,\widehat{F}_n(t) = \frac{F(t)(1 - F(t))}{n},$$

d.h. $\widehat{F}_n(t)$ *ist eine erwartungstreue Schätzung für* $F(t)$. $(\widehat{F}_n(t))_n$ *definiert eine stark konsistente Folge von Schätzfunktionen (punktweise in* t*). Eine sinnvolle Schätzung für die Funktion* F *ist damit die empirische Verteilungsfunktion* $\widehat{F}_n$.

D 3 Maximum-Likelihood-Schätzung

Die bisher vorgestellten Schätzfunktionen beruhen mehr oder weniger auf Intuition und Plausibilität, d.h. für eine konkrete Situation mag es „offensichtliche" Schätzer wie etwa das Stichprobenmittel geben (s. Beispiel D 2.4). Eine derartige Vorgehensweise ist jedoch nicht in allen Situationen angemessen oder möglich, um geeignete Schätzer zu erhalten. Um methodisch Punktschätzungen zu erzeugen, wurden verschiedene Konstruktionsprinzipien entwickelt, die − theoretisch nachweisbar − oft zu „guten" Schätzfunktionen führen. Im Folgenden wird die Maximum-Likelihood-Methode vorgestellt. Unter geeigneten Voraussetzungen haben die nach diesem Prinzip konstruierten Schätzer generell „gute" Eigenschaften, wie z.B. die asymptotische Erwartungstreue. Weitere Prinzipien sind die Momentenmethode (s. z.B. Genschel und Becker 2004), die Kleinste-Quadrate-Methode (s. Abschnitt D 7) oder die Bayes-Methode (s. Abschnitt D 8).

Zur Motivation der Maximum-Likelihood-Methode wird das folgende Beispiel betrachtet.

Beispiel D 3.1 (Capture-Recapture-Methode). Die hypergeometrische Verteilung (s. Beispiel B 2.3) tritt bei der Beschreibung eines einfachen „capture-recapture-Verfahrens" auf. Untersucht wird die Fragestellung, wie viele Tiere einer Spezies in einem abgegrenzten Gebiet leben. Eine Vollerhebung sei aus gewissen Gründen nicht möglich.

Um eine Aussage über die Populationsgröße zu erhalten, werden in diesem Gebiet r Tiere dieser Spezies (zufällig) eingefangen, markiert und wieder freigelassen. Nach einer gewissen Zeit, bei der man von einer „Durchmischung" der Tiere ausgehen kann, werden erneut (zufällig) n Tiere eingefangen. Es sei nun angenommen, dass sich unter diesen $k \in \{1, \ldots, n\}$ bereits markierte Tiere befinden.

Die Wahrscheinlichkeit für das Fangen k markierter Tiere ist (die hypergeometrische Wahrscheinlichkeit)

$$p_k = \frac{\binom{r}{k}\binom{s}{n-k}}{\binom{r+s}{n}}.$$

Die Gesamtpopulation ist durch $N = r + s$ Tiere gegeben, wobei s unbekannt ist.

Intuitiv erwartet man die annähernde Gleichheit der Verhältnisse in der Population $\frac{r}{N}$ und in der Stichprobe $\frac{k}{n}$. Gleichsetzen der Terme liefert $n \cdot \frac{r}{k}$ als „Schätzer" für die unbekannte Populationsgröße N.

Fasst man die Wahrscheinlichkeit p_k bei (festem) Versuchsergebnis k als Funktion von s auf, so hat diese ein Maximum bei $s^* = \frac{(n-k)r}{k} = \frac{nr}{k} - r$.

Begründung: Zunächst gilt:

$$\frac{p_k(s)}{p_k(s-1)} = \frac{\binom{r}{k}\binom{s}{n-k}\binom{r+s-1}{n}}{\binom{r+s}{n}\binom{r}{k}\binom{s-1}{n-k}}$$

$$= \frac{s!(r+s-1)!\,n!(r+s-n)!(n-k)!(s-n+k-1)!}{(n-k)!(s-n+k)!\,n!(r+s-n-1)!(r+s)!(s-1)!}$$

$$= \frac{s(r+s-n)}{(r+s)(s-n+k)},$$

so dass

$$p_k(s) \geqslant p_k(s-1) \iff \frac{p_k(s)}{p_k(s-1)} \geqslant 1$$

$$\iff s(r+s) - sn \geqslant (r+s)s - (n-k)(r+s)$$

$$\iff (n-k)r \geqslant ks \iff s \leqslant \frac{(n-k)r}{k}.$$

Bei festem k liegt daher bei $s^* = \frac{(n-k)r}{k}$ (genauer beim ganzzahligen Anteil von s^*) das Maximum, denn zunächst wächst $p_k(s)$ in s und fällt ab s^*.

Damit ist $N^* = r + s^* = \frac{1}{k}(rk + nr - kr) = \frac{nr}{k}$.

Der intuitive Schätzer für $N = r + s$ lässt sich also erklären als Ergebnis einer Maximierung der Zähldichte bezüglich s bei festem k.

Dies ist ein Beispiel für ein allgemeines Prinzip zur Herleitung von Schätzfunktionen, dem sogenannten Maximum-Likelihood-Prinzip:

> Wähle den Schätzer derart, dass die gegebene Beobachtung mit der theoretisch größtmöglichen Wahrscheinlichkeit erscheint (bzw. erscheinen würde). Die Zähldichte wird also bei fester Beobachtung in dem freien Parameter (hier s) maximiert.

Nimmt die Funktion bei s^* ihr Maximum an, so liefert $\mathrm{hyp}(n, r, s^*)$ unter allen hypergeometrischen Verteilungen mit festgehaltenen Größen k, r und n die größte Wahrscheinlichkeit p_k für das Auftreten der Beobachtung k.

Die Situation in Beispiel D 3.1 zeigt, dass es sinnvoll ist, einen Schätzer so zu bestimmen, dass die Wahrscheinlichkeit, die gegebene Beobachtung zu realisieren, maximal ist. Die Methode wird nachstehend im Fall des Einstichprobenmodells D 1.7 eingeführt, kann aber natürlich auch auf komplexere Modelle übertragen werden.

Allgemein wird zur Herleitung eines Maximum-Likelihood-Schätzers für ϑ die gemeinsame (Zähl-) Dichte der Zufallsvariablen $X_1, \ldots, X_n$ bzgl. des Parameters ϑ maximiert (bei vorliegender Beobachtung $x_1, \ldots, x_n$).

Bezeichnung D 3.2 (Likelihoodfunktion, Maximum-Likelihood-Schätzung). Seien $X_1, \ldots, X_n \overset{\text{iid}}{\sim} P_\vartheta, \vartheta \in \Theta$, sowie $x_1, \ldots, x_n$ eine Realisation von $X_1, \ldots, X_n$. Dann heißt die durch

$$L(\vartheta | x_1, \ldots, x_n) = \begin{cases} \prod\limits_{i=1}^{n} P_\vartheta(X_i = x_i), & P_\vartheta \text{ ist eine diskrete Verteilung} \\ \prod\limits_{i=1}^{n} f_\vartheta(x_i), & P_\vartheta \text{ ist eine stetige Verteilung mit Dichte } f_\vartheta \end{cases}$$

definierte Funktion $L(\cdot | x_1, \ldots, x_n) : \Theta \longrightarrow \mathbb{R}$ Likelihoodfunktion. Im Folgenden wird die Abhängigkeit von den Beobachtungen meist unterdrückt und kurz $L(\vartheta)$ bzw. L geschrieben. Der Logarithmus der Likelihoodfunktion wird log-Likelihoodfunktion genannt und mit $l = \ln L$ bezeichnet.

Eine Lösung $\widehat{\vartheta} = \widehat{\vartheta}(x_1, \ldots, x_n)$ des Maximierungsproblems $L(\vartheta) \longrightarrow \max\limits_{\vartheta \in \Theta}$, d.h. es gilt

$$L(\widehat{\vartheta}) \geqslant L(\vartheta) \quad \forall \vartheta \in \Theta,$$

erzeugt den Maximum-Likelihood-Schätzer $\widehat{\vartheta} = \widehat{\vartheta}(X_1, \ldots, X_n)$.

Zur Illustration der Methode wird das folgende, einfache Beispiel betrachtet.

Beispiel D 3.3. Seien $X_1, X_2 \overset{\text{iid}}{\sim} \text{bin}(1, p)$ mit $p \in [0, 1]$. Dann besitzt X_i die Zähldichte

$$P(X_i = 0) = 1 - p, \quad P(X_i = 1) = p, \quad i = 1, 2.$$

Da X_1, X_2 stochastisch unabhängig sind, gilt für die gemeinsame Zähldichte:

$$P(X_1 = x_1, X_2 = x_2) = p^{x_1}(1 - p)^{1-x_1} p^{x_2}(1 - p)^{1-x_2}$$
$$= p^{x_1 + x_2}(1 - p)^{2 - x_1 - x_2} = L(p).$$

Die Maximum-Likelihood-Methode wählt denjenigen Wert für p, der die größte Wahrscheinlichkeit zur Realisierung der Werte x_1, x_2 besitzt. Dieser ist gegeben durch $\widehat{p} = \frac{1}{2}(x_1 + x_2)$. Zur Illustration werden die drei Fälle des Stichprobenergebnisses

(a) $x_1 = x_2 = 0$,

(b) $x_1 = 0, x_2 = 1$ oder $x_1 = 1, x_2 = 0$,

(c) $x_1 = x_2 = 1$

separat betrachtet. Die Funktion L besitzt dann jeweils die in Abbildung D 3.1 dargestellten Graphen.

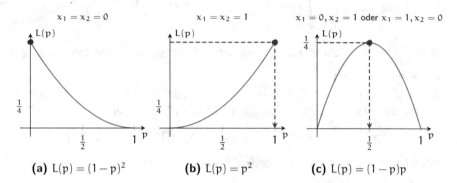

(a) $L(p) = (1-p)^2$ **(b)** $L(p) = p^2$ **(c)** $L(p) = (1-p)p$

Abbildung D 3.1: Likelihoodfunktion im Bernoulli-Modell mit Stichprobenumfang $n = 2$ für verschiedene Stichprobenergebnisse $x_1, x_2 \in \{0, 1\}$.

Das Maximum der Funktion L liegt im ersten Fall an der Stelle $p = 0$, im zweiten an der Stelle $p = 1$. Im dritten Fall erhält man $p = \frac{1}{2}$ als Lösung. Zusammenfassend lässt sich dies schreiben als $\hat{p} = \frac{1}{2}(x_1 + x_2)$. Damit ist in der betrachteten Situation $\hat{p} = \frac{1}{2}(X_1 + X_2)$ der Maximum-Likelihood-Schätzer für p.

Wird von einer Stichprobe $X_1, \ldots, X_n$ vom Umfang n ausgegangen, so erhält man den Maximum-Likelihood-Schätzer (s. Beispiel D 3.4)

$$\hat{p} = \frac{1}{n} \sum_{i=1}^{n} X_i.$$

Der in Beispiel D 2.4 vorgeschlagene Schätzer $\hat{p}_4$ ist also der Maximum-Likelihood-Schätzer für p.

Die Bedeutung der log-Likelihoodfunktion besteht darin, dass sie (im Fall der Wohldefiniertheit) dieselben Maximalstellen wie die Likelihoodfunktion besitzt. Die Maximierung ist aber aus technischen Gründen oft einfacher. Bei Existenz der Riemann-Dichte ergibt sich z.B. für $x_1, \ldots, x_n$ mit $f_\vartheta(x_i) > 0$, $i = 1, \ldots, n$:

$$l(\vartheta) = \ln L(\vartheta) = \sum_{i=1}^{n} \ln f_\vartheta(x_i).$$

Im Folgenden werden Maximum-Likelihood-Schätzer bei verschiedenen Modellannahmen vorgestellt.

Beispiel D 3.4 (Bernoulli-Verteilung). Seien $X_1, \ldots, X_n \overset{iid}{\sim} \text{bin}(1, p)$ mit $p \in [0, 1]$ und $x_1, \ldots, x_n \in \{0, 1\}$ ein Stichprobenergebnis. Wegen

$$P(X_1 = x) = p^x(1-p)^{1-x}, \qquad x \in \{0, 1\},$$

ist die Likelihoodfunktion L gegeben durch

$$L(p|x_1,\ldots,x_n) = \prod_{i=1}^{n} p^{x_i}(1-p)^{1-x_i} = p^{n\overline{x}}(1-p)^{n(1-\overline{x})}, \quad p \in [0,1].$$

$\overline{x} = \frac{1}{n}\sum_{i=1}^{n} x_i$ bezeichnet das arithmetische Mittel der Beobachtungen, also den Anteil von „Treffern".

Sei zunächst $0 < \overline{x} < 1$, d.h. es wurden sowohl Treffer als auch Misserfolge beobachtet. Die log-Likelihoodfunktion l ist dann gegeben durch

$$l(p|x_1,\ldots,x_n) = n\overline{x} \cdot \ln(p) + n(1-\overline{x})\ln(1-p), \quad p \in (0,1).$$

Ableiten nach p ergibt die notwendige Bedingung

$$\frac{n\overline{x}}{p} - \frac{n(1-\overline{x})}{1-p} = 0.$$

Auflösen nach p liefert als Kandidat für eine lokale Maximalstelle $p = \overline{x}$. Eine Untersuchung des Monotonieverhaltens von l zeigt, dass diese auch tatsächlich ein globales Maximum (auf $[0,1]$) liefert.

In den Fällen $\overline{x} = 0$ bzw. $\overline{x} = 1$ ist die Likelihoodfunktion streng monoton auf $[0,1]$ und liefert ebenfalls die globale Maximalstelle $\overline{x}$.

Der Maximum-Likelihood-Schätzer ist somit $\widehat{p} = \overline{X}$.

Beispiel D 3.5 (Poisson-Verteilung). Seien $X_1,\ldots,X_n \overset{\text{iid}}{\sim} \text{po}(\lambda)$ mit $\lambda \geqslant 0$ und $x_1,\ldots,x_n \in \mathbb{N}_0$ ein Stichprobenergebnis. Wegen

$$P(X_1 = x) = e^{-\lambda}\frac{\lambda^x}{x!}, \quad x \in \mathbb{N}_0,$$

sind die Likelihoodfunktion L und die log-Likelihoodfunktion l gegeben durch

$$L(\lambda|x_1,\ldots,x_n) = \prod_{i=1}^{n}\left(e^{-\lambda}\frac{\lambda^{x_i}}{x_i!}\right) = e^{-\lambda n}\frac{\lambda^{n\overline{x}}}{\prod\limits_{i=1}^{n} x_i!}, \quad \lambda \geqslant 0,$$

$$l(\lambda|x_1,\ldots,x_n) = -n\lambda + n\overline{x}\ln(\lambda) - \sum_{i=1}^{n}\ln(x_i!).$$

Ist $\overline{x} = 0$, so ist l streng monoton fallend und $\widehat{\lambda} = 0 = \overline{x}$ Maximalstelle der log-Likelihoodfunktion. Für $\overline{x} > 0$ ergibt Ableiten nach λ die notwendige Bedingung

$$-n + \frac{n\overline{x}}{\lambda} = 0.$$

Auflösen nach λ liefert als Kandidat für eine lokale Maximalstelle $\lambda = \overline{x}$. Eine Untersuchung des Monotonieverhaltens von l zeigt, dass diese auch tatsächlich ein globales Maximum (auf $(0,\infty)$) liefert.

Der Maximum-Likelihood-Schätzer ist somit $\widehat{\lambda} = \overline{X}$.

Beispiel D 3.6. In der Monographie von L. von Bortkewitsch (1898) *Das Gesetz der kleinen Zahlen*, Teubner, Leipzig, werden die Häufigkeiten von Todesfällen in Folge eines Huftritts in 10 preußischen Armeecorps während eines Zeitraumes von 20 Jahren aufgeführt. Dabei wurden folgende Häufigkeiten beobachtet:

Anzahl j von Todesfällen (pro Jahr und Armeecorps)	0	1	2	3	4	$\geqslant 5$
Anzahl der Armeecorps mit j Todesfällen im Jahr	109	65	22	3	1	0

Der Stichprobenumfang beträgt daher $n = 200$, wobei 109mal kein Todesfall beobachtet wurde, 65mal ein Todesfall etc. Als Schätzung für λ erhält man daraus den Wert

$$\widehat{\lambda} = \frac{109 \cdot 0 + 65 \cdot 1 + 22 \cdot 2 + 3 \cdot 3 + 1 \cdot 4}{200} = \frac{122}{200} = 0{,}61.$$

Vergleicht man die beobachteten relativen Häufigkeiten mit den geschätzten Wahrscheinlichkeiten (bei Einsetzen von $\widehat{\lambda} = 0{,}61$ in die Zähldichte der Poisson-Verteilung), so erhält man eine sehr gute Anpassung:

beobachtete relative Häufigkeiten	0,545 0,325 0,110 0,015 0,005 0,000
geschätzte Wahrscheinlichkeiten	0,544 0,331 0,101 0,021 0,003 0,000

Da λ auch der Erwartungswert der Poisson-Verteilung ist, erhält man mittels $\widehat{\lambda}$ einen Schätzwert für die erwartete Anzahl von Todesfällen in einem Armeecorps und Jahr: $\widehat{\lambda} = 0{,}61$.

Beispiel D 3.7 (Exponentialverteilung). Seien $X_1, \ldots, X_n \overset{iid}{\sim} \text{Exp}(\lambda)$ mit $\lambda > 0$ und $x_1, \ldots, x_n > 0$ ein Stichprobenergebnis. Wegen

$$f^{X_1}(x) = \lambda e^{-\lambda x}, \qquad x > 0,$$

sind die Likelihoodfunktion L und die log-Likelihoodfunktion l gegeben durch

$$L(\lambda | x_1, \ldots, x_n) = \prod_{i=1}^{n} \left(\lambda e^{-\lambda x_i} \right) = \lambda^n e^{-n\lambda \overline{x}}, \quad \lambda > 0,$$

$$l(\lambda | x_1, \ldots, x_n) = n \ln(\lambda) - n\lambda \overline{x}.$$

Ableiten nach λ ergibt die notwendige Bedingung

$$\frac{n}{\lambda} - n\overline{x} = 0.$$

Auflösen nach λ liefert als Kandidat für eine lokale Maximalstelle $\lambda = \frac{1}{\overline{x}}$. Eine Untersuchung des Monotonieverhaltens von l zeigt, dass diese auch tatsächlich ein globales Maximum (auf $(0, \infty)$) liefert.

Der Maximum-Likelihood-Schätzer ist somit $\widehat{\lambda} = \frac{1}{\overline{x}}$.

Beispiel D 3.8. Die Wartezeit von Aufträgen bis zu ihrer Bearbeitung seien als exponentialverteilt mit Parameter λ angenommen. Um einen Schätzwert für die mittlere Wartezeit zu erhalten, werden die Wartezeiten von 6 Aufträgen [in min] notiert:

$$10, \ 13, \ 6, \ 25, \ 19, \ 17.$$

Dies ergibt den Schätzwert $\widehat{\lambda} = \frac{1}{15}$. Da der Erwartungswert einer exponentialverteilten Zufallsvariablen durch $\frac{1}{\lambda}$ gegeben ist, ist $1/\widehat{\lambda} = 15$ [min] eine Schätzung der mittleren Wartezeit für einen Auftrag.

Beispiel D 3.9 (Potenzverteilung). Seien $X_1, \ldots, X_n \overset{iid}{\sim} \text{beta}(\alpha, 1)$ mit $\alpha > 0$ und $x_1, \ldots, x_n \in (0, 1)$ ein Stichprobenergebnis. Wegen

$$f^{X_1}(x) = \alpha x^{\alpha-1}, \qquad x \in (0, 1),$$

und mit der Notation $z = \prod_{i=1}^{n} x_i$ ist die Likelihoodfunktion L gegeben durch

$$L(\alpha | x_1, \ldots, x_n) = \prod_{i=1}^{n} \left(\alpha x_i^{\alpha-1} \right) = \alpha^n \left(\prod_{i=1}^{n} x_i \right)^{\alpha-1} = \alpha^n z^{\alpha-1}, \quad \alpha > 0.$$

Die log-Likelihoodfunktion l ist dann bestimmt durch $l(\alpha | x_1, \ldots, x_n) = n \ln(\alpha) + (\alpha - 1) \ln(z)$. Ableiten nach $\alpha > 0$ ergibt die notwendige Bedingung

$$\frac{n}{\alpha} + \ln(z) = 0.$$

Auflösen nach α liefert als Kandidat für eine lokale Maximalstelle $\alpha = -\frac{n}{\ln(z)} = -\left(\frac{1}{n} \sum_{i=1}^{n} \ln(x_i) \right)^{-1}$. Eine Untersuchung des Monotonieverhaltens von l zeigt, dass diese auch tatsächlich zum globalen Maximum (auf $(0, \infty)$) führt.

Der Maximum-Likelihood-Schätzer ist somit $\widehat{\alpha} = -\left(\frac{1}{n} \sum_{i=1}^{n} \ln(X_i) \right)^{-1}$.

D 4 Konfidenzintervalle

Während eine Punktschätzung einen einzigen Wert für einen (unbekannten) Parameter ϑ liefert, wird durch eine Intervallschätzung oder einen Konfidenzbereich (auch: Vertrauensbereich) eine Menge von Werten angegeben. Diese Vorgehensweise beruht auf der Idee, dass das Ergebnis einer Punktschätzung ohnehin nicht den wahren Wert des Parameters liefert, sondern aufgrund des Zufalls immer vom tatsächlichen Wert abweicht. Eine Intervallschätzung liefert hingegen einen Bereich, in dem der unbekannte Parameter (mindestens) mit einer vorgegebenen Wahrscheinlichkeit liegt.

Definition D 4.1 (Intervallschätzung, Konfidenzintervall, Konfidenzniveau). *Seien* $\alpha \in (0,1)$ *eine feste, vorgegebene Wahrscheinlichkeit sowie* $X_1, \ldots, X_n \overset{iid}{\sim}$ $P_\vartheta, \vartheta \in \Theta \subseteq \mathbb{R}$.

Eine Intervall $[\hat{u}, \hat{o}]$ *mit Statistiken* $\hat{u}$ *und* $\hat{o}$ *heißt Intervallschätzung oder Konfidenzintervall zum Niveau* $1 - \alpha$ *für den Parameter* ϑ, *falls gilt:*

$$P_\vartheta \left(\vartheta \in [\hat{u}, \hat{o}] \right) \geqslant 1 - \alpha \quad \forall \vartheta \in \Theta.$$

Hierbei sind $\hat{u} = \hat{u}(X_1, \ldots, X_n)$ *und* $\hat{o} = \hat{o}(X_1, \ldots, X_n)$ *Statistiken, die von der Stichprobe* $X_1, \ldots, X_n$ *abhängen und für jede Realisation* $x_1, \ldots, x_n$ *die Ungleichung* $\hat{u}(x_1, \ldots, x_n) \leqslant \hat{o}(x_1, \ldots, x_n)$ *erfüllen.* $1 - \alpha$ *heißt Konfidenzniveau oder Vertrauenswahrscheinlichkeit.*

Als Wert für die Wahrscheinlichkeit α wird meist $\alpha \in \{0{,}01, 0{,}05, 0{,}1\}$ gewählt, so dass der wahre Parameterwert nur mit kleiner Wahrscheinlichkeit außerhalb von $[\hat{u}, \hat{o}]$ liegt. Alternativ wird ein Konfidenzintervall zum Niveau $1 - \alpha$ auch kurz als $(1 - \alpha)$-Konfidenzintervall bezeichnet.

Die Wahl eines Konfidenzbereichs hängt von den Verteilungen der Statistiken $\hat{u}$ und $\hat{o}$ und damit von den Verteilungsannahmen ab. Im Folgenden werden gebräuchliche Konfidenzbereiche in verschiedenen Modellen vorgestellt. Diese Wahl ist jedoch keineswegs eindeutig. Grundsätzlich wird unterschieden in einseitige und zweiseitige Konfidenzintervalle. Bei einseitigen Intervallen ist eine Grenze deterministisch, während die andere von der Stichprobe abhängt. Typische Beispiele sind $[0, \hat{o}]$ und $[\hat{u}, \infty)$. Bei zweiseitigen Konfidenzintervallen hängen beide Intervallgrenzen von der Stichprobe ab.

Die bedeutsamen Konfidenzintervalle bei Normalverteilungsannahme sind in Abschnitt D 5 angegeben.

D 4.1 Exponentialverteilung

In diesem Abschnitt wird ein Modell mit exponentialverteilten Stichprobenvariablen unterstellt.

Modell D 4.2. $X_1, \ldots, X_n \overset{iid}{\sim} Exp(\lambda)$, $\lambda > 0$.

Der Maximum-Likelihood-Schätzer für λ ist gegeben durch $\hat{\lambda} = \frac{1}{\bar{X}}$. Nach Beispiel C 1.16 gilt $\sum_{i=1}^{n} X_i \sim \Gamma(\lambda, n)$, so dass mit Beispiel C 4.1 (iii) folgt

$$\frac{2n\lambda}{\hat{\lambda}} = 2\lambda \sum_{i=1}^{n} X_i \sim \Gamma\left(\frac{1}{2}, \frac{2n}{2}\right) = \chi^2(2n). \tag{D.1}$$

Mit diesem Resultat können ein- und zweiseitige $(1 - \alpha)$-Konfidenzintervalle erzeugt werden.

Verfahren D 4.3 (Konfidenzintervalle bei Exponentialverteilung). *Seien* $\alpha \in (0, 1)$ *und* $\chi^2_\beta(2n)$ *das* β-*Quantil der* χ^2-*Verteilung mit* $2n$ *Freiheitsgraden,* $\beta \in (0, 1)$. *Dann sind* $(1 - \alpha)$-*Konfidenzintervalle für den Parameter* λ *im Modell D 4.2 gegeben durch*

(i) $[0, \widehat{o}]$ *mit* $\widehat{o} = \dfrac{\chi^2_{1-\alpha}(2n)}{2n}\widehat{\lambda}$,

(ii) $[\widehat{u}, \infty)$ *mit* $\widehat{u} = \dfrac{\chi^2_\alpha(2n)}{2n}\widehat{\lambda}$,

(iii) $[\widehat{u}, \widehat{o}]$ *mit* $\widehat{u} = \dfrac{\chi^2_{\alpha/2}(2n)}{2n}\widehat{\lambda}$ *und* $\widehat{o} = \dfrac{\chi^2_{1-\alpha/2}(2n)}{2n}\widehat{\lambda}$.

Beweis: Es wird nur das einseitige Intervall $[0, \widehat{o}]$ betrachtet. Die Nachweise für die verbleibenden Konfidenzintervalle verlaufen analog. Für $\lambda > 0$ gilt unter Verwendung von (D.1):

$$P_\lambda(\lambda \in [0, \widehat{o}]) = P_\lambda\left(\lambda \leqslant \frac{\chi^2_{1-\alpha}(2n)}{2n}\widehat{\lambda}\right) = P_\lambda\left(2\lambda \sum_{i=1}^n X_i \leqslant \chi^2_{1-\alpha}(2n)\right) = 1 - \alpha.$$

Am Beispiel des in D 4.3 angegebenen zweiseitigen Konfidenzintervalls für den Parameter λ im Modell D 4.2 wird die empirische Interpretation von Konfidenzintervallen dargelegt. Dazu wurden zwei Simulationsläufe von jeweils $N = 100$ Stichproben mit Umfang $n = 25$ durchgeführt. Als Konfidenzniveau wurde $\alpha = 0{,}05$ gewählt. Die simulierten Intervalle sind in Abbildung D 4.1 durch waagerechte Linien dargestellt. Die Ergebnisse zeigen, dass in etwa 95% (hier in 96% bzw. 94%) aller simulierten Intervalle der wahre Wert $\lambda = 2$ im jeweiligen Intervall liegt.

D 4.2 Binomialverteilung

Zunächst wird das folgende Binomialmodell oder Bernoulli-Modell unterstellt („Münzwurfexperiment").

Modell D 4.4 (Binomialmodell, Bernoulli-Modell).

$$X_1, \dots, X_n \overset{iid}{\sim} bin(1, p), \quad p \in [0, 1].$$

Als Schätzung für p wird der Maximum-Likelihood-Schätzer $\widehat{p} = \frac{1}{n} \sum_{i=1}^n X_i$ verwendet. Nachfolgend werden zwei Möglichkeiten zur Konstruktion von Konfidenzintervallen für den Parameter p vorgestellt, wobei die erste Methode für große Stichprobenumfänge geeignet ist. Das zweite Verfahren wird hingegen meist für kleine Stichprobenumfänge genutzt.

Approximative Konfidenzintervalle

Eine Möglichkeit zur Ermittlung eines Konfidenzintervalls benutzt den Zentralen Grenzwertsatz und das Starke Gesetz der großen Zahlen sowie Lemma C 8.8

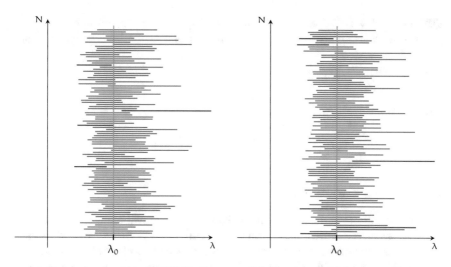

(a) Simulationslauf 1 mit 96% Treffern   **(b)** Simulationslauf 2 mit 94% Treffern

Abbildung D 4.1: Simulation von zweiseitigen Konfidenzintervallen bei Exponentialverteilung. Die orangefarbene Linie illustriert den tatsächlichen Wert des Parameters λ (hier $\lambda = 2$). Die rot markierten Intervalle enthalten den wahren Wert nicht.

für die Schätzung $\widehat{p}$, wobei angenommen wird, dass der Stichprobenumfang n hinreichend groß ist. Es lässt sich nämlich zeigen, dass

$$P_p\left(a \leqslant \sqrt{n}\,\frac{\widehat{p}-p}{\sqrt{\widehat{p}(1-\widehat{p})}} \leqslant b\right) \approx \Phi(b) - \Phi(a)$$

gilt. Wählt man $a = u_{\alpha/2}$ und $b = u_{1-\alpha/2}$, wobei u_β das β-Quantil der Standardnormalverteilung bezeichne, so erhält man

$$P_p\left(u_{\alpha/2} \leqslant \sqrt{n}\,\frac{\widehat{p}-p}{\sqrt{\widehat{p}(1-\widehat{p})}} \leqslant u_{1-\alpha/2}\right) \approx 1 - \alpha.$$

Mit $-u_{1-\alpha/2} = u_{\alpha/2}$ (s. Beispiel C 2.12) resultieren daraus für das $(1-\alpha)$-Konfidenzintervall die Intervallgrenzen:

$$\widehat{u} = \widehat{p} - \frac{u_{1-\alpha/2}}{\sqrt{n}}\sqrt{\widehat{p}(1-\widehat{p})}, \qquad \widehat{o} = \widehat{p} + \frac{u_{1-\alpha/2}}{\sqrt{n}}\sqrt{\widehat{p}(1-\widehat{p})}.$$

Das Intervall hält das Niveau i.Allg. natürlich nicht exakt, für große Stichprobenumfänge aber zumindest ungefähr ein. Konfidenzintervalle dieser Art werden als approximative Konfidenzintervalle bezeichnet. Entsprechend können einseitige (approximative) Konfidenzintervalle angegeben werden.

Verfahren D 4.5. *Sei* $\alpha \in (0,1)$. *Dann sind approximative ein- und zweiseitige* $(1 - \alpha)$-*Konfidenzintervalle für den Parameter* p *der Binomialverteilung gegeben durch*

(i) $\left[\widehat{p} - \dfrac{u_{1-\alpha}}{\sqrt{n}}\sqrt{\widehat{p}(1-\widehat{p})}, 1\right]$

(ii) $\left[0, \widehat{p} + \dfrac{u_{1-\alpha}}{\sqrt{n}}\sqrt{\widehat{p}(1-\widehat{p})}\right]$

(iii) $\left[\widehat{p} - \dfrac{u_{1-\alpha/2}}{\sqrt{n}}\sqrt{\widehat{p}(1-\widehat{p})}, \widehat{p} + \dfrac{u_{1-\alpha/2}}{\sqrt{n}}\sqrt{\widehat{p}(1-\widehat{p})}\right]$

Exaktes Konfidenzintervall

Ist der Stichprobenumfang n klein, so kann die obige Näherung der Verteilung nicht angewendet werden. Daher bietet die bereits vorgestellte Methode keinen brauchbaren Ansatz zur Ermittlung eines Konfidenzintervalls. Abhilfe schafft die folgende Vorgehensweise, die zur Berechnung der Grenzen $\widehat{u}$ bzw. $\widehat{o}$ die Quantile der F-Verteilung verwendet. Definiere dazu zunächst die Anzahl der beobachteten Einsen $\widehat{e}$:

$$\widehat{e} = n\widehat{p} = \sum_{i=1}^{n} X_i.$$

Sei $F_\beta(f_1, f_2)$ das β-Quantil der F-Verteilung mit Freiheitsgraden f_1 und f_2, d.h. ist $Y \sim F(f_1, f_2)$ F-verteilt, so gilt für das β-Quantil $F_\beta(f_1, f_2)$:

$$P(Y \leqslant F_\beta(f_1, f_2)) = \beta, \quad \beta \in (0,1).$$

Verfahren D 4.6 (Exaktes zweiseitiges Konfidenzintervall). *Sei* $\alpha \in (0,1)$. *Ein exaktes zweiseitiges* $(1 - \alpha)$-*Konfidenzintervall für den Parameter* p *im Binomialmodell ist gegeben durch* $[\widehat{u}, \widehat{o}]$ *mit den Clopper-Pearson-Werte genannten Intervallgrenzen*

$$\widehat{u} = \frac{\widehat{e}\, F_{\alpha/2}(2\widehat{e}, 2(n - \widehat{e} + 1))}{n - \widehat{e} + 1 + \widehat{e}\, F_{\alpha/2}(2\widehat{e}, 2(n - \widehat{e} + 1))},$$

$$\widehat{o} = \frac{(\widehat{e} + 1)F_{1-\alpha/2}(2(\widehat{e} + 1), 2(n - \widehat{e}))}{n - \widehat{e} + (\widehat{e} + 1)F_{1-\alpha/2}(2(\widehat{e} + 1), 2(n - \widehat{e}))}.$$

Beispiel D 4.7. Bei einer Befragung von 16 Vorstandsvorsitzenden gaben genau vier an, im nächsten Jahr mit sinkenden Gewinnen in ihrem Unternehmen zu rechnen. Zwölf gingen von zumindest gleichbleibenden Gewinnen aus. Zur Ermittlung eines 90%-Konfidenzintervalls für den Anteil von Unternehmen mit erwarteten sinkenden Gewinnen in der Gesamtpopulation werden daher folgende Größen benötigt:

$$\widehat{e} = 4, n = 16, \quad F_{0,05}(8,26) \approx 0{,}322, \quad F_{0,95}(10,24) \approx 2{,}255.$$

Daraus ergeben sich die Clopper-Pearson-Werte $\widehat{u} = 0{,}090$ und $\widehat{o} = 0{,}484$. Das gesuchte 90%-Konfidenzintervall für p ist daher $[0{,}090; 0{,}484]$.

Nachfolgend wird das Verhalten des exakten zweiseitigen Konfidenzintervalls für die Stichprobenumfänge $n = 6$ und $n = 16$ näher betrachtet.

Beispiel D 4.8. Für $n = 6$ ergeben sich in Abhängigkeit vom Schätzwert $\hat{e} \in \{0, \ldots, 6\}$ die $(1 - \alpha)$-Konfidenzintervalle in Tabelle D 4.1. Diese sind in Abbildung D 4.2 graphisch dargestellt. Für festes n werden die Konfidenzintervalle

	$\hat{e}$	0	1	2	3	4	5	6
$\alpha = 0{,}1$	$\hat{u}$	0	0,01	0,06	0,15	0,27	0,42	0,62
	$\hat{o}$	0,39	0,58	0,73	0,85	0,94	0,99	1
$\alpha = 0{,}05$	$\hat{u}$	0	0,00	0,04	0,12	0,22	0,36	0,54
	$\hat{o}$	0,45	0,64	0,78	0,88	0,96	1,00	1

Tabelle D 4.1: Obere und untere Grenzen der Konfidenzintervalle für $n = 6$.

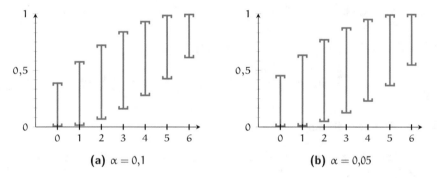

(a) $\alpha = 0{,}1$ **(b)** $\alpha = 0{,}05$

Abbildung D 4.2: Obere und untere Grenzen der Konfidenzintervalle für $n = 6$.

mit sinkendem α größer. Die Länge der Konfidenzintervalle nimmt ab, wenn der Stichprobenumfang steigt. Für $n = 16$ ergeben sich in Abhängigkeit vom Schätzwert $\hat{e} \in \{0, \ldots, 16\}$ die $(1 - \alpha)$-Konfidenzintervalle in Abbildung D 4.3.

D 5 Schätzungen bei Normalverteilung

In diesem Abschnitt werden nur Normalverteilungsmodelle betrachtet, die in der Praxis breite Verwendung finden. Dabei werden folgende Situationen unterschieden:

Modell D 5.1 (μ unbekannt, σ^2 bekannt).

$X_1, \ldots, X_n \overset{iid}{\sim} N(\mu, \sigma^2)$ *mit* $\mu \in \mathbb{R}$ *unbekannt und* $\sigma^2 > 0$ *bekannt.*

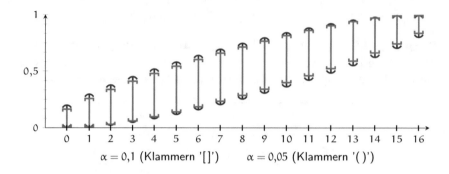

$\alpha = 0{,}1$ (Klammern '[]') $\qquad$ $\alpha = 0{,}05$ (Klammern '( )')

Abbildung D 4.3: Obere und untere Grenzen der Konfidenzintervalle für $n = 16$.

Modell D 5.2 (μ bekannt, σ^2 unbekannt).

$$X_1, \ldots, X_n \overset{iid}{\sim} N(\mu, \sigma^2) \text{ mit } \mu \in \mathbb{R} \text{ bekannt und } \sigma^2 > 0 \text{ unbekannt.}$$

Modell D 5.3 (μ unbekannt, σ^2 unbekannt).

$$X_1, \ldots, X_n \overset{iid}{\sim} N(\mu, \sigma^2) \text{ mit } \mu \in \mathbb{R} \text{ unbekannt und } \sigma^2 > 0 \text{ unbekannt.}$$

D 5.1 Punktschätzung

Der folgende Satz enthält die Maximum-Likelihood-Schätzer für die obigen Normalverteilungsmodelle.

Satz D 5.4.

(i) *Der Maximum-Likelihood-Schätzer für μ im Modell D 5.1 ist gegeben durch $\widehat{\mu} = \overline{X}$.*

(ii) *Der Maximum-Likelihood-Schätzer für σ^2 im Modell D 5.2 ist gegeben durch $\widehat{\sigma}^2_\mu = \frac{1}{n} \sum\limits_{i=1}^{n} (X_i - \mu)^2$.*

(iii) *Der Maximum-Likelihood-Schätzer für (μ, σ^2) im Modell D 5.3 ist gegeben durch $(\widehat{\mu}, \widetilde{\sigma}^2)$ mit*

$$\widehat{\mu} = \overline{X}, \qquad \widetilde{\sigma}^2 = S^2 = \frac{1}{n} \sum_{i=1}^{n} (X_i - \overline{X})^2.$$

Beweis: Im Folgenden werden nur (i) und (iii) bewiesen. $x_1, \ldots, x_n \in \mathbb{R}$ sei ein Stichprobenergebnis.

Sei $X_1, \ldots, X_n \overset{iid}{\sim} N(\mu, \sigma_0^2), \mu \in \mathbb{R}$ mit $\sigma_0^2 > 0$ bekannt. Dann ist die Likelihoodfunktion gegeben durch

$$L(\mu) = \frac{1}{(\sqrt{2\pi})^n \sigma_0^n} \exp\left(-\frac{1}{2\sigma_0^2} \sum_{i=1}^n (x_i - \mu)^2\right).$$

Aus der log-Likelihoodfunktion $l(\mu) = -n \ln(\sqrt{2\pi}\sigma_0) - \frac{1}{2\sigma_0^2} \sum_{i=1}^n (x_i - \mu)^2$ resultiert nach dem Verschiebungssatz die Darstellung

$$l(\mu) = -n \ln(\sqrt{2\pi}\sigma_0) - \frac{1}{2\sigma_0^2} \sum_{i=1}^n (x_i - \bar{x})^2 - \frac{n}{2\sigma_0^2}(\mu - \bar{x})^2 = l(\bar{x}) - \frac{n}{2\sigma_0^2}(\mu - \bar{x})^2.$$

Für $\mu \in \mathbb{R}$ ist $l(\mu)$ maximal für $\mu = \bar{x}$, so dass $\hat{\mu} = \bar{X}$ Maximum-Likelihood-Schätzer für μ ist.

Sei $X_1, \ldots, X_n \overset{iid}{\sim} N(\mu, \sigma^2), \mu \in \mathbb{R}, \sigma^2 > 0$. Dann ist die Likelihoodfunktion gegeben durch

$$L(\mu, \sigma) = \frac{1}{(\sqrt{2\pi})^n \sigma^n} \exp\left(-\frac{1}{2\sigma^2} \sum_{i=1}^n (x_i - \mu)^2\right).$$

Aus der log-Likelihoodfunktion $l(\mu, \sigma) = -n \ln(\sqrt{2\pi}) - n \ln \sigma - \frac{1}{2\sigma^2} \sum_{i=1}^n (x_i - \mu)^2$ resultiert nach dem Verschiebungssatz die Darstellung

$$l(\mu, \sigma) = -n \ln(\sqrt{2\pi}) - n \ln(\sigma) - \frac{n}{2\sigma^2} s^2 - \frac{n}{2\sigma^2}(\mu - \bar{x})^2.$$

Dieser Wert kann für jedes $\sigma > 0$ nach oben abgeschätzt werden durch $h(\sigma) = -n \ln(\sqrt{2\pi}) - n \ln(\sigma) - \frac{n}{2\sigma^2} s^2$, d.h.

$$l(\mu, \sigma) \leqslant h(\sigma) \quad \text{mit Gleichheit genau dann, wenn } \mu = \bar{x}.$$

Ableiten von h bzgl. σ ergibt

$$h'(\sigma) = -\frac{n}{\sigma} + \frac{ns^2}{\sigma^3},$$

so dass $\sigma^2 = s^2$ der einzige Kandidat für eine lokale Maximalstelle ist. Die Untersuchung des Monotonieverhaltens von h liefert, dass $\sigma^2 = s^2$ das eindeutige Maximum von h und wegen

$$l(\mu, \sigma) \leqslant h(\sigma) \leqslant h(s)$$

auch das eindeutige (globale) Maximum von l liefert. Somit sind die genannten Schätzer die Maximum-Likelihood-Schätzer.

Die in Satz D 5.4 hergeleiteten Maximum-Likelihood-Schätzer haben schöne Eigenschaften. Beispielsweise sind sie (bis auf $\tilde{\sigma}^2 = S^2$) erwartungstreu für μ bzw. σ^2 (s. Beispiel D 2.7). Das Beispiel zeigt auch, dass die Stichprobenvarianz eine erwartungstreue Schätzung für σ^2 ist. Dieser Schätzer wird $\tilde{\sigma}^2$ daher meist vorgezogen. Eine weitere wichtige Eigenschaft von $\hat{\mu}$ und $\hat{\sigma}^2$ ist ihre stochastische Unabhängigkeit.

Satz D 5.5. *Sei $X_1, \ldots, X_n \overset{iid}{\sim} N(\mu, \sigma^2), \mu \in \mathbb{R}, \sigma^2 > 0$.*

Die Maximum-Likelihood-Schätzer $\hat{\mu}$, $\tilde{\sigma}^2$ bzw. das Stichprobenmittel $\hat{\mu} = \bar{X}$ und die Stichprobenvarianz $\hat{\sigma}^2 = \frac{1}{n-1} \sum_{i=1}^n (X_i - \bar{X})^2$ sind stochastisch unabhängig.

D 5.2 Konfidenzintervalle

Basierend auf einer Stichprobe $X_1, \ldots, X_n \overset{iid}{\sim} N(\mu, \sigma^2)$ werden $(1-\alpha)$-Konfidenzintervalle für die Parameter μ und σ^2 angegeben. Als Punktschätzer werden hierbei das Stichprobenmittel $\overline{X} = \frac{1}{n} \sum_{i=1}^{n} X_i$ und die Stichprobenvarianz $\widehat{\sigma}^2 = \frac{1}{n-1} \sum_{i=1}^{n} (X_i - \overline{X})^2$ verwendet. Bei der Konstruktion der Konfidenzintervalle wird jeweils berücksichtigt, welche der Parameter als bekannt bzw. unbekannt angenommen werden.

Verfahren D 5.6 (Konfidenzintervalle für μ bei bekanntem σ_0^2). *Seien* $\alpha \in (0,1)$, u_β *das* β-*Quantil der Standardnormalverteilung und* $X_1, \ldots, X_n \overset{iid}{\sim} N(\mu, \sigma_0^2)$, $\mu \in \mathbb{R}$ *mit* $\sigma_0^2 > 0$ *wie in Modell D 5.1.*
Dann sind $(1-\alpha)$-*Konfidenzintervalle für* μ *gegeben durch:*

(i) Zweiseitiges Konfidenzintervall: $\left[\overline{X} - u_{1-\alpha/2} \dfrac{\sigma_0}{\sqrt{n}}, \overline{X} + u_{1-\alpha/2} \dfrac{\sigma_0}{\sqrt{n}} \right]$,

(ii) Einseitiges, unteres Konfidenzintervall: $\left(-\infty, \overline{X} + u_{1-\alpha} \dfrac{\sigma_0}{\sqrt{n}} \right]$,

(iii) Einseitiges, oberes Konfidenzintervall: $\left[\overline{X} - u_{1-\alpha} \dfrac{\sigma_0}{\sqrt{n}}, \infty \right)$.

Zum Nachweis wird die Eigenschaft $\overline{X} \sim N(\mu, \frac{\sigma_0^2}{n})$ benutzt.

Das in Verfahren D 5.6 aufgeführte zweiseitige Konfidenzintervall kann zur Versuchsplanung im folgenden Sinn genutzt werden. Liegt die Vertrauenswahrscheinlichkeit $1 - \alpha$ fest, so kann vor einer Erhebung der Daten ein Stichprobenumfang n so festgelegt werden, dass das zweiseitige Konfidenzintervall eine vorgegebene Länge $\mathcal{L}_0$ nicht überschreitet.

Regel D 5.7 (Versuchsplanung). *Seien* $\alpha \in (0,1)$ *und* $\mathcal{L}_0 > 0$. *Dann hat das zweiseitige Konfidenzintervall D 5.6 höchstens die Länge* $\mathcal{L}_0$, *falls der Stichprobenumfang* n *die folgende Ungleichung erfüllt:*

$$n \geqslant \frac{4u_{1-\alpha/2}^2 \sigma_0^2}{\mathcal{L}_0^2}.$$

Der erforderliche Mindeststichprobenumfang ist daher durch die kleinste natürliche Zahl gegeben, die größer oder gleich der rechten Seite der Ungleichung ist.

Beweis: Die Länge des zweiseitigen Intervalls ist gegeben durch

$$\widehat{o} - \widehat{u} = \overline{X} + u_{1-\alpha/2} \frac{\sigma_0}{\sqrt{n}} - \left(\overline{X} - u_{1-\alpha/2} \frac{\sigma_0}{\sqrt{n}} \right) = 2u_{1-\alpha/2} \frac{\sigma_0}{\sqrt{n}},$$

so dass die resultierende Bedingung lautet:

$$2u_{1-\alpha/2} \frac{\sigma_0}{\sqrt{n}} \leqslant \mathcal{L}_0 \iff 2u_{1-\alpha/2} \frac{\sigma_0}{\mathcal{L}_0} \leqslant \sqrt{n} \iff 4u_{1-\alpha/2}^2 \frac{\sigma_0^2}{\mathcal{L}_0^2} \leqslant n.$$

Durch eine geeignete „Versuchsplanung" kann also die Güte des Ergebnisses beeinflusst werden.

Verfahren D 5.8 (Konfidenzintervalle für μ bei unbekanntem σ). *Seien* $\alpha \in (0,1)$, $t_\beta(n-1)$ *das* β-*Quantil der* $t(n-1)$-*Verteilung und* $X_1, \ldots, X_n \overset{iid}{\sim} N(\mu, \sigma^2)$, $\mu \in \mathbb{R}$, $\sigma^2 > 0$, *wie in Modell D 5.3.*

Dann sind $(1 - \alpha)$-*Konfidenzintervalle für* μ *gegeben durch:*

(i) Zweiseitiges Konfidenzintervall: $\left[\overline{X} - t_{1-\frac{\alpha}{2}}(n-1)\dfrac{\widehat{\sigma}}{\sqrt{n}}, \overline{X} + t_{1-\frac{\alpha}{2}}(n-1)\dfrac{\widehat{\sigma}}{\sqrt{n}}\right]$,

(ii) Einseitiges, unteres Konfidenzintervall: $\left(-\infty, \overline{X} + t_{1-\alpha}(n-1)\dfrac{\widehat{\sigma}}{\sqrt{n}}\right]$,

(iii) Einseitiges, oberes Konfidenzintervall: $\left[\overline{X} - t_{1-\alpha}(n-1)\dfrac{\widehat{\sigma}}{\sqrt{n}}, \infty\right)$.

Die obigen Konfidenzintervalle werden analog zu den Konfidenzintervallen D 5.6 mit $\widehat{\sigma}$ anstelle von σ konstruiert. Die Quantile der Standardnormalverteilung werden durch die entsprechenden Quantile der $t(n-1)$-Verteilung ersetzt. Die Aussagen beruhen auf der Verteilungseigenschaft

$$T = \sqrt{n}\,\frac{\overline{X} - \mu}{\widehat{\sigma}} \sim t(n-1).$$

Für den Parameter σ^2 lassen sich ebenfalls ein- bzw. zweiseitige Konfidenzintervalle bestimmen. In völliger Analogie zur obigen Vorgehensweise erhält man folgende Intervallschätzungen. Nach Beispiel D 2.2 werden die Quantile der χ^2-Verteilung mit $n-1$ Freiheitsgraden verwendet.

Verfahren D 5.9 (Konfidenzintervalle für σ^2 bei unbekanntem μ). *Seien* $\alpha \in (0,1)$, $\chi^2_\beta(n-1)$ *das* β-*Quantil der* $\chi^2(n-1)$-*Verteilung und* $X_1, \ldots, X_n \overset{iid}{\sim} N(\mu, \sigma^2)$, $\mu \in \mathbb{R}$, $\sigma^2 > 0$, *wie in Modell D 5.3.*

Dann sind $(1 - \alpha)$-*Konfidenzintervalle für* σ^2 *gegeben durch:*

(i) Zweiseitiges Konfidenzintervall: $\left[\dfrac{n-1}{\chi^2_{1-\alpha/2}(n-1)}\widehat{\sigma}^2, \dfrac{n-1}{\chi^2_{\alpha/2}(n-1)}\widehat{\sigma}^2\right]$,

(ii) Einseitiges, unteres Konfidenzintervall: $\left[0, \dfrac{n-1}{\chi^2_\alpha(n-1)}\widehat{\sigma}^2\right]$,

(iii) Einseitiges, oberes Konfidenzintervall: $\left[\dfrac{n-1}{\chi^2_{1-\alpha}(n-1)}\widehat{\sigma}^2, \infty\right)$.

Konfidenzintervalle für σ^2 im Modell D 5.2 erhält man, indem in den Intervallen D 5.9 die Schätzung $(n-1)\widehat{\sigma}^2$ durch die Statistik $n\widehat{\sigma}^2_{\mu_0} = \sum_{i=1}^{n}(X_i - \mu_0)^2$ ersetzt wird und bei den Quantilen die Anzahl der Freiheitsgrade um 1 erhöht wird, also $\chi^2_\beta(n-1)$ jeweils durch $\chi^2_\beta(n)$ ersetzt wird.

Verfahren D 5.10 (Konfidenzintervalle für σ^2 bei bekanntem μ_0). *Seien $\alpha \in (0,1)$, $\chi^2_\beta(n)$ das β-Quantil der $\chi^2(n)$-Verteilung und $X_1, \ldots, X_n \overset{iid}{\sim} N(\mu_0, \sigma^2)$, $\sigma^2 > 0$ mit $\mu_0 \in \mathbb{R}$ bekannt wie in Modell D 5.2.*
Dann sind $(1-\alpha)$-Konfidenzintervalle für σ^2 gegeben durch:

(i) Zweiseitiges Konfidenzintervall: $\left[\dfrac{n}{\chi^2_{1-\alpha/2}(n)} \widehat{\sigma}^2_{\mu_0}, \dfrac{n}{\chi^2_{\alpha/2}(n)} \widehat{\sigma}^2_{\mu_0} \right]$,

(ii) Einseitiges, unteres Konfidenzintervall: $\left[0, \dfrac{n}{\chi^2_\alpha(n)} \widehat{\sigma}^2_{\mu_0} \right]$,

(iii) Einseitiges, oberes Konfidenzintervall: $\left[\dfrac{n}{\chi^2_{1-\alpha}(n)} \widehat{\sigma}^2_{\mu_0}, \infty \right)$.

Verfahren D 5.11 (Konfidenzintervalle für σ). *Für σ gewinnt man geeignete Konfidenzintervalle durch Ziehen der Quadratwurzel aus den entsprechenden Intervallgrenzen $\widehat{u}$ bzw. $\widehat{o}$.*

Konfidenzintervall für die Differenz $\delta = \mu_1 - \mu_2$ der Erwartungswerte zweier Normalverteilungen bei unbekannter (gleicher) Varianz σ^2

In diesem Abschnitt wird eine Statistik vorgestellt, mit der zwei normalverteilte, stochastisch unabhängige Stichproben miteinander hinsichtlich ihrer Mittelwerte verglichen werden können. Eine derartige Vorgehensweise ist dann von Interesse, wenn man sich für Unterschiede in den Erwartungswerten zweier Teilgruppen (z.B. Männer – Frauen, Produkte zweier (unabhängiger) Anlagen, etc.) interessiert. Das betrachtete Modell ist eine Variante des Zweistichprobenmodells D 1.9 mit normalverteilten Stichprobenvariablen, wobei die Varianz σ^2 der Stichprobenvariablen in beiden Populationen als gleich unterstellt wird. Dies ist eine wesentliche Annahme für die Konstruktion der Konfidenzintervalle in D 5.13.

Modell D 5.12. $X_1, \ldots, X_{n_1} \overset{iid}{\sim} N(\mu_1, \sigma^2)$ *und* $Y_1, \ldots, Y_{n_2} \overset{iid}{\sim} N(\mu_2, \sigma^2)$ *seien stochastisch unabhängige Stichproben mit $n_1, n_2 \geqslant 2$. Die Parameter $\mu_1, \mu_2 \in \mathbb{R}$ und $\sigma^2 > 0$ seien unbekannt.*

Verfahren D 5.13 (Konfidenzintervall für die Differenz $\delta = \mu_1 - \mu_2$). *Sei $\alpha \in (0,1)$. Ein zweiseitiges $(1-\alpha)$-Konfidenzintervall $[\widehat{u}, \widehat{o}]$ im Modell D 5.12 für die Differenz der Erwartungswerte $\delta = \mu_1 - \mu_2$ ist gegeben durch:*

$$\Bigg[\widehat{\Delta} - t_{1-\alpha/2}(n_1 + n_2 - 2)\, \widehat{\sigma}_{pool} \cdot \sqrt{\frac{1}{n_1} + \frac{1}{n_2}},$$

$$\widehat{\Delta} + t_{1-\alpha/2}(n_1 + n_2 - 2)\, \widehat{\sigma}_{pool} \cdot \sqrt{\frac{1}{n_1} + \frac{1}{n_2}} \Bigg],$$

wobei $\widehat{\Delta} = \overline{X} - \overline{Y}$ eine Punktschätzung für die Differenz der Erwartungswerte δ,

$$\widehat{\sigma}^2_{pool} = \frac{1}{n_1 + n_2 - 2} \left(\sum_{i=1}^{n_1} (X_i - \overline{X})^2 + \sum_{j=1}^{n_2} (Y_j - \overline{Y})^2 \right)$$

$$= \frac{n_1 - 1}{n_1 + n_2 - 2} \widehat{\sigma}_1^2 + \frac{n_2 - 1}{n_1 + n_2 - 2} \widehat{\sigma}_2^2$$

eine kombinierte Varianzschätzung mit den Stichprobenvarianzen $\widehat{\sigma}_1^2$ und $\widehat{\sigma}_2^2$ der Stichproben $X_1, \ldots, X_{n_1}$ und $Y_1, \ldots, Y_{n_2}$ sowie $t_\beta(n_1 + n_2 - 2)$ das β-Quantil der $t(n_1 + n_2 - 2)$-Verteilung sind.

Einseitige Konfidenzintervalle ergeben sich unter Verwendung derselben Größen als

$$\left(-\infty, \widehat{\Delta} + t_{1-\alpha}(n_1 + n_2 - 2)\, \widehat{\sigma}_{pool} \cdot \sqrt{\frac{1}{n_1} + \frac{1}{n_2}} \right],$$

$$\left[\widehat{\Delta} - t_{1-\alpha}(n_1 + n_2 - 2)\, \widehat{\sigma}_{pool} \cdot \sqrt{\frac{1}{n_1} + \frac{1}{n_2}}, \infty \right).$$

Die obigen Aussagen beruhen auf der Eigenschaft

$$\left(\sqrt{\frac{1}{n_1} + \frac{1}{n_2}} \right)^{-1} \frac{\widehat{\Delta} - (\mu_1 - \mu_2)}{\widehat{\sigma}_{pool}} \sim t(n_1 + n_2 - 2).$$

Zu beachten ist, dass das vorgestellte Konfidenzintervall auf der Annahme beruht, dass die Varianzen in den Stichproben identisch sind. Auf diese Annahme kann verzichtet werden, wenn die Varianzen σ_1^2 und σ_2^2 als gegeben unterstellt werden. Gilt $X_1, \ldots, X_{n_1} \overset{iid}{\sim} N(\mu_1, \sigma_1^2), Y_1, \ldots, Y_{n_2} \overset{iid}{\sim} N(\mu_2, \sigma_2^2)$, so können unter Verwendung der Statistik

$$\left(\sqrt{\frac{\sigma_1^2}{n_1} + \frac{\sigma_2^2}{n_2}} \right)^{-1} (\widehat{\Delta} - (\mu_1 - \mu_2)) \sim N(0, 1)$$

entsprechende Konfidenzintervalle konstruiert werden.

D 6 Statistische Testverfahren

D 6.1 Einführung in Hypothesentests

Die Methoden der Punkt- und Intervallschätzung dienen zur Quantifizierung unbekannter Parameter in einem vorgegebenen Modell. In vielen Situationen ist aber der konkrete Wert eines Parameters von untergeordnetem Interesse. Vielmehr wird für eine Grundgesamtheit die Gültigkeit einer Aussage behauptet, die dann mittels einer Stichprobe überprüft wird. Es soll also eine Entscheidung getroffen werden, ob ein untersuchtes Merkmal eine bestimmte Eigenschaft besitzt oder nicht. Eine derartige Fragestellung wird als Hypothese bezeichnet.

Beispiel D 6.1. Aufgrund gesetzlicher Vorschriften dürfen Verpackungen (z.B. Kartons, Flaschen, Dosen etc.) die jeweils angegebene Füllmenge nicht unterschreiten. Daher muss die Füllmenge durch eine Vollkontrolle bzw. durch regelmäßige Stichprobenziehung überprüft werden. Die stichprobenbasierte Vorgehensweise wird statistische Füllmengenkontrolle genannt.

Vom Merkmal Füllmenge einer Flasche werde angenommen, dass die Verteilung in der Grundgesamtheit durch eine $N(\mu, \sigma^2)$-Verteilung beschreibbar sei. Mit Hilfe eines statistischen Verfahrens (basierend auf einer Stichprobe $X_1, \ldots, X_n$) soll überprüft werden, ob die mittlere Füllmenge μ einen vorgegebenen Wert $\mu_0 = 1$ [l] nicht unterschreitet, d.h. die unbekannte mittlere Füllmenge μ erfüllt die Ungleichung

$$\mu > \mu_0 = 1.$$

Die Hypothese lautet daher „Die mittlere Füllmenge ist größer als 1l". Als Ergebnis werden entweder die Entscheidung

- $\mu > \mu_0$, d.h. die Vermutung wird als richtig akzeptiert, oder

- $\mu \leqslant \mu_0$, d.h. die Gültigkeit der Annahme kann nicht bestätigt werden,

getroffen.

Beispiel D 6.2. Zur Behandlung einer Erkrankung wird eine neue Therapie vorgeschlagen. Die Entwickler der Methode behaupten, dass sie die Heilungschancen im Vergleich zu einer Standardtherapie verbessert.

Die Hypothese lautet daher „Die neue Therapie ist besser als die Standardtherapie". Diese verbale Aussage muss quantifiziert werden und durch ein Merkmal beschrieben werden. Zur Überprüfung können zwei Stichproben herangezogen werden, wobei in der ersten Stichprobe $X_1, \ldots, X_{n_1}$ der Heilungserfolg von Personen, die mit der neuen Therapie behandelt werden, gemessen wird (in den Ausprägungen ja/nein oder über ein quantitatives Merkmal). Die zweite Stichprobe $Y_1, \ldots, Y_{n_2}$ enthält die Ergebnisse einer Gruppe, die mit der Standardtherapie behandelt wurde. Sie wird auch als Kontrollgruppe bezeichnet.

Um eine verbale Hypothese mit Methoden der Inferenzstatistik behandeln zu können, muss die Fragestellung in ein statistisches Modell überführt werden. Aus der Hypothese wird auf diese Weise eine statistische Hypothese, die bzgl. der vorliegenden Wahrscheinlichkeitsverteilung bzw. ihrer Parameter formuliert wird (s. Beispiel D 6.1).

Die Hypothese, die auf ihre Gültigkeit überprüft werden soll, wird im Folgenden Alternativhypothese oder Alternative genannt. Ihr gegenübergestellt wird die sogenannte Nullhypothese, die i.Allg. die gegenteilige Aussage formuliert. Wesentlich ist jedoch, dass die als Alternative und Nullhypothese formulierten Aussagen einander ausschließen. Die Nullhypothese wird in der Regel zuerst notiert und mit H_0 bezeichnet. Zur Bezeichnung der Alternativhypothese werden die Notationen A bzw. H_1 o.ä. verwendet. Ein wesentlicher Punkt bei der Formulierung des Problems ist, dass aus mathematischen Gründen die nachzuweisende Eigenschaft immer als Alternative zu formulieren ist, wohingegen die Gültigkeit einer Nullhypothese „statistisch nicht nachgewiesen werden kann".

Beispiel D 6.3. In den Beispielen D 6.1 und D 6.2 lauten die Festlegungen von Nullhypothese und Alternative:

Nullhypothese	Alternative
Standardtherapie nicht schlechter	neue Therapie besser
mittlere Füllmenge kleiner oder gleich μ_0	mittlere Füllmenge größer als μ_0

Das Problem, zwischen Alternative und Nullhypothese zu entscheiden, wird statistisches Testproblem oder kurz Testproblem genannt. In der Modellierung des Testproblems repräsentieren die Hypothesen Teilmengen der Verteilungsannahme, d.h. die zugrundeliegende Familie $\mathcal{P}$ von Wahrscheinlichkeitsverteilungen wird aufgeteilt in solche, die zur Nullhypothese gehören, und solche, die die Alternative erfüllen.

Bezeichnung D 6.4 (Nullhypothese, Alternative). Seien $X_1, \ldots, X_n \overset{iid}{\sim} P \in \mathcal{P}$ und $\mathcal{P} = \mathcal{P}_0 \cup \mathcal{P}_1$ eine disjunkte Zerlegung von $\mathcal{P}$ (d.h. $\mathcal{P}_0 \cap \mathcal{P}_1 = \emptyset$) mit $\mathcal{P}_j \neq \emptyset$, $j = 0, 1$. Dann heißen $H_0 = \mathcal{P}_0$ Nullhypothese und $H_1 = \mathcal{P}_1$ Alternative. H_1 repräsentiert die nachzuweisende Eigenschaft.

Liegen parametrische Verteilungsmodelle zugrunde, so werden H_0 und H_1 mit den entsprechenden Parametermengen identifiziert, d.h. H_0 und H_1 stellen eine Zerlegung des Parameterraums Θ dar: $\Theta = H_0 \cup H_1$, $H_0 \cap H_1 = \emptyset$ mit $H_0, H_1 \neq \emptyset$.

Ist H_j einelementig, so heißt die Hypothese einfach. Ansonsten spricht man von einer zusammengesetzten Hypothese.

Beispiel D 6.5. In der Situation von Beispiel D 6.1 wird z.B. das Verteilungsmodell $X_1, \ldots, X_n \overset{iid}{\sim} N(\mu, \sigma_0^2)$ mit $\mu \in \Theta = \mathbb{R}$ und bekanntem $\sigma_0^2 > 0$ unterstellt. Damit ergibt sich für das gegebene μ_0 und die untersuchte Fragestellung $H_0 = \{\mu \in \Theta \mid \mu \leqslant \mu_0\} = (-\infty, \mu_0]$ und $H_1 = \{\mu \in \Theta \mid \mu > \mu_0\} = (\mu_0, \infty)$. Als Schreibweise für diese Situation wird verwendet:

$$H_0 : \mu \leqslant \mu_0 \qquad \longleftrightarrow \qquad H_1 : \mu > \mu_0. \tag{D.2}$$

Im Modell $X_1, \ldots, X_n \overset{iid}{\sim} N(\mu, \sigma^2)$ mit $\mu \in \mathbb{R}$ und $\sigma^2 > 0$ ist der Parameterraum gegeben durch $\Theta = \mathbb{R} \times (0, \infty)$. Damit resultieren die Hypothesen $H_0 = \{(\mu, \sigma^2) \in \Theta \mid \mu \leqslant \mu_0, \sigma^2 > 0\} = (-\infty, \mu_0] \times (0, \infty)$ und $H_1 = \{(\mu, \sigma^2) \in \Theta \mid \mu > \mu_0, \sigma^2 > 0\} = (\mu_0, \infty) \times (0, \infty)$. Formal sehen die Hypothesen also anders aus, in der Darstellung des Testproblems wird aber ebenso die Notation aus (D.2) benutzt.

Bezeichnung D 6.6 (Statistischer Test, Annahmebereich, Ablehnbereich). Ein statistischer Test oder Hypothesentest ist ein Verfahren der Inferenzstatistik, das basierend auf einer Stichprobe $X_1, \ldots, X_n$ entscheidet, ob die formulierte Alternativhypothese für die Grundgesamtheit anzunehmen ist oder (mit den gegebenen Daten) nicht belegt werden kann.

Der Annahmebereich A ist die Teilmenge des Stichprobenraums, für die der Test die Nullhypothese akzeptiert. Die Teilmenge des Stichprobenraums, für die die Nullhypothese verworfen wird, heißt Ablehnbereich. Basiert der Test auf einer Teststatistik $T(X_1, \ldots, X_n)$, die Werte in $\mathbb{R}$ hat, so werden die obigen Begriffe auch auf die Werte von T bezogen, die zur Annahme bzw. Ablehnung der Nullhypothese führen.

In der mathematischen Statistik ist eine formalere Beschreibung von Tests üblich. Basierend auf einer Stichprobe $X_1, \ldots, X_n$ wird ein Test durch eine Zufallsvariable $\varphi(X_1, \ldots, X_n)$ mit einer Funktion $\varphi : \mathbb{R}^n \longrightarrow \{0, 1\}$, der sogenannten Testfunktion, gegeben durch

$$\varphi(x_1, \ldots, x_n) = \begin{cases} 0, & H_0 \text{ wird akzeptiert} \\ 1, & H_1 \text{ wird akzeptiert} \end{cases},$$

definiert. H_0 wird also genau dann verworfen, wenn $\varphi(x_1, \ldots, x_n) = 1$.

Im Folgenden wird ein statistischer Test meist wie in Verfahren D 6.7 formuliert. Zur Vereinfachung der Darstellung gehen einige Definitionen und Erläuterungen von dieser speziellen Situation aus. Eine Übertragung auf Testprobleme mit anderen Entscheidungsregeln ist i.Allg. problemlos möglich.

Verfahren D 6.7 (Formulierung eines Tests mittels einer Teststatistik T). *Basierend auf einer Stichprobe $X_1, \ldots, X_n$ wird eine Teststatistik $T = T(X_1, \ldots, X_n)$ berechnet. Der Wert dieser Statistik wird verglichen mit einer kritischen Schranke c und aus diesem Vergleich resultiert die Entscheidung. Sind daher H_0 die Nullhypothese und H_1 die Alternativhypothese, so lautet die Entscheidungsvorschrift des Testverfahrens etwa:*

Verwerfe H_0, falls $T > c$.

Damit wird eine Entscheidung für die Alternative H_1 getroffen, wenn der Wert der Statistik T den Wert der kritischen Schranke c übersteigt. Andernfalls kann H_0 nicht zurückgewiesen werden. Die geeignete Festlegung der kritischen Schranke c wird nachfolgend erläutert. Der Annahmebereich dieses Tests ist das Intervall $(-\infty, c]$, der Ablehnbereich ist (c, ∞).

Eine Entscheidung in einem statistischen Modell ist i.Allg. fehlerbehaftet und führt nicht immer zur richtigen Entscheidung. Im Rahmen eines statistischen Testproblems werden folgende Konstellationen unterschieden:

		In der Grundgesamtheit ist richtig:	
		Nullhypothese H_0	Alternative H_1
Das Testverfahren liefert aufgrund der Stichprobe die Entscheidung für	H_0	korrekte Entscheidung	Fehler 2. Art (β-Fehler)
	H_1	Fehler 1. Art (α-Fehler)	korrekte Entscheidung

Eine Fehlentscheidung liegt also dann vor, wenn für die Alternative H_1 entschieden wird, tatsächlich aber die Nullhypothese H_0 richtig ist (Fehler 1. Art) bzw. wenn für die Nullhypothese H_0 entschieden wird, obwohl die Alternative H_1 richtig ist (Fehler 2. Art). Es ist i.Allg. nicht möglich, beide Fehler simultan zu minimieren. Daraus resultiert die Entscheidung für ein unsymmetrisches Vorgehen (s.u.), bei dem der Fehler 1. Art nach oben begrenzt wird und dann der Fehler 2. Art möglichst klein sein soll.

Beispiel D 6.8. Zur Erläuterung des obigen Sachverhalts wird das Modell $X \sim N(\mu, 1)$ mit $\mu \in \{\mu_0, \mu_1\}$ und $\mu_0 < \mu_1$ betrachtet, d.h. es liegt eine normalverteilte Stichprobenvariable X mit den möglichen Erwartungswerten μ_0 und μ_1 vor. Ein statistischer Test für das Testproblem

$$H_0 : \mu = \mu_0 \qquad \longleftrightarrow \qquad H_1 : \mu = \mu_1$$

auf der Basis dieser einen Zufallsvariablen ist dann gegeben durch die Vorschrift

Verwerfe H_0, falls $X > c$ mit einer geeigneten kritischen Schranke c.

Wird angenommen, dass μ_0 korrekt ist, so ist die Wahrscheinlichkeit für eine Ablehnung von H_0 (die Fehlerwahrscheinlichkeit 1. Art) gegeben durch

$$P_{\mu_0}(X > c) = 1 - P_{\mu_0}(X \leqslant c) = 1 - \Phi(c - \mu_0),$$

wobei Φ die Verteilungsfunktion der Standardnormalverteilung ist. Analog ergibt sich die Wahrscheinlichkeit für eine Akzeptanz von H_0, obwohl μ_1 der korrekte Verteilungsparameter ist (die Fehlerwahrscheinlichkeit 2. Art), gemäß

$$P_{\mu_1}(X \leqslant c) = \Phi(c - \mu_1).$$

Die Fehlerwahrscheinlichkeiten werden daher über die Verteilungsfunktionen dargestellt. Da diesen Werten Flächen unterhalb der Kurven der zugehörigen Dichten entsprechen, ergibt sich das Bild in Abbildung D 6.1.

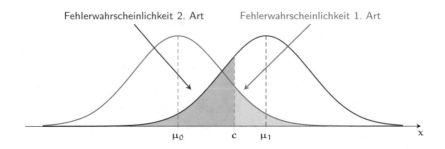

Abbildung D 6.1: Fehlerwahrscheinlichkeiten 1. und 2. Art.

Wird die zugehörige Schranke c variiert, so sieht man, dass sich die Fehlerwahrscheinlichkeiten gegenläufig verhalten: Wächst c, so wird zwar die Fehlerwahrscheinlichkeit 1. Art (dunkle Fläche) kleiner, aber die Fehlerwahrscheinlichkeit 2. Art (helle Fläche) wird größer. Entsprechendes zeigt sich, wenn die Schranke c nach unten verschoben wird.

Die oben bereits eingeführten Begriffe werden nun allgemein für zusammengesetzte Hypothesen formuliert.

Bezeichnung D 6.9 (Fehlerwahrscheinlichkeiten 1. und 2. Art, Gütefunktion).
Sei $X_1, \ldots, X_n \overset{\text{iid}}{\sim} P_\vartheta$, $\vartheta \in \Theta$.
Ein Test für das Testproblem $H_0 \longleftrightarrow H_1$ sei gegeben durch

$$\text{Verwerfe } H_0, \text{ falls } T > c$$

mit Teststatistik $T = T(X_1, \ldots, X_n)$ und kritischer Schranke c.

(i) $\alpha(\vartheta) = P_\vartheta(\text{„}H_1 \text{ entscheiden, obwohl } \vartheta \in H_0 \text{ richtig“}) = P_\vartheta(T > c)$ heißt Fehlerwahrscheinlichkeit 1. Art bei gegebenem $\vartheta \in H_0$. Das Supremum

$$\sup_{\vartheta \in H_0} \alpha(\vartheta) = \sup_{\vartheta \in H_0} P_\vartheta(T > c)$$

heißt Fehlerwahrscheinlichkeit 1. Art des Tests.

(ii) $\beta(\vartheta) = P_\vartheta(\text{„}H_0 \text{ entscheiden, obwohl } \vartheta \in H_1 \text{ richtig“}) = P_\vartheta(T \leqslant c)$ heißt Fehlerwahrscheinlichkeit 2. Art bei gegebenem $\vartheta \in H_1$. Das Supremum

$$\beta = \sup_{\vartheta \in H_1} \beta(\vartheta) = \sup_{\vartheta \in H_1} P_\vartheta(T \leqslant c)$$

heißt Fehlerwahrscheinlichkeit 2. Art des Tests. $1 - \beta$ heißt Schärfe oder Power des Tests.

(iii) Die durch $G(\vartheta) = P_\vartheta(\text{„}H_1 \text{ entscheiden“}) = P_\vartheta(T > c)$, $\vartheta \in \Theta$, definierte Funktion $G : \Theta \longrightarrow [0, 1]$ heißt Gütefunktion des Tests. $G(\vartheta)$ heißt Güte des Tests an der Stelle ϑ.

Aus den obigen Definitionen ergibt sich für die Gütefunktion folgender Zusammenhang

$$G(\vartheta) = \begin{cases} \alpha(\vartheta), & \vartheta \in H_0 \\ 1 - \beta(\vartheta), & \vartheta \in H_1 \end{cases}.$$

Beispiel D 6.8 zeigt, dass die simultane Minimierung der Fehlerwahrscheinlichkeiten i.Allg. nicht möglich ist. Dies führt zu einer unsymmetrischen Behandlung der Fehlerarten. Zur Lösung dieses Problems werden die nachfolgenden Überlegungen mit einbezogen.

Zunächst sieht es so aus, als ob beide Fehlentscheidungen gleich zu werten sind. Es gibt aber Gründe dies nicht zu tun, wie das folgende Beispiel zeigt.

Beispiel D 6.10. Mittels eines statistischen Tests soll eine neue Therapie mit einer wohlbekannten Standardtherapie verglichen und hinsichtlich ihrer Güte bewertet werden. Die Alternativhypothese H_1 lautet: „Die neue Therapie ist besser als die Standardtherapie". Die Nullhypothese beinhaltet die gegenteilige Aussage: „Die Standardtherapie ist nicht schlechter als die neue Therapie". Im Lichte der möglichen Fehlentscheidungen bedeutet der Fehler 1. Art, die Nullhypothese H_0 zu verwerfen, obwohl sie tatsächlich richtig ist. Die neue Therapie wird also aufgrund der Datenlage besser beurteilt als die Standardtherapie, so dass diese (falsche) Entscheidung die Ablösung der Standardtherapie nach sich ziehen müsste. Diese Umstellung des Therapieverfahrens ist nachteilig für die Patienten. Diese Folgeerscheinungen der falschen Entscheidung sind nicht zu rechtfertigen und sollen daher möglichst vermieden werden.

Der Fehler 2. Art bedeutet in Konsequenz, dass die Standardtherapie beibehalten wird, obwohl die neue Behandlungsmethode einen Therapiefortschritt brächte. Es wird also auf den Nutzen der neuen Methode verzichtet.

Fasst man diese Argumente zusammen, so ist klar, dass der Fehler 1. Art klein sein sollte. Diese Risikoabwägung führt jedoch zu vermehrten Entscheidungen zugunsten der Standardtherapie. Da also eine solche Vorgehensweise Fehler 2. Art begünstigt, müssen größere Anzahlen von Fehlentscheidungen 2. Art notwendig in Kauf genommen werden. Der Fehler 1. Art sollte als nicht „zu klein" eingefordert werden, um den Fehler 2. Art nicht „zu groß" werden zu lassen. Ansonsten hat das Testverfahren „fast keine Chance" (bzw. nur bei unrealistisch hohen Fallzahlen) sich für die Alternative zu entscheiden.

Aus der obigen Argumentation resultiert die Ungleichbehandlung von Fehlern 1. und 2. Art. In der Konstruktion von Testverfahren bedeutet dies, dass für den Fehler 1. Art eine Fehlerwahrscheinlichkeit $\alpha \in (0,1)$ vorgegeben wird, die als Wahrscheinlichkeit einer solchen Fehlentscheidung akzeptabel erscheint. Üblich sind wie bei Konfidenzintervallen die Werte $\alpha \in \{0{,}1, 0{,}05, 0{,}01\}$. Der Fehler 1. Art wird auf diese Weise kontrolliert. Die Fehlerwahrscheinlichkeit 2. Art ist ein Maß für den durch ein Testverfahren bedingten Fehler 2. Art (sie ist noch durch die Festlegung des Stichprobenumfangs beeinflussbar). Aus diesem Grund sind Anwender an Verfahren interessiert, deren Fehlerwahrscheinlichkeit 2. Art bei vorgegebener Fehlerwahrscheinlichkeit 1. Art möglichst klein ist. Diese Fragestellung ist

Gegenstand der mathematischen Statistik und wird hier nicht weiter diskutiert. Im Folgenden werden in Analogie zum Vorgehen bei Punkt- und Intervallschätzungen Verfahren für verschiedene Modelle bereitgestellt.

Bezeichnung D 6.11 (Signifikanzniveau, α-Niveau-Test). Für ein $\alpha \in (0,1)$ wird ein Test der Form

$$\text{Verwerfe } H_0, \text{ falls } T > c$$

im obigen Sinn durch eine geeignete Festlegung der kritischen Schranke c definiert. Die Bedingung an diesen Wert lautet:

$$\sup_{\vartheta \in H_0} \alpha(\vartheta) = \sup_{\vartheta \in H_0} P_\vartheta(T > c) \leqslant \alpha.$$

α heißt Signifikanzniveau. Ein statistischer Test, der dieses Niveau einhält, wird als Signifikanztest zum Niveau α bzw. α-Niveau-Test bezeichnet. Lehnt ein Test die Nullhypothese ab, so wird der Inhalt der Alternative als signifikant zum Niveau α bezeichnet.

D 6.2 Tests bei Normalverteilungsannahme

Zur leichteren Orientierung ist in Abbildung D 6.2 eine Übersicht über die behandelten Situationen angegeben. Die Verweise beziehen sich auf die Tabellen, in denen jeweils Hypothesen und Entscheidungsregeln zusammengestellt sind.

Die nachfolgend vorgestellten Testverfahren basieren auf dem Stichprobenmittel $\overline{X} = \frac{1}{n} \sum_{i=1}^{n} X_i$ und/oder der Stichprobenvarianz $\widehat{\sigma}^2 = \frac{1}{n-1} \sum_{i=1}^{n} (X_i - \overline{X})^2$. Zur Festlegung der kritischen Schranke werden Quantile der Verteilung der Teststatistik unter der Nullhypothese benötigt. Daher werden die Wahrscheinlichkeitsverteilungen von $\overline{X}$, $\widehat{\sigma}^2$ sowie verwandten Größen ohne Beweis kurz zusammengefasst. Dabei wird zunächst jeweils ein allgemeines Resultat präsentiert und dann die Anwendung auf die obigen Statistiken dargestellt.

Teststatistiken in Normalverteilungsmodellen und deren Verteilungen

Eigenschaft D 6.12. *Sei* $X_1, \ldots, X_n \overset{iid}{\sim} N(\mu, \sigma^2)$ *mit* $\mu \in \mathbb{R}$ *und* $0 < \sigma^2 < \infty$. *Dann gilt*

$$\overline{X}^* = \sqrt{n}\, \frac{\overline{X} - \mu}{\sigma} \sim N(0,1).$$

Eigenschaft D 6.13. *Sind* $U \sim N(0,1)$ *und* $V \sim \chi^2(m)$ *stochastisch unabhängige Zufallsvariablen, so gilt*

$$\frac{U}{\sqrt{\frac{1}{m}V}} \sim t(m).$$

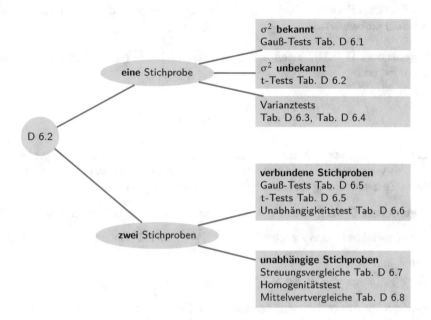

Abbildung D 6.2: Übersicht der Testverfahren bei Normalverteilungsannahme.

Aus den Eigenschaften D 6.12 und D 6.13 sowie aus Satz D 5.5 ergibt sich folgende Aussage für die sogenannte t-Statistik, die aus der in Eigenschaft D 6.12 betrachteten Statistik $\overline{X}^* = \sqrt{n}\frac{\overline{X}-\mu}{\sigma}$ entsteht, indem die Standardabweichung σ durch den Schätzer $\widehat{\sigma} = \sqrt{\frac{1}{n-1}\sum_{i=1}^{n}(X_i - \overline{X})^2}$ ersetzt wird. Diese Vorgehensweise wird als Studentisieren bezeichnet. Die t-Verteilung wird auch als Student-Verteilung bezeichnet.

Eigenschaft D 6.14. *Seien* $n \geqslant 2$ *und* $X_1,\ldots,X_n \overset{iid}{\sim} N(\mu,\sigma^2)$ *mit* $\mu \in \mathbb{R}$ *und* $0 < \sigma^2 < \infty$. *Die* t-*Statistik*

$$T = \sqrt{n}\,\frac{\overline{X}-\mu}{\widehat{\sigma}}$$

ist t-*verteilt mit* $n-1$ *Freiheitsgraden, d.h.* $T \sim t(n-1)$.

Aus Beispiel C 4.1 (ii) folgt direkt das folgende Resultat.

Eigenschaft D 6.15. *Sei* $X_1,\ldots,X_n \overset{iid}{\sim} N(\mu,\sigma^2)$ *mit* $\mu \in \mathbb{R}$ *und* $0 < \sigma^2 < \infty$. *Dann gilt*

$$\frac{n\widehat{\sigma}_\mu^2}{\sigma^2} = \frac{1}{\sigma^2}\sum_{i=1}^{n}(X_i - \mu)^2 \sim \chi^2(n).$$

Ein ähnliches Resultat, das jedoch deutlich aufwändiger nachzuweisen ist, gilt für die Stichprobenvarianz.

Eigenschaft D 6.16. *Seien* $n \geqslant 2$ *und* $X_1, \ldots, X_n \overset{iid}{\sim} N(\mu, \sigma^2)$ *mit* $\mu \in \mathbb{R}$ *und* $0 < \sigma^2 < \infty$.
Dann gilt

$$\frac{(n-1)\widehat{\sigma}^2}{\sigma^2} = \frac{1}{\sigma^2} \sum_{i=1}^{n} (X_i - \overline{X})^2 \sim \chi^2(n-1).$$

Zum Vergleich von Varianzschätzungen werden Quotienten von Stichprobenvarianzen verwendet. Dabei wird von folgendem Resultat Gebrauch gemacht, das einen Zusammenhang zwischen χ^2- und F-Verteilung herstellt.

Eigenschaft D 6.17. *Seien* $V \sim \chi^2(n)$ *und* $W \sim \chi^2(m)$ *stochastisch unabhängige Zufallsvariablen. Dann hat der Quotient* $\dfrac{\frac{1}{n}V}{\frac{1}{m}W}$ *eine F-Verteilung mit Freiheitsgraden* n *und* m.
Für die Summe $V + W$ *gilt* $V + W \sim \chi^2(n+m)$.

Eine direkte Anwendung der Aussagen aus Eigenschaft D 6.17 auf die Stichprobenvarianzen im Modell D 1.9 liefert folgende Ergebnisse.

Eigenschaft D 6.18. *Seien* $X_1, \ldots, X_{n_1} \overset{iid}{\sim} N(\mu_1, \sigma_1^2)$, $Y_1, \ldots, Y_{n_2} \overset{iid}{\sim} N(\mu_2, \sigma_2^2)$ *stochastisch unabhängige Stichproben mit* $n_1, n_2 \geqslant 2$ *sowie*

$$\widehat{\sigma}_1^2 = \frac{1}{n_1 - 1} \sum_{j=1}^{n_1} (X_j - \overline{X})^2 \quad und \quad \widehat{\sigma}_2^2 = \frac{1}{n_2 - 1} \sum_{j=1}^{n_2} (Y_j - \overline{Y})^2$$

die jeweiligen Stichprobenvarianzen.
Dann gilt für den Quotienten

$$\frac{\widehat{\sigma}_1^2 / \sigma_1^2}{\widehat{\sigma}_2^2 / \sigma_2^2} \sim F(n_1 - 1, n_2 - 1).$$

Für $\sigma_1 = \sigma_2$ *ist die F-Statistik* $F = \dfrac{\widehat{\sigma}_1^2}{\widehat{\sigma}_2^2}$ *F-verteilt mit* $n_1 - 1$ *und* $n_2 - 1$ *Freiheitsgraden. Weiterhin gilt unter der Bedingung* $\sigma_1 = \sigma_2$

$$\frac{(n_1 - 1)\widehat{\sigma}_1^2 + (n_2 - 1)\widehat{\sigma}_2^2}{\sigma_1^2} \sim \chi^2(n_1 + n_2 - 2).$$

Einstichproben-Tests

Beispiel D 6.19. Im Rahmen einer Füllmengenkontrolle (s. Beispiel D 6.1) von 5l Gebinden werden 20 Gebinde zufällig aus der Produktion ausgewählt und auf die tatsächlich enthaltene Füllmenge kontrolliert. Die Auswertung ergab folgende Messwerte:

$$5,14 \quad 4,90 \quad 5,25 \quad 4,99 \quad 4,93 \quad 5,16 \quad 5,21 \quad 5,14 \quad 4,98 \quad 5,13$$
$$5,15 \quad 4,85 \quad 5,20 \quad 5,19 \quad 5,14 \quad 4,95 \quad 4,94 \quad 4,91 \quad 5,15 \quad 5,09$$

Der Produzent muss nachweisen, dass die vorgegebene Füllmenge von $\mu_0 = 5$ [l] auch tatsächlich (im Mittel) eingehalten wird, d.h. es liegt keine Unterschreitung der vorgeschriebenen Füllmenge vor. Mittels eines geeigneten statistischen Tests soll daher das Testproblem

$$H_0 : \mu \leqslant 5 \qquad \longleftrightarrow \qquad H_1 : \mu > 5$$

bearbeitet werden.

Zur Durchführung der Analyse nimmt der Produzent Modell D 5.1 an, d.h. die zugrundeliegenden Stichprobenvariablen $X_1, \ldots, X_n$ sind stochastisch unabhängig und identisch $N(\mu, \sigma^2)$-verteilt mit unbekanntem Erwartungswert $\mu \in \mathbb{R}$ und einer gegebenen Standardabweichung $\sigma = 0,1$ [l]. Den Wert der Standardabweichung hat er den Unterlagen des Herstellers der Abfüllanlage entnommen (Toleranz der Füllmenge).

Im Folgenden werden drei Typen von Hypothesen bzgl. des Erwartungswerts betrachtet.

Hypothesen D 6.20 (Hypothesen bzgl. des Erwartungswerts).

$$H_0 : \mu \leqslant \mu_0 \qquad \longleftrightarrow \qquad H_1 : \mu > \mu_0$$
$$H_0 : \mu \geqslant \mu_0 \qquad \longleftrightarrow \qquad H_1 : \mu < \mu_0$$
$$H_0 : \mu = \mu_0 \qquad \longleftrightarrow \qquad H_1 : \mu \neq \mu_0$$

Gauß-Tests

Ausgehend vom Modell D 5.1, d.h. $X_1, \ldots, X_n \overset{iid}{\sim} N(\mu, \sigma^2)$ mit $\mu \in \mathbb{R}$ unbekannt und $\sigma^2 > 0$ bekannt, wird zunächst eine geeignete Teststatistik für das in Beispiel D 6.19 gegebene Entscheidungsproblem gesucht. Ein wesentlicher Aspekt bei der Konstruktion des Tests ist, dass die Verteilung der Statistik (zumindest für den Schwellenwert μ_0) bekannt ist. Da der (unbekannte) Erwartungswert μ untersucht werden soll, ist es naheliegend den Test auf einer geeigneten Schätzung, dem Stichprobenmittel $\widehat{\mu} = \overline{X} = \frac{1}{n} \sum_{i=1}^{n} X_i$, aufzubauen. Insbesondere gilt im Modell D 5.1

$$\overline{X} \sim N\left(\mu, \frac{\sigma^2}{n}\right).$$

Im einseitigen Testproblem $H_0 : \mu \leqslant \mu_0 \longleftrightarrow H_1 : \mu > \mu_0$ soll die Alternativhypothese H_1 statistisch belegt werden. Um der Unsicherheit Rechnung zu tragen, ist es daher angebracht, eine Entscheidungsregel gemäß

$$\text{Verwerfe } H_0, \text{ falls } \overline{X} > \mu_0 + \delta$$

zu formulieren. δ ist dabei ein Maß für das subjektive „Sicherheitsbedürfnis" und dient dazu, die gegebene maximale Fehlerwahrscheinlichkeit 1. Art einzuhalten. Ist μ_0 der wahre Parameter, so gilt für den vorgeschlagenen Test

$$P_{\mu_0}(\overline{X} > \mu_0 + \delta) = P_{\mu_0}\left(\sqrt{n}\,\frac{\overline{X} - \mu_0}{\sigma} > \sqrt{n}\,\frac{\delta}{\sigma}\right) = 1 - \Phi\left(\sqrt{n}\,\frac{\delta}{\sigma}\right).$$

Die Fehlerwahrscheinlichkeit 1. Art bei gegebenem μ_0 ist damit höchstens α, falls

$$1 - \Phi\left(\sqrt{n}\,\frac{\delta}{\sigma}\right) \leqslant \alpha \iff \delta \geqslant \frac{\sigma}{\sqrt{n}} u_{1-\alpha}.$$

Die minimale Wahl für δ ist daher $\delta^* = \frac{\sigma}{\sqrt{n}} u_{1-\alpha}$. Eine analoge Betrachtung zeigt, dass die Fehlerwahrscheinlichkeit 1. Art auch bei gegebenem (festem) $\mu \leqslant \mu_0$ durch α begrenzt ist, d.h.

$$P_\mu(\overline{X} > \mu_0 + \delta^*) \leqslant \alpha$$

(es gilt sogar die strikte Ungleichung). Für μ_0 resultiert daher die maximale Fehlerwahrscheinlichkeit 1. Art für einen gegebenen Parameter $\mu \leqslant \mu_0$.

Die Entscheidungsregel lautet daher:

$$\text{Verwerfe } H_0, \text{ falls } \overline{X} > \mu_0 + \frac{\sigma}{\sqrt{n}} u_{1-\alpha}.$$

Wegen

$$\overline{X} > \mu_0 + \frac{\sigma}{\sqrt{n}} u_{1-\alpha} \iff \overline{X}^* = \sqrt{n}\,\frac{\overline{X} - \mu_0}{\sigma} > u_{1-\alpha}$$

wird der Test meist mit der standardisierten Teststatistik $\overline{X}^* = \sqrt{n}\,\frac{\overline{X}-\mu_0}{\sigma}$ formuliert.

Verfahren D 6.21 (Einseitiger Gauß-Test). *Sei $\alpha \in (0,1)$. Der einseitige Gauß-Test zum Signifikanzniveau α im Modell D 5.1 für das einseitige Testproblem*

$$H_0 : \mu \leqslant \mu_0 \qquad \longleftrightarrow \qquad H_1 : \mu > \mu_0,$$

ist gegeben durch die Entscheidungsregel:

$$\text{Verwerfe } H_0, \text{ wenn } \overline{X}^* > u_{1-\alpha}.$$

Der Ablehnbereich dieses Gauß-Tests ist das Intervall $(u_{1-\alpha}, \infty)$.

Beispiel D 6.22. Der Gauß-Test wird angewendet auf die Situation in Beispiel D 6.19. Mit $\alpha = 0{,}01$, $\mu_0 = 5$, $\sigma = 0{,}1$, $n = 20$ und $\bar{x} = 5{,}07$ resultiert die Realisation der Teststatistik

$$\bar{x}^* = \sqrt{n}\,\frac{\bar{x} - \mu_0}{\sigma} = \sqrt{20}\,\frac{5{,}07 - 5}{0{,}1} \approx 3{,}130.$$

Wegen $u_{0,99} = 2{,}326$ folgt $\bar{x}^* > u_{0,99}$. Der Gauß-Test zum Niveau 1% verwirft daher die Nullhypothese, so dass der Produzent die Einhaltung der Füllmenge (unter den getroffenen Annahmen) statistisch belegen kann.

Durch eine analoge Vorgehensweise wie im obigen Fall resultiert die folgende Testvorschrift.

Verfahren D 6.23 (Einseitiger Gauß-Test). *Sei* $\alpha \in (0,1)$. *Der einseitige Gauß-Test zum Signifikanzniveau α im Modell D 5.1 für das Testproblem*

$$H_0 : \mu \geqslant \mu_0 \qquad \longleftrightarrow \qquad H_1 : \mu < \mu_0,$$

ist gegeben durch die Entscheidungsregel:

$$\text{Verwerfe } H_0, \text{ wenn } \overline{X}^* < u_\alpha.$$

Die Entscheidungsvorschrift wird gelegentlich auch mit $-u_{1-\alpha} = u_\alpha$ formuliert.

Beispiel D 6.24. Einige Monate nachdem der Produzent seine Einhaltung der Füllmenge statistisch nachgewiesen hat (vgl. Beispiel D 6.22) entstehen bei einem Kunden Zweifel an der Aussage des Produzenten. Er möchte dem Produzenten einen Verstoß gegen die gesetzlichen Bestimmungen (statistisch) nachweisen und formuliert daher das Testproblem

$$H_0 : \mu \geqslant 5 \qquad \longleftrightarrow \qquad H_1 : \mu < 5.$$

Bei der Durchführung der Analyse kann er auf 20 aktuell erhobene Daten

$$5{,}04 \ \ 4{,}98 \ \ 4{,}99 \ \ 5{,}07 \ \ 5{,}03 \ \ 5{,}01 \ \ 5{,}02 \ \ 4{,}94 \ \ 4{,}91 \ \ 5{,}01$$
$$5{,}10 \ \ 5{,}19 \ \ 4{,}90 \ \ 5{,}05 \ \ 5{,}08 \ \ 5{,}09 \ \ 5{,}01 \ \ 4{,}95 \ \ 4{,}91 \ \ 5{,}00$$

und die vom Produzenten zur Verfügung gestellte Standardabweichung $\sigma = 0{,}1$ zurückgreifen. Da wiederum Modell D 5.1 unterstellt wird, wird ein Gauß-Test (diesmal zum Niveau 5%) durchgeführt. Für die obigen Daten ergibt sich mit $\alpha = 0{,}05$, $\mu_0 = 5$, $\sigma = 0{,}1$, $n = 20$ und $\bar{x} = 5{,}014$ der Wert $\bar{x}^* = 0{,}626$. Wegen $u_{0{,}05} = -u_{0{,}95} = -1{,}645$ folgt daher $\bar{x}^* \geqslant u_{0{,}05}$. Die Nullhypothese kann daher nicht abgelehnt werden. Der Kunde kann seine Vermutung also nicht statistisch untermauern.

Er stellt allerdings fest, dass auch der Produzent mit den aktuellen Daten seine Behauptung $\mu > 5$ nicht belegen kann. Es gilt nämlich $\bar{x}^* \leqslant u_{0{,}95} = 1{,}645$.

Zum Abschluss wird noch die zweiseitige Hypothese betrachtet. In Analogie zur Konstruktion der einseitigen Testverfahren wird angenommen, dass die Daten für die Alternativhypothese sprechen, wenn eine ausreichend große Abweichung von μ_0 nach oben oder nach unten beobachtet werden kann. Da Abweichungen nach oben und unten gleichermaßen bewertet werden, wird eine symmetrische Konstruktion vorgenommen. Die Testvorschrift lautet daher

$$\text{Verwerfe } H_0 : \mu = \mu_0, \text{ falls } \overline{X} > \mu_0 + \delta \text{ oder } \overline{X} < \mu_0 - \delta.$$

H_0	H_1	H_0 wird abgelehnt, falls
$\mu \leqslant \mu_0$ ($\mu = \mu_0$)	$\mu > \mu_0$	$\overline{X}^* > u_{1-\alpha}$ bzw. äquivalent $\overline{X} > \mu_0 + u_{1-\alpha}\frac{\sigma}{\sqrt{n}}$
$\mu \geqslant \mu_0$ ($\mu = \mu_0$)	$\mu < \mu_0$	$\overline{X}^* < -u_{1-\alpha} = u_\alpha$ bzw. äquivalent $\overline{X} < \mu_0 - u_{1-\alpha}\frac{\sigma}{\sqrt{n}}$
$\mu = \mu_0$	$\mu \neq \mu_0$	$|\overline{X}^*| > u_{1-\alpha/2}$ bzw. äquivalent $\begin{cases} \overline{X} > \mu_0 + u_{1-\alpha/2}\frac{\sigma}{\sqrt{n}} \\ \quad\text{oder} \\ \overline{X} < \mu_0 - u_{1-\alpha/2}\frac{\sigma}{\sqrt{n}} \end{cases}$

Tabelle D 6.1: Gauß-Tests.

Für die Fehlerwahrscheinlichkeit 1. Art bei gegebenem μ_0 gilt dann

$$P_{\mu_0}(\overline{X} > \mu_0 + \delta \text{ oder } \overline{X} < \mu_0 - \delta) = 1 - P_{\mu_0}(\mu_0 - \delta \leqslant \overline{X} \leqslant \mu_0 + \delta)$$

$$= 1 - P_{\mu_0}\left(-\sqrt{n}\,\frac{\delta}{\sigma} \leqslant \overline{X}^* \leqslant \sqrt{n}\,\frac{\delta}{\sigma}\right)$$

$$= 1 - \left[\Phi\left(\sqrt{n}\,\frac{\delta}{\sigma}\right) - \Phi\left(-\sqrt{n}\,\frac{\delta}{\sigma}\right)\right]$$

$$= 2\left[1 - \Phi\left(\sqrt{n}\,\frac{\delta}{\sigma}\right)\right].$$

Da die Nullhypothese nur den Wert μ_0 enthält, ist die (maximale) Fehlerwahrscheinlichkeit 1. Art bestimmt durch

$$P_{\mu_0}(\overline{X} > \mu_0 + \delta \text{ oder } \overline{X} < \mu_0 - \delta) = \alpha \iff 2\left[1 - \Phi\left(\sqrt{n}\,\frac{\delta}{\sigma}\right)\right] = \alpha.$$

Dies liefert die Festlegung $\delta = \dfrac{\sigma}{\sqrt{n}}u_{1-\alpha/2}$.

Verfahren D 6.25 (Zweiseitiger Gauß-Test). *Sei $\alpha \in (0,1)$. Der zweiseitige Gauß-Test zum Signifikanzniveau α im Modell D 5.1 für das Testproblem*

$$H_0 : \mu = \mu_0 \qquad \longleftrightarrow \qquad H_1 : \mu \neq \mu_0$$

ist gegeben durch die Entscheidungsregel:

$$\text{Verwerfe } H_0, \text{ wenn } |\overline{X}^*| > u_{1-\alpha/2}.$$

Gütefunktion

Zur Bewertung eines statistischen Tests wurde in Bezeichnung D 6.9 die Güte-funktion definiert. Diese wird nun exemplarisch für den Gauß-Test bestimmt.

Satz D 6.26. *Die Gütefunktion* G *des einseitigen Gauß-Tests D 6.21 zum Niveau* $\alpha \in (0,1)$ *ist gegeben durch*

$$G(\mu) = \Phi\left(u_\alpha + \sqrt{n}\,\frac{\mu - \mu_0}{\sigma}\right), \quad \mu \in \mathbb{R}.$$

Weiterhin gilt:

(i) *Fehlerwahrscheinlichkeit 1. Art:* $\sup\limits_{\mu \leqslant \mu_0} \alpha(\mu) = \sup\limits_{\mu \leqslant \mu_0} G(\mu) = \alpha,$

(ii) *Fehlerwahrscheinlichkeit 2. Art:* $\sup\limits_{\mu > \mu_0} \beta(\mu) = 1 - \inf\limits_{\mu > \mu_0} G(\mu) = 1 - \alpha.$

Beweis: Die Teststatistik des Gauß-Tests ist gegeben durch $\overline{X}^* = \sqrt{n}\frac{\overline{X} - \mu_0}{\sigma}$, so dass

$$G(\mu) = P_\mu(\overline{X}^* > u_{1-\alpha}), \quad \mu \in \mathbb{R}.$$

Zunächst wird die Verteilung von $\overline{X}^*$ unter P_μ ermittelt. Ist μ der wahre Erwartungswert der Stichprobenvariablen, so folgt aus der Darstellung

$$\overline{X}^* = \frac{\overline{X} - \mu_0}{\sigma/\sqrt{n}} = \frac{\overline{X} - \mu}{\sigma/\sqrt{n}} + \frac{\mu - \mu_0}{\sigma/\sqrt{n}} = \widetilde{X} + v(\mu) \quad \text{mit } v(\mu) = \frac{\mu - \mu_0}{\sigma/\sqrt{n}},$$

dass $\widetilde{X}$ unter P_μ eine $N(0,1)$-Verteilung besitzt. Der zweite Term $v(\mu)$ in der Summe ist eine Zahl, so dass $\overline{X}^* \sim N(v(\mu),1)$ gilt. Insgesamt gilt nun für $\mu \in \mathbb{R}$

$$G(\mu) = P_\mu\left(\overline{X}^* > u_{1-\alpha}\right) = P_\mu\left(\widetilde{X} + v(\mu) > u_{1-\alpha}\right) = P_\mu\left(\widetilde{X} > u_{1-\alpha} - v(\mu)\right)$$

$$= 1 - \Phi\left(u_{1-\alpha} - v(\mu)\right) = \Phi\left(-u_{1-\alpha} + \frac{\mu - \mu_0}{\sigma/\sqrt{n}}\right).$$

Die Gütefunktion des einseitigen Gauß-Tests D 6.21 ist in Abbildung D 6.3 darge-stellt für $\alpha \in \{0{,}01, 0{,}05, 0{,}1\}$ bei festem Stichprobenumfang $n = 20$. Die Kurven-verläufe zeigen, dass die Gütefunktionen für festen Stichprobenumfang und festes μ für abnehmendes Niveau α ebenfalls fallen. Abbildung D 6.4 illustriert das Ver-halten der Gütefunktion für $\alpha = 0{,}1$ und wachsendem Stichprobenumfang. Die Darstellung legt nahe, dass die Güte in n für festes $\mu > \mu_0$ monoton wachsend ist. Dies kann leicht nachgewiesen werden (s. auch Abbildung D 6.5).

Beispiel D 6.27. Der Produzent aus Beispiel D 6.19 hat seine Anlage auf einen Sollwert von $\mu^* = 5{,}04$ eingestellt. Er möchte nun wissen, wie groß die Fehler-wahrscheinlichkeit 2. Art für diesen Wert ist, falls dies der „wahre" Wert des Parameters μ ist ($\alpha = 0{,}01$). Es gilt:

$$\beta(\mu^*) = 1 - G(\mu^*) = 1 - \Phi\left(-u_{0{,}99} + \frac{5{,}04 - 5}{0{,}1/\sqrt{20}}\right)$$

$$= 1 - \Phi(-0{,}537) = 1 - 0{,}295 = 0{,}705.$$

Die Fehlerwahrscheinlichkeit 2. Art beträgt daher für diesen Wert etwa 70,5%.

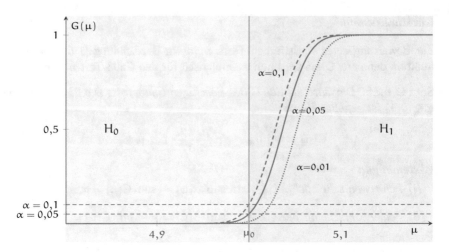

Abbildung D 6.3: Gütefunktionen zum Gauß-Test für $H_0 : \mu \leqslant 5$, $\alpha \in \{0{,}01, 0{,}05, 0{,}1\}$ und festem Stichprobenumfang $n = 20$.

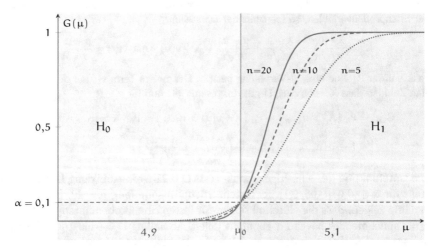

Abbildung D 6.4: Gütefunktionen zum Gauß-Test für $H_0 : \mu \leqslant 5$, $\alpha = 0{,}1$ und Stichprobenumfänge $n \in \{5, 10, 20\}$.

Analoge Überlegungen liefern die Gütefunktionen der übrigen Gauß-Tests.

Satz D 6.28 (Gütefunktionen der Gauß-Tests).

(i) Die Gütefunktion G des einseitigen Gauß-Tests D 6.23 ist gegeben durch

$$G(\mu) = \Phi\left(u_\alpha - \sqrt{n}\,\frac{\mu - \mu_0}{\sigma}\right), \quad \mu \in \mathbb{R}.$$

(ii) Die Gütefunktion G des zweiseitigen Gauß-Tests D 6.25 ist gegeben durch

$$G(\mu) = \Phi\left(u_{\alpha/2} + \sqrt{n}\,\frac{\mu - \mu_0}{\sigma}\right) + \Phi\left(u_{\alpha/2} - \sqrt{n}\,\frac{\mu - \mu_0}{\sigma}\right), \quad \mu \in \mathbb{R}.$$

Beweis: Die Darstellung für den einseitigen Test ergibt sich analog zu Satz D 6.26 mit

$$G(\mu) = P_\mu(\overline{X}^* < u_\alpha) = P_\mu(\widetilde{X} \leqslant u_\alpha - \nu(\mu)) = \Phi\left(u_\alpha - \sqrt{n}\,\frac{\mu - \mu_0}{\sigma}\right).$$

Im zweiseitigen Fall folgt das Ergebnis aus den Darstellungen der Gütefunktion im einseitigen Fall, $u_{\alpha/2} < u_{1-\alpha/2}$ und

$$G(\mu) = P_\mu(\overline{X}^* < u_{\alpha/2} \text{ oder } \overline{X}^* > u_{1-\alpha/2}) = P_\mu(\overline{X}^* < u_{\alpha/2}) + P_\mu(\overline{X}^* > u_{1-\alpha/2}).$$

Versuchsplanung

In Regel D 5.7 wurde eine Methode zur Festlegung eines Mindeststichprobenumfangs vorgestellt, damit ein zweiseitiges Konfidenzintervall eine vorgegebene Länge $\mathcal{L}_0 > 0$ nicht überschreitet. Eine entsprechende Möglichkeit der Versuchsplanung besteht auch bei der Durchführung von Gauß-Tests. Wie Satz D 6.26 zeigt, ist die Fehlerwahrscheinlichkeit 2. Art der Gauß-Tests stets durch $1 - \alpha$ gegeben. Dies liegt darin begründet, dass bei Annäherung an den Schwellenwert die Fehler 2. Art stets zunehmen. Es besteht jedoch die Möglichkeit, die Fehlerwahrscheinlichkeit 2. Art für Werte außerhalb eines Toleranzbereichs unter einen vorgegebenen Wert zu zwingen, indem der Stichprobenumfang hinreichend groß gewählt wird. Für die einseitige Fragestellung

$$H_0 : \mu \leqslant \mu_0 \quad \longleftrightarrow \quad H_1 : \mu > \mu_0$$

bedeutet dies, den Stichprobenumfang wie folgt zu wählen:

Problem D 6.29. *Bestimme für eine gegebene Wahrscheinlichkeit $\beta^* > 0$ und einen Mindestabstand $\delta_0 > 0$ einen Mindeststichprobenumfang n^*, so dass die Fehlerwahrscheinlichkeit 2. Art höchstens β^* beträgt, wenn der wahre Wert von μ den Schwellenwert μ_0 um mindestens δ_0 überschreitet, d.h.*

$$\beta_{n^*}(\mu) \leqslant \beta^* \quad \forall\,\mu > \mu_0 + \delta_0.$$

Regel D 6.30 (Versuchsplanung). *Sei $\delta_0 > 0$ ein geforderter Mindestabstand. Beim einseitigen Gauß-Test D 6.21 führt die obige Vorgehensweise zur folgenden Bedingung an den Stichprobenumfang*

$$n \geqslant \frac{\sigma^2}{\delta_0^2}(u_{1-\alpha} + u_{1-\beta^*})^2.$$

Der Mindeststichprobenumfang n^* ist daher die kleinste natürliche Zahl n, die diese Ungleichung erfüllt.

Beweis: Gemäß Satz D 6.26 führt der obige Ansatz zur Bedingung

$$\beta(\mu) = 1 - G(\mu) = 1 - \Phi\left(-u_{1-\alpha} + \frac{\mu - \mu_0}{\sigma/\sqrt{n}}\right) \leqslant \beta^* \quad \forall \mu > \mu_0 + \delta_0.$$

Mit $u_{1-\beta^*} = \Phi^{-1}(1 - \beta^*)$ ist diese Ungleichung äquivalent zu

$$u_{1-\alpha} + u_{1-\beta^*} \leqslant \sqrt{n}\frac{\mu - \mu_0}{\sigma} \quad \forall \mu > \mu_0 + \delta_0.$$

Da die Terme auf beiden Seiten positiv sind, liefert eine einfache Umformung die behauptete Beziehung.

Die Situation in Regel D 6.30 ist in Abbildung D 6.5 dargestellt.

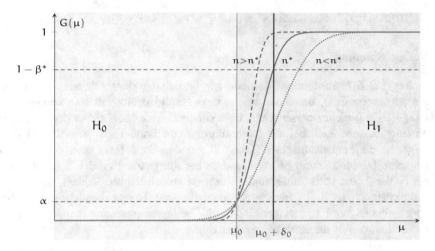

Abbildung D 6.5: Versuchsplanung beim Gauß-Test für $H_0 : \mu \leqslant \mu_0$ und gegebenen α und β^* mit minimalem Stichprobenumfang n^*, der die geforderte Fehlerwahrscheinlichkeit 2. Art für $\mu > \mu_0 + \delta_0$ einhält. Dargestellt sind drei Gütefunktionen mit Stichprobenumfängen n^*, $n > n^*$ und $n < n^*$.

Beispiel D 6.31. Der Produzent aus Beispiel D 6.19 hat bisher stets Stichproben vom Umfang $n = 20$ erhoben. In Beispiel D 6.27 wurde gezeigt, dass z.B. für $\mu = 5{,}04$ eine sehr hohe Fehlerwahrscheinlichkeit 2. Art von etwa 70% vorliegt. Da dem Produzenten dieser Wert zu hoch ist, möchte er wissen, wie groß er den Stichprobenumfang wählen muss, damit für Werte $\mu \geqslant 5{,}04$ eine Fehlerwahrscheinlichkeit 2. Art von höchstens 20% garantiert ist.

Mit der Formel aus Regel D 6.30 ergibt sich mit $\delta_0 = 0{,}04$, $\sigma = 0{,}1$, $\beta^* = 0{,}2$ und $\alpha = 0{,}01$ die untere Schranke

$$\frac{\sigma^2}{\delta_0^2}(u_{1-\alpha} + u_{1-\beta^*})^2 = \frac{0{,}1^2}{0{,}04^2}(u_{0{,}99} + u_{0{,}8})^2 = \frac{0{,}01}{0{,}0016}(2{,}326 + 0{,}842)^2 \approx 62{,}726.$$

Der Produzent muss also eine Stichprobe vom Umfang mindestens $n = 63$ erheben, um die gewünschte Fehlerwahrscheinlichkeit 2. Art für $\mu \geqslant 5{,}04$ einzuhalten.

Entsprechende Formeln zu Regel D 6.30 ergeben sich für die übrigen Gauß-Tests (s. z.B. Graf et al. 1998).

Regel D 6.32 (Versuchsplanung). *Seien $\delta_0 > 0$ ein geforderter Mindestabstand und $\beta^* > 0$.*

(i) Für beide einseitigen Gauß-Tests gilt die Bedingung aus Regel D 6.30, wobei entweder $\mu > \mu_0 + \delta_0$ oder $\mu < \mu_0 - \delta_0$ vorausgesetzt werden.

(ii) Für den zweiseitigen Gauß-Test gilt (approximativ) die Bedingung

$$n \geqslant \frac{\sigma^2}{\delta_0^2}(u_{1-\alpha/2} + u_{1-\beta*})^2 \quad \forall |\mu - \mu_0| > \delta_0.$$

t-Tests

Im Modell D 5.3, d.h. $X_1, \ldots, X_n \overset{iid}{\sim} N(\mu, \sigma^2)$ mit unbekannten Parametern $\mu \in \mathbb{R}$ und $\sigma^2 > 0$, werden nun Testverfahren für die Hypothesen D 6.20 bereitgestellt. Da die Teststatistik $\overline{X}^*$ des Gauß-Tests die (nun unbekannte) Varianz enthält, kann diese Teststatistik nicht verwendet werden. Wie bereits an anderer Stelle auch, wird der unbekannte Parameter durch einen Schätzer ersetzt, d.h. es wird die t-Statistik $T = \sqrt{n}\dfrac{\overline{X} - \mu_0}{\hat{\sigma}}$ verwendet. Da diese für $\mu = \mu_0$ eine $t(n-1)$-Verteilung hat, werden die Quantile der $t(n-1)$-Verteilung anstelle der Quantile der Standardnormalverteilung verwendet. Der Nachweis, dass die t-Tests die maximale Fehlerwahrscheinlichkeit einhalten, ist möglich, aber mathematisch aufwändiger als für die Gauß-Tests.

Verfahren D 6.33 (t-Tests). *Sei $\alpha \in (0,1)$. Der t-Test zum Signifikanzniveau α im Modell D 5.3 für das einseitige Testproblem*

$$H_0 : \mu \leqslant \mu_0 \qquad \longleftrightarrow \qquad H_1 : \mu > \mu_0,$$

ist gegeben durch die Entscheidungsregel:

Verwerfe H_0, wenn $T > t_{1-\alpha}(n-1)$.

Die übrigen t-Tests sind in Tabelle D 6.2 enthalten.

Beispiel D 6.34. In der Auseinandersetzung zwischen dem Produzenten von 5l Gebinden und einem Kunden (vgl. Beispiel D 6.24) zweifelt der Kunde nun das Modell D 5.1 an. Er behauptet, dass die vom Hersteller der Abfüllanlage mitgeteilte Abweichung bei der Füllung aufgrund des Alters der Anlage bereits bei der ersten Stichprobenerhebung nicht mehr korrekt war und somit Modell D 5.1 nicht hätte angenommen werden dürfen. Der Produzent möchte diese Darstellung entkräften und wendet daher im Modell D 5.3 den entsprechenden t-Test an.

Dies ergibt zum Niveau 1% wegen $\overline{x} = 5{,}07$, $\hat{\sigma} = 0{,}124$ den Wert $t = 2{,}529$. Wegen $t_{0,99}(19) = 2{,}539$ gilt $t < t_{0,99}(19)$. Der Produzent kann unter diesen Annahmen seine Behauptung nicht belegen. Ist allerdings nur eine Irrtumswahrscheinlichkeit von 5% gefordert, so gilt $t_{0,95}(19) = 1,729$. In diesem Fall könnte die Aussage aus statistischer Sicht aufrecht erhalten werden.

H_0	H_1	H_0 wird abgelehnt, falls
$\mu \leqslant \mu_0$ $(\mu = \mu_0)$	$\mu > \mu_0$	$T > t_{1-\alpha}(n-1)$ bzw. äquivalent $\overline{X} > \mu_0 + t_{1-\alpha}(n-1)\frac{\hat{\sigma}}{\sqrt{n}}$
$\mu \geqslant \mu_0$ $(\mu = \mu_0)$	$\mu < \mu_0$	$T < -t_{1-\alpha}(n-1) = t_{\alpha}(n-1)$ bzw. äquivalent $\overline{X} < \mu_0 - t_{1-\alpha}(n-1)\frac{\hat{\sigma}}{\sqrt{n}}$
$\mu = \mu_0$	$\mu \neq \mu_0$	$|T| > t_{1-\alpha/2}(n-1)$ bzw. äquivalent $\begin{cases} \overline{X} > \mu_0 + t_{1-\alpha/2}(n-1)\frac{\hat{\sigma}}{\sqrt{n}} \\ \quad \text{oder} \\ \overline{X} < \mu_0 - t_{1-\alpha/2}(n-1)\frac{\hat{\sigma}}{\sqrt{n}} \end{cases}$

Tabelle D 6.2: t-Tests.

χ^2-**Varianztests**

Bisher wurden nur Hypothesen bzgl. der Erwartungswerte betrachtet. In einigen Anwendungen sind aber auch Streuungen (z.B. in Form von Fertigungstoleranzen o.ä.) von Bedeutung. Dazu werden folgende Hypothesen betrachtet.

Hypothesen D 6.35 (Hypothesen bzgl. der Varianz/Standardabweichung). *Sei* $\sigma_0 > 0$.

$$H_0 : \sigma \leqslant \sigma_0 \qquad \longleftrightarrow \qquad H_1 : \sigma > \sigma_0$$
$$H_0 : \sigma \geqslant \sigma_0 \qquad \longleftrightarrow \qquad H_1 : \sigma < \sigma_0$$
$$H_0 : \sigma = \sigma_0 \qquad \longleftrightarrow \qquad H_1 : \sigma \neq \sigma_0$$

Zunächst wird der Fall eines bekannten Erwartungswerts betrachtet (s. Modell D 5.1).

Verfahren D 6.36 (χ^2-Varianztest bei bekanntem Erwartungswert). *Seien* $\alpha \in (0,1)$ *und* $\sigma_0 > 0$. *Ein* α-*Niveau-Test für das Testproblem*

$$H_0 : \sigma \leqslant \sigma_0 \qquad \longleftrightarrow \qquad H_1 : \sigma > \sigma_0$$

ist der χ^2-*Test. Er ist gegeben durch die Entscheidungsvorschrift*

$$\text{Verwerfe } H_0, \text{ falls } \widehat{\sigma}_\mu^2 > \frac{\sigma_0^2}{n}\chi_{1-\alpha}^2(n),$$

wobei $\widehat{\sigma}_{\mu}^2 = \frac{1}{n} \sum_{i=1}^{n} (X_i - \mu)^2$ *der Maximum-Likelihood-Schätzer aus Satz D 5.4 ist. Die Tests für die übrigen Hypothesen sind in Tabelle D 6.3 gegeben.*

H_0	H_1	H_0 wird abgelehnt, falls
$\sigma \leqslant \sigma_0$	$\sigma > \sigma_0$	$\widehat{\sigma}_{\mu}^2 > \dfrac{\sigma_0^2}{n} \chi_{1-\alpha}^2(n)$
$\sigma \geqslant \sigma_0$	$\sigma < \sigma_0$	$\widehat{\sigma}_{\mu}^2 < \dfrac{\sigma_0^2}{n} \chi_{\alpha}^2(n)$
$\sigma = \sigma_0$	$\sigma \neq \sigma_0$	$\widehat{\sigma}_{\mu}^2 > \dfrac{\sigma_0^2}{n} \chi_{1-\alpha/2}^2(n)$ oder
		$\widehat{\sigma}_{\mu}^2 < \dfrac{\sigma_0^2}{n} \chi_{\alpha/2}^2(n)$

Tabelle D 6.3: χ^2-Varianztests bei bekanntem Erwartungswert.

Bei unbekanntem Erwartungswert liegt das Modell D 5.3 vor. In diesem Fall können ebenso Varianzvergleiche durchgeführt werden. Die Teststatistik wird ersetzt durch die Stichprobenvarianz $\widehat{\sigma}^2 = \frac{1}{n-1} \sum_{i=1}^{n} (X_i - \overline{X})^2$, die Freiheitsgrade der Quantile müssen um Eins verringert werden. Die zugehörigen Verfahren sind in Tabelle D 6.4 enthalten.

H_0	H_1	H_0 wird abgelehnt, falls
$\sigma \leqslant \sigma_0$	$\sigma > \sigma_0$	$\widehat{\sigma}^2 > \dfrac{\sigma_0^2}{n-1} \chi_{1-\alpha}^2(n-1)$
$\sigma \geqslant \sigma_0$	$\sigma < \sigma_0$	$\widehat{\sigma}^2 < \dfrac{\sigma_0^2}{n-1} \chi_{\alpha}^2(n-1)$
$\sigma = \sigma_0$	$\sigma \neq \sigma_0$	$\widehat{\sigma}^2 > \dfrac{\sigma_0^2}{n-1} \chi_{1-\alpha/2}^2(n-1)$ oder
		$\widehat{\sigma}^2 < \dfrac{\sigma_0^2}{n-1} \chi_{\alpha/2}^2(n-1)$

Tabelle D 6.4: χ^2-Varianztests bei unbekanntem Erwartungswert.

Beispiel D 6.37. In Beispiel D 6.24 wurde behauptet, dass die vorgegebene Toleranz der Abfüllanlage nicht eingehalten wird. Der Produzent möchte nun prüfen, ob die Annahme $\sigma = 0{,}1$ zu verwerfen war. Er betrachtet dazu das zweiseitige Testproblem

$$H_0 : \sigma = 0{,}1 \qquad \longleftrightarrow \qquad H_1 : \sigma \neq 0{,}1.$$

Die Stichprobenvarianz der ersten Stichprobe aus Beispiel D 6.19 hat den Wert $\widehat{\sigma}^2 = 0{,}0153$. Für $\alpha = 0{,}05$ werden die Quantile $\chi^2_{0,025}(19) = 8{,}91$ und $\chi^2_{0,975}(19) = 32{,}85$ benötigt. Damit würde die Nullhypothese abgelehnt, falls

$$\widehat{\sigma}^2 > \frac{\sigma_0^2}{19}\chi^2_{0,975}(19) = 0{,}0173 \text{ oder } \widehat{\sigma}^2 < \frac{\sigma_0^2}{19}\chi^2_{0,025}(19) = 0{,}005.$$

Da keine der Ungleichungen erfüllt ist, ergibt sich zum Niveau 5% kein Widerspruch zur Behauptung $\sigma = 0{,}1$. Für die Daten aus Beispiel D 6.24 ergibt sich wegen $\widehat{\sigma}^2 = 0{,}005$ ebenfalls kein Widerspruch.

Für das einseitige Testproblem

$$H_0 : \sigma \leqslant 0{,}1 \qquad \longleftrightarrow \qquad H_1 : \sigma > 0{,}1$$

wird das Quantil $\chi^2_{0,95}(19) = 30{,}14$ benötigt. Für die gegebenen Daten gilt $\widehat{\sigma}^2 < \frac{\sigma_0^2}{19}\chi^2_{0,95}(19) = 0{,}0159$, so dass auch diese Nullhypothese nicht verworfen werden kann. Es kann daher nicht belegt werden, dass die Abweichung größer als die vom Hersteller angegebene Toleranz ist.

Zweistichproben-Tests für verbundene Stichproben

In diesem Abschnitt wird folgendes Modell einer verbundenen Stichprobe unterstellt (vgl. Modell D 1.8).

Modell D 6.38. *Seien* $(X_1, Y_1), \ldots, (X_n, Y_n) \overset{iid}{\sim} N_2(\mu_1, \mu_2, \sigma_1^2, \sigma_2^2, \rho)$ *mit Parametern* $\mu_1, \mu_2 \in \mathbb{R}$, $\sigma_1^2, \sigma_2^2 > 0$ *sowie* $\rho \in (-1, 1)$.

Zur Durchführung der sogenannten Zweistichproben-Gauß- und -t-Tests für verbundene Stichproben werden folgende Statistiken verwendet:

$$\Delta_i = X_i - Y_i, 1 \leqslant i \leqslant n, \quad \overline{\Delta} = \frac{1}{n}\sum_{i=1}^n \Delta_i, \quad \widehat{\sigma}_\Delta^2 = \frac{1}{n-1}\sum_{i=1}^n (\Delta_i - \overline{\Delta})^2.$$

Hypothesen D 6.39. *Seien* $\mu_1, \mu_2, \delta_0 \in \mathbb{R}$.

$$\begin{array}{ccc}
H_0 : \mu_1 - \mu_2 \leqslant \delta_0 & \longleftrightarrow & H_1 : \mu_1 - \mu_2 > \delta_0 \\
H_0 : \mu_1 - \mu_2 \geqslant \delta_0 & \longleftrightarrow & H_1 : \mu_1 - \mu_2 < \delta_0 \\
H_0 : \mu_1 - \mu_2 = \delta_0 & \longleftrightarrow & H_1 : \mu_1 - \mu_2 \neq \delta_0
\end{array}$$

Insbesondere ist die Wahl $\delta_0 = 0$ von Bedeutung, bei der die Erwartungswerte der Stichproben direkt verglichen werden.

Unter den Voraussetzungen von Modell D 6.38 ist

(i) $\sqrt{n}\,\dfrac{\overline{\Delta} - (\mu_1 - \mu_2)}{\sigma_\Delta}$ mit $\sigma_\Delta^2 = \mathrm{Var}(\Delta_1) = \mathrm{Var}(X_1 - Y_1) = \sigma_1^2 + \sigma_2^2 - 2\rho\sigma_1\sigma_2$ standardnormalverteilt (σ_Δ bekannt) bzw.

(ii) $\sqrt{n}\,\dfrac{\overline{\Delta}-(\mu_1-\mu_2)}{\widehat{\sigma}_\Delta}$ t-verteilt mit $n-1$ Freiheitsgraden (σ_Δ unbekannt).

Mit den Prüfgrößen $\widetilde{\Delta}=\sqrt{n}\,\dfrac{\overline{\Delta}-\delta_0}{\sigma_\Delta}$ bzw. $\widehat{\Delta}=\sqrt{n}\,\dfrac{\overline{\Delta}-\delta_0}{\widehat{\sigma}_\Delta}$ sind die Entscheidungsregeln der Tabelle D 6.5 zu entnehmen, wobei $\delta_0\in\mathbb{R}$ ein vorgegebener Wert ist.

		σ_Δ^2 bekannt	σ_Δ^2 unbekannt
H_0	H_1	\multicolumn{2}{c}{H_0 wird abgelehnt, falls}
$\mu_1-\mu_2\leqslant\delta_0$	$\mu_1-\mu_2>\delta_0$	$\widetilde{\Delta}>u_{1-\alpha}$	$\widehat{\Delta}>t_{1-\alpha}(n-1)$
$\mu_1-\mu_2\geqslant\delta_0$	$\mu_1-\mu_2<\delta_0$	$\widetilde{\Delta}<-u_{1-\alpha}$	$\widehat{\Delta}<-t_{1-\alpha}(n-1)$
$\mu_1-\mu_2=\delta_0$	$\mu_1-\mu_2\neq\delta_0$	$|\widetilde{\Delta}|>u_{1-\alpha/2}$	$|\widehat{\Delta}|>t_{1-\alpha/2}(n-1)$

Tabelle D 6.5: Entscheidungsregeln für Gauß- und t-Tests bei verbundenen Stichproben.

Beispiel D 6.40. Die Umsätze zweier Filialen eines Unternehmens werden in fünf aufeinander folgenden Monaten notiert [jeweils in Mill. €]:

$$(14,\ 9),\ (11,\ 10),\ (10,\ 12),\ (15,\ 10),\ (13,\ 9)\,.$$

Aus diesen Werten erhält man die Schätzwerte ($\delta_0=0$):

$$\overline{\Delta}=2{,}6,\quad \widehat{\sigma}_\Delta^2=9{,}3,\quad \widehat{\Delta}=\sqrt{5}\,\frac{2{,}6}{\sqrt{9{,}3}}\approx 1{,}906\,.$$

Für $\alpha=0{,}05$ resultieren die Quantile $t_{0,95}(4)=2{,}132$ und $t_{0,975}(4)=2{,}776$, so dass im Fall $\delta_0=0$ keine der Nullhypothesen aus Tabelle D 6.5 verworfen werden kann.

Wie oben erwähnt, sind die Komponentenstichproben i.Allg. nicht stochastisch unabhängig. Im Modell D 6.38 verbundener Stichproben kann die Abhängigkeitshypothese mittels statistischer Tests untersucht werden, die Aussagen über die Korrelation ρ überprüfen.

Hypothesen D 6.41 (Hypothesen bzgl. der Korrelation).

$$\begin{aligned} H_0:\rho\leqslant 0 &\quad\longleftrightarrow\quad H_1:\rho>0\\ H_0:\rho\geqslant 0 &\quad\longleftrightarrow\quad H_1:\rho<0\\ H_0:\rho=0 &\quad\longleftrightarrow\quad H_1:\rho\neq 0 \end{aligned}$$

Die beiden ersten Testprobleme beziehen sich auf positive bzw. negative Korrelation, während das letzte die Korreliertheit untersucht. Weil im Fall der Normalverteilung die Begriffe Unkorreliertheit und stochastische Unabhängigkeit gleichbedeutend sind, wird diese Fragestellung auch als Unabhängigkeitshypothese bezeichnet. Wird die Nullhypothese im dritten Testproblem abgelehnt, so müssen die Merkmale als korreliert bzw. abhängig angesehen werden. Andernfalls liefern die Daten zumindest keinen Widerspruch zur Nullhypothese der Unkorreliertheit bzw. Unabhängigkeit. Hinsichtlich der Formulierung von Alternative und Nullhypothese lässt sich mittels der verwendeten Verfahren lediglich die Abhängigkeit statistisch nachweisen. In der Praxis wird das Nichtablehnen der Nullhypothese jedoch oft als Begründung für die Unabhängigkeit der Merkmale herangezogen, obwohl die Formulierung des Testproblems dazu nicht geeignet ist.

Verfahren D 6.42 (Unabhängigkeitstest). *Sei $\alpha \in (0,1)$. Ein α-Niveau-Test für das Testproblem*

$$H_0 : \rho = 0 \qquad \longleftrightarrow \qquad H_1 : \rho \neq 0$$

ist gegeben durch die Entscheidungsregel

$$\text{Verwerfe } H_0, \text{ falls } |V| > t_{1-\alpha/2}(n-2),$$

wobei die Teststatistik $V = \dfrac{\widehat{r}_{XY}\sqrt{n-2}}{\sqrt{1-\widehat{r}_{XY}^2}}$ *für $\rho = 0$ eine t-Verteilung mit $n-2$ Freiheitsgraden besitzt.*

$\widehat{r}_{XY} = \dfrac{\sum\limits_{i=1}^{n}(X_i-\overline{X})(Y_i-\overline{Y})}{\sqrt{\sum\limits_{i=1}^{n}(X_i-\overline{X})^2 \sum\limits_{i=1}^{n}(Y_i-\overline{Y})^2}}$ *ist der Korrelationskoeffizient von Bravais-Pearson.*

Die Entscheidungsregeln für die einseitige Hypothesen sind in Tabelle D 6.6 angegeben.

H_0	H_1	H_0 wird abgelehnt, falls
$\rho \leqslant 0$	$\rho > 0$	$V > t_{1-\alpha}(n-2)$
$\rho \geqslant 0$	$\rho < 0$	$V < -t_{1-\alpha}(n-2)$
$\rho = 0$	$\rho \neq 0$	$|V| > t_{1-\alpha/2}(n-2)$

Tabelle D 6.6: Korrelationstests.

Zweistichproben-Tests für unabhängige Stichproben

Im Modell D 5.12 wurde unterstellt, dass die Varianzen in den Stichproben $X_1,\ldots,X_{n_1} \overset{iid}{\sim} N(\mu_1,\sigma^2)$ und $Y_1,\ldots,Y_{n_2} \overset{iid}{\sim} N(\mu_2,\sigma^2)$ dieselben sind. Eine derartige Annahme kann durch Testverfahren überprüft werden. Dazu wird folgendes Modell betrachtet.

Modell D 6.43. *Seien $X_1,\ldots,X_{n_1} \overset{iid}{\sim} N(\mu_1,\sigma_1^2)$ und $Y_1,\ldots,Y_{n_2} \overset{iid}{\sim} N(\mu_2,\sigma_2^2)$ stochastisch unabhängige Stichproben mit $n_1, n_2 \geqslant 2$. Die Parameter $\mu_1, \mu_2 \in \mathbb{R}$ und $\sigma_1^2, \sigma_2^2 > 0$ seien unbekannt.*

Sind die Varianzen in den Stichproben von besonderem Interesse, so kann etwa die Nullhypothese $H_0 : \sigma_1^2 = \sigma_2^2$ identischer Varianzen in beiden Stichproben (Homogenität) gegen die Alternative $H_1 : \sigma_1^2 \neq \sigma_2^2$ unterschiedlicher Streuung (Heteroskedastizität) getestet werden. Entsprechend sind einseitige Fragestellungen möglich.

Hypothesen D 6.44 (Streuungsvergleiche).

$$H_0 : \sigma_1 \leqslant \sigma_2 \qquad \longleftrightarrow \qquad H_1 : \sigma_1 > \sigma_2$$
$$H_0 : \sigma_1 \geqslant \sigma_2 \qquad \longleftrightarrow \qquad H_1 : \sigma_1 < \sigma_2$$
$$H_0 : \sigma_1 = \sigma_2 \qquad \longleftrightarrow \qquad H_1 : \sigma_1 \neq \sigma_2$$

Gemäß Eigenschaft D 6.18 hat der Quotient

$$\frac{\widehat{\sigma}_1^2/\sigma_1^2}{\widehat{\sigma}_2^2/\sigma_2^2} = \frac{\sigma_2^2}{\sigma_1^2} \cdot \frac{\widehat{\sigma}_1^2}{\widehat{\sigma}_2^2} = \frac{\sigma_2^2}{\sigma_1^2} \cdot F$$

mit der sogenannten F-Statistik $F = \widehat{\sigma}_1^2/\widehat{\sigma}_2^2$ unter den Voraussetzungen in Modell D 6.43 eine $F(n_1 - 1, n_2 - 1)$-Verteilung, wobei

$$\widehat{\sigma}_1^2 = \frac{1}{n_1 - 1} \sum_{j=1}^{n_1} (X_j - \overline{X})^2 \quad \text{und} \quad \widehat{\sigma}_2^2 = \frac{1}{n_2 - 1} \sum_{j=1}^{n_2} (Y_j - \overline{Y})^2$$

die Stichprobenvarianzen sind. Damit wird der F-Test formuliert.

Verfahren D 6.45 (Homogenitätstest, F-Test). *Seien $\alpha \in (0, 1)$ und $n_1, n_2 \geqslant 2$. Ein α-Niveau-Test für das Testproblem*

$$H_0 : \sigma_1 = \sigma_2 \qquad \longleftrightarrow \qquad H_1 : \sigma_1 \neq \sigma_2$$

ist gegeben durch die Entscheidungsregel

$$\textit{Verwerfe } H_0, \textit{ falls } F = \frac{\widehat{\sigma}_1^2}{\widehat{\sigma}_2^2} \begin{cases} > F_{1-\alpha/2}(n_1 - 1, n_2 - 1) \\ \textit{oder} \\ < F_{\alpha/2}(n_1 - 1, n_2 - 1) \end{cases} .$$

Die Entscheidungsregeln für die einseitige Hypothesen sind in Tabelle D 6.7 angegeben.

Beispiel D 6.46. Der Produzent von 5l Gebinden aus Beispiel D 6.19 und Beispiel D 6.24 hat zwischen den Erhebungszeitpunkten der Stichproben die alte Abfüllanlage durch eine neue ersetzt. Er möchte nun wissen, ob die Streuung σ_2 der neuen Anlage geringer ist als die der alten (σ_1). Er prüft daher die Hypothese

$$H_0 : \sigma_1 \leqslant \sigma_2 \qquad \longleftrightarrow \qquad H_1 : \sigma_1 > \sigma_2.$$

H_0	H_1	H_0 wird abgelehnt, falls
$\sigma_1 \leqslant \sigma_2$	$\sigma_1 > \sigma_2$	$\widehat{\sigma}_1^2/\widehat{\sigma}_2^2 > F_{1-\alpha}(n_1-1,n_2-1)$
$\sigma_1 \geqslant \sigma_2$	$\sigma_1 < \sigma_2$	$\widehat{\sigma}_1^2/\widehat{\sigma}_2^2 < F_{\alpha}(n_1-1,n_2-1)$
$\sigma_1 = \sigma_2$	$\sigma_1 \neq \sigma_2$	$\widehat{\sigma}_1^2/\widehat{\sigma}_2^2 > F_{1-\alpha/2}(n_1-1,n_2-1)$ oder
		$\widehat{\sigma}_1^2/\widehat{\sigma}_2^2 < F_{\alpha/2}(n_1-1,n_2-1)$

Tabelle D 6.7: F-Test zum Vergleich der Varianzen zweier unabhängiger Stichproben.

Für die F-Statistik erhält er den Wert $F = \widehat{\sigma}_1^2/\widehat{\sigma}_2^2 = \frac{0{,}0153}{0{,}005} = 3{,}06$. Das erforderliche 95%-Quantil der F-Verteilung ist gegeben durch $F_{0{,}95}(19,19) = 2{,}168$, so dass die Nullhypothese verworfen werden kann. Es kann daher zum Niveau 5% statistisch gesichert werden, dass die Streuung der neuen Anlage geringer ist.

Für die zweiseitige Fragestellung

$$H_0 : \sigma_1 = \sigma_2 \qquad \longleftrightarrow \qquad H_1 : \sigma_1 \neq \sigma_2$$

wird wegen $F_{0{,}975}(19,19) = 2{,}526$ und $F_{0{,}025}(19,19) = 0{,}396$ auch in dieser Situation die Nullhypothese verworfen. Wird das Signifikanzniveau auf 1% verringert, so kann die Nullhypothese wegen $F_{0{,}995}(19,19) = 3{,}432$ und $F_{0{,}005}(19,19) = 0{,}291$ nicht verworfen werden. Dies gilt übrigens auch für die einseitige Fragestellung. Dies zeigt nochmals, welchen Einfluss die Wahl des Signifikanzniveaus auf das Ergebnis des Tests hat.

I.Allg. verwirft der zweiseitige Test die Nullhypothese bei gleicher Datenlage seltener als die einseitigen Tests. Dies liegt u.a. darin begründet, dass für die einseitigen Hypothesen mehr Vorinformation (durch die Vorgabe einer Richtung) in das Modell einfließt. Der zweiseitige Test muss hingegen Abweichungen in beide Richtungen in Betracht ziehen.

Ist die Annahme gleicher Varianzen gerechtfertigt, so können die Erwartungswerte mittels eines t-Tests verglichen werden. Daher geht man vom Modell D 5.12 aus:

$X_1, \ldots, X_{n_1} \overset{\text{iid}}{\sim} N(\mu_1, \sigma^2)$ und $Y_1, \ldots, Y_{n_2} \overset{\text{iid}}{\sim} N(\mu_2, \sigma^2)$ seien stochastisch unabhängige Stichproben mit $n_1, n_2 \geqslant 2$. Die Parameter μ_1, μ_2 und σ^2 seien unbekannt.

Relevante Hypothesen sind in Hypothesen D 6.47 zusammengestellt.

Hypothesen D 6.47 (Mittelwertvergleiche).

$$H_0 : \mu_1 \leqslant \mu_2 \qquad \longleftrightarrow \qquad H_1 : \mu_1 > \mu_2$$
$$H_0 : \mu_1 \geqslant \mu_2 \qquad \longleftrightarrow \qquad H_1 : \mu_1 < \mu_2$$
$$H_0 : \mu_1 = \mu_2 \qquad \longleftrightarrow \qquad H_1 : \mu_1 \neq \mu_2$$

In Analogie zur Konstruktion eines Konfidenzintervalls D 5.13 für die Differenz $\mu_1 - \mu_2$ wird die Teststatistik des Zweistichproben t-Tests definiert. Als Schätzung für die Differenz $\mu_1 - \mu_2$ wird die Differenz der Stichprobenmittel $\overline{\Delta} = \overline{X} - \overline{Y}$ genutzt. Aufgrund der Unabhängigkeit der Stichproben sind auch $\overline{X}$ und $\overline{Y}$ stochastisch unabhängig, so dass nach Beispiel C 1.16 (ii) gilt

$$\overline{\Delta} = \overline{X} - \overline{Y} \sim N\left(\mu_1 - \mu_2, \sigma_\Delta^2\right).$$

Die Varianz σ_Δ^2 ergibt sich aus Lemma C 5.15:

$$\sigma_\Delta^2 = \text{Var}(\overline{X} - \overline{Y}) = \frac{\sigma^2}{n_1} + \frac{\sigma^2}{n_2} = \left(\frac{1}{n_1} + \frac{1}{n_2}\right)\sigma^2.$$

Bemerkung D 6.48. Im Modell D 5.12 wird angenommen, dass die Varianzen unbekannt sind. Unter der Annahme, dass beide Varianzen gegeben sind, kann das nachfolgend beschriebene Verfahren mit der normalverteilten Teststatistik $\widetilde{D} = \frac{\overline{X} - \overline{Y}}{\sigma_\Delta}$ durchgeführt werden. Die resultierenden Verfahren heißen Zweistichproben-Gauß-Tests für unabhängige Stichproben. Die Entscheidungsregeln für die Hypothesen D 6.47 sind in Tabelle D 6.8 angegeben. In dieser Situation können die (bekannten) Varianzen in den Stichproben verschieden sein.

Wie bei den Einstichproben-t-Tests wird die Varianz σ^2 aus den vorliegenden Stichproben geschätzt. Da der Varianzparameter für beide Stichproben als gleich angenommen wird, werden beide Stichproben in die Schätzung einbezogen. Wie beim Konfidenzintervall D 5.13 wird die Schätzung

$$\widehat{\sigma}_{\text{pool}}^2 = \frac{n_1 - 1}{n_1 + n_2 - 2}\widehat{\sigma}_1^2 + \frac{n_2 - 1}{n_1 + n_2 - 2}\widehat{\sigma}_2^2$$

genutzt. Da $\widehat{\sigma}_1^2$ und $\widehat{\sigma}_2^2$ erwartungstreue Schätzungen für σ^2 sind, ist auch $\widehat{\sigma}_{\text{pool}}^2$ erwartungstreu, d.h. es gilt für alle $\sigma^2 > 0$

$$E\widehat{\sigma}_{\text{pool}}^2 = \frac{n_1 - 1}{n_1 + n_2 - 2}E\widehat{\sigma}_1^2 + \frac{n_2 - 1}{n_1 + n_2 - 2}E\widehat{\sigma}_2^2 = \sigma^2.$$

Weiterhin folgt aus Eigenschaft D 6.18:

$$\frac{(n_1 + n_2 - 2)\widehat{\sigma}_{\text{pool}}^2}{\sigma^2} \sim \chi^2(n_1 + n_2 - 2).$$

Wie bei den t-Tests resultiert die Teststatistik

$$\widehat{D} = \frac{\overline{\Delta}}{\sqrt{\left(\frac{1}{n_1} + \frac{1}{n_2}\right)\widehat{\sigma}_{\text{pool}}^2}}.$$

Da $\overline{\Delta}$ und $\widehat{\sigma}_{\text{pool}}^2$ stochastisch unabhängig sind, gilt für $\mu_1 = \mu_2$ gemäß Eigenschaft D 6.14: $\widehat{D} \sim t(n_1 + n_2 - 2)$.

H_0	H_1	σ^2 bekannt H_0 wird	σ^2 unbekannt abgelehnt, falls
$\mu_1 \leqslant \mu_2$	$\mu_1 > \mu_2$	$\tilde{D} > u_{1-\alpha}$	$\hat{D} > t_{1-\alpha}(n_1 + n_2 - 2)$
$\mu_1 \geqslant \mu_2$	$\mu_1 < \mu_2$	$\tilde{D} < -u_{1-\alpha}$	$\hat{D} < -t_{1-\alpha}(n_1 + n_2 - 2)$
$\mu_1 = \mu_2$	$\mu_1 \neq \mu_2$	$|\tilde{D}| > u_{1-\frac{\alpha}{2}}$	$|\hat{D}| > t_{1-\frac{\alpha}{2}}(n_1 + n_2 - 2)$

Tabelle D 6.8: Tests für Mittelwertvergleiche.

Verfahren D 6.49 (Zweiseitiger Zweistichproben-t-Test). *Sei* $\alpha \in (0,1)$. *Im Modell D 5.12 ist ein α-Niveau-Test für das Testproblem*

$$H_0 : \mu_1 = \mu_2 \qquad \longleftrightarrow \qquad H_1 : \mu_1 \neq \mu_2$$

gegeben durch die Entscheidungsregel:

$$\text{Verwerfe } H_0, \text{ falls } |\hat{D}| > t_{1-\frac{\alpha}{2}}(n_1 + n_2 - 2).$$

Die Entscheidungsregeln für die einseitige Hypothesen sind in Tabelle D 6.8 angegeben.

Beispiel D 6.50. Obwohl in Beispiel D 6.46 Zweifel an der Gleichheit der Streuungen für die beiden Anlagen entstanden sind, nimmt der Produzent (in Ermangelung) eines anderen Verfahrens an, dass die Varianzen gleich sind. Er führt einen Vergleich der Mittelwerte aus und erhält für das Testproblem

$$H_0 : \mu_1 = \mu_2 \qquad \longleftrightarrow \qquad H_1 : \mu_1 \neq \mu_2$$

$\overline{\Delta} = 0{,}056$, $\hat{\sigma}^2_{\text{pool}} = \frac{1}{2}\hat{\sigma}^2_1 + \frac{1}{2}\hat{\sigma}^2_2 = 0{,}0103$, so dass die Teststatistik den Wert

$$|\hat{D}| = \frac{|\overline{\Delta}|}{\sqrt{\left(\frac{1}{n_1} + \frac{1}{n_2}\right)\hat{\sigma}^2_{\text{pool}}}} = \frac{0{,}056}{\sqrt{2/20 \cdot 0{,}0103}} = 1{,}745$$

hat. Wegen $t_{0{,}975}(38) = 2{,}024$ kann die Nullhypothese nicht verworfen werden.

Bemerkung D 6.51. Im Beispiel D 6.50 wird der t-Test ausgeführt, obwohl es gewisse Zweifel an der Voraussetzung identischer Varianzen gibt. Statistische Tests für das Modell unterschiedlicher Varianzen können z.B. in Graf et al. (1998) nachgelesen werden.

D 6.3 Binomialtests

In diesem Abschnitt wird unterstellt, dass die Stichprobenvariablen einer Binomialverteilung folgen. Wie bei den Normalverteilungsmodellen werden die Ein-

und Zweistichprobensituation unterschieden. Zur leichteren Orientierung ist in Abbildung D 6.6 eine Übersicht über die behandelten Situationen angegeben. Die Verweise beziehen sich auf die Tabellen, in denen jeweils Hypothesen und Entscheidungsregeln zusammengestellt sind.

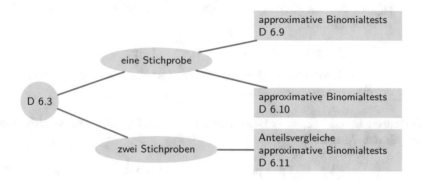

Abbildung D 6.6: Übersicht der Testverfahren bei Binomialverteilungsannahme.

Einstichproben-Tests

Beispiel D 6.52. In Beispiel D 4.7 rechneten von 16 befragten Vorstandsvorsitzenden vier mit sinkenden Gewinnen. Mittels eines statistischen Tests soll überprüft werden, ob mit diesen Daten belegt werden kann, dass der Anteil der Unternehmen mit sinkender Gewinnerwartung kleiner als 50% ist.

Im Folgenden wird vom Binomialmodell D 4.4 ausgegangen, d.h.

$$X_1, \ldots, X_n \overset{\text{iid}}{\sim} \text{bin}(1, p), \quad p \in [0, 1].$$

Der „wahre" Wert von p wird mit einer vorgegebenen Wahrscheinlichkeit p_0 verglichen. Dies führt zu folgenden Hypothesen.

Hypothesen D 6.53.

$$
\begin{array}{ccc}
H_0 : p \leqslant p_0 & \longleftrightarrow & H_1 : p > p_0 \\
H_0 : p \geqslant p_0 & \longleftrightarrow & H_1 : p < p_0 \\
H_0 : p = p_0 & \longleftrightarrow & H_1 : p \neq p_0
\end{array}
$$

Es werden zwei Varianten von Testverfahren vorgestellt: ein exaktes Verfahren und eine approximative Methode für große Stichprobenumfänge.

Der exakte Binomialtest beruht auf der binomialverteilten Prüfgröße $\hat{e} = \sum_{i=1}^{n} X_i \sim$ $\text{bin}(n, p)$. Zur Bestimmung der kritischen Schranken wird die Verteilungsfunktion der $\text{bin}(n, p_0)$-Verteilung herangezogen.

Regel D 6.54 (Kritische Werte beim exakten Binomialtest). *Sei* $\alpha \in (0,1)$. *Die kritischen Schranken* $c_{u;\alpha} = c_{u;\alpha}(p_0)$ *und* $c_{o;1-\alpha} = c_{o;1-\alpha}(p_0)$ *werden bestimmt gemäß*

(i) $\sum_{k=0}^{c_{u;\alpha}-1} \binom{n}{k} p_0^k (1-p_0)^{n-k} \leqslant \alpha < \sum_{k=0}^{c_{u;\alpha}} \binom{n}{k} p_0^k (1-p_0)^{n-k}$;

$c_{u;\alpha}$ *ist also die Ausprägung, so dass das vorgegebene Signifikanzniveau* α *erstmals überschritten wird;*

(ii) $\sum_{k=0}^{c_{o;1-\alpha}-1} \binom{n}{k} p_0^k (1-p_0)^{n-k} < 1-\alpha \leqslant \sum_{k=0}^{c_{o;1-\alpha}} \binom{n}{k} p_0^k (1-p_0)^{n-k}$;

$c_{o;1-\alpha} - 1$ *ist also die Ausprägung, so dass die Wahrscheinlichkeit* $1-\alpha$ *erstmals unterschritten wird.*

Verfahren D 6.55 (Exakter Binomialtest). *Sei* $\alpha \in (0,1)$. *Der exakte Binomialtest für das Testproblem*

$$H_0 : p \geqslant p_0 \qquad \longleftrightarrow \qquad H_1 : p < p_0$$

ist gegeben durch die Entscheidungsregel

$$\text{Verwerfe } H_0, \text{ falls } \widehat{e} < c_{u;\alpha}.$$

Die Entscheidungsregeln für die übrigen Hypothesen sind in Tabelle D 6.9 angegeben.

H_0	H_1	H_0 wird abgelehnt, falls
$p \leqslant p_0$	$p > p_0$	$\widehat{e} > c_{o;1-\alpha}$
$p \geqslant p_0$	$p < p_0$	$\widehat{e} < c_{u;\alpha}$
$p = p_0$	$p \neq p_0$	$\begin{cases} \widehat{e} > c_{o;1-\alpha/2} \\ \text{oder} \\ \widehat{e} < c_{u;\alpha/2} \end{cases}$

Tabelle D 6.9: Entscheidungsregeln für exakte Binomialtests.

Die Gütefunktionen können direkt aus den Entscheidungsregeln in Tabelle D 6.9 und der Eigenschaft $\widehat{e} \sim \text{bin}(n,p)$, $p \in (0,1)$, bestimmt werden.

Satz D 6.56 (Gütefunktionen der exakten Binomialtests). *Sei* $\alpha \in (0,1)$. *Die Gütefunktion* G *für das einseitige Testproblem* $H_0 : p \geqslant p_0 \longleftrightarrow H_1 : p < p_0$ *ist gegeben durch*

$$G(p) = P_p(\widehat{e} < c_{u;\alpha}) = \sum_{k=0}^{c_{u;\alpha}-1} \binom{n}{k} p^k (1-p)^{n-k}, \quad p \in (0,1).$$

Die Gütefunktion für das Problem $H_0 : p \leqslant p_0 \longleftrightarrow H_1 : p > p_0$ *ist bestimmt durch*

$$G(p) = P_p(\widehat{e} > c_{o;1-\alpha}) = \sum_{k=c_{o;1-\alpha}+1}^{n} \binom{n}{k} p^k (1-p)^{n-k}, \quad p \in (0,1).$$

Für das zweiseitige Testproblem $H_0 : p = p_0 \longleftrightarrow H_1 : p \neq p_0$ *erhält man*

$$G(p) = P_p \left(\widehat{e} > c_{o;1-\alpha/2} \text{ oder } \widehat{e} < c_{u;\alpha/2} \right)$$

$$= \sum_{k=c_{o;1-\alpha/2}+1}^{n} \binom{n}{k} p^k (1-p)^{n-k} + \sum_{k=0}^{c_{u;\alpha/2}-1} \binom{n}{k} p^k (1-p)^{n-k}.$$

Für gegebenes $\alpha \in (0,1)$ *und* $n \in \mathbb{N}$ *sind die Gütefunktionen daher jeweils Polynome (in* p*) vom Grad* n*.*

Für $n = 16$ und $\alpha = 0{,}05$ sind Gütefunktionen in Abbildung D 6.7 dargestellt.

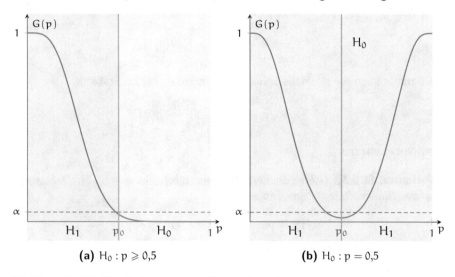

(a) $H_0 : p \geqslant 0{,}5$ **(b)** $H_0 : p = 0{,}5$

Abbildung D 6.7: Gütefunktionen zum Binomialtest für $H_0 : p \geqslant 0{,}5$ und für $H_0 : p = 0{,}5$ jeweils für $\alpha = 0{,}05$.

Beispiel D 6.57. Das Testproblem in Beispiel D 6.52 lautet:

$$H_0 : p \geqslant 0{,}5 \quad \longleftrightarrow \quad H_1 : p < 0{,}5.$$

Zur Bestimmung des Quantils $c_{u;\alpha}$ wird die Verteilungsfunktion $F_{bin(16,0,5)}$ der Binomialverteilung $bin(16, 0, 5)$ berechnet.

x	0	1	2	3	4	5	6	7	8
$F_{bin(16,0,5)}(x)$	0,00	0,00	0,00	0,01	0,04	0,11	0,23	0,40	0,60

x	9	10	11	12	13	14	15	16
$F_{bin(16,0,5)}(x)$	0,77	0,89	0,96	0,99	1,00	1,00	1,00	1

Der Wert $\alpha = 0{,}05$ wird daher erstmals für $x = 5$ überschritten, d.h. $c_{u;0,05} = 5$, so dass die Nullhypothese wegen $\hat{e} = 4 < 5$ verworfen wird. Es kann daher zum Niveau 5% als gesichert angenommen werden, dass der Anteil von Unternehmen mit sinkender Gewinnerwartung kleiner als 50% ist. Ist $p = 0{,}2$ der „wahre" Anteil, so ist die Fehlerwahrscheinlichkeit 2. Art an dieser Stelle gegeben durch

$$\beta(0{,}2) = 1 - G(0{,}2) = 0{,}202.$$

Die Fehlerwahrscheinlichkeit 1. Art ist $\alpha(0{,}55) = 0{,}015$ für einen wahren Wert von $p = 0{,}55$.

Für das Signifikanzniveau $\alpha = 0{,}01$ ist $c_{u;0,01} = 4$, weshalb in diesem Fall die Nullhypothese nicht verworfen werden kann.

Bei großen Stichproben ist das obige Verfahren zwar durchführbar, aber sehr rechenintensiv. Deshalb nutzt man in diesem Fall wiederum die Approximation durch die Normalverteilung (falls $p = p_0$), d.h.

$$V = \sqrt{n}\, \frac{\hat{p} - p_0}{\sqrt{\hat{p}(1 - \hat{p})}} \overset{as}{\sim} N(0, 1).$$

Alternativ kann die ebenfalls asymptotisch normalverteilte Statistik

$$V^* = \sqrt{n}\, \frac{\hat{p} - p_0}{\sqrt{p_0(1 - p_0)}} \overset{as}{\sim} N(0, 1)$$

verwendet werden.

Verfahren D 6.58 (Approximative Binomialtests). *Sei $\alpha \in (0, 1)$. Der approximative Binomialtest für das Testproblem*

$$H_0 : p \geqslant p_0 \qquad \longleftrightarrow \qquad H_1 : p < p_0$$

ist gegeben durch die Entscheidungsregel

$$\text{Verwerfe } H_0, \text{ falls } V < u_\alpha.$$

Die Entscheidungsregeln für die übrigen Hypothesen sind in Tabelle D 6.10 angegeben.

Beispiel D 6.59. In einer Stichprobe vom Umfang 100 wurden drei defekte Bauteile entdeckt. Der Lieferant möchte mit einem statistischen Test belegen, dass die Anforderung von höchstens 5% Ausschuss erfüllt ist. Das zugehörige Testproblem ist

$$H_0 : p \geqslant 0{,}05 \longleftrightarrow H_1 : p < 0{,}05.$$

Die Durchführung des approximativen Binomialtests ergibt mit $p_0 = 0{,}05$ den Wert $V = \sqrt{100}\, \frac{0{,}03-0{,}05}{\sqrt{0{,}03 \cdot 0{,}97}} \approx -1{,}172$ der Prüfstatistik ($V^* = -0{,}092$). Zum Signifikanzniveau 1% kann mit $u_{0,99} = 2{,}326$ kein Widerspruch zur Nullhypothese

H_0	H_1	H_0 wird abgelehnt, falls
$p \leqslant p_0$	$p > p_0$	$V > u_{1-\alpha}$
$p \geqslant p_0$	$p < p_0$	$V < -u_{1-\alpha}$
$p = p_0$	$p \neq p_0$	$|V| > u_{1-\alpha/2}$

Tabelle D 6.10: Entscheidungsregeln für approximative Binomialtests.

gefunden werden, d.h. die Alternative $p < 0{,}05$ kann daher nicht als zum Niveau 1% statistisch gesichert betrachtet werden. Der Lieferant kann die geforderte Qualität nicht belegen.

Würde derselbe Anteil von 3% defekten Teilen in einer Stichprobe vom Umfang 1 000 beobachtet, so hätte V den Wert $-3{,}708$ ($V^* = -2{,}910$). In diesem Fall würde die Nullhypothese verworfen und die Behauptung $p < 0{,}05$ wäre statistisch signifikant. Der Lieferant könnte in diesem Fall die Qualität seiner Lieferung mittels der vorhandenen Daten belegen.

Zweistichproben-Binomialtests

In diesem Abschnitt werden approximative Verfahren zum Vergleich zweier Wahrscheinlichkeiten vorgestellt.

Hypothesen D 6.60 (Anteilsvergleiche).

$$H_0 : p_1 \leqslant p_2 \qquad \longleftrightarrow \qquad H_1 : p_1 > p_2$$
$$H_0 : p_1 \geqslant p_2 \qquad \longleftrightarrow \qquad H_1 : p_1 < p_2$$
$$H_0 : p_1 = p_2 \qquad \longleftrightarrow \qquad H_1 : p_1 \neq p_2$$

Modell D 6.61. *Seien* $X_1, \ldots, X_{n_1} \overset{iid}{\sim} bin(1, p_1)$ *und* $Y_1, \ldots, Y_{n_2} \overset{iid}{\sim} bin(1, p_2)$ *mit* $p_1, p_2 \in (0, 1)$. *Alle Stichprobenvariablen seien stochastisch unabhängig.*

Das Verfahren beruht – wie die Zweistichproben-Gauß- und -t-Tests – auf dem Vergleich der Stichprobenmittel.

Verfahren D 6.62 (Approximative Zweistichproben-Binomialtests). *Sei* $\alpha \in (0, 1)$. *Der approximative Binomialtest für das Testproblem*

$$H_0 : p_1 = p_2 \qquad \longleftrightarrow \qquad H_1 : p_1 \neq p_2$$

ist gegeben durch die Entscheidungsregel

$$\text{Verwerfe } H_0, \text{ falls } |V| > u_{1-\alpha/2},$$

wobei

(i) $V = \dfrac{\widehat{\Delta}}{\sqrt{(\frac{1}{n_1} + \frac{1}{n_2})\widehat{p}_{12}(1 - \widehat{p}_{12})}}$ die Teststatistik ist,

(ii) $\widehat{\Delta} = \widehat{p}_1 - \widehat{p}_2$ eine Differenzschätzung ist,

(iii) $\widehat{p}_1 = \frac{1}{n_1} \sum\limits_{i=1}^{n_1} X_i$, $\widehat{p}_2 = \frac{1}{n_2} \sum\limits_{i=1}^{n_2} Y_i$ Schätzungen für p_1 bzw. p_2 sind,

(iv) $\widehat{p}_{12} = \frac{n_1}{n_1+n_2}\widehat{p}_1 + \frac{n_2}{n_1+n_2}\widehat{p}_2$ eine (kombinierte) Schätzung ist.

Die Entscheidungsregeln für die übrigen Hypothesen sind in Tabelle D 6.11 angegeben.

H_0	H_1	H_0 wird abgelehnt, falls
$p_1 \leqslant p_2$	$p_1 > p_2$	$V > u_{1-\alpha}$
$p_1 \geqslant p_2$	$p_1 < p_2$	$V < -u_{1-\alpha}$
$p_1 = p_2$	$p_1 \neq p_2$	$|V| > u_{1-\alpha/2}$

Tabelle D 6.11: Entscheidungsregeln zum Vergleich zweier Wahrscheinlichkeiten.

Beispiel D 6.63. Zwei Therapien zur Behandlung einer Erkrankung wurden hinsichtlich ihres Heilerfolgs verglichen. Dabei ergaben sich folgende Daten:

	Heilerfolg	
	nein	ja
Standardtherapie	53	197
neue Therapie	78	422

Es soll überprüft werden, ob die neue Therapie besser ist, d.h. es wird das Testproblem

$$H_0 : p_1 \geqslant p_2 \quad \longleftrightarrow \quad H_1 : p_1 < p_2$$

untersucht, wobei p_1 $(\widehat{p}_1)$ die (geschätzte) Erfolgsquote der Standardtherapie bezeichne und p_2 $(\widehat{p}_2)$ die der neuen Therapie. Als Schätzwerte erhält man damit

$$\widehat{p}_1 = 0{,}788, \quad \widehat{p}_2 = 0{,}844, \quad \widehat{\Delta} = -0{,}056, \quad \widehat{p}_{12} = 0{,}825, \quad V = -1{,}904.$$

Wegen $u_{0{,}95} = 1{,}645$ gilt daher $V < -u_{0{,}95}$, so dass die Nullhypothese abgelehnt werden kann. Es kann daher zum Signifikanzniveau 5% als gesichert betrachtet werden, dass die neue Therapie besser ist als die Standardtherapie.

D 6.4 Weitere Testverfahren

Die in Abschnitt D 6.2 vorgestellten Testverfahren beruhen auf einer Normalverteilungsannahme. In der Praxis ist eine Normalverteilung der Stichprobenvariablen jedoch oft nicht zutreffend oder nicht zu rechtfertigen. Daher werden im Folgenden jeweils ein Verfahren für den Ein- und Zweistichprobenfall vorgestellt, die weitgehend auf eine Spezifikation der Verteilung verzichten. Abschließend wird noch ein Unabhängigkeitstest für bivariate diskrete Verteilungen vorgestellt. Zur leichteren Orientierung ist in Abbildung D 6.8 eine Übersicht über die behandelten Situationen angegeben. Die Verweise beziehen sich auf die Tabellen, in denen jeweils Hypothesen und Entscheidungsregeln zusammengestellt sind. Sogenannte nichtparametrische statistische Verfahren werden hier nur kurz behandelt. Für eine ausführliche Darstellung sei etwa auf Büning und Trenkler (1994) verwiesen.

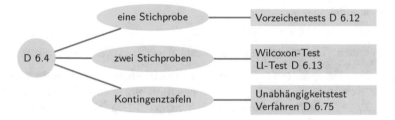

Abbildung D 6.8: Übersicht der nichtparametrischen Testverfahren.

Vorzeichen-Test

In Abschnitt D 6.2 wurden Gauß- und t-Tests als Verfahren zur Untersuchung des Zentrums einer Verteilung eingeführt. Das Zentrum wurde durch den Erwartungswert der Normalverteilung repräsentiert. Soll keinerlei Verteilungsannahme getroffen werden, so kann z.B. die Existenz des Erwartungswerts nicht gesichert werden. Daher ist er unter diesen Voraussetzungen kein geeignetes Maß zur Beschreibung der Lage der Verteilung. Ein Lagemaß, das stets existiert, ist der Median $\xi = Q_{0,5}$, also das 0,5-Quantil, der Verteilung. Der Vorzeichentest ist ein geeignetes Verfahren zur Untersuchung des Medians im folgenden Modell.

Modell D 6.64. *Seien* $X_1, \ldots, X_n \overset{iid}{\sim} P_\xi, \xi \in \mathbb{R}$, P_ξ *eine stetige Wahrscheinlichkeitsverteilung und* ξ *der Median von* P_ξ.

Für ein $\xi_0 \in \mathbb{R}$ werden die folgenden Hypothesen formuliert. Es zeigt sich, dass geeignete Tests mit den bereits vorgestellten Einstichproben-Binomialtests formuliert werden können.

Hypothesen D 6.65.

$$H_0 : \xi \leqslant \xi_0 \qquad \longleftrightarrow \qquad H_1 : \xi > \xi_0$$
$$H_0 : \xi \geqslant \xi_0 \qquad \longleftrightarrow \qquad H_1 : \xi < \xi_0$$
$$H_0 : \xi = \xi_0 \qquad \longleftrightarrow \qquad H_1 : \xi \neq \xi_0$$

Zur Illustration der Konstruktion des Vorzeichentests wird das einseitige Testproblem $H_0 : \xi \leqslant \xi_0 \longleftrightarrow H_1 : \xi > \xi_0$ betrachtet. Ziel ist die Erzeugung von „neuen" Stichprobenvariablen mit Werten 0 und 1. Dazu werden die Indikatorvariablen

$$Z_i = \begin{cases} 1, & X_i - \xi_0 > 0 \\ 0, & \text{sonst} \end{cases}, \quad i = 1, \ldots, n,$$

definiert, so dass eine Stichprobe $Z_1, \ldots, Z_n \overset{iid}{\sim} bin(1, p)$ resultiert. Dabei gilt $p = p(\xi) = P_\xi(X_1 > \xi_0)$, d.h. die Trefferwahrscheinlichkeit hängt vom (unbekannten) Median der zugrundeliegenden Verteilung ab. Dieses Modell entspricht somit dem Binomialmodell D 4.4.

Es ist daher naheliegend, exakte Binomialtests für die Stichprobe $Z_1, \ldots, Z_n$ zu verwenden. Teststatistik ist die Anzahl $\widehat{e} = \sum_{i=1}^n Z_i$ der Stichprobenvariablen $X_1, \ldots, X_n$, die größer als ξ_0 sind. Die Bezeichnung „Vorzeichentest" beruht auf der Konstruktion von $\widehat{e}$, da $\widehat{e}$ die positiven Vorzeichen in der Folge $X_1 - \xi_0, \ldots, X_n - \xi_0$ zählt. Als Summe unabhängiger 0-1-Zufallsvariablen ist $\widehat{e}$ binomialverteilt mit Erfolgswahrscheinlichkeit

$$p = P_\xi(X_1 > \xi_0).$$

Ist $\xi = \xi_0$, so ist $p = \frac{1}{2}$, da ξ_0 der Median von P_{ξ_0} ist. Für $\xi \in H_0$, ist $p \leqslant \frac{1}{2}$ bzw. für $p \in H_1$ gilt $p > \frac{1}{2}$. Die ursprüngliche Testprobleme können daher mittels der Binomialtests behandelt werden.

Verfahren D 6.66 (Vorzeichentest). *Sei $\alpha \in (0, 1)$. Der Vorzeichentest für das Testproblem*

$$H_0 : \xi \leqslant \xi_0 \qquad \longleftrightarrow \qquad H_1 : \xi > \xi_0$$

ist gegeben durch die Entscheidungsregel:

$$\textit{Verwerfe } H_0, \textit{ falls } \widehat{e} > c_{o;1-\alpha},$$

wobei $\widehat{e} = \sum_{i=1}^n \mathbb{1}_{(\xi_0, \infty)}(X_i)$. Die Entscheidungsregeln für die übrigen Hypothesen sind in Tabelle D 6.12 angegeben.

Bemerkung D 6.67. Die Darstellung $\widehat{e} = \sum_{i=1}^n \mathbb{1}_{(\xi_0, \infty)}(X_i)$ der Teststatistik des Vorzeichentests kann unter Verwendung der empirischen Verteilungsfunktion $\widehat{F}_n$ (zu $X_1, \ldots, X_n$) geschrieben werden als

$$\widehat{e} = n(1 - \widehat{F}_n(\xi_0)).$$

Beispiel D 6.68. Bei Geschwindigkeitsmessungen in einer geschlossenen Ortschaft mit zulässiger Höchstgeschwindigkeit von 50km/h wurden folgende Werte gemessen:

H_0	H_1	H_0 wird abgelehnt, falls
$\xi \leqslant \xi_0$	$\xi > \xi_0$	$\widehat{e} > c_{o;1-\alpha}$
$\xi \geqslant \xi_0$	$\xi < \xi_0$	$\widehat{e} < c_{u;\alpha}$
$\xi = \xi_0$	$\xi \neq \xi_0$	$\begin{cases} \widehat{e} > c_{o;1-\alpha/2} \\ \text{oder} \\ \widehat{e} < c_{u;\alpha/2} \end{cases}$

Tabelle D 6.12: Entscheidungsregeln der Vorzeichentests.

$$55, \ 69, \ 50, \ 35, \ 47, \ 82, \ 45, \ 75, \ 45, \ 52.$$

Da nicht von einer Normalverteilung ausgegangen werden kann, wird der Vorzeichentest eingesetzt. Als vermuteter Wert für den Median wird $\xi_0 = 50$ [km/h] angenommen. Damit erhält man folgende Vorzeichen

x_i	55	69	50	35	47	82	45	75	45	52
Vorzeichen von $x_i - \xi_0$	$+$	$+$	$-$	$-$	$-$	$+$	$-$	$+$	$-$	$+$

Dies ergibt $\widehat{e} = 5$. Die Verteilungsfunktion einer $\text{bin}(10, 1/2)$-Verteilung ist bestimmt durch die Werte

x	0	1	2	3	4	5	6	7	8	9	10
$F_{\text{bin}(10,0,5)}(x)$	0,001	0,011	0,055	0,172	0,377	0,623	0,828	0,945	0,989	0,999	1

Zum Niveau $\alpha = 5\%$ erhält man die kritischen Werte $c_{u;0,05} = c_{u;0,025} = 2$ und $c_{o;0,95} = c_{o;0,975} = 8$. Daher kann keine der Nullhypothesen abgelehnt werden.

Ist der Stichprobenumfang n hinreichend groß, so können entsprechende Testverfahren mittels der approximativen Binomialtests D 6.55 formuliert werden.

Wilcoxon-Test

Basierend auf Modell D 5.12 wurden die Zweistichproben-t-Tests vorgeschlagen, um die Erwartungswerte μ_1 und μ_2 zu vergleichen. Die resultierenden Verfahren beruhen natürlich auf der Normalverteilungsannahme. Auf diese Annahme wird im folgenden Modell verzichtet.

Modell D 6.69. *Seien* $X_1, \ldots, X_{n_1} \overset{iid}{\sim} F_1$ *und* $Y_1, \ldots, Y_{n_2} \overset{iid}{\sim} F_2$ *stochastisch unabhängige Stichproben mit* $n_1, n_2 \geqslant 2$ *und stetigen Verteilungsfunktionen* F_1 *bzw.* F_2. *Ferner gebe es ein* $\delta \in \mathbb{R}$, *so dass*

$$F_2(x + \delta) = F_1(x), \quad x \in \mathbb{R}. \tag{D.3}$$

F_2 *hat also dieselbe Gestalt wie* F_1, *ist aber um den Wert* δ *verschoben.*

Im Normalverteilungsfall bedeutet diese Annahme, dass beide Stichproben normalverteilt sind mit derselben Varianz, die Erwartungswerte aber (um den Wert δ) verschieden sind: $\mu_1 = \mu_2 - \delta$. Der Vergleich der Verteilungen reduziert sich in diesem Spezialfall also auf den Vergleich der Erwartungswerte. Im Modell D 6.69 kann dies auch als Lageunterschied zwischen den Populationen interpretiert werden.

Aus der Annahme (D.3) folgt, dass nach Subtraktion des Lageunterschiedes δ die Stichprobenvariablen der zweiten Stichprobe genau so verteilt sind wie die Stichprobenvariablen der ersten Stichprobe, d.h. $Y_j - \delta \sim F_1$. Die Situation $\delta = 0$ ist daher gleichbedeutend mit der Gleichheit der Verteilungsfunktionen: $F_1 = F_2$. Als Testproblem formuliert man daher im zweiseitigen Fall

$$H_0 : \delta = 0 \qquad \longleftrightarrow \qquad H_1 : \delta \neq 0 \,.$$

Zusammenfassend resultieren damit die im Normalverteilungsfall den Hypothesen D 6.47 äquivalenten Fragestellungen.

Hypothesen D 6.70.

$$H_0 : \delta \leqslant 0 \qquad \longleftrightarrow \qquad H_1 : \delta > 0$$
$$H_0 : \delta \geqslant 0 \qquad \longleftrightarrow \qquad H_1 : \delta < 0$$
$$H_0 : \delta = 0 \qquad \longleftrightarrow \qquad H_1 : \delta \neq 0$$

Der Wilcoxon-Rangsummentest beruht auf der Berechnung von Rängen in der zusammengefassten Stichprobe

$$X_1, \ldots, X_{n_1}, Y_1, \ldots, Y_{n_2} \quad \longrightarrow \quad Z_1, \ldots, Z_{n_1+n_2} \,.$$

Die $n_1 + n_2$ Beobachtungen werden beginnend mit der Kleinsten der Größe nach geordnet. Anschließend wird jeder Beobachtung Z_i ihr Rangplatz $R(Z_i)$ zugewiesen. Danach wird für jede Stichprobe getrennt die Summe aller Ränge berechnet:

$$W_1 = \sum_{i=1}^{n_1} R(X_i) = \sum_{i=1}^{n_1} R_{1i}, \quad W_2 = \sum_{j=1}^{n_2} R(Y_j) = \sum_{j=1}^{n_2} R_{2j} \,.$$

Liegen in der zusammengefassten Stichprobe Bindungen vor, so werden mittlere Ränge gemäß Definition A 3.2 bestimmt (vgl. Hartung et al. 2009, S. 515/516).

Beispiel D 6.71. Gegeben seien zwei Beobachtungsreihen A und B. Zur Unterscheidung tragen die Beobachtungswerte die Indizes A bzw. B.

$$5{,}2_A, 10{,}1_A, 13{,}1_A, 8{,}9_A, 15{,}4_A, \qquad 1{,}0_B, 9{,}6_B, 7{,}7_B, 4{,}9_B \,.$$

Die gemeinsame, geordnete Datenreihe mit entsprechenden Rängen ist daher

	$1{,}0_B$	$4{,}9_B$	$5{,}2_A$	$7{,}7_B$	$8{,}9_A$	$9{,}6_B$	$10{,}1_A$	$13{,}1_A$	$15{,}4_A$	Σ
A			3		5		7	8	9	32
B	1	2		4		6				13

Als Ränge erhält man z.B.: $R(1,0_B) = 1$, $R(10,1_A) = 7$ etc. Als Rangsummen ergibt dies $W_1 = 3 + 5 + 7 + 8 + 9 = 32$, $W_2 = 1 + 2 + 4 + 6 = 13$.

Die Idee des Verfahrens beruht darauf, dass in der Gruppe mit der höheren mittleren Rangsumme tendenziell größere Werte zu erwarten sind. Da die Rangsumme aller Beobachtungen konstant

$$\frac{(n_1 + n_2) \cdot (n_1 + n_2 + 1)}{2}$$

ist, reicht es die Statistik W_1 zu verwenden. Alternativ kann W_2 eingesetzt werden. Mittels der Größe W_1 kann nun ein exakter Test definiert werden. Zur Berechnung der kritischen Schranken sei auf das Buch von Hartung et al. (2009), S. 517/8, verwiesen. Dort ist auch eine Quantiltabelle angegeben.

Im Folgenden wird eine approximative Variante in einer Datensituation ohne Bindungen vorgestellt.

Verfahren D 6.72 (U-Test von Mann-Whitney). *Sei $\alpha \in (0,1)$. Der U-Test von Mann-Whitney für das Testproblem*

$$H_0 : \delta \geqslant 0 \qquad \longleftrightarrow \qquad H_1 : \delta < 0$$

ist gegeben durch die Entscheidungsregel

Verwerfe H_0, falls $U_* > u_{1-\alpha}$,

wobei

$$U_* = \frac{U + \dfrac{n_1 \cdot n_2}{2}}{\sqrt{\dfrac{n_1 \cdot n_2 \cdot (n_1 + n_2 + 1)}{12}}}$$

mit der Mann-Whitney-Statistik $U = W_1 - n_1 \cdot n_2 - \frac{n_1(n_1+1)}{2}$. Die Entscheidungsregeln für die übrigen Hypothesen sind in Tabelle D 6.13 angegeben.

H_0	H_1	H_0 wird abgelehnt, falls
$\delta \geqslant 0$	$\delta < 0$	$U_* > u_{1-\alpha}$
$\delta \leqslant 0$	$\delta > 0$	$U_* < -u_{1-\alpha}$
$\delta = 0$	$\delta \neq 0$	$|U_*| > u_{1-\alpha/2}$

Tabelle D 6.13: Entscheidungsregeln für den (approximativen) U-Test von Mann-Whitney.

In Analogie zur Normalverteilungssituation können auch Messreihen mit verbundenen Daten mittels eines verteilungsfreien Verfahrens analysiert werden. Eine Darstellung dieses Verfahrens ist etwa in Bortz und Schuster (2010), S. 149ff., beschrieben.

Unabhängigkeitstest bei Kontingenztafeln

Basierend auf den Ergebnissen von Abschnitt A 7.1 wird die Frage der (stochastischen) Abhängigkeit zweier nominal skalierter Merkmale X und Y untersucht. Im Rahmen des stochastischen Modells werden die Verteilungen als diskret mit endlichem Träger angenommen.

Modell D 6.73. *Sei* $(X_1, Y_1), \ldots, (X_n, Y_n) \overset{iid}{\sim} \mathcal{P}$ *eine verbundene Stichprobe (vgl. Modell D 1.8), wobei*

$$\mathcal{P} = \{p_{ij} \mid i \in \{1, \ldots, r\}, j \in \{1, \ldots, s\}\}$$

für gegebene $r, s \in \mathbb{N}$. *Die Träger der Verteilungen werden mit* $\{x(1), \ldots, x(r)\}$ *bzw.* $\{y(1), \ldots, y(s)\}$ *bezeichnet.*

Auf Grundlage des Modells wird die Kontingenztafel der absoluten Häufigkeiten gebildet (vgl. A 7.1), wobei die Einträge natürlich Zufallsvariablen sind:

	$y(1)$	$y(2)$	$\cdots$	$y(s)$	Summe
$x(1)$	N_{11}	N_{12}	$\cdots$	N_{1s}	$N_{1\bullet}$
$x(2)$	N_{21}	N_{22}	$\cdots$	N_{2s}	$N_{2\bullet}$
$\vdots$	$\vdots$	$\vdots$	$\ddots$	$\vdots$	$\vdots$
$x(r)$	N_{r1}	N_{r2}	$\cdots$	N_{rs}	$N_{r\bullet}$
Summe	$N_{\bullet 1}$	$N_{\bullet 2}$	$\cdots$	$N_{\bullet s}$	n

Mittels des χ^2-Unabhängigkeitstests wird folgende „Unabhängigkeitshypothese" untersucht.

Hypothese D 6.74.

$$H_0 : p_{ij} = p_{i\bullet} p_{\bullet j} \quad \forall i,j \qquad \longleftrightarrow \qquad H_1 : \exists i,j \ mit \ p_{ij} \neq p_{i\bullet} p_{\bullet j}$$

Als Teststatistik wird die in Bezeichnung A 7.5 eingeführte χ^2-Größe verwendet.

Verfahren D 6.75 (χ^2-Unabhängigkeitstest). *Sei* $\alpha \in (0, 1)$. *Der* χ^2-*Unabhängigkeitstest ist definiert durch die Entscheidungsregel*

$$Verwerfe \ H_0, \ falls \ \chi^2 > \chi^2_{1-\alpha}((r-1)(s-1)),$$

wobei

$$\chi^2 = \sum_{i=1}^{r} \sum_{j=1}^{s} \frac{(N_{ij} - V_{ij})^2}{V_{ij}} \quad mit \ V_{ij} = \frac{N_{i\bullet} N_{\bullet j}}{n}, i \in \{1, \ldots, r\}, j \in \{1, \ldots, s\}.$$

Bemerkung D 6.76. (i) Aufgrund der Formulierung der Hypothese kann mit dem χ^2-Unabhängigkeitstest lediglich die Abhängigkeit der Merkmale statistisch gesichert werden. In der Praxis wird ein Nichtablehnen der Nullhypothese jedoch oft als Unabhängigkeit interpretiert, obwohl das Verfahren dies nicht als Ergebnis liefert.

(ii) Die Formulierung ist ebenfalls mit den relativen Häufigkeiten $\widehat{p}_{ij} = \frac{N_{ij}}{n}$ möglich, die Schätzungen für die unbekannten Wahrscheinlichkeiten p_{ij} sind, $1 \leqslant i \leqslant r, 1 \leqslant j \leqslant s$ (vgl. Regel A 7.17).

(iii) Unter Annahme der stochastischen Unabhängigkeit gilt $p_{ij} = p_{i\bullet} \cdot p_{\bullet j}$ für alle i, j, so dass in dieser Situation $\widehat{p}_{i\bullet} = \frac{N_{i\bullet}}{n}$ bzw. $\widehat{p}_{\bullet j} = \frac{N_{\bullet j}}{n}$ die zugehörigen Schätzungen der Randverteilungen und $\widehat{e}_{ij} = \widehat{p}_{i\bullet}\widehat{p}_{\bullet j}$ die Schätzungen für p_{ij} darstellen. Die χ^2-Statistik vergleicht daher die tatsächlich vorliegenden Schätzungen $\widehat{p}_{ij}$ mit den bei stochastischer Unabhängigkeit resultierenden Schätzungen $\widehat{e}_{ij}$ (vgl. dazu auch den Begriff der empirischen Unabhängigkeit in Definition A 7.7 und die anschließenden Ausführungen).

Bemerkung D 6.77. Im Fall von dichotomen Zufallsvariablen, d.h. $r = s = 2$, vereinfacht sich die Hypothese zu

$$H_0 : p_{11} = p_{1\bullet}p_{\bullet 1} \qquad \longleftrightarrow \qquad H_1 : p_{11} \neq p_{1\bullet}p_{\bullet 1}.$$

Basierend auf der 2×2-Kontingenztafel hat die χ^2-Größe ebenfalls eine einfachere Darstellung (vgl. Regel A 7.11):

$$\chi^2 = n\frac{(N_{11}N_{22} - N_{12}N_{21})^2}{N_{1\bullet}N_{2\bullet}N_{\bullet 1}N_{\bullet 2}}.$$

Beispiel D 6.78. Zur Untersuchung des Zusammenhangs zwischen Kaufverhalten und Geschlecht wurden 200 zufällig ausgewählte Personen hinsichtlich dieser Fragestellung bzgl. eines bestimmten Produkts befragt. Die Ergebnisse sind in folgender Vierfeldertafel festgehalten:

	Kauf	
	ja	nein
weiblich	25	85
männlich	33	57

Die χ^2-Teststatistik liefert den Wert

$$\chi^2 = 200\frac{(25 \cdot 57 - 33 \cdot 85)^2}{110 \cdot 90 \cdot 58 \cdot 142} = 4{,}67.$$

Da das $\chi^2_{0,95}(1)$-Quantil den Wert 3,84 besitzt, wird die Nullhypothese H_0 abgelehnt. Es kann daher zum Signifikanzniveau 5% angenommen werden, dass es einen Zusammenhang zwischen Geschlecht und Kaufverhalten gibt. Zum Vergleich werden noch die beobachteten und erwarteten relativen Häufigkeiten angegeben.

Beobachtete rel. Häufigkeiten	Kauf		Erwartete rel. Häufigkeiten	Kauf	
	ja	nein		ja	nein
weiblich	0,125	0,425	weiblich	0,160	0,390
männlich	0,165	0,285	männlich	0,130	0,320

D 7 Lineares Regressionsmodell

Im Rahmen der Beschreibenden Statistik werden Regressionsmodelle der Form

$$y_i = f(x_i) + \varepsilon_i, \qquad i \in \{1, \ldots, n\}$$

in Abschnitt A 8 betrachtet. In diesem Abschnitt werden die Fehler ε_i als zufällig aufgefasst. Alle in Bezeichnung A 8.2 eingeführten Begriffe sowie die in Abschnitt A 8 verwendeten Notationen werden nachfolgend ebenfalls verwendet.

Modell D 7.1. *Seien* $x_1, \ldots, x_n \in \mathbb{R}$ *mit* $s_x^2 > 0$, $\varepsilon_1, \ldots, \varepsilon_n \overset{iid}{\sim} N(0, \sigma^2)$ *mit unbekanntem* $\sigma^2 > 0$ *und* f *eine lineare Funktion definiert durch* $f(x) = a + bx$, $x \in \mathbb{R}$, *mit unbekannten Koeffizienten* a *und* b. *Die durch*

$$Y_i = a + bx_i + \varepsilon_i, \qquad i \in \{1, \ldots, n\}$$

definierten Zufallsvariablen $Y_1, \ldots, Y_n$ *bilden das (stochastische) Modell der linearen Einfachregression.*

Bemerkung D 7.2. Aus Modell D 7.1 ergibt sich die Stichprobe

$$(x_1, Y_1), (x_2, Y_2), \ldots, (x_n, Y_n).$$

Im Unterschied zu Modellen mit verbundenen Stichproben ist die erste Komponente keine Zufallsvariable, sondern eine Zahl, d.h. $x_1, \ldots, x_n$ sind vorgegebene, feste Werte. Die „Störungen" $\varepsilon_1, \ldots, \varepsilon_n$, die z.B. Messfehler beschreiben, werden im Modell als nicht beobachtbar angenommen. Sie sind unabhängig und identisch normalverteilte Zufallsvariablen mit

$$E\varepsilon_i = 0, \quad \text{Var} \, \varepsilon_i = \sigma^2 > 0, \qquad i = 1, \ldots, n.$$

Die Messfehler haben daher den Erwartungswert 0, d.h. es gibt keinen systematischen Fehler. Die Varianz $\sigma^2 > 0$ wird als unbekannt angenommen. Weiterhin sind die Koeffizienten der Regressionsfunktion unbekannt, so dass das Modell die drei unbekannten Parameter a, b, σ^2 enthält. Für diese werden Punkt- und Intervallschätzungen sowie Hypothesentests bereitgestellt.

Aus den obigen Modellannahmen ergeben sich nachfolgende statistische Eigenschaften. Insbesondere haben die Stichprobenvariablen $Y_1, \ldots, Y_n$ i.Allg. verschiedene Verteilungen.

Eigenschaft D 7.3. $Y_1, \ldots, Y_n$ *sind stochastisch unabhängig und normalverteilt mit*

$$Y_j \sim N(a + bx_j, \sigma^2), \quad j = 1, \ldots, n.$$

Beweis: Nach Voraussetzung sind $\varepsilon_1, \ldots, \varepsilon_n \overset{iid}{\sim} N(0, \sigma^2)$. Wegen $Y_j = a + bx_j + \varepsilon_j$ gilt damit insbesondere $Y_j \sim N(a + bx_j, \sigma^2)$. Da die Unabhängigkeit übertragen wird (vgl. Satz C 1.11), folgt das gewünschte Resultat.

D 7.1 Punktschätzungen

In diesem Abschnitt werden Punktschätzungen für die Regressionskoeffzienten a und b sowie für den Funktionswert $f(x)$, $x \in \mathbb{R}$, und die Varianz σ^2 angegeben. Die Schätzer $\widehat{a}, \widehat{b}$ werden nach der in Abschnitt A 8 eingeführten Methode der kleinsten Quadrate ermittelt.

Bezeichnung D 7.4 (Kleinste-Quadrate-Schätzer). Seien $s_x^2 = \frac{1}{n} \sum_{i=1}^{n} (x_i - \overline{x})^2 > 0$

und $s_{xY} = \frac{1}{n} \sum_{i=1}^{n} (x_i - \overline{x})(Y_i - \overline{Y})$.

Die mittels der Kleinsten Quadrate-Methode hergeleiteten Schätzfunktionen

$$\widehat{b} = \frac{s_{xY}}{s_x^2} \quad \text{und} \quad \widehat{a} = \overline{Y} - \widehat{b} \cdot \overline{x},$$

heißen Kleinste-Quadrate-Schätzer für b bzw. a. Die durch

$$\widehat{f(x)} = \widehat{a} + \widehat{b} \cdot x \qquad \text{für } x \in \mathbb{R}$$

definierte Schätzung $\widehat{f} : \mathbb{R} \longrightarrow \mathbb{R}$ heißt (geschätzte) Regressionsgerade.

Satz D 7.5. *Die Schätzer $\widehat{a}, \widehat{b}$ sind erwartungstreu für a bzw. b. Insbesondere gilt:*

(i) $\widehat{a} \sim N(a, \sigma_a^2)$ *mit* $\sigma_a^2 = \dfrac{\overline{x^2}}{ns_x^2} \cdot \sigma^2$, $\overline{x^2} = \dfrac{1}{n} \sum_{i=1}^{n} x_i^2$.

(ii) $\widehat{b} \sim N(b, \sigma_b^2)$ *mit* $\sigma_b^2 = \dfrac{\sigma^2}{ns_x^2}$.

(iii) $\mathrm{Kov}(\widehat{a}, \widehat{b}) = -\dfrac{\overline{x}}{ns_x^2} \cdot \sigma^2$.

(iv) $\widehat{a}$ *und* $\widehat{b}$ *sind genau dann unkorreliert (und daher wegen der Normalverteilungsannahme auch stochastisch unabhängig), falls* $\overline{x} = 0$.

Beweis: Aus Satz D 7.4 folgt für $\widehat{b}$ die Darstellung

$$\widehat{b} = \frac{s_{xY}}{s_x^2} = \frac{1}{ns_x^2} \Big(\sum_{i=1}^{n} (x_i - \overline{x})Y_i - \overline{Y} \underbrace{\sum_{i=1}^{n} (x_i - \overline{x})}_{=0} \Big) = \frac{1}{ns_x^2} \sum_{i=1}^{n} (x_i - \overline{x})Y_i, \qquad \text{(D.4)}$$

wobei $Y_1, \ldots, Y_n$ gemäß Eigenschaft D 7.3 stochastisch unabhängige und normalverteilte Zufallsvariablen sind. Nach Eigenschaft D 7.3 gilt ferner $Y_i \sim N(a + bx_i, \sigma^2)$, so dass Beispiel C 1.16 (ii)

$$(x_i - \overline{x})Y_i \sim N\Big((x_i - \overline{x})(a + bx_i), (x_i - \overline{x})^2 \sigma^2 \Big), \quad i = 1, \ldots, n,$$

liefert. Da auch diese Zufallsvariablen stochastisch unabhängig sind, gilt wie in Beispiel C 1.16 (ii)

$$\sum_{i=1}^{n} (x_i - \overline{x})Y_i \sim N\Big(\underbrace{\sum_{i=1}^{n} (x_i - \overline{x})(a + bx_i)}_{=bns_x^2}, \underbrace{\sum_{i=1}^{n} (x_i - \overline{x})^2 \sigma^2}_{=ns_x^2 \sigma^2} \Big).$$

Die Darstellung des Erwartungswerts resultiert wegen $EY_i = a + bx_i + E\varepsilon_i = a + bx_i$ und

$$\sum_{i=1}^{n}(x_i - \overline{x})(a + bx_i) = a\underbrace{\sum_{i=1}^{n}(x_i - \overline{x})}_{=0} + b\underbrace{\sum_{i=1}^{n}x_i(x_i - \overline{x})}_{=\sum\limits_{i=1}^{n}x_i^2 - \overline{x}\sum\limits_{i=1}^{n}x_i} = bns_x^2.$$

Zusammenfassend ergibt dies

$$\widehat{b} = \frac{1}{ns_x^2}\sum_{i=1}^{n}(x_i - \overline{x})Y_i \sim N\left(b, \frac{\sigma^2}{ns_x^2}\right),$$

so dass $\widehat{b}$ insbesondere eine erwartungstreue Schätzung für b ist.

$\widehat{a}$ kann mit (D.4) als

$$\widehat{a} = \overline{Y} - \widehat{b}\cdot\overline{x} = \sum_{i=1}^{n}\left(\frac{1}{n} - \frac{(x_i - \overline{x})\overline{x}}{ns_x^2}\right)Y_i \tag{D.5}$$

dargestellt werden und ist mit einer analogen Argumentation ebenfalls normalverteilt. Es genügt daher Erwartungswert und Varianz von $\widehat{a}$ zu ermitteln. Für den Erwartungswert gilt wegen $E\overline{Y} = a + b\overline{x} + \frac{1}{n}\sum_{i=1}^{n}E\varepsilon_i = a + b\overline{x}$ und der Erwartungstreue von $\widehat{b}$

$$E\widehat{a} = E(\overline{Y} - \widehat{b}\overline{x}) = a + b\overline{x} - b\overline{x} = a,$$

so dass $\widehat{a}$ eine erwartungstreue Schätzung für a ist. Die Varianz berechnet sich mit (D.5) zu

$$\sigma_a^2 = \text{Var}\,\widehat{a} = \sigma^2\sum_{i=1}^{n}\left(\frac{1}{n} - \frac{(x_i - \overline{x})\overline{x}}{ns_x^2}\right)^2 = \sigma^2\left(\frac{1}{n} + \sum_{i=1}^{n}\frac{(x_i - \overline{x})^2\overline{x}^2}{n^2s_x^4}\right) = \frac{\overline{x^2}}{n\cdot s_x^2}\sigma^2.$$

Für die Kovarianz der Schätzer gilt:

$$\text{Kov}(\widehat{a}, \widehat{b}) = \text{Kov}(\overline{Y} - \widehat{b}\cdot\overline{x}, \widehat{b}) = \text{Kov}(\overline{Y}, \widehat{b}) - \text{Kov}(\widehat{b}\cdot\overline{x}, \widehat{b}) = \text{Kov}(\overline{Y}, \widehat{b}) - \overline{x}\,\text{Var}\,\widehat{b}.$$

Weiterhin gilt wegen $\text{Kov}(Y_i, Y_j) = 0$ für $i \neq j$ und $\text{Kov}(Y_i, Y_i) = \text{Var}\,Y_i = \sigma^2$

$$\text{Kov}(\overline{Y}, \widehat{b}) = \sum_{i=1}^{n}\sum_{j=1}^{n}\frac{1}{n}\frac{(x_j - \overline{x})}{n\cdot s_x^2}\,\text{Kov}(Y_i, Y_j) = \frac{\sigma^2}{n^2s_x^2}\sum_{j=1}^{n}(x_j - \overline{x}) = 0.$$

Zusammenfassend ist

$$\text{Kov}(\widehat{a}, \widehat{b}) = -\overline{x}\,\text{Var}\,\widehat{b} = -\frac{\overline{x}}{ns_x^2}\sigma^2.$$

Satz D 7.6. *Für* $x \in \mathbb{R}$ *ist* $\widehat{f(x)} = \widehat{a} + \widehat{b}x$ *eine erwartungstreue Schätzung für* $f(x)$.

Ferner gilt $\widehat{f(x)} \sim N(f(x), \sigma_{f(x)}^2)$ *mit* $\sigma_{f(x)}^2 = \left(\frac{1}{n} + \frac{(x - \overline{x})^2}{n\cdot s_x^2}\right)\sigma^2$

Beweis: Die Erwartungstreue folgt aus $E\widehat{f(x)} = E(\widehat{a} + \widehat{b}x) = E\widehat{a} + x \cdot E\widehat{b} = a + bx$ gemäß Satz D 7.5. Aus (D.4) und (D.5) folgt, dass $\widehat{f(x)}$ eine gewichtete Summe von $Y_1, \ldots, Y_n$ und damit normalverteilt ist. Die Varianz ist gegeben durch

$$\mathrm{Var}\,\widehat{f(x)} = \mathrm{Var}(\widehat{a} + \widehat{b}x) = \sigma_a^2 + x^2\sigma_b^2 + 2x\,\mathrm{Kov}(\widehat{a},\widehat{b})$$

$$= \left(\frac{\overline{x^2}}{n \cdot s_x^2} + \frac{x^2}{n \cdot s_x^2} - 2x \cdot \frac{\overline{x}}{ns_x^2}\right)\sigma^2$$

$$= \left(\frac{s_x^2 + \overline{x}^2}{n \cdot s_x^2} + \frac{x^2}{n \cdot s_x^2} - 2x \cdot \frac{\overline{x}}{ns_x^2}\right)\sigma^2$$

$$= \left(\frac{1}{n} + \frac{\overline{x}^2 + x^2 - 2x \cdot \overline{x}}{ns_x^2}\right)\sigma^2 = \left(\frac{1}{n} + \frac{(\overline{x} - x)^2}{ns_x^2}\right)\sigma^2.$$

Die Schätzer für a, b und $f(x)$ benutzen den Wert von σ nicht und sind daher sowohl für bekanntes als auch für unbekanntes σ nutzbar. Wird σ als unbekannt angenommen, so kann aus dem Minimum

$$Q(\widehat{a}, \widehat{b}) = \sum_{i=1}^n (Y_i - \widehat{a} - \widehat{b} \cdot x_i)^2$$

(vgl. Regel A 8.4) eine Schätzung für σ^2 konstruiert werden.

Bezeichnung D 7.7 (Standardschätzfehler). Sei $n \geqslant 3$. Mittels

$$\widehat{\sigma}^2 = \frac{1}{n-2}Q(\widehat{a}, \widehat{b}) = \frac{1}{n-2}\sum_{i=1}^n (Y_i - \widehat{a} - \widehat{b} \cdot x_i)^2$$

wird eine Schätzung für σ^2 definiert. Der Standardschätzfehler im Modell D 7.1 ist definiert durch $\widehat{\sigma} = \sqrt{\frac{1}{n-2}\sum\limits_{i=1}^n (Y_i - \widehat{a} - \widehat{b}x_i)^2}$.

Aus Regel A 8.4 folgt z.B. die alternative Darstellung

$$\widehat{\sigma}^2 = \frac{n}{n-2}s_Y^2(1 - r_{xY}^2).$$

Die Varianzschätzung $\widehat{\sigma}^2$ hat folgende Eigenschaften.

Satz D 7.8. $\widehat{\sigma}^2$ *ist eine erwartungstreue Schätzung für σ^2 mit*

$$\frac{(n-2)\widehat{\sigma}^2}{\sigma^2} \sim \chi^2(n-2).$$

Zudem sind $(\widehat{a}, \widehat{b})$ und $\widehat{\sigma}^2$ stochastisch unabhängig.
Erwartungstreue Schätzungen für σ_a^2, σ_b^2 sind

$$\widehat{\sigma}_a^2 = \frac{\overline{x^2}}{n \cdot s_x^2} \cdot \widehat{\sigma}^2 \quad bzw. \quad \widehat{\sigma}_b^2 = \frac{\widehat{\sigma}^2}{n \cdot s_x^2}.$$

Bezeichnung D 7.9 (Standardschätzfehler). Der Standardschätzfehler von

(i) $\widehat{b}$ ist durch $\widehat{\sigma}_b = \sqrt{\widehat{\sigma}_b^2}$ gegeben.

(ii) $\widehat{a}$ ist durch $\widehat{\sigma}_a = \sqrt{\widehat{\sigma}_a^2}$ gegeben.

Die obigen Aussagen können genutzt werden um z.B. Aussagen über die Verteilung von Quotienten der Art

$$Q_a = \frac{\widehat{a} - a}{\widehat{\sigma}_a}$$

zu machen. Gemäß Eigenschaft D 6.13 ist Q_a $t(n-2)$-verteilt. Allgemein gilt die folgende Regel.

Regel D 7.10. *Die Quotienten*

$$\frac{\widehat{a} - a}{\widehat{\sigma}_a}, \quad \frac{\widehat{b} - b}{\widehat{\sigma}_b} \quad und \quad \frac{\widehat{f(x)} - f(x)}{\widehat{\sigma}_{f(x)}}, x \in \mathbb{R},$$

sind t-verteilt mit $n - 2$ Freiheitsgraden.

D 7.2 Konfidenzintervalle

Die Aussagen in Regel D 7.10 können direkt ausgenutzt werden um ein- und zweiseitige Konfidenzintervalle für die Parameter a und b sowie den Funktionswert $f(x)$ von f an einer festen Stelle x zu konstruieren.

Verfahren D 7.11 (Konfidenzintervalle für a). *Sei $\alpha \in (0,1)$. $(1-\alpha)$-Konfidenzintervalle für a sind gegeben durch:*

(i) $\left(-\infty, \widehat{a} + t_{1-\alpha}(n-2)\widehat{\sigma}\sqrt{\frac{x^2}{ns_x^2}} \right],$

(ii) $\left[\widehat{a} - t_{1-\alpha}(n-2)\widehat{\sigma}\sqrt{\frac{x^2}{ns_x^2}}, \infty \right),$

(iii) $\left[\widehat{a} - t_{1-\alpha/2}(n-2)\widehat{\sigma}\sqrt{\frac{x^2}{ns_x^2}}, \widehat{a} + t_{1-\alpha/2}(n-2)\widehat{\sigma}\sqrt{\frac{x^2}{ns_x^2}} \right].$

Verfahren D 7.12 (Konfidenzintervalle für b). *Sei $\alpha \in (0,1)$. $(1-\alpha)$-Konfidenzintervalle für b sind gegeben durch:*

(i) $\left(-\infty, \widehat{b} + t_{1-\alpha}(n-2)\frac{\widehat{\sigma}}{\sqrt{ns_x^2}} \right],$

(ii) $\left[\widehat{b} - t_{1-\alpha}(n-2)\frac{\widehat{\sigma}}{\sqrt{ns_x^2}}, \infty \right),$

(iii) $\left[\widehat{b} - t_{1-\alpha/2}(n-2)\dfrac{\widehat{\sigma}}{\sqrt{ns_x^2}}, \widehat{b} + t_{1-\alpha/2}(n-2)\dfrac{\widehat{\sigma}}{\sqrt{ns_x^2}}\right].$

Analog zu den Verfahren D 7.11 und D 7.12 können Konfidenzintervalle für den Wert $f(x)$ der Regressionsgerade f an der Stelle x bestimmt werden. Unter Verwendung von Regel D 7.10 und Satz D 7.6 ergibt sich dann etwa das zweiseitige $(1 - \alpha)$-Konfidenzintervall

$$\left[\widehat{f(x)} - t_{1-\alpha/2}(n-2)\left(\frac{1}{n} + \frac{(x-\overline{x})^2}{n \cdot s_x^2}\right)\widehat{\sigma},\right.$$

$$\left.\widehat{f(x)} + t_{1-\alpha/2}(n-2)\left(\frac{1}{n} + \frac{(x-\overline{x})^2}{n \cdot s_x^2}\right)\widehat{\sigma}\right]$$

für $f(x)$ mit $x \in \mathbb{R}$.

Aus Satz D 7.8 resultieren direkt Konfidenzintervalle für σ^2.

Verfahren D 7.13 (Konfidenzintervalle für σ^2). *Sei $\alpha \in (0,1)$. $(1-\alpha)$-Konfidenzintervalle für σ^2 sind gegeben durch:*

(i) $\left[0, \dfrac{(n-2)\widehat{\sigma}^2}{\chi_\alpha^2(n-2)}\right],$

(ii) $\left[\dfrac{(n-2)\widehat{\sigma}^2}{\chi_{1-\alpha}^2(n-2)}, \infty\right),$

(iii) $\left[\dfrac{(n-2)\widehat{\sigma}^2}{\chi_{1-\alpha/2}^2(n-2)}, \dfrac{(n-2)\widehat{\sigma}^2}{\chi_{\alpha/2}^2(n-2)}\right].$

Beispiel D 7.14. In Beispiel A 8.17 (Abfüllanlage) wurde eine lineare Regression der Merkmale Laufzeit einer Abfüllanlage (X) und Abfüllmenge (Y) durchgeführt (s. auch Streudiagramm in Abbildung A 8.6). Bei Verwendung des vorhandenen Datenmaterials ergeben sich die Schätzwerte

$$\widehat{a} = -89{,}903 \quad \text{und} \quad \widehat{b} = 0{,}887.$$

Aus $s_y^2 \approx 192{,}530$ und $r_{xy}^2 \approx 0{,}952$ ergibt sich als Schätzwert für die Varianz $\widehat{\sigma}^2 = 9{,}948$. Der Standardschätzfehler ist $\widehat{\sigma} = 3{,}154$. Insgesamt resultieren folgende Schätzwerte und zweiseitige Konfidenzintervalle zum Niveau $1 - \alpha = 0{,}99$.

	Schätzwert	Standardschätzfehler	Konfidenzintervall
$\widehat{a}$	$-89{,}903$	$3{,}629$	$[-100{,}898; -78{,}908]$
$\widehat{b}$	$0{,}887$	$0{,}037$	$[0{,}777; 0{,}998]$
$\widehat{f(150)}$	$43{,}202$	$1{,}091$	$[40{,}214; 46{,}190]$

Ein $0{,}95$-Konfidenzintervall für σ^2 bzw. σ ist gegeben durch $[6{,}352; 17{,}773]$ bzw. $[2{,}520; 4{,}216]$.

Verfahren D 7.15 (Konfidenzbereich für die gesamte Regressionsgerade). *Ein* $(1 - \alpha)$-*Konfidenzbereich für die gesamte Regressionsfunktion ist definiert durch die Funktionen* $\widehat{u}, \widehat{o} : \mathbb{R} \longrightarrow \mathbb{R}$

$$\widehat{u}(t) = \widehat{a} + \widehat{b} \cdot t - \widehat{\sigma}\sqrt{2 \cdot F_{1-\alpha}(2, n-2) \cdot \left(\frac{1}{n} + \frac{(\overline{x} - t)^2}{n \cdot s_x^2} \right)}, \quad t \in \mathbb{R},$$

$$\widehat{o}(t) = \widehat{a} + \widehat{b} \cdot t + \widehat{\sigma}\sqrt{2 \cdot F_{1-\alpha}(2, n-2) \cdot \left(\frac{1}{n} + \frac{(\overline{x} - t)^2}{n \cdot s_x^2} \right)}, \quad t \in \mathbb{R}.$$

Beispiel D 7.16. Mit den Daten aus Beispiel D 7.14 wird ein 0,99-Konfidenzbereich für die gesamte Regressionsgerade berechnet. Einsetzen der Werte liefert

$$\widehat{u}(t) = -89{,}903 + 0{,}887t - 3{,}154\sqrt{2 \cdot 5{,}39 \left(\frac{1}{32} + \frac{(175{,}656 - t)^2}{32 \cdot 232{,}663} \right)},$$

$$\widehat{o}(t) = -89{,}903 + 0{,}887t + 3{,}154\sqrt{2 \cdot 5{,}39 \left(\frac{1}{32} + \frac{(175{,}656 - t)^2}{32 \cdot 232{,}663} \right)}.$$

Das Streudiagramm mit diesen Kurven ist in Abbildung D 7.1 dargestellt.

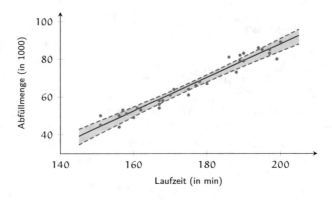

Abbildung D 7.1: 99%-Konfidenzbereich für die Regressionsgerade.

D 7.3 Hypothesentests

Wie für die Modellparameter in Abschnitt D 6 können Hypothesen bzgl. der Parameter a, b und σ^2 im Modell D 7.1 formuliert werden. Da die Vorgehensweise und die zugehörigen Interpretationen leicht übertragen werden können, werden ausgewählte Entscheidungsprobleme und Verfahren nur in Tabelle D 7.1 zusammengestellt. Die vorgestellten Tests werden basierend auf Regel D 7.10 als t-Tests bzw. basierend auf Satz D 7.8 als χ^2-Tests formuliert. Bei bekannter Varianz σ^2 resultieren Gauß-Tests gemäß Abschnitt D 6.2.

H_0	H_1	H_0 wird abgelehnt, falls
$a \leqslant a_0$	$a > a_0$	$(\hat{a} - a_0)/\hat{\sigma}_a > t_{1-\alpha}(n-2)$
$a \geqslant a_0$	$a < a_0$	$(\hat{a} - a_0)/\hat{\sigma}_a < -t_{1-\alpha}(n-2)$
$a = a_0$	$a \neq a_0$	$|(\hat{a} - a_0)|/\hat{\sigma}_a > t_{1-\alpha/2}(n-2)$
$b \leqslant b_0$	$b > b_0$	$(\hat{b} - b_0)/\hat{\sigma}_b > t_{1-\alpha}(n-2)$
$b \geqslant b_0$	$b < b_0$	$(\hat{b} - b_0)/\hat{\sigma}_b < -t_{1-\alpha}(n-2)$
$b = b_0$	$b \neq b_0$	$|(\hat{b} - b_0)|/\hat{\sigma}_b > t_{1-\alpha/2}(n-2)$
$\sigma^2 \leqslant \sigma_0^2$	$\sigma^2 > \sigma_0^2$	$(n-2)\hat{\sigma}^2/\sigma_0^2 > \chi_{1-\alpha}^2(n-2)$
$\sigma^2 \geqslant \sigma_0^2$	$\sigma^2 < \sigma_0^2$	$(n-2)\hat{\sigma}^2/\sigma_0^2 < \chi_{\alpha}^2(n-2)$
$\sigma^2 = \sigma_0^2$	$\sigma^2 \neq \sigma_0^2$	$(n-2)\hat{\sigma}^2/\sigma_0^2 < \chi_{\alpha/2}^2(n-2)$ oder
		$(n-2)\hat{\sigma}^2/\sigma_0^2 > \chi_{1-\alpha/2}^2(n-2)$

Tabelle D 7.1: Entscheidungsregeln für Hypothesentests bei linearer Regression.

D 8 Elemente der Bayes-Statistik

Die in den Abschnitten D 2, D 3 und D 5 vorgestellten Schätzfunktionen für einen unbekannten Parameter ϑ basieren ausschließlich auf der Stichprobe $X_1, \ldots, X_n$. In der sogenannten Bayes-Statistik wird zusätzlich Information in Form von „Expertenwissen" in die Überlegungen mit einbezogen. Dies geschieht durch die Festlegung einer Wahrscheinlichkeitsverteilung für den Parameter ϑ, d.h. der Parameter ϑ wird als Realisation einer Zufallsvariablen Δ mit Werten im Parameterraum Θ interpretiert.

Die folgende Darstellung der Bayes-Statistik beruht auf bedingten Dichten (s. Bezeichnung C 7.1).

Bezeichnung D 8.1 (a-priori Dichte, a-posteriori Dichte). Seien $\vartheta \in \Theta$ ein Parameter und $X_1, \ldots, X_n$ Zufallsvariablen. In der Bayesschen Schätztheorie wird der Parameter ϑ als Realisation einer Zufallsvariablen Δ interpretiert. Die gemeinsame Dichtefunktion von zufälligem Parameter Δ und $X_1, \ldots, X_n$ wird mit $f^{X_1, \ldots, X_n, \Delta}$ bezeichnet. Grundlage der Theorie ist die Bayes-Formel für Dichten

$$f^{\Delta | X_1, \ldots, X_n}(\vartheta \mid x_1, \ldots, x_n) = \frac{f^{X_1, \ldots, X_n | \Delta}(x_1, \ldots, x_n \mid \vartheta) \cdot f^{\Delta}(\vartheta)}{f^{X_1, \ldots, X_n}(x_1, \ldots, x_n)}. \tag{D.6}$$

Da $f^{X_1, \ldots, X_n}$ nicht von Δ abhängt, ist auf der rechten Seite der Gleichung die gesamte Information über den Parameter Δ im Produkt $f^{X_1, \ldots, X_n | \Delta} \cdot f^{\Delta}$ enthalten. Folgende Bezeichnungen werden verwendet:

 (i) f^{Δ}: a-priori Dichte. Diese wird nachfolgend mit π bezeichnet.

 (ii) $f^{\Delta | X_1, \ldots, X_n}$: a-posteriori Dichte

 (iii) $f^{X_1, \ldots, X_n | \Delta = \vartheta}$ ist die Likelihoodfunktion, die die Verteilungsannahme an die Zufallsvariablen $X_1, \ldots, X_n$ bei gegebenem Parameter $\Delta = \vartheta$ repräsentiert.

Die a-priori Dichte π beschreibt die über den zufälligen Parameter Δ gegebene Vorinformation in Form einer Wahrscheinlichkeitsverteilung. Diese wird als bekannt angenommen und kann wiederum von (bekannten) Parametern abhängen. Die a-posteriori Dichte $f^{\Delta|X_1,\dots,X_n}$ repräsentiert die Information über den Parameter, nachdem die Stichprobe erhoben wurde. Daraus ergibt sich der folgende Bayes-Ansatz.

Verfahren D 8.2 (Bayesscher Modellierungsansatz).

  (i) *Festlegung der a-priori Dichte π (Vorinformation)*

  (ii) *Festlegung der Likelihood-Funktion $f^{X_1,\dots,X_n|\Delta}$ (Verteilungsannahme bei gegebenem $\Delta = \vartheta$)*

  (iii) *Ermittlung der a-posteriori Dichte $f^{\Delta|X_1,\dots,X_n}$*

Die a-posteriori Dichte $f^{\Delta|X_1,\dots,X_n}$ repräsentiert in diesem Ansatz die relevante Information über den Parameter ϑ. Da der Nenner in der Bayesschen Formel (D.6) nicht vom Parameter abhängt, kann er als Proportionalitätsfaktor aufgefasst werden. Dies erklärt die in der Bayes-Statistik verbreitete Schreibweise

$$f^{\Delta|X_1,\dots,X_n} \propto f^{X_1,\dots,X_n|\Delta} \cdot \pi.$$

Das Bayes-Prinzip beruht auf dem erwarteten Verlust bei Vorliegen der a-priori Verteilung π. Dazu wird zunächst eine Bewertungsfunktion für Abweichungen vom „wahren" Wert des Parameters eingeführt.

Bezeichnung D 8.3 (Verlustfunktion). Seien $X_1, \dots, X_n \overset{iid}{\sim} P_\vartheta, \vartheta \in \Theta$, $\widehat{\vartheta}$ eine Schätzfunktion für ϑ und d eine Realisation von $\widehat{\vartheta}$.

Eine Funktion $L : \Theta \times \Theta \to [0,\infty)$ heißt Verlustfunktion. $L(\vartheta, d)$ „misst" den Verlust bei Vorliegen des „wahren" Parameters ϑ und der Wahl des Schätzwerts d. $L(\vartheta,\widehat{\vartheta})$ heißt Verlust der Schätzfunktion $\widehat{\vartheta} = \widehat{\vartheta}(X_1, \dots, X_n)$ für gegebenes $\vartheta \in \Theta$.

Bezeichnung D 8.4 (Quadratische Verlustfunktion). Sei $\Theta \subseteq \mathbb{R}$. Die durch

$$L(\vartheta, d) = (\vartheta - d)^2$$

definierte Funktion $L : \Theta \times \Theta \to [0,\infty)$ heißt quadratische Verlustfunktion.

Der Verlust $L(\vartheta,\widehat{\vartheta})$ ist eine Zufallsvariable, deren Erwartungswert im Folgenden näher untersucht wird.

Bezeichnung D 8.5 (Risikofunktion). Seien $\mathcal{D}$ die Menge aller Schätzfunktionen und $\widehat{\vartheta} \in \mathcal{D}$. Die durch

$$R(\vartheta,\widehat{\vartheta}) = E_\vartheta\big(L(\vartheta,\widehat{\vartheta})\big)$$

definierte Funktion $R : \Theta \times \mathcal{D} \longrightarrow [0,\infty)$ heißt Risikofunktion. $R(\vartheta,\widehat{\vartheta})$ heißt Risiko oder erwarteter Verlust der Schätzfunktion $\widehat{\vartheta}$ in $\vartheta \in \Theta$.

Beispiel D 8.6. Für die quadratische Verlustfunktion gilt speziell

$$R(\vartheta, \widehat{\vartheta}) = E_\vartheta\left(L(\vartheta, \widehat{\vartheta})\right) = E_\vartheta(\vartheta - \widehat{\vartheta})^2 = MSE_\vartheta(\widehat{\vartheta}).$$

Ist $\widehat{\vartheta}$ erwartungstreuer Schätzer für ϑ, so ist das Risiko gerade die Varianz von $\widehat{\vartheta}$ (unter P_ϑ): $R(\vartheta, \widehat{\vartheta}) = Var_\vartheta(\widehat{\vartheta})$.

Bezeichnung D 8.7 (Bayes-Risiko). Seien $L : \Theta \times \Theta \longrightarrow [0, \infty)$ eine Verlustfunktion und $\widehat{\vartheta}$ eine Schätzfunktion.

Unter den Annahmen von Bezeichnung D 8.1 wird das Risiko $R(\vartheta, \widehat{\vartheta})$ als bedingter erwarteter Verlust interpretiert

$$R(\vartheta, \widehat{\vartheta}) = E(L(\vartheta, \widehat{\vartheta})|\Delta = \vartheta)$$

(i.e. Erwartungswert der bedingten Verteilung von $L(\vartheta, \widehat{\vartheta})$ unter der Bedingung $\Delta = \vartheta$).

Bezeichnet π die a-priori Verteilung von Δ, so heißt

$$R_\pi(\widehat{\vartheta}) = E_\pi(R(\Delta, \widehat{\vartheta}))$$

Bayes-Risiko von $\widehat{\vartheta}$.

Bemerkung D 8.8. Mit $X = (X_1, \ldots, X_n)$ und Verlustfunktion L kann das Bayes-Risiko auch geschrieben werden als

$$R_\pi(\widehat{\vartheta}) = E(L(\Delta, \widehat{\vartheta}(X))),$$

wobei der Erwartungswert bzgl. der gemeinsamen Verteilung $P^{\Delta, X}$ von Δ und X gebildet wird. Diese Darstellung ist bei der Suche nach Schätzfunktionen mit minimalem Bayes-Risiko nützlich.

Bei der Berechnung des Bayes-Risikos sind Erwartungswerte bzgl. der bedingten Verteilung $P^{X_1, \ldots, X_n | \Delta = \vartheta}$ bzw. bzgl. der a-priori Verteilung zu ermitteln. Diese werden gemäß Abschnitt C 5 als Summen bzw. als Riemann-Integrale berechnet.

Gesucht sind nun Schätzfunktionen, die das Bayes-Risiko minimieren.

Bezeichnung D 8.9 (Bayes-Schätzer). Eine Schätzfunktion $\widehat{\vartheta}_B$ aus der Menge der Schätzfunktionen $\mathcal{D}$ heißt Bayes-Schätzer, wenn sie das Bayes-Risiko minimiert, d.h. es gilt

$$R_\pi(\widehat{\vartheta}_B) = \min_{\widehat{\vartheta} \in \mathcal{D}} R_\pi(\widehat{\vartheta}).$$

Der Bayes-Schätzer hängt direkt von der Wahl der Verlustfunktion ab, so dass eine allgemeine Lösung des Problems nicht möglich ist. Verwendet man jedoch die quadratische Verlustfunktion, so kann der Bayes-Schätzer direkt berechnet werden.

Satz D 8.10 (Bayes-Schätzer bei quadratischer Verlustfunktion). *Bei quadratischer Verlustfunktion ist die bedingte Erwartung*

$$\widehat{\vartheta}_B = E(\Delta|X_1, \ldots, X_n) = E(\Delta|X)$$

Bayes-Schätzer, d.h. $\widehat{\vartheta}_B$ *ist die Punktschätzung für den Parameter* ϑ *mit minimalem Bayes-Risiko.*

Beweis: Der Nachweis dieser Eigenschaft wird exemplarisch im Fall von Riemann-Dichten geführt, d.h. alle vorkommenden Dichten werden als Riemann-Dichten angenommen.

Nach Bemerkung D 8.8 kann das Bayes-Risiko bei einer zugrundeliegenden Verlustfunktion L geschrieben werden als

$$R_\pi(\widehat{\vartheta}) = E(L(\Delta, \widehat{\vartheta})) = E(\Delta - \widehat{\vartheta})^2.$$

Unter Ausnutzung der Regeln für bedingte Erwartungen (s. Lemma C 7.7) gilt dann

$$R_\pi(\widehat{\vartheta}) = \int E((\widehat{\vartheta}(x) - \Delta)^2|X = x) f^X(x)\, dx.$$

Das Bayes-Risiko wird also minimal, wenn $E((\widehat{\vartheta}(x) - \Delta)^2|X = x)$ für jedes x minimiert wird. Eine Anwendung des Verschiebungssatzes für Erwartungswerte ergibt

$$E((\widehat{\vartheta}(x) - \Delta)^2|X = x) = Var(\Delta|X = x) + \underbrace{E((\widehat{\vartheta}(x) - E(\Delta|X = x))^2|X = x)}_{\geqslant 0},$$

so dass

$$R_\pi(\widehat{\vartheta}) \geqslant \int Var(\Delta|X = x) f^X(x)\, dx.$$

Die rechte Seite der Ungleichung ist unabhängig von $\widehat{\vartheta}$ und gilt daher für alle Schätzfunktionen. Gleichheit gilt (z.B.) für den Schätzer $\widehat{\vartheta}_B = E(\Delta|X)$.

Satz D 8.10 zeigt also, dass der a-posteriori Erwartungswert einen Bayes-Schätzer definiert. Um explizite Darstellungen für einen Bayes-Schätzer zu erhalten, muss daher der Erwartungswert bzgl. der a-posteriori Verteilungen explizit berechenbar sein.

Beispiel D 8.11. Seien $X_1, \ldots, X_n \overset{iid}{\sim} \text{Exp}(\lambda)$ bei gegebenem $\Delta = \lambda \in \Theta = (0, \infty)$, d.h.

$$f^{X_1,\ldots,X_n|\Delta=\lambda}(x_1, \ldots, x_n) = \prod_{i=1}^n f^{X_i|\Delta=\lambda}(x_i) = \begin{cases} \lambda^n e^{-n\lambda\overline{x}}, & x_1, \ldots, x_n > 0 \\ 0, & \text{sonst} \end{cases}.$$

Die a-priori Verteilung sei eine $\Gamma(\alpha, \beta)$-Verteilung $(\alpha, \beta > 0)$, d.h.

$$\pi(\lambda) = \frac{\beta^\alpha}{\Gamma(\alpha)} \lambda^{\alpha-1} e^{-\beta\lambda}, \quad \lambda > 0.$$

Die gemeinsame Dichte von $X_1, \ldots, X_n$ und Δ ist somit für $x_1, \ldots, x_n > 0$ und $\lambda > 0$ gegeben durch

$$
\begin{aligned}
f^{X_1, \ldots, X_n, \Delta}(x_1, \ldots, x_n, \lambda) &= f^{X_1, \ldots, X_n | \Delta = \lambda}(x_1, \ldots, x_n) \pi(\lambda) \\
&= \lambda^n e^{-n\lambda\bar{x}} \frac{\beta^\alpha}{\Gamma(\alpha)} \lambda^{\alpha-1} e^{-\beta\lambda} \\
&= \frac{\beta^\alpha}{\Gamma(\alpha)} \lambda^{\alpha+n-1} e^{-(\beta+n\bar{x})\lambda}.
\end{aligned}
$$

Durch Integration bzgl. λ entsteht die Randverteilung von $X_1, \ldots, X_n$:

$$
f^{X_1, \ldots, X_n}(x_1, \ldots, x_n) = \frac{\beta^\alpha}{\Gamma(\alpha)} \int_0^\infty \lambda^{\alpha+n-1} e^{-(\beta+n\bar{x})\lambda} d\lambda = \frac{\Gamma(n+\alpha)\beta^\alpha}{\Gamma(\alpha)(n\bar{x}+\beta)^{n+\alpha}}
$$

für $x_1, \ldots, x_n > 0$, da $\int\limits_0^\infty \lambda^{\alpha+n-1} e^{-(\beta+n\bar{x})\lambda} d\lambda = \frac{\Gamma(n+\alpha)}{(n\bar{x}+\beta)^{n+\alpha}}$. Diese Identität resultiert, weil $h(\lambda) = \frac{(n\bar{x}+\beta)^{n+\alpha}}{\Gamma(n+\alpha)} \lambda^{\alpha+n-1} e^{-(\beta+n\bar{x})\lambda} \mathbb{1}_{(0,\infty)}(\lambda)$ die Dichte einer $\Gamma(n+\alpha, n\bar{x}+\beta)$-Verteilung ist.

Die a-posteriori Verteilung ist daher gegeben durch

$$
\begin{aligned}
f^{\Delta | X_1, \ldots, X_n}(\lambda | x_1, \ldots, x_n) &= \frac{\frac{\beta^\alpha}{\Gamma(\alpha)} \lambda^{\alpha+n-1} e^{-(\beta+n\bar{x})\lambda}}{\frac{\Gamma(n+\alpha)\beta^\alpha}{\Gamma(\alpha)(n\bar{x}+\beta)^{n+\alpha}}} \\
&= \frac{(\beta+n\bar{x})^{n+\alpha}}{\Gamma(n+\alpha)} \lambda^{n+\alpha-1} e^{-(\beta+n\bar{x})\lambda}
\end{aligned}
$$

und somit eine $\Gamma(n+\alpha, n\bar{x}+\beta)$-Verteilung.

Ein Bayes-Schätzer ist bestimmt durch den a-posteriori Erwartungswert $E(\Delta | X_1 = x_1, \ldots, X_n = x_n)$, so dass nach Beispiel C 5.2 gilt:

$$
\widehat{\vartheta}_B = \frac{n+\alpha}{n\bar{X}+\beta}.
$$

In der Regel lässt sich die a-posteriori Verteilung nicht explizit berechnen. Dies ist aber möglich, wenn a-priori Verteilung π und Likelihoodfunktion $f^{X_1, \ldots, X_n | \Delta}$ „passend zueinander" gewählt werden.

Bezeichnung D 8.12 (Konjugierte Verteilungen). Seien $X_1, \ldots, X_n$ bei gegebenem $\Delta = \vartheta$ stochastisch unabhängig, d.h. $f^{X_1, \ldots, X_n | \Delta} = \prod\limits_{i=1}^n f^{X_i | \Delta}$, sowie identisch verteilt, d.h. $f^{X_i | \Delta} = f^{X_1 | \Delta}$ für $i \in \{1, \ldots, n\}$.

Eine a-priori Dichte π und eine Likelihoodfunktion $f^{X_1, \ldots, X_n | \Delta}$ heißen konjugiert, falls die a-priori Verteilung π und die a-posteriori Dichte $f^{\Delta | X_1, \ldots, X_n}$ denselben Verteilungstyp haben.

Ausgewählte Paare von konjugierten Verteilungen sind in Tabelle D 8.1 angegeben. Dabei hat eine Zufallsvariable X mit Träger $(0, \infty)$ eine inverse Gammaverteilung $IG(\alpha, \beta)$ mit Parametern $\alpha > 0$ und $\beta > 0$, falls $\frac{1}{X}$ eine $\Gamma(\alpha, \beta)$-Verteilung besitzt.

$f^{X_1,\dots,X_n\mid\Delta}$	ϑ	f^Δ	$f^{\Delta\mid X_1,\dots,X_n}$
$\mathrm{bin}(1,p)$	p	$\mathrm{beta}(\alpha,\beta)$	$\mathrm{beta}(\alpha+n\bar{x},\beta+n(1-\bar{x}))$
$\mathrm{po}(\lambda)$	λ	$\Gamma(\alpha,\beta)$	$\Gamma(\alpha+n\bar{x},\beta+n)$
$\mathrm{Exp}(\lambda)$	λ	$\Gamma(\alpha,\beta)$	$\Gamma(\alpha+n,\beta+n\bar{x})$
$N(\mu,\sigma^2)$	μ	$N(\mu_0,\sigma_0^2)$	$N\left(\frac{\sigma^2\mu_0+n\sigma_0^2\bar{x}}{\sigma^2+n\sigma_0^2},\frac{\sigma_0^2\sigma^2}{\sigma^2+n\sigma_0^2}\right)$
$N(\mu,\sigma^2)$	σ^2	$\mathrm{IG}(\alpha,\beta)$	$\mathrm{IG}(\alpha+\frac{n}{2},\beta+\frac{n}{2}\sigma_\mu^2)$
			mit $\sigma_\mu^2=\frac{1}{n}\sum\limits_{i=1}^{n}(X_i-\mu)^2$

Tabelle D 8.1: Paare konjugierter Verteilungen.

D 9 Beispielaufgaben

Beispielaufgabe D 9.1. Die Anzahl von Autounfällen an einer Gefahrenstelle (in einer Woche) werde durch eine Poisson-verteilte Zufallsvariable X mit dem Parameter $\lambda > 0$ beschrieben. In den 52 Wochen eines Jahres ergaben sich folgende Anzahlen von Unfällen:

Unfälle pro Woche	0	1	2	3	4	$\geqslant 5$
Anzahl	22	12	10	6	2	0

Es werde angenommen, dass die Unfälle pro Woche Realisationen von stochastisch unabhängigen Zufallsvariablen $X_1,\dots,X_{52}$ sind mit $X_i \sim X$, $1 \leqslant i \leqslant 52$.

(a) Wie viele Unfälle gab es insgesamt?

(b) Ermitteln Sie die empirische Verteilungsfunktion zu den obigen Daten.

(c) Welche Werte haben Median sowie unteres und oberes Quartil des obigen Datensatzes?

(d) Begründen Sie, dass $\hat{\lambda} = \bar{X} = \frac{1}{52}\sum\limits_{i=1}^{52} X_i$ eine geeignete Schätzung für die erwartete Anzahl von Unfällen pro Woche ist. Welcher Schätzwert ergibt sich im konkreten Fall?

(e) Geben Sie einen Schätzwert für die Wahrscheinlichkeit von mehr als zwei Unfällen pro Woche an.

Lösung: (a) Die Anzahl Unfälle ist gegeben durch $z = 0{\cdot}22+1{\cdot}12+2{\cdot}10+3{\cdot}6+4{\cdot}2 = 58$. Es gilt: $z = \sum\limits_{i=1}^{52} x_i$, wobei x_i die Anzahl Unfälle in Woche i ist, $i = 1,\dots,52$.

(b) Die empirische Verteilungsfunktion F_{52} an einer Stelle $t \in \mathbb{R}$ ist definiert durch

$$F_{52}(t) = \frac{1}{52}\sum_{i=1}^{52}\mathbf{1}_{(-\infty,t]}(x_i),$$

Eine Auswertung der Daten ergibt

$$F_{52}(t) = \begin{cases} 0, & t < 0 \\ \frac{22}{52}, & 0 \leqslant t < 1 \\ \frac{34}{52}, & 1 \leqslant t < 2 \\ \frac{44}{52}, & 2 \leqslant t < 3 \\ \frac{50}{52}, & 3 \leqslant t < 4 \\ 1, & t \geqslant 4 \end{cases}.$$

(c) Die gesuchten Quantile sind

Median: $\qquad \tilde{x}_{0,5} = \dfrac{1}{2}(x_{(26)} + x_{(27)}) = \dfrac{1}{2}(1 + 1) = 1$

Unteres Quartil: $\qquad \tilde{x}_{0,25} = \dfrac{1}{2}(x_{(13)} + x_{(14)}) = \dfrac{1}{2}(0 + 0) = 0$

Oberes Quartil: $\qquad \tilde{x}_{0,75} = \dfrac{1}{2}(x_{(39)} + x_{(40)}) = \dfrac{1}{2}(2 + 2) = 2$

(d) Im statistischen Modell $X_1, \ldots, X_n \overset{\text{iid}}{\sim} \text{po}(\lambda)$, $\lambda > 0$, ist $\widehat{\lambda} = \overline{X}$ der Maximum-Likelihood-Schätzer für den unbekannten Parameter λ. Wegen $X_i \sim \text{po}(\lambda)$ gilt weiterhin $E_\lambda X_i = \lambda$, $i = 1, \ldots, n$. Daraus folgt für jedes $\lambda > 0$

$$E_\lambda \widehat{\lambda} = E_\lambda \left(\frac{1}{n} \sum_{i=1}^n X_i \right) = \frac{1}{n} \sum_{i=1}^n E_\lambda X_i = \lambda.$$

Der Maximum-Likelihood-Schätzer $\widehat{\lambda}$ für λ ist also erwartungstreu für λ. Die geschätzte Anzahl von Unfällen pro Woche ist gegeben durch

$$\widehat{\lambda} = \frac{1}{n} \sum_{i=1}^n x_i = \frac{z}{52} = \frac{58}{52} = \frac{29}{26} \approx 1{,}115.$$

(e) Die Wahrscheinlichkeit von mehr als zwei Unfällen pro Woche ist gegeben durch

$$\begin{aligned} P_\lambda(X > 2) &= 1 - P_\lambda(X \leqslant 2) \\ &= 1 - P_\lambda(X = 0) - P_\lambda(X = 1) - P_\lambda(X = 2) \\ &= 1 - \frac{\lambda^0 e^{-\lambda}}{0!} - \frac{\lambda^1 e^{-\lambda}}{1!} - \frac{\lambda^2 e^{-\lambda}}{2!} \\ &= 1 - e^{-\lambda} \left(1 + \lambda + \frac{\lambda^2}{2} \right). \end{aligned}$$

Einsetzen von $\widehat{\lambda}$ anstelle von λ liefert eine geeignete Schätzung für die Wahrscheinlichkeit von mehr als zwei Unfällen pro Woche:

$$\widehat{p}(2) = 1 - e^{-\widehat{\lambda}} \left(1 + \widehat{\lambda} + \frac{\widehat{\lambda}^2}{2} \right) \approx 0{,}1027.$$

Beispielaufgabe D 9.2. Seien $X_1, \ldots, X_n \overset{\text{iid}}{\sim} \text{Wei}(\alpha, 2)$, $\alpha > 0$, stochastisch unabhängige Zufallsvariablen auf einem Wahrscheinlichkeitsraum $(\Omega, \mathfrak{A}, P)$. Die Verteilungsfunktion F^{X_i} bzw. die Riemann-Dichtefunktion f^{X_i} von X_i, $i = 1, \ldots, n$, sind daher gegeben durch

$$F^{X_i}(x) = \begin{cases} 1 - e^{-\alpha x^2}, & x > 0 \\ 0, & x \leqslant 0 \end{cases} \quad \text{bzw.} \quad f^{X_i}(x) = \begin{cases} 2\alpha x e^{-\alpha x^2}, & x > 0 \\ 0, & \text{sonst,} \end{cases}.$$

(a) Weisen Sie nach, dass der Maximum-Likelihood-Schätzer für α basierend auf den Beobachtungen $x_1, \ldots, x_n > 0$ der Zufallsvariablen $X_1, \ldots, X_n$ durch $\hat{\alpha} = n\left(\sum_{i=1}^{n} X_i^2\right)^{-1}$ gegeben ist.

(b) Zeigen Sie, dass X_1^2 exponentialverteilt ist mit Parameter α.

(c) Berechnen Sie den Erwartungswert von $\frac{1}{\hat{\alpha}}$ mit $\hat{\alpha}$ aus Aufgabenteil (a).

Lösung: (a) Die log-Likelihood-Funktion $l(\alpha) = l(\alpha | x_1, \ldots, x_n)$ basierend auf den Daten $x_1, \ldots, x_n > 0$ ist für $\alpha > 0$ gegeben durch

$$l(\alpha) = \ln\left[\prod_{i=1}^{n} f_\alpha^{X_i}(x_i)\right] = \ln\left[(2\alpha)^n \left(\prod_{i=1}^{n} x_i\right) \exp\left\{-\alpha \sum_{i=1}^{n} x_i^2\right\}\right]$$

$$= n\ln(\alpha) + n\ln(2) + \sum_{i=1}^{n} \ln(x_i) - \alpha \sum_{i=1}^{n} x_i^2.$$

Folglich gilt

$$l'(\alpha) = \frac{n}{\alpha} - \sum_{i=1}^{n} x_i^2, \quad \alpha > 0,$$

und mit $\overline{x^2} = \frac{1}{n} \sum_{i=1}^{n} x_i^2$

$$l'(\alpha) \begin{cases} > \\ = \\ < \end{cases} 0 \quad \Longleftrightarrow \quad \frac{1}{\alpha} \begin{cases} > \\ = \\ < \end{cases} \overline{x^2} \quad \Longleftrightarrow \quad \alpha \begin{cases} < \\ = \\ > \end{cases} \frac{1}{\overline{x^2}}.$$

Folglich ist l auf dem Intervall $(0, 1/\overline{x^2})$ streng monoton steigend und auf dem Intervall $(1/\overline{x^2}, \infty)$ streng monoton fallend und hat daher eine globale Maximalstelle in $\hat{\alpha} = 1/\overline{x^2}$. Daher ist $\hat{\alpha} = 1/\overline{X^2}$ Maximum-Likelihood-Schätzer für α.

(b) Zum Nachweis werden zwei alternative Vorgehensweisen vorgestellt. Zunächst wird die Verteilungsfunktion von X_1^2 ermittelt.

Für $x > 0$ gilt

$$F^{X_1^2}(x) = P(X_1^2 \leqslant x) = P(|X_1| \leqslant \sqrt{x}) = P(-\sqrt{x} \leqslant X_1 \leqslant \sqrt{x})$$

$$= P(X_1 \leqslant \sqrt{x}) = F_{X_1}(\sqrt{x}) = 1 - e^{-\alpha(\sqrt{x})^2} = 1 - e^{-\alpha x}.$$

Für $x \leqslant 0$ ergibt sich aus der Stetigkeit der Verteilungsfunktion F^{X_1}:

$$F^{X_1^2}(x) = P(X_1^2 \leqslant x) = P(X_1 = 0) = 0$$

und damit $F^{X_1^2}(x) = 0$, $x \leqslant 0$. Da die berechnete Verteilungsfunktion die Verteilungsfunktion der Exponentialverteilung mit Parameter α ist, folgt $X_1^2 \sim \text{Exp}(\alpha)$.

Alternativ kann die Aussage mit Hilfe des Dichtetransformationssatzes nachgewiesen werden. Dazu wird die Abbildung

$$g: (0, \infty) \longrightarrow (0, \infty), \quad g(x) = x^2,$$

betrachtet, die auf $(0, \infty)$ bijektiv ist und die Umkehrfunktion $g^{-1}: (0, \infty) \longrightarrow$
$(0, \infty)$, $g^{-1}(y) = \sqrt{y}$, besitzt. Da g und g^{-1} auf $(0, \infty)$ stetig differenzierbar
sind und $(g^{-1})'(y) = \frac{1}{2\sqrt{y}}$, $y \in (0, \infty)$, gilt, ist die Dichtetransformationsformel
anwendbar. Für $y \in (0, \infty)$ folgt daher:

$$f^{X_1^2}(y) = f^{g(X_1)}(y) = |(g^{-1})'(y)| f^{X_1}(g^{-1}(y)) = \frac{1}{2\sqrt{y}} \cdot 2\alpha\sqrt{y}e^{-\alpha(\sqrt{y})^2} = \alpha e^{-\alpha y}.$$

Für $y \leqslant 0$ gilt $f^{X_1^2}(y) = 0$. Da $f^{X_1^2}$ die Dichte einer Exponentialverteilung mit
Parameter α ist, folgt die Behauptung.

(c) Es gilt:

$$E\left(\frac{1}{\hat{\alpha}}\right) = E\left(\frac{1}{n}\sum_{i=1}^{n} X_i^2\right) = \frac{1}{n}\sum_{i=1}^{n} E(X_i^2) \overset{(b)}{=} \frac{1}{n} \cdot n \cdot \frac{1}{\alpha} = \frac{1}{\alpha}.$$

Beispielaufgabe D 9.3. Seien X_1, X_2 Zufallsvariablen mit Erwartungswert $\mu \in \mathbb{R}$,
Varianz $\sigma^2 > 0$ und $\text{Kov}(X_1, X_2) = \rho \cdot \sigma^2$, $\rho \in (-1, 1)$.

Zeigen Sie: $\overline{X} = \frac{1}{2}(X_1 + X_2)$ ist der Schätzer mit der kleinsten Varianz unter allen
für μ erwartungstreuen Schätzern der Form

$$T(X) = a_1 X_1 + a_2 X_2.$$

Lösung: Der Erwartungswert von $T(X)$ bzgl. P_μ ist gegeben durch

$$E_\mu\big(T(X)\big) = a_1 E_\mu(X_1) + a_2 E_\mu(X_2) = a_1\mu + a_2\mu = (a_1 + a_2)\mu, \quad \mu \in \mathbb{R}.$$

Aus der Forderung der Erwartungstreue ergibt sich dann die Bedingung

$$(a_1 + a_2)\mu \overset{!}{=} \mu \quad \text{für alle } \mu \in \mathbb{R},$$

woraus $a_1 + a_2 = 1$ bzw. $a_2 = 1 - a_1$ folgt. Für die Varianz von $T(X)$ gilt:

$$\begin{aligned}
\text{Var}_\mu(T(X)) &= \text{Var}_\mu(a_1 X_1) + \text{Var}_\mu(a_2 X_2) + 2\,\text{Kov}_\mu(a_1 X_1, a_2 X_2)\\
&= a_1^2 \text{Var}_\mu(X_1) + a_2^2 \text{Var}_\mu(X_2) + 2a_1 a_2 \text{Kov}_\mu(X_1, X_2)\\
&= a_1^2\sigma^2 + a_2^2\sigma^2 + 2a_1 a_2\rho\sigma^2\\
&\overset{a_2 = 1 - a_1}{=} \big[a_1^2 + (1 - a_1)^2 + 2a_1(1 - a_1)\rho\big]\sigma^2\\
&= h(a_1)\sigma^2.
\end{aligned}$$

Damit resultiert das Minimierungsproblem

$$\text{Var}_\mu(T(X)) = h(a_1)\sigma^2 \longrightarrow \min_{a_1 \in \mathbb{R}}.$$

Wegen $\sigma^2 > 0$ ist dies äquivalent zur Lösung des Problems $h(a_1) \longrightarrow \min_{a_1 \in \mathbb{R}}$.

h ist eine quadratische Funktion mit Ableitung

$$h'(a_1) = 2a_1 - 2(1 - a_1) + 2\rho(1 - 2a_1) = 2(1 - \rho)(2a_1 - 1).$$

Aus der Voraussetzung $\rho \in (-1, 1)$ folgt $h'(a_1) = 0 \iff a_1 = \frac{1}{2}$. Eine Monotonieuntersuchung liefert zudem, dass h auf $(-\infty, \frac{1}{2})$ streng monoton fallend und auf $(\frac{1}{2}, \infty)$ streng monoton wachsend ist. Somit ist h minimal für $a_1 = \frac{1}{2}$ mit Funktionwert $h(\frac{1}{2}) = \frac{1}{2}(1 + \rho)$. Somit folgt $a_2 = \frac{1}{2}$ und $\overline{X}$ hat minimale Varianz unter allen Schätzern der Form $T(X)$. Die minimale Varianz hat den Wert $\mathrm{Var}_\mu(T(X)) = \frac{1}{2}(1 + \rho)\sigma^2$.

Beispielaufgabe D 9.4. Zur Überprüfung des Kraftstoffverbrauchs wird bei zehn baugleichen Fahrzeugen der Verbrauch (in l) für das Absolvieren einer Teststrecke gemessen:

$$9{,}1, \quad 8{,}7, \quad 9{,}2, \quad 8{,}9, \quad 9{,}0, \quad 8{,}8, \quad 8{,}6, \quad 9{,}0, \quad 8{,}6, \quad 9{,}1.$$

Die Messergebnisse werden als Realisationen von unabhängigen $N(\mu, \sigma^2)$−verteilten Zufallsgrößen betrachtet.

(a) Bestimmen Sie ein einseitiges unteres sowie ein einseitiges oberes Konfidenzintervall für μ zur Irrtumswahrscheinlichkeit $\alpha = 0{,}05$.

(b) Ermitteln Sie ein zweiseitiges 95%-Konfidenzintervall für σ.

Lösung: Aus der Stichprobe vom Umfang $n = 10$ resultieren die Größen

$$\overline{x} = \frac{1}{10} \sum_{i=1}^{10} x_i = 8{,}9 \quad \text{und} \quad \widehat{\sigma}^2 = \frac{1}{n-1} \sum_{i=1}^{10} (x_i - \overline{x})^2 = \frac{0{,}42}{9} \approx 0{,}0467.$$

(a) Bezeichnet $t_{1-\alpha}(n-1)$ das $(1-\alpha)$-Quantil der $t(n-1)$-Verteilung, so ist

$$K_1 = \left(-\infty, \overline{x} + t_{1-\alpha}(n-1) \frac{\widehat{\sigma}}{\sqrt{n}} \right] = \left(-\infty, \overline{x} + \underbrace{t_{0,95}(9)}_{=1,833} \frac{\widehat{\sigma}}{\sqrt{10}} \right] = \left(-\infty, 9{,}0252 \right],$$

einseitiges unteres 95%-Konfidenzintervall für μ. Ein einseitiges oberes 95%-Konfidenzintervall für μ ist gegeben durch

$$K_2 = \left[\overline{x} - t_{0,95}(9) \frac{\widehat{\sigma}}{\sqrt{n}}, \infty \right) = \left[8{,}7748, \infty \right).$$

(b) Ein zweiseitiges 95%-Konfidenzintervall für σ^2 ist bestimmt durch:

$$K = \left[\frac{(n-1)\widehat{\sigma}^2}{\chi^2_{1-\frac{\alpha}{2}}(n-1)}, \frac{(n-1)\widehat{\sigma}^2}{\chi^2_{\frac{\alpha}{2}}(n-1)} \right] = \left[\frac{9\widehat{\sigma}^2}{19{,}02}, \frac{9\widehat{\sigma}^2}{2{,}70} \right] = [0{,}0221, 0{,}1556].$$

Ein zweiseitiges 95%-Konfidenzintervall für σ resultiert daraus durch Wurzelziehen für beide Grenzen: $K_3 = [0{,}1487, 0{,}3944]$.

Beispielaufgabe D 9.5. In einem mittelständischen Produktionsbetrieb soll der Umweltschutz verstärkt Berücksichtigung finden. Zur eigenen Information ist zunächst die wöchentliche Abfallmenge von Interesse. Dazu wird 10 Wochen lang der jeweilige Abfall gewogen; die Werte werden als Realisationen von stochastisch unabhängigen, normalverteilten Zufallsvariablen mit Erwartungswert μ und Varianz σ^2 aufgefasst.

Ergebnis der Messungen (in Tonnen):

$$2{,}3 \quad 1{,}0 \quad 1{,}8 \quad 1{,}5 \quad 2{,}1 \quad 1{,}6 \quad 3{,}2 \quad 2{,}7 \quad 1{,}4 \quad 2{,}4.$$

(a) Schätzen Sie die Parameter μ und σ^2 mit Hilfe der erwartungstreuen Schätzfunktionen $\overline{X}$ bzw. $\widehat{\sigma}^2$.

(b) Geben Sie für den Fall bekannter Varianz, $\sigma^2 = 0{,}5$, ein (zweiseitiges) 90%-Konfidenzintervall für μ an.

(c) Wie viele Beobachtungen werden (in einer späteren Untersuchung) mindestens benötigt, um eine Höchstbreite von 0,4 des (zweiseitigen) 90%-Konfidenzintervalls für μ bei bekannter Varianz $\sigma^2 = 0{,}5$ zu garantieren?

(d) Geben Sie bei unbekannter Varianz ein (zweiseitiges) 90%-Konfidenzintervall für μ an.

(e) Bestimmen Sie ein Konfidenzintervall für die (unbekannte) Varianz σ^2 zur Vertrauenswahrscheinlichkeit 90%.

Lösung: (a) Für die Schätzer $\widehat{\mu} = \overline{X} = \frac{1}{10}\sum\limits_{i=1}^{10} X_i$ und $\widehat{\sigma^2} = \frac{1}{9}\sum\limits_{i=1}^{10}(X_i - \overline{X})^2$ ergeben sich

nach Einsetzen der Realisationen die Schätzwerte $\widehat{\mu} = \frac{20}{10} = 2$ und $\widehat{\sigma^2} = \frac{4}{9} = 0{,}\overline{4}$.

(b) Ein Konfidenzintervall für μ bei bekannter Varianz $\sigma^2 = \frac{1}{2}$ ist gegeben durch

$$K = \left[\overline{x} - u_{1-\alpha/2}\frac{\sigma}{\sqrt{n}}, \overline{x} + u_{1-\alpha/2}\frac{\sigma}{\sqrt{n}}\right].$$

Mit $\alpha = 10\%$, $u_{1-\alpha/2} = u_{0{,}95} = 1{,}645$ folgt daraus

$$K = \left[2 - 1{,}645 \cdot \frac{1}{\sqrt{20}}, 2 + 1{,}645 \cdot \frac{1}{\sqrt{20}}\right] = [1{,}632, 2{,}368].$$

(c) Die Länge $\mathcal{L}$ des Konfidenzintervalls ist gegeben durch

$$\mathcal{L} = \overline{x} + u_{1-\alpha/2}\frac{\sigma}{\sqrt{n}} - \left(\overline{x} - u_{1-\alpha/2}\frac{\sigma}{\sqrt{n}}\right) = 2u_{1-\alpha/2}\frac{\sigma}{\sqrt{n}} = 2 \cdot 1{,}645\frac{1}{\sqrt{2n}}.$$

Die Forderung lautet

$$\mathcal{L} \leqslant 0{,}4 \iff \frac{2 \cdot 1{,}645}{\sqrt{2n}} \leqslant 0{,}4 \iff \sqrt{n} \geqslant \frac{2 \cdot 1{,}645}{\sqrt{2} \cdot 0{,}4} = 5{,}816.$$

Dies impliziert $n \geqslant 5{,}816^2 \approx 33{,}8$, d.h. die erforderliche Mindestanzahl ist $n = 34$.

(d) Ein Konfidenzintervall für μ bei unbekanntem σ^2 ist gegeben durch

$$K = \left[\overline{x} - t_{1-\alpha/2}(n-1)\frac{\widehat{\sigma}}{\sqrt{n}}, \overline{x} + t_{1-\alpha/2}(n-1)\frac{\widehat{\sigma}}{\sqrt{n}}\right].$$

Mit $\alpha = 10\%$, $t_{1-\alpha/2}(n-1) = t_{0{,}95}(9) = 1{,}833$, $\widehat{\sigma} = \sqrt{\frac{4}{9}} = \frac{2}{3}$ folgt dann

$$K = \left[2 - 1{,}833 \cdot \frac{2}{3\sqrt{10}}, 2 + 1{,}833 \cdot \frac{2}{3\sqrt{10}}\right] = [1{,}614, 2{,}386].$$

(e) Ein Konfidenzintervall für σ^2 bei unbekanntem μ ist bestimmt durch

$$K = \left[\frac{(n-1)\hat{\sigma}^2}{\chi^2_{1-\alpha/2}(n-1)}, \frac{(n-1)\hat{\sigma}^2}{\chi^2_{\alpha/2}(n-1)} \right].$$

Mit $\alpha = 10\%$, $\chi^2_{1-\alpha/2}(n-1) = \chi^2_{0,95}(9) = 16{,}92$, $\chi^2_{\alpha/2}(n-1) = \chi^2_{0,05}(9) = 3{,}33$ resultiert das Intervall $K = \left[\frac{4}{16,92}, \frac{4}{3,33} \right] = [0{,}236, 1{,}201]$.

Beispielaufgabe D 9.6. Seien $X_1, \ldots, X_n \overset{iid}{\sim} N(\mu, 1)$ mit einem unbekannten Parameter $\mu \in \mathbb{R}$, $n \geqslant 3$ und $\frac{1}{2} > \beta, \gamma > 0$. u_α bezeichne das α-Quantil der Standardnormalverteilung.

(a) Welchen der Schätzer $\hat{\mu}_1 = \overline{X} = \frac{1}{n} \sum_{i=1}^{n} X_i$, $\hat{\mu}_2 = \frac{1}{n-2} \sum_{i=2}^{n-1} X_i$ würden Sie als Schätzer für den Parameter μ bevorzugen? Begründen Sie zunächst, dass die Varianz eine geeignete Kenngröße zum Vergleich der Schätzer ist.

(b) Ermitteln Sie den *mean squared error* (MSE) der Schätzer $\hat{\mu}_1 = \overline{X}$ und $\hat{\mu}_3 = \frac{1}{n+1} \sum_{i=1}^{n} X_i$. Für welche $\mu \in \mathbb{R}$ hat $\hat{\mu}_3$ einen kleineren MSE als $\hat{\mu}_1$ (für festes $n \in \mathbb{N}$)?

(c) Zeigen Sie, dass

$$\left[\overline{X} - \frac{u_{1-\beta}}{\sqrt{n}}, \overline{X} + \frac{u_{1-\gamma}}{\sqrt{n}} \right]$$

ein $(1 - \beta - \gamma)$-Konfidenzintervall für μ bildet.

Lösung: (a) Die Schätzer $\hat{\mu}_1 = \overline{X} = \frac{1}{n} \sum_{i=1}^{n} X_i$, $\hat{\mu}_2 = \frac{1}{n-2} \sum_{i=2}^{n-1} X_i$ sind erwartungstreu für μ, denn:

$$E_\mu \hat{\mu}_1 = \frac{1}{n} \sum_{i=1}^{n} E_\mu X_i = \frac{n}{n}\mu = \mu, \quad E_\mu \hat{\mu}_2 = \frac{1}{n-2} \sum_{i=2}^{n-1} E_\mu X_i = \frac{n-2}{n-2}\mu = \mu.$$

Damit ist die Varianz ein geeignetes Maß zum Vergleich der Güte der Schätzer. Es gilt wegen der Unabhängigkeit der Stichprobenvariablen und wegen $\text{Var}_\mu(X_i) = 1$:

$$\text{Var}_\mu(\hat{\mu}_1) = \frac{1}{n^2} \sum_{i=1}^{n} \text{Var}_\mu(X_i) = \frac{1}{n},$$

$$\text{Var}_\mu(\hat{\mu}_2) = \frac{1}{(n-2)^2} \sum_{i=2}^{n-1} \text{Var}_\mu(X_i) = \frac{1}{n-2}.$$

Damit folgt für $n \geqslant 3$: $\text{Var}_\mu(\hat{\mu}_1) < \text{Var}_\mu(\hat{\mu}_2)$. Der Schätzer $\hat{\mu}_1$ ist daher zu bevorzugen.

(b) Da $\hat{\mu}_1$ erwartungstreu ist, gilt nach (a) $\text{MSE}_\mu(\hat{\mu}_1) = \text{Var}_\mu(\hat{\mu}_1) = \frac{1}{n}$. Der Schätzer $\hat{\mu}_3$ ist nicht erwartungstreu mit $E_\mu \hat{\mu}_3 = \frac{n}{n+1}\mu$. Weiterhin gilt $\text{Var}_\mu(\hat{\mu}_3) = \frac{n}{(n+1)^2}$. Damit ergibt sich

$$\text{MSE}_\mu(\hat{\mu}_3) = \text{Var}_\mu(\hat{\mu}_3) + \left(E_\mu \hat{\mu}_3 - \mu \right)^2$$

$$= \frac{n}{(n+1)^2} + \left(\frac{n}{n+1} - 1\right)^2 \mu^2 = \frac{n}{(n+1)^2} + \frac{1}{(n+1)^2}\mu^2 = \frac{n+\mu^2}{(n+1)^2}.$$

Zu untersuchen ist, wann $MSE_\mu(\widehat{\mu}_3) < MSE_\mu(\widehat{\mu}_1)$ gilt. Dies führt zur Ungleichung

$$\frac{n+\mu^2}{(n+1)^2} < \frac{1}{n}.$$

Diese Ungleichung ist äquivalent zu

$$\mu^2 < \frac{(n+1)^2}{n} - n = 2 + \frac{1}{n}.$$

Damit ist der mean squared error von $\widehat{\mu}_3$ kleiner als der von $\widehat{\mu}_1$, falls $-\sqrt{2+\frac{1}{n}} < \mu < \sqrt{2+\frac{1}{n}}$.

(c) Wegen $X_1, \ldots, X_n \overset{iid}{\sim} N(\mu,1)$ folgt $\overline{X} \sim N(\mu,\frac{1}{n})$ und $Z = \sqrt{n}(\overline{X}-\mu) \sim N(0,1)$. Daraus ergibt sich ($\Phi$ bezeichne die Verteilungsfunktion der Standardnormalverteilung)

$$P_\mu\left(\mu \in \left[\overline{X} - \frac{u_{1-\beta}}{\sqrt{n}}, \overline{X} + \frac{u_{1-\gamma}}{\sqrt{n}}\right]\right) = P_\mu\left(\overline{X} - \frac{u_{1-\beta}}{\sqrt{n}} \leqslant \mu \leqslant \overline{X} + \frac{u_{1-\gamma}}{\sqrt{n}}\right)$$

$$= P_\mu\left(-u_{1-\gamma} \leqslant \sqrt{n}(\overline{X}-\mu) \leqslant u_{1-\beta}\right)$$

$$= P_\mu\left(-u_{1-\gamma} \leqslant Z \leqslant u_{1-\beta}\right)$$

$$= \Phi(u_{1-\beta}) - \Phi(-u_{1-\gamma})$$

$$= 1 - \beta - \gamma.$$

In der letzten Umformung wurde $-u_{1-\gamma} = u_\gamma$ benutzt. Daraus folgt die Behauptung.

Beispielaufgabe D 9.7. Die Lebensdauer einer Autobatterie werde durch eine Exponentialverteilung mit einem unbekannten Parameter $\lambda > 0$ beschrieben. Basierend auf einer Stichprobe $X_1, \ldots, X_n \overset{iid}{\sim} Exp(\lambda)$, $\lambda > 0$, soll geprüft werden, ob die erwartete Lebensdauer μ einen gegebenen Wert μ_0 übersteigt.

(a) Zeigen Sie, dass die erwartete Lebensdauer der i-ten Batterie durch $\mu = \frac{1}{\lambda}$ gegeben ist.

(b) Formulieren Sie die obige Fragestellung als statistisches Testproblem.

(c) Ein Test für das obige Testproblem sei gegeben durch die Vorschrift

$$\text{Verwerfe } H_0, \text{ falls } S > c\mu_0, \quad \text{wobei } S = \sum_{i=1}^{n} X_i.$$

Bestimmen Sie ein $c > 0$, so dass der Test ein α-Niveau-Test wird, der die vorgegebene maximale Fehlerwahrscheinlichkeit 1. Art $\alpha \in (0,1)$ erreicht. Bestimmen Sie dazu insbesondere die Gütefunktion G des Tests.

Lösung: (a) Für den Erwartungswert der exponentialverteilten Zufallsvariablen X_i gilt

$$EX_i = \int_{-\infty}^{\infty} t \cdot f^{X_i}(t)dt = \int_0^\infty t \cdot \lambda e^{-\lambda t}dt = \underbrace{t\left(-e^{-\lambda t}\right)\Big|_0^\infty}_{=0} + \int_0^\infty e^{-\lambda t}dt$$

$$= \frac{1}{\lambda} \underbrace{\int_0^\infty \lambda e^{-\lambda t} dt}_{=1} = \frac{1}{\lambda}.$$

(b) Die Fragestellung wird durch das Testproblem

$$H_0 : \mu \leqslant \mu_0 \longleftrightarrow H_1 : \mu > \mu_0,$$

bzw. nach dem in (a) Gezeigten äquivalent durch

$$H_0 : \lambda \geqslant \frac{1}{\mu_0} \longleftrightarrow H_1 : \lambda < \frac{1}{\mu_0}$$

beschrieben.

(c) Die Summe von stochastisch unabhängigen exponentialverteilten Zufallsvariablen ist gammaverteilt (vgl. Beispiel C 1.16). Ferner gilt $2\lambda S \sim \Gamma\left(\frac{1}{2}, \frac{2n}{2}\right) = \chi^2(2n)$, falls $\lambda > 0$ der Parameter der zugrunde gelegten Verteilung ist. Für die Gütefunktion des vorgeschlagenen Tests gilt:

$$G(\lambda) = P_\lambda(S < c\mu_0) = 1 - P_\lambda(\underbrace{2\lambda S}_{\overset{s.o.}{\sim}\chi^2(2n)} \leqslant 2\lambda c\mu_0) = 1 - F_n(2\lambda c\mu_0),$$

wobei F_n die Verteilungsfunktion der $\chi^2(2n)$-Verteilung bezeichnet. Da $F_n(x)$ monoton wachsend in x ist, ist die Gütefunktion $G(\lambda)$ monoton fallend in λ. Für $\lambda \in H_0$, d.h. für $\lambda \geqslant 1/\mu_0$ folgt somit

$$G(\lambda) \leqslant G(1/\mu_0) = 1 - F_n(2c).$$

Aus der Forderung $G(\lambda) \leqslant \alpha$ für $\lambda \in H_0$ resultiert die Bedingung

$$1 - F_n(2c) \leqslant \alpha \iff 2c \geqslant \chi^2_{1-\alpha}(2n).$$

Mit der Setzung $c = \frac{\chi^2_{1-\alpha}(2n)}{2}$ folgt dann

$$G(\lambda) \leqslant G\left(\frac{1}{\mu_0}\right) = 1 - F_n(2c) = 1 - F_n\left(\chi^2_{1-\alpha}(2n)\right) = \alpha.$$

Also ist der Test mit der Entscheidungsregel

$$\text{Verwerfe } H_0, \text{ falls } S > \frac{\chi^2_{1-\alpha}(2n)}{2}$$

ein α-Niveau-Test mit der Gütefunktion $G(\lambda) = 1 - F_n\left(\lambda \chi^2_{1-\alpha}(2n) \cdot \mu_0\right)$, $\lambda > 0$

Beispielaufgabe D 9.8. Die Bearbeitungszeiten eines Zulieferers (jeweils Zeit zwischen Auftragseingang und Lieferung) sollen überprüft werden. Dazu werden bei 15 Bestellungen diese Zeiten (in Tagen) notiert und die Werte als Realisationen unabhängiger, normalverteilter Zufallsvariablen mit Erwartungswert μ und Varianz σ^2 aufgefasst:

5	3,5	7,5	6	5
9	8,5	4,5	4	7,5
7	6	4,5	5	7

(a) Sei $\sigma^2 = 3$ bekannt.

(1) Kann aufgrund der Daten zum Signifikanzniveau $\alpha = 5\%$ statistisch belegt werden, dass die erwartete Lieferzeit größer als 5 Tage ist?

(2) Ermitteln Sie für den Test in (1) die Fehlerwahrscheinlichkeit 2. Art an der Stelle $\mu = 6$.

(b) Bearbeiten Sie die Fragestellungen aus Teil (a) nochmals, falls $\sigma^2 > 0$ unbekannt ist.

Lösung: Aus der Stichprobe erhält man $\bar{x} = \frac{90}{15} = 6$.

(a) (1) Zur Entscheidung des Testproblems $H_0 : \mu \leqslant 5 \longleftrightarrow H_1 : \mu > 5 = \mu_0$ zum Niveau $\alpha = 5\%$ wird ein einseitiger Gauß-Test verwendet. Die Entscheidungsvorschrift lautet:

$$\text{Verwerfe } H_0, \text{ falls } \overline{X}^* = \sqrt{n}\frac{\overline{X} - \mu_0}{\sigma} > u_{0,95}.$$

Wegen $\bar{x}^* = \sqrt{15}\frac{6-5}{\sqrt{3}} = 2{,}236$ und $u_{0,95} = 1{,}645$ folgt $\bar{x}^* > u_{0,95}$. H_0 wird daher zum Niveau 5% verworfen.

(2) Für die gesuchte Wahrscheinlichkeit gilt:

$$P_{\mu=6}(H_0 \text{ nicht verwerfen}) = P_{\mu=6}(\overline{X}^* \leqslant u_{0,95})$$

$$= P_{\mu=6}\left(\sqrt{n}\frac{\overline{X} - \mu_0}{\sigma} \leqslant u_{0,95}\right)$$

$$= P_{\mu=6}\left(\underbrace{\sqrt{n}\frac{\overline{X} - 6}{\sigma}}_{\sim N(0,1)} \leqslant u_{0,95} + \sqrt{n}\frac{\mu_0 - 6}{\sigma}\right)$$

$$= \Phi\left(u_{0,95} + \frac{\mu_0 - 6}{\sigma}\sqrt{n}\right)$$

$$= \Phi\left(1{,}645 + \frac{5-6}{\sqrt{3}}\sqrt{15}\right)$$

$$= \Phi(-0{,}591) = 1 - \Phi(0{,}591) = 0{,}278.$$

Für $\mu = 6$ wird H_0 also mit einer Wahrscheinlichkeit von 27,8% nicht verworfen, obwohl H_1 richtig ist.

(b) Die Schätzung für σ^2 ist gegeben durch

$$\hat{\sigma}^2 = \frac{1}{n-1}\sum_{i=1}^{n}(x_i - \bar{x})^2 = \frac{39{,}5}{14} = 2{,}821.$$

Mittels eines t-Tests wird die Fragestellung $H_0 : \mu \leqslant 5 \longleftrightarrow H_1 : \mu > 5 = \mu_0$ zum Niveau $\alpha = 5\%$ geprüft:

$$\text{Verwerfe } H_0, \text{ falls } T = \sqrt{n}\frac{\overline{X} - \mu_0}{\hat{\sigma}} > t_{0,95}(n-1).$$

Wegen $T = 2{,}305$ und $t_{0,95}(14) = 1{,}761$ gilt $T > t_{0,95}(14)$, d.h. H_0 wird abgelehnt.

Beispielaufgabe D 9.9. Eine Spedition erhält einen Auftrag über 100 Stückgutlieferungen von Ort A nach Ort B. Es kommen zwei Fahrstrecken S_1 und S_2 in

Betracht. Nach je 10 Fahrten auf jeder Strecke soll entschieden werden, welche der beiden Routen den Fahrern fest vorgeschrieben wird.

Für die ersten 10 Lieferungen wird Strecke S_1 ausgewählt. Es resultieren folgende Fahrzeiten (in Std.):

$$5{,}8, \quad 5{,}5, \quad 5{,}9, \quad 5{,}7, \quad 6{,}1, \quad 5{,}2, \quad 5{,}3, \quad 7{,}2, \quad 5{,}4, \quad 6{,}9.$$

Die nächsten 10 Fahrten (auf Strecke S_2) liefern die Fahrzeiten (in Std.):

$$5{,}2, \quad 4{,}7, \quad 6{,}6, \quad 5{,}3, \quad 4{,}8, \quad 5{,}1, \quad 5{,}0, \quad 4{,}8, \quad 5{,}5, \quad 5{,}0.$$

Die Messwerte werden als Realisationen unabhängiger $N(\mu_1, \sigma^2)$- bzw. $N(\mu_2, \sigma^2)$-verteilter Zufallsvariablen aufgefasst.

(a) Kann zu einer Irrtumswahrscheinlichkeit von 2% belegt werden, dass die erwartete Fahrzeit für Strecke S_1 höchstens 6,3 Stunden beträgt?

(b) Testen Sie bei obigen Daten die Fragestellung

$$H_0 : \mu_1 \leqslant \mu_2 \quad \longleftrightarrow \quad H_1 : \mu_1 > \mu_2$$

zur Fehlerwahrscheinlichkeit $\alpha = 5\%$.

Lösung: Im Folgenden wird das Modell

$$X_1, \ldots, X_{10} \overset{iid}{\sim} N(\mu_1, \sigma^2), \quad Y_1, \ldots, Y_{10} \overset{iid}{\sim} N(\mu_2, \sigma^2), \quad \mu_1, \mu_2 \in \mathbb{R}, \sigma^2 > 0,$$

unterstellt. Die Varianz σ^2 wird also als unbekannt angenommen.

(a) Zu überprüfen ist das Testproblem $H_0 : \mu_1 > 6{,}3 \longleftrightarrow H_1 : \mu_1 \leqslant 6{,}3$. Dazu wird ein einseitiger t-Test zum Niveau 2% verwendet:

$$H_0 \text{ wird abgelehnt, falls } T = \frac{\bar{x} - \mu_0}{\hat{\sigma}_1} \sqrt{n} < -t_{0,98}(n-1).$$

Wegen $\bar{x} = 5{,}9$, $\hat{\sigma}_1^2 = \frac{4{,}04}{9} = 0{,}4489$ und $2{,}262 = t_{0,975}(9) < t_{0,98}(9) < t_{0,99}(9) = 2{,}821$ gilt $T = -1{,}888 > -t_{0,98}(9)$. Daher kann die Nullhypothese nicht verworfen werden.

(b) Zu prüfen ist $H_0 : \mu_1 \leqslant \mu_2 \longleftrightarrow H_1 : \mu_1 > \mu_2$. Der t-Test zum Niveau 5% für das Zweistichprobenmodell lautet:

$$H_0 \text{ wird abgelehnt, falls } \hat{D} = \frac{\bar{x} - \bar{y}}{\sqrt{\left(\frac{1}{n_1} + \frac{1}{n_2}\right)}\, \hat{\sigma}_{\text{pool}}} > t_{0,95}(n_1 + n_2 - 2).$$

Zusätzlich zu den Ergebnissen aus (a) erhält man aus den gegebenen Daten $\bar{y} = 5{,}2$, $\hat{\sigma}_2^2 = \frac{2{,}72}{9} = 0{,}3022$ und $\hat{\sigma}_{\text{pool}}^2 = \frac{1}{2}\hat{\sigma}_1^2 + \frac{1}{2}\hat{\sigma}_2^2 = 0{,}3756$. Damit gilt $\hat{D} = 2{,}554 > t_{0,95}(18) = 1{,}734$. Also wird die Nullhypothese abgelehnt.

Beispielaufgabe D 9.10. Für das Merkmalspaar (X, Y) wurde der Datensatz $(x_1, y_1), \ldots, (x_n, y_n) \in \mathbb{R}^2$ mit $\sum_{i=1}^{n} x_i^2 > 0$ erhoben. Zur Analyse der Daten wird ein lineares Modell $Y = aX + \varepsilon$ unterstellt.

(a) Zeigen Sie, dass

$$\hat{a} = \frac{\sum\limits_{i=1}^{n} x_i y_i}{\sum\limits_{i=1}^{n} x_i^2}$$

der Kleinste-Quadrate-Schätzer für a ist.

(b) Nehmen Sie an, dass $y_1, \ldots, y_n$ Realisationen von Zufallsvariablen $Y_1, \ldots, Y_n$ sind mit

$$Y_i = a x_i + \varepsilon_i, \quad i \in \{1, \ldots, n\}, \text{ und } \varepsilon_1, \ldots, \varepsilon_n \overset{\text{iid}}{\sim} N(0, \sigma^2), \ \sigma^2 > 0.$$

Zeigen Sie, dass $\hat{a} = \left(\sum\limits_{i=1}^{n} x_i^2 \right)^{-1} \sum\limits_{i=1}^{n} x_i Y_i$ erwartungstreu für $a \in \mathbb{R}$ ist, und ermitteln Sie die Varianz von $\hat{a}$.

Lösung: (a) Gemäß der Methode der kleinsten Quadrate ist die Zielfunktion

$$Q(a) = \sum_{i=1}^{n} (y_i - a x_i)^2, \quad a \in \mathbb{R},$$

zu minimieren. Ableiten ergibt:

$$Q'(a) = 2 \sum_{i=1}^{n} (y_i - a x_i) \cdot (-x_i) = -2 \sum_{i=1}^{n} x_i y_i + 2a \sum_{i=1}^{n} x_i^2, \quad a \in \mathbb{R}.$$

Wegen $\sum\limits_{i=1}^{n} x_i^2 > 0$ nach Voraussetzung gilt:

$$Q'(a) = 0 \iff a = \frac{\sum\limits_{i=1}^{n} x_i y_i}{\sum\limits_{i=1}^{n} x_i^2} = \hat{a} \quad \text{und} \quad Q'(a) \begin{cases} < 0, & a < \hat{a} \\ = 0, & a = \hat{a}, \\ > 0, & a > \hat{a} \end{cases}$$

so dass Q monoton fallend auf $(-\infty, \hat{a})$ und monoton wachsend auf $(\hat{a}, \infty)$ ist. Somit liegt in $\hat{a}$ ein globales Minimum von Q vor und $\hat{a}$ ist damit der gesuchte KQ-Schätzer für a.

(b) Wegen $E_a(Y_i) = a x_i + E_a(\varepsilon_i) = a x_i$, $i = 1, \ldots, n$, und der Linearität des Erwartungswerts gilt

$$E_a(\hat{a}) = E_a \left(\frac{\sum\limits_{i=1}^{n} x_i Y_i}{\sum\limits_{i=1}^{n} x_i^2} \right) = \frac{\sum\limits_{i=1}^{n} x_i E_a(Y_i)}{\sum\limits_{i=1}^{n} x_i^2} = \frac{a \sum\limits_{i=1}^{n} x_i^2}{\sum\limits_{i=1}^{n} x_i^2} = a \quad \forall a \in \mathbb{R}.$$

Wegen der stochastischen Unabhängigkeit von $Y_1, \ldots, Y_n$ und $\text{Var}_a(Y_i) = \text{Var}_a(\varepsilon_i) = \sigma^2$, $i = 1, \ldots, n$, gilt

$$\text{Var}_a(\hat{a}) = \frac{1}{\left(\sum\limits_{i=1}^{n} x_i^2 \right)^2} \cdot \sum_{i=1}^{n} x_i^2 \underbrace{\text{Var}_a(Y_i)}_{= \sigma^2} = \frac{\sigma^2}{\sum\limits_{i=1}^{n} x_i^2}.$$

Beispielaufgabe D 9.11. Der Wassergehalt von Gurken soll ermittelt werden. Dazu werden Gurkenscheiben gewogen und dann zwei Tage in einem Trockenofen gedörrt. Anschließend werden die Gurkenscheiben erneut gewogen. Bei fünf Messungen ergaben sich folgende Gewichte:

Masse x_i der Gurkenscheibe vor Trocknung (in g)	20	30	30	25	15
Masse y_i der Gurkenscheibe nach Trocknung (in g)	1	1,3	1,5	1,2	0,8

Zur Analyse der Daten wird ein lineares Modell $Y = aX + \varepsilon$ unterstellt.

(a) Welche Interpretation hat a?

(b) Ermitteln Sie die Korrelation der obigen Merkmale.

(c) Berechnen Sie die Schätzwerte für a und für die Regressionsgerade f.

(d) Welche Prognose erhalten Sie für die in einer 200g-Gurke enthaltene Wassermenge?

Lösung: (a) Der Parameter a beschreibt den „Nicht-Wasseranteil" einer Gurke.

(b) Aus der Arbeitstabelle

i	1	2	3	4	5	Summe	Mittel
x_i	20	30	30	25	15	120	$24 = \overline{x}$
y_i	1	1,3	1,5	1,2	0,8	5,8	$1,16 = \overline{y}$
x_i^2	400	900	900	625	225	3050	$610 = \overline{x^2}$
y_i^2	1	1,69	2,25	1,44	0,64	7,02	$1,404 = \overline{y^2}$
$x_i \cdot y_i$	20	39	45	30	12	146	$29,2 = \overline{xy}$

resultieren die Werte:

$$s_x^2 = \overline{x^2} - \overline{x}^2 = 610 - 24^2 = 34,$$

$$s_y^2 = \overline{y^2} - \overline{y}^2 = 1{,}404 - 1{,}16^2 = 0{,}0584,$$

$$s_{xy} = \overline{xy} - \overline{x} \cdot \overline{y} = 29{,}2 - 24 \cdot 1{,}16 = 1{,}36.$$

Die (empirische) Korrelation der Merkmale ist somit gegeben durch

$$r_{xy} = \frac{s_{xy}}{\sqrt{s_x^2 \cdot s_y^2}} = \frac{1{,}36}{\sqrt{34 \cdot 0{,}0584}} \approx 0{,}965.$$

(c) Aus den vorstehenden Ergebnissen resultieren die Schätzwerte

$$\widehat{a} = \frac{5 \cdot \overline{xy}}{5 \cdot \overline{x^2}} = \frac{29{,}2}{610} \approx 0{,}0479, \quad \widehat{f}(x) = 0{,}0479x, x \in \mathbb{R}.$$

Der geschätzte „Nicht-Wasseranteil" einer Gurke beträgt somit 4,79% bzw. eine Gurke besteht zu 95,21% aus Wasser.

Die Regressionsgerade ist in Abbildung D 9.1 dargestellt.

(d) Aufgrund der vorliegenden Daten wird die Wassermenge in einer 200g Gurke geschätzt durch

$$200 - \widehat{f}(200) \approx 190{,}42 \, [g].$$

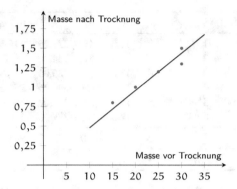

Abbildung D 9.1: Regressionsgerade aus Aufgabe D 9.11.

Beispielaufgabe D 9.12. Für eine Produktionsanlage soll ein lineares Kosten-modell aufgrund von Daten aus vergangenen Perioden angepasst werden. Diese Daten bestehen aus produzierten Mengen u_i (in 1 000 Stück) und entstandenen Kosten v_i (in 1 000 €), $i = 1, \ldots, 6$, in sechs Perioden.

Menge u_i	7	9	6	11	8	7
Kosten v_i	16,5	22,0	15,0	24,5	19,0	17,0

(a) Schätzen Sie die Regressionsgerade $v(u) = \beta_0 + \beta_1 u$ und berechnen Sie das Bestimmtheitsmaß.

(b) Zugrundegelegt werde nun das lineare Regressionsmodell

$$v_i = \beta_0 + \beta_1 u_i + \varepsilon_i, \ 1 \leqslant i \leqslant 6,$$

mit $\varepsilon_1, \ldots, \varepsilon_n \overset{iid}{\sim} N(0, 1)$.

(1) Bestimmen Sie einen zweiseitigen 95%-Konfidenzbereich für den Ach-senabschnitt β_0 (fixe Kosten).

(2) Kann zur Irrtumswahrscheinlichkeit $\alpha = 5\%$ statistisch belegt werden, dass β_0 kleiner als 4,0 ist?

Lösung: (a) Aus der Arbeitstabelle D 9.1 ergibt sich

$$s_{uv} = \overline{uv} - \overline{u} \cdot \overline{v} = \frac{944}{6} - 8 \cdot 19 = \frac{16}{3},$$

$$s_u^2 = \overline{u^2} - \overline{u}^2 = \frac{400}{6} - 8^2 = \frac{8}{3}, \qquad s_v^2 = \overline{v^2} - \overline{v}^2 = \frac{2231,5}{6} - 19^2 = 10,917.$$

Daraus folgt $\widehat{\beta}_1 = \frac{s_{uv}}{s_u^2} = \frac{16/3}{8/3} = 2$ und $\widehat{\beta}_0 = \overline{v} - \widehat{\beta}_1 \overline{u} = 19 - 2 \cdot 8 = 3$. Damit wird also die Regressionsgerade geschätzt durch $\widehat{v}(u) = 3 + 2u, \ u \in \mathbb{R}$. Das Bestimmtheitsmaß hat den Wert

$$r_{uv}^2 = \frac{s_{uv}^2}{s_u^2 s_v^2} = \frac{16^2/9^2}{8/3 \cdot 2231,5/6} = 0,977.$$

i	u_i	v_i	u_i^2	v_i^2	$u_i \cdot v_i$
1	7	16,5	49	272,25	115,5
2	9	22,0	81	484,00	90,0
3	6	15,0	36	225,00	90,0
4	11	24,5	121	600,25	269,5
5	8	19,0	64	361,00	152,0
6	7	17,0	49	289,00	119,0
$\sum$	48	114,0	400	2231,5	944,0
Mittelwert	8	19			

Tabelle D 9.1: Arbeitstabelle zu Beispielaufgabe D 9.12.

(b) (1) Ein 95%-Konfidenzintervall für β_0 ist gegeben durch

$$K = \left[\widehat{\beta}_0 - u_{0,975} \frac{\sigma}{\sqrt{n}} \sqrt{\overline{\frac{u^2}{s_u^2}}}, \widehat{\beta}_0 + u_{0,975} \frac{\sigma}{\sqrt{n}} \sqrt{\overline{\frac{u^2}{s_u^2}}} \right].$$

Einsetzen von $\sigma = 1$, $n = 6$ und $u_{0,975} = 1{,}960$ liefert das 95%-Konfidenzintervall für β_0:

$$K = [\widehat{\beta}_0 - 4{,}001, \widehat{\beta}_0 + 4{,}001] = [-1{,}001, 7{,}001].$$

(2) Ein Test für $H_0 : \beta_0 \geqslant 4 \longleftrightarrow H_1 : \beta_0 < 4 = \beta_0^\star$ zum Niveau $\alpha = 5\%$ ist gegeben durch ($\sigma_{\beta_0} = \sigma \sqrt{\frac{\overline{u^2}}{n s_u^2}} = \sqrt{\frac{400/6}{6 \cdot 8/3}} = \sqrt{25/6} \approx \sqrt{4{,}167}$)

$$\text{Verwerfe } H_0, \text{ falls } T = \frac{\widehat{\beta}_0 - \beta_0^\star}{\sigma_{\beta_0}} = \frac{3 - 4}{\sqrt{25/6}} < -u_{0,95}.$$

Wegen $T = -0{,}490$ folgt $T > -u_{0,95} = -1{,}645$, so dass H_0 nicht abgelehnt werden kann.

D 10 Flashcards

Nachfolgend sind ausgewählte Flashcards zu den Inhalten von Teil D abgedruckt, deren Lösungen in Teil F nachgeschlagen werden können. Diese und weitere Flashcards können mit der **SN Flashcards App** zur eigenen Wissensüberprüfung genutzt werden. Detaillierte Lösungshinweise sind dort ebenfalls verfügbar.

Flashcard D 10.1

Die Zufallsvariablen X_1, X_2, X_3 seien stochastisch unabhängig mit $EX_1 = EX_2 = EX_3 = \mu \in \mathbb{R}$. Welche der Schätzfunktionen ist erwartungstreu für μ?

Ⓐ $\frac{1}{3}(X_1 + X_2 + X_3)$

Ⓑ $\frac{1}{2}X_1 + \frac{1}{4}X_2 + \frac{1}{4}X_3$

Ⓒ X_1

Ⓓ $\frac{1}{2}(X_2 + X_3)$

Ⓔ $X_1 - X_2 + X_3$

Flashcard D 10.2

Seien $X_1, \ldots, X_n$ stochastisch unabhängige und identisch verteilte Zufallsvariablen auf einem Wahrscheinlichkeitsraum $(\Omega, \mathfrak{A}, P)$. Weiter besitze X_i für $1 \leqslant i \leqslant n$ die Riemann-Dichte $f_\vartheta(x) = \frac{1}{\vartheta} e^{-x/\vartheta}$, $x > 0$, wobei $\vartheta > 0$ ein (unbekannter) Parameter sei.
Welche der nachstehenden Behauptungen sind wahr?

A Für Beobachtungen $x_1, \ldots, x_n > 0$ mit $\bar{x} = \frac{1}{n} \sum_{i=1}^{n} x_i$ ist die log-Likelihoodfunktion l gegeben durch $l(\vartheta) = -n \left(\ln(\vartheta) + \frac{\bar{x}}{\vartheta} \right)$, $\vartheta > 0$.

B Der Maximum-Likelihood-Schätzer $\widehat{\vartheta}$ für ϑ ist gegeben durch $\widehat{\vartheta} = \frac{1}{\bar{X}_n} = \left(\frac{1}{n} \sum_{i=1}^{n} X_i \right)^{-1}$

C Der Maximum-Likelihood-Schätzer $\widehat{\vartheta}$ für ϑ ist erwartungstreu für ϑ.

D $\bar{X}_n$ ist gammaverteilt.

E $\bar{X}_n$, $n \in \mathbb{N}$, bilden eine konsistente Folge von Schätzern für EX_1.

Flashcard D 10.3

Seien $X_1, \ldots, X_n \overset{iid}{\sim} N(\mu, \sigma^2)$ mit unbekannten Parametern $\mu \in \mathbb{R}$ und $\sigma^2 > 0$. Welche Aussagen sind wahr?

A Der Maximum-Likelihood-Schätzer für μ ist erwartungstreu.

B Der Maximum-Likelihood-Schätzer für σ^2 ist erwartungstreu.

C Die Maximum-Likelihood-Schätzer für μ und σ^2 sind stochastisch unabhängig.

D $\bar{X} \sim N \left(\mu, \frac{\sigma^2}{n} \right)$

E $\frac{n\tilde{\sigma}^2}{\sigma^2} \sim \chi^2(n-1)$, wobei $\tilde{\sigma}^2$ den Maximum-Likelihood-Schätzer für σ^2 bezeichne.

Flashcard D 10.4

Seien $X_1, \ldots, X_n$ stochastisch unabhängige und identisch $N(\mu, \sigma^2)$-verteilte Zufallsvariablen mit Parametern $\mu \in \mathbb{R}$ und $\sigma^2 > 0$. Welche der folgenden Aussagen zu den Konfidenzintervallen aus den Abschnitten D 5.6 und D 5.8 ist falsch?

A Bei bekanntem $\sigma^2 > 0$ und fest vorgegebenem Stichprobenumfang hängt die Länge des zweiseitigen Konfidenzintervalls für μ nicht von den Beobachtungen in der Stichprobe ab.

B Bei unbekanntem $\sigma^2 > 0$ und fest vorgegebenem Stichprobenumfang hängt die Länge des zweiseitigen Konfidenzintervalls für μ nicht von den Beobachtungen in der Stichprobe ab.

Ⓒ Bei bekanntem $\sigma^2 > 0$ ist die rechte Intervallgrenze des zweiseitigen Konfidenzintervalls für μ größer als die rechte Intervallgrenze des einseitigen, unteren Konfidenzintervalls für μ.

Ⓓ Bei unbekanntem $\sigma^2 > 0$ ist die linke Intervallgrenze des zweiseitigen Konfidenzintervalls für μ kleiner als die linke Intervallgrenze des einseitigen, oberen Konfidenzintervalls für μ.

Ⓔ Das Intervall $(-\infty, \infty) = \mathbb{R}$ ist ein (triviales) Konfidenzintervall für μ zu jedem beliebigen Niveau.

Flashcard D 10.5

Seien $X_1, \ldots, X_n$ Zufallsvariablen auf einem Wahrscheinlichkeitsraum $(\Omega, \mathfrak{A}, P)$. Weiter gelte $X_1, \ldots, X_n \overset{iid}{\sim} N(\mu, 1)$, $\mu \in \mathbb{R}$. Mit $K_{\alpha, n}$ sei das übliche zweiseitige $(1 - \alpha)$-Konfidenzintervall für μ im obigen Modell bezeichnet. Welche der nachstehenden Aussagen ist als einzige falsch?

Ⓐ Mit wachsendem α wird die Länge von $K_{\alpha, n}$ geringer.

Ⓑ Mit wachsendem Stichprobenumfang n nimmt die Länge von $K_{\alpha, n}$ ab.

Ⓒ Mit wachsendem α wird die linke Intervallgrenze von $K_{\alpha, n}$ kleiner und die rechte Intervallgrenze von $K_{\alpha, n}$ größer.

Ⓓ Mit abnehmendem α wird die linke Intervallgrenze von $K_{\alpha, n}$ kleiner und die rechte Intervallgrenze von $K_{\alpha, n}$ größer.

Ⓔ Die Länge von $K_{\alpha, n}$ hängt nicht von den Werten der Zufallsvariablen $X_1, \ldots, X_n$ ab.

Flashcard D 10.6

Seien $X_1, \ldots, X_n$ Zufallsvariablen auf einem Wahrscheinlichkeitsraum $(\Omega, \mathfrak{A}, P)$ mit $X_1, \ldots, X_n \overset{iid}{\sim} N(\mu, 1)$, wobei $\mu \in \mathbb{R}$ unbekannt sei. Betrachten Sie für das Testproblem $H_0 : \mu \leqslant 3 \longleftrightarrow H_1 : \mu > 3$ den üblichen Gauß-Test. Welche der nachstehenden Aussagen ist als einzige stets wahr?

Ⓐ Wird H_0 zum Signifikanzniveau 5% verworfen, dann auch zum Signifikanzniveau 1%.

Ⓑ Wird H_0 zum Signifikanzniveau 5% verworfen, so gilt $\mu > 3$.

Ⓒ Die Fehlerwahrscheinlichkeit 1. Art des Tests stimmt für einen Parameter der Nullhypothese mit dem Signifikanzniveau überein.

Ⓓ Wird H_0 zum Signifikanzniveau 5% verworfen, so wird für das Testproblem $\tilde{H}_0 : \mu \geqslant 3 \longleftrightarrow \tilde{H}_1 : \mu < 3$, $\tilde{H}_0$ zum Signifikanzniveau 5 % nicht verworfen.

Ⓔ Wird H_0 zum Signifikanzniveau 5% nicht verworfen, so wird für das Testproblem $\tilde{H}_0 : \mu \geqslant 3 \longleftrightarrow \tilde{H}_1 : \mu < 3$, $\tilde{H}_0$ zum Signifikanzniveau 5% verworfen.

E

Tabellen

Bei der Formulierung von $(1-\alpha)$-Konfidenzintervallen und α-Niveau-Tests werden Quantile zur Festlegung von Intervallgrenzen bzw. von Entscheidungsregeln der Hypothesentests verwendet (s. Kapitel D 4-D 7). Für die im Rahmen der Normalverteilungsmodelle auftretenden Verteilungen, d.h. für die Standardnormal, $t(n)$-, $\chi^2(n)$- und $F(n,m)$-Verteilung, werden in den folgenden Tabellen ausgewählte Quantile für gebräuchliche Niveaus α zusammengestellt.

E 1 Ausgewählte Quantile der Standardnormalverteilung

α	0,001	0,005	0,01	0,02	0,025	0,05	0,1
u_α	-3,090	-2,576	-2,326	-2,054	-1,960	-1,645	-1,282

α	0,9	0,95	0,975	0,98	0,99	0,995	0,999
u_α	1,282	1,645	1,960	2,054	2,326	2,576	3,090

© Springer-Verlag GmbH Deutschland, ein Teil von Springer Nature 2020
E. Cramer, U. Kamps, *Grundlagen der Wahrscheinlichkeitsrechnung und Statistik*,
https://doi.org/10.1007/978-3-662-60552-3_5

E 2 Quantile der t-Verteilung mit n Freiheitsgraden

n \ β	60%	70%	80%	90%	95%	97,5%	99%	99,5%	99,9%	99,95%
1	0,325	0,727	1,376	3,078	6,314	12,706	31,821	63,657	318,309	636,619
2	0,289	0,617	1,061	1,886	2,920	4,303	6,965	9,925	22,327	31,599
3	0,277	0,584	0,978	1,638	2,353	3,182	4,541	5,841	10,215	12,924
4	0,271	0,569	0,941	1,533	2,132	2,776	3,747	4,604	7,173	8,610
5	0,267	0,559	0,920	1,476	2,015	2,571	3,365	4,032	5,893	6,869
6	0,265	0,553	0,906	1,440	1,943	2,447	3,143	3,707	5,208	5,959
7	0,263	0,549	0,896	1,415	1,895	2,365	2,998	3,499	4,785	5,408
8	0,262	0,546	0,889	1,397	1,860	2,306	2,896	3,355	4,501	5,041
9	0,261	0,543	0,883	1,383	1,833	2,262	2,821	3,250	4,297	4,781
10	0,260	0,542	0,879	1,372	1,812	2,228	2,764	3,169	4,144	4,587
11	0,260	0,540	0,876	1,363	1,796	2,201	2,718	3,106	4,025	4,437
12	0,259	0,539	0,873	1,356	1,782	2,179	2,681	3,055	3,930	4,318
13	0,259	0,538	0,870	1,350	1,771	2,160	2,650	3,012	3,852	4,221
14	0,258	0,537	0,868	1,345	1,761	2,145	2,624	2,977	3,787	4,140
15	0,258	0,536	0,866	1,341	1,753	2,131	2,602	2,947	3,733	4,073
16	0,258	0,535	0,865	1,337	1,746	2,120	2,583	2,921	3,686	4,015
17	0,257	0,534	0,863	1,333	1,740	2,110	2,567	2,898	3,646	3,965
18	0,257	0,534	0,862	1,330	1,734	2,101	2,552	2,878	3,610	3,922
19	0,257	0,533	0,861	1,328	1,729	2,093	2,539	2,861	3,579	3,883
20	0,257	0,533	0,860	1,325	1,725	2,086	2,528	2,845	3,552	3,850
21	0,257	0,532	0,859	1,323	1,721	2,080	2,518	2,831	3,527	3,819
22	0,256	0,532	0,858	1,321	1,717	2,074	2,508	2,819	3,505	3,792
23	0,256	0,532	0,858	1,319	1,714	2,069	2,500	2,807	3,485	3,768
24	0,256	0,531	0,857	1,318	1,711	2,064	2,492	2,797	3,467	3,745
25	0,256	0,531	0,856	1,316	1,708	2,060	2,485	2,787	3,450	3,725
26	0,256	0,531	0,856	1,315	1,706	2,056	2,479	2,779	3,435	3,707
27	0,256	0,531	0,855	1,314	1,703	2,052	2,473	2,771	3,421	3,690
28	0,256	0,530	0,855	1,313	1,701	2,048	2,467	2,763	3,408	3,674
29	0,256	0,530	0,854	1,311	1,699	2,045	2,462	2,756	3,396	3,659
30	0,256	0,530	0,854	1,310	1,697	2,042	2,457	2,750	3,385	3,646
$2(1-\beta)$	80%	60%	40%	20%	10%	5%	2%	1%	0,2%	0,1%

E 3 Quantile der χ^2-Verteilung mit n Freiheitsgraden

n \ β	0,5%	1%	2%	2,5%	5%	10%	90%	95%	97,5%	98%	99%	99,5%
1	0,00	0,00	0,00	0,00	0,00	0,02	2,71	3,84	5,02	5,41	6,63	7,88
2	0,01	0,02	0,04	0,05	0,10	0,21	4,61	5,99	7,38	7,82	9,21	10,60
3	0,07	0,11	0,18	0,22	0,35	0,58	6,25	7,81	9,35	9,84	11,34	12,84
4	0,21	0,30	0,43	0,48	0,71	1,06	7,78	9,49	11,14	11,67	13,28	14,86
5	0,41	0,55	0,75	0,83	1,15	1,61	9,24	11,07	12,83	13,39	15,09	16,75
6	0,68	0,87	1,13	1,24	1,64	2,20	10,64	12,59	14,45	15,03	16,81	18,55
7	0,99	1,24	1,56	1,69	2,17	2,83	12,02	14,07	16,01	16,62	18,48	20,28
8	1,34	1,65	2,03	2,18	2,73	3,49	13,36	15,51	17,53	18,17	20,09	21,95
9	1,73	2,09	2,53	2,70	3,33	4,17	14,68	16,92	19,02	19,68	21,67	23,59
10	2,16	2,56	3,06	3,25	3,94	4,87	15,99	18,31	20,48	21,16	23,21	25,19
11	2,60	3,05	3,61	3,82	4,57	5,58	17,28	19,68	21,92	22,62	24,72	26,76
12	3,07	3,57	4,18	4,40	5,23	6,30	18,55	21,03	23,34	24,05	26,22	28,30
13	3,57	4,11	4,77	5,01	5,89	7,04	19,81	22,36	24,74	25,47	27,69	29,82
14	4,07	4,66	5,37	5,63	6,57	7,79	21,06	23,68	26,12	26,87	29,14	31,32
15	4,60	5,23	5,98	6,26	7,26	8,55	22,31	25,00	27,49	28,26	30,58	32,80
16	5,14	5,81	6,61	6,91	7,96	9,31	23,54	26,30	28,85	29,63	32,00	34,27
17	5,70	6,41	7,26	7,56	8,67	10,09	24,77	27,59	30,19	31,00	33,41	35,72
18	6,26	7,01	7,91	8,23	9,39	10,86	25,99	28,87	31,53	32,35	34,81	37,16
19	6,84	7,63	8,57	8,91	10,12	11,65	27,20	30,14	32,85	33,69	36,19	38,58
20	7,43	8,26	9,24	9,59	10,85	12,44	28,41	31,41	34,17	35,02	37,57	40,00
21	8,03	8,90	9,91	10,28	11,59	13,24	29,62	32,67	35,48	36,34	38,93	41,40
22	8,64	9,54	10,60	10,98	12,34	14,04	30,81	33,92	36,78	37,66	40,29	42,80
23	9,26	10,20	11,29	11,69	13,09	14,85	32,01	35,17	38,08	38,97	41,64	44,18
24	9,89	10,86	11,99	12,40	13,85	15,66	33,20	36,42	39,36	40,27	42,98	45,56
25	10,52	11,52	12,70	13,12	14,61	16,47	34,38	37,65	40,65	41,57	44,31	46,93
26	11,16	12,20	13,41	13,84	15,38	17,29	35,56	38,89	41,92	42,86	45,64	48,29
27	11,81	12,88	14,13	14,57	16,15	18,11	36,74	40,11	43,19	44,14	46,96	49,64
28	12,46	13,56	14,85	15,31	16,93	18,94	37,92	41,34	44,46	45,42	48,28	50,99
29	13,12	14,26	15,57	16,05	17,71	19,77	39,09	42,56	45,72	46,69	49,59	52,34
30	13,79	14,95	16,31	16,79	18,49	20,60	40,26	43,77	46,98	47,96	50,89	53,67

Für $n > 30$ gilt in guter Näherung

$$\chi^2_\beta(n) \approx \frac{1}{2}(\sqrt{2n-1} + u_\beta)^2,$$

wobei u_β das β-Quantil der $N(0,1)$-Verteilung ist.

E 4 0,95-Quantile der F-Verteilung mit Freiheitsgraden n, m

Tabelliert sind die Werte $c = F_{1-\alpha}(n,m)$ mit $P(Z \leqslant c) = 1-\alpha$, wobei $Z \sim F(n,m)$. Weiterhin gilt: $F_\alpha(n,m) = 1/F_{1-\alpha}(m,n)$.

$n \backslash m$	1	2	3	4	5	6	7	8	9	10	12	15	20	24	30	40	60	120	∞
1	161,45	199,50	215,71	224,58	230,16	233,99	236,77	238,88	240,54	241,88	243,91	245,95	248,01	249,05	250,10	251,14	252,20	253,25	254,32
2	18,51	19,00	19,16	19,25	19,30	19,33	19,35	19,37	19,38	19,40	19,41	19,43	19,45	19,45	19,46	19,47	19,48	19,49	19,50
3	10,13	9,55	9,28	9,12	9,01	8,94	8,89	8,85	8,81	8,79	8,74	8,70	8,66	8,64	8,62	8,59	8,57	8,55	8,53
4	7,71	6,94	6,59	6,39	6,26	6,16	6,09	6,04	6,00	5,96	5,91	5,86	5,80	5,77	5,75	5,72	5,69	5,66	5,63
5	6,61	5,79	5,41	5,19	5,05	4,95	4,88	4,82	4,77	4,74	4,68	4,62	4,56	4,53	4,50	4,46	4,43	4,40	4,36
6	5,99	5,14	4,76	4,53	4,39	4,28	4,21	4,15	4,10	4,06	4,00	3,94	3,87	3,84	3,81	3,77	3,74	3,70	3,67
7	5,59	4,74	4,35	4,12	3,97	3,87	3,79	3,73	3,68	3,64	3,57	3,51	3,44	3,41	3,38	3,34	3,30	3,27	3,23
8	5,32	4,46	4,07	3,84	3,69	3,58	3,50	3,44	3,39	3,35	3,28	3,22	3,15	3,12	3,08	3,04	3,01	2,97	2,93
9	5,12	4,26	3,86	3,63	3,48	3,37	3,29	3,23	3,18	3,14	3,07	3,01	2,94	2,90	2,86	2,83	2,79	2,75	2,71
10	4,96	4,10	3,71	3,48	3,33	3,22	3,14	3,07	3,02	2,98	2,91	2,85	2,77	2,74	2,70	2,66	2,62	2,58	2,54
11	4,84	3,98	3,59	3,36	3,20	3,09	3,01	2,95	2,90	2,85	2,79	2,72	2,65	2,61	2,57	2,53	2,49	2,45	2,40
12	4,75	3,89	3,49	3,26	3,11	3,00	2,91	2,85	2,80	2,75	2,69	2,62	2,54	2,51	2,47	2,43	2,38	2,34	2,30
13	4,67	3,81	3,41	3,18	3,03	2,92	2,83	2,77	2,71	2,67	2,60	2,53	2,46	2,42	2,38	2,34	2,30	2,25	2,21
14	4,60	3,74	3,34	3,11	2,96	2,85	2,76	2,70	2,65	2,60	2,53	2,46	2,39	2,35	2,31	2,27	2,22	2,18	2,13
15	4,54	3,68	3,29	3,06	2,90	2,79	2,71	2,64	2,59	2,54	2,48	2,40	2,33	2,29	2,25	2,20	2,16	2,11	2,07
16	4,49	3,63	3,24	3,01	2,85	2,74	2,66	2,59	2,54	2,49	2,42	2,35	2,28	2,24	2,19	2,15	2,11	2,06	2,01
17	4,45	3,59	3,20	2,96	2,81	2,70	2,61	2,55	2,49	2,45	2,38	2,31	2,23	2,19	2,15	2,10	2,06	2,01	1,96
18	4,41	3,55	3,16	2,93	2,77	2,66	2,58	2,51	2,46	2,41	2,34	2,27	2,19	2,15	2,11	2,06	2,02	1,97	1,92
19	4,38	3,52	3,13	2,90	2,74	2,63	2,54	2,48	2,42	2,38	2,31	2,23	2,16	2,11	2,07	2,03	1,98	1,93	1,88
20	4,35	3,49	3,10	2,87	2,71	2,60	2,51	2,45	2,39	2,35	2,28	2,20	2,12	2,08	2,04	1,99	1,95	1,90	1,84
21	4,32	3,47	3,07	2,84	2,68	2,57	2,49	2,42	2,37	2,32	2,25	2,18	2,10	2,05	2,01	1,96	1,92	1,87	1,81
22	4,30	3,44	3,05	2,82	2,66	2,55	2,46	2,40	2,34	2,30	2,23	2,15	2,07	2,03	1,98	1,94	1,89	1,84	1,78
23	4,28	3,42	3,03	2,80	2,64	2,53	2,44	2,37	2,32	2,27	2,20	2,13	2,05	2,01	1,96	1,91	1,86	1,81	1,76
24	4,26	3,40	3,01	2,78	2,62	2,51	2,42	2,36	2,30	2,25	2,18	2,11	2,03	1,98	1,94	1,89	1,84	1,79	1,73
25	4,24	3,39	2,99	2,76	2,60	2,49	2,40	2,34	2,28	2,24	2,16	2,09	2,01	1,96	1,92	1,87	1,82	1,77	1,71
26	4,23	3,37	2,98	2,74	2,59	2,47	2,39	2,32	2,27	2,22	2,15	2,07	1,99	1,95	1,90	1,85	1,80	1,75	1,69
27	4,21	3,35	2,96	2,73	2,57	2,46	2,37	2,31	2,25	2,20	2,13	2,06	1,97	1,93	1,88	1,84	1,79	1,73	1,67
28	4,20	3,34	2,95	2,71	2,56	2,45	2,36	2,29	2,24	2,19	2,12	2,04	1,96	1,91	1,87	1,82	1,77	1,71	1,65
29	4,18	3,33	2,93	2,70	2,55	2,43	2,35	2,28	2,22	2,18	2,10	2,03	1,94	1,90	1,85	1,81	1,75	1,70	1,64
30	4,17	3,32	2,92	2,69	2,53	2,42	2,33	2,27	2,21	2,16	2,09	2,01	1,93	1,89	1,84	1,79	1,74	1,68	1,62
40	4,08	3,23	2,84	2,61	2,45	2,34	2,25	2,18	2,12	2,08	2,00	1,92	1,84	1,79	1,74	1,69	1,64	1,58	1,51
50	4,03	3,18	2,79	2,56	2,40	2,29	2,20	2,13	2,07	2,03	1,95	1,87	1,78	1,74	1,69	1,63	1,58	1,51	1,44
60	4,00	3,15	2,76	2,53	2,37	2,25	2,17	2,10	2,04	1,99	1,92	1,84	1,75	1,70	1,65	1,59	1,53	1,47	1,39
70	3,98	3,13	2,74	2,50	2,35	2,23	2,14	2,07	2,02	1,97	1,89	1,81	1,72	1,67	1,62	1,57	1,50	1,44	1,35
80	3,96	3,11	2,72	2,49	2,33	2,21	2,13	2,06	2,00	1,95	1,88	1,79	1,70	1,65	1,60	1,54	1,48	1,41	1,32
90	3,95	3,10	2,71	2,47	2,32	2,20	2,11	2,04	1,99	1,94	1,86	1,78	1,69	1,64	1,59	1,53	1,46	1,39	1,30
100	3,94	3,09	2,70	2,46	2,31	2,19	2,10	2,03	1,97	1,92	1,85	1,76	1,68	1,63	1,57	1,52	1,45	1,38	1,28
110	3,93	3,08	2,69	2,45	2,30	2,18	2,09	2,02	1,97	1,92	1,84	1,75	1,67	1,62	1,56	1,51	1,44	1,36	1,27
120	3,92	3,07	2,68	2,45	2,29	2,18	2,09	2,02	1,96	1,91	1,83	1,75	1,66	1,61	1,55	1,50	1,43	1,35	1,25
∞	3,84	3,00	2,60	2,37	2,21	2,10	2,01	1,94	1,88	1,83	1,75	1,67	1,57	1,52	1,46	1,39	1,32	1,22	1,00

E 5 0,99-**Quantile der F-Verteilung mit Freiheitsgraden** n, m

m \ n	1	2	3	4	5	6	7	8	9	10	12	15	20	24	30	40	60	120	∞
1	4052,2	4999,5	5403,4	5624,6	5763,7	5859,0	5928,4	5981,1	6022,5	6055,9	6106,3	6157,3	6208,7	6234,6	6260,7	6286,8	6313,0	6339,4	6366,2
2	98,50	99,00	99,17	99,25	99,30	99,33	99,36	99,37	99,39	99,40	99,42	99,43	99,45	99,46	99,47	99,47	99,48	99,49	99,50
3	34,12	30,82	29,46	28,71	28,24	27,91	27,67	27,49	27,35	27,23	27,05	26,87	26,69	26,60	26,50	26,41	26,32	26,22	26,13
4	21,20	18,00	16,69	15,98	15,52	15,21	14,98	14,80	14,66	14,55	14,37	14,20	14,02	13,93	13,84	13,75	13,65	13,56	13,46
5	16,26	13,27	12,06	11,39	10,97	10,67	10,46	10,29	10,16	10,05	9,89	9,72	9,55	9,47	9,38	9,29	9,20	9,11	9,02
6	13,75	10,92	9,78	9,15	8,75	8,47	8,26	8,10	7,98	7,87	7,72	7,56	7,40	7,31	7,23	7,14	7,06	6,97	6,88
7	12,25	9,55	8,45	7,85	7,46	7,19	6,99	6,84	6,72	6,62	6,47	6,31	6,16	6,07	5,99	5,91	5,82	5,74	5,65
8	11,26	8,65	7,59	7,01	6,63	6,37	6,18	6,03	5,91	5,81	5,67	5,52	5,36	5,28	5,20	5,12	5,03	4,95	4,86
9	10,56	8,02	6,99	6,42	6,06	5,80	5,61	5,47	5,35	5,26	5,11	4,96	4,81	4,73	4,65	4,57	4,48	4,40	4,31
10	10,04	7,56	6,55	5,99	5,64	5,39	5,20	5,06	4,94	4,85	4,71	4,56	4,41	4,33	4,25	4,17	4,08	4,00	3,91
11	9,65	7,21	6,22	5,67	5,32	5,07	4,89	4,74	4,63	4,54	4,40	4,25	4,10	4,02	3,94	3,86	3,78	3,69	3,60
12	9,33	6,93	5,95	5,41	5,06	4,82	4,64	4,50	4,39	4,30	4,16	4,01	3,86	3,78	3,70	3,62	3,54	3,45	3,36
13	9,07	6,70	5,74	5,21	4,86	4,62	4,44	4,30	4,19	4,10	3,96	3,82	3,66	3,59	3,51	3,43	3,34	3,25	3,17
14	8,86	6,51	5,56	5,04	4,69	4,46	4,28	4,14	4,03	3,94	3,80	3,66	3,51	3,43	3,35	3,27	3,18	3,09	3,00
15	8,68	6,36	5,42	4,89	4,56	4,32	4,14	4,00	3,89	3,80	3,67	3,52	3,37	3,29	3,21	3,13	3,05	2,96	2,87
16	8,53	6,23	5,29	4,77	4,44	4,20	4,03	3,89	3,78	3,69	3,55	3,41	3,26	3,18	3,10	3,02	2,93	2,84	2,75
17	8,40	6,11	5,18	4,67	4,34	4,10	3,93	3,79	3,68	3,59	3,46	3,31	3,16	3,08	3,00	2,92	2,83	2,75	2,65
18	8,29	6,01	5,09	4,58	4,25	4,01	3,84	3,71	3,60	3,51	3,37	3,23	3,08	3,00	2,92	2,84	2,75	2,66	2,57
19	8,18	5,93	5,01	4,50	4,17	3,94	3,77	3,63	3,52	3,43	3,30	3,15	3,00	2,92	2,84	2,76	2,67	2,58	2,49
20	8,10	5,85	4,94	4,43	4,10	3,87	3,70	3,56	3,46	3,37	3,23	3,09	2,94	2,86	2,78	2,69	2,61	2,52	2,42
21	8,02	5,78	4,87	4,37	4,04	3,81	3,64	3,51	3,40	3,31	3,17	3,03	2,88	2,80	2,72	2,64	2,55	2,46	2,36
22	7,95	5,72	4,82	4,31	3,99	3,76	3,59	3,45	3,35	3,26	3,12	2,98	2,83	2,75	2,67	2,58	2,50	2,40	2,31
23	7,88	5,66	4,76	4,26	3,94	3,71	3,54	3,41	3,30	3,21	3,07	2,93	2,78	2,70	2,62	2,54	2,45	2,35	2,26
24	7,82	5,61	4,72	4,22	3,90	3,67	3,50	3,36	3,26	3,17	3,03	2,89	2,74	2,66	2,58	2,49	2,40	2,31	2,21
25	7,77	5,57	4,68	4,18	3,85	3,63	3,46	3,32	3,22	3,13	2,99	2,85	2,70	2,62	2,54	2,45	2,36	2,27	2,17
26	7,72	5,53	4,64	4,14	3,82	3,59	3,42	3,29	3,18	3,09	2,96	2,81	2,66	2,58	2,50	2,42	2,33	2,23	2,13
27	7,68	5,49	4,60	4,11	3,78	3,56	3,39	3,26	3,15	3,06	2,93	2,78	2,63	2,55	2,47	2,38	2,29	2,20	2,10
28	7,64	5,45	4,57	4,07	3,75	3,53	3,36	3,23	3,12	3,03	2,90	2,75	2,60	2,52	2,44	2,35	2,26	2,17	2,06
29	7,60	5,42	4,54	4,04	3,73	3,50	3,33	3,20	3,09	3,00	2,87	2,73	2,57	2,49	2,41	2,33	2,23	2,14	2,03
30	7,56	5,39	4,51	4,02	3,70	3,47	3,30	3,17	3,07	2,98	2,84	2,70	2,55	2,47	2,39	2,30	2,21	2,11	2,01
40	7,31	5,18	4,31	3,83	3,51	3,29	3,12	2,99	2,89	2,80	2,66	2,52	2,37	2,29	2,20	2,11	2,02	1,92	1,80
50	7,17	5,06	4,20	3,72	3,41	3,19	3,02	2,89	2,78	2,70	2,56	2,42	2,27	2,18	2,10	2,01	1,91	1,80	1,68
60	7,08	4,98	4,13	3,65	3,34	3,12	2,95	2,82	2,72	2,63	2,50	2,35	2,20	2,12	2,03	1,94	1,84	1,73	1,60
70	7,01	4,92	4,07	3,60	3,29	3,07	2,91	2,78	2,67	2,59	2,45	2,31	2,15	2,07	1,98	1,89	1,78	1,67	1,54
80	6,96	4,88	4,04	3,56	3,26	3,04	2,87	2,74	2,64	2,55	2,42	2,27	2,12	2,03	1,94	1,85	1,75	1,63	1,49
90	6,93	4,85	4,01	3,53	3,23	3,01	2,84	2,72	2,61	2,52	2,39	2,24	2,09	2,00	1,92	1,82	1,72	1,60	1,46
100	6,90	4,82	3,98	3,51	3,21	2,99	2,82	2,69	2,59	2,50	2,37	2,22	2,07	1,98	1,89	1,80	1,69	1,57	1,43
110	6,87	4,80	3,96	3,49	3,19	2,97	2,81	2,68	2,57	2,49	2,35	2,21	2,05	1,96	1,88	1,78	1,67	1,55	1,40
120	6,85	4,79	3,95	3,48	3,17	2,96	2,79	2,66	2,56	2,47	2,34	2,19	2,03	1,95	1,86	1,76	1,66	1,53	1,38
∞	6,63	4,61	3,78	3,32	3,02	2,80	2,64	2,51	2,41	2,32	2,18	2,04	1,88	1,79	1,70	1,59	1,47	1,32	1,00

F

Flashcards – Lösungen

In den Multiple-Choice-Fragen wird nach wahren und falschen Aussagen gefragt. In den Hinweisen zu den Antwortalternativen wird aber jeweils der Wahrheitsgehalt der entsprechenden (einzelnen) Aussage wie folgt gekennzeichnet:

☑ Die entsprechende Aussage ist wahr

☒ Die entsprechende Aussage ist falsch

A Beschreibende Statistik

Lösung zu Flashcard A 11.1.

Ⓐ ☑ Beschreibt X die Eigenschaft, ob der Schlusskurs einen Wert übersteigt oder nicht, so ist X ein nominalskaliertes Merkmal (s. Abschnitt A 1.3).

Ⓑ ☑ Beschreibt X lediglich eine Bewertung des Schlusskurses relativ zum Vortag mit den Ausprägungen „stark gefallen, gefallen, nahezu unverändert, gestiegen, stark gestiegen", so ist X ein ordinalskaliertes Merkmal (s. Abschnitt A 1.3).

Ⓒ ☑ Wenn der Schlusskurs auf zwei Nachkommastellen genau angegeben wird, kann das Merkmal als diskret bezeichnet werden (s. Abschnitt A 1.3).

Ⓓ ☑ Das Merkmal kann aufgrund der feinen Abstufungen (Nachkommastellen) auch als stetig angesehen werden (s. Abschnitt A 1.3).

Ⓔ ☒ Der Merkmalstyp von X kann je nach der Erfassung (oder Verwendung) der Information unterschiedlich sein (s. Abschnitt A 1.3 und Bemerkungen zu den Antwortalternativen Ⓐ – Ⓓ).

© Springer-Verlag GmbH Deutschland, ein Teil von Springer Nature 2020
E. Cramer, U. Kamps, *Grundlagen der Wahrscheinlichkeitsrechnung und Statistik*,
https://doi.org/10.1007/978-3-662-60552-3_6

Lösung zu Flashcard A 11.2.

Ⓐ ☑ Definition der empirischen Varianz (s. Definition A 3.29)

Ⓑ ☑ alternative Berechnung der empirischen Varianz (s. Regel A 3.32)

Ⓒ ☒ Ein Gegenbeispiel zeigt, dass diese Formel im Allgemeinen falsch ist: Seien $n = 3$ und $x_1 = 0, x_2 = 0, x_3 = 3$, so dass $m = 2$ und $u_1 = 0, u_2 = 3$; dann ist $\bar{x} = 1$ und somit

$$s_x^2 = \frac{1}{3} \sum_{i=1}^{3} (x_i - 1)^2 = 2 \neq \frac{5}{2} = \frac{1}{2} \left((0-1)^2 + (3-1)^2 \right) = \frac{1}{2} \sum_{j=1}^{2} (u_j - 1)^2.$$

Ⓓ ☑ Berechnung der empirischen Varianz mittels einer Häufigkeitsverteilung (s. Regel A 3.30).

Ⓔ ☑ Wegen $f_j = \frac{n_j}{n}, j \in \{1, \ldots, m\}$, ist diese Formel korrekt (s. Regel A 3.30).

Lösung zu Flashcard A 11.3.

Ⓐ ☑ Eine Lorenz-Kurve ist über $[0, 1]$ stets monoton wachsend (s. Regel A 5.5).

Ⓑ ☑ Eine Lorenz-Kurve ist über $[0, 1]$ aufgrund der Konstruktion stets stückweise linear.

Ⓒ ☒ Im Fall $x_1 = \ldots = x_n$ liegt minimale Konzentration vor und die Lorenz-Kurve stimmt mit der Diagonalen im Einheitsquadrat überein (s. Regel A 5.5).

Ⓓ ☑ Eine Lorenz-Kurve ist über $[0, 1]$ aufgrund der Konstruktion stets konvex.

Ⓔ ☒ Bei Vorliegen maximaler Konzentration verläuft die Lorenz-Kurve identisch zur Abszisse im Intervall $[0, \frac{n-1}{n}]$ und verbindet dann die Punkte $\left(\frac{n-1}{n}, 0\right)$ und $(1, 1)$ (s. Text und Graphik nach Beispiel A 5.12).

Lösung zu Flashcard A 11.4.

Ⓐ ☑ Mit $\alpha = 0{,}1$ gilt wegen $p_j^t = (1 + \alpha) p_0^t, j = 1, \ldots, n$, für die Preisindizes von Laspeyres und Paasche: $P_{0t}^L = P_{0t}^P = 1{,}1$ (s. Definitionen A 6.35 und A 6.37).

Ⓑ ☑ Für den Preisindex nach Fisher gilt wegen $P_{0t}^L = P_{0t}^P = 1{,}1$: $P_{0t}^F = \sqrt{P_{0t}^L \cdot P_{0t}^P} = 1{,}1$ (s. Definition A 6.43).

Ⓒ ☑ Wegen $P_{0t}^P \cdot P_{t0}^L = 1$ (s. Regel A 6.39) und $P_{0t}^P = 1{,}1$ gilt $P_{t0}^L = 1/1{,}1$.

Ⓓ ☑ Wegen $P_{0t}^L \cdot P_{t0}^P = 1$ (s. Regel A 6.39) und $P_{0t}^L = 1{,}1$ gilt $P_{t0}^P = 1/1{,}1$.

Ⓔ ✗ Sind beispielsweise auch alle Mengen von der Basiszeit 0 zur Berichtszeit t um 10 % gestiegen, dann gilt mit der Definition A 6.55 für den
Umsatzindex U_{0t}:

$$U_{0t} = \Big(\sum_{j=1}^{n} p_j^t q_j^t \Big) \Big/ \Big(\sum_{j=1}^{n} p_j^0 q_j^0 \Big) = 1{,}1^2 = 1{,}21.$$

Bei konstanten Mengen bzgl. Basiszeit und Berichtszeit wäre die Aussage
$U_{0t} = 1{,}1$ zutreffend.

Lösung zu Flashcard A 11.5.

Ⓐ ✔ Dies ist das Konstruktionsprinzip der Regressionsgeraden (Methode der
kleinsten Quadrate; s. Regel A 8.5).

Ⓑ ✔ Nach Regel A 8.4 und Definition A 7.27 ist

$$\widehat{b} = \frac{s_{xy}}{s_x^2} = \frac{s_{xy}}{s_x s_y} \cdot \frac{s_y}{s_x} = r_{xy} \frac{s_y}{s_x}$$

und somit die Aussage wahr (nach Voraussetzung wurde $s_x > 0$, $s_y > 0$
angenommen).

Ⓒ ✔ Dies ist eine Aussage in Regel A 8.5.

Ⓓ ✗ Alle Punkte des Datensatzes können nahezu auf einer Geraden mit Steigung 0 liegen, und trotzdem kann – wie in der Abbildung – ein starker
linearer Zusammenhang zwischen den entsprechenden Merkmalen bestehen. Für den Fall $s_y = 0$ wird dies besonders deutlich, denn dann
liegen alle Datenpunkte exakt auf einer Geraden (s. Regel A 8.5).

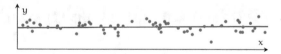

Ⓔ ✔ Diese Aussage ist unter der Voraussetzung $s_y^2 > 0$ wahr (s. Regel A 8.5).

B Wahrscheinlichkeitsrechnung

Lösung zu Flashcard B 8.1.

Ⓐ ✔ In der Modellierung des dreifachen Würfelwurfs als Laplace-Raum (s.
Beispiele B 1.7 & B 1.9) mit

$$\Omega = \Big\{ (\omega_1, \omega_2, \omega_3) \mid \omega_i \in \{1, \dots, 6\}, i \in \{1, 2, 3\} \Big\},$$

$|\Omega| = 6^3 = 216$ und der Zähldichte $p((\omega_1, \omega_2, \omega_3)) = \frac{1}{|\Omega|} = \frac{1}{6^3}$
für alle $(\omega_1, \omega_2, \omega_3) \in \Omega$ wird das Ereignis „Es fallen drei Sechsen"
durch die Menge $\{(6,6,6)\}$ beschrieben. Aufgrund des Laplace-Modells
gilt $P(\{(6,6,6)\}) = 1/216$.

B ☒ Das Ereignis „Es fallen je eine Eins, Zwei und Drei" wird im Laplace-
Modell für den dreifachen Würfelwurf (s. Hinweis zu **A** und Beispiele
B 1.7 & B 1.9) durch die Menge

$$B = \{(1,2,3), (1,3,2), (2,1,3), (2,3,1), (3,1,2), (3,2,1)\}$$

beschrieben. Wegen $|B| = 6$ folgt aufgrund des Laplace-Modells $P(B) = 1/36$.

C ☑ Das Ereignis „Die Augensumme ist 17" wird im Laplace-Modell für den
dreifachen Würfelwurf (s. Hinweis zu **A** und Beispiele B 1.7 & B 1.9)
durch die Menge $C = \{(5,6,6), (6,5,6), (6,6,5)\}$ beschrieben; daher ist
$P(C) = 3/216$.

D ☒ Das Ereignis „Die Augensumme ist $\leqslant 5$" wird im Laplace-Modell für den
dreifachen Würfelwurf (s. Hinweis zu **A** und Beispiele B 1.7 & B 1.9)
durch die Menge

$$D = \{(1,1,1), (1,1,2), (1,2,1), (2,1,1), (1,2,2), (2,1,2), (2,2,1),$$
$$(1,1,3), (1,3,1), (3,1,1)\}$$

beschrieben. Wegen $|D| = 10$ ist $P(D) = 10/216$ und die Aussage unter
D daher falsch.

E ☒ Das Ereignis „Das Produkt der Ergebnisse ist 6" wird im Laplace-Modell
für den dreifachen Würfelwurf (s. Hinweis zu **A** und Beispiele B 1.7 &
B 1.9) mit der Menge

$$E = \{(1,2,3), (1,3,2), (2,1,3), (2,3,1), (3,1,2), (3,2,1),$$
$$(1,1,6), (1,6,1), (6,1,1)\}$$

beschrieben. Wegen $|E| = 9$ ist $P(E) = 9/6^3 = 1/24$.

Lösung zu Flashcard B 8.2.

A ☒ Es ist $p(k) \geqslant 0$ für alle $k \in \mathbb{N}$, aber $\sum\limits_{k=1}^{\infty} p(k) = \sum\limits_{k=1}^{\infty} \frac{1}{k} = \infty$ (harmonische
Reihe) (s. Definition B 1.4).

B ☑ Dies ist die Einpunktverteilung im Punkt $k = 3$ (s. Bezeichnung B 2.1)

C ☑ Es ist $p(k) \geqslant 0$ für alle $k \in \mathbb{N}$ und unter Verwendung der geometrischen
Reihe gilt:

$$\sum_{k=1}^{\infty} p(k) = \frac{1}{2} \sum_{k=1}^{\infty} \left(\frac{2}{3}\right)^k = \frac{1}{2} \cdot \frac{2}{3} \sum_{k=1}^{\infty} \left(\frac{2}{3}\right)^{k-1} = \frac{1}{3} \frac{1}{1 - \frac{2}{3}} = 1.$$

Also definiert p eine Zähldichte auf $\mathbb{N}$ (s. Definition B 1.4).

(D) ✔ Es ist $p(1), p(2) \geqslant 0$ und $p(1) + p(2) = 1$, sowie $p(k) = 0$ für alle $k \geqslant 3$. Also definiert p eine Zähldichte auf $\mathbb{N}$ mit dem Träger $\{1, 2\}$ (s. Bezeichnung B 1.4).

(E) ✔ p ist die Zähldichte der diskreten Gleichverteilung mit Träger $\{1, \ldots, n\}$ (s. Bezeichnung B 2.2).

Lösung zu Flashcard B 8.3.

(A) ✔ f_1 ist eine Riemann-Dichte, denn $f_1(x) \geqslant 0$ für alle $x \in \mathbb{R}$, und es gilt

$$\int_{-\infty}^{\infty} f_1(x)\,dx = \int_0^1 \frac{1}{2} x^{-1/2}\,dx = x^{1/2}\Big|_0^1 = 1$$

(s. Bezeichnung B 3.4).

(B) ✘ Es gilt zwar $f_2(x) \geqslant 0$ für alle $x \in \mathbb{R}$, aber es ist

$$\int_{-\infty}^{\infty} f_2(x)\,dx = \int_0^1 x\,dx = \frac{1}{2} \neq 1$$

(s. Bezeichnung B 3.4).

(C) ✔ f_3 ist eine Riemann-Dichte, denn $f_3(x) \geqslant 0$ für alle $x \in \mathbb{R}$, und es gilt

$$\int_{-\infty}^{\infty} f_3(x)\,dx = \int_0^1 \left(\frac{1}{2} + x\right)\,dx = \left(\frac{x}{2} + \frac{x^2}{2}\right)\Big|_0^1 = 1$$

(s. Bezeichnung B 3.4).

(D) ✔ f_4 ist eine Riemann-Dichte, denn $f_4(x) \geqslant 0$ für alle $x \in \mathbb{R}$, und es gilt

$$\int_{-\infty}^{\infty} f_4(x)\,dx = \int_0^1 \frac{3}{2} x^{1/2}\,dx = x^{3/2}\Big|_0^1 = 1$$

(s. Bezeichnung B 3.4).

(E) ✘ Es gilt zwar

$$\int_{-\infty}^{\infty} f_5(x)\,dx = \int_0^1 (4x - 1)\,dx = 1,$$

aber $f_5(x) < 0$ für $x \in (0, 1/4)$ (s. Bezeichnung B 3.4).

Lösung zu Flashcard B 8.4.

(A) ✘ Die Aussage gilt stets, falls $A \cap B = \emptyset$, also A und B disjunkt sind (s. Lemma B 4.1). Aber beispielsweise beim fairen Würfelwurf mit $\Omega = \{1, \ldots, 6\}$ und $P(\{k\}) = \frac{1}{6}$ für $k \in \{1, \ldots, 6\}$ gilt für $A = \{1, 2\}$ und $B = \{2, 3\}$: $P(A) = \frac{1}{3}$, $P(B) = \frac{1}{3}$ und

$$P(A \cup B) = P(\{1, 2, 3\}) = \frac{1}{2} \neq \frac{2}{3} = P(A) + P(B).$$

Ⓑ ☒ Die Aussage gilt stets, falls $A \subseteq B$ (s. Lemma B 4.1). Aber beispielsweise beim fairen Münzwurf mit $\Omega = \{0,1\}, A = \{0\}$ und $B = A^c$ sowie $P(A) = \frac{1}{2}$ ist

$$P(B \setminus A) = P(A^c) = \frac{1}{2} \neq \frac{1}{2} - \frac{1}{2} = P(B) - P(A).$$

Ⓒ ☒ Es gilt stets: $A \subseteq B \implies P(A) \leqslant P(B)$ (s. Lemma B 4.1). Aber beispielsweise gilt im Wahrscheinlichkeitsraum $\Omega = \{1,2,3\}$ mit $P(\{1\}) = 0$, $P(\{2\}) = P(\{3\}) = 1/2$ und $A = \{2\} \subsetneq B = \{1,2\} : P(A) = \frac{1}{2} = P(B)$.

Ⓓ ☑ Diese Aussage ist wahr, denn mit Lemma B 4.1 gilt wegen der Disjunktheit von B und C:

$$P((A \cap B) \cup (A \cap C)) = P(A \cap B) + P(A \cap C) - P(A \cap B \cap C) = P(A \cap B) + P(A \cap C),$$

denn $A \cap B \cap C = \emptyset$, so dass $P(A \cap B \cap C) = 0$.

Ⓔ ☒ Die Anwendung von Lemma B 4.5 auf die Ereignisse A, B und C ergibt:

$$P(A \cup B \cup C) = P(A) + P(B) + P(C) - P(A \cap B) - P(A \cap C),$$

denn $B \cap C = \emptyset$ und $A \cap B \cap C = \emptyset$. Aber $P(A \cap B)$ und $P(A \cap C)$ sind nicht notwendigerweise gleich Null.

Dies illustriert das Beispiel einer Laplace-Verteilung auf $\Omega = \{1,2,3,4\}$ mit $A = \{1,2\}$, $B = \{1,3\}$, $C = \{2,4\}$. Dann gilt $A \cap B \cap C = B \cap C = \emptyset$, aber $P(A \cap B) = P(\{1\}) = 1/4$ und daher

$$P(A \cup B \cup C) = 1 \neq \frac{3}{2} = P(A) + P(B) + P(C).$$

Lösung zu Flashcard B 8.5.

Ⓐ ☒ Wegen $A \cap B = A$ ist

$$P(B|A) = \frac{P(B \cap A)}{P(A)} = \frac{P(A)}{P(A)} = 1$$

und

$$P(A|B) = \frac{P(A \cap B)}{P(B)} = \frac{P(A)}{P(B)} = \frac{p(1) + p(2)}{p(1) + p(2) + p(3)} = \frac{3}{6} = \frac{1}{2}$$

(s. Definition B 5.2). Die Aussage ist also falsch.

Ⓑ ☑ Es ist $P(A) = p(1) + p(2) = \frac{3}{28}$ und $P(A|B) = \frac{1}{2}$ (s. Hinweis zu Ⓐ).

Ⓒ ☒ Nach dem Hinweis zu Ⓐ ist $P(B|A) = 1$, aber $P(B \setminus A) = P(\{3\}) = p(3) = \frac{3}{28}$.

Ⓓ ☑ Nach dem Hinweis zu Ⓐ ist $P(B) = \frac{6}{28} = P(\{6\})$ und $P(B|A) = 1$.

Ⓔ ☑ Nach dem Hinweis zu Ⓐ ist $P(A) = \frac{3}{28}$ und nach dem Hinweis zu Ⓒ ist $P(B \setminus A) = \frac{3}{28}$.

C Zufallsvariablen

Lösung zu Flashcard C 10.1.

Ⓐ ☑ Die Zufallsvariable $X + Y$ nimmt alle Werte aus $\{0,\ldots,10\}$ mit positiver Wahrscheinlichkeit an, wenn die Zufallsvariablen X und Y jeweils die Werte aus $\{0,\ldots,5\}$ mit positiver Wahrscheinlichkeit annehmen (s. Satz C 1.13).

Ⓑ ☒ Da die Verteilungsfunktionen von X und Y für wachsende Argumente gegen Eins streben oder die Eins als Wert annehmen, kann die Summe zweier Verteilungsfunktionen keine Verteilungsfunktion sein (s. Definition C 2.1 und Lemma C 2.3).

Ⓒ ☑ Diese Eigenschaft folgt aus Beispiel C 1.14: Für $m+n$ stochastisch unabhängige, $\text{bin}(1,p)$-verteilte Zufallsvariablen $X_1,\ldots,X_{m+n}$ gilt einerseits

$$X_1 + \ldots + X_{m+n} \sim \text{bin}(m+n,p).$$

Andererseits sind die Zufallsvariablen $X = X_1 + \ldots + X_m \sim \text{bin}(m,p)$ und $Y = X_{m+1} + \ldots + X_{m+n} \sim \text{bin}(n,p)$ stochastisch unabhängig und die Verteilungen von $X_1 + \ldots + X_{m+n}$ und $X+Y$ stimmen per Konstruktion überein.

Ⓓ ☒ Ein Gegenbeispiel ist mit Beispiel C 1.14 und der Wahl $p = \frac{1}{2}$ gegeben.

Ⓔ ☒ Die Summe $X+Y$ kann den Wert 0 nicht mit positiver Wahrscheinlichkeit annehmen; daher ist die Aussage falsch. Der Träger von $X+Y$ ist $\{1,2,3\}$.

Lösung zu Flashcard C 10.2.

Ⓐ ☑ Es ist $P(X \leqslant 4) = F^X(4) = 0{,}9$ (s. Definition C 2.1).

Ⓑ ☒ Es ist

$$P(X \geqslant -1) = 1 - P(X < -1) = 1 - \big(P(X \leqslant -1) - P(X = -1)\big)$$
$$= 1 - 0{,}2 + 0{,}2 = 1.$$

Da die Zufallsvariable X eine diskrete Verteilung mit dem Träger $\{-1,1,2,3,5\}$ besitzt, gilt alternativ

$$P(X \geqslant -1) = P(X = -1) + P(X = 1) + P(X = 2) + P(X = 3) + P(X = 5) = 1.$$

Ⓒ ☑ Nach Bemerkung C 2.4 ist $P(-1 < X < 1) = 0$ für benachbarte Trägerpunkte (s. auch Hinweis zu Ⓑ).

Ⓓ ☑ Es ist $P(X = 3) = F^X(3) - F^X(3-) = 0{,}9 - 0{,}5 = 0{,}4$ (s. Bemerkung C 2.4).

E ☑ Es ist

$$P(X \in [2,3]) = P(X = 2) + P(X \in (2,3])$$
$$= F^X(2) - F^X(2-) + F^X(3) - F^X(2)$$
$$= 0,9 - 0,3 = 0,6$$

(s. Bemerkung C 2.4). Da X eine diskrete Verteilung mit dem Träger $\{-1, 1, 2, 3, 5\}$ hat, gilt alternativ

$$P(X \in [2,3]) = P(X = 2) + P(X = 3) = 0,2 + 0,4 = 0,6.$$

Lösung zu Flashcard C 10.3.

A ☑ Es ist $P(X > a) = 1 - P(X \leqslant a) = 1 - F(a)$ (s. Definition C 2.1).

B ☑ Da F stetig auf $\mathbb{R}$ ist, gilt $P(X = x) = 0$ für alle $x \in \mathbb{R}$. Mit

$$P(a \leqslant X < b) = P(X = a) + P(a < X \leqslant b) - P(X = b)$$

ist dann $P(a \leqslant X < b) = F(b) - F(a)$ (s. Bemerkung C 2.4).

C ☑ Es ist $P(X \leqslant a \text{ oder } X > b) = 1 - P(a < X \leqslant b) = 1 - (F(b) - F(a))$.

D ☑ Da F stetig ist, gilt $P(X = c) = F(c) - F(c-) = 0$.

E ☑ Es ist mit Bemerkung C 2.4:

$$P(|X| \leqslant c) = P(-c \leqslant X \leqslant c) = P(X = -c) + P(-c < X \leqslant c)$$
$$= 0 + F(c) - F(-c).$$

Lösung zu Flashcard C 10.4.

A ☑ Unter Verwendung der geometrischen Reihe gilt:

$$P(X \leqslant n) = \sum_{k=0}^{n} P(X = k) = p \sum_{k=0}^{n} (1-p)^k$$
$$= p \frac{1 - (1-p)^{n+1}}{1 - (1-p)} = 1 - (1-p)^{n+1}, \, n \in \mathbb{N}_0.$$

B ☑ Die geometrische Verteilung in der Aufgabenstellung hat den Träger $\mathbb{N}_0$. Die Behauptung ist gemäß Bemerkung C 2.4 wahr.

C ☑ Es ist

$$P(X \geqslant k) = 1 - P(X < k) = 1 - P(X \leqslant k-1) = 1 - \left(1 - (1-p)^k\right) = (1-p)^k$$

(s. Hinweis zu **A**), so dass $\frac{P(X=k)}{P(X \geqslant k)} = \frac{p(1-p)^k}{(1-p)^k} = p$. Weiterhin erhält man

$$1 - P(X \geqslant 1) = P(X < 1) = P(X = 0) = p,$$

so dass die Ausdrücke übereinstimmen.

Ⓓ ☒ s. Hinweis zu Ⓔ und vgl. Beispiel C 5.4.

Ⓔ ☑ Mit Bemerkung C 5.3 und dem Hinweis zu Ⓒ ist

$$EX = \sum_{n=1}^{\infty} P(X \geqslant n) = \sum_{n=1}^{\infty} (1-p)^n$$

$$= (1-p) \sum_{n=1}^{\infty} (1-p)^{n-1} = (1-p)\frac{1}{1-(1-p)}$$

$$= \frac{1-p}{p}.$$

(In Beispiel C 5.4 zu einer geometrischen Verteilung mit Träger $\mathbb{N}$ ergibt sich der um 1 verschobene Erwartungswert $\frac{1}{p} = \frac{1-p}{p} + 1$.)

Lösung zu Flashcard C 10.5.

Ⓐ ☒ Ein Gegenbeispiel ist etwa der Münzwurf mit $P(X = 0) = P(X = 1) = \frac{1}{2}$ und $EX = 0 \cdot \frac{1}{2} + 1 \cdot \frac{1}{2} = \frac{1}{2} \notin \mathbb{N}$ (s. Definition C 5.1).

Ⓑ ☒ Gemäß Hinweis definiert $(p_k)_{k \in \mathbb{N}}$ mit $p_k = \frac{6}{\pi^2}\frac{1}{k^2}$, $k \in \mathbb{N}$, eine Zähldichte auf $\mathbb{N}$ (s. Definition B 1.4). Daraus ergibt sich der Erwartungswert (s. Definition C 5.1) zu $EX = \frac{6}{\pi^2} \sum_{k=1}^{\infty} k\frac{1}{k^2} = \frac{6}{\pi^2} \sum_{k=1}^{\infty} \frac{1}{k} = \infty$, denn die harmonische Reihe konvergiert gegen unendlich. Unendliche Erwartungswerte können also vorkommen.

Ⓒ ☑ Unter Verwendung von Lemma C 5.12 erhält man

$$0 \leqslant Var(X) = E\left((X - EX)^2\right) = E\left(X^2\right) - (EX)^2$$

und daraus $E\left(X^2\right) \geqslant (EX)^2$.

Ⓓ ☒ Für die Zufallsvariable X mit $P(X = 1) = 1$ und $P(X = 0) = 0$, $P(X = k) = 0$, $k \geqslant 2$ ist $EX = 1$ und $E\left(X^2\right) = 1$ und somit $Var(X) = 0$ (s. Lemma C 5.12).

Ⓔ ☑ Diese Gleichheit gilt allgemein (s. Lemma C 5.16).

Lösung zu Flashcard C 10.6.

Ⓐ ☑ s. Satz C 5.9

Ⓑ ☑ s. Satz C 5.19

Ⓒ ☑ s. Lemma C 5.16

Ⓓ ☑ s. Satz C 3.6

Ⓔ ☑ s. Abschnitte B 5, B 6 und Definition C 1.9

D Schließende Statistik

Lösung zu Flashcard D 10.1.

Ⓐ ☑ s. Beispiel D 2.7 oder direkt:

$$E\left(\frac{1}{3}(X_1 + X_2 + X_3)\right) = \frac{1}{3}(EX_1 + EX_2 + EX_3) = \mu$$

für jedes $\mu \in \mathbb{R}$.

Ⓑ ☑ Für jedes $\mu \in \mathbb{R}$ gilt: $E\left(\frac{1}{2}X_1 + \frac{1}{4}X_2 + \frac{1}{4}X_3\right) = \frac{1}{2}\mu + \frac{1}{4}\mu + \frac{1}{4}\mu = \mu$

Ⓒ ☑ Für jedes $\mu \in \mathbb{R}$ gilt: $EX_1 = \mu$

Ⓓ ☑ Für jedes $\mu \in \mathbb{R}$ gilt: $E\left(\frac{1}{2}(X_1 + X_2)\right) = \frac{1}{2}\mu + \frac{1}{2}\mu = \mu$

Ⓔ ☑ Für jedes $\mu \in \mathbb{R}$ gilt: $E(X_1 - X_2 + X_3) = \mu - \mu + \mu = \mu$

Lösung zu Flashcard D 10.2.

Ⓐ ☑ Die Zufallsvariable X_i hat eine Exponentialverteilung mit Parameter $\frac{1}{\vartheta}$, $\vartheta > 0$, $1 \leqslant i \leqslant n$. Also ist nach Beispiel D 3.7 die log-Likelihoodfunktion l für Realisierungen $x_1, \ldots, x_n > 0$ gegeben durch

$$l(\vartheta) = n\ln(\frac{1}{\vartheta}) - \frac{1}{\vartheta}n\overline{x} = -n\ln(\vartheta) - \frac{1}{\vartheta}n\overline{x}, \quad \vartheta > 0.$$

Ⓑ ☒ Das globale Maximum von l aus Ⓐ liegt bei $\widehat{\vartheta} = \overline{x} = \frac{1}{n}\sum_{i=1}^{n}x_i$. Der gesuchte Maximum-Likelihood-Schätzer ist also $\widehat{\vartheta} = \frac{1}{n}\sum_{i=1}^{n}X_i$.

Ⓒ ☑ Nach der Bemerkung zu Ⓑ ist $\widehat{\vartheta} = \frac{1}{n}\sum_{i=1}^{n}X_i$ der Maximum-Likelihood-Schätzer für ϑ mit $E_\vartheta(\widehat{\vartheta}) = \frac{1}{n}\sum_{i=1}^{n}E_\vartheta(X_i) = \frac{n\vartheta}{n} = \vartheta$ für alle $\vartheta > 0$; daher ist dieser erwartungstreu.

Ⓓ ☑ Die Zufallsvariablen $X_1, \ldots, X_n$ sind stochastisch unabhängig und verteilt nach $\text{Exp}\left(\frac{1}{\vartheta}\right)$. Dann gilt gemäß Beispiel C 1.16 $\sum_{i=1}^{n}X_i \sim \Gamma(\frac{1}{\vartheta}, n)$ und weiter nach Beispiel C 4.1: $\frac{1}{n}\sum_{i=1}^{n}X_i \sim \Gamma(\frac{n}{\vartheta}, n)$.

Ⓔ ☑ Nach Satz D 2.16 ist die Folge der Stichprobenmittel $\overline{X}_n = \frac{1}{n}\sum_{i=1}^{n}X_i$, $n \in \mathbb{N}$, eine konsistente Folge von Schätzern für den Erwartungswert $E_\vartheta X_1 = \vartheta$.

Lösung zu Flashcard D 10.3.

(A) ✔ s. Satz D 5.4 und Beispiel D 2.7

(B) ✘ s. Satz D 5.4 und Beispiel D 2.7. Der Schätzer $\widehat{\sigma}_*^2 = \frac{1}{n-1} \sum\limits_{i=1}^{n} (X_i - \overline{X})^2$ ist hingegen erwartungstreu für σ^2.

(C) ✔ s. Satz D 5.5

(D) ✔ s. Satz C 1.15

(E) ✔ Gemäß Satz D 5.4 gilt $\frac{n\widehat{\sigma}^2}{\sigma^2} = \frac{1}{\sigma^2} \sum\limits_{i=1}^{n} (X_i - \overline{X})^2 \sim \chi^2(n-1)$ (s. Eigenschaft D 6.16).

Lösung zu Flashcard D 10.4.

(A) ✔ s. Regel D 5.7

(B) ✘ Die Länge des zweiseitigen Konfidenzintervalls in Verfahren D 5.8 ist durch $2t_{1-\alpha/2}(n-1)\frac{\widehat{\sigma}}{\sqrt{n}}$ gegeben, wobei $\widehat{\sigma}^2 = \frac{1}{n-1} \sum\limits_{i=1}^{n} (X_i - \overline{X})^2$ ist und die Beobachtungen die Länge des Konfidenzintervalls bestimmen.

(C) ✔ Gemäß Verfahren D 5.6 ist die Aussage wahr, denn

$$\overline{X} + u_{1-\alpha}\frac{\sigma}{\sqrt{n}} < \overline{X} + u_{1-\alpha/2}\frac{\sigma}{\sqrt{n}} \iff u_{1-\alpha} < u_{1-\alpha/2}$$

Die Verteilungsfunktion Φ der Standardnormalverteilung ist wegen der Positivität der zugehörigen Dichtefunktion φ mit

$$\varphi(t) = \frac{1}{\sqrt{2\pi}}e^{-t^2/2}, \quad t \in \mathbb{R},$$

und $\Phi'(t) = \varphi(t)$, $t \in \mathbb{R}$, streng monoton wachsend, so dass u_β die eindeutig bestimmte Lösung der Gleichung $\Phi(u_\beta) = \beta$ ist (s. Satz C 2.10, Abbildung C 2.5). Also folgt

$$u_{1-\alpha} < u_{1-\alpha/2} \iff 1 - \alpha < 1 - \alpha/2,$$

was eine wahre Aussage ist (s. auch Bezeichnung B 3.13, Lemma C 2.7 und Beispiel C 2.12).

(D) ✔ Gemäß Verfahren D 5.8 ist die Aussage wahr, denn

$$\overline{X} - t_{1-\alpha/2}(n-1)\frac{\widehat{\sigma}}{\sqrt{n}} < \overline{X} - t_{1-\alpha}(n-1)\frac{\widehat{\sigma}}{\sqrt{n}}$$
$$\iff t_{1-\alpha}(n-1) < t_{1-\alpha/2}(n-1).$$

Die letzte Ungleichung ist wahr, da die Dichtefunktion $f^{t(n-1)}$ der $t(n-1)$-Verteilung auf $\mathbb{R}$ positiv ist (s. Bezeichnung B 3.14) und somit mit der Definition des Quantils gilt:

$$\int\limits_{t_{1-\alpha}(n-1)}^{\infty} f^{t(n-1)}(x)\,dx = 1 - \alpha < 1 - \frac{\alpha}{2} = \int\limits_{t_{1-\alpha/2}(n-1)}^{\infty} f^{t(n-1)}(x)\,dx.$$

Ⓔ ✔ Die definierende Eigenschaft eines Konfidenzintervalls (s. Definition D 4.1) ist für jedes Niveau $1 - \alpha \in (0,1)$ erfüllt.

Lösung zu Flashcard D 10.5.

Ⓐ ✔ Nach Verfahren D 5.6 ist $K_{\alpha,n} = \left[\overline{X} - u_{1-\alpha/2}\frac{1}{\sqrt{n}}, \overline{X} + u_{1-\alpha/2}\frac{1}{\sqrt{n}}\right]$ das übliche zweiseitige Konfidenzintervall bei bekannter Varianz $\sigma^2 = 1$. Die Länge $2u_{1-\alpha/2}\frac{1}{\sqrt{n}}$ des Konfidenzintervalls fällt monoton in α, da $u_{1-\alpha/2} = \Phi^{-1}(1 - \alpha/2)$ und die Quantilfuntion Φ^{-1} der Standardnormalverteilung (streng) monoton wächst (s. Lemma C 2.7 und Beispiel C 2.12).

Ⓑ ✔ Nach der Bemerkung zu Ⓐ ist die Länge des Konfidenzintervalls durch $2u_{1-\alpha/2}\frac{1}{\sqrt{n}}$ gegeben und damit monoton fallend in $n \in \mathbb{N}$.

Ⓒ ✘ Nach der Erläuterung zu Ⓐ wird bei wachsendem α die linke Intervallgrenze größer und die rechte Intervallgrenze kleiner. Die Aussage ist also falsch.

Ⓓ ✔ Nach der Erläuterung zu Ⓐ wird bei abnehmendem α die linke Intervallgrenze kleiner und und die rechte Intervallgrenze größer.

Ⓔ ✔ Gemäß Ⓐ hängt die Länge $\frac{2}{\sqrt{n}}u_{1-\alpha/2}$ offensichtlich nicht von den Realisierungen der Zufallsvariablen ab.

Lösung zu Flashcard D 10.6.

Ⓐ ✘ Die Entscheidungsregel des entsprechenden Gauß-Tests lautet: „Verwerfe H_0, falls $\sqrt{n}(\overline{X}-3) > u_{0,95}$" (s. Verfahren D 6.21). Wegen $u_{0,99} > u_{0,95}$ wird H_0 nicht notwendig zum Signifikanzniveau $\alpha = 1\%$ verworfen, denn der Wert $\sqrt{n}(\overline{x} - 3)$ der Teststatistik könnte im Intervall $(u_{0,95}, u_{0,99})$ liegen.

Ⓑ ✘ Die Aussage $\mu > 3$ kann nur unter den Voraussetzungen des Tests und zum Signifikanzniveau $\alpha = 5\%$ als statistisch erwiesen angesehen werden. Eine Fehlentscheidung ist möglich (Fehler 1. Art).

Ⓒ ✔ Für die Fehlerwahrscheinlichkeit 1. Art an der Stelle $\mu_0 = 3$ gilt bei der Anwendung des Gauß-Tests:

$$\alpha(\mu_0) = P_{\mu_0}\left(\sqrt{n}(\overline{X} - 3) > u_{1-\alpha}\right) = 1 - \Phi(u_{1-\alpha}) = \alpha,$$

wobei α das Signifikanzniveau bezeichnet. Am Rand der Nullhypothese, hier bei $\mu_0 = 3$, wird der Wert α erreicht (s. Bezeichnung D 6.9, Verfahren D 6.21 und Satz D 6.26).

Ⓓ ☒ Wird $H_0 : \mu \leqslant 3$ zum Signifikanzniveau $\alpha = 5\%$ verworfen, so muss $\sqrt{n}(\overline{x} - 3) > u_{0,95}$ gelten. Die Entscheidungsregel des Gauß-Tests für die Hypothesen $\widetilde{H}_0 : \mu \geqslant 3$ gegen $\widetilde{H}_1 : \mu < 3$ lautet: „Verwerfe $\widetilde{H}_0$, falls $\sqrt{n}(\overline{x} - 3) < -u_{0,95}$" (s. Verfahren D 6.23). Diese Ungleichung kann somit nicht erfüllt sein.

Ⓔ ☒ Diese Aussage ist im Allgemeinen falsch. Da H_0 nicht zum Signifikanzniveau $\alpha = 5\%$ verworfen wird, muss gelten: $\sqrt{n}(\overline{x} - 3) \leqslant u_{0,95}$. Daraus folgt aber nicht notwendigerweise die Gültigkeit der Ungleichung $\sqrt{n}(\overline{x} - 3) < -u_{0,95}$, die zur Ablehnung der Nullhypothese $\widetilde{H}_0$ führen würde.

Literaturverzeichnis

Bamberg, G., Baur, F., und Krapp, M. (2017). *Statistik*. Oldenbourg, München, 18. Auflage.

Bauer, H. (2002). *Wahrscheinlichkeitstheorie*. de Gruyter, Berlin, 5. Auflage.

Behnen, K. und Neuhaus, G. (2003). *Grundkurs Stochastik*. pd-Verlag, Heidenau, 4. Auflage.

Bortz, J. und Schuster, C. (2010). *Statistik für Human- und Sozialwissenschaftler*. Springer, Berlin, 7. Auflage.

Büning, H. und Trenkler, G. (1994). *Nichtparametrische statistische Methoden*. de Gruyter, Berlin, 2. Auflage.

Burkschat, M., Cramer, E., und Kamps, U. (2012). *Beschreibende Statistik - Grundlegende Methoden der Datenanalyse*. Springer, Berlin, 2. Auflage.

Cramer, E. und Kamps, U. (2012). *Statistik griffbereit — Eine Formelsammlung zur Wahrscheinlichkeitsrechnung und Statistik*. Aachen, 5. Auflage.

Dehling, H. und Haupt, B. (2004). *Einführung in die Wahrscheinlichkeitstheorie und Statistik*. Springer, Berlin, 2. Auflage.

Dümbgen, L. (2003). *Stochastik für Informatiker*. Springer-Verlag, Berlin.

Fahrmeir, L., Hamerle, A., und Tutz, G. (1996). *Multivariate Statistische Verfahren*. de Gruyter, Berlin, 2. Auflage.

Fahrmeir, L., Heumann, C., Künstler, R., Pigeot, I., und Tutz, G. (2016). *Statistik – Der Weg zur Datenanalyse*. Springer, Berlin, 8. Auflage.

Genschel, U. und Becker, C. (2004). *Schließende Statistik - Grundlegende Verfahren*. Springer, Berlin.

Graf, U., Henning, H., Stange, K., und Wilrich, P. (1998). *Formeln und Tabellen der angewandten mathematischen Statistik*. Springer, Berlin, 3. Auflage.

Hartung, J., Elpelt, B., und Klösener, K. H. (2009). *Statistik*. Oldenbourg, München, 15. Auflage.

© Springer-Verlag GmbH Deutschland, ein Teil von Springer Nature 2020

E. Cramer, U. Kamps, *Grundlagen der Wahrscheinlichkeitsrechnung und Statistik*,

https://doi.org/10.1007/978-3-662-60552-3

Heiler, S. und Michels, P. (2007). *Deskriptive und Explorative Datenanalyse.* Oldenbourg, München, 2. Auflage.

Henze, N. (2018). *Stochastik für Einsteiger.* Springer Spektrum, Wiesbaden, 12. Auflage.

Hübner, G. (2009). *Stochastik.* Vieweg, Braunschweig, 5. Auflage.

Irle, A. (2005). *Wahrscheinlichkeitstheorie und Statistik.* Teubner, Stuttgart, 2. Auflage.

Kamps, U., Cramer, E., und Oltmanns, H. (2009). *Wirtschaftsmathematik – Einführendes Lehr- und Arbeitsbuch.* Oldenbourg, München, 3. Auflage.

Kauermann, G. und Küchenhoff, H. (2011). *Stichproben. Methoden und praktische Umsetzung mit R.* Springer, Berlin.

Krengel, U. (2005). *Einführung in die Wahrscheinlichkeitsrechnung und Statistik.* Vieweg, Braunschweig, 8. Auflage.

Lehr- und Lernumgebung EMILeA-stat (2007). Institut für Statistik und Wirtschaftsmathematik, RWTH Aachen (http://emilea-stat.rwth-aachen.de).

Mathar, R. und Pfeifer, D. (1990). *Stochastik für Informatiker.* Teubner, Stuttgart.

Mosler, K. und Schmid, F. (2009). *Beschreibende Statistik und Wirtschaftsstatistik.* Springer, Berlin, 4. Auflage.

Pfanzagl, J. (1991). *Elementare Wahrscheinlichkeitsrechnung.* de Gruyter, Berlin, 2. Auflage.

Pokropp, F. (1996). *Stichproben: Theorie und Verfahren.* Oldenbourg, München, 2. Auflage.

Rinne, H. (2008). *Taschenbuch der Statistik.* Harri Deutsch, Frankfurt am Main, 4. Auflage.

Rinne, H. und Specht, K. (2002). *Zeitreihen.* Vahlen, München.

Sachs, L. und Hedderich, J. (2018). *Angewandte Statistik. Methodensammlung mit R.* Springer, Berlin, 15. Auflage.

Schlittgen, R. und Streitberg, B. H. (2001). *Zeitreihenanalyse.* Oldenbourg, München, 9. Auflage.

Schmitz, N. (1996). *Vorlesungen über Wahrscheinlichkeitstheorie.* Teubner, Stuttgart.

Toutenburg, H. und Heumann, C. (2009). *Deskriptive Statistik.* Springer, Berlin, 7. Auflage.

Sachverzeichnis

A

abhängige Variable, 118
Ablehnbereich, 298
absolutskaliert, 10
Abszisse, 20
Alternative, 297
Annahmebereich, 298
Anteilsvergleiche, 327
antiton, 187
a-posteriori Dichte, 343
a-posteriori Erwartungswert, 346
a-priori Dichte, 343
arithmetisches Mittel, 28
    bei gepoolten Datensätzen, 28
    Minimalitätseigenschaft, 29
Assoziationsmaß, 92
Ausreißer, 32

B

Balkendiagramm
    s. Diagramm, 21
Basiswert, 71
Bayes-Ansatz, 344
Bayes-Formel, 343
Bayes-Risiko, 345
Bayes-Schätzer, 345
Bayes-Statistik, 343
Bayessche Formel, 193
Bayessche Schätztheorie, 343
bedingte Erwartung, 346
bedingte Häufigkeit, 96

Beobachtung, 267
Beobachtungswert, 4
Berichtswert, 71
Bernoulli-Experiment, 221
Bernoulli-Modell, 196, 286
Bestandsmasse, 68
Bestimmtheitsmaß, 131, 143
Bewegungsmasse, 68
Beziehungszahl, 67
Bias, 275
bimodal, 50
Bindung, 24
Binomialmodell, 286
Binomialtest
    approximativer, 326
    exakter, 324
Binomialverteilung, 198
bivariat, 14
Bonferroni-Ungleichungen, 190
Borel-Cantelli, 196
Borelsche σ-Algebra, 177
Box-Plot, 41
Bravais-Pearson-Korrelationskoeffizient
    s. Korrelationskoeffizient, 109

C

χ^2-Größe, 97, 334
Clopper-Pearson-Werte, 288

D

Datenmatrix, 14

© Springer-Verlag GmbH Deutschland, ein Teil von Springer Nature 2020
E. Cramer, U. Kamps, *Grundlagen der Wahrscheinlichkeitsrechnung und Statistik*,
https://doi.org/10.1007/978-3-662-60552-3

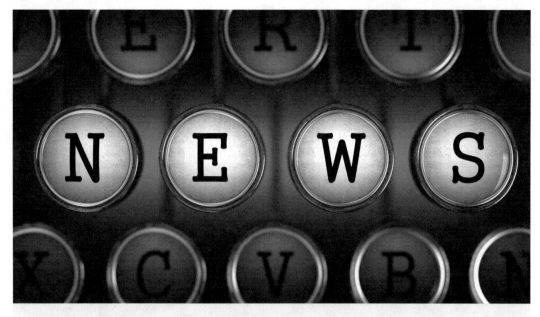

Printed in the United States
By Bookmasters